中國營造學研究

羅哲文

中國營造學研究

仙洲

·纪念中国营造学社成立 80 周年学术研讨会·

纪念中国营造学社成立 80 周年学术研讨会开幕式会场

国家文物局局长单霁翔在开幕仪式上致辞

清华大学副校长袁泗在开幕仪式上致辞

大会名誉主席、建筑大师吴良镛为大会作主旨报告

大会名誉主席、著名古建筑专家罗哲文为大会作主旨报告

原建设部副部长周干峙在开幕式上致辞

学术委员会主席刘叙杰在开幕式上致辞

在中国营造学社纪念馆揭幕仪式上，林贤光先生向纪念馆赠送梁思成著《北平杂稿速写笔记》

赵广智先生赠送给中国营造学社纪念馆的佛光寺东大殿的建筑模型

（摄影：张家泰　宋国晓）

·第十七届中国民居学术会议在河南大学召开·

会议开幕式

会议主会场

河大土木建筑学院院长鲍鹏教授主持开幕式

河南大学副校长刘志军教授在开幕式上致辞

中国民族建筑研究会民居建筑专业委员会主任委员陆琦教授在开幕式上讲话

河南大学副校长刘志军与中国建筑工业出版社总编辑沈元勤互赠礼品

国家住房与城市建设部村镇建设司
综合处处长卫琳作主题报告

河南大学左满堂教授作主题报告

ZHONGGUO YINGZAOXUE YANJIU

中国营造学研究

河南大学古建园林设计研究院　编

张家泰　左满常　主编

（第 2、3 辑）

河南大学出版社

·郑州·

图书在版编目（CIP）数据

中国营造学研究. 第2、3辑/张家泰、左满常主编. —开封：河南大学出版社，2010.4
ISBN 978-7-5649-0163-9

Ⅰ. 中… Ⅱ. ①张… ② Ⅲ. ①建筑史－中国－古代－文集 Ⅳ. ①TU－092.2

中国版本图书馆CIP数据核字(2010)第062502号

责任编辑：刘坤太
责任校对：陈洪澜
封面设计：马 龙

出 版	河南大学出版社		
	地址：郑州市郑东新区商务外环中华大厦2401号	邮编：450046	
	电话：0378－2864669(事业部)	0378－2825001(营销部)	
	网址：www. hupress. com	E-mail：bangong@hupress. com	
排 版	郑州市今日文教印制有限公司		
印 刷	开封智圣印务有限公司		
版 次	2012年9月第1版	**印 次**	2012年9月第1次印刷
开 本	890mm×1240mm 1/16	**印 张**	24.25
字 数	636千字	**插 页**	6
印 数	1—2000册	**定 价**	40.00元

目　录

纪念中国营造学社成立 80 周年

学 术 论 谈

宋代建筑研究

历史文化名城

古代民居研究

营造技术研究

古建筑调查研究

优秀近代文物建筑

古建园林纪事

学 术 简 讯

纪念中国营造学社成立 80 周年学术研讨会在京举行

张 伟

（中国文物报社 北京 100007）

2009 年 11 月 7 日至 8 日，由清华大学建筑学院、东南大学建筑学院、故宫博物院、建设部建筑设计研究院历史研究所、中国文化遗产研究院联合举办，北京市文物局、山西省文物局、河北省文物局、四川省文物局、河南省文物局共同协办的中国营造学社的学术之路——纪念中国营造学社成立 80 周年学术讨论会在京举行。国家文物局局长单霁翔、清华大学副校长袁驷、吴良镛等 8 位院士以及国家文物局研究员罗哲文等嘉宾出席开幕式。

单霁翔出席研讨会并致辞，代表国家文物局对来自海内外的专家学者齐聚清华大学，共同探讨中国营造学社的学术之路、学术思想，纪念中国营造学社成立 80 周年，表示热烈祝贺；高度评价中国营造学社在中国建筑历史研究和文物保护方面的历史贡献。单霁翔指出，中国营造学社聚集了以梁思成、刘敦桢为代表的一批致力于中国古建筑研究的专家学者，对中国古代建筑进行了系统的实地调查测绘和研究考证，用科学的研究手段开创了中国建筑史学研究体系，取得了后人难以逾越的辉煌成就，在中国建筑史上树起了一座历史的丰碑。

自上世纪 30 年代起，中国营造学社对全国 2780 处古建筑遗存做了现代意义的科学考察，测绘了古建筑群 200 余组，对散佚在浩瀚古代文献中的建筑典籍进行了搜集、整理、校对，特别是对照建筑实例，对宋代《营造法式》、清代《工部工程做法则例》等重要古籍进行了系统的整理和研究。中国营造学社在从事历史研究的同时，开始了文物保护的历史性探索，他们不仅仅是建筑历史学科的奠基人，更是中国文物保护事业的先驱。在文化遗产保护面临巨大的发展机遇和前所未有的压力与挑战的关键时期，进一步探索中国营造学社学术思想的发展历程，深入研究其学术活动与历史贡献，继承发扬其学术精神与爱国情操，对于推动中国建筑史学研究的深入开展，促进中国文化遗产的保护事业的进一步发展，将有着重要的理论与实践意义。

来自全国各地包括港台地区的专家学者以及媒体代表 200 多人出席会议。大会论文集收录了 121 篇学术论文及摘要，50 多位建筑历史、文物保护领域的专家学者及青年学生进行主题演讲。代表们围绕大会的主题“中国营造学社的学术之路”，追忆中国营造学社的先行者们对于中国建筑学史学与历史建筑保护事业的开拓之功，交流后继者们在这一领域最新的研究成果；从“中国营造学社：追忆与研究”、“中国建筑史研究：深入与拓展”以及“历史建筑保护：机遇与挑战”三个角度，深入探讨传承中国营造学社所展现的精神，宣传其营造理念和技术上的成就，探索传统民族建筑现代化和现代建筑本土化、保护民族建筑文化遗产之路。

会议特邀 8 位中国营造学社主要成员的家属及后代，已是年逾古稀的他们以最真切的体会向大会展现珍贵的历史回忆。会议期间，主办方还在清华大学建筑馆一层大厅展出了主题为“中国营造学社的学术之路”的系列展板，详细介绍了营造学社的创立过程、组织机构、组织的学术活动和研究成果等。展板以图文并茂的形式介绍了朱启钤、梁思成、刘敦桢、林徽因等学界先辈对于学社做出的杰出贡献。

（原载《中国文物报》2009 年 11 月 11 日第 1 版）

·纪念中国营造学社成立 80 周年·

难忘的往事 深切的怀念

——《梁思成传》序言

罗哲文

（国家文物局 北京 100029）

罗哲文，自 1940 年师从梁思成、林徽因和刘敦桢学习古建筑，现为国家文物局古建筑专家组组长、中国文物学会名誉会长、世界著名文物古建筑专家。本书作者征得罗哲文先生同意，对其原回忆文章加以整理，是为序言。

今年是恩师梁思成先生诞辰 105 周年，明年是先生逝世 35 周年，这个时候出版《梁思成传》，很有纪念意义。

在中国建筑史上，囿于自古以来“道器分途，重士轻匠”之固习，“见物不见人”的诟病沿袭至今，今得知青年作家窦忠如同志为“建筑哲匠”梁思成先生写了一部传记，这实在是一件有意义的事情。忠如同志应邀在作《梁思成传》之前，曾特意征求我的意见并多次访问我，没想到仅仅时隔几个月，他便将长达三十多万字的书稿送到我面前，嘱我为之作序。世面上关于恩师梁思成先生的书刊文字有很多，但作为全面记述他一生的传记还不曾见到，翻阅忠如同志的《梁思成传》，没想到忠如同志不仅笔墨流畅朴实，文采飞扬，而且对梁先生的性格和情怀把握得极为到位、准确，特别难能可贵的是从事军事新闻出身的忠如同志，竟然将梁先生深邃弘大的建筑思想阐述得浅显明白，而又不乏自己独到的见解，由此可见忠如同志为了这部传记所耗费的心血。而写思成师自然不能与徽因师相分开，阅读忠如同志的《梁思成传》，思成师与徽因师的音容笑貌顿时浮现在眼前，这不由使我回想起半个多世纪前的许多往事，于是写了下面的这些文字，权当是序言了。

一、古建启蒙初学艺

1940 年冬，我考入了因抗日战争迁到我的家乡四川宜宾李庄（当时属南溪县）的中国营造学社，先是为文献组主任刘敦桢先生抄写《西南古建筑调查报告》文稿和练习为报告画一些插图。不久，思成师和徽因师见我绘图的技术有培养前途，便征得敦桢师的同意，把我调到法式组主任思成师手下，进一步学习画古建筑的平、立、剖图，并教我学习古建筑的知识。当时，学社招考的只录取了我一人，所以思成师和徽因师对我特别关心，叫我用心学习。他们说，宗江（莫宗江先生）、明达（陈明达先生）进学社时比你还小，现在已经可以独立进行调查研究工作了。你只要认真学习，一定会赶上他们的。徽因师还告诉我说，致平（刘致平先生）协助梁先生做的《中国建筑设计参考图集》（台基、斗拱、栏杆等 10 册）有图有文字，图文双解，容易懂，你可以边学边画，梁先生事情多，他是梁先生的得力助手，你要多向他请教，向他学。她又说宗江和你一样从小到学社，他的图画得很好，他正在帮梁先生画建筑史的图，你要向他好好学画图。她边说边拿出一册思成师所著的《清式营造则例》，说这是学习中国建筑的入门书，是梁先生根据清工部工程做法和其他资料，并采访请教了许多老工匠师傅们整理出来的。60多年来，我一直不断地在翻阅、查询这本书。据我所知，这本《清式营造则例》自出版70多年来，一直是大专院校、设计施工和相关科研单位从事中国建筑（指古代建筑史、文物古建筑）教学、科研、设计施工的教材和重要参考工具书。在此书中，徽因师写有一个长篇《绪论》，她把中国古代建筑的历史发展、建筑形制、结构原理和艺术特色等等都作了简明扼要的叙说，并对中国古代建筑作了高度的评价，她说："中国建筑始终没有失掉它的原始面貌，形成一个极特殊，很长寿，极体面的建筑系统。"她根据建筑学的理论原则，着重分析了中国木结构的形成发展和它"在科学、美学两层条件下最成功的"木结构法，并且由之而产生的"最庄严美丽的"各种形式的屋顶。

我至今难忘的还有思成师和徽因师那种对学艺青年耐心细致传艺的精神。他们从绘图板、丁字尺、三角板和绘图仪器的使用方法，到削铅笔、擦橡皮等小技都一一地手把手教，并着重谈了线条的艺术性问题，乃至连鸭嘴笔和圆规的用法，蘸墨、拭墨的方法都作了详细的示范。虽然60多年过去了，但恩师的启蒙授教的惠泽，特别是关于继承传统，发展创新，让中国古建筑产生新生命的观点，在我对古建筑保护工作，对中国建筑史的学习与研究工作中一直在遵循着，永远不忘。

二、不畏艰苦出"汇刊"

《中国营造学社汇刊》是中国营造学社成立十多年来，对古建筑调查研究学术工作的积累总汇的成果，可以说是中国文物建筑科学研究奠立基础过程的重要档案资料，在国内外学术界享有很高的声誉。然而自抗战开始，辗转流亡，调查研究工作十分困难，出版刊物更是艰难。但是学社同仁特别是思成师和徽因师深知学术刊物是一个研究机构的命脉。自1940年迁到李庄稍安定居之后，立即考虑到开展调查研究成果的发表问题（其时刘敦桢师不久离开学社去中央大学建筑系任教）。在纪念思成师85周年诞辰时，我曾经谈到当时克服许多困难，自编，自抄写，自己在石印药纸上绘图，自己印刷、装订，连徽因师的老母亲都被她动员参加了折页子的"战斗"。当然，思成师的决策很重要，而实际的主持和推动则是徽因师，她的功劳不可不记。

学社汇刊七卷两期虽然是土纸手写手绘石印，手装手订，印刷质量甚差，但其中发表的文章确是很有价值的，如思成师的《记五台山佛光寺的建筑》和《中国建筑的两部文法课文》，徽因师的《现代住宅设计参考》，刘致平先生的《云南一颗印》民居和《成都清真寺》，莫宗江先生的《宜宾旧州坝白塔、宋墓》，王世襄先生翻译的《嘉祥武梁祠研究》等都是中国古建筑史上不朽之作。这两期上的不少文章的抄写、插图都是我的习作，为我以后的古建文物调查研究打下了基础。还值得一提的是，这卷汇刊中发表了中国营造学社在中央大学建筑系所设的桂辛（社长朱启钤字桂辛）奖学金获得者朱畅中的《农场》的论文。这是为了适应抗战胜利以后，以现代科学的农业发展的需要而提出的，鼓励建筑系学生关心我国广大农村建筑的现代化。据我所知，思成师和徽因师一直把城市与农村的建设视为一体。朱畅中这篇获桂辛奖的论文，思成师和徽因师给我为之绘图抄写时特别说了他们的意见，特别是徽因师认为中国是一个历史悠久的农业国，市镇规划不能只顾大城市，还要考虑广大农村的发展。在清华营建系早期专门开设了"市镇计划概论"和"乡村社会学"的课程，以适应乡村发展农业现代化的需要。

三、关爱青年重培养

抗战时期的李庄，虽然只是一个小镇，但集中了中央研究院的几个所、中央博物院筹备处、中国营造学社、同济大学等著名的科研机构和高等学府，被称之为大后方的四大文化中心之一（其他三处为重庆、成都、昆明），学术和学习风气很浓厚。思成师和徽因师都是出身名门，学养深厚，学贯中西，徽因师还是20世纪初著名的诗人，她不仅新诗著名，而且在古典诗文上也很有造诣。另外，徽因师的英语非常之好，在当时的专家学者傅斯年、陶孟和、李济等人之中，她的英语是最出众的。我常听他们在休息期间用英语畅谈，她都独领风韵。在当时学社的工作人员中年轻者居多，思成师和徽因师鼓励我们要学外语和文学艺术，并说建筑与文学艺术是共通的。徽因师还主动教我们英语，为我和莫宗江先生讲过英语课，由于她身体的原因，只是开了个头；但对我们的鼓励很大。最使我难忘的是徽因师鼓励我们学古典诗词文学，她知道刚从中央大学建筑系毕业来学社的卢绳先生古典诗文很好，就让他为我们讲古典诗词文学。在学社中学习古典文学诗词，蔚然成风，连她和思成师都尊称卢绳为“卢老师”。我当时也十分重视和爱好古典文学诗词，经过学习打下了一定的基础。60 多年来，我在文物古建筑工作中凭靠英语和古典诗词文学基础受益匪浅。

中国营造学社主要的工作就是对古建筑的实地考察，测量绘图，并对其年代鉴定，结构分析和有关艺术（雕塑、绘画、彩画、碑刻）等的研究。学社同仁就是在辗转流亡中，也要抓紧时间进行研究。在李庄期间，思成师因徽因师卧病，主要从事佛光寺报告的整理和《营造法式》的注释以及学社的生存事务。刘敦桢先生主要整理了西南古建筑的调查报告，其他先生们如刘致平先生开展了民居、清真寺和会馆的调查，莫宗江先生参加了成都王建墓发掘，进行了宜宾旧州坝宋塔、宋墓的调查，陈明达先生参加了彭山崖墓的发掘等等。1942 年我已初步学了一些绘图的知识，卢绳先生也来到了学社，他除了为中央博物院绘清工部工程做法绘图之外，也需要进行野外古建筑的实测工作。于是，思成师和徽因师便安排我们俩人去测绘李庄附近的一座明代建筑——旋螺殿，这是我和卢绳先生的第一次古建筑实测习作和合作。后来由他撰文由我绘图，发表在汇刊七卷二期上。这篇报告给思成师和徽因师审阅时，他们称赞卢绳的文章和我的图都不错，并鼓励我以后要学着写文章。这充分体现了思成师和徽因师对年轻人的认真培养。

四、北归清华蒙惠泽

1945 年 8 月，一个振奋人心的消息传来，日本侵略者终于投降了。八年抗战结束，被迫流亡内迁到四川的所有机构都在准备迁回原地，中国营造学社也要迁回北平。在学社同仁中，原来从北平迁来的，除刘敦桢、陈明达先生已经离开之外，在李庄参加学社工作的尚有卢绳、王世襄等先生也都属于要正规复员之列。还有一部分在四川报考招聘的专业和服务人员，面临随机关复员或就地辞退的情况。正当我在依依不舍五六年来已经学会了一些基础知识热爱古建筑的时候，徽因师突然叫我到她那里，说是学社已经决定你一同复员去北平，梁先生让我告诉你和致平、宗江先生一起押运学社图书资料，随中央研究院、中央博物院的图书资料、仪器等先到南京，再转道北平。徽因师还告诉我说，学社全体人员回北平后就到清华大学去开办建筑系，梁先生已先期到重庆去安排复员工作和筹办建筑系的事情去了。最后她说她和老太太（她母亲）也要先走，你们押运图书资料不能空运，只能乘船水运，并再三叮嘱说，你们三人中致平有家小，你和宗江年轻，不仅要照顾图书资料，还要照顾一下他们一家。

于是中国营造学社抗战八年辗转流亡生活宣告结束，在李庄稍安的五六年也要依依不舍告别了。学社一部分同仁随中央博物院复员到南京（后来随国民政府去台湾并入故宫博物院），一部分同济大学临时绘图打工的同学随同济大学复员到上海，一部分本地同仁自行另谋了工作。我和刘致平、莫宗江三人十分谨慎地将图书资料、测绘图纸、照片底片和文稿等等一一清点，包装打箱，经过了半年多的等候时间，自 1946 年夏、秋、冬，随中央研究院、中央博物院到重庆、到南京。因为我们曾是南京中央博物院的编制人员，承他们关怀在南京又住了数月。但其时我们已属清华大学的编制了，必须找到清华的复员队伍集体，于是又到上海住了几个月，拜望了寓居上海的朱启钤社长，由他想办法通过朱光沐搭上海轮从上海经过五天五夜（遇大风浪）才抵达天津港口，转火车到北平，其时已是 1946 年底了。到达北平后，我们还在天安门西朝房学社旧址内住了几日，虽然十分寒冷，但对我们来说实在太兴奋了，尤其是我回到了盼望多年的“老家”，兴奋之情，难以名状。

然而，由于我们已归入清华大学建筑系的正式编制，且学社经费尚无着落，与清华大学取得联系之后，我们立即又到清华大学报了到，我们便立即到新林院思成师家拜望了徽因师，其时思成师尚在美考察未返。她见到我们时，其高兴之情难以名状，因她仍在病中，不敢多谈，她说你们以后多来，让我们去水利馆二楼向系代主任吴柳生教授报了到。

五、创造条件再深造

中国营造学社复员北平，全体工作人员都转入清华大学开办建筑系的事情有诸多的原因。据我所知，抗战胜利之前，思成师就作了多方考虑，他和徽因师对他们苦心调查研究的中国建筑很难割舍，但是根据八年流亡的经验没有固定的国家编制很难安心。当时也知朱桂辛社长经八年抗战期间日本侵略者的抢掠，实业财力已空，无力再支持学社了。而更重要的一个原因则是徽因师在十年前为思成师《清式营造则例》一书绪论中指出的，中国古老建筑的新生命要靠新的建筑师和建筑学生，只靠过去学社吸收少数建筑系毕业生和招考吸收一些青年学徒（也称之为研究生）是不行的。于是，思成师向清华大学校长梅贻琦写了建议信，这也正符合了清华大学这一著名理工大学缺少建筑系的需要，于是立即被采纳了，建筑系于 1946 年开始招生，由吴良镛先生先期与新生们来到了清华大学建筑系。

然而，思成师和徽因师潜心钻研实地勘察测绘多年，卓有成果，与在抗战八年费尽心力支持的学社，感情十分深厚，不能割舍。于是，思成师和徽因师建议既要培养学生，又要不断古建筑的勘察研究，由清华大学与中国营造学社合办一个中国建筑研究所，学社的人都是这个研究所的当然研究人员，也可吸收建筑系的师生们参加，我是“声闻”弟子。后来，由思成师与朱桂辛社长和梅贻琦校长商谈同意之后，就算与建筑系一起二个机构两个牌子，编制都在建筑系。但是由于内战开始，加之建筑系的教学任务繁重，无法抽出时间进行野外实地勘测研究工作。

来到清华之后，我在建筑系的名义正式编制是系办公室也就是系主任的助理（行政事务工作）。其时思成师在美考察未回，系代主任是吴柳生先生，他也是一个忠厚长者。有一天我去看徽因师的时候，谈起了古建筑的学习和调查研究的事情，她主动提出说你在学社五六年学到了不少东西，古建筑可算有了初步知识，但范围还很窄。建筑是一门综合的科学、艺术和文化的门类，知识必须广泛。你现在来到清华，有很好的条件，清华的名教授很多，你可以去听他们的课，过去宗江、明达他们没有这个条件，你是幸运者。我太高兴了，但是系里的办公室的事不少，还要为刘致平先生的建筑构造（Building Construction）课程绘教材图。这些工作我都可晚上做，但不知系里是否同意。她马上说，我给吴柳生先生说一下就可以了。果然，过两天吴柳生先生马上找我谈，说是林徽因先生向他说了我的事情，他非常支持我去听课。为了支持我听课，吴柳生先生还找来一位李毓俊先生在系办公室帮助工作，于是我便放心去听课，除了系里的课之外，土木系的如吴柳生先生的木结构、其他教授的测量学、工程力学等课程都去听。徽因师还特别要我多学外语，于是我选了英、俄、德、法、日五门外语，其中曹靖华先生讲的俄语我下了较大的功夫，解放以后真用上了。在清华时和程应铨先生合作翻译的《城市计划与道路交通》一书（他翻译的文字，我绘的图）原载《苏联城市建设问题》杂志（1947 年出版），对该书的评介，就是我从该杂志俄文本译出的。1950 年我调到文物局后，又翻译了不少苏联的文物古建筑和历史名城的保护的文章与著作，对建国初期的文物保护工作起到了积极的作用。

六、调查长城结渊源

思成师和徽因师非常关心中国建筑研究所的工作，一次徽因师特意把我叫去说，现在和谈破裂，内战已起，要出去到外地考察测绘甚是困难，你能不能想办法到北平附近的地方去看看。她说过去学社在北平距长城很近，但总因为随时都可以去而搁置，殊知一搁就是十多年了。长城是古建筑中很重要的一项，不能不去调查测绘一下，工作量相当大，你年轻先去打个头阵，探一下路，有可能再叫致平、宗江他们去。于是，我查找了资料和地图，决定去八达岭和古北口两处，因这两处都是长城重要之处，而且距北平也不远。这时正值 1947 年与 1948 年之交，这两处长城也正是国共两军对峙之地，我打听了一下，还未打起来。于是我选择了好天气，带上简单用品，一个旧相机，只身前往。两处的交通都十分困难，坐车、骑驴、步行交替使用，费了几天的时间才算完成了“初探”。所幸我在沿途并未遇到什么阻拦，听说两方都在做打仗准备。这是我首次到达长城，那种苍凉、雄伟、壮阔、关山难越的情景，尤其是长城如巨龙般飞驰的动人景色，至今如在眼前。由于当时人烟稀少，地处荒凉，我不敢久留，照了几张相，赶快返回了。后来战况越来越紧，考察测绘计划就不得进行了。可喜的是，我在 50 多年前所拍的古北口和八达岭的照片，今天已成为历史老照片，因为现在已经改观，有的已经不存了。

到了 1952 年秋，时任政务院副总理兼文教委员会主任的郭沫若先生提出要修缮长城的建议，我接受了文物局郑振铎局长交代考察长城的任务，先作勘查，再搞出规划设计来。于是，我对北京居庸关、八达岭进行了初步勘查之后，画出了一个草图，并去清华大学向思成师请教，请他审定。他当即提出了许多宝贵的意见，并在图纸上签了审定的名字，这张图纸我还保存着。他所提的这些意见，以后一直作为我维修文物的指导性准则。我印象最深的三点是：一、古建筑维修要有古意，要“整旧如旧”，也就是后来我们写入文物保护管理条例和文物法的“保持原状”的原则。他特别强调修长城要保存古意，不要全部换成了新砖新石，千万不要用洋灰。有些残的地方，没有危险，不危及游人的安全就不必全部修齐全了，“故垒斜阳”更觉有味儿。二、休息座位的布置，他说这也是艺术，在长城故垒之下不能搞“排排坐吃果果”的布置，要有点野趣。后来我就照他的意见搞了些略加整理的自然石桌凳，随意安排，不求规则，效果甚好。三、关于种树问题，他提出在长城脚下千万不能种高大乔木，以免影响观看长城的雄姿，树太近了高了，对长城的保护也不利。

50 多年来，我参加过许多次长城的维修讨论，思成师这三条意见我都一直坚持，已经成了我自己的指导思想。

七、编写简目献厚礼

1948 年冬，我人民解放军节节胜利，逼近北平，思成师和徽因师毅然拒绝了国民党派飞机接他们到台湾的邀请，在清华大学等待解放军的到来。不久，清华大学解放了，思成师和徽因师以愉快的心情积极学习，并接受了党和人民交给的任务。其中，编写《全国重要文物建筑简目》就是他们和中国建筑研究所献给党和人民解放军的第一份“厚礼”。

1949 年 1 月，北平和平解放。党中央深知思成师是对古建筑文物素有研究的专家，对全国古建筑的情况最为熟悉，为了在解放战争中保护好祖国文化遗产，特地派人到清华大学来访思成师，请他提意见、想办法。他慨然应允了，并组织了建筑系的部分教师，一起动手，以飞快的速度，编出了一本长达百页的《全国重要文物建筑简目》。从翻书查资料到刻钢版、折纸页、装订、包裱封面，如出学社七卷汇刊那样，自力更生用手工劳动完成，一共用了一个来月的时间。我还担任了全书的钢版蜡纸刻印工作。封面设计和书中版式的排列是在思成师的指导下，朱畅中同志（现清华大学教授）的手笔。

这份简目虽然极为简要，但是它却饱含着思成师、徽因师和中国建筑研究所这一学术团体多年的成果。把它发到解放军中之后，不仅在解放战争时期起到了保护古建文物的重大作用，而且在解放初期开展古建文物调查、保护、研究工作上也起到了积极作用。它已经成了新中国文物保护史上的一个早期重要历史文献。

八、国旗国徽凝深情

北平解放后，迎来了思成师和徽因师热情

奔放的春天，他们积极地投入到伟大祖国的建设之中。虽然他们都是病魔缠身，但好象忘了病痛，决心共同为首都和祖国建设而奋不顾身。其中，为新中国设计国旗国徽是我印象中最深的一件事。

为了中华人民共和国的成立，报上登出了国旗、国徽图案征选的启事。思成师和徽因师都十分的高兴，要积极参加投稿，尤其是徽因师不仅熟谙建筑而且独具艺术和文学的才华，在美时曾专攻艺术。于是她发动全系同仁都参加投稿竞选，特别要我参加。我当时国旗、国徽设计都投了稿，国旗设计还得了第二名，我的图案是五星红旗一个大星，意思是中国共产党带领全国人民前进。听说几乎当选，因有评委提出还是围绕共产党好，才选了现在的国旗。国徽设计比较复杂，图案很多，是由清华和中央工艺美院两家中确定以清华来最后完成的。确定之后，在思成师的带领下，全系教师全力以赴，从许许多多图案中进行综合修改。大的修改原则都由思成师和徽因师决策，高庄、李宗津、莫宗江、朱畅中、胡允敬、汪国瑜等先生做的工作较多，我只做了小小的绘描工作。在方案设计和绘制过程中，我印象最深的是徽因师把我们找去亲自教了我们如何绘画五星、天安门、稻麦穗、齿轮等的技法，特别是五星如何能画得又快又准。可惜最后国徽通过后，他们二人都卧病床上未能参加集体照。

九、新都方案遭厄运

新中国成立以后，思成师除了进行建筑教学、古建保护之外，还大力致力于都市规划工作。他有一个设想，是想把北京这座世界罕见的古城全部保护下来。这一想法在《全国重要文物建筑简目》一书中已有反映。他构想了一个在西郊建“新北京”的方案，并多次向中央领导提出。1950 年，我被调到文物局前，曾为思成师画过新北京的简图，抄写过报告，所以他的意图我完全理解。我也是完全赞同这一方案的。一些剩下的图纸副本和材料我一直保存着，不幸在十年浩劫中丢失了。思成师对我说，北京城是中国古代城市规划的实物杰作，如果将包括城墙、城门、街巷、牌楼、宫殿、王府、坛庙、寺观、园林等的城市完整地保护下来，这将是一个世界奇迹，但如果在城内建设，新旧两者必相矛盾，古建筑就必然要受到破坏，因此，必须把中央各部和机关学校建在城外，这样便能两全其美。他特别提出过保存、利用城墙并把它建成环城公园的方案，而且还详细计算了拆除城墙的费用，发表在当时的《新建设》杂志上。遗憾的是他这一意见未被采纳，反而招致了一些非议，并被加上了“复古主义”的罪名。在今天看来，思成师当时的意见如果被采纳了，那么今天北京城的文物古建筑定会多保存下来，新的建设也会更能发挥创造性的力量。我现在还是这样认为的。

自从这一方案被否定之后，大量的新建筑就在北京古城内出现了，矛盾日益发展，古建筑处处要给新建筑让路。到处是控诉城墙、控诉牌楼、控诉故宫、控诉团城之声。另一方面，新建筑也不是那样顺利，处处受到约束。我曾听到一位新建筑的负责人说：早知如此，我也不赞成在城内搞了。

十、“声闻”诤言记终生

不久前我从旧资料中找到了一次会议的记录摘要，仿佛又回到了会议当时的场景。

1953 年，正当“三反”“五反”之后，全面大规模基本建设正在开展，首都的城市建设飞速发展。由于没有采纳思成师关于古城整体保护另建新区的建议，古城内的文物古建筑与道路交通和新建筑产生了矛盾。中央和北京市领导非常重视这一问题，于是由北京市政府出面召开了一个“关于首都文物建筑保护问题座谈会”。时间是 1953 年 8 月 20 日，地点是市府第一会议室，主持人是吴晗副市长。中央和北京市文物主管部门的领导和一些专家郑振铎、马衡、朱欣陶、华南圭、朱兆雪以及社会名人叶恭绰等参加了会议。思成师和徽因师均在会上作了重要发言，特别是徽因师的发言内容最为丰富，当然也代表了思成师的观点。由于这个座谈会的记录不详，又是摘要，徽因师的长篇发言记录摘要非常简单，但几个问题都已提到了。

现根据我的记忆,简述如下:

(一)关于保护文物与新建设的关系及新建筑创作的问题

徽因师首先谈了保护文物古建筑与新的城市建设与发展是统一的,不应该把它当成必然的矛盾来看,就算是出现了矛盾也能够很好的解决。有人把它看成是必然的矛盾,甚至是不可解决的矛盾,因此首先考虑拆。如果把保护与新建设发展首先考虑是统一的,出现了矛盾也可以解决,事情就好办了。我们应首先考虑如何想办法去保护,想办法去解决矛盾而不是首先考虑拆。在谈到保护文物与新建设是统一的问题时,她特别举了欧洲国家希腊、罗马、巴黎大都市中,古文物建筑与新建设相互交辉的情况,并且说中国建筑就科学和美学上的价值都不比欧美的建筑差。中国建筑最成功的木构架和最庄严美丽的各式各样的屋顶,比欧美建筑更具美的价值。把它们保护下来将来有钱了好好修整一下,给全体市民、全国人民以及外国友人来参观欣赏有多好,如果把它拆掉了,一切都没有了。在谈到古建筑的作用时她又强调了她在给《清式营造则例》所写"绪论"的观点,要学习和继承中国建筑的优良传统,"保护旧的是为新建筑保存优良的传统"(记录摘要原文)。她还讲了要根据新材料新技术的出现,中国建筑也要发展,创新。但是优良传统也要融入新的创作设计之中,希望建筑师和建筑系学生要学习认识中国建筑的优良传统。

(二)保护文物建筑不只是宫殿、庙宇,还要注意民居住宅和其他各种类型建筑的保护,以及注意民间艺术的保护

她谈完了"保护文物和新建设是统一"的问题之后,已经显得很疲倦,吴副市长请她喝口水,歇了一会儿,又接着发言,对北京市保护文物建筑提出了批评。她说:"北京市保护旧文物建筑多半属于宫殿、庙宇,对民间建筑便没有注意。艺术从来有两个系统,一个是宫殿艺术,一个是民间艺术,后者包括一些住宅和店面,有些手法非常好,如何保存这些是非常重要的。"(记录摘要原文)她谈到的民间建筑内容很多,特别是民居的四合院、作坊、铺面等的价值和重要性,应该很好地调查,选择一些加以保护。她这一意见引起了在座很多专家的重视,特别是郑振铎局长作了很多的补充,认为这是一个十分重要的问题,以他所致力的俗文学研究为例,说明民间艺术、民间文学的价值并不小于庙堂的、官家的,文学艺术的根源都来自人民来自民间,他说我很赞成徽因的意见(他们都是同时代的文学家、同乡)。建议从北京市做起,我们文化部也要注意民间文物的保护。

她接着又对北京市的文物调查提出意见。她说北京市的文物古建很丰富,内容很多,有些东西被忽视了,没有很好的调查,家底不清,难以保护。她说:"北京没有做好调查研究工作。如李笠翁的假山、刘兰塑的故居等都很有名,过去都没有注意。"(记录摘要原文)徽因师这一段谈得很多,记录摘要不可能全记下来,我记忆最为深刻的,她的发言重点就是北京没有做深入的调查,家底不清,难以开展保护工作,而且调查的内容也不全面。这一问题对北京市的文物保护,甚至全国来说也都是很重要的。

(三)关于古建筑文物的整体和环境保护问题的意见

这一时期,有关方面和专家学者们对北京城墙和天坛等大体量、大面积的古建筑群产生了不同的看法。思成师已发表了全部保存城墙和合理利用的建议,但有人主张全部拆,也有人主张保存部分城门的意见。天坛有人认为面积太大了,只保存祈年殿、圜丘坛等部分就可以了的意见。徽因师对此问题提出了不同意见。她认为,北京城是一个完整的无与伦比的城市规划杰作,是一个整体,不能分割。如果只保存一部分就破坏了原来的基础,破坏了它的整体性,损失了它的价值。至于天坛,更是一个完整的建筑群,有内外两重坛墙,内外坛墙都有它的作用,都不能分割。天坛除了建筑之外,古树也是重要的组成部分,天坛如果没有了那片葱郁的古树,整个青葱肃穆的环境就没有了,天坛的整个气氛也就破坏了,是万万不能的。希望中央和市政府要认真考虑。当时她说得很动感情,很是激动。记录摘要的原文比较缓和,但大意尚存。

这一次座谈会的发言,是她最后一次对文物古建筑保护理论、保护原则、保护范围、保护作用的全面性阐述，我认为实在太重要了。由于记录摘要不可能全，我当时的笔记也已遗失，回忆的也只是很少的一部分，但就这一简短的摘要和回忆，也可窥见恩师对中国建筑和文物保护卓识之一斑。我有幸参加了这次北京文物建筑保护史上的第一次重要会议，“声闻”了恩师的卓识诤言，并相继参加了城墙、牌楼等的联合调查。但是限于当时的历史情况，自 1954 年以后北京的文物古建筑保护形势逆转，城墙决定拆除，牌楼决定拆迁。徽因师的病情急剧恶化，1955 年初与思成师均住入医院，4 月 1 日，一代文坛、艺坛、匠坛巨星过早陨落。

时光飞逝，弹指一挥，转瞬 60 多年过去了，但思成师和徽因师的音容笑貌、关爱深情，特别是他们那种侃侃而谈、妙语风生、博学多闻、古今中外、才情洋溢的风度，尤其是对我这个当时来自山村孩子的循循善导、热心教诲的恩情，使我时刻不能忘记。

· 学术论谈 ·

也是"有形有神"、"有声有韵"

——兼谈文物保护的中国特色

罗哲文

（国家文物局　北京 100029）

［关键词］文物建筑；中国特色；有形有神；有声有韵

［摘　要］建筑被称为凝固的音乐，交响的乐章，天人合一，和谐交响。不少古建筑中保存了极为奇特的音响音韵的奇迹。一些风景名胜、园林故迹中，还精心设计了"寻诗经"、"看画廊"、"流水音"等景点。最有代表性的古建筑与诗赋词章音韵相融汇的要算亭台楼阁。宫殿、坛庙、寺观、桥梁等莫不有丰富的内涵与文化。文物是有形的，但它包涵或承载的内容是活泼的、活生生的。

Spirit with Shape, Sound with Rhythm

——about the Chinese characteristics in conservation

Luo Zhewen

(State Cultural Relic Bureau　Beijing　10029)

Keywords: Historical cultural relics; Chinese characteristic; Spirit alone with shape; Sound accompanied by rhythm

Abstract: Throughout Chinese history, architectures have been alternatively referred to as the solid melody, symphonic music, the unity of humanity and heaven, and harmonious eymphonies. Several"miracles of sound," such as echoes and amplified resonanc, were incormorated into many of the ancient buildings. Gardens, whith their long tradition of visual serenity, began to acquire aspects of tonal tranquility as well in the form of wind tunnels and running water. Galleries where ancient masters displayed their art still retain a quality of that art. Pavilions where poets distilled the majesty of the natural world into words even now maintain a semblance of their energy. Aged palaces, temples, and gardens all have culture and content inside. Historical relice are material, but the cultures and contents within them are alive and lively.

20多年前，我曾经在历史文化名城的三大支柱中，提出其中的一大支柱是历史文化传统，包括：语言文字、诗词歌赋、音乐戏剧、曲艺说唱、相声杂技、民俗风情、衣冠服饰、营造技艺、工艺美术、中医中药、宗教信仰以及土特名产、风味饮食等等。钱伟长先生曾把他们与历史文化名城的城墙、古街坊巷、古建筑等硬件相对应称之为历史文化名城的"软件"。也即是我们今天提倡的口述与非物质文化遗产。特别是最近听到了马凯同志所咏房山石经《采桑子》词：

千锤百凿震长空，不是愚公，恰似愚公，六代千年旷世功。经石万块绵延列，不是长城，恰似长城，一样丰碑寰宇中。

由此想到曾被称之为"物质文化遗存"的"文物"，也是"有形有神"、"有声有韵"。因为文物是中国特有的历史文化所形成的，有非常浓厚的中国特色。兹以不可移动的文物古迹、古建筑为例来论述它们也是"有形有神"、"有声有韵"。

一、文物古迹建筑本身就由诗歌、音乐、书画的声韵所构成

建筑被称之为凝固的音乐、交响的乐章，正是因为它们在设计、建造的时候就由许多不同的音符、节拍和韵律所组成的。70 多年前梁思成先生就以北京天宁寺塔为题材，谱成了音乐的韵律。上世纪 90 年代我曾参加了一次别开生面的以建筑为题材的建筑音乐会，高雅而又普及，十分引人入胜。曾有小诗一首：

建筑（以古建筑为题）：

凝固的音乐，交响的乐章。

瓦兽椽望，斗栱梁枋。阶台柱壁，础石门窗。

亭台楼阁，曲槛回廊。宫殿衙署，府第民房。

寺观坛庙，堰坝桥梁。城市郊垌，田野村庄。

天人合一，和谐交响。

数不清的音符，谱不完的建筑乐章。让凝固的音乐，

散发出和谐的交响，把锦绣河山，人间生活演奏得更加绚丽悠扬吧！

在我国现存的不少古建筑中，保存了极为奇特的音响音韵的奇迹，如北京天坛皇穹宇殿的回音壁、三音石、五音石，寰丘坛上的太极石，其传声、回声的音乐作用，经过多次科学研讨，其神韵还在深入揭示之中。在山西永济由《西厢记》（莺莺传）而闻名的普救寺中的莺莺塔的音响鸣叫作用也成了一处奇观。还有甘肃嘉峪关关门外墙角下的一瑰奇石，击之如燕鸣，因而被称作了嘉峪关八景中的“击石燕鸣”一景。可见古代哲匠先贤们在建筑上与音乐声韵相融合规划设计巧安排，是十分重视的。天坛、莺莺塔、嘉峪关的音响音韵效应，是设计之初的有意创造还是后来产生的效果尚待进一步的论证。但是在两千五百年前，苏州吴王夫差为西施所修的馆娃宫中的“响屐廊”确是预先特意设计的。在廊子木地板之下，安设了大小深浅不同的空缸，让西施在廊内行走起舞发出不同的音响，成了音乐伴奏。现在还保存着的许多园林中还利用水流击石、冲激等造成钟磬、琴瑟之音的效果，都是有意设计创造的。无锡寄畅园内有一条著名的“八音涧”，就是有意安排流水穿行于山石起伏间的涧谷，流水淙淙，声音变幻，犹如天然音乐，且与周围的花草树木、山石相结合，一曲有声有韵的人与自然共同创造的乐章，巧妙天成。扬州个园中冬景内的 24 个风音洞，还制造成了冬天北风呼呼的效果。正应了造园手法“虽由人作，宛自天开”的效果。

在一些风景名胜、园林古迹之中，还精心设计了“寻诗经”、“看画廊”、“流水音”、“弹琴峡”等等诗情画意的景点，如北京北海公园琼岛北山的看画廊上下曲折迂遇，一侧墙上景框如画，一面廊外风景如画。至于始创于绍兴兰亭的曲水流觞的文人雅集，历代相承，宫殿王府、风景园林之中现在还保存了不少遗迹，四川宜宾流杯池就是一处宋代保存下来的兰亭集序遗风的实物。

像以上所举文物古迹、古建筑本身就包括了“有形有神”、“有声有韵”的成份的例子之多，不胜枚举。

二、文物古迹、古建筑与诗词书画、匾额楹联、音乐词章的交融结合，相得益彰密不可分

文物古迹、古建筑，它们不只是物质艺术的实体而且与非物质文化文学艺术交融结合在一起，难解难分，产生一种巨大的魅力，古往今来不知有多少骚人墨客，以至显赫名流、将相帝王为之留下了不朽的华章。不知多少人的心弦为之扣动，不知引发了多少人的沉思遐想。“发思古之幽情”有时不仅会使感叹于昔日之兴亡往事，而且还能从中获得教益，更能陶冶高雅情怀。

三国时期，魏、蜀、吴赤壁大战，孙刘联盟，以少胜多击败了曹操的 83 万大军。这一重大的历史事件，凝聚在赤壁古迹之上，被历代相传了下来。多少诗人词家为之讴歌咏唱，泼墨挥毫，留下了动人的诗赋词章、书画精品，增添了文物古迹的光彩。唐朝诗人杜牧的一首《赤壁怀古》七绝，广为传唱了 1000 多年：

折戟沉沙铁未销，自将磨洗认前朝。

东风不与周郎便，铜雀春深锁二乔。

这首怀古咏史的诗，从沉沙的兵器说起，写到人和战争的胜负，寓言英雄人物的成败和客观偶然因素的影响，以曲折的语言咏叹这件历史上以少胜多伟大战役的结果。而另一首苏东坡的词《念奴娇·赤壁怀古》和前、后《赤壁赋》则更以脍炙人口的名篇生动的描写了赤壁的江山景色，尤其是念奴娇词以万马奔腾的气势描绘了壮丽的河山，咏叹古代英雄人物在这场战役中的经历，咏叹历史事件，抒发诗人的感慨和情思，成为千古绝唱：

大江东去，浪淘尽、千古风流人物。故垒西边，人道是，三国周郎赤壁。乱石崩云(穿空)，惊涛拍岸，卷起千堆雪。江山如画，一时多少豪杰。遥想公瑾当年，小乔初嫁了，雄姿英发，羽扇纶巾，谈笑间，樯橹灰飞烟灭。故国神游，多情应笑我，早生华发，人生如梦，一樽还酹江月。

现在这两处古建筑、古石壁遗址，已经成了国家重点文物保护单位，它们为这些不朽的诗赋词章提供创作基础，它们也借这些不朽的诗赋词章而彰显流传。物质与非物质文化遗产，水乳交融，密不可分，不仅有体有形也有声有韵。也是“形神兼备”。

古塔，是外来文化在我国原有传统建筑基础上创造出具有中国特色的艺术奇葩。它原非我国古代建筑所有，是随着佛教的传入才出现的一种新建筑类型。2000 年来又不断传承发展，成了代表中国建筑艺术的杰作类型之一。它们甚至成了风景名胜区、历史名城的标志。西安的大雁塔、小雁塔，一千多年来就是西安(长安)古城的标志性建筑，“雁塔题名”成了长安一景与文学艺术结合在一起。历史文化名城扬州的一座栖灵寺塔，不知与多少著名诗人词家结下了诗情画意的情缘。唐代的两位著名诗人白居易和刘禹锡有幸在扬州(广陵)相遇，同登栖灵塔，写下了与古塔情景交融的不朽诗篇。

白居易的《与梦得同登栖灵寺塔》七绝：

半月腾腾在广陵，何楼何塔不同登。

共怜筋骨犹堪任，上到栖灵第九层。

刘禹锡也有《同乐天登栖灵寺塔》的诗：

步步相携不觉难，九层云外倚栏干。

忽然笑语半天上，无数游人举目看。

这两位老年的诗人，把愉快的心情与塔结合在一起，描写非常生动。不仅与塔而且把游人也结合在一起，成了历史文化名城扬州历史上的一段佳话。

在古建筑与诗赋词章音韵相融汇方面最有代表性的要算亭台楼阁。虽然楼阁不断兴衰更替，但与它们共同咏唱的诗赋词章，千百年来不断传唱，成了重兴复建这些建筑的动力。在我国现存被称之古代四大名楼的岳阳楼、黄鹤楼、鹳雀楼、滕王阁，可堪称为建筑与诗赋词章音韵相融的杰作。

岳阳楼，位于湖南岳阳西城墙之上，濒于洞庭湖之滨，是这四大名楼中历史较早的一个。相传始建于东汉时期东吴鲁肃之阅兵台。此后屡坏屡修，现存建筑为清光绪六年(1880 年)所重修。由于它历史、艺术特别是文化内涵之丰富，早已列为了全国重点文物保护单位。岳阳楼之所以出名，除了李白、杜甫等著名诗人之外，要算是范仲淹的一篇《岳阳楼记》了。《记》中最为突出的“先天下之忧而忧，后天下之乐而乐”唱出了这一融入建筑的最强音，为历代以至今天人们高尚情操的追求。《记》的开头把重修岳阳楼是缘于“政通人和，百废俱兴”，也是经济文化兴旺的表现。

黄鹤楼，位于武昌长江之滨，相传也建于三国东吴时期，也是屡毁屡修，现存建筑为“文化大革命”之后“政通人和”之际(1984 年)重修的。黄鹤楼之所以出名与屡毁屡修，也正因为其历史文化内涵之丰富，诗歌音韵之嘹亮，令人不能无此物与此情的缘故。崔颢的黄鹤楼《七律》中的“晴川历历汉阳树，芳草萋萋鹦鹉洲”佳句，特别是李白的一首《送孟浩然之广陵》：

故人西辞黄鹤楼，烟花三月下扬州。

孤帆远影碧空尽，唯见长江天际流。

诗的磅礴气势、情景交融的音韵一千多年来被广泛传诵。这样优美的诗篇凝聚在楼的建筑之上的不下数百，楼就不能不重建了。

滕王阁，位于江西南昌赣江之滨，始建于唐高宗永徽四年(653 年)，也是由于其文学艺术内涵之丰富，历史上曾有 20 多次重修重建。现在之滕王阁亦是“文革”之后拨乱反正，政通人和之际重建的。

滕王阁之所以如此历劫再兴，除了其建筑本身的价值和所处环境之外，正由于有了唐初文坛四杰之一的王勃一篇《滕王阁序》。序文不仅内容丰富文才横溢，而且音韵抑扬，把阁的建筑艺术、壮丽江山景色描绘得淋漓尽致。特别是最后所赋的一首“一言均赋，四韵俱成”的《七律》：

滕王高阁临江渚，佩玉鸣鸾罢歌舞。
画栋朝飞南浦云，珠帘暮卷西山雨。
闲潭云影日悠悠，物换星移几度秋。
阁中弟子今何在，槛外长江空自流。

滕王阁，现在已成了南昌故郡传承一千多年历史文脉，有形有神、有声有韵的胜迹。

鹳雀楼，位于山西永济黄河之滨，以唐王之涣的一首五言绝句《登鹳雀楼》而闻名：

白日依山尽，黄河入海流。
欲穷千里目，更上一层楼。

此楼由于黄河河道变更，岁月沧桑，在八百年前已经消失，正是由于这一首千古绝唱的诗句，在这政通人和、百废俱兴的盛世，又把它按唐代的风格重新建起来了。

还有较晚的一座昆明滇池大观楼，以一副长联把楼与五百里滇池，三千年往事融汇于建筑与湖山景色和历史长河之中：

五百里滇池，奔来眼底，披襟岸帻。喜茫茫空阔无边。看东骧神骏，西翥灵仪，北走蜿蜒，南翔缟素。高人韵士，何妨选胜登临。趁蟹屿螺洲，梳裹就风环雾鬟。更苹天苇地，点缀些翠羽丹霞。莫辜负四围香稻、万顷晴沙、九夏芙蓉、三春杨柳。

三千年往事，注到心头。把酒凌虚，叹滚滚英雄安在，想汉习楼船、唐标铁柱、宋挥玉斧、元跨革囊，伟业丰绩，费尽移山心力。尽珠帘画栋，卷不及暮雨朝云。便断碣残碑，都付与苍烟落照。只赢得几杵疏钟，半江渔火、两行秋雁、一枕清霜。

古建筑除了亭台楼阁、古塔之外，宫殿、坛庙、寺观、桥梁等等莫不有丰富的内涵与文化。诗赋词章交融结合，可歌可咏。如帝王宫殿坛庙的内外莫不有各种乐器，在上朝、祭祀时与建筑物和人的活动融为一体，呈现出壮观、严肃和谐的气氛。如唐大明宫上朝时，击鼓鸣钟，香烟缭绕，有声有韵。

唐代诗人岑参的《和贾至舍人早朝大明宫之作》七律：

鸡鸣紫陌曙光寒，莺转皇州春色阑。
金阙晓钟开万户，玉阶仙仗拥千官。
花迎剑佩星初落，柳拂旌旗露未干。
独有凤凰池上客，阳春一曲和皆难。

王维的同一《和贾至舍人早朝大明宫》七律：

绛帻鸡人报晓筹，尚衣方进翠云裘。
九天阊阖开宫殿，万国衣冠拜冕旒。
日色才临仙掌动，香烟欲傍衮龙浮。
朝罢须裁五色诏，佩声归到凤池头。

许多祠堂庙宇把纪念人物的建筑与文学艺术，诗词楹联融为一体，相互增辉，相得益彰，世代留传。最为著名的要算是四川成都的武侯祠了。杜甫的一首《蜀相》七律：

丞相祠堂何处寻，锦官城外柏森森。
映阶碧草自春色，隔叶黄鹂空好音。
三顾频烦天下计，两朝开济老臣心。
出师未捷身先死，常使英雄泪满巾。

现在祠内依然古柏森森、碧草如茵。祠宇建筑虽经历代重修仍然庭院深深，环境幽静。令人回想起当年刘备三顾茅庐，诸葛亮鞠躬尽粹为三分天下兴盛巴蜀的往事。

在此祠内的诸葛亮殿上，还有一副年代虽晚但富有深刻意义的楹联：

上联：能攻心，则反侧自消，自古知兵非好战。

下联：不审势，即宽严皆误，后来治蜀要深思。

这幅对联不仅高度评价了诸葛亮在用兵、理政、治理巴蜀和西南少数民族地区的高超政策水平，同时也为后人在用兵、理政方面提供了启示和借鉴。听说毛泽东主席在成都会议期间专门看了此一对联，并给予了很高的评价。可见祠宇建筑与诗词楹联等文学艺术是密不可分的。

在近代的祠庙建筑中，有一副林则徐为在鸦片战争中壮烈牺牲的民族英雄关天培写的对联，不能不提及：

上联：六载固金汤，问何人忽坏长城，孤注空教躬尽瘁。

下联：双忠同坎壈，闻异类亦钦伟节，归魂相送面如生。（异类指英国侵略军）

此联给英雄烈士与祠宇建筑赋予了生命和精神。

城市是各种建筑最为集中之点，不仅有起伏昂扬的建筑音符，而且有点、线、面组成的建筑篇章，可以称得上是最豪华庞大的交响乐章。我国古代城市的规划充分考虑到了各种建筑点、线、面群体的韵律安排。北京7.8公里中轴线上标志性建筑的高低错落，两旁建筑群的布置充分吹奏出起伏而又和谐的韵律。唐代诗人杜牧的《阿房宫赋》，把秦始皇营构的阿房宫再次生动地展示在人们的眼前。

许许多多的千年古都莫不有生动而又形象的诗赋词章彰显于当代，留传于后世，不胜枚举。而六大古都（或七大古都）之一的第一批国家历史文化名城杭州，北宋时期柳永的一首《望海潮》，可以说把杭州九百多年前的繁华景象、壮丽湖山、文彩风流吹唱得淋漓尽致。就连以后南宋时期欲要南侵的金主完颜亮听唱到“三秋桂子，十里荷花”等词句时，因羡慕钱塘风光，助长了他侵吞南宋的野心，于公元1161年大举南犯。

《望海潮》　柳永

东南形胜，三吴都会，钱塘自古繁华。烟柳画桥，风帘翠幕，参差十万人家。云树绕堤沙，怒涛卷霜雪，天堑无涯。市列珠玑，户盈罗绮，竞豪奢。

重湖叠巘清佳。有三秋桂子，十里荷花。羌管弄情，菱歌泛夜，嬉嬉钓叟莲娃。千骑拥高牙，乘醉听萧鼓，吟赏烟霞。异日图将好景，归去凤池夸。

至于咏叹古迹抒发情怀，评赏名胜风光的诗赋词章不可胜计，它们大都成了托物寄情的载体，难以分割。毛泽东同志在这方面的造诣尤高。如《菩萨蛮·黄鹤楼》、《浪淘沙·北戴河》、《七律·登庐山》等等。《登庐山》是一首描写了风景名胜，抒发情怀的革命浪漫主义的佳作：

一山飞峙大江边，跃上葱茏四百旋。
冷眼向阳看世界，热风吹雨洒江天。
云横九派浮黄鹤，浪下三吴起白烟。
陶令不知何处去，桃花源里可耕田？

这首诗可称得上与这一天下名山（现已列入世界遗产名录）情景交融，可歌可咏。在他原来的小序中说：“1959年6月29日登庐山望鄱阳湖、扬子江，千峦竞秀，万壑争流，红日方升，成诗八句。”既描绘了大江、大湖、名山的壮丽景色，又把自己共产主义的理想情怀交融在一起，堪称佳作。

三、其他

这里我想顺便谈一下，除了不可移动的文物古迹、古建筑之外，有些可移动的文物也是有声有韵的。如钟、鼓、琴、瑟、箫、笛、笙等等。它们本身就是按照音响音韵的要求而设计制做的。1978年在湖北随州出土的战国时期的编钟，还把演奏了“东方红”的乐曲随我国自已发射的卫星而遨游太空。其他的书画、陶瓷、善本图书等等也都莫不具有可歌可咏、可读可赏的文化内涵。善本图书本身就是可读、可咏可鉴赏的载体。如此等等尚待有关专家学者、广大同仁进一步专题研讨。

文物是有形的，但它包含或承载的内容是活泼的、活生生的。在评介一件器物或艺术品时，中国有一句老话，往往称之为“形神兼备”，至哉斯言。也就是说不仅有形式还要有精神的内容。

我想再谈一下“文物”二字原来的含义和发展过程，按照古典文献、辞书字典上的解释，早期文物并不仅指的物质，而首先是非物质。《辞源》、《辞海》上均说文物：旧为礼乐、典章制度的统称。公元前684年，《左传·桓公二年》：“夫德，俭而有度，登降有数，文物以纪之。以临百官，百官于是乎戒惧而不敢易纪律。”汉、唐以后文物一辞又逐步发展，至到今天的“物质文化遗存”。我认为应还我们悠久历史文化“文物”的早期意义。至少不能把它丰富的内容完全丧失了。（当另文以论之）

· 学术论谈 ·

客家建筑仿生象物的营造意匠研究

吴庆洲

（华南理工大学建筑学院 广州 510640）

［关键词］客家建筑；仿生；法人；象物；意匠；生殖崇拜；图腾崇拜；风水观念

［摘　要］本文探讨客家建筑的仿生象物营造意匠，认为它是追求天地人和谐合一的哲学思想体系的产物，其文化渊源为生殖崇拜、图腾崇拜和风水观念，并从法人、仿动物（包括凤凰、龟、龙、牛、螃蟹、蛇等）、仿植物（莲花等）、象物（包括船、棋盘、八卦等）几方面，研究其文化内涵。

Study on the Bionics and Pictiographic Idesa of the Hakkas Traditional Construction

Wu Qingzhou

Key Words: the Hakkas building, bionics, following man, imitating implements, ideas, worship of reproduction, worship of tuten, ideas of Fengshui.

Abstract: This paper explores the bionics and pictiographic ideas of the Hakkas traditional construction, proposing that their guiding ideology is the philosophy for the harmony of heaven, earth and man, and that their cultural resources are the worship of reproduction and Tuten, and the idea of Fengshui. Four aspects of them are discussed: Following Man, animals including phoenix, tortoise, dragon, cow, crab and snake, etc., plants including lotus, or implements including, ship, chessboard and the Eight Diagrams, and their cultural connotation are studied.

一、前言

中国古代城市村镇园林建筑的营造，受到各种思想体系的影响。其中最主要的三种思想体系是：1. 体现礼制的思想体系；2. 重环境求实用的思想体系；3. 追求天地人和谐合一的哲学思想体系。①

受不同思想体系的影响，城市村镇园林建筑营造意匠均会有别。本文所探讨的仿生象物、法人法自然意匠，主要是由追求天地人和谐合一的哲学思想体系指导下产生的，它符合《老子》所云："人法地，地法天，天法道，道法自然"的准则。

《易 · 系辞下》云："古者包牺氏之王天下也，仰则观象于天，俯则观法于地，观鸟兽之文，与地之宜。近取诸身，远取诸物，于是始作八卦，以通神明之德，以类万物之情"。《易经》的这段话，为我们仿生象物、法人法自然的意匠，作了很好的阐释。圣人正是通过观象于天，观法于地，观鸟兽之文与地之宜，近取诸身（法人），远取诸物（象物），才创造了八卦，以通神明之德，以类万物之情。以这样的营造意匠，营造出与天、地、人及宇宙万物和谐合一的城市村镇园林建筑，以体现古人天人合一的最高理想。

二、仿生象物的营造意匠的文化渊源及其分类

1. 仿生象物意匠的文化渊源

中国古代的传统建筑、园林、古城以及设防的楼堡村寨，都是中国文化的特殊产物，具有明显的中国文化的特征。其中，仿生象物，是中国传统文化的特色之一。其渊源于中国古代的生殖崇拜、图腾崇拜和风水思想。

(1) 生殖崇拜文化

生殖崇拜是人类对自然界普遍的生殖力的崇拜，包括五谷的丰饶、六畜的兴旺以及人类自身种族的蕃衍。农业民族希冀农作物丰产丰收，游牧民族期望牛羊成群，固然是生殖崇拜产生的原因，而生殖崇拜的深层内涵，则是对人口增殖的渴求。原始人类的艰苦的生活条件，使其人口增长缓慢，不仅影响了社会生产力的发展，也关系到人类社会能否延续下去，这是原始人类生殖崇拜的重要原因。②

中国古代先民的生殖崇拜与世界各地的生殖崇拜有共同之处，也有其特色。它由男女生殖器崇拜和男女交媾的生殖力崇拜，发展出独具一格的生殖崇拜文化。

作为自然力崇拜之一的中国古代生殖崇拜，与天地崇拜，日月崇拜，山川崇拜相结合，形成了一套独特的宇宙观。

《管子·内业篇》："凡人之生也，天出其精，地出其形，合此以为人。和乃生，不和不生。"由人类的生殖，推而广之，去认知天地、宇宙的生殖，即如《礼·中庸》所云："君子之道，造端于夫妇；及其至也，察乎天地。"这是《周易》和《老子》的宇宙观。

李约瑟先生明确指出："中国人的科学或原始科学思想认为：宇宙内有两种基本原理或'力'，即阴与阳，此一阴阳的观念，乃是得自于人类本身性交经验上的正负投影。"③

嵇文甫先生说："男女一小天地也，天地一大男女也。乾完全是表示男性，坤完全是表示女性。由他们的交媾翕辟，万物就化生出来。这明明是把两性关系移到宇宙上，成为一种性的宇宙观，对于性的崇拜也很像个样子了。"④其见解是精辟的。"性的宇宙观"点出了《周易》和《老子》哲学思想的共同之处，即两者都有生殖崇拜文化的内涵。

然而，《周易》哲学洋溢着阳刚之美，主张"天行健，君子以自强不息。""知周乎万物，而道济天下。"(《易传》)《老子》则主张"知其雄，守其雌，为天下谿。""塞其兑，闭其门，终身不勤。""致虚静，守静笃。""无为而无不为。"其哲学观点散发着阴柔之美。

叶舒宪先生认为："中国上古的原始道家思想，即老子和庄子所代表的宇宙观和人生观，可以说是一套冬季哲学或玄冥哲学，其价值取向主要在于虚、无、静，这同以实、有、动为价值取向的儒家重生哲学或春季哲学形成了鲜明的对照，二者互为补充，构成了中国思想史的主流。""两种不同价值取向的思想传统分别根植于神话宇宙观的不同时空基础，发源于不同季节的礼仪系统。仅以老庄的归真反本思想为例，我们可以在典型的冬季礼仪蜡祭活动中找到其直接源头。蜡祭的本义在于给自然生命的周期性结束息老送终，而在息老送终的背后则蕴含着辞旧迎新的意思，只是所强调的重点不是新生本身，而是新生命孕育的前提——回返生命的本源；不是阳刚之动，而是阴柔之静；不是发生之多，而是抱藏之一；不是萌发之出，而是孕育之伏；如此而已。"⑤这一看法是很有见地的。

龙、凤等生殖崇拜象征物成为建筑重要装饰题材。

远古之时，鱼纹、蛙纹为先民女阴崇拜的象征，而鸟纹、龙纹、蛇纹为男根的象征，经图腾崇拜文化的承传发展，后来龙、凤、鱼等成为我国传统建筑装饰的重要题材。

此外，象征女性生殖器的葫芦、石榴、莲、梅、竹、兰等也成为传统建筑装饰的重要题材之一。而表达多子多福的葫芦、石榴、鸳鸯贵子、百子图等更为民间建筑所喜爱。

中华民族是龙的崇拜者，是龙的传人。太昊氏伏羲为中华民族先祖之一，以龙为图腾。"关于龙的远古图腾，其文化智慧的基点实际是崇拜人自身的生殖。""对祖宗的崇拜，不是崇拜祖宗的亡灵，而是崇拜其生殖力。"⑥这一生殖崇拜文化的内涵已成为中国古代哲学的重要意

蕴。《周易》乾坤的象、数、德其实均与生殖崇拜攸关。《周易》本文以乾卦为第一卦，它象征龙，故这第一卦又称龙卦。可见《周易》对龙这一男性祖宗的生殖力何等推重。[7]

(2) 图腾文化

图腾崇拜作为文化渊源，对仿生象物意匠影响广泛而深远。

王大有、王双有著《图说中国图腾》一书认为：

"图腾徽铭文化，是独具特色的中国文化的深层(底层)基础文化。何为图腾徽铭?

图者文也；腾者縢也，婚媾也。图腾联文，联姻双方的民族标志的整合图符是也。徽者，符信也，徽识标志定型定性也。铭者称扬祖先，美其德，述英雄史诗、群体业绩，励后人，永葆万年昌隆。它是通过视觉形象传达祖先信息的最可靠最可信的历史档案。徽铭，即以徽图形式，使人铭记。……它记录了、模拟了、传达了天地人的综合信息，是天地人参同契的整合结果，高度浓缩为共同的心理认定的外化文化符号。联姻双方图腾标志的互用，民族名称借动物、植物、天体、山川而名，又转而指代族人、族祖先，经过简化，由最本质最具代表性的图符，构成族徽的单元基础——徽根，与氏族、族人相结合，就形成由绘画型的具象符号解释型的抽象标志互逆或伴生的构成规则和创生系统。氏族的分化并向部落联盟发展，以及由王族建立的中央政权和地方政权的并立，就产生图腾层次和图腾徽铭层次的礼制化，产生原生图腾、衍生(演生)图腾、复合图腾等等不同类型。"[8]

图腾文化是仿生象物意匠的重要的文化渊源。伏羲氏的八芒太阳纹、八卦、太极图腾，炎帝氏的炎、阳、羊、牛、鱼图腾，黄帝氏的黾、鼋、龟图腾，豨韦氏的猪图腾，防风氏的猪、凤图腾，女娲、蚩尤、共工氏的蛇、鹗、枫图腾，豢龙氏的龙图腾等，都可以在仿生象物的实例中看到其影响。

(3) 风水观念

风水观念来自原始的自然崇拜中的万物有灵论，与生殖崇拜、祖先崇拜相结合。因此，风水就成为团结宗族的有力因素。

风水特别关注的是山水环境与生命体的相类，它讲究"喝形"，常常将山水环境比作人或比作龙、凤、龟、蛇、狮、虎、猴等富有灵性的动物，如称山为山龙，称水为水龙，等等。

死者的安葬的风水原则主要运用在安葬的时间与地点上。慎重选择坟地的峦头地势及清楚记载祖先坟墓的地理位置被视为对祖先的尊敬及缅怀，不忘族本。江西赣州地区宁都、于都、瑞金、石城、兴国五县林氏于1994年联修的《林氏联修族谱》中有谱规十条，明文规定："谱之所修以志其生殁与葬也……谱之所修惟坟墓尤为最重要也，故谱上或坟图后或名派下务要将坟墓书明某县某土名某形某山向，恐年长世远碑朽墓沉有遗失之叹也。"记载世系时严格按谱规要求，对每位祖先的坟墓记载尽可能完备准确。例如"兴法……殁乾隆辛丑十二月初七酉时，葬老屋背海螺形癸山丁向；娶廖氏，殁于乾隆甲午年十一月十三子时，葬老屋背蜘蛛结网形亥山己向"，"士莲……殁缺，娶范氏殁缺，乾隆丁亥年夫妇重修合葬长信里磐溪坝长塘尾琵琶形，同治元年重修坤山艮向"。类似的记载贯穿于整个祖先世系中，这是客家人笃信风水及强烈的追远报本思想的体现。江西南丰县1994年修的《银坑李氏重修族谱》记载："赛宗……葬排前堡河坑金猫洗面形丙向，妣余氏姬娘葬后龙山圆形上横中穴位向"，"仁，妣张氏夫妇合葬本堡虎形"，"世隆公葬大窠排虎形，余坟右傍丑未向，妣江氏院娘葬郭林虎本堡虎形丑未向。"以上被称为"海螺形"、"蜘蛛结网形"、"金钗形"、"琵琶形"、"月形"、"金猫洗面形"、"美女照镜形"、"虎形"、"蛇形"等的坟地，都是风水师按风水原则勘测，然后"观形喝势"以定吉凶的结果。所谓"观形喝势"就是凭直觉观测将山比作动物、人或其他什么东西，如上提到的海螺、蜘蛛结网、金钗、琵琶、月、金猫、美女照镜、虎、蛇等等，并将这些隐喻的吉凶与人的吉凶联系起来。[9]

2. 仿生象物营造意匠的类型

仿生象物的营造意匠可以分为四大类：一是法人的意匠；二是仿生法动物的意匠，如凤凰、龟、蛇、虎、猫、海螺、蜘蛛、螃蟹、鱼、鹿、牛、马、鲤鱼、鳌鱼、龙、鸽、蜈蚣等；三是仿生法植物的意匠，如葫芦、梅花、莲花等；四是象物的意匠，即象非生物的，如琵琶形、船形、钟形、盘形、盂形、棋盘形、八卦形等。

三、法人的意匠

在中国古代文化中，极重视人的价值。“天地之性（生）人为贵”（《孝经》），认为天地之间的生物以人为最宝贵。“道大，天大，地大，人亦大。域中有四大，而人居其一焉。”（《老子》第二十五章）按照古代天地人同构的思想，天地是个大宇宙，人本身是一个小宇宙。“天地万物，一人之身也，此之谓大同。”（《吕氏春秋·有始》）人有血脉，地亦有之。“水者，地之血气，如筋脉之通流者也。”（《管子·水地》）正因为认为人是与宇宙万物同构的小宇宙，城市、建筑、园林规划设计中都有法人的例子。

1. 风水著作《撼龙经》视全国山川大地为一人体

《撼龙经》一卷，旧本题为杨筠松撰，经考证应为后人伪托。[10]

《撼龙经》是专言山龙脉络形势的，眼光阔大，气势非凡。起首一段典型地表现出作者宏观的地理眼光：

须弥山是天地骨，中镇天地为巨物。如人脊背与项梁，生出四肢龙突兀。四肢分出四世界，南北东西为四脉。西北崆峒数万程，东入三韩隔吉冥。惟有南龙入中国，胎宗孕祖来奇特。黄河九曲为大肠，川江屈曲为膀胱。分肢擘脉纵横起，气血勾连降水往。大为都邑帝王州，小为郡县君公侯。其次偏方小镇市，亦有富贵居其中。

这文中把全国山川大地视为一个人体，气魄雄壮，有全局之观。

2. 客家民居法人的设计构思

清代客家著名的风水师林牧，对客家三堂屋的平面处理和空间组织，提出了法人的设计思想，将三堂屋住宅比拟人体，以人体的比例决定三堂屋的比例及平面关系。[11]（图 1）

屋式以前后两进，两边作辅弼护屋者为第一。后进作三间一厅两室，或作五间一厅四房，以作主屋。中间作四字天井，两边作对面两廊。前进亦作一厅两房。后厅要比前厅深数尺而窄数尺。前厅作内大门，门外作围墙，再开以正向或旁向之外大门，以迎山接水。正屋两旁，又要作辅弼屋两直，一向左，一向右，如人两手相抱状以为护卫。辅弼屋两边，俱要作长长天井。两边天井之水俱要归前进外围墙内之天井，以合中天井出来之水，再择方向而放出。其正屋地基，后进要比前进高五六寸，屋栋要比前进高五六尺，两边护屋要做两节，如人之手有上、下两节之意，上半节地基与后进地基一样高，下半节地基与前进地基一样高，两边天井要如日字，上截与内天井一样深，下截比上截要深三寸。两边屋栋，上半截与前进一样高，下半截比上半截低六七寸。两边护屋，墙角要比正屋退出三尺五寸，如人两手从肩上生出之状……此为最上格。其次则莫如三间两廊者为最：中厅为身，两房为臂，两廊为拱手，天井为口，看墙为交手，此格亦有吉无凶。[12]

从林牧《阳宅会心集》“阳宅作用图式”（图 2）可知，图中有半月形水塘，注明“如顺局形势散漫者，则作一塘以聚水。方放去，以边大水逆局者，则不要塘。”可知，一种情况是作塘以聚水的，另一种是不作塘的。前面有半月塘的三堂屋，当人口增加时，在外再加建左边、右边和胎土后边的房屋，就成了围龙屋。梅县南口潘氏德馨堂（图 3）的平面就说明了三堂屋与围龙屋的关系，其花头（即化胎）后面加了二圈围屋。而梅县白宫丘氏棣华居（图 4），则只在花头后面加了一圈围屋。梅县丙村仁厚温公祠是一座三堂、八横、三围的围龙屋（图 5），其中三堂是明代建筑，其余则可能是随着家族人口的增加，逐步建起来的。仁厚温公祠位于梅县丙村镇群丰村，为温氏十二世祖温会川所创建。温会川生于明嘉靖十九年（1540），卒于明万历三十七年（1609），享年 70 岁。该建筑至今已有 400 多年历史。其花头后三层围屋，正中均置龙厅，花头呈半月形。[13]

由以上例子，可见客家的围龙屋是由三堂二横屋发展而来，其规划设计的意匠为风水法人的意匠。客家风水师林牧应是总结了历代风水师的观念和经验，提出了上述的法人设计理念和细节。

在闽西长汀地区的围龙屋，连池塘的外围

也有一圈围屋(图 6),这在广东是看不见的,这也是闽西围龙屋的地方特色。

对于风水师林牧的这一套设计理念,曹春平有如下评价:

“后进、前进(后厅)、前厅即所谓‘三堂’,‘辅弼屋两直’即所谓‘两横’。‘三堂两横’之类可能是客家人对五凤楼的概括。五凤楼前有水塘(风水池),后有疏云土(胎土)。文中用人体的比例尺度来阐述住宅的最佳模式,反映出形势宗的整体思维方式和独特的审美观,即从整体的角度去把握建筑的各种组成要素及其同人体的有机联系,如屋顶造型上的具体而微妙的处理——阴阳向背、高卑离合、主从秩序和呼应关系等,都达到了尽善尽美的境界。从实例来看,客家方楼的布局也完全契合这种理论。

与五凤楼相似的另一种形式是围龙屋(或称‘围拢屋’)。

围龙屋是由五凤楼的‘三堂两横’加前、后围构成,平面形状恰似一块带跑道的足球场,前面是半圆形围屋环绕着半月形水池,但半圆形的前围只有在纯客家的闽西长汀地区才有分布;后围则随地形逐级升起,如罗圈椅般稳坐山脚下。所以乡民有‘太师椅’式、‘簸箕’形屋的俗称。”[14]

3. 客家民居的胎土与风水

客家民居的围龙屋和五凤楼中,均有一处称为胎土(或称化胎、花胎、花头)的所在(图 7),其位置在中轴线上的祖堂之后,形如半月,高于祖堂地平。若其后无围龙屋,则呈土丘状;若后有围龙屋,则呈龟背状。据民国十六年(1927)《兴宁东门罗族族谱》云:化胎,即在“龙厅以下,祖堂之上,填其地为斜坡状,意谓地势至此,变化而有胎息。”在祖宗的神龛下方或祖公厅后面的花胎上,都安有龙神,让其与祖宗一样,享受长年香火。“胎土”乃客家民居的“龙脉”和风水要点。其文化渊源十分久远,乃源自古代先民的生殖崇拜文化。

围龙屋与五凤楼的胎土,为龙脉至此,地势变化,天地在此交感,孕育了胎息。为了让胎土透气,不宜用泥灰封死,而要用卵石铺砌。这胎土乃全宅神圣之地,乃神龙之所在,主宅中人丁兴旺。“民间认为,客家人是龙的传人,而主宰子孙兴衰祸福的,是祖宗和本屋的龙神,所以他们在祖宗的神龛下方或祖公厅后面的花胎上,都安有龙神,让其与祖宗一样享受长年香火。年深日久,遇到不顺吉的事多了,便认为龙势变了,就得安龙奉朝,请觋公作法以壮龙势。

如前所述,对龙的崇拜实乃对男性祖宗生殖力的崇拜,其内涵是生殖崇拜。胎土呈土丘状或龟背状,象征大地母亲的子宫,具有生殖功能。其所在正是风水穴位所在。

风水穴位实为地母女阴之位,从风水图可以一目了然(图 8)。《老子》云:“玄牝之门,是谓天地根。”风水穴位正是《老子》之“玄牝之门”。

必须指出,南方坟墓(即阴宅)形如圈椅,与客家府第式和围龙屋民居相类似,亦有类似胎土的突起,也有同样的生殖崇拜文化的内涵。

《老子》云:“谷神不死,是谓玄牝。玄牝之门,是谓天地根。”这里的“谷”指山谷、洞穴,地母的子宫。[15]

周予同先生认为,中国先民以山川、丘陵、溪谷等为生殖器在自然界物化形式,“他以人间的生殖方法来比拟宇宙的生殖,于是以天、太阳、山、丘陵为男性的性器官,以地、月亮、川、谿谷为女性的性器官,而加以崇拜,于是产生祭天地、祭日月、祭山川等等的形式。”[16]

阴宅所在也是地母子宫之所在,人死后葬于此,利于灵魂投胎转生。故坟墓有突起如胎土者。子宫中有羊水孕育婴儿,故风水穴位不可无水,孕妇怕风,故须避风、藏风。郭璞云:“经曰:气乘风则散,界水则止,古人聚之使不散,行之使有止,故谓之风水。风水之法,得水为上,藏风次之。”[17]

由以上分析可以看出,中国传统的风水理论继承了生殖崇拜文化,与《老子》、《周易》哲学有一脉相承的关系。只有看到风水的生殖崇拜和生命崇拜的智慧之光,才是抓住了中国传统风水文化的要旨。

4. 江西兴国三寮村的仿人体的意匠

三僚村坐落于南方客家山区,经过历代风水先生的点化,其山山水水赋予了人文内涵。最著名的为“四维八景”。《周易 · 系辞上》云:“易有太极,是生两仪,两仪生四象,四象生八卦”，三僚村的“四维八景”可以说是易理的演化。曾、廖两姓分居三僚村的两边，中间有一个自然的界限，恰如太极中的“两仪”；三僚村人还在村落东、南、西、北四个不同的方位建筑了东华寺、南箕庵、西竺寺、北斗寺，这四个不同方位的寺庙象征太极中的“四象”，三僚人称之为“四维”；三僚村曾、廖两姓各有不同的“僚溪八景”，“八景”则象征八卦。

廖氏屋场逼仄狭小，村落建基在倾斜的山坡上，后龙巍峨高耸，悬崖壁立，从山上下来的两条溪流直冲廖氏屋场的中心地带，水流、山势均来势凶猛，而且前方横着一条低洼的河流，整个地势危峻陡峭，宅基地前方深陷，整体地势不宜人居，是“四煞临身”。明太祖洪武年间，廖氏族人在本族堪舆术士廖厚公的主持下，利用风水术对自然的水流形势进行改造和化“煞”开始修建“七星池”，以“文公无蚊祠”和“月洲堂”为轴心，在无蚊祠的后方构筑章罡土，按照五行生克制化的原理，由北而南开挖了“天乙池（土）”、“犁头池（火）”、“墨池（木）”、“曲尺池（木）”、“墨斗池（水）”、“半月池（金）”、“太乙池（土）”等七座小水池，七星池如人体的七窍，疏通化解了从山上直冲下来的两股山溪以及凶猛的山势，起到了藏风聚气的作用。与此同时，在村落四处开挖了108口水塘，象征人身上的108个穴位。

经过改造和点化，七星池如流觞之曲水，蓄积了自然生气，使廖氏屋场成为一个气韵生动、藏风得水、蓄气聚财、人财两旺的风水宝地。[18]

四、仿生法动物的意匠

1. 龙形

华夏为龙的国度，龙是中华民族的象征。中国被誉为东方巨龙，当代中国人以自己为龙的传人而自豪。龙文化渗透到中国传统文化的每一个角落。《周易》本文以乾卦为第一卦，它象征龙，故乾卦又称为龙卦，可见龙文化在中国哲学中的崇高地位。中国古代皇帝以“真龙天子”自居，龙成为帝王的象征。天上四象之一有东方青龙七宿。地上则有龙山、龙江、龙潭、龙脉。六朝古都南京的形势险要，称为虎踞龙蟠。在这龙的国度里，处处可以见到龙文化。

在堂屋后面建筑半月形的围屋，与两边横屋的顶端相接，则形成围龙屋。有单门楼围龙屋（图9），也有二堂二横一围龙、三堂二横一围龙（图10）、三堂四横一围龙或二围龙、三堂六横三围龙等多种形式（图11）。

梅县丙村镇仁厚温公祠是座围龙屋，规模庞大无比，计有“三进三堂八横三围”。始建于明代温氏12世祖，至今已传到第29世，前后跨越17代约420多年以上。

2. 凤形

凤鸟崇拜是中国古代的图腾崇拜之一，它与太阳崇拜相结合，凤鸟（朱雀）便成了太阳的象征物。

说文：“凤，神鸟也。天老曰：凤之像也，鸿前麐后、蛇颈鱼尾、鹳嗓鸳思、龙文龟背、燕颔鸡喙，五色备举，出于东方君子之国，翱翔四海之外，过昆仑，饮砥柱，濯羽弱水，莫宿风穴，见则天下大安宁。从鸟，凡声。凤飞，群鸟从以万数，故以为朋党字。”

据冯玉涛先生考证，凤凰即今之孔雀。“孔”即大之意，孔雀即大雀。飞翔与风有关，由于孔雀被崇拜而神化，成为司风之王，即风王，也就是凤凰[19]。

以凤的形态为意匠营造房屋，在中国已有悠久的历史。

《诗经·小雅·斯干》云：“如跂斯翼，如矢斯棘，如鸟斯革，如翚斯飞。”

这里，“棘”为棱角整饬，锋刃锐利之意。“革”为翅，翼。“翚”，《说文》：“翚，大飞也。从羽，军声。一曰：伊、雒而南，雉五采皆备曰翚。”

《诗经·小雅·斯干》把周代宫廷建筑比作鸟之跂立，两翼开张，其翼角，似箭矢一样尖利，其屋顶如鸟之翅，其华美如五彩翚飞。很明显，周代宫室是以仿凤鸟为意匠营造的[20]。

中国历史上仿凤鸟为意匠的建筑很多，如明清宫城午门平面呈凹字形，上由五座建筑组合而成，称为“五凤楼”。据杨鸿勋先生研究，我国历史上第一座“五凤楼”城门乃是宇文恺设计的隋唐东都城的则天门。

隋代宇文恺创造的“五凤楼”形制，又由唐大明宫含元殿所继承[21]。这一形制，平面呈凹字形，形为一只巨凤展翅（图12），立面上则由五座建筑组成一个建筑群，形为五只凤凰，故云“五凤楼”。唐西京的西内承天门，也用“五凤楼”形制。这一形制影响了五代、宋、辽、金、元、明、清的宫殿建筑。也同样影响到民间建筑，福建、广东客家民居均有五凤楼形制。

什么是客家民居的五凤楼形式呢？可以用福建永定县高陂镇大塘角的大夫第为例（图13、14、15、16）。

大夫第位于福建省永定县高陂镇大塘角村，系王氏建于清道光八年（1828），历时6年建成。主体建筑坐南朝北，对称布局，面宽52m，纵深53m。其布局形式俗称“三堂两横”。

“三堂”即中轴线方向上的下堂、中堂和后堂。下堂即门厅，两侧带厢房，正大门构筑堂皇，门廊高大，屋顶作三段歇山式，屋脊曲线生起，门楣上书“大夫第”三个大字，入口庄重、气派。中堂明间为正厅，作为祭祀的场所，空间高大，两侧次间作客厅、书房或账房。后堂为四层的主楼，立在中轴线的尽端，为全宅最高的建筑，作为家长的住所，在总体构图上显居统帅地位。三堂之间是前后两个天井，前天井两侧为敞廊，后天井两侧是小厨房。

“两横”即两侧的横屋，分别由三个平面形式相同的基本单元纵向拼接而成，横屋最前面一开间为单层，最靠前的一个单元两层，用作学堂，靠后的两个单元三层，为四兄弟的住所，横屋的九脊顶层层迭落颇有特色。[22]

为什么会起五凤这么一个名字呢？这与三堂二横建筑特色有关。其三堂由前至后依次升高，其屋顶呈三凤形，其二侧的横屋各为一凤，共为五凤，五凤又共同组成一个大凤飞翔的形态，造型十分美丽。如果说则天门的皇家五凤楼如五彩凤凰，在隋朝京师成为最美的景致，那么，作为民间建筑的客家五凤楼大夫第，在乡村中也能独领风骚，成为当地最美的建筑。

陈从周教授考察大夫第后，见大夫第“处处土墙深檐，黄墙衬于青山白云间。其色彩造型之美，宛如宋元仙山楼阁图。”“徘徊留恋，未忍遂别。”

陈从周先生为大夫第之美所吸引，作诗赞叹：

仿佛仙山入梦初，自怜老眼未模糊。

风流已逝宋元画，如此楼台岂易图。[23]

五凤楼的另一例子是裕隆楼（图17）。

裕隆楼位于永定县高陂乡虎岭村，是富岭王氏的住宅。富岭王氏来自宁化石壁，清初王氏十五世郎公至此开基，传至第十九世祖学洲公，于道光八年（1828）始建裕隆楼，道光十五年（1835）落成。

林嘉书认为：“广东客家与香港客家的五凤楼大多加围龙，俗称围龙屋。”他认为，围龙屋是在五凤楼人口增加的情况下，扩建加建而形成：

“其产生原因，在于家族的扩大，人口的增加，横屋增加，如两横变成四横，原有平面就要发生变化，横屋增加容易，而中轴后堂要随之向左右扩大就比较难。变成围龙屋形式，中轴不动，每增加两横就加一围龙。”[24]

我很同意林嘉书的以上观点。

3. 龟形

为什么城或建筑仿龟形或像龟形？这与中国古代的龟崇拜有关。龟崇拜分为如下四方面：

①龟长寿，有很强的生命力，古人认为：“龟一千年生毛，寿五千岁，谓之神龟。寿万年曰灵龟。”（《述异记》）

②龟形象征着天地宇宙，从而有趋吉避凶、保佑平安的作用。龟为中国古代“四灵”之一。

刘向《说苑·辨物》云：

“灵龟文五色，似玉似金，背阴向阳，上隆象天，下平法地，槃衍象山，四趾转运应四时，文著象二十八宿，蛇头龙翅（颈），左睛象日，右睛象月，千岁之化，下气上通，能知凶吉存亡之变。”

龟的背呈圆形隆起，象征天，腹甲呈“亞”字形，象征地。而龟头与男性生殖器相似，象征人，龟就成为天地人合一的神圣的宇宙模型。这是龟崇拜最核心的内涵。正因为龟崇拜，认为龟能通神，故古人以龟的腹甲（图18）用来卜吉凶。龟腹甲的形状，即“亞”字形，已成为神圣的符号。商人的大墓、商人的族徽均有“亞”字形者。

③上古轩辕黄帝族以龟为图腾，影响深远

1991年10月美国NATIONAL GEOGRAPHIC. VOL. 180，No. 4的封面发表了一幅北美洲伊利湖畔莫哈克河奥次顿哥村易洛魁人流传的“天鼋黄帝酋长礼天祈年图”,(图19),杂志内又发表了一起流传的“蚩尤风后归墟扶桑值夜图”。这两幅图的发表,引起了中国学术界的震动,证实了北美今美国纽约州的易洛魁人,是6000至5000年前移民美洲的中国轩辕黄帝族的裔胄。

欧阳明、王大有、宋宝忠著文“轩辕黄帝族移民美洲”对“天鼋皇帝酋长礼天祈年图”进行了阐释:

画面上方是位于二十八宿星空中央的填星(土星),又是轩辕星。这个轩辕星,是轩辕氏的图腾徽帜——天鼋龟,也即帝龟黄竜(音龙)。它“头对天山,尾向东南,四足定四方”——正是这一确凿的标志,无可置疑地指明此龟只能是轩辕(天鼋)氏的族徽。这是源于著名的黄帝蚩尤战争时,蚩尤作大雾三日,黄帝军民将士全都迷失了方向,军师风后献计:“将天鼋军旗之天鼋头对天山指西北,尾向东南,四足定四方。”这个口耳相传了数千年的史话,人们除了在殷商甲骨文中见到过这种指向的龟外,谁也没有见过这么具体的轩辕族徽。

《史记·天官书》说:轩辕十七星主雷雨,有十四种与云雨雷电相关的天象都由轩辕帝星主管。人们都说黄帝是黄龙体,可是轩辕十七星分明是一只大龟形,这个疑谜今由易洛魁轩辕图解开。原来“姬”姓之姬的臣是龟的侧视;黄是龟的正视;帝轩就是帝鼋;轩辕就是天鼋;天鼋氏是女性祖先掌权,所以是女主;天鼋氏未成为中央大酋长时叫天鼋氏,通假为轩辕氏;成为中央大酋长时叫帝竜(音龙),犹言帝龟,或龟帝(黄帝);立(帝)龟为竜,也就是黄帝,讹作黄龙。鲧为黄帝子孙,死化为熊(三足鳖),或言化为黄龙(竜),也反映了这种说法。奥次顿哥天鼋图,正是在龟下有甘霖降洒,与《史记》一致,证明黄帝确为雷精,也证明前人认为甲骨文中的“鼋”,就是初文竜,是正确的。

在这个雷精龟下面是太阳、虹霓、彗星、星空、雷雨,一位酷肖华北人的轩辕酋长昂首向天,双臂高擎,直视苍天,雨露围其身,胸前左有三矢示狩猎;右有三犁、一耙一镰示农耕;颈有日从禺谷归墟升上汤谷的大放光芒纹;他的腹为龟腹甲,明言这是天鼋族人。身左为桧木扶桑(又名中华桧柏),陵山直杉木穹桑、向日葵、粟、金铃花、玉米;自身左上方向右有黑熊、狼、隼鸠、梅花鹿、松鼠、礜山鹊、鹂鹤、天牛、蜥蜴、沙门鱼、长尾狐、片角牦牡鹿、雗雉鸡、块斑蛇、鹈鸳、伯劳。这些动植物,既代表了轩辕人的农耕序幕狩猎经济,也代表了轩辕族团的各族图腾、族徽。至今易洛魁人仍以上述动物为族徽,而尤以龟、狼、熊三氏最为古老。

一切龟均为六十甲,背甲十三、腹甲九,裙边甲(龟背边缘甲)二十四。只有中国有六十花甲子,有六十甲子龟甲历(今日本仍流传),有十三重天,九重天崇拜,当受启发于龟甲六十,二十四节气得之于二十四裙边甲启示;龟背朝上,十三重天最高,轩辕居其上中天,周环二十八宿,为至尊;腹甲朝下,九重天在下,所以太阳、虹霓、彗星在天鼋雷精下方。请注意,印第安人和中国人一样崇拜十三和九。在玛雅、托尔蒂克、阿斯特克等历法中,以十三和二十种动植物之日配合,构成历法周期,难道不是天鼋龟甲历的反映吗?欧洲人忌讳十三,怕得要死,十三显然与欧洲人无缘。美洲玛雅等历法中的十三——九,只能源于中国。㉕

由黄帝族以龟为图腾,可知龟崇拜文化乃中华文化的渊源之一。

④由于龟有外壳可以抵御攻击,故龟形又为设防的城和建筑所模仿,产生心理上的安全感。

赣州府城为上水龟形(图20)

杨救贫名筠松,字益,号救贫。据《赣州府志》:“窦州杨筠松,唐僖宗朝官至金紫光禄大夫,掌灵台地理事,黄巢破京城,乃断发入昆仑山,过虔州,以地理术授徒,卒于虔州于都药口坝。”

赣州的风水文化史,是从唐末掌管琼林御库的金紫光禄大夫杨筠松先生避黄巢之乱,携御库秘籍弃职隐居赣州的三僚村授徒传艺开始的。

杨救贫携风水“秘籍”来到赣南,首先结识了割据赣州的卢光稠。卢光稠请杨救贫为其母亲择地建墓。此墓在宁都县洛口乡麻田村圩场西北约3华里的山坡上。

杨筠松先生先后为卢光稠父母择地建墓二

处，卢光稠并请杨救贫择基地筑赣州城。赣州府城，最早是东晋永和五年筑的土城，唐末卢光稠乘乱起兵，割据赣南后，请杨救贫为其择址建城。杨救贫选赣州城址为上水龟形，龟头筑南门，龟尾在章贡两江合流处，至今仍名龟尾角。东门、西门为龟的两足，均临水。从风水学来看，赣州城有二条来龙，一是南方九连山（离方，属火）发脉，从崆洞山起祖，宛延而至城内的贺兰山落穴聚气，结成一处立州设府的大穴位，这支龙还有一个小支落在欧潭。此外，赣州的北龙脉来自武夷山，经宁都、万安、赣县，分成数小支，落穴于储潭、汶潭。这三潭是赣州的三处水口，和赣州城外的峰山、马祖岩、杨仙岭、摇篮山等山峰一起形成赣州城山环水抱的局势。赣州城遂成为一座三面临水、易守难攻的铁城。卢光稠得以拥兵一隅，面南称王 30 余年。[26]

东莞逆水流龟寨

虎门镇白沙管理区，有一座建于明崇祯年间（1628～1643）的逆水流龟寨（或称逆水流龟会堡）（图 21）。因寨内建筑布局如龟形，龟头迎着一条溪流逆流向前，为上水龟形，故名逆水流龟寨。该寨坐北向南，占地 6889m^2。村寨内一条 2m 宽的直巷纵穿南北，四条 3m 宽的横巷横贯东西。寨内共有 64 间大小统一的单层瓦房，代表龟甲。寨的周围是高 6m、厚 0.6m 的寨墙，墙内为一圈巡城廊。墙外为围绕全寨的宽达 18m 的护城河。因四面皆水，该寨又称为水围。村寨四角各有一座两层的望楼，代表龟的四足，南北两边中间也各有一座二层高的望楼，北边的代表龟头，南边的代表龟尾，也是全寨惟一的出入口——寨门，门前河上设吊桥（现已改为水泥桥）。[27]

创建该寨的主人是郑瑜，为明崇祯四年（1631）进士，授吉安推官，后来改摄广顺府事，因平乱护民有功，内擢户部主事，历员外郎中，出知太平府，迁上江漕诸道，又转山东按察副使，督催直隶江西湖广军需，劳绩显著，迁太仆寺少卿（正四品官），告老还乡后卒于家，享年 81 岁。著有《焚馀集》。[28]

逆水流龟堡寨是明末所建防卫性建筑，现保存完好。

4. **螃蟹形**

广东兴宁市黄陂镇陶古村的石氏中山公祠，为螃蟹形民居（图 22）。

中山公祠为石氏兴宁五世祖创建。五世祖名介夫，号中山，故称“中山公祠”。

当地人称中山公祠“螃蟹屋”，因其平面呈不规则椭圆形，正立面平直，中间大门为螃蟹嘴巴，两侧门为螃蟹的眼睛，十分形象。屋前有禾坪、池塘。池塘除一口乐池外，尚有不规则排列的五口池塘，据石氏长者称，池塘为螃蟹游弋之所。中山公祠背依有“龙脉”的马祖嶂，前有河流，依客家风水而建。[29]

螃蟹为节肢动物，全身有甲壳，前面的一对脚成钳状，横着爬行。《易·说卦》：“离为火，为日，为电，……为甲胄，为戈兵。其于人也，为大腹，为乾卦，为鳖，为蟹，……为龟。”以离卦蟹之象，这也是甲胄戈兵之象，用于城池之形，是很适合的。螃蟹有甲壳，有双钳，筑城以蟹为意匠，有横行不怕侵犯之意。螃蟹形的意匠也与水乡有关，螃蟹为水生动物，在水乡泽国可以安生，其甲壳双钳可保自身安全。

5. **牛角形**

丘氏大夫第位于粤东梅县白宫新联村。（图 23，24）新联村（原称湖洋尾）丘氏，先祖为宋翰林学士，由闽迁粤，隐居于今梅州松源、蕉岭。宋元离乱，又由粤入闽。后又由闽来粤，定居梅县西阳白宫湖洋尾。

丘氏大夫第前后建了 10 年，完成于清同治三年（1864）。该围屋形式独特，为三堂、四横、半围龙的建筑，当地人称之为“牛角屋”。所谓“牛角”，即西横屋后面围龙至中轴线即止，东横屋后面敞开，形成像牛角一样的半弧形围屋。在堂横屋和花头之间，凿有两口井，喻为“牛眼”。此种建筑形式是出于风水原因。[30]

牛在中国传统文化中，有图腾文化内涵，是善良、奉献和力量的象征，而牛角为威猛和力量的象征。牛被认为是具有神秘力量的动物。老子西行骑的是牛，牛于是作为塑像出现在道教庙宇中，成为神圣的动物。以牛为城市的形态，使人觉得威武、强壮、可靠。

以牛角为住宅的形态，是吉利的象征。

6. 虎形

奎聚楼位于永定湖坑洪坑村(图 25,26,27),为内通廊式方形土楼。方楼前半部三层,后半部四层,在两侧屋顶形成一层的错落,建筑依山势地形而筑,前低而后高,形象丰富。

奎聚楼占地 6000m^2,始建于清道光十四年(1834),历时 5 年建成。楼主林奎扬请他的结拜兄弟、当时的翰林学士巫宜福设计。据说这是一块虎形地理,远远看来,整座楼与背后的山脊连成一体,犹如猛虎下山,奎聚楼即是“虎头”,楼前围墙上有两扇窗,像是炯炯有神的一对虎眼。[31]

楼门联为“奎星朗照文明盛,聚族于斯气象新”。走进楼门厅,前面为祖堂儒林第,门联为:

千国家事,读圣贤书。

奎聚楼依山势而筑,前低后高,中厅高两厢低,高低有序,似乎有森严的等级。前后楼的屋顶一高一低,均分为三段作断檐歇山式,两个侧楼的屋顶都作悬山迭落,整个土楼屋顶高低错落,形成丰富的天际轮廓(图 28),与起伏的山峰遥相呼应。[32]

祖堂前厅与回廊又组成了方楼内院中的小四合院。回廊对中心天井开敞,其外侧环绕披屋,并隔成小间用作猪圈。左右披屋中各有一口水井,井台上部盖顶,而正对井口上方的屋顶上还是开了一个小天窗使之露天。有屋盖的井,无疑在雨天汲水会很便利。祖堂前厅为两层的楼阁式,重檐歇山顶,以突出其地位。它与后楼的两层腰檐相连,第四层的腰檐中段又突出一段小屋顶,使得祖堂前形成四层重叠的层檐,使内院景观别具一格。[33]

楼内梁架雕饰十分精美,虽然经历“文革”破坏,但还可以从现状中想象当年华美的风姿,被人称为“宫殿式的民居”。[34]

方楼大门前是矮墙围成的前院,正对大门的中轴线上围墙抬高作照壁式。大门在前院的一侧,与方楼中轴线约成 45 度角,这也是风水上的讲究。[35]

7. 狗形祠与虎形墓[36]

三僚村有很多祠堂,其中,狗形祠位于三僚小学的后方,属于曾氏三房,即衍庆堂。整个建筑只有一进,大约只有 3m 高,开有一个与整体建筑颇不对称的大门,大门几乎占据了祠堂正面的 2/3,据说是狗的嘴巴。大门的两边有两扇奇大的窗户,是狗的鼻孔。更为奇怪的是,在祠堂的左侧开有一个小门,是狗的耳朵。祠堂正堂的位置虽有一个祖先的牌位,却钉挂在墙上。祠堂的正堂也不供奉台案和香炉,却在厅堂的右厢设立台案和香炉,再设立一个祖先的牌位。在祠堂前方大约 3 丈远的地方,开挖了一个方形的小坑,此为狗的食盆,长年水质浑浊,据说象征狗食的米汤,水质越浑浊越好。

狗形祠的地形并不适合建祠堂,前方为一沟渠,左方为池塘,不像一般的祠堂建筑,池塘开在正前方。在狗形祠的右方是一道类似于斜卧的山梁。三僚风水先生的高明卓绝之处,就在于能够依据现有地理形势,在风水上进行创造性的想象与发挥,在此建筑了一座祠堂,整个建筑做中了整个地形的真穴,像形一只侧卧的灵犬。

狗形祠的风水引起了曾姓其他宗支的不满,五房便在狗形祠对面的山坡上建了一座卧虎——伏地休息的老虎——墓。根据三僚民间传说,这块地方本来不是五房的,属于另一房的地盘,五房的某位祖先为了保全自己的宗支,便采取嫖宿该房媳妇的办法,事情败露,被该房人活活打死,于是告官,调解的条件是葬在卧虎地形上。虎形墓建在阳背脑的东侧,颇有气势,墓的前方有两只虎掌,其中右掌前几年被破坏,左后方是一棵巨大的古枫树。在墓顶山坡上还有一个石雕望碑,象征老虎头顶的“王”字。虎形墓还有两只虎眼,虎视眈眈,时时刻刻盯着山坡下的狗形祠,但并不扑向狗,也咬不住狗。狗形祠和虎形墓因为是同宗,同宗不能互相伤害,只好虎视眈眈了。狗形祠的形制小巧,也是为了躲避老虎的伤害。

这座墓的主人是宋代玉屏公,为文讪公第十八代孙,墓的碑文如下:“宋十八代祖曾玉屏太公墓,葬阳坳枫树下骑龙穴虎形申山寅向兼庚申,庚寅分金。皇清乾隆二十五年庚辰岁五月吉日重修。”两边还有对联:“石淳觉春仙榻暖,佳城不夜来灯辉。”

8. 蛇形祠

三僚曾氏还有一个祠堂,人称“蛇形祠”,族谱称之为“承志堂”。屋后有几棵古樟，后山如灵蛇蜿蜒而下，这座祠堂就建在“灵蛇吐珠”形的山坡上。祠堂有一院墙，大门后建一照壁，向右穿行一条小巷，才能进入祠堂，犹如穿行在蛇洞之中。在照壁与祠堂之间挖了一个半月形池塘，与一般的祠堂相比，池塘地势深陷。祠堂左右厢房也不对称，左窄右宽，而且墙不在同一水平线上，右边的要凸出二十公分，后边的墙角也是一圆一方。

原来，这座祠堂由五兄弟共同建造。据说是五兄弟的父亲有一天在这里放牛，不知不觉中睡着了，梦见一条蛇。一觉醒来，已是天黑时分，便赶牛回家。晚上便与妻子聊起下午做的梦，觉得是个好兆头。他妻子娘家在三僚廖姓，其兄长是位风水名师，便商议请他来相这块地的风水，经过一番勘测，发现这个地方为下岭蛇形，前方朝山砂水也十分好，适宜建祠堂。父亲商议由五兄弟共同出资建造，谁知老二突然变卦，诡称家庭困难，无力出资。原来曾姓人人都会看风水，二房在建祠地址考察后，认为此地朝山砂水最利于他，祠堂无论怎么做，都有利于他。于是索性耍起小聪明，不出钱资，坐享其成。对娘舅也不理不睬，激恼了娘舅。娘舅在建祠堂时极尽所能，运用风水和建筑的结合，建成了现在的灵蛇吐珠祠。祠堂的形制，将有利于一、三、四、五房，丁财两旺，而二房将逐渐衰落。原来，大门后的照壁挡住了二房在祠堂内看见所管的案山，左右厢房的设计配合蛇形地的蜿蜒形势，非常贴切，加强了其他几房的运势。对于二房最为致命的，是祠堂里天井雨檐前高后低，站在祠内根本看不见大门，对二房的损害最大。后来二房向娘舅求救，娘舅只好采取了补救的措施，在案前的地上摆一香炉，专为二房祭祀祖先，因为蹲下敬香时就能看到大门了。每到祭祀祖先时，二房的人就只能跪在地下上香，以示惩戒，二房才不至于绝后。

“承志堂”供奉的是文讪公第二十六代孙石桥公，石桥公生有两个儿子，长子宏善，字肖谷，生有五子。五兄弟“周知人有住宅而栖，祖应有家庙以宿。肖谷太祖为斯，将祖父分得遗业背坑头旧宅于嘉靖年间改建为石桥翁祠，定名承志堂，地址坐落在三僚村敦叙堂之后，右方上舍，兰溪堂之右侧，立壬山向兼子午，昌字厅，上下两堂，中一天井，土木结构，规模偏小，粉刷绘画，甚为美观，大门前建有一半月金星水池，左建有数间相连的矮小平房，为左之砂护，与平房相衔接，砌一围墙，往右延伸至照墙正面外一米许，为走道，围墙末端开一门楼，正面沿池弦弧形建一照墙，接右围墙，前有笔架山朝拱，水秀山青，后有玄武天然屏障，花台如金龟下山之势，作法绝妙。左有龟蛇堵口，右有山水弯环，龙脉起伏，宛若金蛇渡江，故象肖为蛇形。”[37]

五、仿生法植物的意匠

莲花形

夏氏万秋楼位于粤东梅县程江镇夏屋村。笔者于 2007 年 2 月 22 日(农历年初五)与亲友家人一同到万秋楼品尝客家菜，并考察这座中西合璧的民居建筑。楼主夏万秋是马来西亚的华侨富商，东英公司大股东之一，于 20 世纪 30 年代返乡，以 48 万银元，兴建两座大建筑，一座为“万秋学堂”，免费供同乡子女就读，一座万秋楼。

万秋楼前院围墙中轴线上设一院门，硬山顶，山墙为五行山墙的大北水式(图 29)，院门门匾为“万秋楼”三字(图 30)，石门框上刻二只石门簪，方形，右边的刻“福禄”，左边的刻“寿壸”，壸(kǔn)，有几种含义。一为居所。《广韵·混韵》:“壸，居也。”一为“广”。《诗·大雅·既醉》:“其类维何？室家之壸。”毛传:“壸，广也。”门簪四字，解为“福禄寿居”，或“福禄寿广”，皆成立。

该楼坐南朝北，三堂、二横、一围龙，平面呈一瓣莲花状，莲瓣形状装饰随处表现，重要柱础用莲花饰(图 31)，连大门围墙也做成曲线形，中央门楼的山尖装饰也用了三座佛塔(图 32)，反映出主人的佛教意识。

建筑全部为两层，外观也以山花朝外，双柱重叠。而二横屋还用瓶式栏杆、平顶屋、双联拱券等西式建筑形式。其门廊及堂等部分用爱奥尼克柱式(未刻凹槽)(图 33)，次要部分用塔斯干柱式。楼内大门、小门、窗及主楼骑楼、走廊都设铁栏防护，天井上空设防盗网。楼内、家具一律用红木，灯饰华丽，瓷盆洁白，堂内设哈哈镜，别有风味。万秋楼落成时，名噪一时，当时门联为：石壁如椽，倒写河山壮丽；梅江如常，环绕万世千秋。点出了万秋楼的含义。现万秋楼已由台湾龙振水先生独资经营客家饮食文化。[38]

六、象物的意匠

非生物形为人所仿者，多为人所制作的器具或符图，如琵琶、船、盘、盂，钟、棋盘、八卦等等。

1. 八卦形

八卦，相传为伏羲氏所作。《易纬》："卦者，挂也，言悬挂物象以示于人，故谓之'卦'。"以一长横（阳爻），一断横（阴爻）两种为根本，由三个阳爻、阴爻，或一阳爻配二阴爻，或一阴爻配二阳爻，共为八种形式，故曰八卦。八卦象征天、地、雷、山、火、水、泽、风八种自然现象和多种社会现象。八卦之两卦，两两相叠又成六十四卦，以象征自然现象和社会现象的发展变化。

八卦中的每一卦之上、中、下三爻，又分别代表天、地、人三才。

营造建筑、村落、城市以八卦为模式，是追求天地和谐合一的理想居住环境的体现。这方面例子很多，成都青羊宫三清殿南有八卦亭，客家民居有福建诏安的在田楼、永定的承启楼、永定西坡天后宫土楼塔、广东饶平的道韵楼等，均以八卦为营造模式。

(1) 在田楼（图 34，35）

在田楼坐落在诏安县官陂镇大边村，是单元式土楼的一种变异。其外环楼为八角抹圆的形式，高三层，共 64 个独立单元。其南北宽 86.6m，东西长 90.6m，规模可谓宏大。大门朝西。环楼内院中套建一座前方后圆的两层单元式方楼。方楼大门朝南，其中轴线与外环楼中轴线正好垂直。外圆内方是其平面布局的突出特点。现楼内居住 63 户、二百余人。[39]

在田楼主楼以八卦和六十四卦为意匠建造，分为八大部分的对应八卦，每大部分分为八间，一层共 64 间对应 64 卦。笔者以为，其外环主楼形为八角抹圆，其内方楼为其祖祠，以象天圆、地方，其内居人，以应八卦之天、地、人三才。

(2) 振成楼（图 36）

振成楼坐落在福建省永定县湖坑乡洪坑村，是内通廊式圆楼。由众议院议员林逊之始建于 1912 年，历时五载建成。现楼内居住林姓 6 户 40 多人。圆楼由内外两个环楼组成，外环楼四层，环周按八卦方位，用砖墙将木构圆楼分隔成八段，走马廊通过隔墙的门洞连通，砖隔墙的确起到了隔火的作用。后楼有两段曾被匪兵烧毁，由于隔火墙的作用，其余六段仍完好保存。走马廊的木地板上还加铺一层地砖，也起到防火作用。外环楼中对称布置四部楼梯，第三、四层走马廊的栏杆还做成"美人靠"式，便于人们依栏而坐，这在客家土楼中是不多见的。

内环楼由两层的环楼与中轴线上高大的祖堂大厅围合而成，楼房底层用作书房、账房、客厅，二层为卧房，设两部楼梯上落。内天井全部用大块花岗石铺地。祖堂为方形平面、攒尖屋顶，正面四根立柱采用西洋古典柱式，柱间设瓶式栏杆，为中西合璧的作法。

在外楼两侧还有两段弧形的小楼，形如乌纱帽的两翼，自成合院，别有洞天，用作书房，二楼亦可住人。[40]

(3) 道韵楼（图 37）

道韵楼位于广东饶平县三饶镇南联村，因平面呈八卦形而别具一格。

道韵楼始建于明万历十五年（1587），历三代人建设而告完成。门上方有"道韵楼"三字匾额，为邑人黄锦（据传曾任明末礼部尚书）于清顺治四年（1647）所题。

当地文化部门总结道韵楼特点，有古、大、奇三点。

古，是其历史久远，建于明代万历十五年（1587），至今已有 400 多年历史。

大，是其建筑规模巨大。其周长 328m，直径 101m，占地面积 8540m^2，建筑面积约为 11110m^2。最外一环围高三层，内二环围均高一层。楼内中心是卵石铺边内为黄土夯实的庭院。外墙高 11.5m，厚 1.6m，下部以三合土夯筑，上部用黄土夯筑。墙下部可见二层青砖。全楼有正房 56 间，另有角房 16 间。即每卦有九间房，其中正房 7 间，角房 2 间，八卦合有 72

间房。二层、三层均为卧房，每层 72 间，共 216 间房。曾居住 600 多人。

奇，是其与众不同之处：

1)以八卦为布局，全楼三进三环围共同构成八卦的爻画。

2)楼内广场左右两公用井，井底垫有八卦石，为太极图之两仪，即俗称的“阴阳鱼”。

3)土楼一般只开一门，该楼有二道门。

4)一般土楼水井为 1 至数口，不会超过十口井。道韵楼有公用井两口，私井 30 口，共 32 口，为开井最多的一座土楼。由于道韵楼采用单元式布局，这 30 口私井设于正房界墙之下，两家共享一井，各得其半而皆可汲水，这又是其奇特之处。

5)全楼底层有正房，角房 72 间，面积和内构不同，门均不相对。

6)全楼外墙一、二层不开窗，三层开窗 72 个，开天窗 16 个，窗数均以 8 为倍数。

7)墙体下部用三合土夯筑，上部用黄土夯筑，已历 400 多年，至今完好，比现代水泥等材料所筑毫不逊色。

8)用竹钉固定桷板，不用铁钉，竹钉不生锈，比铁钉更耐久。

9)楼外墙设枪眼、炮眼，楼门顶设消防注水暗函，可以防火攻。

10)道韵楼有防兵乱、防乡斗、防盗贼、防兽害、防干旱、防火灾、防寒暑、防地震等“八防”作用。

道韵楼为单元式布局。现居民操潮语、同潮俗，但认同自已的祖先是来自福建宁化石壁和汀州的客家人。现三饶南联是潮客临界点。[41]原是客家人，却讲潮州话，同潮州俗，土楼也不用通廊式，而用单元式。这正是客家文化与闽南文化交融所致。道韵楼所在的三饶与福建诏安的官陂、秀篆紧密相连，其人文、风俗、习惯、语言及土楼的平面布局、空间构成、建造方式均无不同，且闽南诏安、平和一带的土楼有半数以上出自饶平工匠之手。[42]在这种环境下，客家土楼与闽南土楼之间，你中有我，我中有你的情形，自是不足为奇。

(4) 葸茅围(图 38)

葸茅围位于粤北翁源县江尾镇葸茅岭村。葸茅围张氏，自称为唐代贤相曲江张九龄的后裔，有围内张氏宗祠的堂联：“千秋事业承京地，十策家声继曲江”。该围始建于明弘治年间(1488～1505)，开基至今已 24 代，500 年左右。

葸茅围坐西朝东，清澈的溪水自北而南经东门流过，是一座占地 12000 多平方米的平面近圆形的八卦式围村。该围村正门朝东，有红条石砌的拱形门楼，门后有“泽及粤西”的匾额。中轴为三堂屋——张氏宗祠，雕梁画栋，古朴典雅，石柱上均镌刻有楹联，文化内涵十分丰富。祠堂后隔三栋屋背为“葸茅岭”，现为中间隆起的广场，是葸茅围的风水宝地，据说曾有玉兔藏于郁郁葱葱的草丛中。

整个围村呈八卦形。外围高 6m(二层)，用卵石砌筑，有乾、坤、巽、兑四门，在阴阳八卦上分别象征天、地、风、泽。围村内有大小巷道数十条，宽约 1.5m，用卵石铺设，纵横交错，四周相连，内外相通，初入围村如入迷宫，熟悉后则有道可循。民宅多为砖(青砖、泥砖)、木结构，东西向和南北向，也有抹角的。现有房屋 1650 多间、300 余户。据说最兴旺时期曾居住过 1700 余人。围村的葸茅岭上有一口四季不涸的大圆水井，可供全村人饮用。这是一座典型的防卫严密又生活方便的聚族而居的客家围村。[43]

除以上数例外，饶平县饶洋镇詹氏听捷楼[44]、永定县胡坑镇新南村衍香楼[45]、龙南县里仁镇栗园村的栗园围[46]、永定县湖坑镇南江村的振福楼[47]等客家民居，均是以八卦布局为意匠设计建造的。

2. 五行

五行指木、火、土、金、水五种物质，中国古代哲学以上述五种物质来说明世界万物的起源和多样性的统一。战国时，“五行”说颇为流行，并出现“五行相生相胜”的原理。“相生”即相互促进，如“木生火，火生土，土生金，金生水，水生木”。“相胜”即相克，意味着互相排斥，如“水胜火，火胜金，金胜土，木胜土，土胜水”等。这些观点具有朴素唯物论和自发的辩证法因素。

除八卦外，中国传统的象征宇宙的符号还有太极、日月、四时、五行等。客家民居以太极、八卦图为装饰者很普遍，粤东客家民居以金、木、水、火、土五行封火山墙为饰。祖堂后方、胎土下方砌有五块石头，分别代表五行，中央一块较大，象征土。凡此种种，均表达了宇宙意识。

以五行为建楼意匠的例子有南靖书洋镇下坂村的裕昌楼(图 39)。裕昌楼始建年代，一说为明末清初，为刘姓所建[48]，一种说法为始建于元朝中期(1308～1338 年间)。[49]其实际的始建年代，有待进一步研究、考证。

裕昌楼为刘、罗、张、唐、范五姓合建，高五层，是最高的福建土楼之一，楼平面为圆形，檐口总高度为 13.25m。全楼分成五大单元，每一单元有一部楼梯。5 个家族各居一个单元。后半楼的每家每户的一楼灶间，都有一口水井，天井中心还建有一座单层圆形的祖堂，前面用河卵石铺成一个大圆圈，根据金木水火土等分五格，形状各异。[50]楼内目前仅住刘姓 100 多人。裕昌楼为目前所知层数最多的内通廊式的圆楼。[51]

3. 文字

以文字的意义、形状为意匠建楼，是客家民居建筑的一大特色。下面举例说明之。

(1) 富紫楼(图 40、41、42)

富紫楼坐落在永定县下洋镇中川村，前临中川溪，后依山林。这是一个奇特的两层方楼，面宽 21.5m，进深 47m，平面按“富”字布局。楼门朝西，南北各有两个边门。楼东隔一小巷，是一排厕所、库房。在平面上它与方楼环周的楼房组合成“富”字的宝盖头。楼中正对大门是一条宽 2.3m、长 27m 的小巷，居民称之为“天街”。天街尽端的门楼内，由祖堂与书房围绕小天井组合成一个四合院，从平面上看这是“富”字中间的“口”。天街中段，四个门楼隔街相望，进门是四组带天井的大厅，它们的平面构成“富”字下面的“田”。外围的楼房由内侧的回廊联系，设 6 部楼梯上下。“富”字的布局使楼内空间别具一格。“富家占大吉，紫气自东来。”这对门联点明了富紫楼按“富”字布局，追求富贵吉祥的本意。[52]

楼内另有对联：“富贵花开十分锦绣，紫红春色大块文章。”显示出世家气派。清代富紫楼还真出过州判这样的官员，后来又出过不少杰出的人物。[53]

(2) 国字围

①江东围(图 43)

江西的客家围屋有口字围、国字围和复杂的套围多种形式。国字围是在封闭的一圈围屋中设一祖屋，祖屋多为王字形平面，这样就成为一个国字。如龙南县关西“新围”，其祖屋三进三排，共 14 个天井，蔚为壮观。又如龙南县的“杨太围”和莲塘村的“马头围”，全南县中寨村的“里坊围”等也是典型的国字围。其变异形式如定南县月子乡的“下圳围”，内院中只有两排内围屋。在国字围的中轴线上，祖屋的上堂均为祖厅，用作家祠以维系宗族的权威。江西全南县乌柏坝大岳沙垢段的袁氏围，即江东围就是例子。[54]

②龙南杨村水东村杨太围(图 44)

杨太围位于龙南县杨村镇水东村，始建于嘉庆元年(1796)，历 18 年建成，围屋呈方形，内院中建王字形平面的祖屋，组成国字形平面。围内的墙分隔为 18 个小院，院墙有门，白天通行，晚上关门，自成独立院落。

(3)口字围

燕翼围为口字围的典型代表(图 45)

燕翼围位于江西龙南县杨村镇镇政府附近，北距县城 60km。其创建人为赖上拔。据《八修桃川赖氏族谱 · 福之公传》载：“赖上拔，字福之，龙南杨村人，幼豁达，有智略。及长，好读书、贯穿经史，为文直抒己见，下笔千言立就。”传中记载，清初顺治三年(1646)至四年(1647)间，“山寇猖獗，劫掠无虚日。”为避寇，他们离家而去，当回来时，庐舍已成为灰烬。“乃请于父筑楼，以保家计，是时宗族逃亡者，亦稍稍渐复，乃相率共守焉。”据此记载，燕翼围乃清初所筑，至今已有三百多年历史。

其平面为长方形，对角上左右各有一座凸出的碉堡。总占地面积约 1440m^2，高 4 层，约高 15m。底层外墙厚 1.5m，采用“金包银”的砌筑法，地上外墙下部外包砌以高达八尺的花岗条石。该围建造前后历时 27 年才完成。

围门朝西北，门额匾上有阴刻颜体“燕翼围”三个大字，相传为清道光年间(1821～1850)殿试钦点探花周玉衡所书。围门前面已述，有包铁皮的板门、闸门和便门三重，最外的铁皮板门上有防火攻的水漏。门厅兼作楼梯间，它是全围居民的唯一出入口，也是平常围民聚会的社交场所。赣南大户民居，平面一般按三进三堂式布局。燕翼围则例外，但仍略存中轴在线三堂制之意：门厅（下堂），禾坪（中堂），祖堂（上堂）。

围内底层为人畜的主要活动区和安栖所。二、三楼为卧室和储藏间，内檐有 1m 多宽可环行的内通廊，将各家各户串在一起。四楼战备楼层，四楼外墙只用 50cm 厚的砖墙至顶，在下面砌土坏墙的地方，四楼外环有 1m 宽的“坎墙通廊”，俗称“外走马”。四楼是专为军事防守而用，平时不住人，也不设内檐墙，在四楼外墙上设有枪眼望孔。万一敌人冲进围屋，可将上四楼的活动爬梯口守住，仍可抵抗以待援兵。

为防止敌人长期围困，围内有水井，还在底层和顶层四角设计了排污通道，可排泄粪便和污水。相传在围内的禾坪中，还掘有两口暗井（窖藏），一口藏蕨粉，以备紧急情况下启用，可供三个月之食用。

赖上拔有三子，燕翼围给长子从林；在燕翼围的东北边建“永臧围”，也是四层方围，给次子德林；从林和德林帮助老三，在燕翼围的西北边建了“光裕围”，规模仅为燕翼围的一半。[55]

4. 棋盘

以棋盘布局为意匠，广东始兴县的客家围出现了棋盘围（图 46）。

《史记·律书》云：“箕者，言万物根棋。”棋盘围屋以棋盘布局为意匠，有规整的建筑轴线布局，建筑沿轴线南北或东西纵深发展，中轴线为主要轴线，其两侧为次要轴线。重要建筑居主轴线上，主次分明，统一有序。

棋盘围有多种布局形式，依需要而设计。有的像秦汉时的围棋盘，轴线纵横 17 道。有的像隋唐时的围棋盘，轴线纵横 18 道。有的像唐宋以后的围棋盘，轴线纵横 19 道。还有的不拘一格，大门、大厅、祠堂居中轴线上。巷道又如象棋盘中的“楚河汉界”布列，居室厅房的分布又似象棋盘中的“日”字和“田”字的组合，形成整体平面呈围棋盘，局部呈象棋盘的巧妙布局。在民居围屋中可谓独树一帜。

围屋中四角有角楼、炮楼也叫围楼，四围墙壁布枪眼。围楼大门设有铁板门、铁皮包木板门、木板门、石闸门、铁栅门、木栅门等 3～6 道门。独立兴建的围楼，里面专设有水井、住房、存粮房、武器房等。若遇盗贼兵匪前来劫掠，全村老少离开围屋进入围楼，围门一关，围楼成为固若金汤的城堡。[56]

（1）始兴沈所镇石下李贞胜公棋盘围屋（图 47）

沈所镇石下李贞胜公棋盘围屋，建于清乾隆年间，前后历时 20 年建成。由贞胜公居室、贞胜公祠堂和李氏宗祠 3 座围屋组成，通面阔 157m，通进深 74～82m，面积 12014m^2。其中李氏祠堂，为周围几个李氏家族共有的宗祠。有主体轴线纵 4 横 18 道。由横向 5 栋厅堂和纵向 6 栋厢房共 10 栋屋构成，寓意十全十美。内有一个宗族祠堂，3 个大厅，36 间厢房，7 个大小天井。祠堂位于横向第 3 栋屋中间。36 根厅堂立柱，称“通天柱”，能通天达地，表示岁月中有 12 个月，天时中有 12 个时辰，生命中有 12 个生肖，构成“天地人和”的意匠。[57]

（2）始兴太平镇下窑背曾国柱公棋盘围屋（图 48）

曾国柱公棋盘围屋，建于清乾隆年间，前后历时 40 年建成。通面阔 133m，通进深 174m，面积 1.9 万 m^2。俗称为“九栋十八厅”，有 542 间厅堂房，26 根厅堂立柱，分为南、北、东、西四大部分。

南面为日常生活区，有主体轴线纵横 18 道，由横向 6 栋正屋、纵向 2 栋侧屋构成。正屋有一个祠堂，5 个大厅，4 套众厅（又称众屋、厢房、公厅）26 间房，10 套居室 150 间房。侧屋有厨房、杂间 38 间房，合计 220 间厅堂房。祠堂位于第三栋正屋中间。

北面为自卫防御区，有主体轴线纵 24 横 12 道，由围楼和横向 3 栋正屋，1 横 2 纵 3 栋侧屋构成。

东面为文化教育区，由花园和横向七栋屋构成。有主体轴线纵 11 道，横 18 道。分前后两部分。

西面为牲畜饲养区，俗称马房，分前后两部分。

大门口的门坪上，耸立着一对旗杆，是为族

人考取功名树立的，是客家人崇尚科举功名的标志。[58]

除以上例子外，广西昭平县樟木林乡新华村叶氏国望堂也属棋盘围，布局呈当地一种“六子棋”的棋盘形状。

5. 船形

船是水上交通工具之一，船文化是中华文化之水文化的重要组成部分之一。在园林中以船形建屋，便出现石舫、船厅之类建筑。划龙船、赛龙舟是中国人家喻户晓的文化及娱乐节目。船棺葬在古代中国南方一带盛行。“同舟共济”是激励中国人民团结一心、克服困难、互助互爱、勇往向前的格言。在战争中，同城人的命运如同是乘坐在同一条船上的人的命运，城的存亡关系到每一人的存亡。以舟形为城形，便产生了船城。以船形设计城门瓮城，便产生了船形瓮城门。

(1)丰顺建桥张氏建桥围[59](图 49)

张氏建桥围位于粤东丰顺县建桥镇建桥村，坐落在建桥镇西南面的小溪旁，为明崇祯十三年(1640)都乡佥军事张乾福为防御盗贼而建，称建桥围。

建桥围占地面积 15,780m^2，围外设置回环的池塘(宽 18m)，北面以溪为沟壑，是防盗、防火、平衡气温的重要设施。远眺整座围似浮水大船，俗称船形围。其建筑原则祖训为：“经营屋宇地基必求其敞，房间必求其多，厅庭必求其大，墙壁需坚固，形式务极整齐，环境位置之选择，利于集体群居和防御外敌入侵。”

船形围遵循内方外椭圆轮廓。绕围墙建有四环的单夸四合院建筑(10.6×6.6m 回形)，围内布局三街(直向)加两巷(横向)总共有 11 幢，各幢自成一体，建筑普遍为两堂两横、三堂四横硬山顶构筑。建筑构造形式巧妙地解决了通风、采光、排污等设施。建桥围建筑重视人与自然的和谐，按祖训选择在河流边，不仅便于取水；围以南是一片平地，地处回流阶地上，既有肥沃的耕作土壤又有河水灌溉，便于农业生产的开展。同时，建桥围地处河流交汇处，交通便利，是理想的民居住地。建围时，依照地理风水之要求，以传统的《阴阳蓝图》分为八等分，乾、巽、坎、艮、坤、震、离、兑的八卦之求和阴阳对立互补的原理，将围四个门建成八卦形。东西门大小不一，围门内用 12 条长花岗石铺地，而南北门坐向各有所翼，围门内用十条长花岗石铺地。但是为了控制人口增长，特将四围门第留存断裂(在 1/3 处有断裂口)。几百年来，围内人口一直在 1,000 多人左右，其中东西两围门出入的人口发展较快(从光大堂、保大堂搬出围外发展，将近有 2 万多人)。

围内建有张氏各世府第宫室。如图南居、敦善居、永盛居、复昌居、凤实楼、儒林第、都尉第、荣封第等。采用传统四合院的建筑工艺，用抬梁、穿斗的混合结构建造，布局严谨。讲究坐向，沿中轴线上中下三个大厅，系奉祀先祖或公共娱乐场所。厅左右设对称的二厢房或四厢房，为生活区。

(2)始兴隘子官氏满堂围

满堂围在始兴隘子镇满堂村，为官乾荣所建。官乾荣，字佐安，号靖亭，生于乾隆四十四年(1779)，卒于咸丰四年(1854)。其承父业经营木材生意，家资丰厚。据《始兴县志》载：“(官乾荣)家资百万，慷慨好施。”[60]

隘子镇满堂官乾荣公棋盘围屋(图 50，51)，建于清道光十二年(1832)至咸丰十年(1860)，历时 27 年建成。由上、中、下三座围屋构成。通面阔 173m，通进深 83m，共有面积 13544.96m^2。高 2 至 5 层，有厅堂、房 770 余间。

围屋建筑结构牢固，布局奇特，规模宏大，具有古城堡之雄风。[61]

据说原创意整体形象为一条大航船。中心主楼的四围为 3 层，四角碉楼为 4 层。主楼为二堂一围屋，前堂 3 层，后堂为 4 层望楼，望楼居高临下，巍峨壮观，从远处望去就像船身上的船台，俗称“太子楼”，平时作教育子孙的学堂用。主楼有城楼式的门楼，上嵌清咸丰庚申十年的“奠基”石刻。券顶方框门用青条石砌成，整个门框和门楼墙厚 3.5m，据说中间夹有砂石，若被枪炮击穿，砂石会自动填补弹洞。楼门有趟拢、铁皮门、竖杠和灌水洞(门上)等设施，用于防盗和防火。堂屋四周为三层的围屋，堂、围之间有天街隔开，围屋四周可以相通，俗称“走马楼”，通廊单间住房。四角碉楼墙壁 1/3

为卵石砌的墙基，2/3 为青砖砌筑，四层碉楼高约 15m。

值得注意的是，满堂围是建在石下河与黄水河的交汇处，中心围楼的地基用了九层生松木打桩垫底，非常坚实。围的外墙皆用水磨青砖砌成，接缝用糯米灰浆，异常牢固美观。其正堂用金漆木雕屏风，彩绘藻井，梁柱雕刻龙凤花鸟，每一住房的客厅均在檐墙内瓦面开有天窗，放置玻璃明瓦，明瓦下方墙上留有一个椭圆形通气孔，使客厅明亮通风。而天窗下之墙壁灰塑人物、花鸟、山水，以及象征五谷丰登、福禄双至、吉祥如意的浮雕。[62] 原木栋梁，加上条石门窗，建筑显得富丽堂皇。三座围楼的主楼前面，均建有凹字形的二层倒座（前围），设有门楼和碉楼；堂横屋与倒座间有宽阔的长方形天街。显得外面严密封闭，里面宽敞舒适。

满堂围的创建者官乾荣，为清道光年间侯缺正五品官员，兼营木材生意，为当地首富。故满堂围能集赣南、粤北、粤东四角楼之大成，无论从规模、造型、材料到工艺，都堪称粤北客家围之最。[63]

（3）江西广昌船形古屋[64]

在江西广昌的驿前镇上街东头，有一幢形状独特的古代建筑，它坐北朝南，建筑整体仿古代官船之形，临江而建，重檐亭式屋顶，穿斗式结构，当地居民称之为船形屋。

走进屋内，圆拱形的天花板，犹如船篷，前舱、后舱，应有尽有，船头、船尾，惟妙惟肖，让你分不清这到底是水边人家还是水中船上。东边弧形的檐脚石块，恰似那悠悠弯弯的船舷甲板，隔江而望，一艘逆水而行的古代“官船”跃入眼帘。

此船屋占地面积 540m^2，有大小厅堂、厢房 36 间。大门建在中轴线之右侧，牌坊式的门楼，门楣上行书题刻“清汲与盱源”匾额，无落款，无年号。整幢建筑全用杉木榫卯接合，柱梁楚楚，古朴庄重，其檐下木制斗拱，木质浮雕流云、花卉、动物、人物等图案，雕工精湛，剔透有致。在主建筑的中部，设有重檐亭式屋顶，屋顶之下的藻井中，绘有缠枝牡丹童子、缠枝莲花童子、出行图等图案，线条明朗，图案优美，有较高的艺术价值。

明末清初，天地会活跃在我国南方数省以及海外华侨中间，会内称洪门。洪门是明朝遗老为了反清复明而在江西南城县洪门镇而创立的。驿前船屋就是洪门（天地会）会员的联络地点，其文化表徽 36 间为洪门建筑的独特标志，72 为地煞，36 为天罡，天地之合数为 108，为三合会，模仿宋代梁山好汉 108 将江湖结义，同舟共济，广昌船屋是洪门“洪船”早期形态的建筑遗存。

6. 盘石

盘石围（图 52）

盘石围，位于龙南县杨村镇乌石村，北距县城 60km，南距杨村镇 5km。据本村乡绅村民赖吉生言，围之得名，是因其形如盘石。而据《桃川赖氏八修族谱》中的《东水盘石围记》所载：“取中石砥柱，二水合流，爰是而筑居焉。名曰：‘盘石围’”。

村中相传：乌石村是其先祖“绍先创基，元宿开基”。老围是历三代人完成的。“乌石村”之得名，是取自老围门坪上的那块“乌石”。此说征之《龙南县地名志》也相吻合。说乌石，其实是块地质史上因河川作用而形成的花岗岩岩石。由于自然界的侵蚀，使岩石表面呈黑色，故名。此石现成为村民心中的一块神石，他们赋予它一些神秘色彩，敬崇它、爱护它，不仅没有嫌它兀然突起在平整的禾坪上，有碍晒场而将之做平，而且还将它过去崩裂了的一角，修补成形。传说乌石在开工建屋时被凿开后，里面飞出一只金乌鸦，后来便把盘石围改名乌石围。[65]

盘石围的平面形式，应属围龙屋类型：它前方后圆、前低后高，围龙后部也有隆起的“化胎”。门前有方形的禾坪，禾坪之前是口半月形的水塘。但盘石围四周有炮楼设施，围龙屋高二层，并设有内大外小的枪眼（也许兼作气窗或望孔），围内还有一组“三堂两横”府第式两层楼房。一般围龙屋只在后部有圆弧，而盘石围除正立面用直线外，其余皆圆弧线，状如一个圆楼切去三分之一似的。它兼有粤东围龙屋和赣南方形围屋特点，似乎还含有闽西土楼的基因。[66]

7. 锁头屋

小型的杠屋像古时的锁，称为锁头屋（图 53）。

杠屋是多开间民居及前天井所组成的无明显轴线的一种天井式民居，其大门在侧面开启。因民居平面形状像一条杠杆，故名杠屋。

8. 合面杠

两杠屋合用一天井，称合面杠(图 54)。

9. 茶盘屋

周围有屋相围，称茶盘屋(图 55)。

杠屋可以有多种组合。大型者有四杠屋(图 56)、五杠屋，甚至有六杠屋。其优点是各杠屋可单独使用，但又有联系，且互不干扰。在客家地区一些多子的家庭常采用它

10. 簸箕形

德辉楼(图 57)位于永定县下洋镇，是小型的三层方楼，属内通廊式。建于 1937 年，至今保存完好。现住 4 户 20 人。方楼内院中设置精致的围墙和厅廊，在方楼的中轴线上形成两个尺度宜人的小天井，空间既分隔又流通，天井廊沿石板铺砌，院中置花木盆栽，显得亲切舒适，创造了理想的居住环境。这个方楼并非标准的方形，其正面的宽度比背面窄十几厘米，前窄后宽使整个平面微呈倒梯形，形如收谷子的簸箕。相反，若前宽后窄则形如倒垃圾的扫箕，当地人认为不吉利。前者收进则聚财，后者倒出会破财。因此，当地的方楼总是做成前窄后宽式，这是民间俗念影响建筑形式的一个例证。[67]除德辉楼外，还有一些单层院落的平面布局也呈簸箕形，例如广东大埔县洲瑞田背乡单门楼□屋既是一个典型例证。

客家建筑的仿生象物的营造意匠，都有其文化内涵，从而也体现了客家建筑的文化特色。仿生象物的营造意匠，使客家建筑丰富多样，异彩纷呈，体现了中华建筑文化的哲理和智慧，很值得现代建筑师参考和借鉴。

---

* 国家自然科学基金资助项目(项目号 50678070)

[作者简介]：吴庆洲(1945——)，男，博士，华南理工大学建筑学院教授，博士生导师，亚热带建筑科学国家重点实验室学术委员，华南理工大学建筑历史文化研究中心主任。

① 吴庆洲. 中国古代哲学与古城规划. 建筑学报. 1995,8:45～47

吴庆洲. 象天法地意匠与中国古都规划. 华中建筑. 1996,2:31～40

② 赵国华. 生殖崇拜文化论. 中国社会科学出版社，1990

③ [英]李约瑟. 中国科学思想史. 陈立夫主译. 江西人民出版社，1990

④ 嵇文甫文集，上册. 河南人民出版社，1985

⑤ 叶舒宪. 中国神话哲学. 中国社会科学出版社，1992

⑥ 周予同. 孝与生殖器崇拜

⑦ 王振复. 周易的美学智慧. 湖南出版社，1991:220～222.

⑧ 王大有，王双有著. 图说中国图腾. 提要. 人民美术出版社，1998

⑨ 叶金莲. 从族谱资料看风水信仰在民间的影响. 罗勇、林晓平、钟俊昆主编，陈文红副主编. 客家文化特质与客家精神研究. 黑龙江人民出版社，2006:303～311.

⑩ 王青编著. 中国古代风水术. 北京师范大学出版社，1993:133.

⑪ 何晓昕编著. 风水探源. 东南大学出版社，1990:99～101.

⑫ 林牧. 阳宅会心集. 卷上，格式总论. 清嘉庆十六年刻本. 转引自曹春平. 闽西南地区土楼的形态. 张复合主编，贾珺副主编. 建筑史论文集. 第 17 辑. 清华大学出版社，2003:103～124.

⑬ 杨耀林，黄崇岳主编. 南粤客家围. 文物出版社，2001:120～121.

⑭ 曹春平. 闽西南地区土楼的形态. 张复合主编，贾珺副主编. 建筑史论文集. 第 17 辑. 清华大学出版社，2003:103～124.

⑮ 萧兵，叶舒宪. 老子的文化解读. 湖北人民出版社，1993:551～579.

⑯ 周予同. 经学史论著选集. 上海人民出版社，1983:86.

⑰ 郭璞. 葬经 · 内篇

⑱ 刘晓春. 三僚风水文化考察. 客家研究辑刊，2006,2:93～102

⑲ 冯玉涛. 凤凰崇拜之谜. 人文杂志，1991(5):108～113

⑳ 王鲁民. 中国古典建筑文化探源. 同济大学出版社，1997

㉑ 杨鸿勋著. 宫殿考古通论. 紫禁城出版社，2000

㉒ 黄汉民编著. 福建土楼. 生活 · 读书 · 新知三联书店，2003:57～58.

㉓ 同 22:59

㉔ 林嘉书著. 土楼与中国传统文化. 上海人民出版社，1995:106～107.

㉕ 欧阳明，王大有，宋宝忠. 轩辕黄帝族移民美洲. 新华文摘，1992,9:171～172

㉖ 胡玉春. 杨救贫与赣南客家风水文化的起源和传播. 南方文物,1998,1:79～91

㉗ 董红. 东莞取形于龟的古建筑. 广东民俗,1999(3):21～22

㉘ 杨森主编. 广东名胜古迹辞典. 北京燕山出版社,1996:695.

㉙ 黄崇岳,杨耀林著. 客家围屋. 华南理工大学出版社,2006:40.

㉚ 同 29:86

㉛ 何葆国撰文,曲利明摄影. 永远家园——土楼漫游. 海潮摄影艺术出版社,2002:21～23.

㉜ 黄汉民著. 客家土楼民居. 福建教育出版社,1995:46～48.

㉝ 同 32:46～48

㉞ 同 31:21～23

㉟ 同 32:46～48

㊱ 刘晓春. 三僚村风水文化考察. 客家研究辑刊,2006,2:93～102

㊲ 兴国三僚武城郡曾氏重修族谱,1998. 转引自刘晓春. 三僚村风水文化考察

㊳ 万秋楼客家文化有限公司印:万秋楼沿革

㊴ 黄汉民编著. 福建土楼. 生活·读书·新知三联书店,2003:66.

㊵ 黄汉民. 福建客家圆土楼的形式特色. 陆元鼎主编. 中国客家民居与文化. 华南理工大学出版社,2001:175～190.

㊶ 杨耀林,黄崇岳主编. 南粤客家围. 文物出版社,2001:112～113.

㊷ 戴志坚. 福建客家土楼形态探索. 华中建筑,1996,4:98～103

㊸ 黄崇岳,杨耀林著. 客家围屋. 华南理工大学出版社,2006:101～102.

㊹ 杨耀林,黄崇岳主编. 南粤客家围. 文物出版社,2001:114～115.

㊺ 叶恩忠主编,何葆国文. 中国土楼. 海潮摄影艺术出版社,2006:46.

㊻ 同 45:176

㊼ 同 45:51

㊽ 黄汉民编著. 福建土楼. 生活·读书·新知三联书店,2003:120～121.

㊾ 何葆国撰文. 永远的家园——土楼漫游. 海潮摄影艺术出版社,2002:58.

㊿ 同 49

51 黄汉民著. 福建土楼,下. 汉声杂志社,1994:97～98.

52 同 51:79

53 林嘉书著. 土楼与中国传统文化. 上海人民出版社,1995:90～91.

54 黄浩等. 江西围子述略. 中日传统民居学术研讨会交流论文,景德镇,1992

55 万幼楠. 燕翼围考察——兼谈赣南围屋的源流. 陆元鼎主编. 中国客家民居马文化. 华南理工大学出版社,2001:194～202.

56 廖晋雄. 广东省始兴县清代棋盘围屋. 陆元鼎主编. 中国客家民居与文化. 华南理工大学出版社,2001:226～233.

57 同 56

58 同 56

59 文衍源. 丰顺县建桥镇建桥围的宗族与民俗. 宋德剑等著. 民间文化与乡土社会. 粤东丰顺县族群关系研究. 花城出版社,2002:203～221.

60 杨森主编. 广东名胜古迹辞典. 北京燕山出版社,1996:373～374.

61 廖晋雄. 广东始兴县清代棋盘围屋. 陆元鼎主编. 中国客家民居与文化. 华南理工大学出版社,2001:226～233.

62 同 60

63 黄崇岳,杨耀林著. 客家围屋. 华南理工大学出版社,2006:77～78.

64 魏叶国. 江西广昌船形古屋调散记. 南方文物,2004:16～18.

65 何葆国撰文,曲利明摄影. 中国土楼. 海潮摄影艺术出版社,2006:195.

66 万幼楠. 盘石围调查——兼谈赣南其它圆弧民居. 南方文物,1999,3:117～126

67 黄汉民著. 客家土楼民居. 福建教育出版社,1995:44.

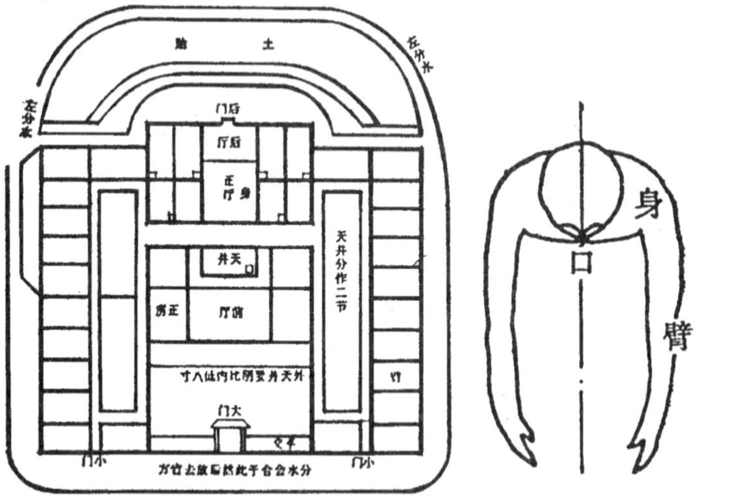

图 1　林牧法人的设计思想——以人体的比例决定建筑的比例及平面关系(何晓昕绘)

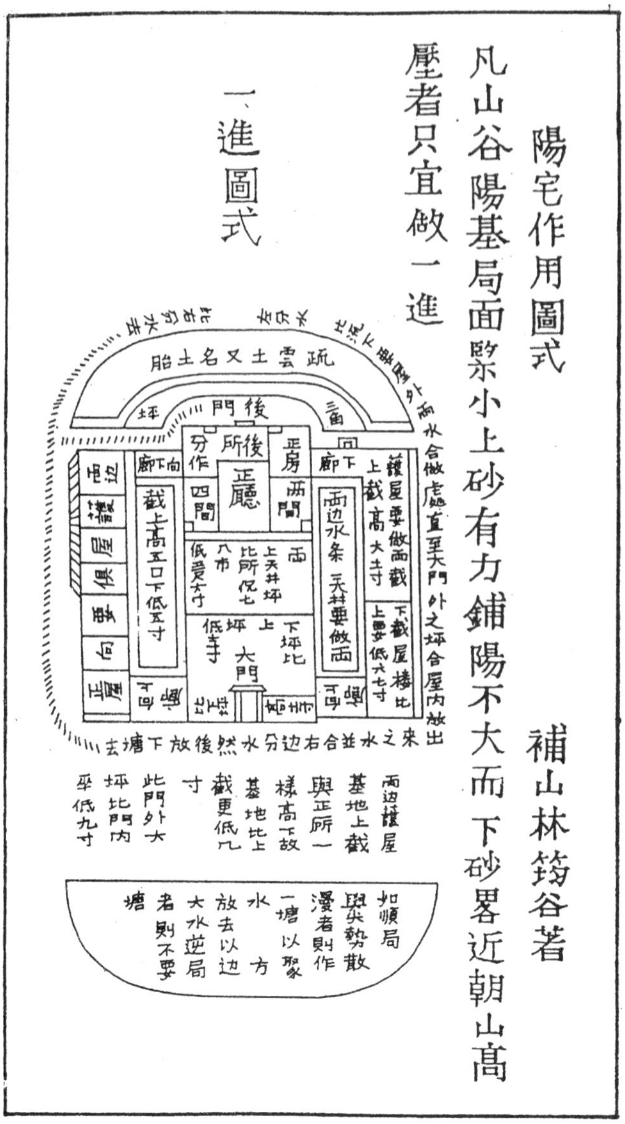

图 2　林牧《阳宅会心集》"阳宅作用图式"

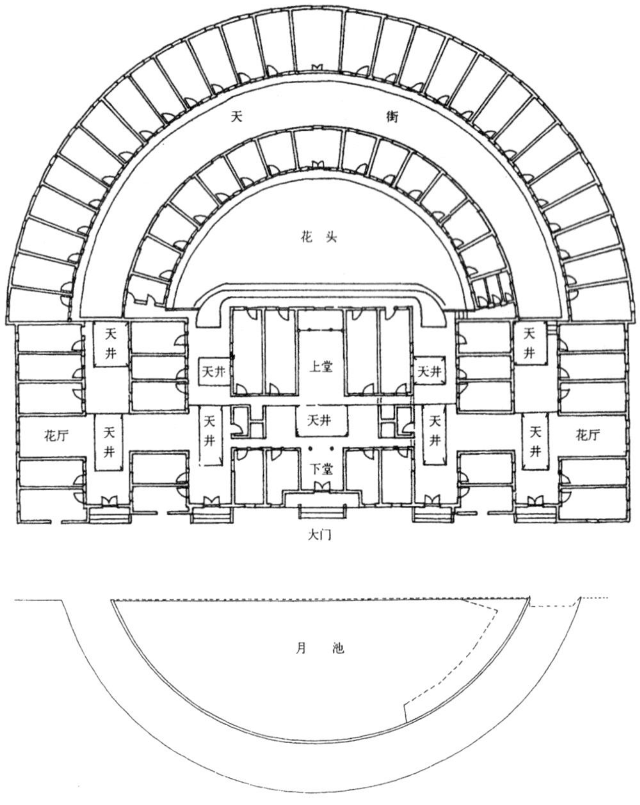

图 3　梅县南口潘氏德馨堂平面示意图(自深圳博物馆编《南粤客家围》:127)

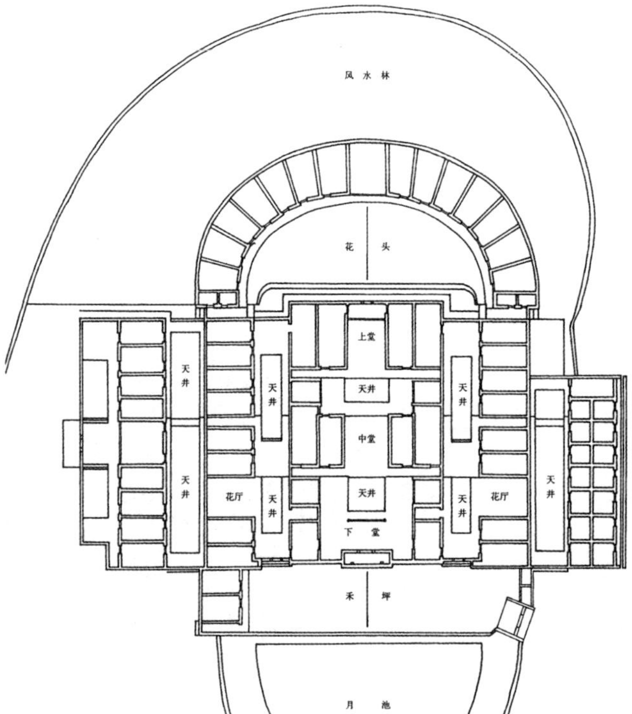

图 4　梅县白宫棣华居平面示意图(自《南粤客家围》:127)

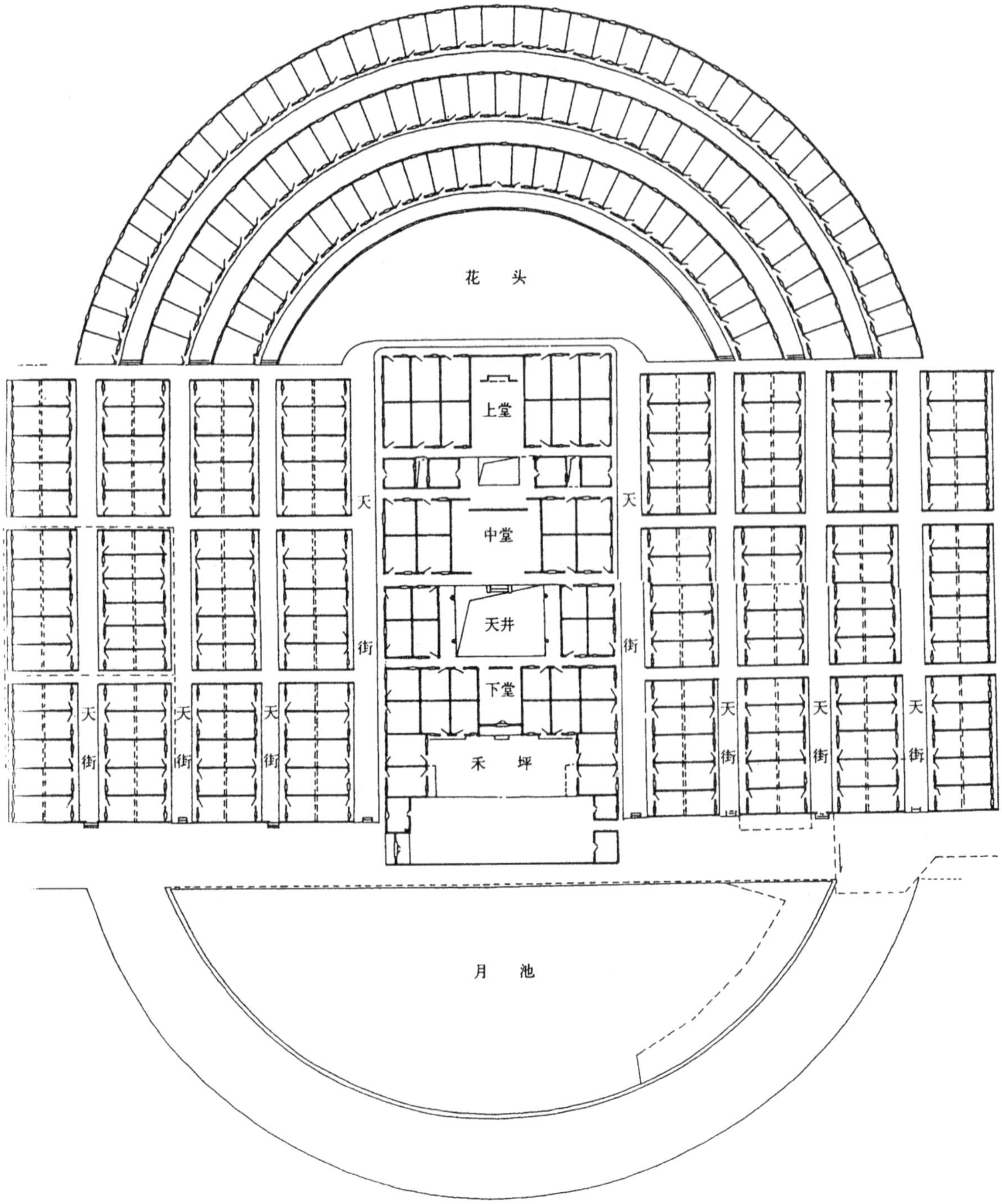

图5　梅县丙村仁厚温公祠平面示意图(自《南粤客家围》:121)

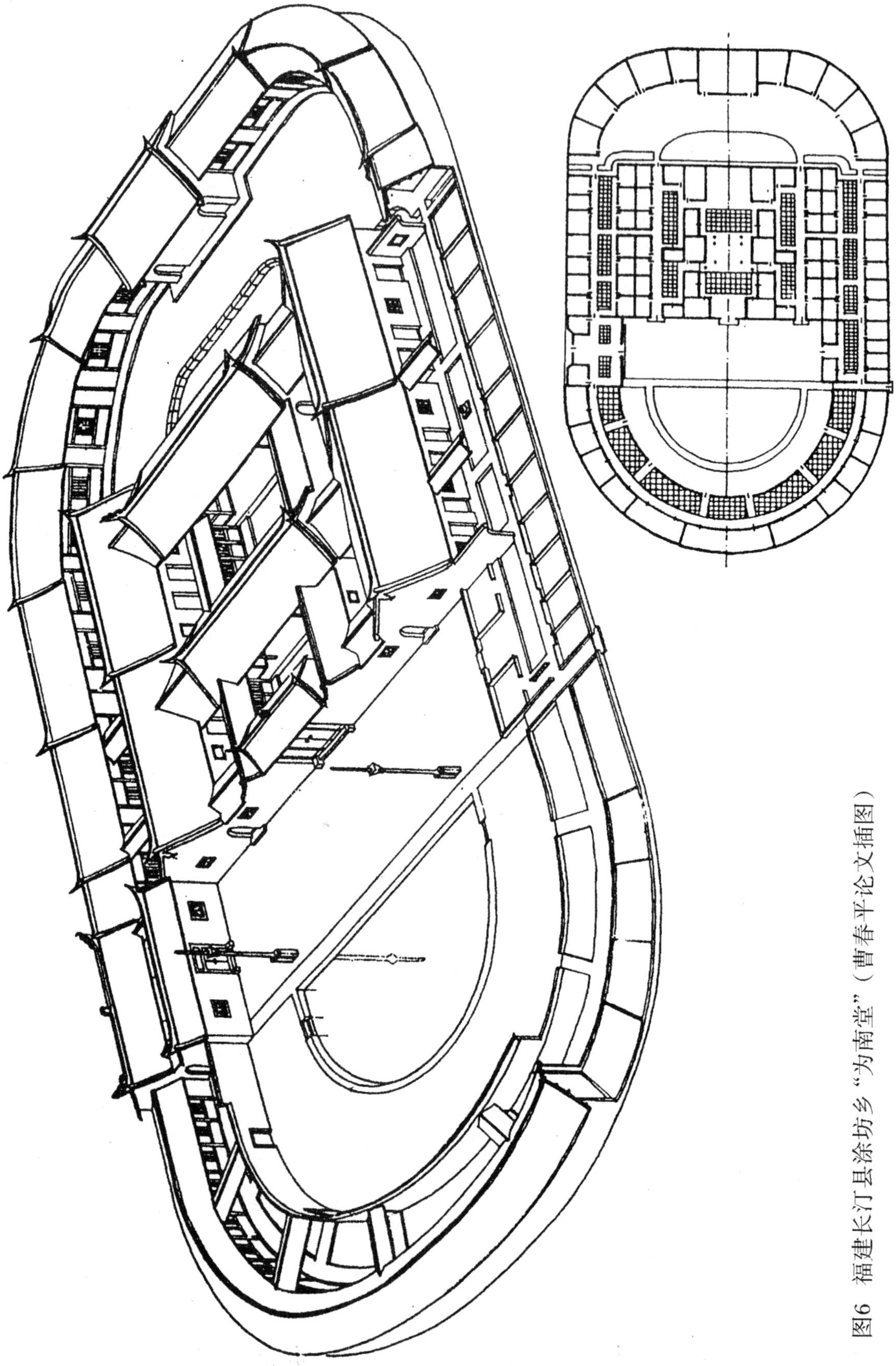

图6 福建长汀县涂坊乡“为南堂”（曹春平论文插图）

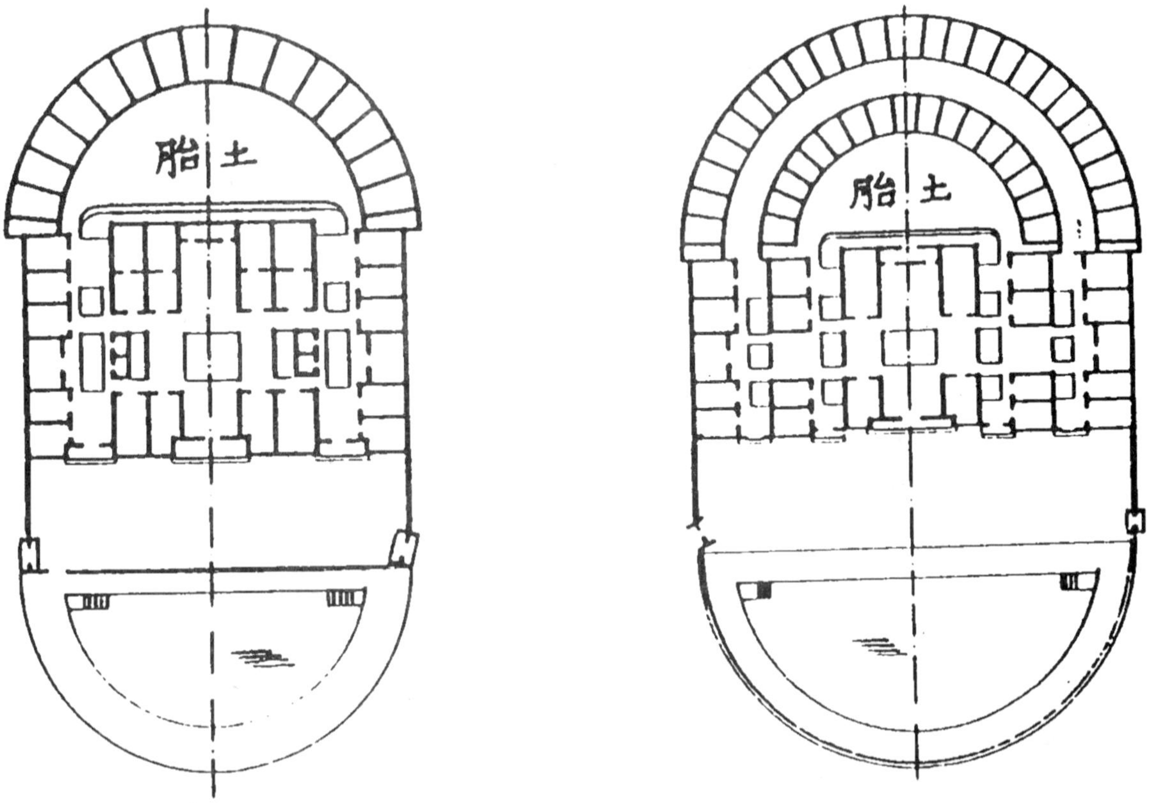

图 7　客家围龙屋后部的胎土（化胎、花胎、花头）

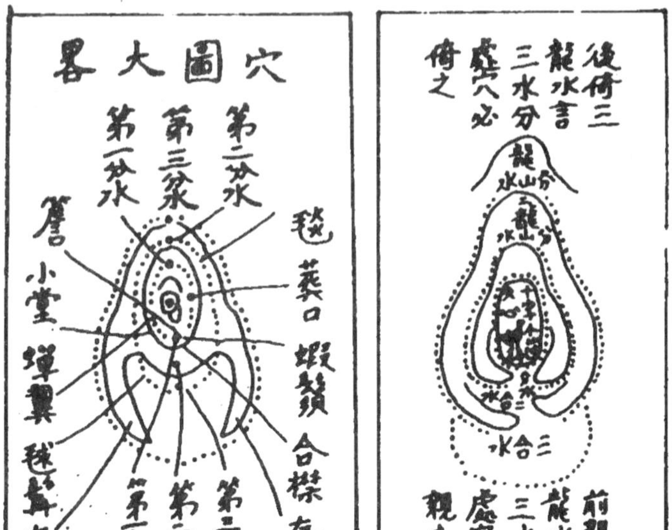

“o”处为穴

图 8　风水穴位图（自刘沛林《风水——中国人的环境观》:19）

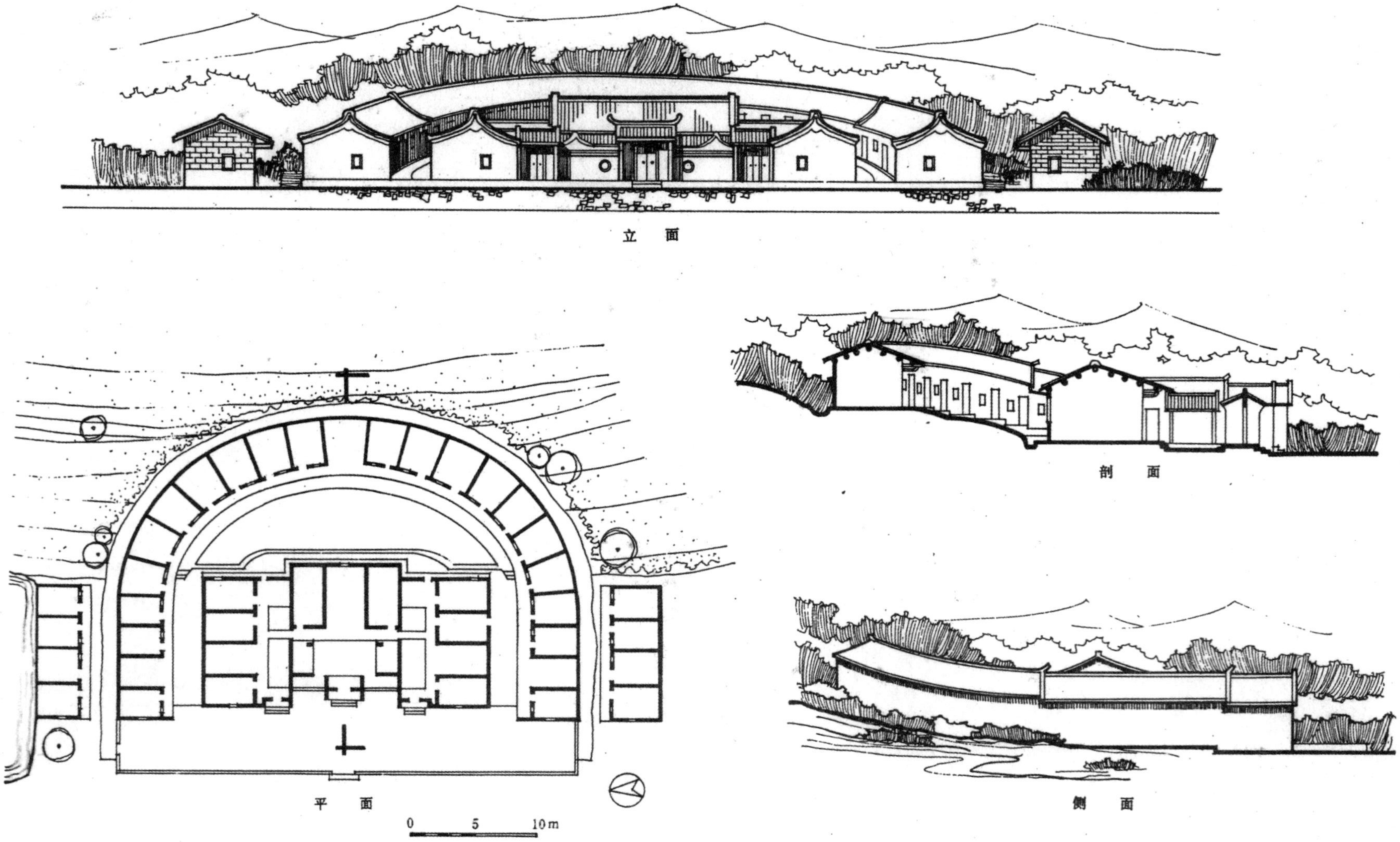

图9　大埔单门楼四横围龙屋（元鼎《广东民居》：91）

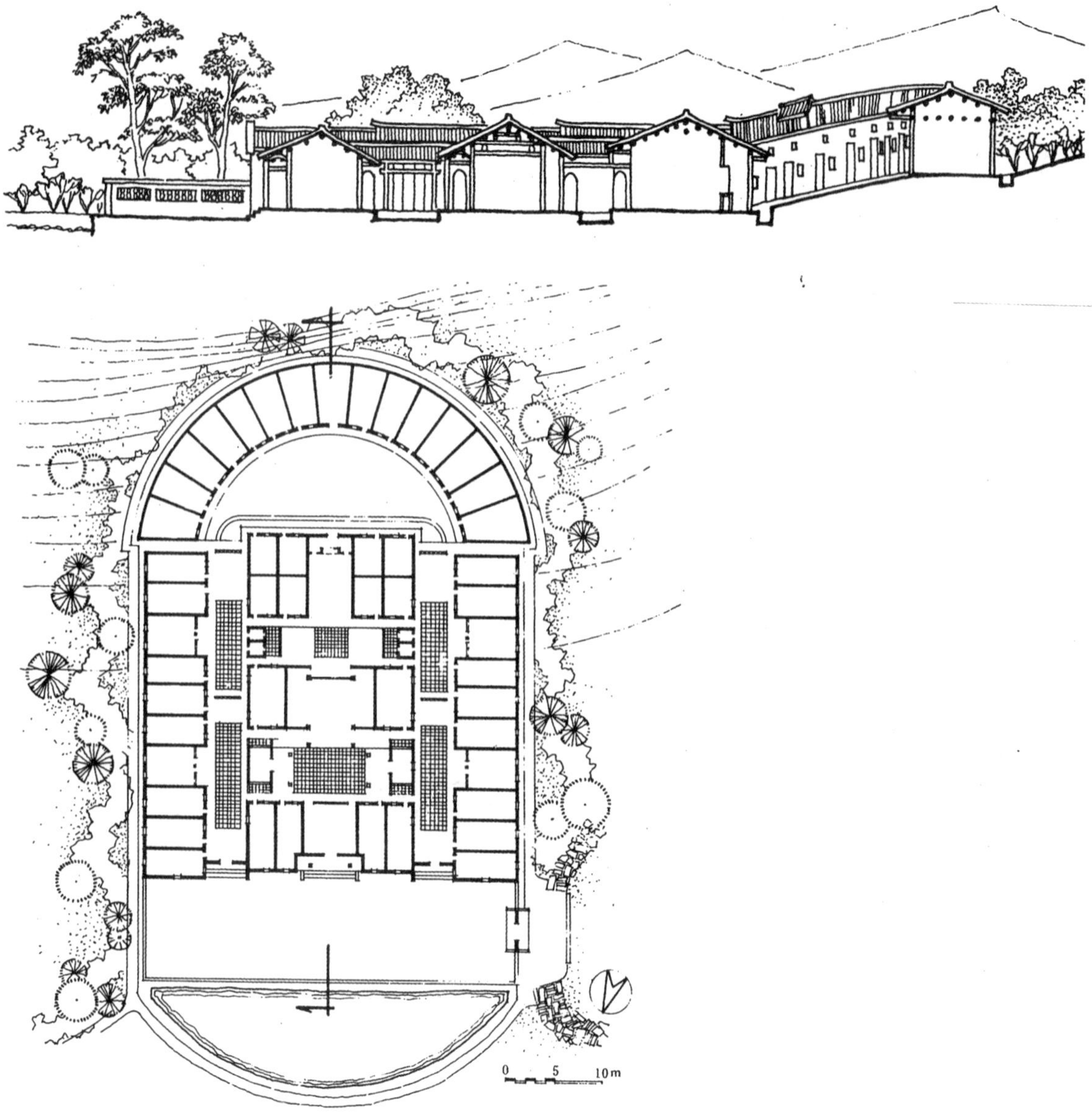

图 10　梅县南口宁安庐平面图、剖面图(自陆元鼎《广东民居》:344)

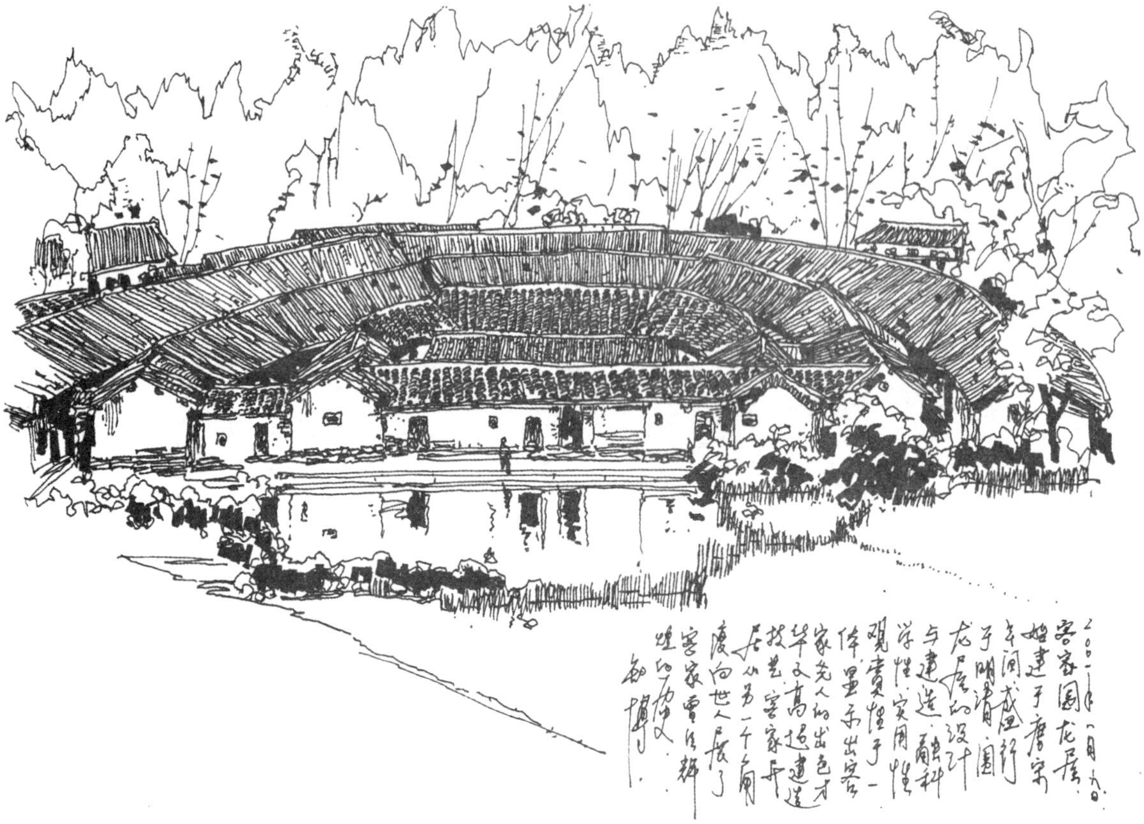

图 11　客家围龙屋(曹知博绘)

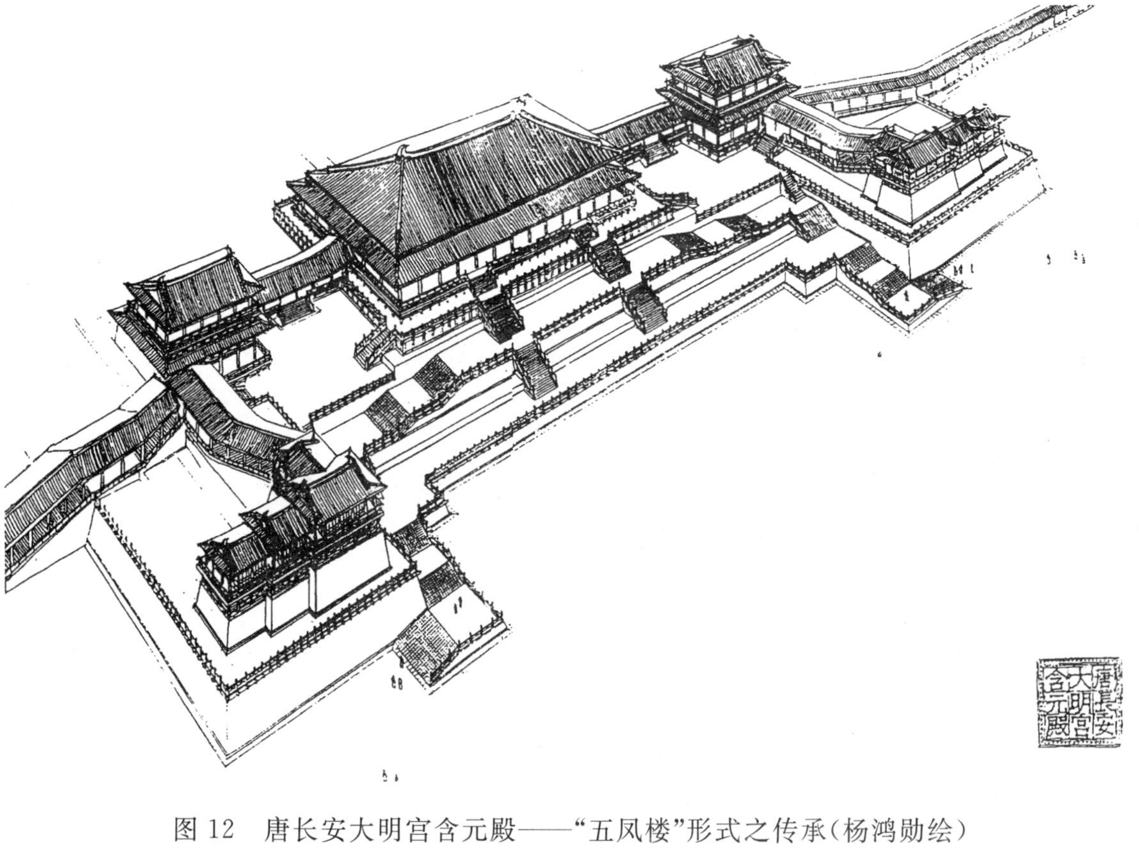

图 12　唐长安大明宫含元殿——“五凤楼”形式之传承(杨鸿勋绘)

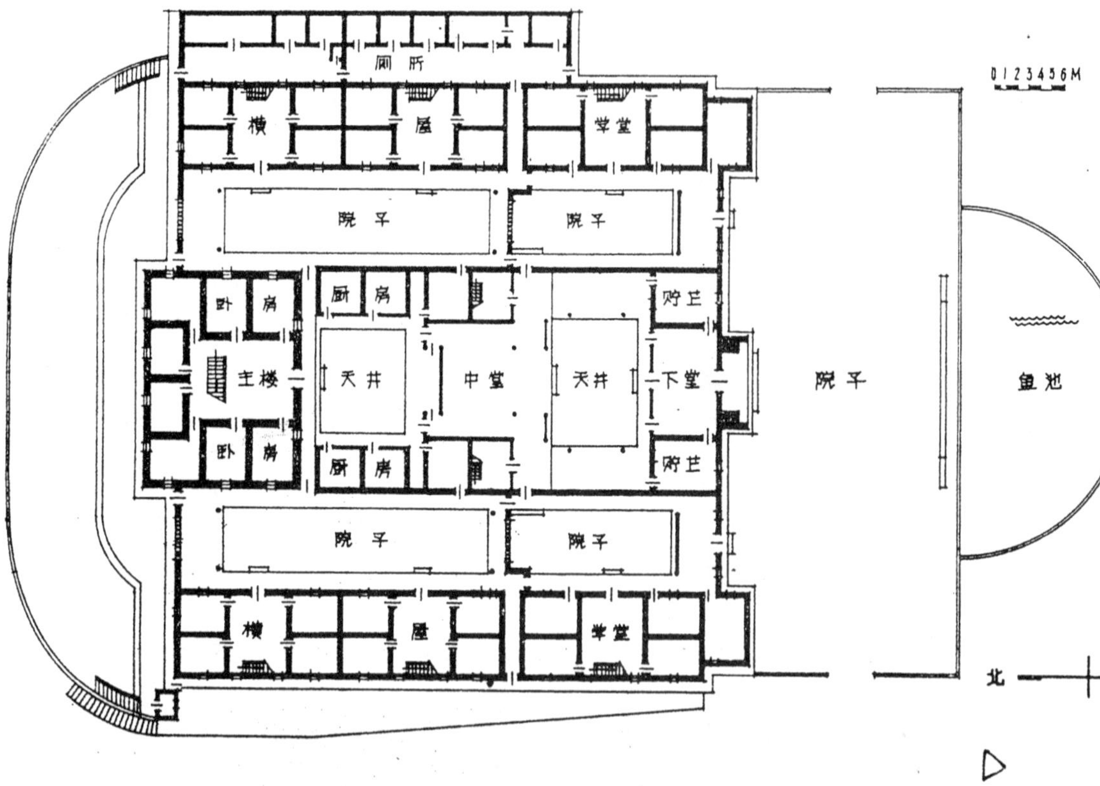

图 13　永定县“大夫第”(黄汉民绘)

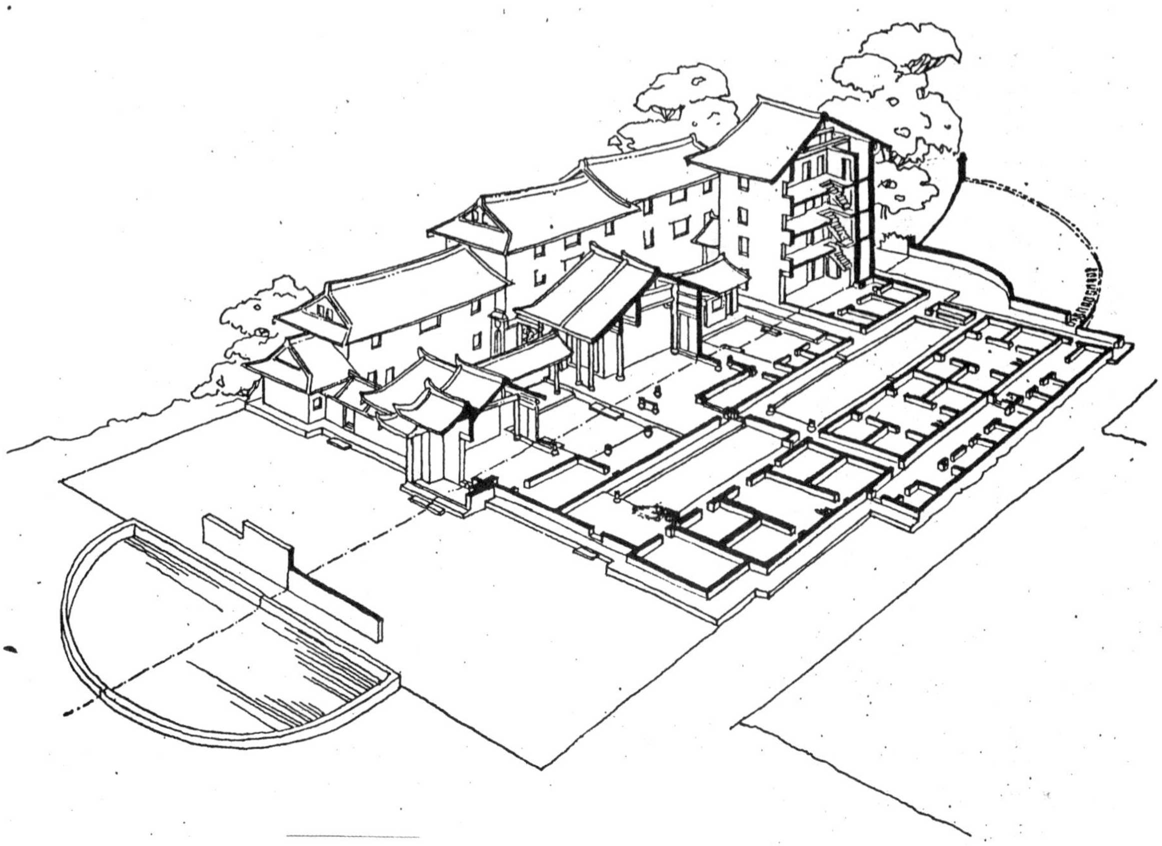

图 14　福建永定县客家住宅大夫第剖视(自刘敦桢主编《中国古代建筑史》:323)(中国建筑研究室调查)

图15 永定县大夫第剖面图（黄汉民编著《福建土楼》：58）

图16 永定县大夫第北立面图（黄汉民绘）

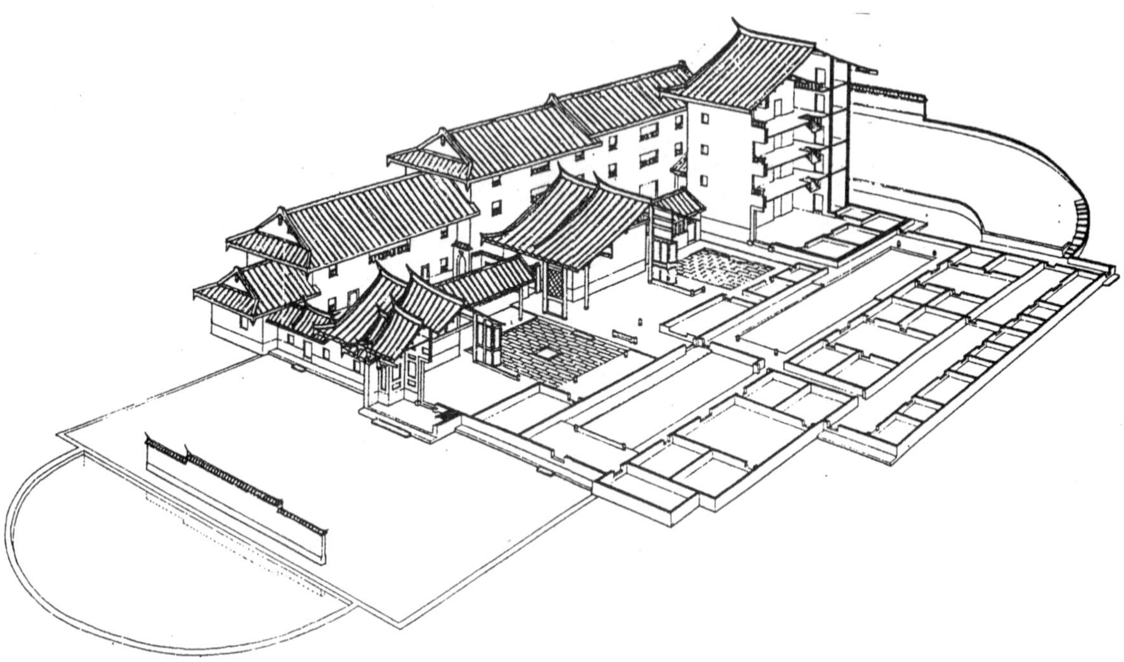

图 17　永定县高陂乡虎岭村裕隆楼(曹春平论文插图)

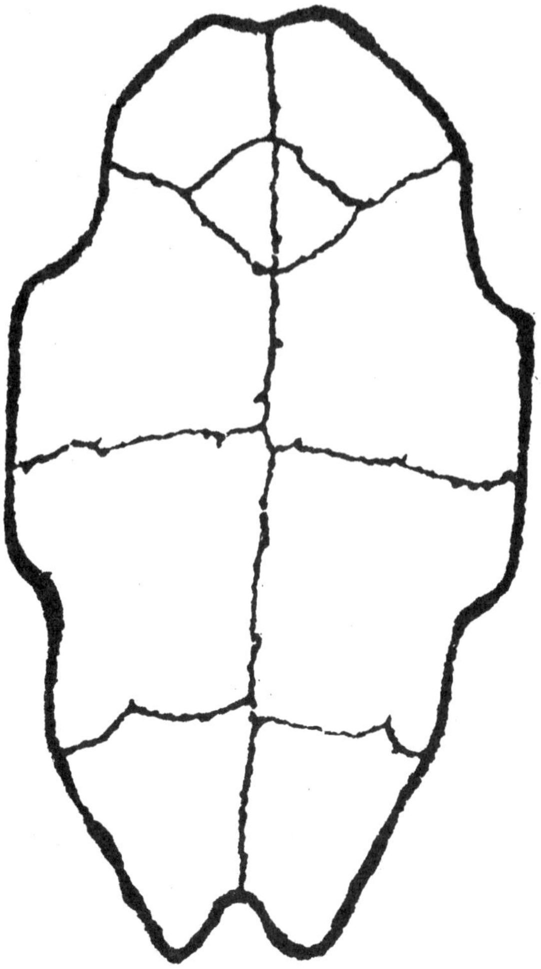

图 18　龟腹甲(古人卜吉凶用具),形如亞字

图 19 “天鼋黄帝酋长礼天祈年图”

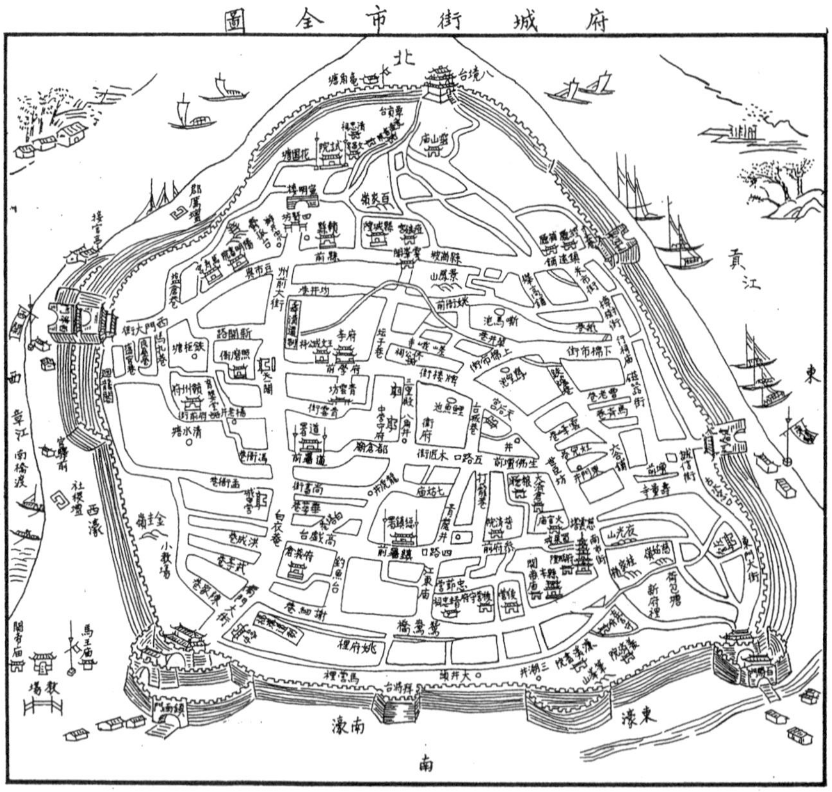

图 20　赣州府城街市全图(清同治十一年《赣县志》)

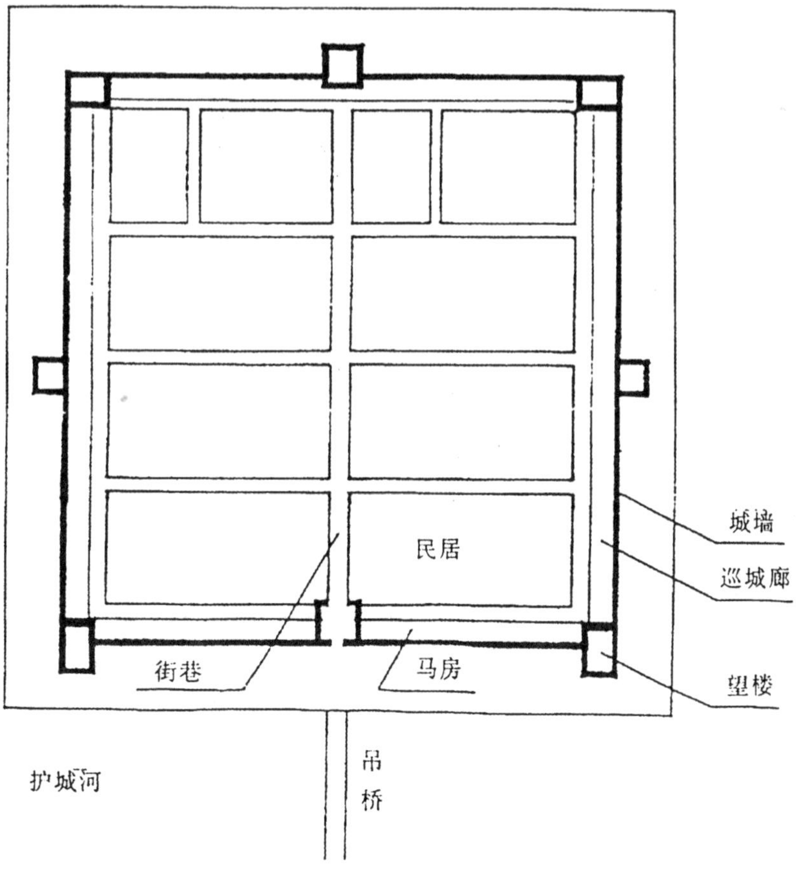

图 21　东莞逆水流龟寨(或称村堡)(董红绘)

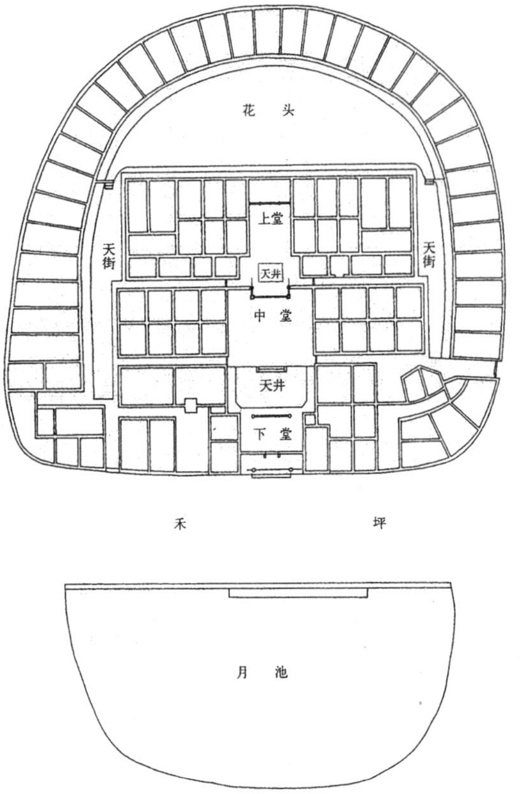

平面示意图

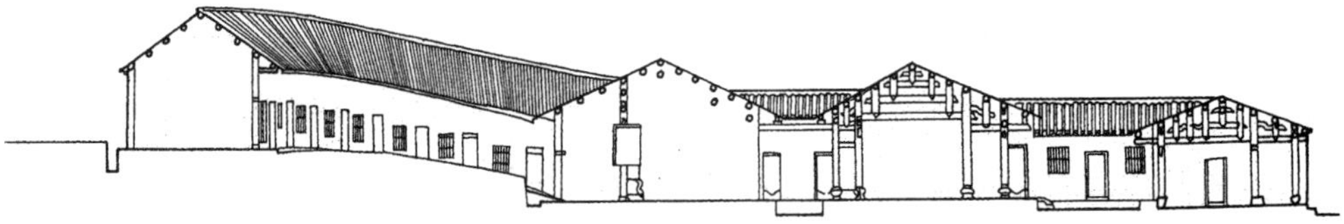

横剖面图

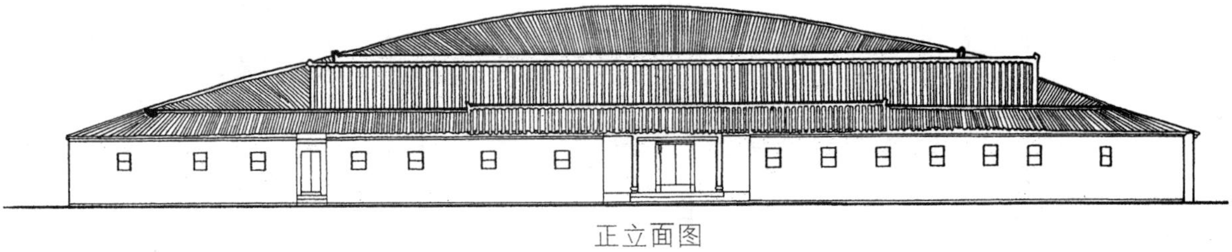

正立面图

图 22　广东兴宁黄陂石氏中山公祠(自《南粤客家围》:105)

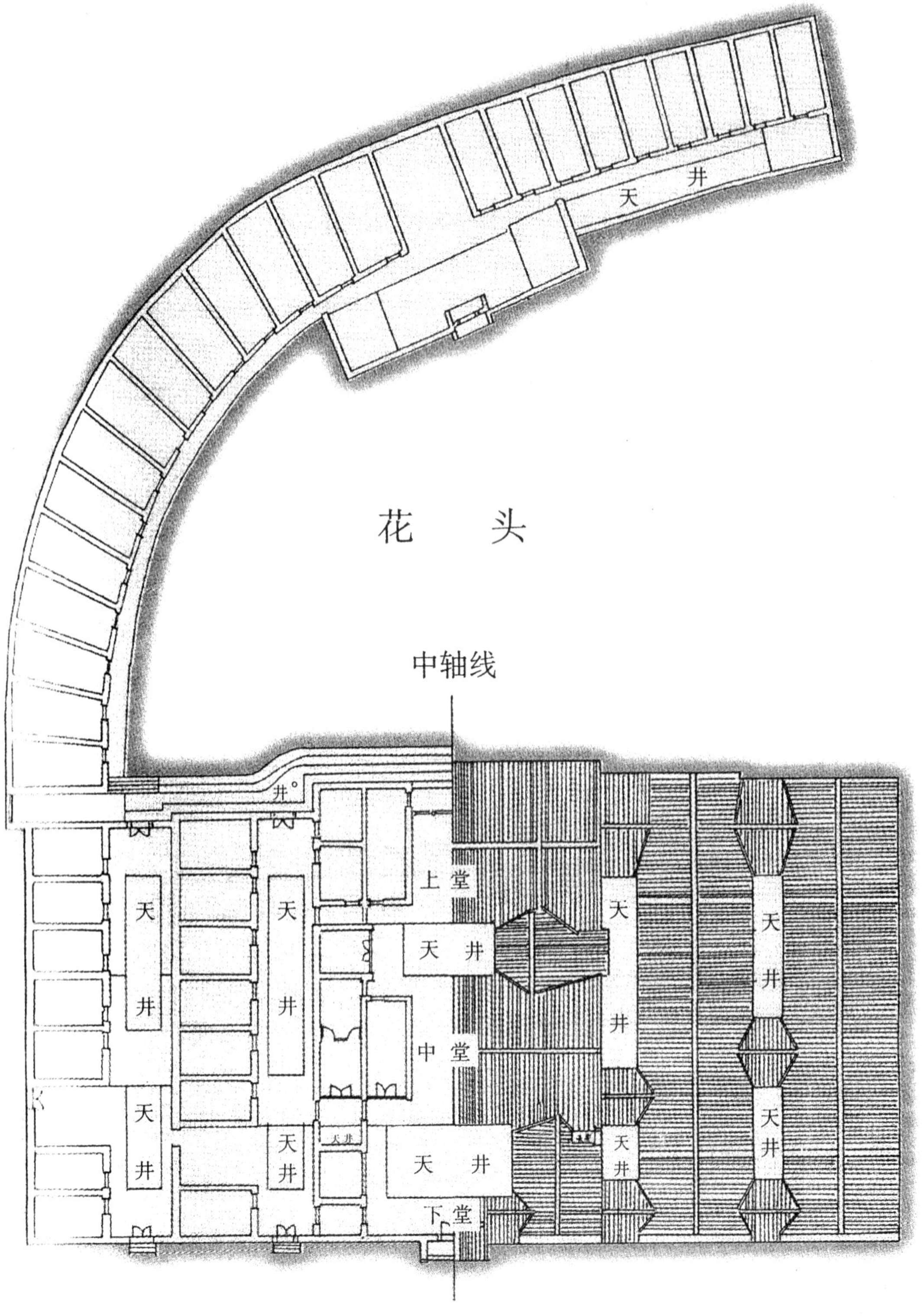

图 23 梅县白宫丘氏大夫第平面示意图(自《南粤客家围》:241)

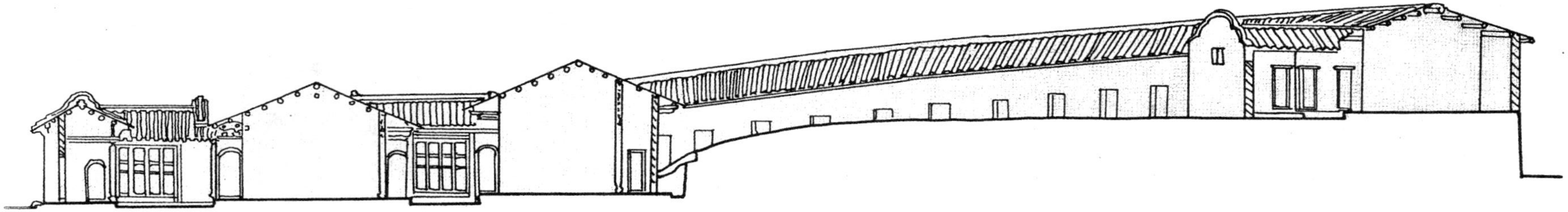

横剖面图

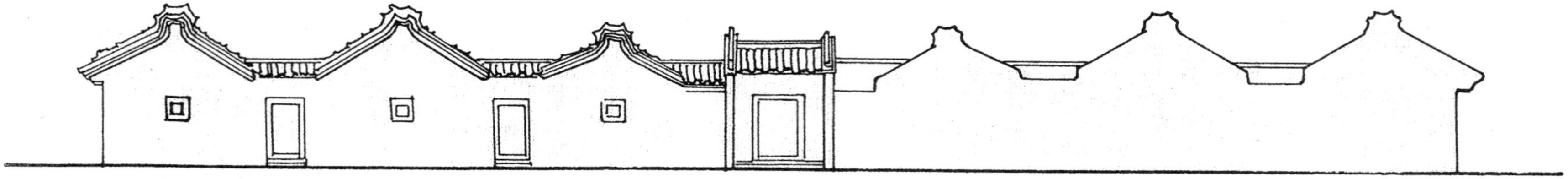

正立面图

图24 梅县白宫丘氏大夫第正立面图、横剖面图(自《南粤客家围》: 240)

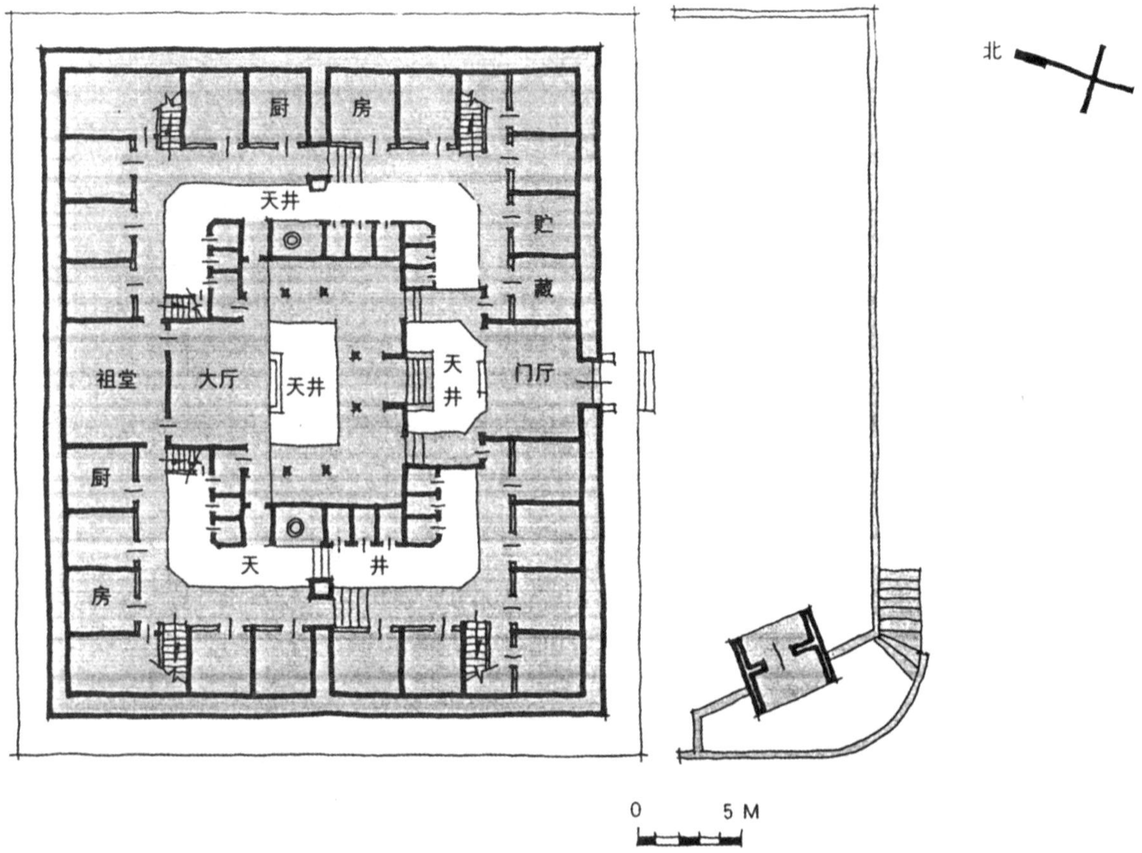

图 25　奎聚楼底层平面图(黄汉民绘)

图 26　奎聚楼外观(黄汉民绘)

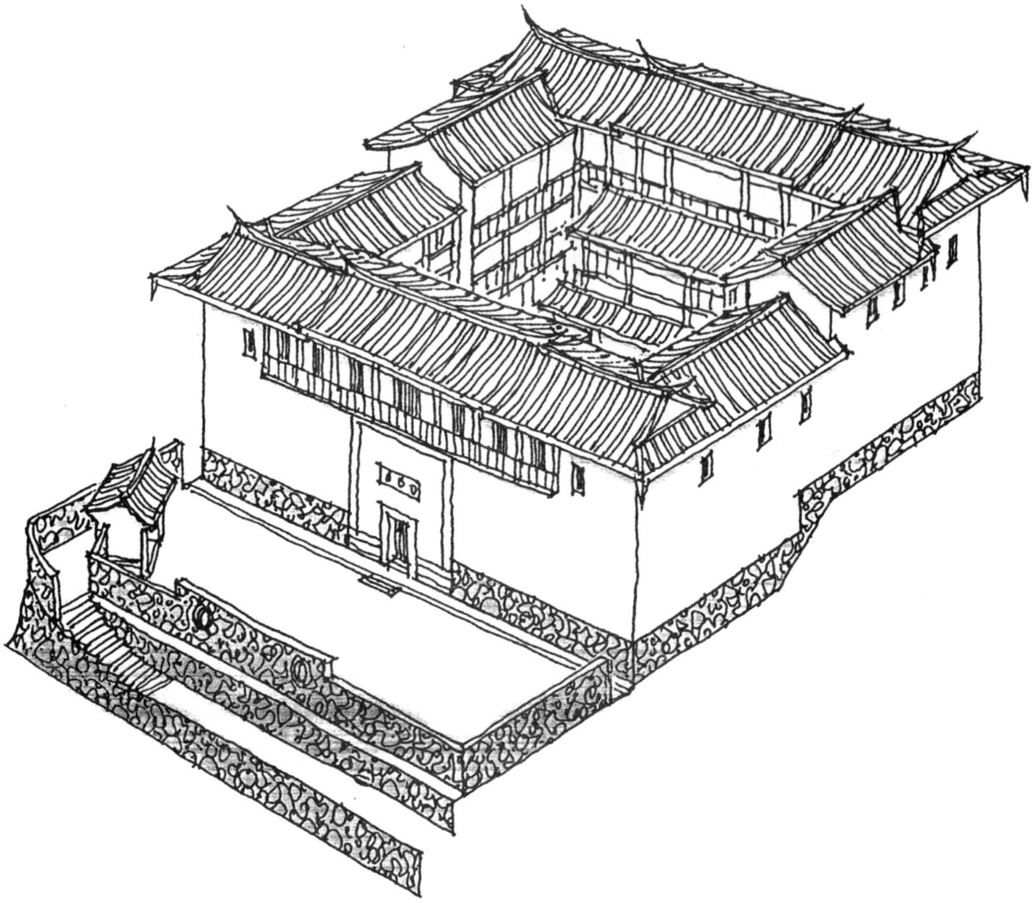

图 27　奎聚楼鸟瞰(黄汉民绘)

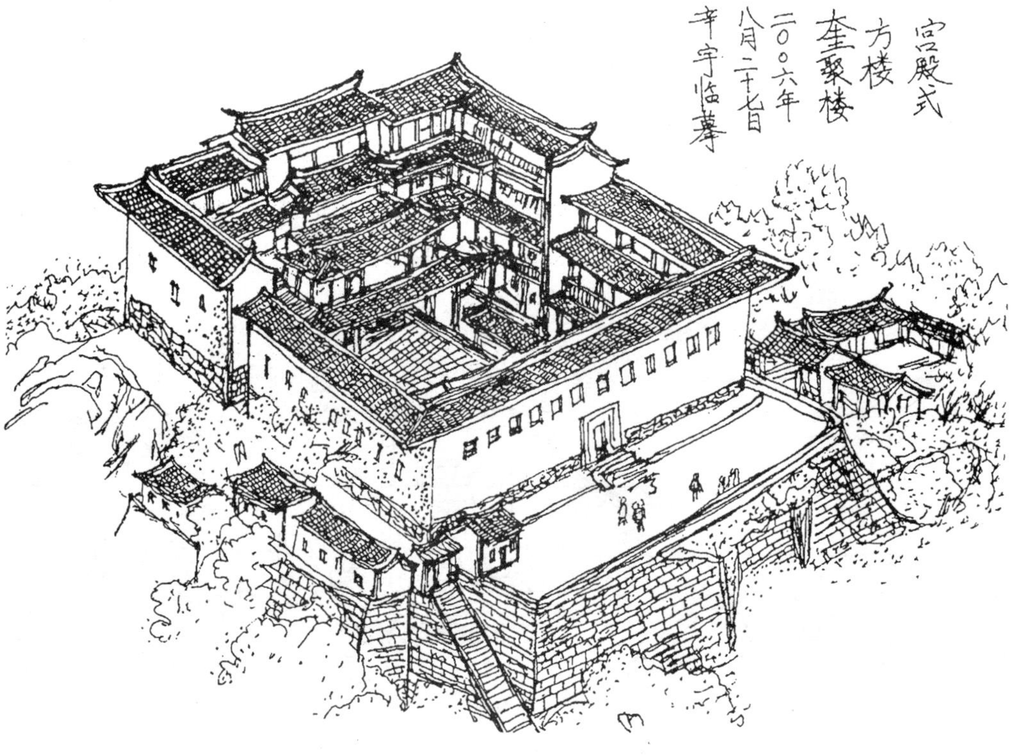

图 28　奎聚楼鸟瞰(辛宇绘)

图 29 梅县程江镇夏屋村夏氏万秋楼院门

图 32 万秋楼中央门楼山尖塔形装饰

图 30 万秋楼门匾

图 31 万秋楼群莲花柱础

图 33 万秋楼门廊及堂内柱子

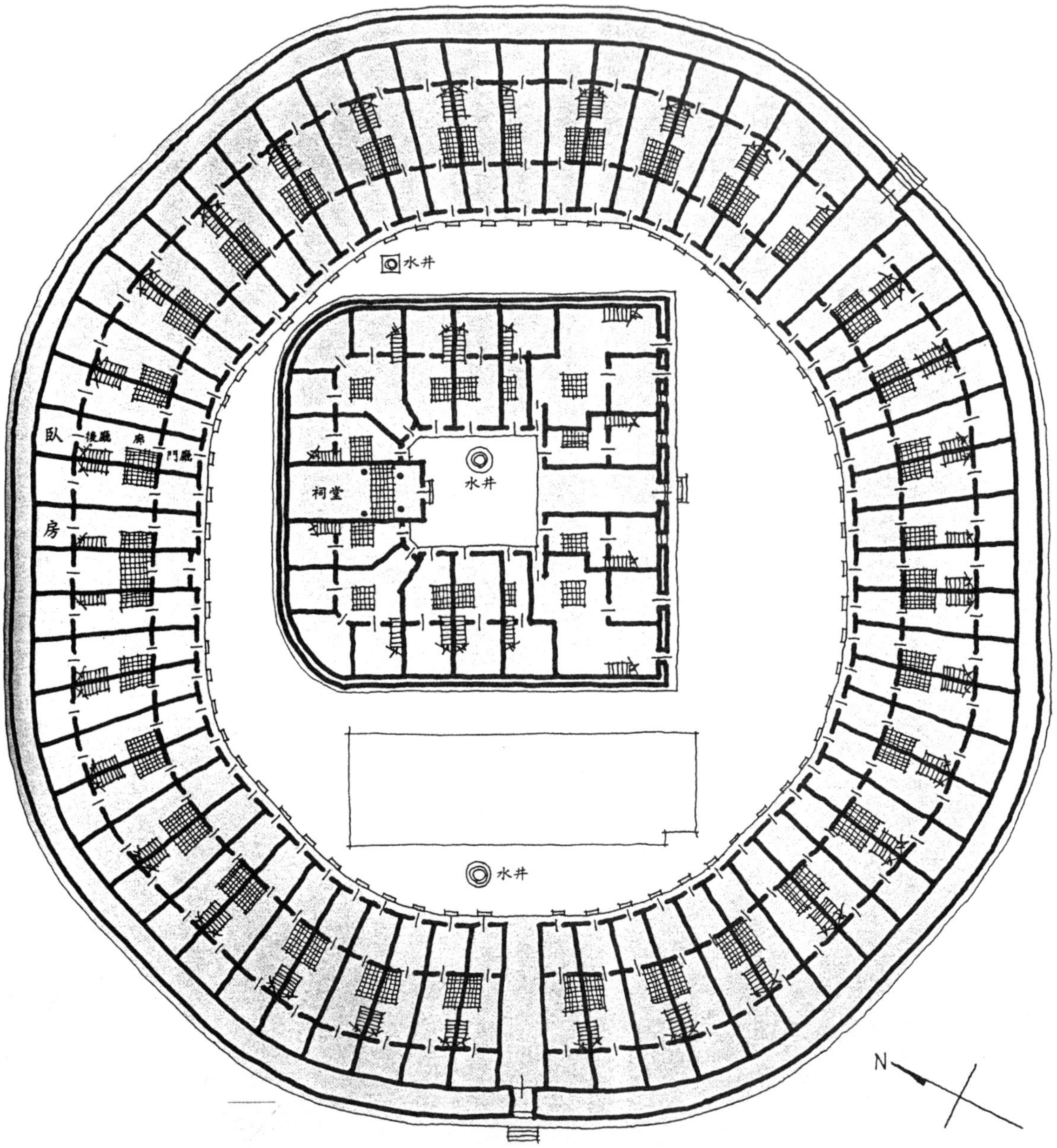

图 34　福建诏安县官陂镇大边村在田楼底层平面图(黄汉民绘)

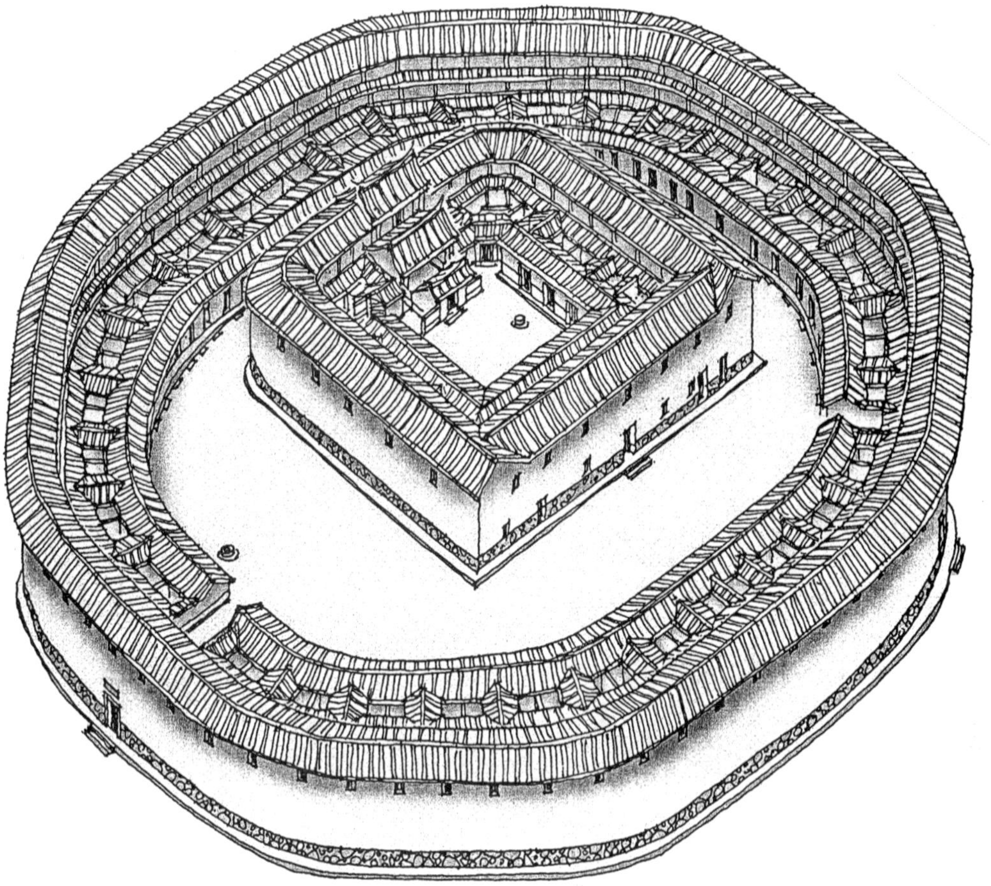

图 35　福建诏安官陂在田楼(黄汉民绘)

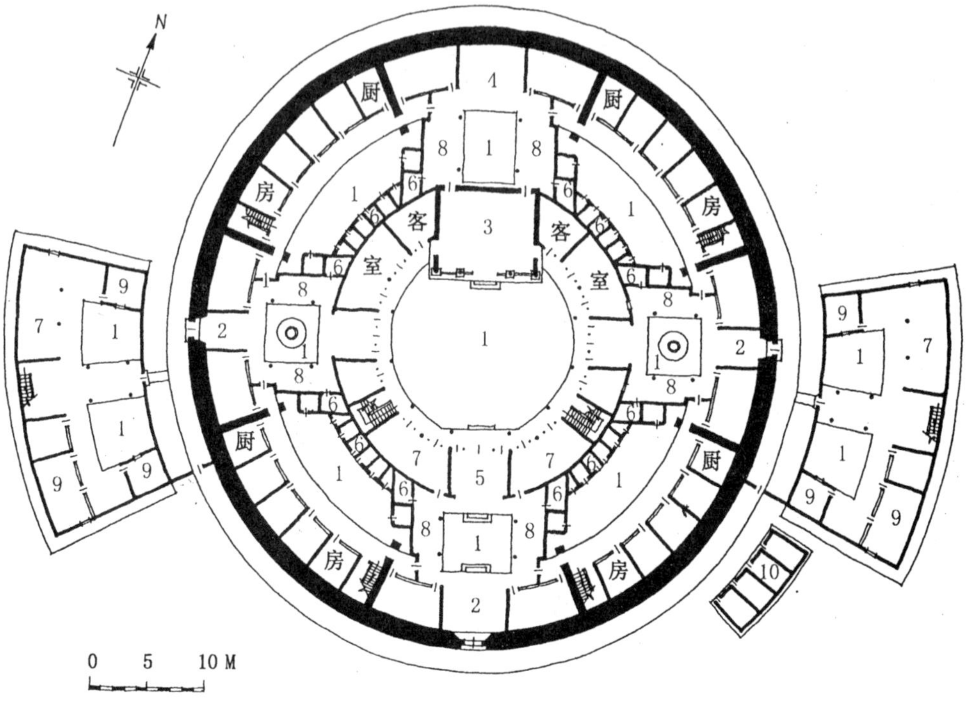

图 36　永定县湖坑乡振成楼底层平面图(黄汉民绘)

1—天井;2—门厅;3—大厅;4—后厅;5—前厅;6—浴室;7—书房;8—廊;9—储藏;10—厕所

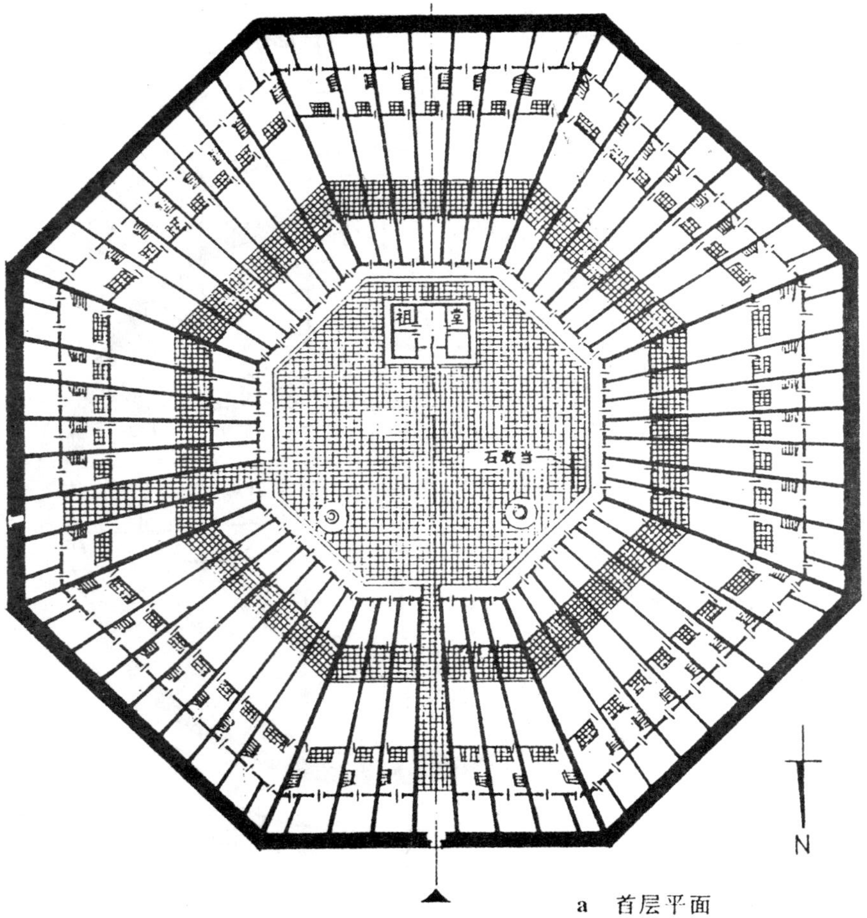

a 首层平面

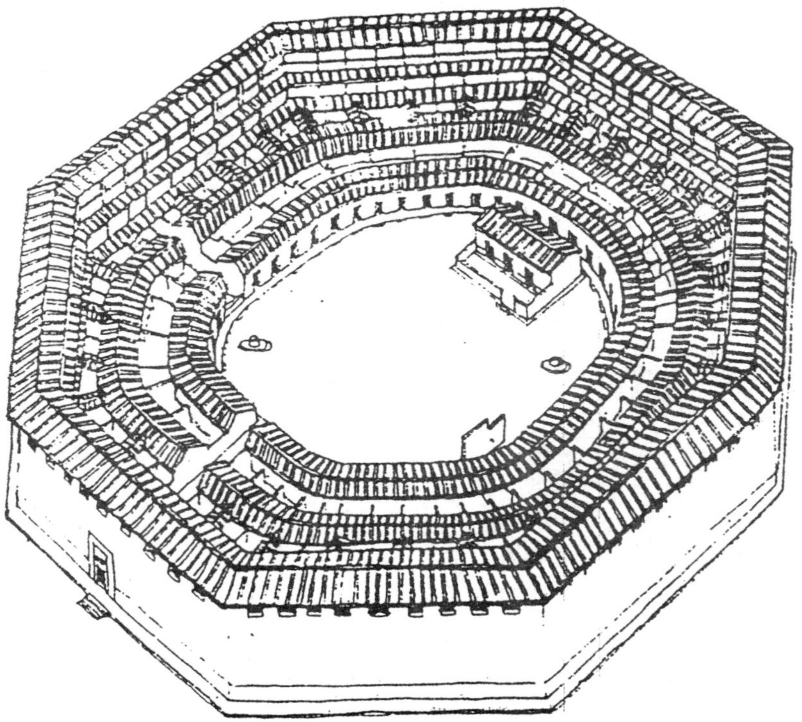

b 透视

图37 饶平县三饶乡南林村道韵楼(戴志坚论文插图)

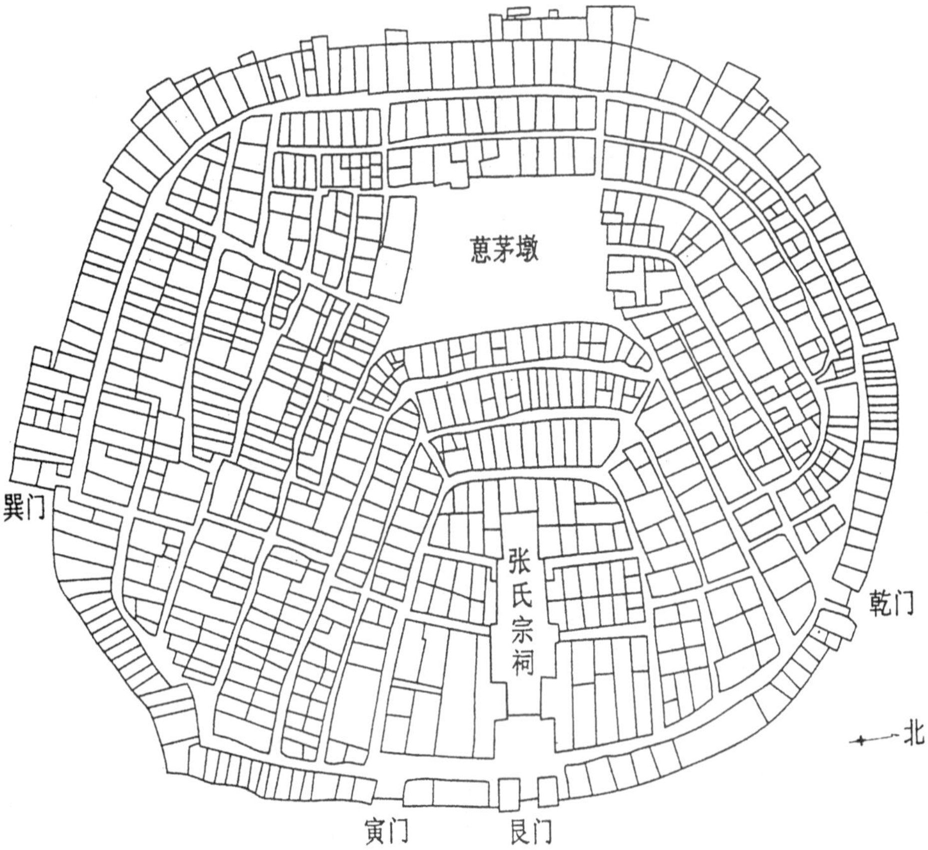

图 38 广东省翁源县江尾镇葸茅岭“葸茅围”平面示意图(曹春平论文插图)

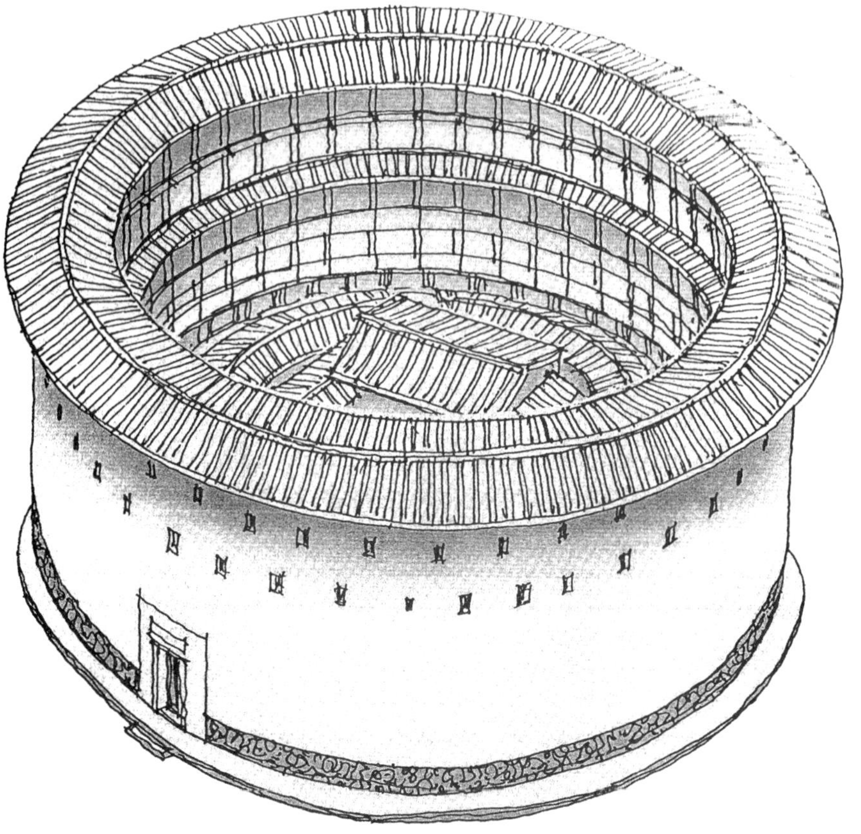

图 39 南靖县书详镇下板察村裕昌楼鸟瞰图(黄汉民绘)

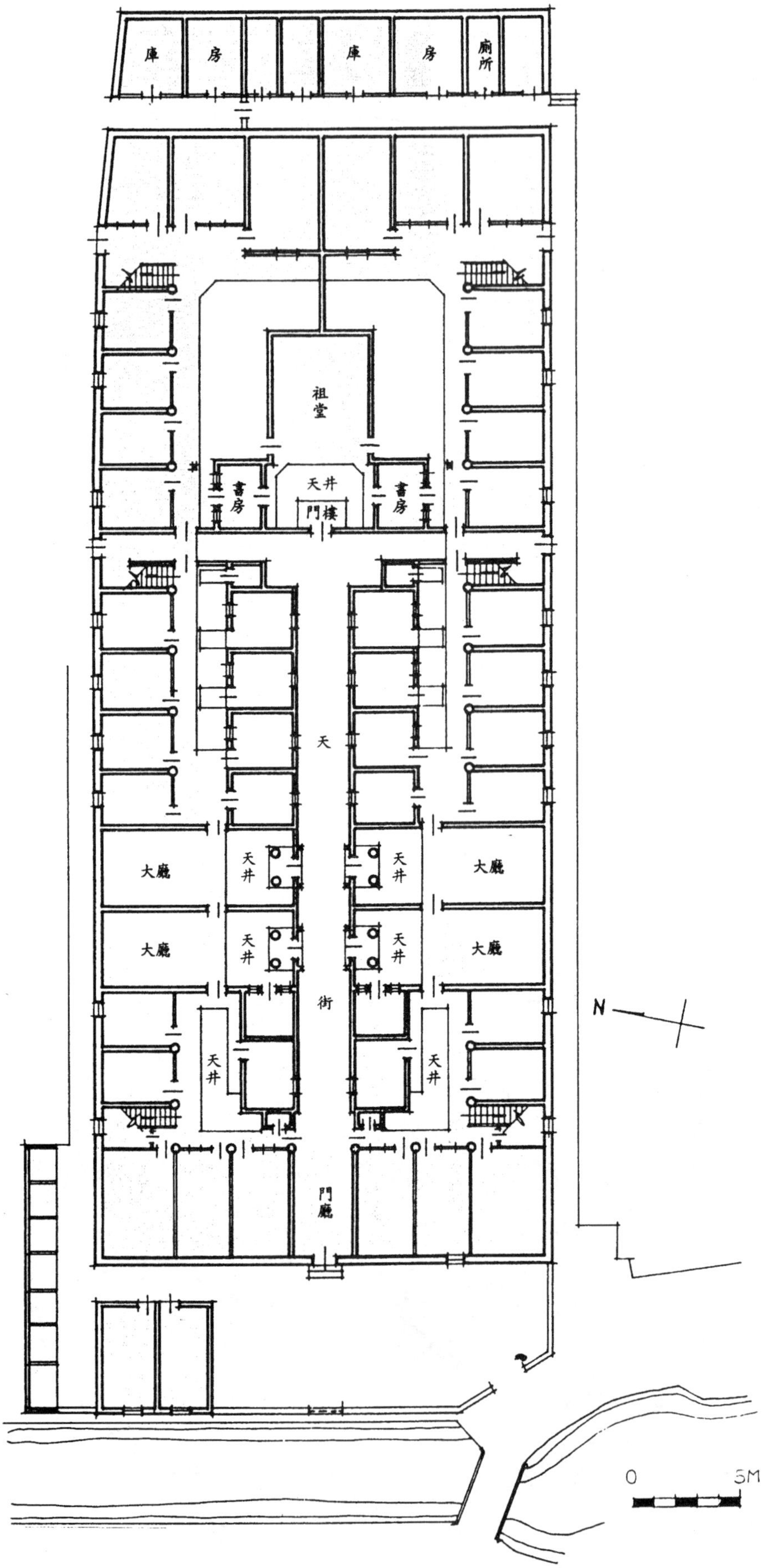

图 40　永定县下洋镇中川村富紫楼平面图(黄汉民绘)

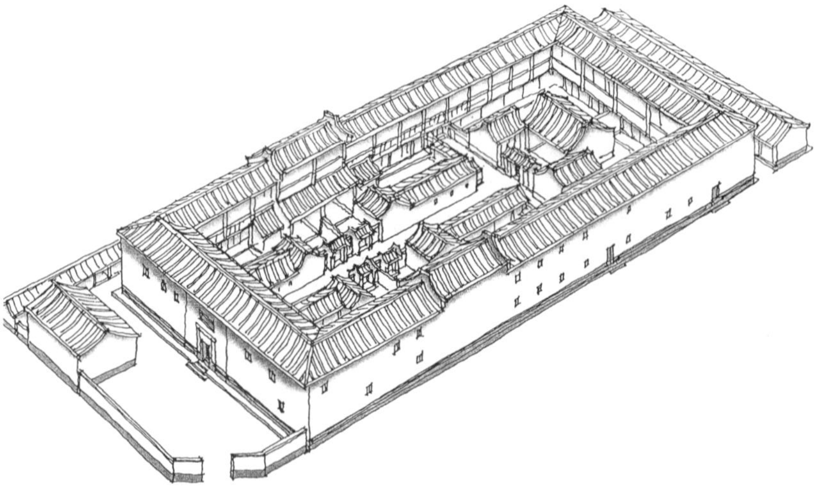

图 41　富紫楼鸟瞰图(黄汉民绘)

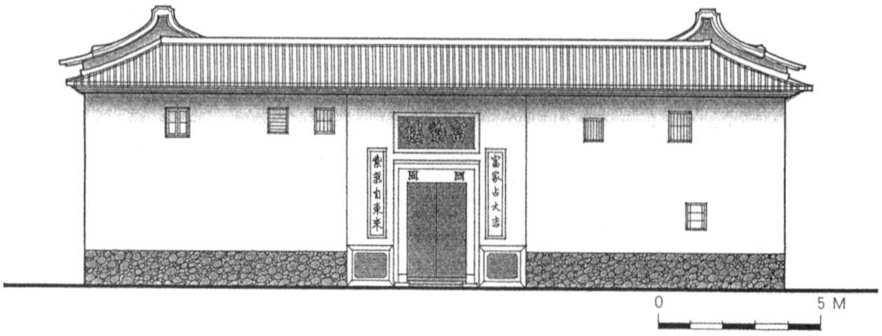

图 42　富紫楼立面图(黄汉民绘)

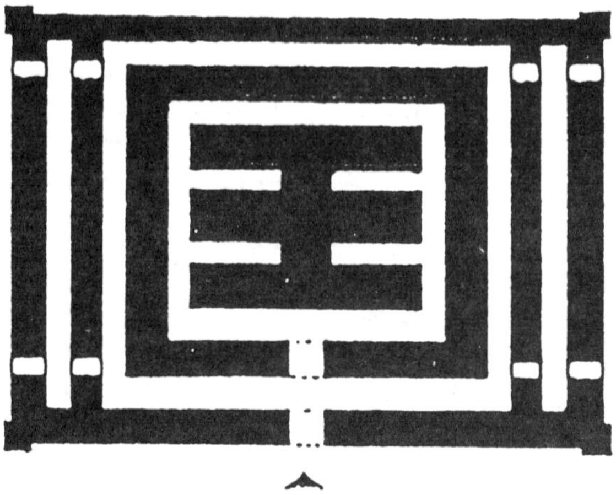

图 43　江西全南县江东围(表氏围)平面(黄浩论文插图)

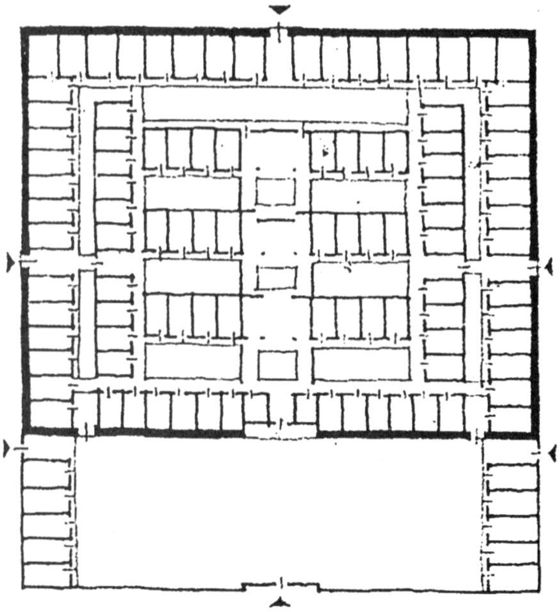

图 44　国字围—龙南县杨太围一层平面图

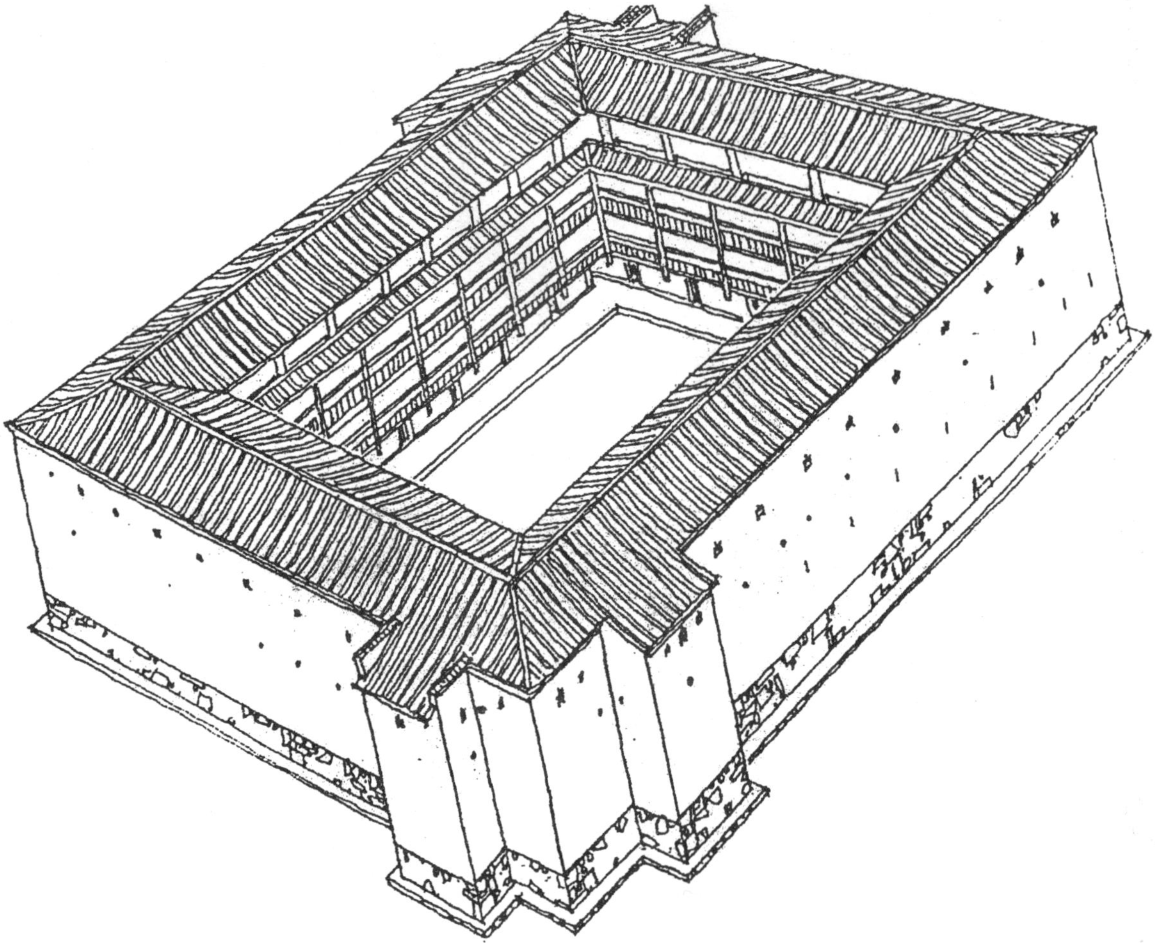

图 45　龙南县杨村乡燕翼围鸟瞰(黄汉民绘)

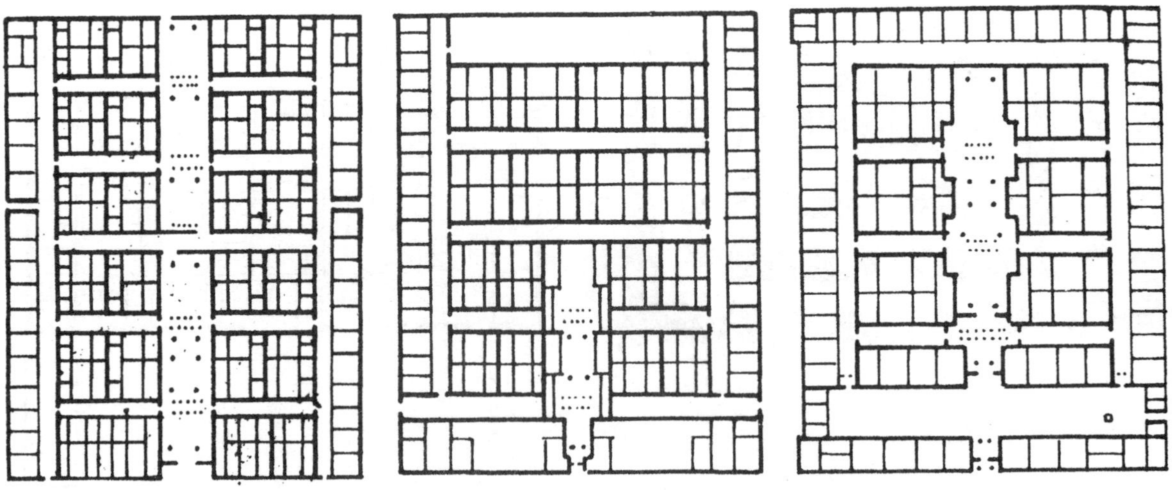

图 46　始兴县清朝棋盘围屋平面示意图(廖晋雄论文插图)

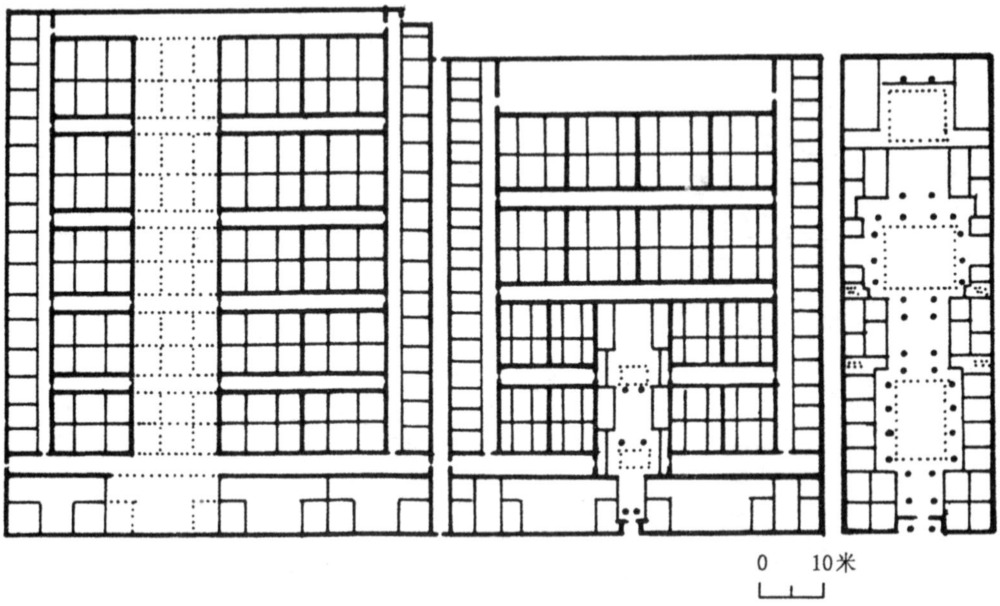

图47 始兴县石下村清朝乾隆年间民居棋盘围屋平面图（廖晋雄论文插图）

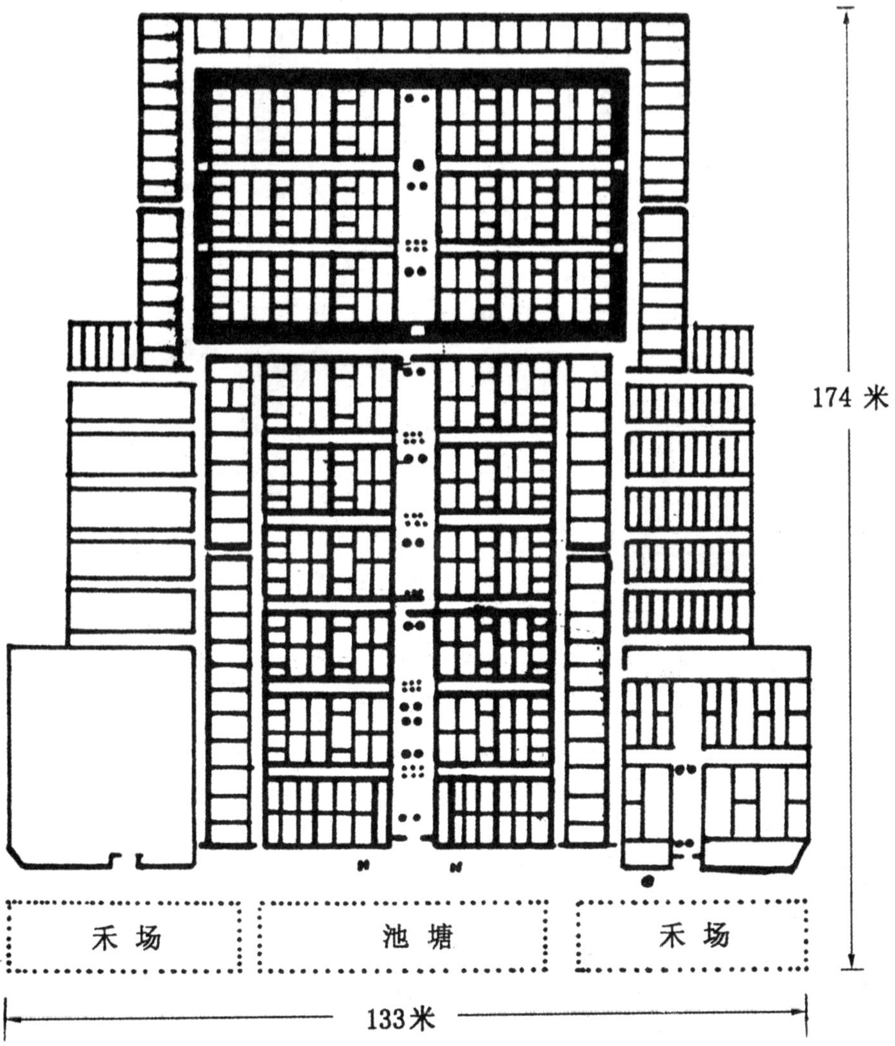

图48 始兴县下窑背清乾隆年间棋盘围屋平面图（廖晋雄论文插图）

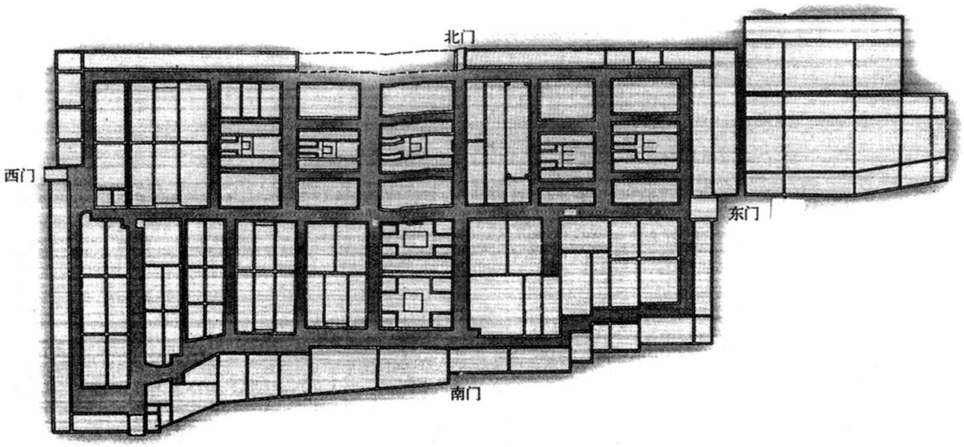

图49 丰顺张氏建桥围平面布局示意图（自《南粤客家围》：299）

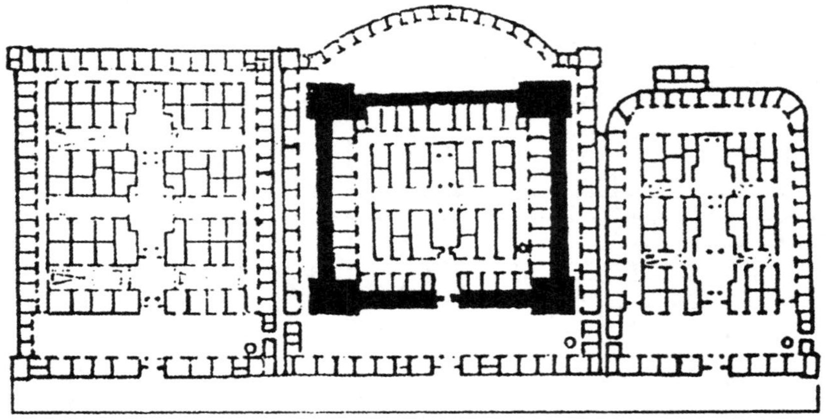

图50 始兴隘子满堂围平面图（廖志论文插图）

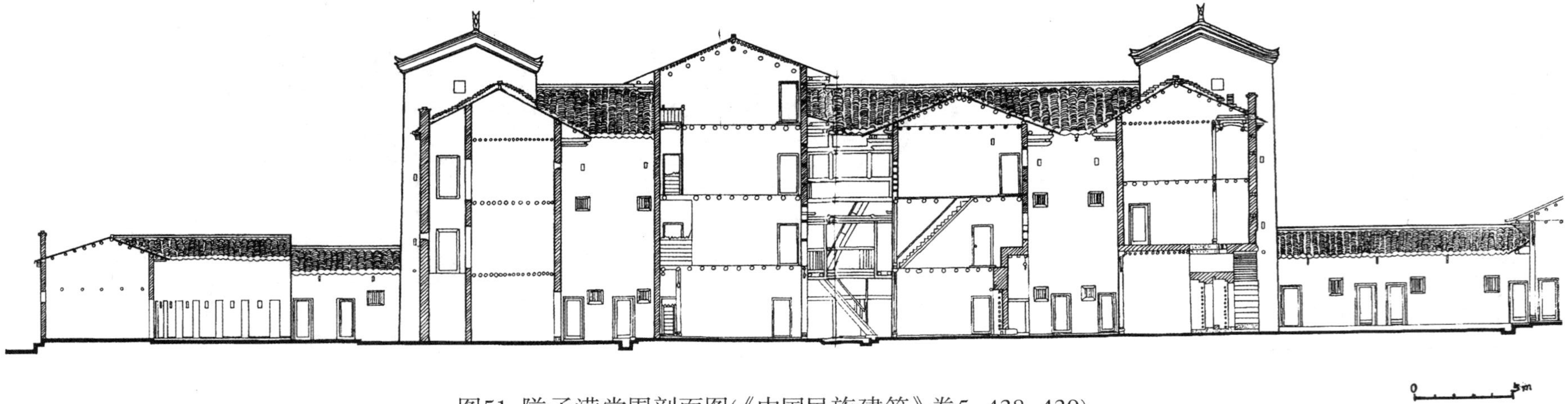

图51 隘子满堂围剖面图(《中国民族建筑》卷5：438–439)

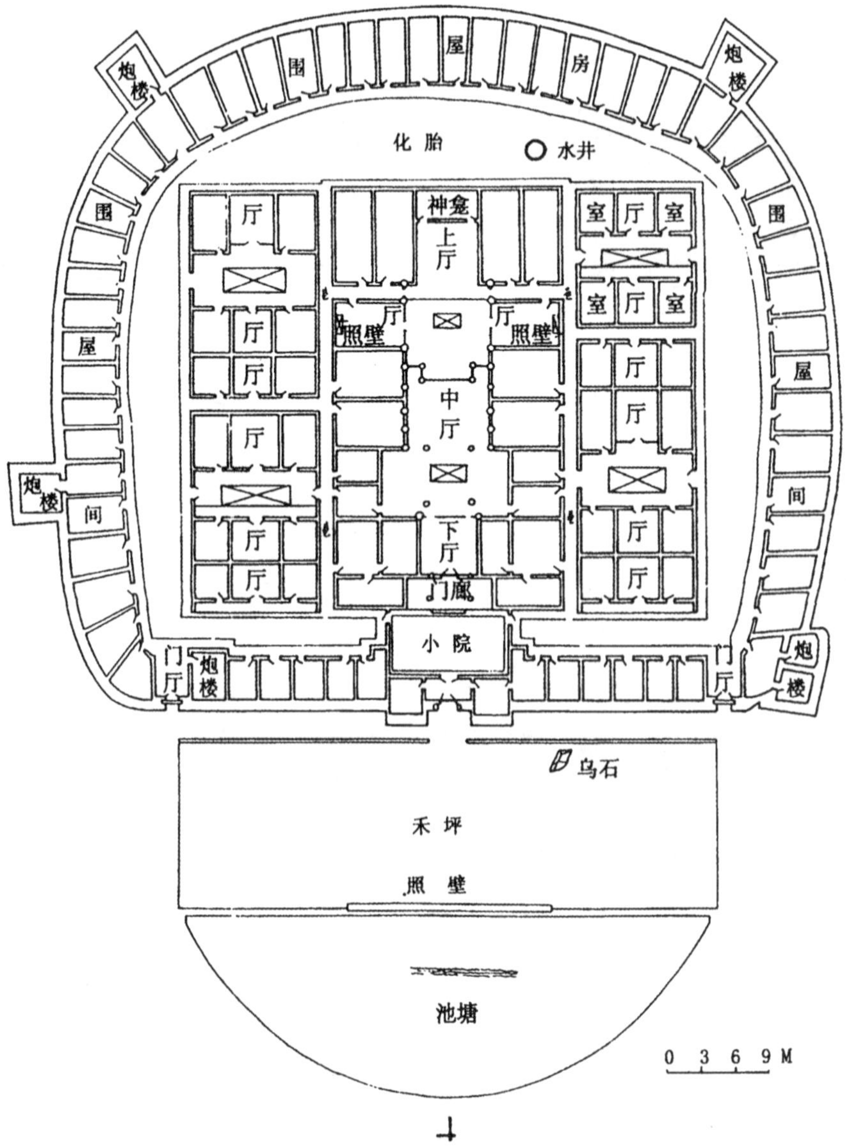

图 52　龙南杨村盘石围平面图(万幼楠绘)

图 53　大埔县洲瑞田背乡廖宅锁头屋(自陆无鼎主编《中国民居建筑》:560)

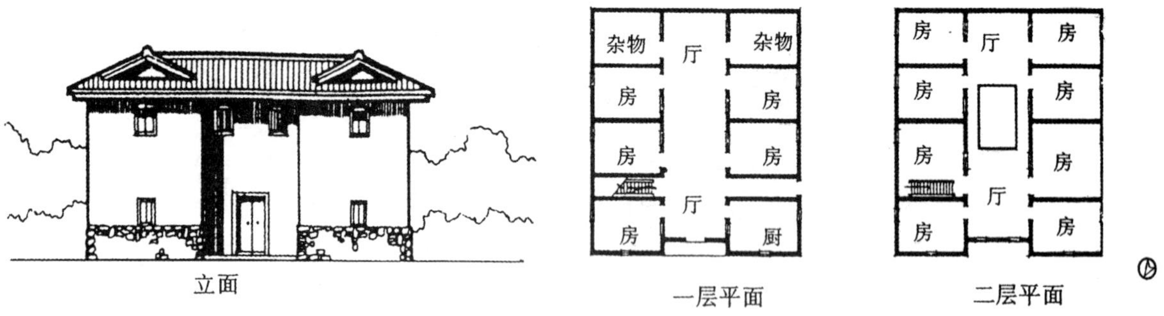

图 54　兴安县模湖乡赖宅合面杠(自《中国民居建筑》:560)

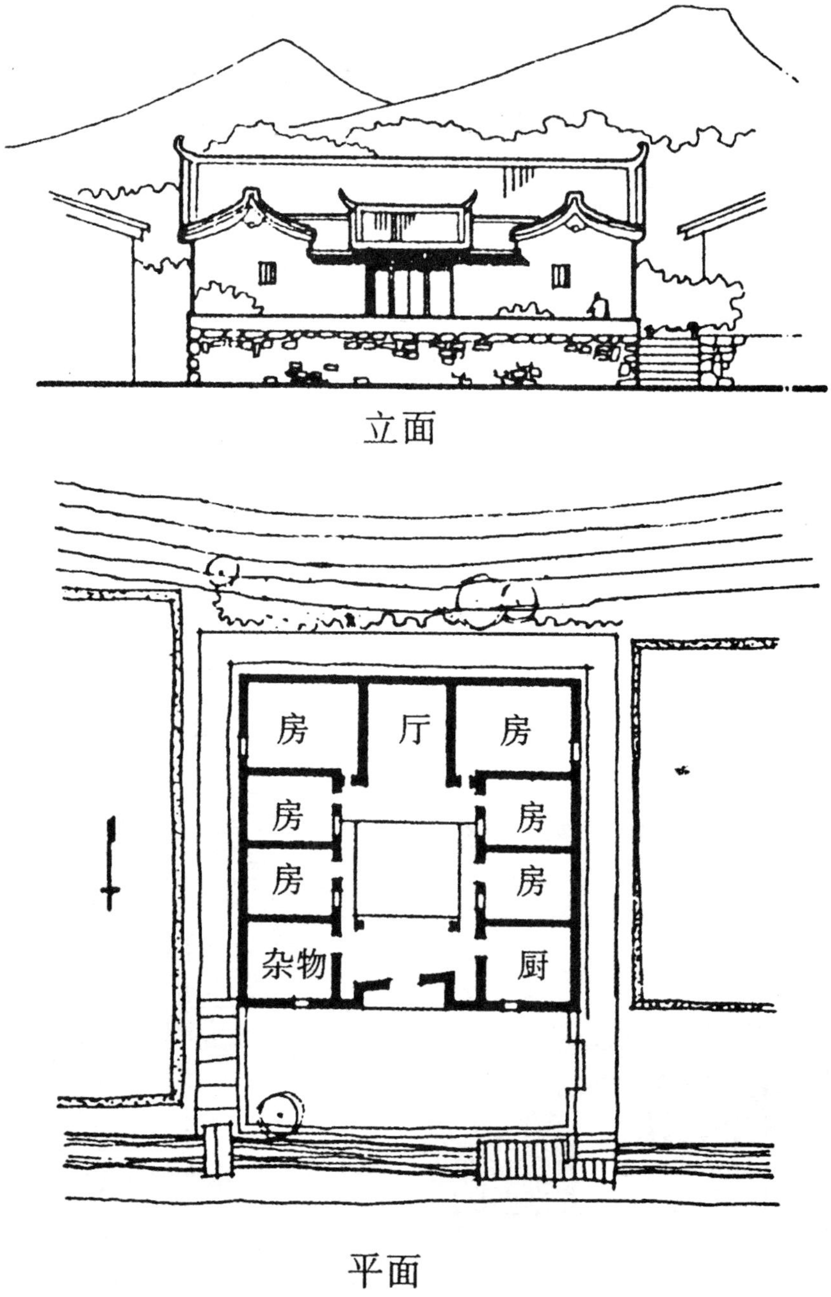

图 55　大埔县洲瑞区田背乡刘宅茶盘屋(自《中国民居建筑》:561)

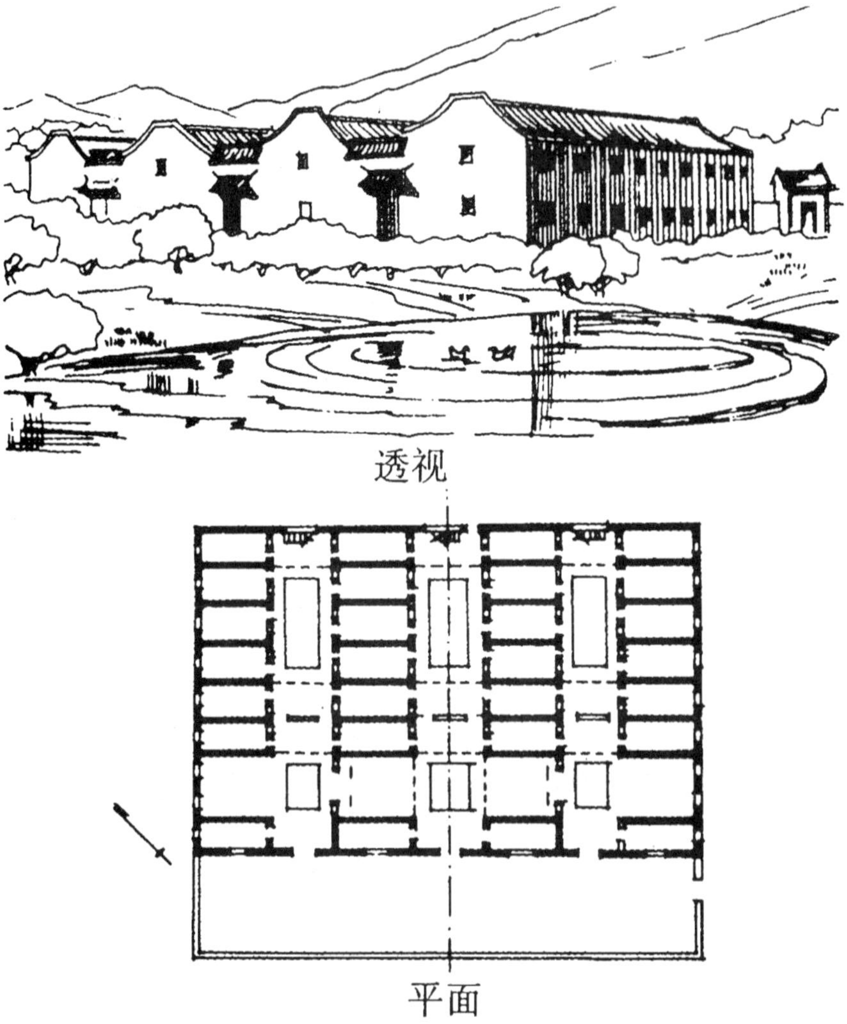

图 56　梅县松口镇四杠屋民居(自《中国民居建筑》:561)

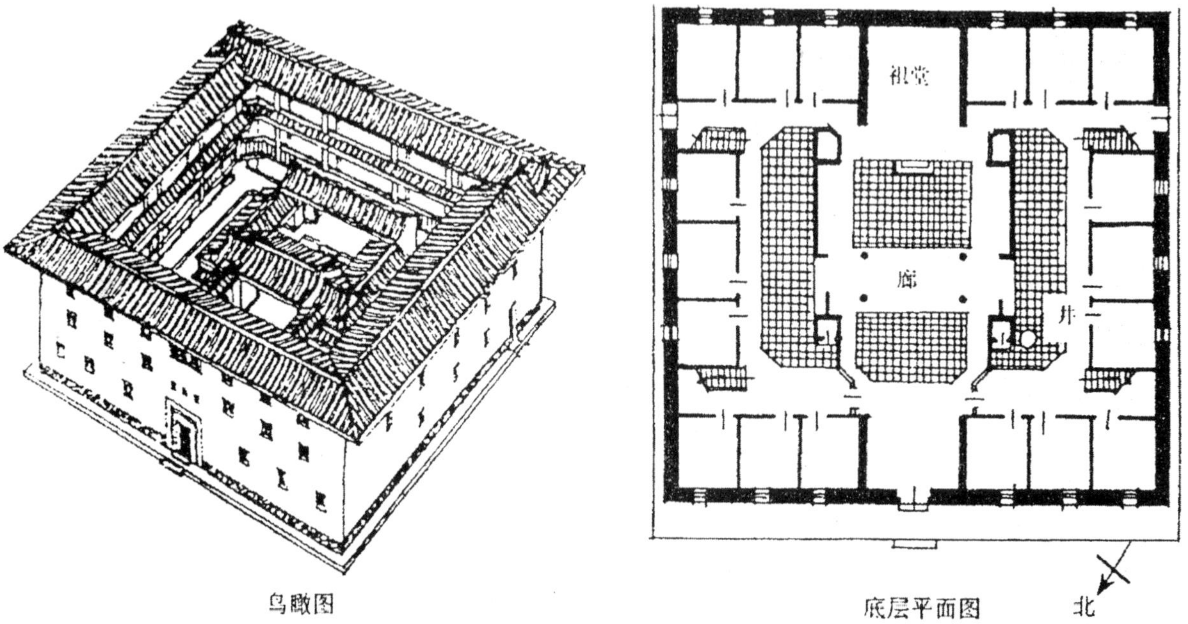

图 57　德辉楼(戴志坚绘)

·学术论谈·

我国古建筑阼阶西阶考略

张家泰

（河南省古代建筑保护研究所　郑州　450002）

［关键词］古建筑；阼阶；西阶；考略

［摘　要］阼阶西阶制是我国古代礼制社会的产物，涉及到社会各层面的礼制文化。礼制建筑前的台阶，分列于堂前东、西两处，东为主阶，西为宾阶。阼阶原与祭事有关，在士大夫及民间交往中，主人就阼阶，客就西阶。东为主阶，西为客阶。阼阶之制，又与古代的王权有关，《礼记》："……成王幼，不能涖阼，周公相，践阼而制。"双阶制从一个侧面反映出祖国传统建筑中丰富多彩的文化内涵。

On the System of Left and Right Steps in front of Ancient Chinese Buildings

Zhang Jiatai

(Henan Ancient Building Preservation Research Institute　Zhengzhou　4500002)

Key Words: Ancient buildings; Right step; Research

Abstract: The East and West Steps system is a social product of the ancient societies, and all levels of which were involved in this cultural etipuette. The steps in front of the ancient buildings were laid on both sides of the building with the east steps designated for the hosts and the west ones for the guests. The system of east and west steps was originally derived from a form of worship and respect. Between the communities of scholars and civilians, the hosts were always seated facing west and the guests seated facing east. This arrangement also had a relationship with the Kingship. The Book of Rites says, "King Cheng is too young to master the country, so Prime Minister Ahou sit on the east stage and govern". The system of double steps also reflects the rich and colorful connotation found in the traditional buildings.

在我国悠久的古代建筑发展历史中，蕴藏着丰富多彩的传统文化。近年来，建筑史学界越来越关注传统建筑文化的研究，这是建筑史学深入发展的重要表现之一。这种建筑文化研究的深入开展，对于我们全面认识与总结祖国的优秀传统文化是非常有意义的。同时，对于现存古建筑学术价值的认识和加强保护宣传的自觉性也会不断提高。本着这一思考，本文拟将一个平时鲜为人们注意的古建筑阼阶西阶的有关问题及做法加以初步的探讨，其目的，仍在于引起大家对珍贵古建筑遗迹、遗物的重视并加强对它们的保护，同时，对我国古代建筑文化的广阔性、多样性，也是一种探索与研究。

一、问题的提出

自1936年5月以来，著名古建筑专家、中国营造学社文献部主任刘敦桢先生及学社研究生陈明达、赵法参先生，曾先后三次到河南省北部调查古建筑。其中在济源县的济渎庙调查

“渊德殿故基”(该殿毁于清同治年间)时,对殿的台基和台基南面的东、西两阶,引起关注。在后来所写的《河南省北部古建筑调查记》中刘敦桢先生称:“渊德殿面阔七间,进深显三间,为庙内规模最大的建筑。殿的台基,用砖甃垒砌,颇高峻,至四隅加角柱;而台正面,复建有东西二阶,即礼经阼阶西阶的遗制,现在除唐大雁塔雕刻以外(图 1),当以此殿的阶基,为国内唯一可珍的实证了。据文献所示,此庙在宋、金二代中,曾经开宝六年,延祐三年和正大五年三次重修,而尤以开宝六年一次工程最巨,所以很疑心此东、西二阶,乃宋初遗构”①(图 2)。从上文可以看出刘敦桢先生对这一大型建筑遗址存留的双阶及其时代考证是多么重视。据刘敦桢先生调查报告中实测图所示的比例尺,此砖阶长约 6.5 米,宽约 3 米,是一处比一般砖石阶要巨大得多的双阶构筑物(图 3)。两阶之间空三开间之距离,宽达 15 米左右。此种做法是一个大型殿堂构筑双阶的典型实例。可惜的是,这么一座北宋初年的重要建筑的珍贵基址,竟遭到了占用单位的第二次破坏。诚然,这也和人们对此古迹的重要历史价值缺乏认识,主管部门保护、管理、宣传不到位有一定关系。笔者也想从这一重要实例说起,论述一下我国古代建筑中阼阶与西阶做法的文化内涵及其发展演变的一些问题,以便引起大家对祖国重要文物建筑及其遗址的科学保护与研究工作的重视。

二、阼阶西阶制是古代礼制社会的产物

我国自周秦以来,长期受到礼治思想的统治,礼的思想就是儒家的政治思想。孔子提倡礼治,主张用礼来治理天下,要求天子、诸侯、卿、大夫、士等各级统治者乃至普通百姓都要各安其位,遵守礼制,处处以礼行事。他在回答鲁哀公问礼时说:“丘闻之,民之所以生,礼为大。非礼无以节事天地之神也。非礼无以辨君臣上下长幼之位也。”②礼表现于古代社会生活的方方面面,自然也会表现在人们居住的房屋建筑上。孔子说:“居处有礼,进退有度。百官得其宜,万事得其序。”③即要求人们在居住、行走及出入等日常生活、礼仪活动中,都要有一定的秩序,做到以礼行事,用以维护以礼治国、上尊下卑的社会秩序。在奴隶制与封建制的社会中,营造制度处处反映出等级的观念,各种类型的建筑物或构筑物,都要分出不同的等次规格。从大处看一座城池,一座宫殿,一条道路,其尺度、体量都要严格按等级差别来营造;从小处看,从房屋的大小、规格到柱子的色彩、装饰和台阶的方位、功能等,也都有明确的规制。从古代的阼阶、西阶制度,也涉及到社会各个层面的礼制文化,从天子登位到士冠之礼,从婚丧燕礼到乡饮大射,在整个古代社会活动中,处处可以看到阼阶、西阶在不同场合中的运用。甚至连庭院中置放的各类器物,也要以双阶为座标来安排它们的取向与定位。这种营造制度在我国古代社会中一直延续了两三千年,是一种内容丰富而古老的建筑文化。

在古代一座礼制性的殿堂或居所,多建在高台之上,人们入室,先要登临台阶,而礼制性的建筑台阶就要分出东、西两座,东边的台阶称阼阶,西边的称西阶。至于如何使用东西二阶,还要制定出一些具体的规制让人们遵守。古人以东为主,西为宾。“阼阶”之名,《仪礼注疏》注释说:“阼,犹酢也。东阶所以答酢宾客也。”酢是“谢神之礼”,即谢神的祭祀,“报祭曰酢”。阼阶原与祭事有关,祭祀活动的主阶即为阼阶。另外,在士大夫及民间交往中,进酒于客为献,客以酒回敬为酢。在古代叙事中,大多把阼阶与西阶相提并论。但在不同场合也各有别称,如《礼记》“曲礼上”有称阼阶为东阶者:“客至于寝门,则主人请入为席,然后出迎客。客固辞,主人肃客而人,主人入门而右,客入门而左。主人就东阶,客就西阶。……上于东阶,则先右足,上于西阶,则先左足。”④这类把“东阶”与“西阶”连用的例子极少。因为阼阶主要供建筑的主人所用,所以又称作“主人之阶”。《疏》:“阼,主人阶。”《说文》:“阼,主阶也。”西阶,主要是为宾客而设,所谓“宾升西阶”“宾西阶上”云云。故西阶又称“宾阶”或“客阶”。如《礼记》“孔子闲居”第二十九:“子云:升自客阶,受吊于宾位,教民追孝也。”⑤

据古文献记载，阼阶、西阶在各种社会活动中，都从不同角度，反映了统治阶级的礼制思想与文化内涵。大抵表现于以下几个方面：

士大夫阶层的相互交往、聚会晏饮、礼仪、迎送之庭堂建筑均设有双阶。如童子成年举行的“士冠礼”、士子结婚的“士婚礼”等活动中，主人迎接来宾，为表示敬意，主人要头戴玄冠，身穿黑色的礼服、蔽膝，迎候在阼阶之下。《仪礼·士冠礼》：“士冠礼，筮于庙门。……主人玄端爵铧，立于阼阶下。直东序西面。”宾至，宾主双方相互行礼，“三揖至于阶。”“士昏礼”亦称：“至于庙门，揖入，三揖，至于阶……宾升西阶……主人阼阶上，北面再拜。”[⑥]“乡饮酒礼”或“乡射礼”，更表现出主东宾西的仪式。在这些活动中，各种器物的摆设也皆依附于建筑物：如“陈三鼎于寝门外，东方北面北上。……设洗于阼阶东南……。”在“士昏礼”（昏即婚）中，有趣的是“舅、姑先降自西阶，妇降自阼阶。”为何长者从西，晚辈的新妇可以降自阼阶呢？注称：“授之室，使为主。”据《仪礼集编》，《曲礼》明确解释说：“子事父母，升降不由阼阶，阼阶是主人尊者升降之处。今舅、姑降自西阶，妇降自阼阶，是授妇以室之义也。”另外，在举丧期间，晚辈不走阼阶。《礼记》“曲礼”称：“居丧之礼，……升降不由阼阶，出入不当门隧。”原因是什么？“[疏]称：……升降不由阼阶者，阼阶，主人之阶也。孝子事死如事生，故在丧思慕，犹若父在，不忍从父阼阶上下也。若祔祭以后，即得升阼阶。”所谓祔祭，就是居丧之家人在“止哭之次日，奉死者之神主祭于祖庙，谓之祔祭。”从这些婚丧礼仪中，均可看出传统习俗文化和建筑的密切关系。这亦是蕴藏在古建筑中的传统文化。

阼阶用于神庙之中，即为谢神的祭礼之阶。《礼记·礼器》篇说：“天道至教，圣人至德。庙堂之上，罍尊在阼，牺尊在西。庙堂之下，县鼓在西，应鼓在东，君在阼，夫人在房。”由此可知，在祠庙祭器陈设、人物站立等也各有上下、东西、内外之分。

除了各种供奉之物以外，在喜庆与祭祀过程中，还可以手执盾牌和长羽在双阶上翩翩起舞。《书·大禹谟》载：“舞干羽于两阶。”[⑦]在一些家祠与神庙中，还作为重要人物入殡的场所。孔子去世前不久，就考究了三代君王的殡殓情况。《礼记》“檀弓”上记：“夫子曰：……夏后氏殡于东阶之上，则犹在阼也。殷人殡于两楹之间，则与宾主夹之也；周人殡于西阶之上，则犹宾之也。而丘也，殷人也，予畴昔之夜，梦坐奠于两楹之间。”[⑧]

阼阶之制，又与古代的王权有直接关系，《礼记》：“文王世子第八”：“文王九十七乃终，武王九十三而终，成王幼，不能莅阼，周公相，践阼而治。”[⑨]又“仲尼曰：昔者周公摄政，践阼而治。”[⑩]这里的“不能莅阼”，即指不能走上莅临执政的君位：周公“践阼”，是指周公踏上君主之位，履行君王的权力。诚然，比之一般士大夫来，王权的“莅阼”、“践阼”当是君主登临大位，治理国家，更当从阼阶而上。我国古代最高贵的阼阶、西阶双阶制度，一直传流到唐宋之际仍很重要。

由以上文献记载，我们对阼阶西阶制的由来、应用范围、文化内涵等会有一个概略的了解。为了弥补实物及形象资料的不足，笔者又从考古及各种文物资料中加以探索，希望对这一稀有建筑制度的形象研究有进一步的认识。

三、阼阶、西阶形象资料研究

从文物与考古发掘资料中，见到最早而规模完整的主体建筑前面的踏道，是陕西岐山凤雏村西周建筑遗址“前堂”正面的三阶式踏道。它不但有东阶、西阶，而且还有前文中所提到的“中阶”（图 4）。当然这时的台阶多为“茅茨土阶”而已。关于双阶制在我国历史上的形成与发展，刘致平先生曾指出：“在早约当周末，见于仪礼的正堂前有左右两阶。……这种制度在汉代是很盛行的。宋代也有两阶的记载，宋会要卷二一九八二载：‘又按大射仪，建鼓去阼阶西南，鼓应鼙在其东南鼓西阶之西，一建鼓在其东南鼓朔鼙在其北。’”[⑪]梁思成先生在《台基简说》中说：“《考工记通》谓‘堂之上为五室。……一堂四面皆有阶，南面三阶，东西北各二阶，共为九阶……。’”（“堂”指台基）[⑫]总之，在早期的建筑形象资料中，汉、隋、唐、五代至宋，均可见到阼阶、西阶及阼、中、西三阶并存的做法。

关于汉代阼阶西阶已见多例，如“沂南收获宴享画像”图中的二层楼，即在两次间台阶下设有阼阶与西阶。该楼阁面阔五间，进深两间，为重檐四阿顶楼阁建筑。楼顶屋面上似有两座气楼。上层五间，有两间置有横长方形的斜格窗，上檐柱间设栏杆，与下檐正脊相接。下层当心间最大，次间次之，设板门各两扇，作关闭状。梢间最小。次间台基下设双阶，各五级。明间作三柱两方格直壁，梢间为二柱一方格直壁。整座楼阁庄重壮观，写实性很强，就连门上的门栓结构都表现得清清楚楚，对认识汉代楼阁式建筑有重要参考价值。诚然，也是研究汉代阼阶西阶制做法的可信服的重要例证(图 5)。此外，在河南淮阳出土的东汉彩绘陶院落主体楼阁下层，设有阼阶与西阶。更为重要的是，在厅堂之中，还置有 6 个伎乐陶俑，席地而坐，陶俑分别作弹琴、吹竽、击掌之状，俑前还摆放着陶盘、耳杯、匜等食具，显然是正在奏乐弹唱的晏乐场面，这些厅堂的欢快娱乐景象与台基下的阼阶、西阶礼制建筑结构，与前述文献结合思考，不是非常形象而生动地解读吗(图 6)? 此外，在四川新都县东汉画像砖的一幅“武库图”上，也表现出一座面阔两间，单檐四阿顶建筑上的双阶做法。这上的建筑有粗壮的柱子，并在柱头用有斗拱、无门无窗，内有兵器架，檐柱上单挂一张弩，高台基下，筑双阶。在武库建筑上使用双阶，更是罕见。它可以说明汉代建筑使用双阶的广泛性，或者另有其他解释。由于汉代是我国建筑体系形成的重要时期，所以阼阶西阶制在汉代的发展，就更有重要的承上启下之特殊意义和价值(图 7)。

隋代双阶例证，可见敦煌 423 窟窟顶弥勒经变的佛寺与 433 窟窟顶经变的佛寺两图中。前图为面阔五间的佛殿建筑，其后部有左右两座三层楼阁。大殿屋檐下柱头铺作施一斗三升斗拱，补间铺作施人字拱。砖砌台基，双阶砌于当心间，殿各间内均有佛与菩萨像(图 8)。后图三座建筑中，主殿三间，其当心间用双阶，左右配殿各一间，各用一单阶，主次分明(图 9)。唐代双阶，以西安大雁塔门楣石刻大佛殿建筑最为典型(图 1)，图中大殿，面阔五间，为单檐四阿顶，佛殿庄严肃穆，祟台巨柱，重拱飞檐，木瓦构件均很精美而写实，殿下双阶，居左右两次间。此图是目前国内建筑史籍中被引用最多的唐代阼阶西阶制之例证。从图上鸱尾、各脊、瓦当、斗拱、柱础、台基、侧廊等所表现出的写实手法可知，此阼阶西阶之制，亦必为真实做法的写照，具有较强的真实性。但此图也决非唐画中唯一的例证，在敦煌壁画中仍不乏图例。尤其是根据考古发掘资料复原的唐大明宫麟德殿图，更可看出可靠的唐代皇宫主殿的双阶制形象，它可能是我国古代规模最为宏伟的双阶遗迹实例。其阼阶与西阶，上下均分作三段，方至殿前。大殿面阔十一间，两条长阶之间，竟间隔了五间面阔之距离，是古代双阶制中，两阶中空最宽的一例，由此也可看出唐代皇宫之宏伟气概(图 10)。隋、唐之际，出现了把阼阶与西阶同置于当心间之内，中间有一定的空距或以素面石相连为一体(图 8、9、11)，同时在穿堂之类的过门处仍使用三阶制，分置于当心间与次间，而主殿用一间内双阶。五代时期仅见敦煌壁画三阶制，如五代第 146 窟北壁药师经变的佛寺(图 12)。宋代的阼阶、西阶制资料相对较为丰富，形式多样。在实物方面有二例，一是济源市济渎庙宋代初年之渊德殿，其面阔七间，为单檐四阿顶，当心间与两次间之下无阶，而于东西稍间建东、西阶，并阶之左右设垂带勾栏，其结构十分壮观(图 13)。1937 年刘敦桢先生考察时的现场双阶照片，成为这处建筑遗址极其珍贵的资料(图 2、3)。二是登封中岳庙宋代竣极殿之例，从《大金承安重修中岳庙图》碑所刻宋代中岳庙之“琉璃正殿”可知，该殿面阔七间，重檐四阿顶。其双阶设在东、西两次间台基之下，亦加垂带勾栏，并于双阶下沿，将两阶所空之处以垂带栏杆下端东西两内侧望柱之内连以栏板，将空地加以封闭。与渊德殿多有区别(图于 14)。在宋画《契丹使对宋朝聘图》中，主殿也十分生动地表现了双阶制在宋与契丹交往中的主、宾场面。此正殿为面阔五间，单檐九脊顶式建筑，檐下用斗拱，无铺间铺作。当心间空无一人，而东、西次间，梢间分别有身着官服、头戴展角襆头的人群，东六人、西四人，真实的反映了主宾分别升自阼阶与西阶进行礼仪活动的场面，而且双阶之下，围有半环状人群，其内还置放着十个带有抬杆的箱子，箱内装满礼物，是一幅活生生的在双阶上下的契丹使对宋朝聘的景象（图 15）。另外，在宋《事林广记》中的大庆殿、大庆门前，均绘出阼阶与西阶，图虽简单，确是难得的宋皇宫中最重要的主殿前使用双阶的资料（图 16）。又如宋画马和之《鹿鸣之什图》中，绘一座面阔五间，单檐四阿顶式的殿堂，殿檐下用半拱，殿内坐满整齐的青衣免冠人群，殿外月台上方人群有站有坐，均向着大殿。显然，是在举行一场庄严肃穆的活动。殿之次间与月台相对位置，均设垂带栏杆式的阼阶与西阶，场面十分宏阔。另外，在其他宋画中也有一些双阶或三阶之图例。不再一一记述。但在现存宋代建筑中，登封少林寺初祖庵大殿，明间前檐下之踏道，与前述中唐 361 窟南壁壁画中之佛寺双阶做法相似，即东、西两阶中间联的素面石，既有东、西双阶之分，又适应于面阔三间小殿之布局。而且这也可能是为宋代以后皇宫中东、西阶之间由素陛改作大型云龙山水图案雕刻之先河。（图 17、图 18）。

综上实例所述，笔者认为我国古建筑双阶制，虽属不引人注目的建筑局部做法，但确能从小看大，从一个侧面反映出祖国传统建筑中丰富多彩的文化内涵。更期望由此引起古建学人更加关注这一建筑文化的课题，相信还有许多实例有待我们发现。阼阶、西阶之制，又是我国礼制文化之组成部分，是地道的传统文化，但它的传播，除像中岳庙、济渎庙一类祭祀山、水的祠庙及宫廷之外，来自西域的佛教文化，也积极地加以吸纳，用于佛寺之中，亦说明中国传统文化的巨大感染力；另外，唐、宋以后，随着社会的发展进步，人们生活节奏的加快，相距一至三间，宽达 5 至 15 米之远的双阶制，已不适应人们的行动需要，除大型宫殿、礼制建筑仍保持三阶制外，一般建筑多改为以单阶制为主要形式的踏道，这是社会发展的必然。但不论怎样，双阶制从周汉至唐宋，一直沿用了约两千余年，这一史实，足应加以总结，这对研究中国建筑文化具有重要意义。

宋金以下，典型的阼阶西阶制已经罕见，但在一些明清建筑中，偶然还有个别已有变化的双阶形式，如河南浚县碧霞宫大殿前之三阶做法等，但大多已改为设在明间以中心陛石相连的左右阶。

注释：

①载《刘敦桢文集》（二），中国建筑工业出版社，1984 年 10 月出版。

②《礼记正义》卷第五十，“哀公问第二十七”。（《十三经注疏》1161 页）。

③《礼记正义》卷第五十，“经解第二十六”。（《十三经注疏》1160 页）。

④《礼记正义》卷二“曲礼上”（载《十三经注疏》238 页）。

⑤《礼记正义》卷五十一“孔子间居”第二十九。（载《十三经注疏》1616 页）。

⑥《仪礼注疏》卷一、二、三、四，“士冠礼”第一；“士昏礼”第三（载《十三经注疏》945、961 页）。

⑦《尚书正义》卷四“大禹谟第三”（载《十三经注疏》137 页）。

⑧《礼记正义》卷七“檀弓上”（《十三经注疏》1283 页）。

⑨《礼记正义》卷二十“文王世子第八”。（《十三经注疏》1404 页）。

⑩《礼记正义》卷二十“文王世子第八”。（《十三经注疏》1407 页）。

⑪刘致平：《中国建筑类型及结构》第三章。中国建筑工业出版社，1987 年 7 月出版。《中国美术全集 · 绘画编》18 画像石画像砖（图五二）。上海人民美术出版社 1988 年 4 月出版。

⑫梁思成：《台基简说》，载《梁思成文集》二，中国建筑工业出版社 1984 年 8 月出版。

图 1　西安大雁塔门楣石刻佛殿前的阼阶西阶(采自《中国建筑史》编写组《中国建筑史》)

图 2　济源济渎庙渊德殿遗址前的阼阶西阶(宋)(采自梁思成《营造法式注释》石作图 45a)

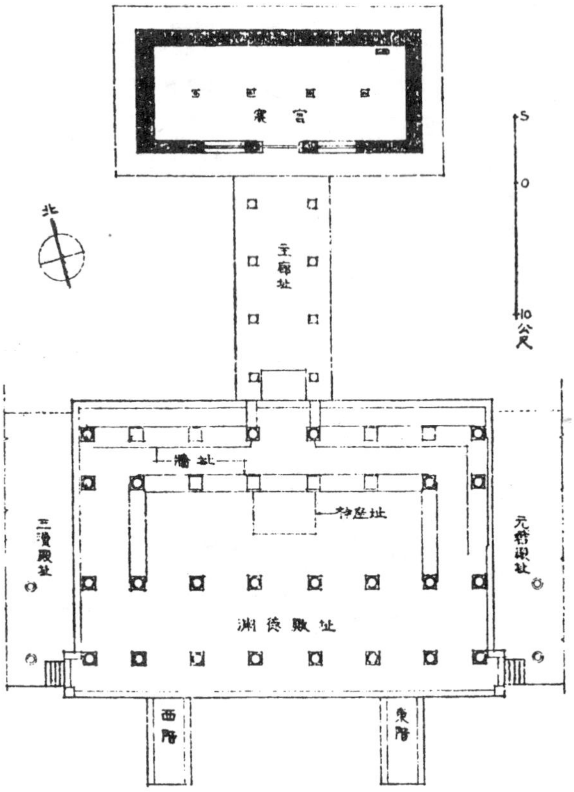

图 3　济源济渎庙渊德殿遗址及寝宫平面图中的阼阶、西阶
（采自刘敦桢《河南省北部古建筑调查记》载《中国营造学刊》第六卷第四期）

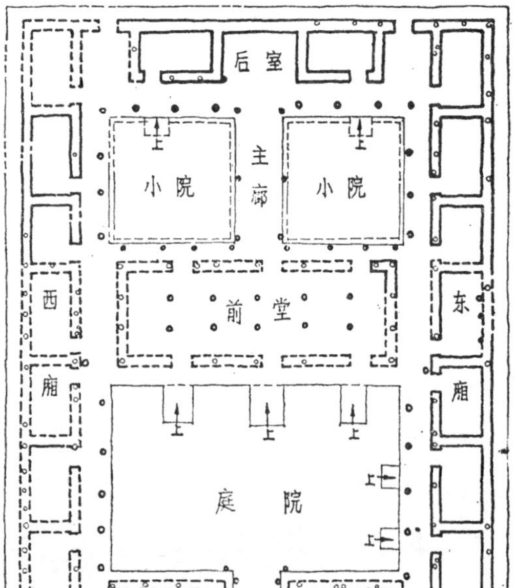

图 4　陕西岐山凤雏村西周建筑遗址平面示意图中“前堂”前设阼阶、中阶与西阶
（采自《中国建筑史》编写组:《中国建筑史》）

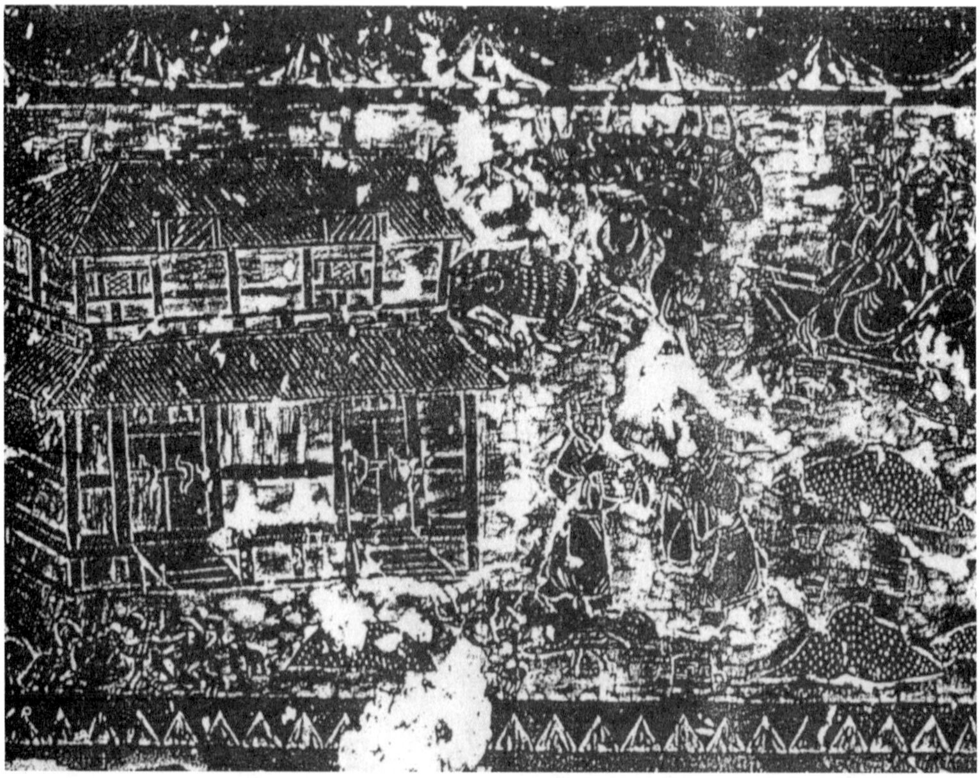

图 5　山东沂南“沂南收获宴享画像”(局部)中的二层楼阁下部的阼阶西阶
(采自《中国美术全集 · 绘画编 18》)

图 6　淮阳出土彩绘陶院落中庭院主楼下层台基下的阼阶西阶
(采自河南博物院编著《河南出土汉代明器》)

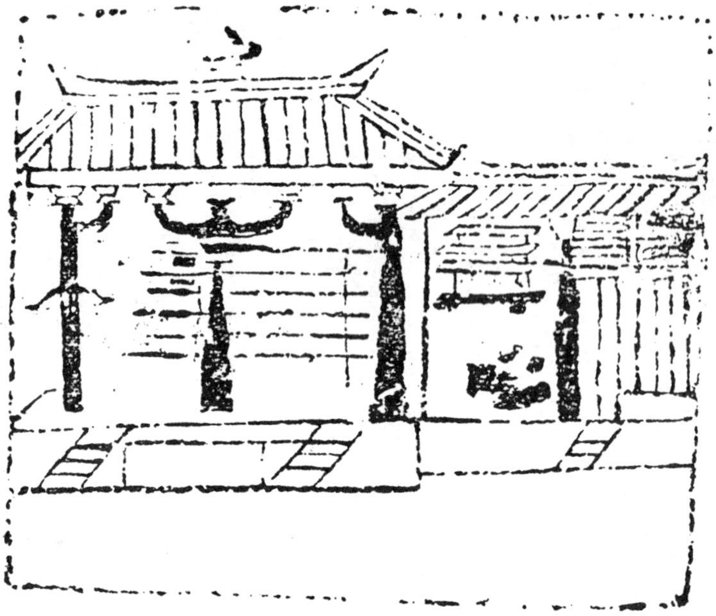

图 7　四川新都县武库画像砖拓本主体建筑台基下的阼阶西阶
（采自《文物》1992 年 2 期）

图 8　敦煌壁画中隋代第 423 窟窟顶弥勒经变的佛寺及当心间前之双阶
（采自萧默著：《敦煌建筑研究》）

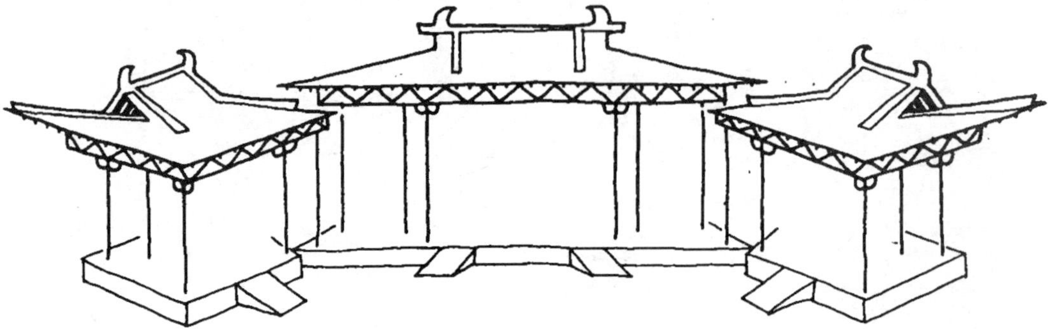

图 9　敦煌壁画中隋代第 433 窟窟顶经变的佛寺正殿前双阶
（采自：萧默著：《敦煌建筑研究》）

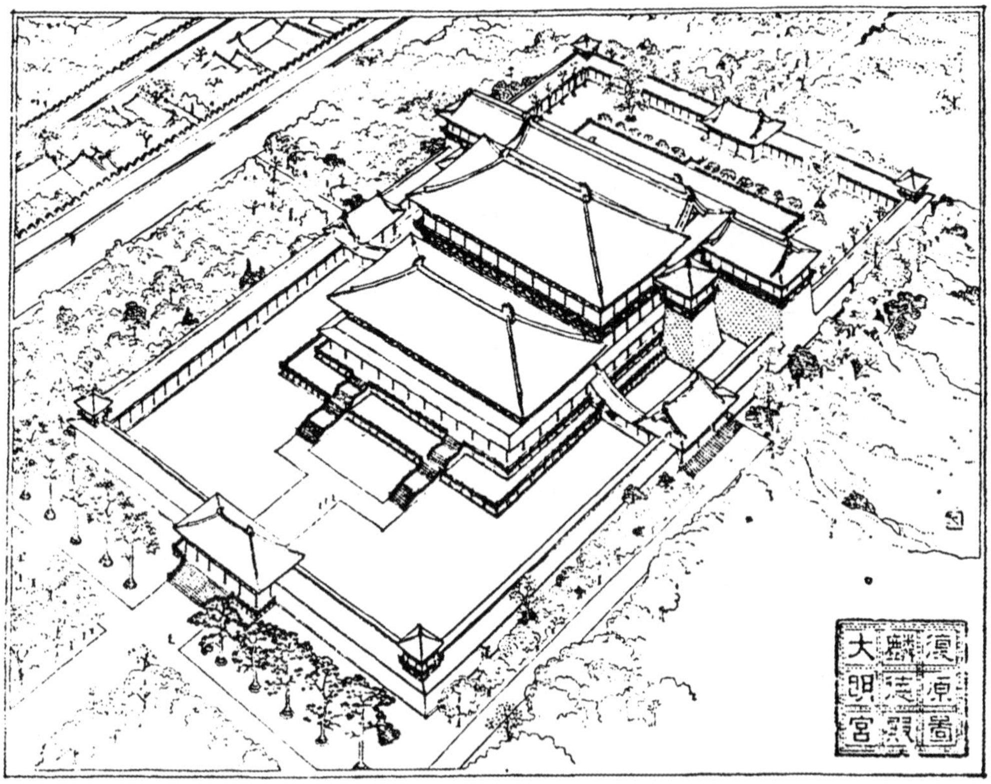

图 10　西安市唐大明宫麟德殿复原图(采自刘敦桢主编《中国古代建筑史》)

图 11　敦煌壁画中的中唐第 361 窟南壁阿弥陀经变的佛寺(采自萧默著《敦煌建筑研究》)

图 12　敦煌壁画中的五代第 146 窟北壁药师经变的佛寺——主殿阼阶中阶西阶(采自萧默著《敦煌建筑研究》)

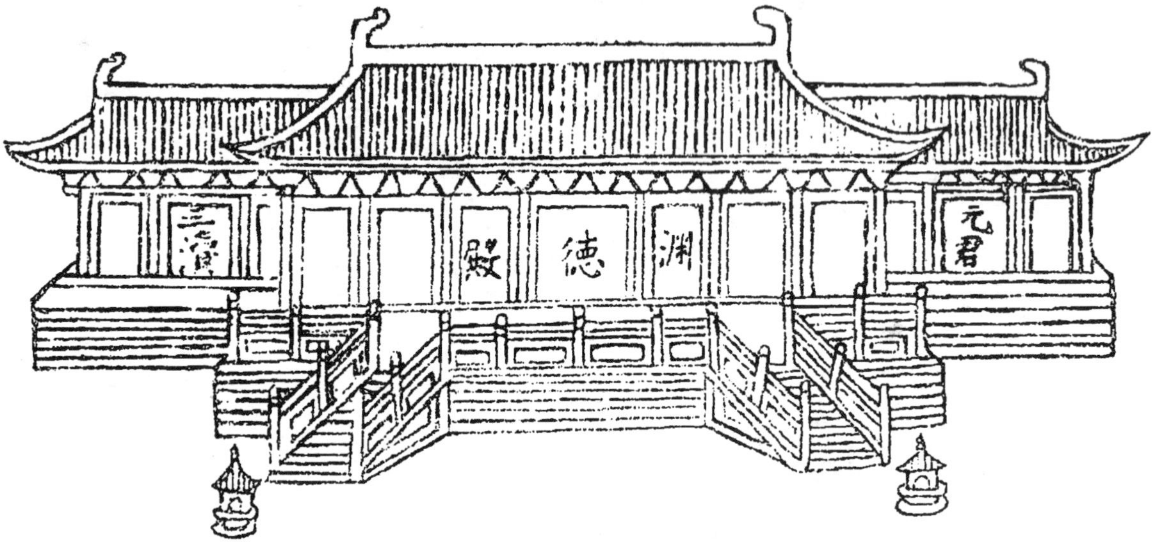

图 13　济源济渎庙《济渎北海庙图誌碑》中渊德殿前的阼阶西阶(作者绘)

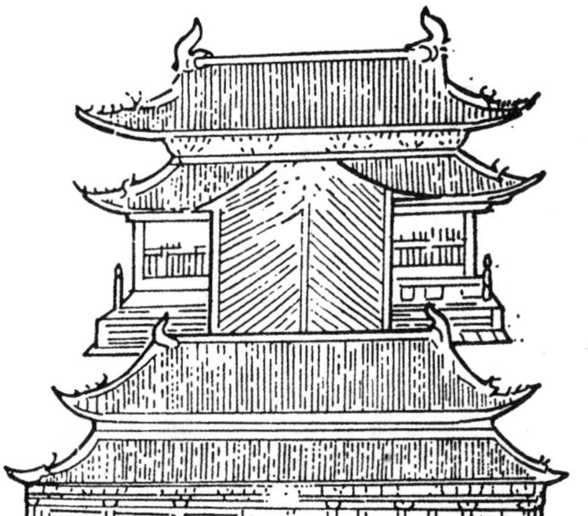

图 14　登封中岳庙《大金承安重修中岳庙图》碑中的“琉璃正殿”台基下的阼阶西阶(作者绘)

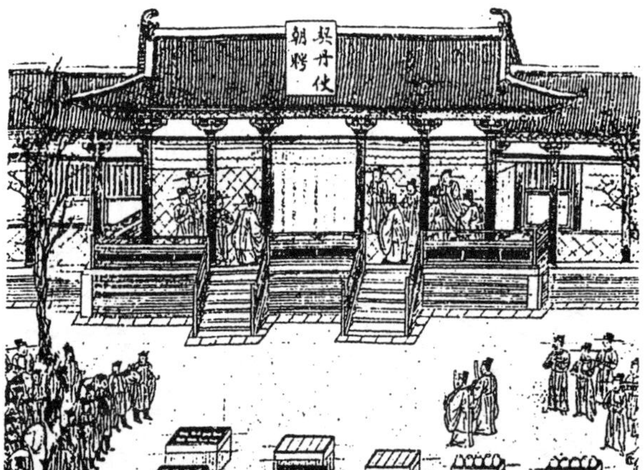

图 15　契丹使对宋朝聘图中的阼阶西阶

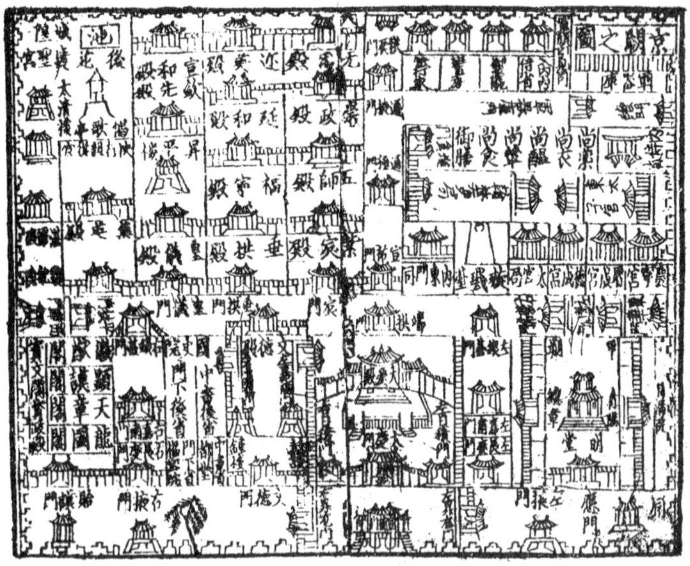

图 16 《事林广记》中“京阙之图”中下部“大庆殿”前两组阼阶西阶

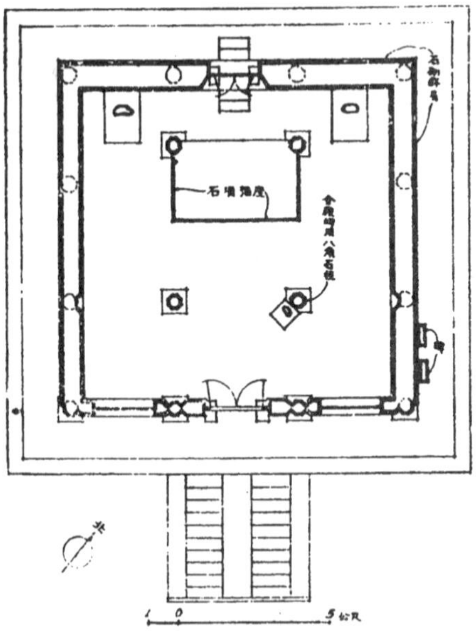

图 17 登封少林寺初祖庵大殿平面图中的双阶(宋)(采自刘敦桢:《河南省北部古建筑调查记》)

图 18 登封少林寺初祖庵前的双阶(张建中摄影)

·宋代建筑研究·

宋代房价与住房面积考察

程民生

（河南大学宋代研究所　开封　475001）

［关键词］宋代；房价；租赁价；住房面积

［摘　要］房地产是社会必需的生活资料和生产资料，无论对宋代政府还是家庭，都是最耗费人力物力的经济行为。宋代住宅价格以京师开封最高，基本情况是城市高于乡村，南宋高于北宋。房屋租赁是宋代一个新兴的巨大市场，房租收入成为官府和房产主从事经营性产业的重要收入，总趋势也在上升。这是坊市制崩溃以后，房地产业彻底开放的结果，城市经济也因巨大的房地产资金流动而充满活力。底层农户的住房面积是3间左右，城市底层更小些，社会上层的住宅面积多在20间以上。士兵一般是每人（家）至少1间营房。

A Review on the Price and Area of the Housing in the Song Dynasty

Cheng Minsheng

Key Words: the Song Dynasty; house price; leasing price; dwelling area

Abstract: Real estate was the obligatory means of livelihood and production of the society, which was an economic behavior consuming the most human and production resources for both the government and families in the Song Dynasty. As regards the house price, the capital city Kaifeng ranked the first, with the urban area being higher than the rural area, the Southern Song Dynasty higher than the Northem Song Dynasty. House leasing at that time has turned into a burgeoning enormous market of the Song Dynasty and the tendency kept rising so that rent became the main income of the feudal governments and the property owners who took it as profit－making. This was the result of the breakdown of the'Fang－Market'System and the thorough opening－up of the real estate industry which enlivened the urban economy because of the quick cash flow. The dwelling area of the lower class such as the peasants accounted to 3 rooms/family, which was a little higher than that of the urban people, while this number of the upper class was as high as more than 20 rooms/family. The dwelling area of a common soldier is more than 1 barracks room for one person.

房地产商品是社会必需的生活资料和生产资料，涉及社会生产和再生产以及教育、文化、宗教、卫生、军事等各行各业，是各种社会经济活动运行的基础、物质载体和空间条件，处于基础性产业的地位。同时，房屋又是构成城市的基本要素，是城市的细胞。众所周知，宋代是我国古代城市大发展的重要时期，而房地产的发展主要体现在城市；反之，房地产的发展既是城市发展的物质标志，又改变了城市面貌和生活结构。单纯从经济角度来说，也是古代最耗费人力物力的经济行为。正如政和年间张根所说的那样："天下之费，莫大于土木之功。"① 是资金流动量最大的领域之一。具体到每户人家来说，更是全家多年生活中最大的事情："起造屋宇，最人家至难事……其不因此破家者几希。"一般需要十几年的准备。② 可惜的是，至少就宋代而言，这些问题尚未引起关注。③ 本文试图就其中的一些问题做一初步探讨，所考察的主要是相关的三个方面：一是住宅的价格，包括作为商品的买卖价格和造价；二是租赁价；三是住房面积。

一、住宅价格

房地产是房产和地产相结合的统一物。具体而言，房产是指建筑在土地上的各种房屋，地产是指用于房屋建筑的土地及地上地下一定范围的立体空间，包括地面、地上一定的空间和地下相关的设施等。而房产价格，则是一个人从另外一个人手中获取房产所必须付出的代价。根据经济学的价格原理，本质上来说决定房地产价格的是市场供求关系。遵循房地产价格的一般规律，越是人口密集的繁华之地，对房屋需求量越大，价格就越昂贵；而越是人口稀少的荒凉之地，价格就越便宜。具体到宋代的每座宅第，因地点、位置、大小、豪华程度不同，价格差别很大。

价格最高的地方当属京师开封。开封是当时世界上规模最大、人口最多的都会，宋真宗时，已是"甲第星罗，比屋鳞次，坊无广巷，市不通骑"。[④]说明了建筑拥挤、人口密集。宋仁宗景祐中，开封更发展为"辇毂之间，士民之众，罔遵矩度，争尚僭奢……室居宏丽，交穷土木之工。"[⑤]说明居民不顾礼制约束，极力追求豪华美观。房地产业可谓非常发达，价格也相当昂贵。

太平兴国三年（978），割据漳、泉地区的陈洪进归顺后，朝廷将他的诸子均授以近郡官职，并"赐白金万两，各令市宅"。大概在开封购买一处豪华宅院，约需1万两银子。[⑥]同年，枢密使、检校太傅楚昭辅，因"所居湫隘"，宋太宗"赐白金万两，令别市第"。[⑦]一处与执政大臣身份相符的宅院，自然是豪华的大宅院，也是1万两银子。同一时期，晋州都钤辖田钦祚因抗击北汉有战功，宋太宗赐"白金五千两，令市宅"。[⑧]判雄州事刘福，生前拒绝儿子建造大第的建议，淳化二年（991）去世后，宋太宗赐其子"白金五千两，使市第宅"。[⑨]这两例都表明，在开封买处中级官员及亲属居住的较高档宅院，需要5000两银子，是高官贵族豪宅的一半。宋太宗朝后期，宋真宗还是襄王，经张旻介绍召入一位四川女子，很是宠爱。但其乳母秦国夫人"性严整，不悦，固令王斥去。王不得已出置旻家，旻亦避嫌，不敢下直。乃以银五百两与旻，使别筑馆居之。"[⑩]在京师建造一座"金屋藏娇"的小型高档宅院，价格是500两白银。以上价钱都是白银，而北宋前期的银价一般是1两值铜钱1贯或更低。[⑪]

咸平年间，宰相向敏中曾以钱5000贯，购买前宰相薛居正后人薛安上在开封的居第，后来被控告是"贱贸"，即有倚仗权势压价强买的嫌疑。[⑫]那么，再参考前言前枢密使楚昭辅的住宅价值约1万贯，这处房产价值肯定超过5000贯。宰相吕端生前不治产业，死后诸子贫困，因婚嫁缺钱而将住宅抵押了出去。大中祥符二年（1009），朝廷出内府钱5000贯赎回赐给其子居住。[⑬]其宅第价格也是5000贯。景德中，有司请求以朝廷赐给钱俶的礼贤宅为司天监，宋真宗认为是先朝所赐，不许。大中祥符八年（1015），钱俶的儿子钱惟演等再次上表请朝廷收回，于是有诏赐钱5万贯，"仍各赐第一区"。[⑭]这5万贯，当属赎买的价格。此宅非同寻常："连亘数坊，栋宇宏丽，储什物供帐之类，皆御王者。"[⑮]乃是顶尖的王府规格，其价值因而是北宋前期最高昂的。开封市民崔白是著名的京城无赖，大中祥符八年，想强买邻居梁文尉的住宅，梁家不得已被逼迁去，"即以其舍求质钱百三十万，白因以九十万市之。张诉于府，白遂增钱三十万。"[⑯]则这所普通民宅，约值1300贯。宋仁宗时兖国公主出嫁，皇帝所赐"一第之费，缗钱数十万。"[⑰]数十万贯一座公主宅院，虽不详具体数字，但即使是最低的20万贯，也创下了住宅价格的新记录。

北宋末期，随着人口的持续增长和统治集团的奢侈腐败，当然也有物价上涨的因素，开封房价攀上新高。宋徽宗朝初，落魄被谪的苏辙有"别业在浚都，鬻之九千数百缗"。[⑱]这处在开封的房产，价值9000多贯。政和六年（1117），宋徽宗诏令支降御前钱2万贯于京师造第一区，赐给宠臣开封尹盛章居住。[⑲]大观年间，宋徽宗特赐西北名将折可适钱3000贯，"为京师居第之费"。[⑳]不过，这些钱未必能建成住宅，因为一般不包括地价。如宣和二年御史中丞翁彦国向皇帝报告的那样："京师户口日滋，栋宇密接，略无容隙。纵得价钱，何处买地？"㉑而据宋徽宗时的张根所言："人臣赐第，一第无虑数十万缗，稍增雄丽，非百万不可。"㉒高官在京师开封的甲第价格，北宋末年约为数十万至100万贯。两宋之际，在金朝的燕山府，金人用1万贯钱买一所宅子，赏给投降的宋原燕山府长官蔡靖，蔡靖高兴地表示"犹胜于他汴京宅子"。㉓比在开封以同样价钱购买的住宅好，也即比开封的房价便宜。综上可见，北宋时期开封一座豪华宅院，最高价格为数十万贯乃至上百万贯。虽说多是朝廷行为，但反映着市场价格，对于民间市场的拉动力也是巨大的。

开封普通百姓的住房价格，资料缺乏，但可以间接得知。元丰六年(1083)，开封府要拆迁京城城墙内30步的建筑物，其中有"百姓税地并舍屋"130户，按时价应赔偿价钱22600余缗。㉔所谓130户，未必是这130户的全部房地产，因为靠近30步红线的人家，可能只是部分房地产被拆迁。由此可以推测，平均每户的房地产价值最少为173余贯。再者，城市房地产讲究地段，城墙附近的房产是边缘偏僻之地，价格无疑低于里边和临街地段者。

各州县地方，一般住宅没有如此昂贵。宋真宗时，胡旦在杭州欲向知州借2000贯，"创立鉴湖别墅。"㉕在越州鉴湖建造一所别墅，价钱是2000贯。宋仁宗时，张观在洛阳"以数千缗买洛大第"。㉖洛阳是九朝古都，又是宋朝的西京，地理位置优越，环境优美，为官员士大夫聚居的首选之地。所以其房地产价格接近开封，北宋中期的一座大宅院需要数千贯。同时的陕西华州，名士侯可的友人郭行曾向他请求道："吾父病，医邀钱百千，卖吾庐而不售。"㉗则是一户普通士人的住宅，当时不值100贯。北宋中期，张士逊的儿子张友正，"少喜学书，不出仕。有别业价三百万。"㉘所谓别业即别墅，价值3000贯。元丰年间，镇江朱方门外有圃卖300贯，后成为沈括的住宅(此即梦溪所在地)。㉙元符二年(1099)，苏辙被流放到广东循州，遭到地方官的刁难，"虽僧庐道室，法皆不许入。裒橐中之余五十千以易民居，大小十间，补苴弊漏，粗芘风雨。北垣有隙地可以毓蔬，有井可以灌。"㉚这处10间规模的破旧民宅，价格是50贯，每间才平均5贯。与大城市房价比较，偏远小州的普通民居价格相当便宜。宋徽宗建中靖国元年(1101)，苏轼从海南岛流放归来后，准备定居在常州阳羡，花500贯买了一座百年老宅。㉛大观年间，苏辙退居在许州，计划扩建宅院，邻居"有柴氏厅三间，求售三百余万钱。"㉜每间居然高达1000余贯，不知因何如此高价。宣和年间，刘安世在睢阳购买了一座有蛇患的"凶宅"，价钱仅200贯，㉝其实际价值，无疑高于此价。

南宋时期，南方地区的房地产价格有所上涨。

南宋初临安成为朝廷所在地后，政治、经济、文化地位取代了开封，一跃成为人口密度最大的城市。周辉记载故老的对比道："昔岁风物，与今不同，四隅皆空迥，人迹不到。宝连山、吴山、万松岭，林木茂密，何尝有人居。城中僧寺甚多，楼殿相望。出涌金门，望九里松，极目更无障碍。自六蜚驻跸，日益繁盛。湖上屋宇连接，不减城中。'一色楼台三十里，不知何处觅孤山，近人诗也。"㉞房地产经营已经从城内扩展到了城外的西湖。吴自牧进一步强调说："临安城郭广阔，户口繁伙，民居屋宇高森，接栋连檐，寸尺无空。巷陌壅塞，街道狭小，不堪其行。"㉟房地产价格很快攀升。绍兴年间，南渡的邢太尉起初寓居湖州德清，不久就谋求迁居临安。经人介绍看中了位于荐桥门的王太尉宅，仅要价3000贯。知情人说："都城中如此第舍，当直五万缗。今不能什一，亦知其说乎？是宅久为妖物所占，人不堪处，故以相付耳。"㊱则是当时临安城内的一处正常的高档住宅，价值5万贯。宋高宗曾赐给刘光世造宅钱3万贯。㊲宝庆二年(1226)，临安南山之北、新堤之上，"居民有以屋庐、园池求售者"，地方官"因捐公帑，以酬其直，"计钱7000余贯。这处花园宅院"其地前挹平湖，四山环合，基址夷旷，意象窈深。"㊳环山面水，风光优美。景定三年(1262)，宋理宗把在临安葛岭的集芳园赐给权相贾似道，另外又拨钱100万贯，让其建宅第和家庙。㊴则是不包括地皮钱，仅建筑费用就是100

万贯。

风光秀丽的平江府邻近临安，多贵族高官宅第，房价之高，不亚行都。如平江府城中带城桥一带的史发运宅，“淳熙初，宅成，计其费一百五十万缗。仅一传不能保，僦直十万缗，久不售，后为丁季卿以一万五千缗得之。”[40]造价为150万贯，数十年后的租赁价是15000贯。

南宋初，有人委托两浙婺州知州，以2000贯“为起宅”。[41]乾道四年(1168)，邵武军城内谢侍御家的别宅3间，十分宽敞洁净，以700贯的价格卖出，[42]每间233余贯。淳熙二年(1175)，建昌的一处装饰精美的民居，“轮奂整洁”，建造费用极大，以至于其家“膏腴上田扫空无余。”10年后因家道败落而出售，价格是2000余贯。[43]淳熙七年(1180)，朱熹在庐山上花100贯建造一卧龙庵，“缚屋数椽”，准备退隐后居住。[44]宋孝宗时，鄱阳县城内的一处住宅，被敷文阁待制张运以100贯买得。[45]明州城外50里的小溪村，有富翁挥金建造巨宅，“凡门廊厅级，皆如大官舍，或谏其为非民居所宜，怒不听，财成而翁死”。淳熙年间，魏杞罢相后，“空橐中得千万买之”，[46]即1万贯买下了这座乡间豪宅。丽水人姜特立，宋宁宗朝退休后，花3000贯买下一处宅院：“始卖南坊园，次卖东郭田。末乃货其庐，缗钱可三千。不为子孙计，冀可了目前。”[47]在地方州县，两三千贯以上造价的宅第，应是上等规模。南宋后期，宋自逊曾拜见权相贾似道，“获楮币二十万缗，以造华居”；[48]“贾似道贿以二十万楮，结屋南昌。”[49]20万贯纸币可以在江西南昌建造一座豪华的宅院。

目光向下，我们来看南宋普通百姓的宅院价格。

绍兴四年(1134年)有条资料透露了临安府居民住宅价钱：

诏：“临安府失火，延烧官私仓宅及三百间以上，正犯人作情重法轻奏裁，芦草竹板屋三间比一间，五百间已上取旨。”先是有旨：“失火焚烧数多，取旨依军法。”刑寺以为无所执守，乃比附立法焉。其后，御史台又乞估计价钱，量轻重取旨。刑部请：“延烧直万缗者比三百间，直五千缗者比五百间。”从之。[50]

这条材料需要解读：所谓“延烧直万缗者比三百间”，指的是“官私仓宅”，每间是按33贯余核算的；所谓“直五千缗者比五百间”，指的是“芦草竹板屋”，每间是按10贯核算的。大致可以得知：临安府砖石或砖木结构的房屋，每间价钱约值33贯，芦草竹板结构的简易房屋，每间价钱约值10贯。

绍兴二十八年(1158)，有诏筑皇城东南之外城，增展出故城13丈，“凡民所占，以隙地偿之，每楹赐钱十千，为改筑之费。”[51]拆迁的居民房屋，每间由官方支付10贯为补偿。由此可知，南宋前期在临安建筑1间民宅的费用最少是10贯(不包括地皮)。绍兴五年(1135)，殿中侍御史张绚言：浙西路建造“席屋一间，所费数十千。”[52]一间简易住房，也要数十贯。绍兴六年(1136)，朝廷在江淮州县组织流民建庄屯田，规定每5家为1庄，每庄盖草屋15间，每间支给建筑费用3贯。[53]绍兴二十九年(1159)，位于绍兴府的攒宫破土作新城门，梓宫所经由道路，因民居狭隘临时撤毁，“每楹赐钱二十千，为迁徙之费。”[54]每楹20贯是朝廷支付的拆迁赔偿费，当属在原址上重建房屋的费用。此价高于上述临安的拆迁价，一个可能就是临安的拆迁房屋是靠近城墙的边缘地区，而绍兴府拆迁的却是道路两旁的门面房，价格自是不同。宋宁宗时，泉州一官员家的一座建成10年但无人居住的住宅，“屋老且弊……遂售，得三千缗。”[55]宋理宗绍定时，临安昌化县寡妇阿章出卖房产，她“一贫彻骨，他无产业，夫男俱亡，两孙年幼，有可鬻以糊其口者，急于求售，要亦出于大不得已也。”“将住房两间并地基作三契，卖与徐麟，计钱一百五贯”。[56]每间合52贯500文。景定四年(1263)，建康府官方置买城中内西夹道民庐一区，凡有房屋14间，以充官舍，价值13500贯。[57]每间平均964贯，从其数字过大可以看出，很可能是纸币。

军队营房不是可以买卖的商品房，没有市场价格，但有造价，从中也可以间接了解普通民居的价格。宋仁宗康定元年(1040)，臣僚言：“陕西、河北营房大率覆以茨苫，关右产材木，计一舍费五七千。”[58]陕西营房为木质结构，每舍(间)造价大约6贯左右。元丰中，在四川至陕西之间设置递铺，“十五里辄立一铺，招兵五十人，起屋六十间，官破钱一百五十六贯，益以民力，仅乃得成。”[59]仅建筑材料的价格，就是每间平均2贯600文。元祐八年(1093)，河北定州修盖营房，河北第一将所辖禁军4117间，造价17609贯680文省，合13559贯足陌，每间约3贯290文足；河北第二将为3720间，造价15005贯281文省，合11553贯900文足，每间约3贯100余文足；振武第四十五指挥118间，“并合添井眼”，造价558贯167文省，合429贯700余文足，每间3贯600余文足。[60]平均每间3贯余足。绍圣初，苏轼估计若官方为广东惠州的驻军建造营房，“每间可用三贯省钱”。[61]所言房屋为瓦房，每间3贯省陌，合2贯310文足陌，造价不及陕西一半并低于河北。

二、房屋租赁价

与房地产价格相比，房地产租金更多的反映了房地产作为生产和生活资料属性的价格，即租金是使用价值的价格表现。租金价格比可用来分析各区域市场的房地产价格是具有增长潜力还是缺乏增长潜力。在宋代尤其是宋代城镇，房地产不仅是基本生活资料，还是主要的生产资料。宋代坊郭户中主客户的划分，就是看有无房产；对城市坊郭户征收赋税，也是按拥有房产数量计算的。如景定年间的建康府，就是“其日掠房钱一百五十六文足者，即趁纳和买绢一疋。”[62]而出租房子是城市居民谋生的一种方式。元祐元年(1086)司马光言：“十口之家，岁收百石，足供口食；月掠房钱十五贯，足供日用。”[63]每月收入房钱15贯人家的经济状况，大约和乡村每年收获100石粮食相等。相应的是，那些没有房产的城市居民和游宦的官员、商旅等外来人口，则必须租房居住。在地方州县，不少地方官甚至官衙也是租用民房。如南宋时的台州：“自倅贰以下咸有舍，惟兵官、监当官多僦民屋”。[64]是下级官员租赁民房的例子。又如桐庐县，“丞占桐江驿为廨，而尉乃下僦民屋。”[65]是官衙租赁民房的例子。宋代人口流动问题严重，所谓“近世之民，轻去乡土，转徙四方，固不为患”。[66]尤其是大量的客户，出于生计，频频更换地点和地主。如海盐县的澉水镇，“主户少而客户多，往来不定，口尤难记。”[67]荆门军的两县之民，也是“其客户往来不常。”[68]占总人口三分之一左右的客户，处于频繁的流动之中，他们当然没有房屋不动产，必须租房居住。这些情况表明，房屋租赁是宋代一个新兴的巨大市场。

与房地产价格相一致，首善之地的开封，房屋赁价相当贵。如前文所言，咸平年间，宰相向敏中曾以钱5000贯，购买薛居正后人薛安上在开封的居第，薛安上仍在此居住，但需“日出息钱二千”。[69]也就是说，一座至少价值5000贯的住宅，每天的租金是2贯，月租60贯。大中祥符五年(1012)，开封的华容县主女婿张氏的一处住宅，每天的租金是500文，[70]月租15贯。皇祐末，苏颂在开封任大理寺丞馆阁校勘，月俸17贯，而“赁宅、养马已费三之一。”[71]三分之一的月俸即5贯666文，按一匹马每月费用约1贯833文计，[72]则此宅月租大约为3贯800余文。嘉祐三年(1058)，宣徽南院使张尧佐去世后，朝廷“赐其家僦舍钱，日三千。”[73]张尧佐在开封租赁宅院的价钱，大约是每月90贯。熙宁三年(1070)，有诏增置司农寺丞一员，“与主簿通为二员”，“无廨舍者，月给宅钱五千。”[74]是为官方支付的租赁住宅钱，可据此推测在开封的中级官员住宅，月租金大约是5贯。熙宁六年(1073)，朝廷赐西界归明人李崇贵开封府界屋租钱，每天500文，[75]即每月15贯。元祐二年至三年(1087—1088)，御史中丞胡宗愈，租赁三班奉职周知哲家的宅院居住，每月租钱18贯。[76]北宋开封的一座住宅，月租金大约在数贯到数十贯之间。

宋代官方拥有不少用于租赁的房地产，在开封还专设店宅务管理经营官房租赁事务，房租收入成为官府从事经营性产业的重要收入。天禧元年(1017)，店宅务有出赁房屋23300间，每年收赁钱140090贯，每间每天平均164文，每月4贯491文(未言陌制是省钱还是足钱，一般应是省陌)。[77]熙宁十年(1077)，店宅务的破损房屋1192间，每天约收钱202贯529文足，平均每天每间约170文足，每月每间约5贯97文足。[78]破损房屋的赁价，已高出天禧元年的价格，而且还是相差23%的足钱，可见赁价上涨。

在地方州县,房屋租赁价比较便宜。天圣八年(1030),知州王曾建立青州州学,“公患田少不足,又旁学作屋百二十间,岁入于学钱三十一万。”10年后的康定元年(1040),“学益兴而士倍多,太守赵集贤广公之意,取南城隙地,又作屋凡八十三间,别为旁舍六十二间,岁入于学通六十七万,学之公用于是大充。”[79]建造这些房屋,目的是出租赚取房租以补充州学经费。天圣八年的120间,每间每月合215文;大概是尝到了甜头,康定元年又新建了145间,每年新增房租360贯,每间每月合206文。宋哲宗时苏轼言,广东惠州的士兵半数没有营房,只是分散在民间赁屋居住,每人每月出赁房钱150至300文。[80]150文当是1间、300文当是2间的租价,每间每天5文。在河北开德府(濮州)等地的城市中,政和年间,地段好的房屋每间赁钱100至200文足,地段差的“后街小巷闲慢房屋”,每间赁钱只有3至5文(未言是月价还是日价,应为日价)。[81]

南宋时期租金上涨。绍兴九年(1139),江西路江州州学前有岳飞所建造的房屋38间,“每日收赁屋钱一贯四百三十文。”[82]每间每天平均37文,每月以30天计,为1贯128文。绍兴末,在荆门军,“细民所居茅屋,日出一间,赁钱才十二文。”[83]每间每天12文。乾道初,邵武军城内谢侍御家的别宅3间,十分宽敞洁净,开作邸店,每年的租赁钱是120贯。但由于传说里面有鬼怪,“多不敢居”,所以“赁费不及半”。则其实际租赁价格应当在250贯至300贯之间。[84]且以250贯计,每年每间约83贯余,每天每间约228文。宝庆二年(1226),李昴英在临安应试时,“租一屋在学前……所赁之屋一月二十券。”[85]即纸币20贯是1间房的月租赁价。淳祐十年(1250)后,临安府的报恩光孝观有“屋一所,日可僦十千。”此处是外地来参加朝廷科举士子的两处主要居住地之一,客源充足,[86]所以每天的租赁价就多达10贯(可能是会子)。只是这所房子不知几间,无法进一步估算。开庆年间,鄞县广惠院有房产租赁,其中本院前水步东楼屋一间,每年租赁钱100贯(17界会子,下同),月租金8贯余;本院前水步上楼一间,租赁钱也是100贯;本院西挟屋一间,租赁钱150贯,月租金12贯500文;屋二间,租赁钱150贯,每间月租金6贯250文;本院浴院后屋一间,租赁钱150贯,月租金12贯500文。慈溪县有屋2间并基地半片,“计一角三十步”,租钱2贯足。同时的象山县,有谢元五租屋一所计3间7架,“并系木椽瓦盖,并地基计三角四尺四步”,租钱3贯足。[87]南宋后期,张卿有诗云:“小小园林矮矮屋,一日房钱一贯足。官至正郎子读书,一妻一妾常和睦。”[88]朝廷官员租住的带园林的宅院,每天的租金是1贯。

旅店的房间价也是房间租赁价的一种,只是增加了客房设施和服务费用。宋仁宗时,成都僧司作大会,“四路州军人众,悉来观看,填溢坊巷,有践踏至死者。客店求宿,一夜千钱。”[89]客人爆满情况下的成都旅店,房价高达一人一夜1贯(四川属于铁钱区,此当为铁钱)!一般情况下,还是比较便宜的。熙宁五年(1072)六月初,日本僧人成寻一行8人在台州的国清寺庄住宿一夜,“与宿料钱五十文了”即宿费50文,每人平均6文余;两个月后的八月初再次在此住宿,“房主有种种用意。宿料五十文,外加廿文。”大概是加上优质服务费,平均每人也不到9文;年底在郑州的奉宁驿住宿一夜,店钱每人8文,随行士兵住的房间差些,每人5文。[90]南宋临安的乞丐,有夜间以乞讨房钱为名者,呼号道:“吾今夕所欠十几文耳!”[91]可知在最下等的客店居住一夜,最少也要10余文。

房屋租赁价格尤其是城镇房屋租赁价格的提高,为外来人口设置了更高的门槛,一定程度上起着调节、限制过量人口涌入的作用。

三、住房面积

住房面积是居民生活水平的一个重要标志,也值得关注,并与房价和租赁价密切相关。也就是说,一户人家的住房面积大小,受上述情况的制约。

古代社会讲究身份等级,建筑尤其不能逾制。就宋代而言,等级的礼法规定主要体现在建筑规格、形制方面。宋代的“臣庶室屋制度”是:“私居,执政、亲王曰府,余官曰宅,庶民曰家……凡民庶家,不得施重栱、藻井及五色文采为饰，仍不得四铺飞檐。庶人舍屋，许五架，门一间两厦而已。”[92]所谓不许平民住房超过“五架”，是指一个房间的规模而言，但并不能执行。如开庆年间的象山县，有谢元五租的一所房屋就是3间7架。[93]甚至有“一个茅庵，三间七架，两畔更添两厦。”[94]至于房间的多少，更没有限制。宋代社会比较开放，实际情况如开封：“辇毂之间，士民之众，罔遵矩度，争尚僭奢……室居宏丽，交穷土木之工。”[95]以至于“臣庶宅王侯之第”，[96]全然不管礼法。如宋真宗时的李士衡，“素贪，家赀至累巨万，建大第长安里中，严若官府。”[97]住房面积主要取决于财力大小和人口多少。首先了解农村居民的住房情况。北宋前期，颍昌阳翟县杜五郎，“所居去县三十余里，唯有屋两间，其一间自居，一间其子居之。”[98]这位有家小的隐士，住房仅两间。宋宁宗时，宗室赵汝鐩有《田家叹》诗云：“破屋三间结草扉，柴根煨火阖家围。此生能得几年活，薄命连遭两岁饥。肠久鸣雷惟淡粥，体虽起粟尚单衣。晚来稚子总欢喜，报道小姑挑菜归。”[99]连续灾荒年间的这庄穷人，有三间草屋。宋孝宗隆兴元年(1163)，周必大回吉州省亲，见为其外祖父守坟的盛四七已去世，“惟一女在，破屋半间而已。”[100]半间破屋，当属最低生存标准了。如此个案虽然典型，应是一般情况的概括，却不具统计意义。再来看官方统一设置的民房标准。绍兴六年(1136)，朝廷在江淮州县组织流民建庄屯田，规定每五家为一庄，每庄盖草屋十五间，每家给二间，其余五间用于存放粮食。[101]乾道五年(1169)，楚州募民营田，每家给草房二间。[102]乾道八年(1172)，朝廷在合肥等地组织屯田，“率户屋二间”[103]。淳熙十年(1183)，朝廷在湖北募民耕佃荒地，“仍佃户每家官给草屋三间，内住屋二间，牛屋一间”。[104]说明二间住房是一般农户的最低标准。大体上说，宋代底层农户的住房面积是三间左右。所谓“茅屋三间围短篱”，[105]当是其住宅的基本状况。

城市普通居民住房面积，一般而言比农民狭小。宋仁宗时，富弼在京东安置河北流民居住时，根据当地城乡居民拥有住房的实际情况，采取了按主户户等分摊的办法：

> 一，州县坊郭等人户，虽有房屋人，缘见是出赁与人户居住，难得空闲屋室。今逐等合那房屋间数如后：第一等五间，第二等三间，第三等两间，第四等、五等一间。
>
> 一，乡村人户，甚有空闲房屋，易得小可屋。合逐等合趱间数如后：第一等七间，第二等五间，第三等三间，第四等、五等两间。右各请体认。[106]

由此透露出的信息是：(1)城市住房面积小于农村；(2)户等越高的主户，房子越多；(3)城市多房户皆出租，农村多空闲；(4)按自家最少居住二间计，加上官方要求腾出的房间数，则城市第五等户最少有三间房，农村第五等户最少有四间房。这是京东路的情况，大概可以代表北方地区的一般情况。

与此相比，南宋时期南方城镇居民的住房面积小一些，当与南方人口多于北方有关。乾道时，温州曾两日内连续火灾，知州的灾情报告提供了有关数据：“烧过民居三百七十一家，茅、瓦屋相间约计六百二十余间”，每家约平均1.6间；“烧一十五家，计二十间，并系茅屋”，每家约平均1.3间；“烧过民居六百七十三家，茅瓦屋相间约计一千一百七十余间”，每家约平均1.7间；“五十六家，计草屋一百四十二间”，每家约平均2.5间。“今两日所烧，共一千一百八十五家，茅、[瓦?]屋相间计一千九百五十余间，寺观四所。”[107]每家约平均1.6间，可以认作是温州州城居民的户均住房面积。再看一例个案：居住在鄱阳城中的医生赵三郎中，“虽操术不高，亦颇自足。”庆元初，“有财产及居屋两间”。[108]一位小康水平的医生，在州城中也不过只有两间住房。

高官贵族的住房，多是深潭大宅，是普通百姓难以相比的。

首先考察朝廷赐给官僚贵族的住宅面积。熙宁七年(1074)，资政殿学士、吏部侍郎、亳州知州邵亢卒，因为他是宋神宗藩邸时的旧臣，皇帝予以优赠，并“即其乡造宅五十间赐之”。[109]熙宁八年(1075)，“诏任管军步军副都指挥使以上死，许借空闲官宅居止，毋过三十楹，服阕还官。”[110]中级军官的家眷的临时住房是30间。绍圣元年(1094)，诏令户部以系官屋100间，赐故嗣濮王赵宗晖本位居住。[111]建炎三年(1129)，枢密郑某死，皇帝“特赐田十顷，居室五十间，以抚其孤。”[112]绍兴七年(1137)，兵部尚书吕祉被敌人杀害后，朝廷借给其家属官屋40间居住；绍兴九年(1139)，四川宣抚使吴某去世，朝廷借给其家属官屋50间居住。[113]从这些具体例子可以推知，宋代中高官贵族的住房面积，大约在30间到100间之间。如果加上庭院、花园等，占地面积自然更大。绍熙年间有官员指出，“都城之民，安居惮徙。宗戚营缮浸广，每建一第，撤民居数百，咨怨者多。”[114]一座大宅院，就是数百户平民住宅的面积。

自然情况下一般社会上层的住宅面积，更具代表性。大观年间，著名文人李廌在许州长社定居，建造了30间规模的住宅，苏辙专门为其作的诗中云：“我年七十无住宅，斤斧登登乱朝夕……不如君家得众力，咄嗟便了三十间。李君虽贫足图史，旋凿明窗安净几。”[115]一位清贫的文人，也能建筑30间房产。退居在许州的苏辙，于当年也几乎罄尽积蓄，决意盖房：“平生未有三间屋，今岁初成百步廊”[116]；“我老不自量，筑室盈百间。旧屋收半料，新材伐他山。盎中粟将尽，橐中金亦殚。”[117]100余间的住宅，满足了他晚年最终的心愿。毕仲游也在70岁时决意退休，经营归宿：“已令儿子于颍阳所在旧屋之外，增盖二十余间小屋。约三四月之间复丐宫祠以归，庶得专一调养。”[118]仅增建的房屋就有20多间，原有“旧屋”的数量，当不会少于此数。陆游有诗透露了自己的住房面积：“曩得京口俸，始卜湖边居。屋财十许间，岁久亦倍初。莪花过百本，啸咏已有余。犹愧先楚公，终身无屋庐。”[119]时年41岁的陆游，购置的住房显然是私产，靠着官俸由起初的10余间扩大到20余间或30间左右。与其父不置房产相比，陆游已感到惭愧了。“敝庐虽陋甚，鄙性颇所宜。欹倾十许间，草覆实半之。”[120]宋宁宗时期，萧穆林致仕后“辞朝归薮，草屋八九间，方宅十余亩。”[121]南宋中期，金华县“因进纳补受官”的修职郎、县尉朱熙绩，“系极等上户，居屋三百余间。”[122]显然是大财主的庄园，是其财大气粗的体现。绍定三年(1230)，宗室、曾任郎官、通判的婺源人赵汝盥，家住县北5里的汤郊，“结屋三间曰山堂，自为之记。其余为亭趾十余而已。”[123]以上可见，除了原本家底丰厚的官员外，其余官员多是中年以后才经营永久住宅，而且既有此举，规模都比较可观，多在20间以上。

另一方面，艰难条件下或不治房产的官员士人，住房则与一般老百姓相差无几。绍圣四年(1097)，苏轼被贬海南昌化军后，地方官有意刁难，不准他租房，只好“买地筑室……为屋三间。人不堪其忧，公食芋饮水，著书以为乐。”[124]3间房屋，是流放官员住房的最低限度。元符二年(1099)，苏辙被流放到广东循州，遭到地方官的刁难，“虽僧庐、道室，法皆不许入。”便买了一套10间的民居。[125]南宋后期，官至朝奉大夫的罗某，“止有田三数顷，老屋二间，仕五十年，未曾治第殖产。”[126]有300多亩土地却只有房子2间，显然是不相称的，原因是在外游宦且不“治第”。北宋后期的蔡黝居士，只有住房3间：“结茅汝上只三间，种稻城西仅一廛。”[127]陈傅良的叔祖温州人陈绎，宋孝宗时去世，“旧屋才三间，后二子合为数十间于其旁，奉潘氏夫人居中。”[128]一家的房产是3间，后来的数十间是子女家族聚居。杨万里的父亲家贫，“尝作小茅屋三间，而未有门扉，于元卿求一扉。元卿以绝句送，至云：‘三间茅屋独家村，风雨萧萧可断魂。”[129]永嘉处士何傅，“所居墓林巷，城中最深僻处也。前二岁，余数过焉，草木稀踪而不荣，败屋才三间”。[130]乾道年间，张孝祥给陈姓某官员赠诗云：“陈子居城东，茅屋三四间，下有五亩园，灌畦泐清湾。”[131]这些事例说明，一般士人的住房多在3间左右。一般百姓当不会多于此。

宋代实行募兵制，军人都带家属，所以军人住房成为官方的一大问题。营房一般是每人(即每家)1至2间。绍圣初，苏轼报告广东惠州的驻军严重缺乏营房，一半士兵散居民间，另一半“皆两人住一间，颇不聊生”[132]。可见正常条件下是1人1间。宋孝宗时，四川有官员“乞于本道选内郡精兵千人，集之成都，建营屋一千二百楹以居之”[133]。1000人的营房是1200间，每人至少平均1间。南宋中期真德秀言：泉州某寨“元管军房一百二十九间……见存一百一十间，今欲添屯作二百人，尚欠寨屋九十间，合行添造。”标准是每人1间；某寨“以一百五十人为额……今见存军房一百五十间，浅隘太甚，火道又狭，军人自言家口稍多者，难以安存，春夏之交，多苦疾病。近日上户复为添造二十间，稍堪居止。其旧军房舍量行展拓，每三间并作二间，庶几地步稍宽。”⑭每人 1 间多。咸淳年间，抚州驻军“今有一家三名者，可起屋两间，父子一家两名及一名者，却各照旧止起一间”。⑮每人 1 至 2 间。对一户人家来说，居住面积确实小了些；但对于数目浩大的军队来说，已是相当不容易了。

最后，介绍一下学生集体宿舍的居住情况。元丰二年(1079)，有诏令扩建太学生员斋舍：“益太学生员舍为八十斋，每斋屋五间……太学置斋舍八十斋，斋容三十人。”⑯又据崇宁元年(1102)宰臣蔡京言：“奉诏，天下皆兴学贡士，以三舍考选法遍行天下……处上舍、内舍于太学，处外舍于外学。外学置斋一百，讲堂四，每斋五间，三十人。”⑰可见太学标准间是每斋 5 间，住学生 30 人，每间平均 6 人，想来是大通铺之类。应该说相当拥挤，待遇不高。

尾语

城市化背景下的宋代房地产价格，具有特殊的历史意义。我们已知，宋代城市在不断扩大，人口在不断增加，房屋也在不断建设。相应的是如本文所揭示的那样，房地产价格和租赁价格也在持续上升。这意味着城市的身价在升高，经济地位在升高，城乡差距在加大，在城市居住需要更多的金钱支撑，正所谓“居大不易”；同时，在城市经营房地产也能获得更大的利润。这是坊市制崩溃以后，房地产业彻底开放的结果，城市经济也因巨大的房地产资金流动而充满活力。毫无疑问，这也是宋代经济发展的一个重要组成部分。

上文还使我们看到，宋代住房条件悬殊巨大。正如被贬至黄州的张耒所高度概括的那样：“张子被谪，客居齐安。陋屋数椽，织芦为藩。竦弱陋拙，不能苟完。昼风雨之不御，夜穿窬之易干。上鸡栖之萧瑟，下狗窦之空宽……公宫侯第，兼瓦连甍。紫垣玉府，十仞涂青。”⑱他所描述的是被贬时的困境，但所住显然是民房，也即反映了贫苦平民住房的真实情况，与高官贵族的豪宅相比，无疑天壤。也就是说，除了有权势、有地位的官僚士大夫和富人外，占最大多数的普通人家的住房情况，并没有因为宋代社会经济的大发展——像大家公认的那样——而有所改观，这也是作者在开始研究本课题之初所始料不及的。

（本文系 2007 年 3 月 16 日北京大学《邓广铭教授百年诞辰国际学术研讨会》论文）

[作者简介]程民生(1956－)男，历史学博士，河南大学宋代研究所教授，博士生导师。

[基金项目]国家社会科学基金项目(06BZS023)成果之一。

①《宋史》卷 179《食货志》下 1，中华书局，1977 年，第 4359－4360 页。

②袁采《袁氏世范》卷下《治家》，天津古籍出版社，1959 年，第 170 页。

③笔者仅见朱瑞熙、刘复生、张邦炜、蔡崇榜、王曾瑜《宋辽西夏金社会生活史》(中国社会科学出版社 2005 年第二次印刷本)第四章《居室和居室用具》，对宋代住房作过介绍；拙作《宋代物价考察》(韩国《宋辽金元史研究》第 6 号 2001 年 12 月、《漆侠先生纪念文集》河北大学出版社 2002 年版)，对宋代住宅价格作了简单探讨。

④杨侃《皇畿赋》，吕祖谦编《宋文鉴》卷 2，四部丛刊本，第 4 册第 2 页。

⑤李攸《宋朝事实》卷 13《禁止奢僭制度》，文渊阁四库全书本，第 608 册第 161 页。

⑥《宋史》卷 483《陈氏世家》，第 13962 页；李焘《续资治通鉴长编》卷 19，太平兴国三年七月乙酉作：“赐武宁节度使陈洪进银万两，令市宅”。中华书局，2004 年，第 1 册第 432 页。

⑦《宋史》卷 257《楚昭辅传》，第 8959 页。

⑧《宋史》卷 274《田钦祚传》，第 9360 页。

⑨《宋史》卷 275《刘福传》，第 9366 页。

⑩李焘《续资治通鉴长编》卷 56，景德元年正月乙未，第 1225 页。

⑪参见《宋会要辑稿·礼》62 之 21，第 1691 页；王林《燕翼诒谋录》卷 2，中华书局，1981 年，第 14 页。

⑫李焘《续资治通鉴长编》卷 53，咸平五年十月丁亥，第 1157 页。

⑬徐松辑《宋会要辑稿·方域》4 之 22，中华书局，1957 年，第 7367 页；《宋史》卷 281《吕端传》，第 9517 页。

⑭《宋史》卷 480《吴越钱氏世家》，第 13908 页。

⑮钱俨《吴越备史·补遗》开宝九年正月，文渊阁四库全书本，第 464 册 579 页。

⑯李焘《续资治通鉴长编》卷 85，大中祥符八年八月己卯，第 1943 页；《宋会要辑稿·刑法》4 之 70，第 6656 页。

⑰范祖禹《范太史集》卷43《集贤院学士致仕高公墓志铭》,文渊阁四库全书本,第1100册第469页;参见《宋史》卷426《高赋传》,第12703页。

⑱苏籀《栾城遗言》,文渊阁四库全书本,第864册第178页。

⑲徐松辑《宋会要辑稿·方域》4之23,第7368页。

⑳李之仪《姑溪居士集·后集》卷20《折可适墓志铭》,文渊阁四库全书本,第1120册727页。

㉑徐松辑《宋会要辑稿·方域》4之23,第7368页。

㉒《宋史》卷179《食货志》下1,第4360页。当时赐第之风甚浓,余应求《上钦宗条画利害》(赵汝愚编《宋名臣奏议》卷150)即有"近年以来,赐第之家相望于京师"之条。

㉓徐梦莘《三朝北盟会编》卷163,绍兴四年九月十九日,上海古籍出版社,1987年,第1176页;李心传《建炎以来系年要录》卷81,绍兴四年十月甲辰注,中华书局,1988年,第1341页。

㉔李焘《续资治通鉴长编》卷336,元丰六年闰六月己卯,第8093页;徐松辑《宋会要辑稿·方域》1之17,第7313页。

㉕文莹《玉壶清话》卷3,中华书局,1984年,第32页。

㉖沈括《梦溪笔谈》卷21《异事》,岳麓书社,2002年,第159页。

㉗《宋史》卷456《侯可传》,第13406页。

㉘叶梦得《避暑录话》卷下,丛书集成初编本,第2787册第52页。

㉙卢宪《嘉定镇江志》卷11《居宅·丹徒县》,宋元方志丛刊本,第3册第2397页。

㉚苏辙《龙川略志·引》,中华书局,1982年,第3页。

㉛费衮《梁溪漫志》卷4《东坡卜居阳羡》,上海古籍出版社,1985年,第39页;史能之《咸淳毗陵志》鲞30《记遗》,宋元方志丛刊本,第3册第3208页。

㉜苏辙《栾城集·三集》卷1《因旧并叙》,上海古籍出版社,1987年,第1455页。

㉝蔡绦《铁围山丛谈》卷4,中华书局,1983年,第67页。

㉞周烽著,刘永翔校注《清波杂志校注》卷3《钱塘旧景》,中华书局,1994年,第117页。

㉟吴自牧《梦粱录》卷10《防隅巡警》,浙江人民出版社,1980年,第89页。

㊱洪迈《夷坚志·补志》卷17《王夔荐桥宅》,中华书局,1981年,第1710页。

㊲廖刚《高峰文集》卷2《论赐造宅钱札子》,文渊阁四库全书本,第1142册第335页。

㊳潜说友《咸淳临安志》卷32《先贤堂》,宋元方志丛刊本,第4册第3652页。

㊴潜说友《咸淳临安志》卷10《太傅平章贾魏公府》,第4册第3445页。

㊵元·陆友仁《吴中旧事》,文渊阁四库全书本,第590册第450页。

㊶张侃《拙轩集》卷4《题等慈寺后经略潘德鄜旧居三绝》,文渊阁四库全书本,第1181册第414页。

㊷洪迈《夷坚志·补志》卷10《谢侍御屋》,第1639页。

㊸洪迈《夷坚志·支乙志》卷10《陈氏赁宅》,第875页。

㊹朱熹《朱熹集》卷79《卧龙庵记》,四川教育出版社,1995年,第4092页。

㊺洪迈《夷坚志·支甲志》卷4《张待制》,第741页。

㊻洪迈《夷坚志·丁志》卷14《明州老翁》,第655页。

㊼姜特立《梅山续稿》卷9《适斋先生续乐天达哉行因继其后诗虽不工聊抒鄙意而已》,文渊阁四库全书本,第1170册第69页。

㊽戴复古《寄寻梅》,方回编《瀛奎律髓》卷20,文渊阁四库全书本,第1366册第69页。

㊾方回编《瀛奎律髓》卷13,宋自逊《一室》注,文渊阁四库全书本,第1366册第141页。

㊿李心传《建炎以来系年要录》卷74,绍兴四年三月戊寅,第1231页。

51李心传《建炎以来系年要录》卷180,绍兴二十八年七月己未,第2975页;《宋会要辑稿·方域》2之21,第7327页。

52李心传《建炎以来系年要录》卷85,绍兴五年二月乙亥,第1391页。所谓席屋,当是用席搭建的简易住房。宋哲宗时,滕元发知郓州,"时淮南、京东饥,元发虑流民且至,将蒸为疠疫。先度城外废营地,召谕富室,使出力为席屋,一夕成二千五百间"。见《宋史》卷332《滕元发传》,第10675—10676页。

53徐松辑《宋会要辑稿·食货》2之15,第4818页,63之100至101,第6036—6037页。

54李心传《建炎以来系年要录》卷180,绍兴二十九年十月戊寅,第3059页。

55陈宓《义田序》,《全宋文》,第305册第148页。

56《名公书判清明集》卷6《已卖而不离业》,中华书局,1987年,第164页。

57周应合《景定建康志》卷24《职官厅》,宋元方志丛刊本,第2册第1723页。

58李焘《续资治通鉴长编》卷127,康定元年六月甲申,第3017页。

59苏辙《栾城集》卷36《论蜀茶五害状》,第788页。

60苏轼《苏轼文集》卷36《乞降度牒修定州禁军营房状》,中华书局,1999年,第1022—1023页。

61苏轼《苏轼文集》卷54《与程正辅》30,第1601页。

62周应合《景定建康志》卷41《蠲赋杂录》,第2册第

2003 页。

⑥③李焘《续资治通鉴长编》卷 381，元祐元年六月甲寅，第 9276 页。

⑥④陈耆卿《嘉定赤城志》卷 5《公廨门二·序》，宋元方志丛刊本，第 7 册第 7316 页。

⑥⑤方仁荣、郑瑶《景定严州续志》卷 7《桐庐县·官廨》，宋元方志丛刊本，第 5 册第 4398 页。

⑥⑥马端临《文献通考》卷 168《刑考》7，中华书局，1986 年，第 1460 页。

⑥⑦常棠《澉水志》卷上《户口》，宋元方志丛刊本，第 5 册第 4660 页。

⑥⑧洪适《盘洲文集》卷 49《荆门军奏便民五事状》，文渊阁四库全书本，第 1158 册第 568 页。

⑥⑨李焘《续资治通鉴长编》卷 53，咸平五年十月丁亥，第 1157 页。

⑦⓪李焘《续资治通鉴长编》卷 78，大中祥符五年六月戊申，第 1770 页。

⑦①苏颂《苏魏公文集》附苏象先《丞相魏公谭训》卷 6，中华书局，1988 年，第 1159 页。

⑦②李焘《续资治通鉴长编》卷 262，熙宁八年四月癸未，第 6405 页载，枢密院言："官养一马，以中价率之，岁为钱二十二千。"

⑦③李焘《续资治通鉴长编》卷 188，嘉祐三年九月辛巳，第 4528 页。

⑦④李焘《续资治通鉴长编》卷 214，熙宁三年八月庚申，第 5198 页。

⑦⑤李焘《续资治通鉴长编》卷 243，熙宁六年三月戊辰，第 5925 页。

⑦⑥李焘《续资治通鉴长编》卷 412，元祐三年六月癸卯，第 10023 页；卷 415，元祐三年十月甲申，第 10073 页。

⑦⑦徐松辑《宋会要辑稿·食货》55 之 5，第 5750 页。

⑦⑧徐松辑《宋会要辑稿·食货》55 之 13，第 5754 页。

⑦⑨石介《徂徕集》卷 19《青州州学公田记》，中华书局，1984 年，第 224 页

⑧⓪苏轼《苏轼文集》卷 54《与程正辅》30，第 1600 页。

⑧①徐松辑《宋会要辑稿·食货》4 之 11，第 4837 页，70 之 119，第 4837—6416 页。

⑧②徐松辑《宋会要辑稿·崇儒》2 之 34，第 2190 页。

⑧③洪适《盘洲文集》卷 49《荆门应诏奏宽恤四事状》，第 1158 册第 572 页。

⑧④洪迈《夷坚志·补志》卷 10《谢侍御屋》，第 1639 页。

⑧⑤李昴英《文溪集》卷 20《第二家书》，文渊阁四库全书本，第 1181 册第 226 页。

⑧⑥姚勉《雪坡集》卷 33《重修报恩光孝观记》，文渊阁四库全书本，第 1184 册第 217 页。

⑧⑦梅应发、刘锡《开庆四明续志》卷 4《广惠院》，宋元方志丛刊本，第 6 册第 5975—5976 页，5978 页，5979 页。

⑧⑧周密《浩然斋雅谈》卷中，文渊阁四库全书本，第 1481 册第 840 页。

⑧⑨范镇《东斋记事》卷 4，中华书局，1980 年，第 34 页。

⑨⓪成寻《参天台五台山记》第一，第 39 页；第三，第 79 页；第五，第 176 页，日·风间书房版。

⑨①周密《齐东野语》卷 8《嘲觅荐举》，中华书局，1983 年，第 151 页。

⑨②《宋史》卷 154《舆服志》6. 第 3600 页。

⑨③梅应发、刘锡《开庆四明续志》卷 4《广惠院》，第 6 册第 5979 页。

⑨④王质《雪山集》卷 16《别素质》，文渊阁四库全书本，第 1149 册第 507 页。

⑨⑤李攸《宋朝事实》卷 13《禁止奢僭制度》，文渊阁四库全书本，第 608 册第 161 页。

⑨⑥郑居中等《政和五礼新仪·卷首》，文渊阁四库全书本，第 647 册第 18 页。

⑨⑦《宋史》卷 299《李仕衡传》，第 9938 页。

⑨⑧沈括《梦溪笔谈》卷 9《人事》1，岳麓书社，2002 年，第 68 页；《宋史》卷 458《隐逸传》中，第 12452 页。

⑨⑨赵汝鐩《野谷诗稿》卷 6《田家叹》，文渊阁四库全书本，第 1175 册第 129 页。

⑩⓪周必大《文忠集》卷：165《归庐陵日记》，文渊阁四库全书本，第 1148 册第 780 页。

⑩①徐松辑《宋会要辑稿·食货》2 之 15，第 4818 页；63 之 101，第 6036—6037 页。

⑩②徐松辑《宋会要辑稿·食货》63 之 145，第 6059 页。

⑩③薛季宣《浪语集》卷 35《宋右奉议郎新改差常州借紫薛公行状》，文渊阁四库全书本，第 1159 册第 581 页。

⑩④徐松辑《宋会要辑稿·食货》63 之 155，第 6050 页。

⑩⑤陆游《陆游集·剑南诗稿》卷 74《初春·又》，中华书局，1976 年，第 1749 页。

⑩⑥董煟《救荒活民书》卷下《擘画屋舍安泊流民事指挥》，文渊阁四库全书本，第 662 册第 282 页。

⑩⑦王之望《汉滨集》卷 7《温州遗火乞赐降黜奏札》，文渊阁四库全书本，第 1139 册第 756 页。

⑩⑧洪迈《夷坚志·三志辛》卷 9《赵珪责妻》，第 1454 页。

⑩⑨李焘《续资治通鉴长编》卷 258，熙宁七年十二月戊子，第 6304 页。

⑪⓪李焘《续资治通鉴长编》卷 261，熙宁八年三月癸巳，第 6356 页。

⑪①徐松辑《宋会要辑稿·礼》62 之 49，第 1705 页。

⑪②杨时《龟山集》卷 37《枢密郑公墓志铭》，文渊阁四库全书本，第 1125 册第 454 页。

⑪③徐松辑《宋会要辑稿·选举》32 之 22，第 4739 页。

⑪④《宋史》卷 404《孙逢吉传》，第 12225 页。

⑪⑤苏辙《栾城集·三集》卷1《李方叔新宅》,第1457页。

⑪⑥苏辙《栾城集·三集》卷1《将拆旧屋权住西廊》,第1468页。

⑪⑦苏辙《栾城集·三集》卷1《初筑南斋》,第1459页。

⑪⑧毕仲游《西台集》卷11《上范德孺侍郎》8,文渊阁四库全书本,第1122册第146页。

⑪⑨陆游《陆游集·剑南诗稿》卷56《家居自戒》,第1362—1363页。

⑫⓪陆游《陆游集·剑南诗稿》卷48《敝庐》。

⑫①沈龙光《萧穆林传》,《全宋文》第302册第407页。

⑫②朱熹《朱熹集》卷16《奏上户朱熙绩不伏赈粜状》,第661页。

⑫③陈宓《通判赵公墓志铭》,《全宋文》第305册第310页。

⑫④苏辙《栾城集·后集》卷22《亡兄子瞻端明墓志铭》,第1421页。

⑫⑤苏辙《龙川略志·引》,第3页。

⑫⑥刘克庄《后村先生大全集》卷162《直宝章阁罗公墓志铭》,四部丛刊本,第279册第1442页。

⑫⑦苏辙《栾城集·后集》卷3《赠蔡驳居士》,第1151页。

⑫⑧陈傅良《陈傅良先生文集》卷50《族叔祖元成墓志铭》,浙江大学出版社,1999年,第625页。

⑫⑨杨万里《诚斋集》卷115《诗话》,文渊阁四库全书本,第1161册第449页。

⑬⓪叶适《叶适集·水心文集》卷13《墓林处士墓志铭》,中华书局,1961年,第232页。

⑬①张孝祥《于湖居士文集》卷5《赠陈监庙》,上海古籍出版社,1980年,第40页。

⑬②苏轼《苏轼文集》卷54《与程正辅》30,第1600页。

⑬③扈仲荣等编《成都文类》卷46,王敦诗《措置增戍兵营寨等事碑》,文渊阁四库全书本,第1354册第803页。

⑬④真德秀《西山先生真文忠公文集》卷8《申枢密院措置沿海事宜状》,四部丛刊本,第268册第160页。

⑬⑤黄震《黄氏日抄》卷78《起营寨榜》,文渊阁四库全书本,第708册第806页。

⑬⑥徐松辑《宋会要辑稿·职官》28之9,第2962页。

⑬⑦徐松辑《宋会要辑稿·职官》28之15,第2965页。

⑬⑧张耒:《张耒集》卷1《芦藩赋》,中华书局1990年版,第9页。

· 宋代建筑研究 ·

河南省宋代楼阁式砖石塔

王东涛

(河南大学土木建筑学院 开封 475001)

[关键词] 宋代;楼阁式砖石塔;建筑特色价值作用

[摘 要] 我国宋代古塔从早期的木结构塔变成了以砖结构为主的仿木构塔,具有了明显的时代建筑风格,体现了宋塔的独有风貌,在我国古塔发展史上具有划时代的意义。河南现存的宋塔绝大多数也是楼阁式砖石塔,一改唐代的四方形为六角或八角形,既增加了檐体的牢固性与抗震能力,又扩大了登塔跳览的视野。在这时塔的造型是以楼阁式砖塔为主,这种造型在中国历史悠久,形体高大,保存下来的最多。这类塔典雅优美,结构有中空与实心之分,内部结构也逐渐变化了,有穿壁式、回廊式、绕壁式等;这类塔塔层距离较大,与楼层等高。宋塔建筑风格趋于端正秀丽,做到日趋严谨,砖石塔更加详尽细致地模仿木构建筑与楼阁塔同时同为河南古塔发展主流的是密檐式塔。从宋塔的形制特点和结构特点来看,其造型可以归纳为:挺拔有力,比例匀称,雕饰精美,结构独特,以八角形阁楼式塔为基本形制。宋代砖石塔的主要平面形式为六边形和八角形,另有几座方形塔,层数高度。楼阁式砖石塔以五、七、九层居多。另有塔身高十一层的唐河泗洲塔,十三层的鄢陵乾明寺塔、开封佑国寺塔、原阳玲珑塔等,也有登封少林寺的释伽佛塔的重檐楼阁塔仅两层。河南宋塔的价值作用归纳起来无外乎其历史文化、建筑与雕饰艺术、砖石结构的科学创新三方面的价值。

On the Pavilion Type Masonry Pagoda in Henan Province in Song Dynasty

Wang DongTao

(Civil Engineering College of Henan University Kaifeng 475001)

Key Words: Song Dynasty pavilion Type Masonry Pagoda Characteristic of Building Value Function

Abstract: Chinese Song Dynasty pagoda turned from the early wooden structure into a brick structure with wood-based organization. Song pagoda reflects the unique style in the history of ancient pagoda.

Most existing Song pagoda in Henan are Pavilion Type Masonry Pagoda, a change from the Tang Dynasty square to hexagonal or octagonal, which not only increased the firmness of body eaves and earthquake resistance, but also expanded the vision of view on top of the pagoda.

At this point the pagoda is a Pavilion Tyee Masonry Pagoda. This model has a long history in China. Such elegant and graceful pagoda possesses the structure of the hollow and solid tyeps. The internal structure has gradually changed, and there is wear wall, gallery-style, around the wall, etc. The archiectural style of Song pagoda tends to be more beautiful, more detailed and meticulous, which represents the masonry pagoda imitation of wooden architecture.

From the Song Pagoda's shape and structure characteristics of view, its shape can be summarized as: tall and straight and well-proportioned, beautifully carved, unique structure with loft-style pagoda in octagonal basic shape.

Song Masonry Pagoda is mainly in the form of hexagonal octagonal, while some are square. Pavilion Type Masonry Pagoda is mostly been seen as five, seven, nine-story is mostly. Others include 10-floor Tanghe Sizhou pagoda, 13-floor Yanling Qianming Temple pagoda, Kaifeng Bless-country temple, YuanYang exquisite pagoda. The Shijia Buddhist pagoda in Shaolin Temple in Dengfeng are also included.

The value of Song Pagoda in Henan summarized nothing but its role in the history, architecture and decoration art and the scientific innovation of masonry structure.

一、综述

我国古建筑专家郭黛姮先生曾经说过:“宋代是一个伟大的建筑创造时代,河南是宋代的政治、经济、文化中心,和古塔有着密切的关系”。我国宋代古塔在盛唐时代砖塔技术和艺术的基础上有了明显地创新性发展,宋代古塔从早期的木结构塔变成了以砖结构为主的仿木构塔,具有了明显的宋代建筑风格,体现了宋塔的独有风貌,在我国古塔发展史上具有划时代意义。

塔在我国的建造历史由来已久,地处我国腹地的河南,上自东汉明帝在洛阳建白马寺齐云塔开始,下至明清时期,历代皇室地方官府以及佛教寺院,建塔不计其数。因早期的河南古塔多系木构的,不易久存,而现存河南的古塔则多是唐代以后建造的,所用建筑材料由木材改为砖石后的各类古塔。河南现存的宋塔绝大多数是楼阁式砖石塔。据不完全统计,仅河南现存的各种典型的塔就有 800 多座,居于全国各省之首,而且类型各具特色,有正方形、长方形、六角形、八角形、十二角形、圆形等等;从层数上看,有单层的,有三、五、七、九、十、十三、十五层的,还有偶数层古塔;从建筑材料上看,有砖、石、砖石混合、琉璃、铜、铁等建造而成的各式塔。从佛教意义上讲,有生身舍利和法身舍利等各种宗教的塔。可以说河南现存古塔是种类繁多,造型各异,丰富多彩。尤其在宋、金时代的河南高层砖石塔建筑结构达到顶峰,如开封祐国寺塔(俗称铁塔)和繁塔、永城崇法寺塔、邓州福胜寺塔,滑县明福寺塔、修武胜果寺塔、汝南悟颖塔、新郑风台寺塔、宝丰观音大士塔,尉氏兴国寺塔、商水寿圣寺塔、南阳鄂城寺塔、睢县阎庄圣寿寺塔、唐河泗洲寺塔、中牟寿圣寺双塔、西平宝严寺塔、济源延庆寺塔、密县法海寺塔、原阳玲珑塔、宜阳五花寺塔、安阳兴阳禅寺塔、荥阳千尺塔、登封少林寺释迦佛塔、鄢陵兴国寺塔和乾明寺塔,洛阳白马寺齐云塔、三门峡宝轮寺舍利塔、沁阳天宁寺三圣塔寺,雕饰富丽,塔檐节奏起伏,一改唐代的四方形为六角或八角形,既增加了檐体的牢固性与抗震能力,又扩大了登塔眺览的视野。

在河南的宋塔中,其艺术和结构形式有楼阁式塔、密檐式塔、亭阁式塔、覆钵式塔等。此外,还有其它形式的塔和塔林。但宋塔的造型是以楼阁式砖塔为主,这种造型在中国历史悠久,形体高大,保存下来的最多。

楼阁式砖石塔源于我国传统建筑的阁楼与古印度传入的佛塔形式的结合,历经隋唐到了宋代,仿木结构的楼阁式砖石塔,造型已经相当丰富了,结构也有很大进步,其发展也达到了高峰。这类塔典雅优美,结构有中空与实心之分,有些塔二层以上辟设真假相间的券门或方门,其两侧砌出斜棂窗或直棂窗,并饰以雕花勾栏。平面由方形发展为六角形和八角形,内部结构也逐渐变化了,有穿壁式、回廊式、绕壁式等;这类塔的塔层距离较大,与楼层等高。塔整体像一座高层楼阁,每层塔身均以砖石砌成与木结构相同的门、柱、额枋、斗栱等,其形与木结构相仿照,塔檐、平座等亦均与木结构相仿。塔内均有楼层,其层数多与塔层数一致,并设有砖石或木制楼梯,供人上下登临。宋塔建筑风格趋于端正秀丽,制作日趋严谨,砖石塔更加详尽细致地模仿木构建筑,在塔门开设上,这类塔变各层同向开门为逐层变换方向开门,结构更趋合理。宋塔造型比唐塔更加挺拔秀丽,比例匀称,雕饰精美,具有宋代砖石塔独有的建筑风格。

与楼阁塔同为河南古塔发展主流的是密檐式塔。此类塔的高度和体积与楼阁式塔相差不多,主要是外檐层数较多,几乎在河南古塔占有与楼阁式塔同样重要的位置。密檐式塔塔身的第一层比例较大,其上塔檐紧密相连,层层重叠,而且层距较短,几乎看不出楼层,各层檐子之间的塔身不设平座、门窗、柱子,又有实心,因此大部分密檐式塔不能登临眺览,有少数塔虽在塔内设有楼梯、楼板,能够登高,但不是为眺览所用。如登封嵩岳寺塔、武陟妙乐寺塔、新郑风台寺塔、洛阳齐云塔、三门峡宝轮寺舍利塔、沁阳三圣塔等。这类塔塔身的第一层是全塔的重点，大多饰以佛龛、佛像及门窗、柱子、斗拱等雕刻装饰，把佛教内容、建筑艺术手法都集中表现在塔身或第一层塔檐下，装饰十分华丽，很明显这类塔是上述楼阁式塔发展而来的。

亭阁式塔在河南古塔中也是保存较多的一类。这类塔的塔身为方形、六角形、八角形或圆形的亭状，而且都是单层的。或是塔顶加一小阁，塔身内设龛，以供佛像或高僧的塑像。这类塔起源很早，几乎与楼阁式塔同步，也是人们所多见的形式。因为这类塔造价低，结构简单，便于建造，很多高僧用作墓塔。这类塔现保存的有登封的净藏禅师塔、安阳的灵泉寺道平法师塔、登封的同光禅师塔、萧光师塔、行钧禅师塔、法玩禅师塔等等，都是著名的亭阁式塔。特别是登封的净藏禅师塔，更是现存的八角平面形最古的一例，而且塔身仿木构形，每角露出多角形倚柱，柱上砌出额枋、斗栱及人字形补间铺作，墙上还隐起门和直棂窗。

河南的花塔、喇嘛塔，现保存下来的不多，唯河南的塔林保存较多，著名的塔林有：登封少林寺塔林，汝州风穴寺上下塔林、安阳灵泉寺摩崖塔林、南召丹霞寺塔林、淅川香严寺塔林、登封法王寺塔林、会善寺塔林、商城黄柏山塔林、固始县妙高寺塔林等。由于中原寺院历史悠久，历代寺院高僧及和尚均葬于寺旁，时间久了墓塔如林，即称塔林。塔林中各种形式都有，分别反映着各个时代的建筑风格和工程技术，堪称是一个露天的古塔博物馆，是各个时代塔的标本。

总之，我国古塔发展到了宋代，随着社会经济与科技的发展，建筑技术的日趋成熟，宋代文人政治地位的空前提高，佛的意识淡化，塔的实用功能凸显，楼阁式砖石塔大量的发展起来。以致使我国古塔发展历史达到了顶峰时期。在河南现存的古塔中，宋代的大型楼阁式砖塔就有 39 座之多。

二、河南宋塔的建筑特色

河南地处中原腹地，历史悠久，人杰地灵。遗存至今的著名古塔有 800 多座，其中宋砖石塔共计 39 座，具体分布情况如下：

开封繁塔，位于城外东南隅，建于北宋开宝七年(974 年)，平面六角形，原高九层楼阁式砖塔。上毁，今三层，高 36.68 米。

开封祐国寺塔(俗称铁塔)，位于市内东北隅，建于北宋皇祐元年(1049 年)，平面八角形，十三级楼阁式琉璃塔，现高 55.08 米，通体用琉璃砖砌造，是我国最高的琉璃塔。

阎庄圣寿寺塔，位于睢县城西南约 22 公里处的阎庄原圣寿寺遗址上。建于宋中晚期。塔平面呈等边六角形，为九层密檐式砖塔，通高 19.75 米。

胜果寺塔，位于修武县城东南隅原胜果寺遗址上。建于宋绍圣年间(1094－1098 年)。塔平面呈八角形，为九层仿木结构楼阁式砖塔，通高 26 米。

崇法寺塔，位于永城县城内原崇法寺遗址上。建于宋绍圣年间(1094－1098 年)。平面呈八角形，为九层仿木结构楼阁式砖塔，通高 34.6 米。

风台寺塔，位于新郑市城南隅，建于北宋时期。塔平面呈六角形，共计九层，高约 19.10 米，是一座密檐式砖塔。

泗洲塔，位于唐河县城东南隅的原菩提寺遗址上。建于宋绍圣二年(1095 年)。平面呈八角形，为十层仿木结构楼阁式砖塔，通高 47.33 米。

寿圣寺双塔，位于中牟县城南 30 公里寿圣寺遗址上。寺早废，现仅存双塔，东西对峙为楼阁式砖塔，建于北宋时期，平面呈六角形，东塔现存四层，通高 18 米；西塔现存七层，通高 20 米。

宝严寺塔，位于西平县东关原宝严寺遗址上。塔建于宋代中期。平面呈六角形，为七层仿木结构楼阁式砖塔，通高 28.8 米。

紫庄延庆寺塔，位于济源县城内原延庆寺遗址上。塔建于宋天圣三年至景祐二年(1025－1035 年)。塔平面呈六角形，共计七层，通高 29 米，是一座楼阁式砖塔。

法海寺石塔，位于密县老城西街原法海寺遗址上。建于宋咸平二年(999 年)。塔平面呈正方形，共计九层，通高 13.08 米。(已毁)

鄂城寺塔，位于南阳县城北25公里的石桥镇鄂城寺内。建于宋代早期。平面呈六角形，为七层楼阁式砖塔，通高23米。

玲珑塔，位于原阳县城南17.5公里处的原武镇。塔建于北宋崇宁四年(1105年)。平面六角形，共十三层，通高34米，是一座仿木结构楼阁式砖塔。

五花寺塔，位于宜阳县城西40公里汉山脚下的原五花寺遗址上。塔建于宋代。平面呈八角形，为九层仿木结构楼阁式砖塔，现残高约30米。

寿圣寺塔，位于商水县西北35公里原寿圣寺遗址上。塔建于宋明道二年(1033年)。平面为六角形，共计九层，高约35米，是一楼阁式砖塔。

兴阳禅寺塔，位于安阳县城西南马家乡李家庄村兴阳禅寺遗址上。塔平面为八角形，共计七层，为密檐式砖塔，高约36米。据全塔结构分析，它是一座宋代中期建造的塔。

千尺塔，位于荥阳市贾峪山西南10公里处的大周山顶原圣寿寺遗址上。塔建于宋仁宗年间(1023—1030年)。塔平面呈六角形，共计七层，高约15米。

观音大士塔，又名香山寺塔，位于宝丰县城东15公里原香山寺遗址上。塔始建于北宋熙宁元年(1068年)。平面呈八角形，为九层楼阁式砖塔，高约30米。

明福寺塔，位于滑县老城原明福寺遗址上。建于宋代。平面呈八角形，为七层楼阁式砖塔，通高约38米。

福胜寺塔，位于邓州市原福胜寺遗址上。建于北宋天圣十年(1032年)。平面呈八角形，为七层仿木结构阁式砖塔，通高36.7米(修复后的福胜寺塔)。

悟颖塔，位于汝南县城南侧。建于宋代晚期。塔平面呈六角形，为九层楼阁式砖塔，通高29米。

释迦佛塔，位于登封市少林寺大雄宝殿西侧。建于宋元祐二年(1087年)。平面呈横长方形，为二层楼阁式砖塔，通高7米。

兴国寺塔，位于鄢陵县南5公里处原兴国寺遗址上。建于宋代。平面呈六角形，为九层楼阁式砖塔，高约26米。

乾明寺塔，位于鄢陵县城西北原乾明寺遗址上。塔建于宋代中期。平面呈六角形，为十三层仿木结构楼阁式砖塔，通高38米。

河南的宋代古塔是河南重要的历史古迹，但有关它们的文字记载却较少。随着历史的变迁、时光的流逝带来的是自然界的风吹雨蚀，以及人为的破坏或不合理的修整，特别是不可抗拒的自然界灾害地震等，都或多或少地影响着古塔的外观与结构，如商水县的寿圣寺塔等已风化破坏严重。因此对古塔的调查研究，进行科学的保护维修迫在眉睫。塔是古代的高层建筑，它是特定历史条件下，特定地理环境中，科学技术、民俗习惯、价值观念的综合反映，河南古塔是河南历史的见证，无论是外观造型还是内部结构，都体现出河南这一特定环境中的建筑特色。现就河南古塔的外观、结构与材料等几方面谈些初步看法。

1.外观造型

(1)建筑外形及整体造型。在河南现存宋代砖石塔中，楼阁式塔占有主导的地位。在楼阁式塔中，又有带平座与不带平座之分。带平座的楼阁砖石塔如开封繁塔、尉氏兴国寺塔、商水寿圣寺塔、永城崇法寺塔、唐河泗洲塔、开封祐国寺塔、滑县明福寺塔、宝丰香山寺塔、原阳玲珑塔、西平宝严寺塔、中牟寿圣寺双塔等。南北朝至隋唐之际，密檐式塔较为普遍，塔身第一层占整体总高比例较大，塔身外廓多呈抛物线形，中下部较粗，下部及中上部有明显内收的做法(见图1)；宋代以来，塔之形制虽然有个别因袭唐制，但造型日趋秀丽挺拔，建筑风格变得端庄、秀丽、做法严谨，装饰纷繁复杂。宋代的砖石塔，特别是其典型代表——仿木结构楼阁式塔，更加详尽细致的模仿木结构建筑之外形，总体风格较唐代砖石塔更加繁缛华丽，从宋塔的形制和结构特点来看，其造型可以归纳为：挺拔有力，比例匀称，雕饰精美，结构独特，以八角形阁楼式塔为基本形制。(见图2)

(2)平面形式。河南现存砖石塔塔身平面有圆形、十二角形、八角形、六边形、方形，其中宋代砖石塔的主要平面形式为六边形和八角形，另有几座方形塔，其中八角形塔9座，六边形有 21 座，另有弥勒佛塔、智浩塔、普通塔、童行普通塔均为方形砖塔。

(3)层数高度。楼阁式砖石塔以五、七、九层居多。佛经有“七宝”之谓，由金、银、琉璃、石车石渠、玛瑙、珍珠、玫瑰组成，造塔分藏之；而中国还有句常用的俗谚：“救人一命胜造七级浮屠”，因此河南一带七层或七层以上的塔较为常见。在河南宋代砖石塔中，塔高七层的有邓州福圣寺塔、滑县明福寺塔、荥阳千尺塔、安阳兴阳禅寺塔、宜阳五花寺塔、南阳鄂城寺塔、济源延庆寺塔、西平宝严寺塔、杞县大云寺塔、中牟寿圣寺双塔等；塔高九层的有鄢陵兴国寺塔、宝丰香山寺塔、商水寿宁寺塔、密县法海寺石塔(已毁)、新郑风台寺塔、永城崇法寺塔、修武胜果寺塔、睢县阎庄圣寿寺塔、汝南县悟颖塔等；另有塔身高十层的唐河泗洲塔，十三层的鄢陵乾明寺塔、开封祐国寺塔、原阳玲珑塔等；也有的楼阁式塔仅两层，如登封少林寺的释伽佛塔。塔的高度和层数之间有一定的比例关系，但同时也与塔基的边长有很大关系，并非所有层数较多的塔都有较高的高度，河南现存的宋代砖石塔中，七层塔身的高度由 15 米高的荥阳千尺塔到高度超过 38 米的滑县明福寺塔，其间相差很大，九层塔身的高度由睢县阎庄圣寿寺塔的 22 米到商水寿圣寺塔的 35 米，十三层塔身的高度最低的是原阳玲珑塔的 34 米到最高开封的铁塔 55.08 米，十层塔身的只有一座唐河的泗洲塔，塔高 47.33 米。在这些宋代的砖石塔中，我们通过比较看出，在建筑年代中，宋代早期的塔身高度沿袭隋唐，较为高大，例如滑县的明福寺塔虽仅七层，但高度超过了 38 米。隋唐的建筑形式雄伟壮丽，前期的宋代古塔型制可以看作是对隋唐建筑风格的一种沿袭。到宋代后期，由于宋代建筑秀丽挺拔的特点，塔身边长变小，高度降低，整个塔身也变得优雅秀丽，塔身装饰更加细腻，虽然随宋代时间推移，塔的层数逐步增多，甚至达到十三层，但同前期相比，同层塔高度未见升高反而降低，如宋后期的睢县阎庄圣寿寺塔九层却只有 22 米，而早期的开封繁塔虽上六层已毁，仅存三层，建筑高度却依然达到 36.68 米，到了后期的特点可以归纳为层数增多，层高降低，边长缩小，进而求得整体比例的协调，与其同时代建筑风格也很协调。

(4)细部与建筑装饰风格

在河南现存的宋代砖石塔中楼阁式塔居多，因此仿木结构楼阁式砖石塔的特点就决定了河南宋代砖石塔的基本风格。通过对几个不同时期宋塔的考察和测绘，发现它们有下面几个方面的特点：

A. 地宫，在传统的中国古代建筑中，地下基础大都是桑墩间填土然后夯实。而宋楼阁式砖塔的构造却比较独特，除了地面上的塔基和塔体外，在地下还有一部分特殊的构造——地宫，也有人称之为龙宫、龙窟。这一部分特殊的构造是其它的宫殿、坛庙、亭台楼阁所没有的，因为塔是埋葬舍利的地方。在塔的发源地印度，舍利只是藏于塔内，在传到中国之后与中国传统的深葬制度结合起来，形成了地宫的形式。因此后来大凡建塔，首先要在地下修建一个地宫，以埋葬舍利和陪葬器物，这与中国古代帝王陵寝的地宫相似，当然塔的地宫规模较小藏品也较少。塔的地宫内一般安放石函、内层函匣相套，也有用石制或金银制作的小棺椁，最内一层均为安放舍利之处，此外地宫内还陪葬有各种器物、经书、佛像等。地宫的形式是砖砌的方形、六边形、八角形、圆形的地下室。1977 年发掘的郑州市开元寺宋塔地宫，明显表现出宋塔地宫的结构。该地宫平面呈八角形，石条呈辐射状砌筑，石条接缝处凿凹卯，用细腰铁榫加填石灰扣合，地宫内部由门、通道、宫室三部分组成，地宫内呈方形，宫门用青石刻制素面，门内有短小通道，两墙壁抹以白灰，青砖铺地，宫室四角上部各砌一个石雕的重抄斗栱支撑室顶，地宫顶部用梯形石板平砌，构成八角形，共七层，由底部向上逐层错缝内收叠砌，各层八角形边长递减 0.1 米，最顶部用一块八角形石板封盖，石板内面雕刻莲花藻井，该地宫造型规整，是宋代石刻艺术不可多得的珍品。经多处发掘，除个别半入地下或安置在塔内，大多数地宫都深埋地下。法海寺塔地宫距地面 5 米，福胜寺塔地宫距地面 5 米，形制与开元寺塔相似，体积较大。在清理三座塔的地宫中，都出土有大批的文物，其中有北宋早期不可多得的珍品，多次出国展出，法海寺塔地宫，开元寺塔地宫，福胜寺塔地宫为研究宋代古塔地宫形制与构造，提供了重要的实物资料。

B.塔基　塔基是整座塔的下部基础，覆在地宫之上，很多塔在塔内第一层正中即可探到地宫。早期的塔基一般较低，如河南省北魏时期的嵩岳寺塔，地基高约30厘米，均用素平砖砌成。唐以后，塔的基础部分有了发展，明显分为基台和基座两部分，即在基台以上，增加了一部分专门用来承托塔身的座子，称为基座，在建筑效果上使塔身更为雄伟壮观，其他各种类型的塔也向越来越高大华丽的方向发展。如辽、金时期的密檐式塔的基座就比较突出。可以看出塔的基座部分的大发展，与中国古代传统建筑中一贯重视台基的作用有着密切的关系，它不仅保证了上层建筑物的稳定，而且也收到了艺术上庄严雄伟的效果。宋代河南的砖石塔由于是以仿木结构楼阁式为主，早期的河南宋塔塔基较为简单，皆为砖砌，且台子较低，虽然其绝大多数基座经历代修葺已看不出原来的状况，但依然可以根据塔身外部遗迹和基座底部遗痕推断出其原来的大概高度和规模形式，到了宋代后期，基座变得越来越高大，基台高度也在60cm～120cm之间。

C.塔体　由构造来说，每层塔体又可分为塔身、斗栱及檐部、门窗及装饰几个部分。

a.塔身

河南宋代仿木结构楼阁式塔的塔身与隋唐相比高度稍有降低，这也是受了宋代建筑整体风格的影响，边长虽然也有减少，但总的比例依然挺拔，在六边形或八角形的转角处许多塔都砌有倚柱，有多边形倚柱，也有圆形倚柱（图3）。这种做法多见于河南宋代楼阁式塔，其中较为典型的有鄢陵乾明寺塔、滑县明福寺塔、西平宝严寺塔、永城崇法寺塔等。在塔身的上端，大多数宋塔有在相邻两倚柱间砌出凸于塔身外一层砖来模仿木构建筑上阑额的作法，阑额凸出的深度一般比倚柱略少或与倚柱齐平，阑额上又砌出普柏枋（此为宋代木构建筑的一大特征，在塔的做法中一般以凸出塔身或者阑额之外的一层砖做为普柏枋，有的做得相当细致，在转角处甚至用砖做出相交的枋头）。

在现存的河南宋代砖石塔中，大多数塔身上镶嵌有数量不等的佛像砖，鲜明的突出了佛教的文化艺术特色，在做法上却各不相同，下面列举几种常见的做法：

第一种，是在局部的塔身上做单行或多行的佛像砖，有的有规律，但也有没有规律的，有规律的如宝丰县香山寺塔，它在二、三两层每面都嵌有相同行数的佛像砖；没有规律的有鄢陵乾明寺塔，它在塔身的不规则面镶嵌佛像砖，唐河泗洲塔也是一例，它在二、四、六层的塔身上镶嵌一行佛像砖。

第二种，是在局部的塔身上满嵌佛像砖的，这一类塔的一般做法是在几层或塔身中的几个面上满镶佛像砖（门窗位置除外），如邓州福胜寺塔，塔身除带门窗的面外，其余面皆镶佛像砖1—3行不等；睢县阎庄圣寿寺塔和尉氏兴国寺塔寺，塔身大部分壁面上都镶着行数不等的佛像砖（图4）。

第三种，是塔身整体除门窗外皆满嵌佛像砖，典型的例子如开封祐国寺塔、滑县明福寺塔、济源县延庆寺塔、中牟寿圣寺双塔中的西塔、开封繁塔等。特别是开封繁塔塔身通体镶嵌各种佛像数千尊，一砖一佛，使该塔显得十分庄严而神秘。永城县崇法寺塔的塔身各面虽没有满铺，但也有大量佛像砖镶嵌其间，且布置得较为规整。

可以说在宋代以前的隋唐五代时期是密檐式塔和亭阁式塔的天下，塔身整洁雄伟，很少有雕饰，而同时代的辽、金及随后的元、明、清各朝之塔，塔身虽雕饰及仿木装饰的制作日趋精美，但已很难见到佛像砖的踪影，因此，塔身镶嵌佛像砖成为宋塔的突出特点之一。

b.檐部及铺作

（a）铺作

唐代的密檐式塔和亭阁式塔是非常盛行的，楼阁式塔很少。唐代斗栱比较简单，如登封净藏禅师塔，柱头上直接承托斗栱，为一斗三升交劈竹耍头式，栱用单材，自栌斗外角开口出耍头，其高小于单材，这种形式比较适合八角形建筑的特点。而到了宋代，河南现存的宋塔绝大多数塔为楼阁式砖塔，檐下所施斗栱已与唐代大不相同，宋代木构建筑中的斗栱比唐代木构建筑的斗栱，结构更加复杂更加精细，以唐河泗洲塔为例：其构造首先由普柏枋上皮向内凹进大约 5cm 左右一皮砖高度，然后再向外凸出与普柏枋外皮基本平齐向上二皮砖，凸出的三皮砖上磨出泥道栱的栱瓣，因为栱与栱之间的距离较短，达不到慢栱的长度（92 分），因而都作成宋代建筑中铺作所特有的鸳鸯交手栱（不刻隐线）在普柏枋上皮置栌斗，由栌斗中间向外出华栱，上置交互科以承托其上第二跳华拱，在三皮砖的上皮向内凹进 5－7cm，在中空部分（两个华栱的中间位置）置散科，一皮砖的空档高度，再向外凸出至华栱外皮与华栱依靠华栱上置散斗连接，接着再向上走三皮砖，然后向内凹进 5－7cm 一皮砖的高度，然后再向外凸出至第二跳华栱上置散斗的上边的外皮，中空部分做法同第一空档的做法，华栱出跳不一定等于法式规定的模数，但大体相符合（包括栌斗和散斗），整个斗栱的高度由普柏枋的上皮至第二层华栱上置散斗平的上皮组成，一般为 7 皮砖加灰缝的高度，也有如鄢陵乾明寺塔的顶部散斗上又置砖磨替木（一皮砖）的做法。斗栱的分布一般为每面 7 朵补间铺作，另在每个转角外施一朵转角铺作，结构与补间一样，最边上一朵补间铺作与转角铺作间的距离小于补间铺作间的间距，只是斜出华栱上置交互斗有龟形斗的做法（图 5）。并非所有的宋塔都用两跳华栱，在西平宝严寺塔的斗栱上，下层是昂头而昂头上是要头的做法，河南境内宋塔上斗栱的构造一般如此，但早期的个别塔的斗栱相对来说依旧因袭唐制，较为粗糙。如南阳鄂城寺塔的斗栱，并没有在做为栱的砖外凸的两层二皮砖上刻出栱瓣，这也许是宋代早期的做法。整体来说，河南境内宋代楼阁式砖石塔上的斗栱与唐塔相比，体量减小，更加精美，仿木构建筑的铺作构件也愈加准确完善。如有与木构建筑不同的就是塔身立面总是斗栱坐中。

（b）檐部

唐代塔檐部有非常明显的“檐𩑶”，层层叠涩出檐深远，正反叠涩高度都较大。到了宋代，由于楼阁式塔居主导地位，加了斗栱的做法与唐代不大一样，结构上与原来有了较大变化。再以唐河泗洲塔为例：在第二层华栱上置小斗的上皮凸出的塔体墙身向上一皮砖（通常这皮砖外端下部磨成半圆弧），再向外凸 2－5cm 向上一皮砖，此两皮砖上边再向外凸的就是作为檐椽的那皮砖了，这皮砖的作用是在与下层砖外皮平齐处开始向外磨出檐椽的外形，并逐渐变薄，断面由形到，在最外皮形成形，一跳出跳 12－16cm 左右，再向上一层同样的做法制出飞椽。（图 6）由此皮砖中间快到两边的部位用白灰垫起，一般到尽端补间斗栱处以使檐部达到起翘的高度，到角梁或者用砖砌出的斜出为止，在斗栱上边的做为过渡的两层砖或三皮砖的上皮，在飞椽砖的上层还有一层砖或二层砖，它既是保护飞椽端部不会因异物碰撞而损坏，又是檐部上层反叠涩檐的最下一层，每层塔体的檐部就是由这些层砖向上向内叠涩出来的，它的具体做法是每自最下一层砖起，其上的每一层砖内收约 8－12cm 左右，（每层收分不一定相等），直至最顶层，顶层砖内皮紧贴上层塔身，从而在侧面形成檐面的曲线，这时形成的小抛物线已无唐代那种线条流畅、气势雄浑的曲线之风格，但由于出檐减少，更加精准完善，形成仿宋代木构建筑那样秀丽挺拔的檐部风格，而早期的宋代砖石塔的檐部由于斗栱较为刚直生硬，细部刻划不够细腻，上部反叠涩檐收的较为生硬而整体檐部抛物线略显生涩，在中后期的发展中逐步调整从而形成现在的尺度和做法。每层叠涩的曲线上翘尺度是相等的，直到两边相交的角梁部位为止。

角部是多边形塔檐较为关键的部位，一是两边交汇部位处理较为复杂，二是角梁高度决定着檐面的曲线的曲折程度。河南宋代楼阁式砖石塔的角梁处理通常有两种形式：

第一种是砖砌角梁，就是在转角铺作二层华栱上置小斗的上方立青砖以达到升高，往上随檐部构造上砌最后两皮或一皮砖而角梁方向斜向平铺，有的在最外一块砖的头部刻出各种套兽图案，采用这种做法较多的是宋代中晚期的塔，另有在斜向铺砌的砖的最外端用砖磨筒瓦一块用作角梁头，如汝南悟颖塔的作法。

第二种是用木角梁或石角梁之后尾斜插于塔体内，角梁头部位置在檐部反叠涩的下部和二层华栱上置小斗的上部之间为正方形式，角梁下端一般挂有风铎。例如鄢陵乾明寺塔、西平宝严寺塔、唐河泗洲塔等。

当然也有如修武胜果寺塔没有作出明显角梁形状的例子，对于楼阁式塔中檐部为密檐式处理的河南宋塔也分两种情况，一种是没有角梁做法的，它的转角很规整，如睢县阎庄圣寿寺塔的上几层、济源延庆寺塔、原阳玲珑塔、荥阳千尺塔，一种是有木质或石质角梁做法的，如宜阳五花寺塔的二层以上的做法，宝丰香山寺塔等。

角梁的位置及斜倾角度决定了塔体檐部由中间向两边升起的程度，由于隋唐砖石塔的檐部到角端的起翘是非常细微的甚至完全是平的，因此从宋代前期的许多塔的檐部只有微微起翘甚至没有，如鄂城寺塔，而到了宋代的后期，由于受宋代建筑翼角比唐代建筑明显起翘的影响才慢慢形成了檐部中间平直，角部慢慢升起，形成翼角起翘的做法。典型的如鄢陵乾明寺塔、唐河泗洲塔、永城崇法寺塔等，这是宋塔承前启后的独特做法，它在受到唐塔影响进一步向优美的檐部曲线发展的同时，对后来的金元乃至明清，也有较为深远的影响，我们可以从宋代晚期的汝南悟颖塔上可以看出与其后的明代塔的檐部曲线极为相似，如明万历十四年(1569 年)的许昌文峰塔，塔檐部曲线与悟颖塔难分至轩。

综上所述，从整体来看，宋代砖石塔出檐深度减小，反叠涩收进尺寸增加，高度增大，风格从唐塔的外形呈抛物线形，形体高大雄伟的塔形，变成外轮廓刚直有力，塔体富于仿木装饰的塔形。是塔的发展历史上一个重大转折。

c.塔身门窗装饰

唐代石塔身下多设须弥座，其上塔身正面辟塔门，门外侧浮雕天王或力士，栱门形制和火焰门楣，塔门多采用一伏三券，晚期多用一伏二券的做法。塔身上已有采用假窗的形式，破子棂窗和有门钉和铺首的实榻板门，其门框等已比较细致(如登封净藏禅师塔)，而在河南的现存宋代砖石塔中，塔门已没有繁纷的装饰雕刻，有的塔在塔门边立砖作出门套，在塔身上辟有真假门窗，有几种形式，一种是门窗的分布在塔身的一面(塔门面)，如商水寿圣寺塔(1033年)、邓州福胜寺塔；另一种是转面隔层设有门窗，多见于六角形，如唐河泗洲塔，每隔上一层与下层逆时针方向转到第二个面才有门窗；另外还有为了对称，在每层除了真的门窗外在其它层对应位置制内凹式假门窗洞如开封祐国寺塔、滑县明福寺塔、鄢陵乾明寺塔等。

除了门窗洞外，在其他面塔身上制作门窗雕制(仿木制构件)也是宋塔的一大特点。从现存宋塔分析，早期就已出现了塔身仿木窗雕饰的做法，因袭唐制的破子棂窗，到了中期有了一定发展。鄢陵乾明寺塔一层正面两侧塔身上的窗户雕饰，虽形式与唐制相差无几、但构件尺寸变小的做法也见细致，在中期以后甚至出现了塔身大量使用窗户雕饰的作法。比较典型的有两个例子，一个是商水寿圣寺塔，还有一个就是晚期的原阳玲陇塔。不但塔身每一面(除门窗洞所在面外)都有较为精美的破子棂窗形的假窗，而且塔身每面(包括门窗洞面)在窗下还有一皮砖砌出的凸出塔身约 3 厘米的槛墙线更加维妙维肖的模仿了宋代木构建筑中木装修的特点，是名符其实的仿木结构楼阁式塔。这种做法可以从金代、明代的塔身上看出其得到了继承和延续。更加独特的是在宋代晚期的悟颖塔上，在一层塔身的正立面(南)的两侧面首次出现了双交四木宛球纹格眼的方形假窗雕饰(图7)，在背面(北立面)的门框中间出现了两扇四株格扇门，从中国古代建筑的历史上来看，在宋以前的木构建筑中多用板门和木装修的门窗形式，到了宋代才普遍地使用了格扇门，由此可见，宋代仿木结构砖石塔对木结构的模仿之快，受其影响之大。

当然，也有极少数的例外，如宝丰香山寺塔二层门上方的雕饰就独树一帜，其它地方均未见详记及实物，从以上的资料可以看出，在宋代的门窗的雕饰变得简单明了，假窗饰形体变得更加娟秀，凸凹比唐代更浅，但使用的频率和范围有了大幅度的提高，而且出现了前代所没有宋代才出现的做法，这不能不说是一种划时代的提高与进步，同时也更是仿木砖石结构建筑日趋精巧细化、仿真度不断提高的一种体现。

d.塔刹

塔刹是塔体本身的最高点，也被视为塔自身崇高的部分，至为重要。从建筑结构上，是塔顶层收顶的构件，从艺术功能上它处于全塔制高点，在艺术形象上也要着意处理，使之既高耸入云，又玲珑雅致，像皇冠上的宝珠点缀在高塔之巅。唐代以前多为石制塔刹，由相轮和宝珠等组成，塔刹底座周围和单层的塔沿上部雕刻石制山花蕉叶。“到了宋代，多使用金属制的塔刹和木制刹柱”，如鄢陵乾明寺塔的塔刹为铸铁镏铜，内中空，从中还发现了明代的血书《莲花经》和十七尊小铜佛像，整个塔刹呈宝葫芦形状下带刹座，汝南悟颖塔上为六角形刹座，其上宝瓶状塔刹，在金属塔刹的下面还有较长的木制刹柱，汝南悟颖塔的木刹柱深入塔体达 2 米多，而原阳玲珑塔的木刹柱向下插入深度达到塔身最上两层，起到了稳固高大塔刹的作用，反映了木刹柱的前代作法的传承。早期的宋塔上砖石塔刹的形式有相轮和宝顶两种，但各有特点，宋代前期的相轮塔刹依旧保持着隋唐五代的特点，相轮相对来说较为精致和复杂，组成部分较多，除相轮以外，顶部还有较为复杂的仰月和宝珠，如密县法海寺石塔，其塔下地宫内出土的三彩琉璃舍利塔（七层）更加说明问题，而前期的宝瓶塔刹较为古朴素雅，形式较为简单，一般是桃形，如荥阳千尺塔、尉氏兴国寺塔，塔刹的形状都是简单的葫球形加葫芦尖，随着塔的发展及变化，宋代各个时期的河南古塔的顶部，这两种塔刹形式交相呼应。当然，随时代的变迁而发展变化，一方面相轮的结构趋于简单，砖制相轮上部的构造简化不少，如宝丰香山寺塔（1068年）的相轮塔刹。砖制塔刹到中后期大多数塔都采用宝瓶塔刹，如汝南悟颖塔（宋代晚期）、唐河泗洲塔（1095 年）。另一方面宝瓶塔刹线条由简单生硬向精致柔和发展，形成了较为成熟的宝葫芦形宝瓶塔刹。

金属塔刹在现存河南宋代砖石塔中大量使用，一种如原阳玲珑塔（1105 年）的金属相轮塔刹，另有汝南悟颖塔（宋代后期）和鄢陵乾明寺塔（宋代后期）、开封祐国寺塔（1049）为金属宝瓶塔刹。据《洛阳伽蓝记》记载，建于南北朝的永宁寺塔就使用了金属宝瓶，由河南境内砖石塔的现存情况来看，金属塔刹的应用由南北朝及宋，经历了由使用极少到较为广泛使用的过程，当然这与该历史时期冶炼技术的提高有很大关系。

通过以上分析可以看出，河南省宋代楼阁式砖石塔的细部建筑风格，总体可以表现为：从塔基来看，宋代砖石塔与唐代相比有渐渐高的趋势；就塔身而言，斗栱更加复杂、雕刻艺术更加趋于细腻化、逼真化；檐部出檐深度减小，整体外轮廓线呈现挺拔向上之气势，门窗装饰变得更隽秀，形式更加多样化，使用愈来愈广泛，布局更趋合理科学；塔刹简洁明了，形制成熟，广泛使用金属材料，工艺较之以前精美。由此可以看出，宋代河南境内楼阁式砖石塔的细部建筑呈现出一种与前代完全不同的风格，由追求雄伟壮丽而转为对塔的整体细部的清丽竣伟的求索，并对后世的发展产生了较大的影响。

2. 结构特征

早期的砖石塔塔身是塔的重要组成部分，是主体，塔身的形式决定了他的建筑类型，其内部结构主要分为空心和实心两种。实心塔的内部为了增加塔的整体性和增强出挑部分的承载力，内部一般用砖石全部满铺满砌或用土夯实，结构较为简单。而空心塔的结构较为复杂，早期常见的做法为内部中空，根据楼层的高度和门窗的位置安设内部的楼层，常常在砖砌外体时就预留安设楼板的枋子的位置，并用砖挑出作为放置楼板的位置，有些还在塔体内部转角处立柱以承托楼板，这种空筒塔的楼梯多是紧靠塔壁盘旋而上。楼阁式砖石塔的楼层大都与门窗位置和外部塔檐位置相一致，而且能登临远眺。密檐式塔的楼层，一般与门窗或外檐位置不一致，（一层以上塔檐密接，相距不够一个楼层的高度）。

宋代是一个科学技术高度发达的年代，同时也是一个文治的国家，整个知识分子的地位有了很大提高，文人骚客、达官贵族都喜欢登塔赋诗，因而中国古塔功能的发展中最早出现登高远眺，自宋代以后登塔游览之风甚为盛行，建筑的结构技术都要符合功能的需要。为了更好的让塔发挥登高远眺的作用，同时也满足众多文人墨客和达官显贵们的茶余饭后的“雅兴”，宋代造塔工匠运用聪明才智，对塔的结构进行了许多改进。楼阁式塔符合这种功能的要求，而密檐式塔已不能满足需要，也许这是宋代仿木结构楼阁式砖石塔盛行的原因之一。

宋代对塔之内部结构进行了大胆的改革，在塔的主体结构上完全摆脱了以木材作为辅助楼板、楼梯的作法，塔身全用砖砌造，楼梯、楼板、回廊塔檐等全用砖石砌成一个整体，结构十分复杂，主要的结构有穿心式、壁内折上式、穿壁绕平座式、旋梯式等，这些结构形制将塔之壁体与塔内砖石结构紧紧连为一体，增强了刚度，加强了塔的整体性。宋代楼阁式砖石塔的内部结构类型主要有以下几种：

(1)穿心式：此类塔塔心内部构造沿袭唐制，与空心塔的构造方法类同，依旧在塔的内壁上设木楼板和木楼梯，但由于年代久远至今木结构已荡然无存，只是在内壁上留有可供攀登的凹砌脚蹬，这是唐宋塔结构沿承的一种体现。如滑县明福寺塔（见图 8），多属于宋代前期的做法。

(2)砖石塔心柱式：这种结构是中国古代砖石结构发展更高峰时的产物，上边所说壁内折上式，穿壁绕平座式、旋梯式、都是这种结构。这种结构的主要做法是塔的中心是一个大砖石柱子，每一层的楼板，均为内柱与外壁横向联系的构件，使中心柱与塔身外壁紧密结合。楼层的砌法有栱券和叠涩两种，塔心柱外有回廊、楼梯（砖制或石制）把内外塔体更加紧密的连接起来，刚度得到加强。由于楼梯的形式不同，我们把这砖石塔心柱的塔分为几个类型：

a.旋梯式，楼梯沿塔心柱的外壁转折上登的塔叫旋梯式。这种形式的塔心柱每层都有塔心室，如唐河泗洲塔、鄢陵乾明寺塔，尉氏兴国寺塔（图 9）。

b.壁内折上式，此类塔楼梯穿过塔心柱反复转折上登。

c.穿壁绕平座式，此类塔楼梯绕内壁而上至一定高度，由塔门出至塔外平座，由平座绕至塔身另一侧至上层的楼梯入口继续上登，如开封繁塔。

当然在河南现存的楼阁式砖石塔中采用最多的还是旋梯式，有的塔并不一定每层都有塔心室，如：汝南悟颖塔的塔身 1－3 层内都有塔心室，但到了 4 层以上，由于空间逐渐缩小，就不再建塔心室，只是靠塔身内外壁之间的楼梯盘旋而上。而随塔身层数的增高，楼梯会变得越来越窄，如鄢陵乾明寺塔到了六、七层以上梯道仅容 1 个人侧身向上爬行。

结构的变化也影响到了门窗的位置，在宋代早期，塔的门窗都集中于塔身的一个方向，由于同一立面塔身门窗过多，因而容易产生垂直裂缝，在穿心式塔体上尤其容易造成残损，到了宋代后期，由于塔体本身的结构发生了重大变化，变得更为合理，门窗也随登塔的方式变化而发生了本质的变化。由于河南境内塔的大多数为旋梯式结构，由于登塔时采光通风的需要，这就引起塔身上门窗的逐层变换方位，另在其它面上还开有假门窗。这样做增强了塔体的整体强度，是古代建筑设计上的一大进步。避免了个别部分受集中荷载过大的问题，解决了塔身因门窗集中于一面造成的垂直裂缝问题。

3. 材料特征

塔自印度传入中国后，它的形式及使用的材料多种多样，在河南的历史上据记载有木塔、砖石塔、琉璃塔、金属塔等，但由于天灾人祸的破坏，能保存至今的河南宋代塔则以砖石结构为主，另有琉璃塔（开封祐国寺塔）和金属舍利塔（福胜寺地宫出图的铁塔）的例子。

从河南现存宋塔来看，其施工方法与早期有所不同。在唐代的砖石塔中，砖的规格较大，以现存唐塔来看，砖的规格多为长 33～35 厘米，宽 16～17 厘米，厚 6～7 厘米，一般采用顺砖平砌，所用粘合剂为黄泥浆，采用不岔分的砌筑方法。到了宋代，塔砖的尺寸略有减小，多数现存砖塔用砖的尺寸为 32×16×6.2 厘米或 33×16×6.5 厘米或 32×17×5.5 厘米，采用不岔分的垒砌方法，部分塔的壁面砖用白灰浆粘合，而壁体内的砖的粘合剂依然是黄泥浆。而宋以后的塔体砌砖的粘合剂都已采用白灰浆。仅宋代在同一塔体上采用两种粘合剂（白灰浆、黄泥浆），为加强结构整体性能，还在塔体内部砌入木骨或石条，并且在塔心室壁体上、梯道的内外壁上镶嵌佛像砖等做法均为宋塔的突出特点。

通过对河南现存宋代楼阁式砖石塔的调查和研究，我们可以得出如下结论：塔的平面多为六边形和八角形，整体风格较唐塔趋于清秀挺拔，平座的出现使塔身形体更加丰富，从细部建筑风格变得隽秀细腻，木结构的建筑细部大量的应用于塔体之上，结构有了重大突破，塔心柱的结构体系的完善建立增强了塔体的整体刚性和抗震强度，也引起了塔身立面门窗的布局日趋多样化，材料的使用上也更丰富多彩，处于转型时期。

三、河南境内宋塔的价值作用及其研究意义

1. 河南宋塔的价值作用

(1)宋塔的价值

作为河南境内古建筑的重要组成部分，宋塔具有极其重要的研究与观赏价值，不同时期与地区的宋塔，也各自有自己的特点和价值，或以历史意义为重心，或以雕饰精美、技巧高明为特色，或以结构技术的创新为其独到之处。归纳起来无外乎其历史文化、建筑与雕饰艺术、砖石结构的科学创新三个方面的价值。

A. 历史文化价值

历史价值在于这一古建筑本身能反映出它所产生的当时的社会情况，如政治、军事、经济、生产力、科学技术、文化艺术、生活习俗、宗教信仰及国际关系等。因为古塔是历史的载体，反映了当时的各种社会情况，是历史的产物，所以首先具有历史价值。归纳河南境内现存的宋代楼阁式砖石塔的现状及特点，其历史文化价值可以归纳为下列几点。

a. 考古与历史研究的实体

古代建筑是历史信息的真实载体，其珍贵之处在于它可以不断的被研究、被解释、被发现。每次对文物建筑或建筑遗址进行调查、保护及修葺的时候，考古工作者都能从中获得信息，让人们听到来自远古的声音。古老的宋塔同样也具有其独特的功能。塔体的各个部位(地宫，塔体，塔刹)。都在修葺中发现大量的珍贵的历史文物或精美的建筑艺术构件，如密县法海寺塔、邓州福胜寺塔的地宫中，出土了大批珍贵文物，法海寺地宫除有铜佛、铜钱、玻璃器物、莲花、印瓶外，还有闻名于世的三彩琉璃塔和三彩舍利匣，都是北宋早期不可多得的文物，多次赴世界各地展出，为国家争得巨大荣誉。邓州福胜寺塔地宫内出土文物多件，金棺银椁为其中精品，其本身构造为研究古塔地宫型制与结构，亦提供了大量实物资料。鄢陵乾明寺塔在进行维修时，其塔顶铜制塔刹内发现了明代硃书《莲花经》及十七尊铁佛像，具有很高的艺术文化价值。

每座古塔代表着一段历史、一个故事。许多文献上关于塔的始建、修葺、重建的记录的同时，亦记载了当时发生的许多政治、经济、文化的重大历史事件。塔身铭文或碑刻更为塔的建筑年代、修葺历史以及当时的时代背景，气象地理提供了物证。塔林中不同身份的宋塔，也为研究佛教史迹、宗教制度提供了珍贵史料。

b. 研究建筑发展历史的直接物证

我国现存的古塔本身就是实物建筑史的一部分，在其身上可以找到大量的同时期或其它各代的古建筑构件的特征，其内容非常丰富，它们对于研究我国历代建筑的布局、建筑艺术装饰造型、民族风格、各部分结构的变化特点、材料、施工及相关技术等等，都是十分可靠生动的资料，如果没有现存的大量实物作基础，那么我们研究古建筑进而研究宋塔的历史只能是纸上谈兵。

B. 艺术价值

这里所说的主要是古塔本体所表现出来的艺术性。古建筑所具有的价值属性不尽相同，可能具有重大历史价值的古建筑所拥有的艺术和科学价值并非同样的重量。艺术价值则是许多古塔的重要价值之一。它主要表现在造型设计的优美和建筑细部装饰的精雕细琢，宋代楼阁式砖石塔的主要艺术价值可以归纳为以下几个方面：

a. 反映了宋代的时代艺术风格、工艺技术水平和审美的观点。这可以从古塔本身的许多建筑特色看出来。首先，宋代建塔的风格由北朝至唐的抛物线外轮廓变为挺拔向上的外廓，各细部构成也相应的缩小、细致；其次，随着宋代砖石技术及施工工艺的提高，塔身结构也日趋复杂，有了仿木结构完整的斗栱，有了较之以前更为精细的仿木结构门窗装饰，有了平座的

结构特色和白灰浆粘合剂的使用，同时楼阁式塔的大比例存在也是宋代文风日盛，文人地位提高的有力物证。

b.作为古建筑的一部分，这些古塔都是历史上的优秀匠师、广大劳动人民智慧与汗水的结晶，其中有许多宝贵的经验值得我们参考和借鉴。

c.许多具有艺术性的古建筑具有其非凡的、延续性的艺术魅力，为各代文人学士乃至广大劳动人民所欣赏和崇拜，河南宋代古塔的许多独特魅力亦为世人所称道，如开封祐国寺塔、繁塔上数以千计的精美的佛像砖，十六罗汉生动逼真，个个栩栩如生，各种装饰图案，维妙维肖，装点着古塔的各个部位。其在美学和造型工艺上就是今天也可称之为艺术宝库中的精品。

C.科学价值

宋塔的科学价值主要有两个方面，其一是科学史发展的有力证据。它所反映的宋代的科学技术水平，是唐宋递进、科学发展的实物例证。塔心柱式的造塔技术，是中国古代砖石结构发展到高峰时期的产物，始现于宋代，同时也是宋代楼阁式砖石塔的主要特点之一(绝大部分宋塔皆为此结构)，它完全摆脱了以木材作为辅助构件的结构方法，塔壁、塔檐、楼梯全部由砖石砌成。塔中心是一个自顶到底的多边形，大砖柱，楼梯就处于砖柱与塔身砖壁之间，成为内柱与外壁横向联系的构件，犹如框架结构，使中心柱与外壁合为一个整体，从而增强了塔的稳固性。由于塔体逐层内收，因而使得内部向上的楼梯逐层变小，如鄢陵乾明寺塔、尉氏兴国寺塔、唐河泗洲塔等为其典型结构。这种结构上的特点显而易见是为了满足功能的需求，也是由于穿心式塔体存在垂直裂缝的问题而引起的技术变革，其基本结构方式与现代高层建筑的套筒结构非常相似，让人对我国宋代广大劳动人民的创造力和丰富的想象力发出由衷的感叹。其二，除了科学的证明之外，宋代古塔的科学技术和文化艺术成果还可以成为今天的科学研究的借鉴。

(2)河南宋代楼阁式砖石塔的作用

作为古建筑的重要组成部分，河南宋塔在古代建筑的历史上占有重要的地位，在新时期新环境中它依然拥有历史、艺术和科学三个方面的价值，并根据其自身特点，发挥着重要的作用，主要包括四个方面：

A.河南宋塔与众多的古建筑及各类文物一样都是激发爱国热情和民族自信心的实物。在浩翰的历史长河中，每个民族都经过自身辛勤的劳动创造了自己的物质文明与精神文明，历代爱国者和有识之士皆以之为荣，在民族文化遭到破坏及摧残时，他们挺身而出，发起保护组织，开展保护工作。河南境内许多古塔工程宏大，艺术精湛，都是过去劳动人民的血汗和智慧的结晶，它们反映了古代劳动人民的创造才能和优良传统，使中华民族的子子孙孙无论何时站在这些祖先留下的建筑瑰宝面前，重温这光辉灿烂的历史文化，在充满自豪感的同时也一定会激发我们去努力创造伟大奇迹的豪情壮志，只有这样我们才能无愧于祖先。例如开封祐国寺塔，在抗日战争时期，曾遭到日寇的炮击，上部多层损毁。五十年代初，当毛泽东主席视察铁塔时，便明确指出，敌人打不倒(指开宝寺塔)，我们就应该把它修整起来。这便极大地鼓舞了人们的爱国热情，根据毛主席的指示，不久就修整了此塔的战争创伤。

B.是研究历史科学的实物例证。河南宋塔的历史价值充分说明了这一点。

C.是新建筑设计和新艺术创作的重要借鉴。几千年来，我国古塔的建造过程中，无数建筑工匠在建筑布局、建筑材料、建筑施工、建筑艺术装饰、建筑传统风格等方面进行了大量创造，积累了丰富的经验。在塔的位置布局方面，在宋代的设计中充分利用自然，利用和缔造其所在的周边环境，尽量利用原来的山形地势，考虑周围的水源地形和风力影响，使塔在其整体建筑布局中与周围环境遥相呼应，更突出其遥远功能。在宋塔建筑材料的应用上我们看到了砖石结构的日趋成熟，同时在造塔材料的地方性上亦是各具特色，充分利用河南地方盛产砖石的特点，创造了独特的仿木结构楼阁式砖石塔。在塔的工程技术施工上，创造了塔心柱结构，使砖石建筑技术达到了前所未有的水平，在现存的河南宋塔上可以发现工匠们运用砖石的方法上成就之高，解决了大量的建筑结构问题，这些技术经验至今仍在广大工匠中传习，我们应该加以继承和推广。中国古建的装饰艺术，对于研究艺术发展史、创造艺术新方面和新层次都有重要价值，其中许多技巧和经验，千百年来不断地为人们所继承和借鉴，但是在今天，我们在继承、借鉴的同时，必须按现代的科技水平和生活方式加以改进。

D. 是人民文化游息的好场所，是发展旅游的重要基础。河南宋塔以其秀美挺拔的姿态点缀着美好河南的山河平原，极好的美化了河南的自然环境，许多古塔成为某一城市、某一地区的象征，比如开封的祐国寺塔和繁塔、尉氏的兴国寺塔等。古塔高耸的身姿又往往成为现代园林艺术的构图中心和一些视点的借景和对景，开封祐国寺塔是开封这一国家级历史文化名城的重要组成部分，亦是当年汴梁八景之一“铁塔行云”。在铁塔公园，铁塔不仅控制着整个公园的视线，同时也是开封城墙旅游线，河南大学老校区的对景和借景，铁塔、城墙、铁塔湖三者合而为一，互为对景，丰富了城市的天际轮廓线，成为开封的重要景观。

2. 河南宋塔的现状及保护方法

(1)河南境内宋塔的现状

砖石结构的宋塔历经风雨沧桑，由于其材料的特性，不可避免的会有许多部分遭到自然和人为因素的破坏，失去其原应具有的风景，河南宋塔也不例外。建国以来，国家和省政府拨出大量的维修资金，用于它们的保护及维修，还相应建立了国家和省级文物保护单位的机构和组织，使许多古老的宋塔得到保护和维修，相应的建立了“四有”文物档案，但依然存在许多问题，归纳起来可以分为四种情况。

A. 塔身倾斜

现存的部分宋塔有严重的倾斜现象，年代的久远，自然界的灾害，人为的破坏都是造成这种现象的原因。首先，随着时间的推移，塔基下土质的变化和地下水位的升降都是影响塔身倾斜的重要因素；其次，地震也是让塔身倾斜的重要原因，还有强烈的风吹日晒，雨水交加使塔身局部残损造成构件腐朽，塔体残破造成倾斜，还有暴雨造成的塔基及其周围的水土流失亦是其原因；此外，人为的破坏也非常的严重，战争年代的炮火，“文化大革命”时期的破“四旧”以及一些地方保护不力而造成的构件遗失，以及塔周围基土的挖掘都不同程度的对塔身及塔基造成了损害，从而形成整个塔的变形。

B. 酥碱

塔的酥碱根据不同的部位可分为塔基酥碱和塔体酥碱。塔基与地面较为接近，因而由雨水反溅引起的塔基表面的腐蚀较为严重，引起了砖外皮的剥落，另外，由于地下水对基础及砖制塔基的影响，毛吸现象也造成了塔基外侧砖体含水量过大而引起的酥碱，其明显表现为塔基砖外表皮底部颜色较深，反碱严重，表面有大面积碱痕。塔体本身由于距地面较远，因而一般毛吸现象上升不到此高度，但也正是由于塔体较高的原因，受到风雨的侵蚀，风吹日晒，久而久之，引起塔体表层砖的风蚀及酥碱，甚至造成部分构件的残损严重，特别是塔顶层檐部极易受到狂风、雷电、暴雨的侵袭，有许多塔刹及上层转角被严重摧毁甚至不复存在，如嵩山古塔就有不少例证，大多因砖湿度较大、破损严重的情况，塔刹及其基座的破损亦在其范围之内。

C. 残损或损失。这里主要是指人为和自然两种因素造成的古塔残损与损失。塔体构件的风化酥碱与雷击是残损的主要自然因素(如木角梁的腐朽)，而塔身部分构件的丢失和残破则是人为的破坏，另外塔体内部和阶梯的磨损也是由于长时间人为的使用而形成的。

D. 环境。由于岁月已久，大多数的塔已不复其当年存在之本色了。首先，塔的功能已经发生了很大变化，过去的塔都是作为登高远眺的工具或是佛寺的重心受到人们的敬仰，因而环境也极为优雅，而今天河南的宋塔则是作为文物的重要组成部分，另外由于现代化的进程，城市的范围极度扩大，过去于城市边隅的一些塔而今有些已成为城市的中心或繁华地带，其环境受到了极大影响。许多塔本身保存得较好或已经过细心修葺，但周围环境却极其糟糕，有的只用围墙圈出一小块地来，院墙之外杂乱无章，垃圾成堆，对塔的景观和本身都有较大影响，尤其是有的塔紧邻交通要道，震动带来的危害对塔身有较大影响(开封繁塔距铁道仅几十米之遥，许多塔在主要干道旁边，空气的污染更加剧了塔体表皮的腐蚀和酥碱）。更有甚者，如尉氏兴国寺塔，不仅紧邻大路，而且塔院内还有商业经营单位，人员进出复杂，对宋塔保护极为不利。

（2）河南境内宋塔的保护情况及存在的问题

解放以来，特别是改革开放以后，政府加大了对古建的保护力度，每年都有大量的资金用于塔的维修与保护。河南宋塔的保护措施主要有以下几种：

A. 抢救性维修。主要针对塔体已有严重塌陷或倾斜，构件残损或损失较多，塔身基本结构已被破坏的情况下，一般是对塔体危险部位进行局部拆除，更换材料后重新砌筑，更换补齐原有或损失的构件。这样维修的方法虽然对塔的整体牢固性较好，而且维修后能保护较长时间，但对塔体的原貌易产生一定影响，使人对其真实性产生怀疑。

B. 一般性维修。这是那些塔局部腐蚀或破损，但基本结构保存较好，表面有些残破的古塔的主要维修方法，这种维修方法通常不动塔身主体结构，只是对塔体表面的残破作修整、挖补，更换部分构件。这种维修会较为有效地保护塔的外观特征，也是比较节省经费的一种做法，但难以有效对塔体基本结构进行全面勘测与加固，维修后的塔体的稳定程度尚需定期观察。

C. 环境整治。也有部分破坏不大、保存较为完好的塔，采用了小范围的局部的环境整治。这类保护措施通常对塔体本身不作大的甚至不做维修，而是重点对其周边环境进行治理，使其四周潜在的威胁因素得以控制即可，但目前存在的问题是，由于保护的范围过小，内部虽有文物保护单位的值班人员，但因缺少专业知识，对塔的保护仅限于扫地除草而起不到真正的保护作用。而且大多院内地面未加以平整，缺少排污排雨措施，塔基常受到污水或雨水的浸害。

（3）针对保护中存在问题的几点思考

笔者曾经有幸对河南省境内现存的几座宋塔进行过测绘及修复设计工作，在此过程中有许多收获，特别是在工地上，在和维修工人师傅们朝夕相处中，学到了许多书本上没有的知识和经验。针对实测中发现塔体保护与维修中的存在问题，结合工人师傅们的传统维修施工技术及现代文物保护工程科学技术，我认为还应该做到以下几点：

A. 维修之前需进行详细测绘，主要是对塔的残损程度的鉴定，不是单纯的绘制图纸，而是要把其全过程提升到一个科学研究的高度，维修的过程应该是勘察发掘→测绘→鉴定→维修的过程。特别是要对塔体的材料，进行详尽的检测，确定其强度（比如砖石和砂浆的强度），然后进行力学载荷计算，确定维修的种类，绝不能外形好的就一般维修，塌陷的就进行复原设计。

B. 在进行抢救性维修的时候，尽量利用原有砖石，使塔内新外旧，尽可能维持原状，在一般性维修时，材料应该作旧。同时更加说明了鉴定过程的重要性，目的只有一个，就是使古塔名符其实而避免几十年后河南境内的宋塔都成了新塔，失去千年古塔的原真性以及其古色古香的韵味。

C. 环境的整治应该视古塔在城市或乡镇中的作用而有所区别。在城市中心区的应清除周边违章建筑，建筑风格稍作协调，但不能用围墙围护，应以栅栏维护为宜，以使视野开扩，景观突出。而在市郊的塔，因周围有较大的空间可以做较为完整的规划，科学合理的利用。从城市方向与塔之间的主轴线上应避免有阻碍视线的高大建筑出现，规划出必要的视廊通道。交通市政应予以配合。而非城市重心的塔作为城市景观和旅游极为重要的一部分，其周边是应该作为一个整体来考虑的，要么以塔为中心形成公园旅游区（如开封铁塔公园就是较为成功的一例），要么以塔为依托，进行大面积绿化，配以必要的设施，形成独特的旅游区。总的说来，塔周边的环境应由塔的位置作用不同而分别采用不同的方法，决不能一概而论去圈地或无限制地扩大建造规模。

河南宋塔是中华建筑史瑰宝中的颗颗夺目的明珠，它在现代化的城乡建设中发挥着重要的功能，有的已经成为城乡景观的中心、风水的标志点，有的虽因早期登高的功能已逐步消退但它已经成为城乡轮廓线中迷人的一道风景，只要进行合理的保护和利用，就可以使其在新的时代焕发出新的更加灿烂光辉。

［作者简介］王东涛，男，建筑历史与理论硕士，河南大学土木建筑学院副教授。

注释与参考文献

1、罗哲文：《中国古塔》，北京：中国青年出版社，1985。

2. 尤志远：《河南古塔》，北京：民族出版社，1996。

3. 徐华铛：《中国古塔》，北京：轻工业出版社，1986。

4. 中国建筑史编写组：《中国建筑史》，北京：中国建筑工业出版社，1993。

5. 阴法鲁，许树安：《中国古代文化史》，北京：北京大学出版社，1991。

6. 鲍鼎：《唐宋塔之初步分析》，《中国营造学社汇刊》，第六卷第四期，1937。

7. 张家泰：《嵩岳寺塔》，《文物》，1979 年第 6 期。

8. 张家泰：《铁塔的建筑艺术》，载《铁塔》，河南人民出版社，1990 年 3 月出版。

9. 杨焕成：《河南古塔研究》，《中原文物考古研究》，2003 年 2 月。

10. 钟晓青：《北魏洛阳永宁寺塔复原探讨》，《文物》，1996 年第 5 期。

11. 宋树恢：《中国现存古塔的分布及其鉴赏利用》，《合肥工业大学学报》，2001 年第 2 期。

10. 刘杰：《中国古塔的儒释道文化意蕴钩沉》，《上海交通大学学报》，2000 年第 2 期。

13. 孙福剑：《浅谈中国古塔的演变》，《北京第二外国语学院学报》，2003 年第 3 期。

14. 詹开逊：《江西古塔门外谈》，《南方文物》，1998 年第 1 期。

15. 王正明：《中国古代建筑的源流与价值研究》，《河北建筑科技学院学报》，2003 年第 2 期。

16. 刘宝兰：《从中国古塔在寺庙中位置的变迁看其佛性意蕴的世俗化》，《五台山研究》，1999 年第 3 期。

17. 万幼楠：《赣南古塔综述》，《南方文物》，2001 年第 4 期。

18. 张剑喜：《故城县庆林寺古塔》，《文物春秋》，2003

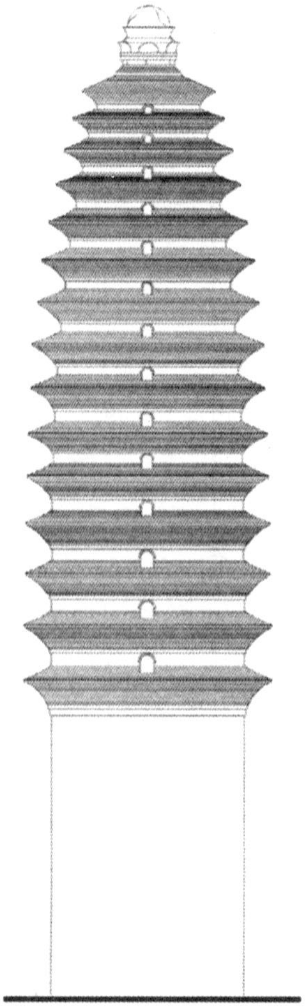

图 1　法王寺塔立面图

图 2　尉氏兴国寺塔立面图

图 3　滑县明福寺塔转角倚柱

图 4　尉氏兴国寺塔画像砖

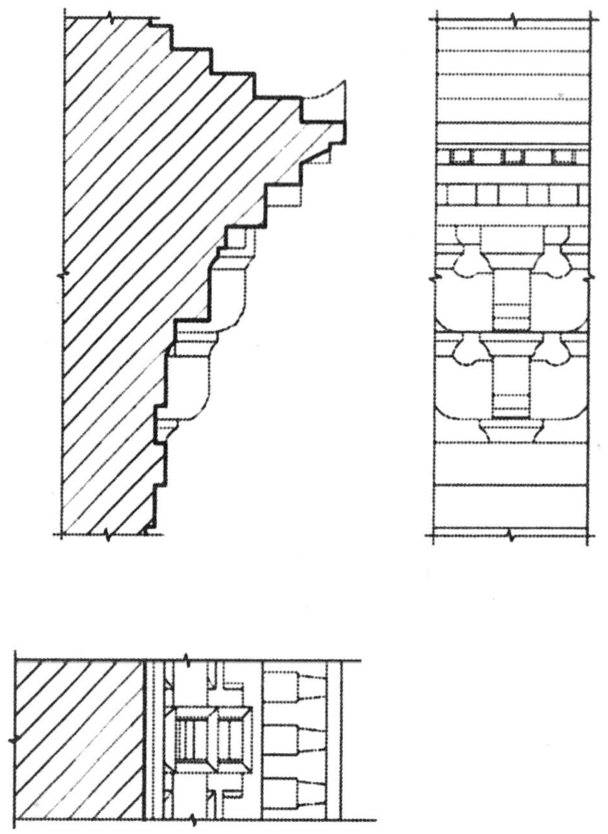

图 5　尉氏兴国寺塔三层檐部斗拱

图 6　尉氏兴国寺塔檐部

图 7　滑县明福寺塔仿木窗

图 8　滑县明福寺塔穿心式

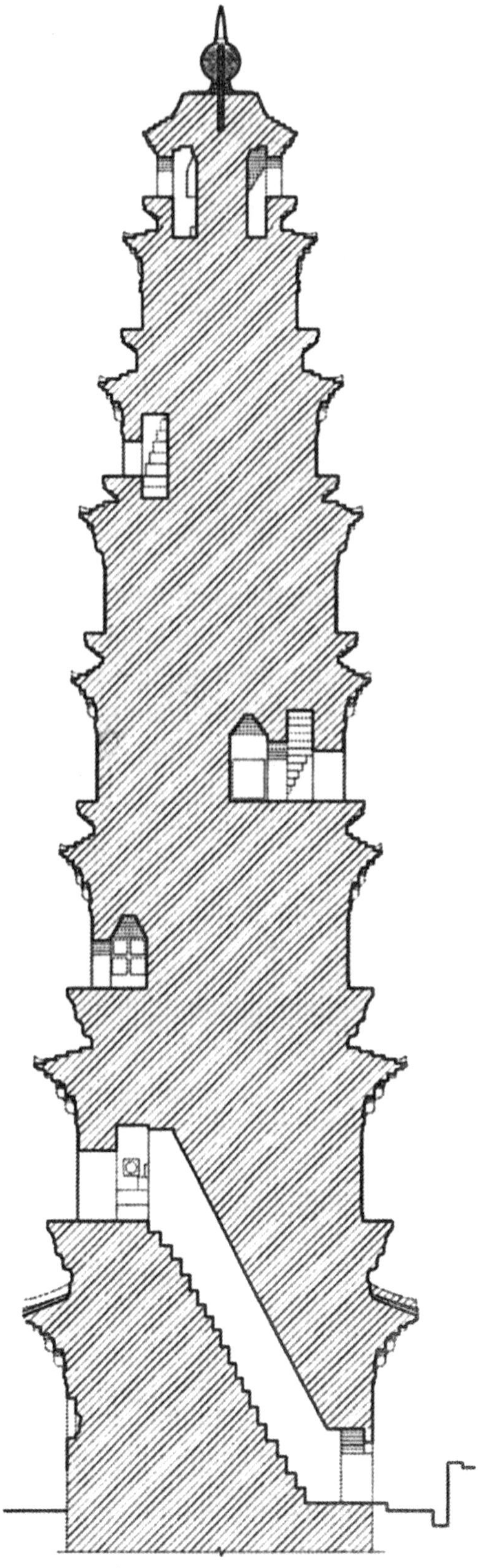

图 9　尉氏兴国寺塔旋梯式

·宋代建筑研究·

北宋东京祭坛建筑文献记载研究

吴书雷

（科学出版社古建与文物保护编辑部　北京　100717）

[关键词] 北宋东京；祭坛建筑

[摘　要] 本文利用历史文献资料，对北宋东京城营建的各种祭坛建筑诸如圜丘坛、方丘坛、社稷坛、九富贵神坛等进行了一定的考证与分析。这些祭坛在其外部造型上，大多采用单层或多层向上内收且“不屋而坛”的处理方法，然后于祭坛外部再设一周或多重壝墙，并四面辟棂星门，以达到强调中心“主祭坛”，进而营造出一种神秘的祭祀空间之效果。这些祭坛大多附属有沿中轴线对称布局的院落式斋宫建筑组群。

On the Sacrificial Altar Building of Kaifeng In the Northern Song Dynasty

Wu Shulei

(Science press　Beijing　100717)

Key Words: Kaifeng in the Northern Song Dynasty; sacrificial altar building

Abstract: In the thesis, the author probed into many types of altars of Kaifeng such as the Yuanqiu Altar, the Fangqiu Altar, the Sheji Altar, the Jiugongguishen Altar, and so forth In the Northern Song Dynasty. According to the author research, the external form and image of these altars were generally terraced, of single－layer or multi－layer, enclosed by a low wall or multi－low－wall with doors on its four sides, hence, the central area of the altar building was emphasized to produce a kind of mysterious space effect in oder to worship God, gods and ancestors. Furthermore, these altars had generally the cluster palace, whose master plan was axial symmetry, to serve worshippers.

一、引言

《左传》成公十三年述及“国之大事，在祀与戎。祀有执膰，戎有受脤，神之大节也”（执膰与受脤均为与鬼神交际之大节）。可见祭祀活动是中国古代国家的大事，属国家行为，这就要求必须营建祭坛、宗庙等建筑物，即礼制建筑。礼制建筑是中国古代都城规划布局中不可缺少的重要组成部分，它包括有祭坛类，诸如圜丘坛、方丘坛、社稷坛等；祠庙类，诸如太庙、先贤庙等以及明堂等建筑种类。

北宋在其统治的160余年间，于东京城（今河南开封）内外营建了一批礼制建筑，如太庙、景灵宫、明堂和圜丘、方丘、太社太稷坛、雩坛、高禖坛、五方帝坛、风伯雨师雷师坛、朝日坛夕月坛、先农坛，先蚕坛等其他诸多祭坛及其附属建筑。那么当时东京城各种礼制建筑的规划分布位置、单体构造形制及营建设计构思是怎样的呢？由于东京城后来历经兵乱和黄河水患，致使这些礼制建筑随同这座曾经一度是世界上最繁华的商业都市一起沉没淤埋于地下数米之深，成为一个让世人待解的迷。本文仅对其规划营建的各种祭坛建筑进行考证和简要分析，力图勾勒出其在东京城规划营建的粗略轮廓。由于主要参考的是历史文献资料，还有待于将来考古发现和证实，可能会有不妥和存疑之处。

二、南郊圜丘坛及其附属建筑

北宋时期，最为隆重的祭祀活动当属每年冬至日于南郊圜丘坛举行的祭天活动。赵宋王朝自宋太祖开始，皆遵从“三岁一郊”之惯例，其他年份则“遣官摄事”。在北宋东京城南郊的祭天建筑空间中，主要的建筑物和构筑物有两处：一为圜丘坛；一为青城（斋宫），两者相距不远，另外尚有燎坛、大次、小次（大小次均为皇帝祭天时休息更衣之临时搭建的幕屋）等附属建筑物或搭建屋。然而这组壮美的祭坛建筑群，却在东京城陷落时被金兵付之一炬，遭到了破坏。

1. 圜丘坛的位置与形制

北宋圜丘坛的相关历史文献记载摘录如下：

（1）建隆四年（963 年），诏太常寺修饰南郊坛，礼院定依古制，四成十二陛三壝，设燎坛于内壝之外丙地，高一丈二尺（注：在南薰门外）。又设皇帝更衣大次于坛东外壝东门之内道北，南向。（《玉海》卷九十三，郊祀，郊祀下）

（2）判太常寺孙奭言：“皇地祇等十八坛，皆有外壝，而南郊独无。樵牧之人，径至坛下，有渎严恭。按图设三壝，今请筑外壝，仍于壝外筑短垣，四面各置棂星门。俟皇帝亲郊，则以青绳柱表其三壝，以后郊丘之制。”从之。（《续资治通鉴长编》卷一〇六，第 2463 页）

（3）宋初，因唐旧制……，作坛于国城之南薰门外，依古制四成，十二陛，三壝。设燎坛于内坛之外丙地，高一丈二尺。又设皇帝更衣大次于坛外东壝东门之内道北，南向。（《文献通考》卷七十一，郊社考四，郊）

（4）南郊坛制。……宋初始作坛于东都南薰门外，四成，十二陛，三壝。设燎坛于内坛之外丙地，高一丈二尺。设皇帝更衣大次于东壝门之内道北，南向。（《宋史》卷九十九，志第五十二，礼二，吉礼二，第 2433 页）

（5）仁宗天圣六年（1028 年），始筑外壝，周以短垣，置棂星门。（《宋史》卷九十九，第 2433 页）

（6）元丰元年（1078 年）二月，诏内壝之外，众星位周环，每二步植一杙，缭以青绳，以为限域。……国都郊坛率循唐旧，虽仪注具载圜丘三壝，每壝二十五步，而有司乃以青绳代内壝，诚不足以等神位、序祀事、严内外之限也。伏请除去青绳，为三壝之制。从之。（同上，第 2433 页～2444 页）

（7）徽宗政和三年（1113 年），诏有司讨论坛壝之制。十月，礼制局言：“坛旧制四成，一成二十丈，再成十五丈，三成十丈，四成五丈，成高八尺一寸；十有二陛，陛十有二级；三壝，二十五步。……为坛之制，当用阳数，今定为坛三成，一成用九九之数，广八十一丈，再成用六九之数，广五十四丈，三成用三九之数，广二十七丈，每成高二十七尺，三成总二百一十有六，乾之策也。为三壝，壝三十六步，亦乾之策也。成与壝俱三，参天地之数也。诏行之。（同上，第 2444 页）

（8）（《宋景文（祁）集》卷一）《圜丘赋》：……占国南之七里，得高丘之崛然。（转引自（清）宋继郊编撰，王晟等校，《东京志略》，开封：河南大学出版社，1999 年 9 月版）

①位置：据资料（3）（4）（8）可知北宋时期，圜丘坛的位置应在东京城南郊，距南薰门可能为七里。

②形制：纵观资料（1）～（8），在 160 余年的北宋历史进程中，圜丘坛至少先后有两种形制存在过：即四层十二陛三壝形制和三层四陛三壝形制。

1）四层十二陛形制（960～1113 年）：

试对该形制圜丘坛体相关尺寸数据列表如下：

	历史记载资料情况		折合现代尺寸	
	层高（宋营造尺）	直径（宋营造尺）	层高（米）	直径（米）
第一层	8 尺 1 寸	20 丈	2.50—2.66	61.80—65.80
第二层	8 尺 1 寸	15 丈	2.50—2.66	46.35—49.35
第三层	8 尺 1 寸	10 丈	2.50—2.66	30.90—32.90
第四层	8 尺 1 寸	5 丈	2.50—2.66	15.45—16.45

	历史记载资料情况		折合现代尺寸	
	层高(宋营造尺)	直径(宋营造尺)	层高(米)	直径(米)
坛总高	高3丈2尺4寸(宋营造尺)		10－10.64米	

注:折算依据为1尺(宋营造尺)＝0.309～0.329米(现代尺寸)(参见《文物》1982年第8期第50页管玉春先生的《南京市孝卫街北宋墓出土木尺》一文。)

从资料(1)～(7)知圜丘坛每层坛上各设十二处台阶,环绕中心主祭坛营建有三重“壝”。“壝”即矮墙,起着对圜丘坛建筑空间进行划分限定的作用。

试对该形制圜丘坛外部“三壝”的建设情况分析如下:

《玉海》卷九十三《郊祀·郊祀下》记载:“国朝郊祀坛域,率循唐制,仪注具载圜丘三壝,每壝二十五步……”。说明包括圜丘坛在内的北宋东京诸祭坛之形制均是遵循唐代形制进行营建的。唐代圜丘坛的建筑形制通过今天的考古发掘已经得到了一定揭示,《汉唐都城礼制建筑研究》在描述唐长安圜丘遗址发掘情况时谈到在距离圜丘36.4－40.6米之外,曾有过一圆形墙体建筑,这一建筑极可能就是唐长安圜丘的“内壝”(矮墙),该“内壝”的形制应当是圆形。唐代圜丘坛外设有三重壝(内壝、中壝、外壝),这三重壝极可能均为同圆心的环形矮墙。因而推知,北宋时期圜丘的外部三壝也极可能为三个同心的环形矮墙。

由资料(2)(5)(6)可见,北宋东京圜丘坛在某一阶段(可能在北宋早期)并未营建外部“壝”墙,而是以环绕祭坛的“青绳”代表“壝”墙。大约到了仁宗天圣六年(1028年)才开始营建坛外“三壝”,又在三壝之外修筑一周“短垣”(即最外部的低矮围墙,推测其应为方形平面),且在“壝”和“短垣”四面中央各安置“棂星门”(是北宋时俗称叫法,北宋正式叫法称“乌头门”,其构造做法及外部造型可在北宋李诫编修的《营造法式》卷二十及卷三十二中得以窥见)。其棂星门的总宽度,由《宋会要辑稿补编》第130－131页记载的“今度南郊东外壝棂星三门,南北共六十二尺”之数据可知其每面门总宽均为62尺,且由三个棂星门组成。

圜丘坛最下层界面与内壝之距离为25步即125尺(宋代1步＝5尺),合现代尺寸为125×(0.309－0.329)＝38.63－41.13(米),这一距离与前述唐长安圜丘坛底层外界面与内壝之间的考古所测距离36.4～40.6米(《汉唐都城礼制建筑研究》第203页)是基本吻合的,从而也印证了宋朝“国朝郊坛率循唐旧”的记载。由于北宋圜丘坛的壝与壝之间距离均为二十五步,故可推知其各壝之间距离分别也约在36.4～40.6米之间,再由其最底层坛直径为61.80～65.80米,可推知北宋时期该形制圜丘坛占地面积至少约在78512.04～95728.36m^2(仅以同最外圆形“壝”相外切的正方形来估算,该正方形边长约在280.2～309.4米)之间。显然,圜丘坛的规模是相当宏大的,加之其高达10～10.64米(前述表格数据),人们须仰视可见,这正符合宋祁《圆丘赋》描写的宏伟状观的圜丘坛形象:“占国南之七里,得高丘之崛然”,“敢问圜丘之状也,其何如也?广矣大矣,略可详也。上崔嵬以郁律兮,外博敞而神丽。”可见当时北宋东京圜丘坛是多么的庄严雄伟。

2)三层四陛三壝形制(1114～1127年):

由资料(7)知,徽宗政和三年(1113年),北宋礼制局议定了新坛形制,其改为三层坛,外部仍设三壝,规模比“四层十二陛形制”圜丘更大,而且其坛体主要构造尺寸均以数字“九”为模数,符合所谓的天用“极阳数九”的阴阳观,隐喻了祭天崇天之意。该圜丘方案的平面复原想象图见附图(图1)。

“三层四陛三壝形制”圜丘坛在《东京梦华录》亦有详细记载:

三更,驾诣郊坛行礼。有三重壝墙。驾出青城,南行曲尺西去约一里许,乃坛也,入外壝东门,至第二壝里,里面设一大幕次,谓之“大次”,……行至坛前,坛下又有一小幕殿,谓之“小次”。内有御座。坛高三层七十二级,坛面方圆三丈许,有四踏道。正南曰午阶,东曰卯阶,西曰酉阶,北曰子阶。坛上设二黄褥,位北面南曰“昊天上帝”,东南曰“太祖皇帝”……南壝门外,去坛百余步,有燎炉,高丈许,诸物上台,一人点唱,入炉焚之。坛三层回踏道之间,有十二龛，祭十二宫神。内壝外祭百星。[①]

上文作者孟元老是北宋末期人，在他的记述中，"其间事关宫禁典礼，得之传闻者，不无谬误……"[②]，今应去伪存真来对待，如上述"坛面方圆三丈许"的记载同北宋在1113年议定的最上层坛面直径为27丈的圜丘坛尺寸相差很大，同前述北宋"四成十二陛"形制中最上层坛面直径为5丈的圜丘坛尺寸也有一些出入，这可能就是孟元老的回忆记述有误了。但他对"圜丘坛"的形制概貌之记述是十分宝贵的资料，给考证北宋东京礼制建筑提供一定的证据，如他的这段记述就能有力证明北宋后期圜丘坛采用的是"三层四陛三壝"形制。

再看《宋东京考》中对北宋末期圜丘坛的记载：

南郊坛在南薰门外。高三层，七十二级，坛面方圆三丈许。有四踏道：正南曰午阶，东曰卯阶，西曰酉阶，北曰子阶。周设壝墙三重。其侧又有南青城，即祭天之斋宫。俱为金兵烧废。[③]

这同《东京梦华录》记载是相符合的，也同样证实北宋末期圜丘已改建为"三层四陛"形制。

2. 圜丘坛的坛体和三壝工程做法

①主体材料做法

北宋圜丘营造中所用灰料主要是是石灰泥，这据《宋会要辑稿》礼三之二中"伏见圆丘用石灰泥饰"之记载得知。

北宋政和年间颁布刊行的《营造法式》卷第三"石作制度"记载：

造坛之制：共三层，高广以石段层，自土衬上至平面为高。每头子各露明五寸。束腰露一尺，格身版柱造，作平面或起突作壶门造。石段里用砖填后，心内用土填筑。[④]

《营造法式》中"石作制度"是对北宋时代建筑"石活"做法的一定总结，因此可推测圜丘坛的主体部分用材应是石材、砖和夯土，其地面地基层可能使用"土衬石"，上面三层坛面周边用石砌筑，"石段"里面再用砖砌筑，中心部分用"土"填实（夯土夯实）。

②"三壝"装饰材料及工艺程序

圜丘三层"壝"的外部是用红色或紫红色石灰泥抹面进行装饰的，这可从有关南宋圜丘的文献记载中间接得知（因现所见历史文献中，对南宋圜丘营建情况记载最为详细）。在《宋会要辑稿》礼二之七（第420页）中对南宋南郊圜丘有如下记述："勘会今来所建圆坛并壝墙、燎坛，并合用红灰泥饰，及十二陛并望祭殿内合用十二时立牌各一十二面，共二十四面，下马版六面，其牌欲乞行下文思院计会太常寺指说制造，所有合用红灰令修建官司一就计料泥饰施行，劄付工部施行。"由于南宋的圜丘形制及外部色彩装饰深受北宋东京圜丘营建的影响。由此可反推得知北宋东京圜丘坛体及壝墙、燎坛外部饰面应同样为"红灰泥饰"。

《宋景文（祁）集卷》中《圜丘赋》中有如下赞美圜丘坛的诗句："列道糊赪，重营界紫"，这里提及的"赪"即是"赤色"，提及的"紫"即为"紫色"，整句大意为：圜丘的三重环形道路是赤色的，其用于界定三重"神域"空间的壝墙是紫色的。《宋景文（祁）集卷》中《和晏公圜丘诗》中有如下诗句："仗外鲜云敛夕容，跸声遥下紫营东"，此处的"紫营"就是指由三重紫色壝墙及三层紫色坛面共同形成的紫色圜丘祭祀区域。由上述材料可进一步印证北宋圜丘坛的外饰面色调应是紫色或紫红色。而这种色调就是采用"红灰泥饰"粉刷装饰的结果。

以上资料间接说明北宋圜丘坛的外部装饰应是"红灰泥饰"，其配料为："每石灰一十五斤，用土朱五斤，（非殿阁者用石灰一十七斤，土朱三斤），赤土一十一斤八两。"[⑤]其施工工艺为："先用粗泥搭络不平处，候稍干，次用中泥趁平，又候稍干，次用细泥为衬；上施石灰泥毕，候水脉定，收压五遍，令泥面光泽。（干厚一分三厘，其破灰泥不用中泥）"[⑥]。即为：找平（粗泥搭络不平处）——抹中间层（中泥趁平）——饰面层（细泥为衬、收压五遍、令泥面光泽）几个步骤。

3. 圜丘坛附属建筑的建设情况

青城、大次、小次和燎坛是祭天活动时附属于圜丘坛的构筑物。其中青城是一组规模较大的建筑组群；而大次为皇帝更衣之所，是临时搭建的一个帐篷屋宇，位于"坛东外壝东门之内道北，南向"；小次为皇帝登坛举行祭天活动前临时休息之所，内设有御座，亦是一个临时搭建的帷帐，位于"坛前午阶旁"；燎炉是燎祭用的大火炉，用以将祭品焚烧来祭天，位于“南壝门外，去坛百余步，有燎炉，高丈许”（《东京梦华录全译》第250页）。下面着重探讨青城的建造，青城是皇帝去南郊圜丘坛祭天前斋戒与祭天后回宫前更衣之所，这是一组院落型建筑群。

关于青城的历史记载摘录如下：

（1）驾御玉辂，诣青城斋宫。所谓“青城”，旧来止以青布幕为之，画砌甃之文，旋结城阙殿宇。宣政间，悉用土木盖造矣。（孟元老原著，姜汉椿译注，《东京梦华录全译》，贵阳：贵州人民出版社，1998年7月版，第248页）

（2）圣朝自太祖以来，每行郊礼，皆营构青城幄殿，即《周礼》之大次也，又于东壝门外设更衣殿，即《周礼》之小次也。（《宋会要辑稿》礼二之一）

（3）神宗熙宁七年（1074年），中书门下言：准诏参定南郊青城内殿宇门名，请大内门曰泰禋，东偏门曰承和，西偏门曰迎禧，正东门曰祥曦，正西门曰景曜，后三门曰拱极，内门里东侧门曰夤明，西侧门曰肃成，大殿门曰端诚，大殿曰端诚殿，前东、西门曰左、右嘉德，便殿曰熙成，后园门曰宝华。从之，先时，青城殿宇门名，每郊命学士院撰进。至是著为定式，学士院更不复撰进。（《文献通考》卷七十一，郊社考四，郊）

（4）三月八日，权礼部侍郎王赏等言：“检会在京青城宫殿，大内门曰泰禋，东偏门曰承和，西偏门曰迎禧，正东门曰祥曦，正西门曰景耀，后门曰拱极，大殿门曰端诚，大殿曰端诚，便殿曰熙成……”。同日，王赏又言：“勘会将来郊祀大礼，依礼例合修盖望祭殿，契勘在京圆坛，望祭殿系五间周围重廊等……”（《宋会要辑稿》礼二之四）

从资料（1）（2）可知青城的建造分两个不同的时期：大约在徽宗政和（1111年）至宣和（1119年）以前，皇帝每次举行祭天大礼活动时，均用幕帷、杆件临时扎结搭建而成，谓之“青城幄殿”，外部的“砌甃之文”是画出来的。而在“宣政间”（1111－1119年），所有屋宇墙门全部用土木营建而成，而成为一处永久性的建筑群落。由资料（3）（4）知青城这组建筑群各部分的殿宇及过门均有十分讲究的名称，在神宗熙宁七年（1074年）以前，“青城”各处的名称，是在皇帝每次行祭天大礼时，由“学士院”研究敲定后上奏皇帝而成，但在1074年时把青城各单体建筑的名称固定下来，并供以后的郊祭活动使用。

从资料（3）（4）可以知道青城斋宫应是一组院落型的建筑群，由《宋会要辑稿》礼二之一载：“臣等相视北郊瑞圣园与南郊青城，皆方三百步”，可知青城约有300步合1500尺见方大小，若按现今尺寸约合500米见方。“其主要建筑有端诚殿，斋宫大门泰禋门，便殿熙成殿，正东祥曦门，正西景曜门，一曰景耀门，端诚殿前东、西门名为左、右嘉德门，殿后三门即拱极门，内东侧门为夤明门，内西侧门为肃成门，此外还有后园门宝华门。推想该组建筑应为筑有两层围墙的一座院落，端诚殿在内院，大致居中，便殿在外院，内、外院四面皆开门，此外还设有东偏门”。⑦

青城与圜丘的相对位置分析：《东京梦华录》卷10中记载“驾出青城，南行曲尺西去约一里许，乃坛也，入外壝东门……”，可知青城应在主祭坛东偏北侧或正北侧，这样皇帝祭天路线便是出青城正南门“泰禋门”，向南，再折向西而正好进入圜丘外壝东门，青城与主祭坛则相距约“一里许”。而在《宋史》卷一〇〇·志第五十三·礼三·吉礼三中记载：“南郊青城至坛所五百一八步”。两者距离基本相符的。

南郊青城想象平面图见后附图（图2）

4. 南郊圜丘坛及南青城现今位置

北宋南青城及南郊圜丘现今方位应在“开封市西南小王屯东侧，开封啤酒厂西南，开封市化工二厂以西之范围内，东西长约600米，南北宽约500米，面积约30万平方米，呈矩形。据小王屯几位老人谈，在建国初期，村东南角有一百米见方之白土岗，土质特别，有可能是南青城西侧之‘天坛’。（据文献记载，‘天坛’在青城西南一里许，属青城范围）20世纪60年代打机井时，在十几米深处，打出一尊小石佛和若干块青砖。在村西北地下掘出过柏树梢。这些实物很可能与南青城有关”。⑧

三、北郊方丘坛及其附属建筑

北郊方丘坛是北宋在夏至举行祭地活动的地方。古人认为"天地之数，以高卑则异位，以礼制则异宜"[9]，天尊而地卑，故为合乎祭天地之礼仪，"与南郊比，北郊坛规模稍逊"[10]。

北宋方丘建筑主要包括：皇地祇坛（用于夏至祭祀皇地祇神）、北郊斋宫（用于参加祭地典礼的皇帝和百官更衣及休息），以及位于皇地祇坛西侧的神州地祇（用于孟冬祭神州地祇神），共三处。

1. 北郊方丘坛建筑的位置和形制

①位置：方丘坛位于北宋东京城宫城之北十四里处，在封丘门北面，关于方丘位置的文献记载摘录如下：

(1)方丘在宫城北十四里，常以夏至祭皇地祇。（《文献通考》卷七十六，郊社考四，祀后土）

(2)宋初，方丘在宫城之北十四里，以夏至祭皇地祇，别为坛于北郊，以孟冬祭神州地祇。（《宋史》卷一〇〇，志第五十三，礼三，吉礼三）

(3)北郊坛在封丘门外，式如南郊坛。其北又有北青城，即祭地之斋宫。俱为金兵烧废。（《宋东京考》卷十）

②形制：方丘坛用于夏至日祭祀皇地祇，在北宋时代，方丘坛的形制历经变迁，从文献记载情况来看，它可能存在圆形、八角形、正方形三种平面形制。圆形平面形制是同古人思想中的诸如"夫圜坛既则象于乾（天），则方坛当效法于坤（地）"等观念相悖的，而方形是合乎祭地之礼的平面形制，所以在北宋绝大部分历史时期中，方丘均为方形平面。至于曾出现过的"八角形"平面形制，是其因循唐长安八角形方丘形制的结果，这种形制在北宋时代仅是昙花一现。

圆形平面形制见于《宋史》卷一〇〇·礼三中记载："元丰间（1078－1085 年），有司请地祇、神州并为方坛，坛之外为坎，诏止改圜坛为方。……元丰三年（1080 年）七月，诏改北郊圜坛为方丘"。这间接说明，北宋方丘曾用过圆形平面形制。

八角形平面形制可见于《古今合璧事类备要外集》卷三中，王荆公所写《议郊祀坛制札子》，其中记载"熙宁（1068－1077 年）郊仪，祭皇地示，坛八角"[11]，可间接证明北宋可能使用过八边形平面形制方丘坛。

下面着重分析方形平面形制的方丘坛建造情况：

宋仁宗皇祐年间（1049－1054 年）的方丘坛文献记载摘录如下：

皇祐初，礼官言：皇地祇坛四角再成，面广四丈九尺，东西四丈六尺。上成高四尺五寸，下成高五尺，方五丈三尺，陛广三尺五寸，卑陋不应典礼。请如唐制增广之。五年（1053 年），诸坛皆改。（《宋史》卷一〇〇，志第五十三，礼三，吉礼三）

由上可知这个时期的方丘坛是矩形平面，分为上下二层。由于尺寸规模较小，后按唐代北郊坛制改建扩展了其规模。

宋哲宗绍圣年间（1094－1098 年）方丘坛的相关记载可见于《宋会要辑稿补编》，摘录如下：

哲宗绍圣三年（1096 年）八月十七日礼部言：再详定北郊坛制，高广丈尺已有元丰六年（1084 年）七月朝旨，坛高一丈二尺，设四陛，其除治四面稍令低下，以应泽中之制。缘深广丈尺别无典礼，自外壝之外量，宜除治其深广令与壝坛相称。仍于外壝四门外各留道路。其祀祭官孙昭度等度北郊皇地祇坛，东西一十六步，步五尺，凡八十尺，南北如之周围，总六十四步。计积尺三百二十尺，坛身四壁四百五十六尺五寸。（看详：北郊外壝之外，既除治合稍低下以应泽中之制，又外壝四门之外当留道路，以备亲祀仪卫经由，其广阔合与外壝门相照。今度南郊外壝棂星三门，南北共六十二尺；南薰门外御路东西墙壁阔五丈五尺五寸）。今所留道路若只与外壝门相照，亦自广六丈有奇，不妨仪卫往来。从之，仍旧令工部遣礼直官指画增饰。

四年（1097 年）四月十四日工部言：礼直官指画到坛心，东西南北各四十尺；上等陛八尺，中等陛一丈二尺阔；里壝二十五步，墙基三尺，外壝二十五步，墙基三尺；东西南北四方总九百八尺。内除东、北两壁别无增展他步外，有西壁比旧增出五尺，侵道；南壁比旧增出一丈三尺，侵道。三壝墙四门各阔六十二尺。坛身低处将高就低一例贴筑并增饰一尺五寸。外有棂星门。外壝之外量，宜除治四面稍令低下，欲乞，自外壝外留五尺，除治阔十丈以渐至中心，深四尺，择日兴工合得祭告。从之。(《宋会要辑稿补编》第 130 页，131 页)。

上述资料反映了当时北郊方丘坛的形制构造，记述相当详细，十分可贵，据此分析该方丘坛的营造情况如下(所有尺寸均按宋营造尺)：

1)坛身平面总尺寸：方形平面，边长 80 尺。

2)坛身垂直总高度：1 丈 2 尺。因它为方丘坛，按祭地礼仪，为合地数“二”，可推测是二层坛，每层坛高约 6 尺左右。

3)台阶：每层坛四面各设台阶一处，上层台阶宽 8 尺，下层台阶宽 1 丈 2 尺。

4)内、外壝：内壝距方丘坛外壁距离 125 尺(5 尺×25＝125 尺)，外壝与内壝间距为 125 尺；内、外壝基底宽 3 尺。

5)棂星门：内、外壝四面均设一组三个棂星门，且每组棂星门总宽 62 尺，并与外部道路直通(道路宽 62 尺)。

6)方丘坛及内、外壝整体空间下沉措施(凹坎)：为合“泽中祭地”之意，方丘坛自外壝向外5尺开外做整体下沉式处理，下沉尺寸比地面低 4 尺。

宋哲宗绍圣年间东京方丘坛复原想象图见附图(图 3)。

徽宗政和年间(1111－1118 年)的方丘坛形制在《宋史》卷一〇〇·礼三·吉礼三中有如下记载：

政和三年(1113 年)，……礼制局言：“……今议方坛定为再成，一成广三十六丈，再成广二十四丈，每成崇十有八尺，积三十六尺，其广与崇皆得六六之数，以坤用六故也。为四陛，陛为级一百四十有四，所谓坤之策百四十有四者也。为再壝，壝二十有四步，取坤之策二十有四也。成与壝俱再，则两地之义也。”

从上述记载可知道徽宗政和年间欲改建方丘坛，议定的新坛形制为两层方坛，外有两重壝，且其主要构造尺寸中均含有以地数“六”为模数的尺寸。该方丘坛在建筑空间营造上充分体现了“祭地”的思想内涵：首先，其构图的基本母体符号采用“方形”，以暗含“地方”之中国传统思维模式；其次，采用了象数“六”、“二”隐喻“地”之意；第三，祭坛作整体下沉式处理，以模仿“泽中”祭地之意；此外，当时人们根据皇地祇、五神、五岳四海四渎、五镇、林、川、泽等神灵之间的尊卑等级次序，把代表各神灵的神位牌合理地安置在了方丘坛的壝与壝之间、内壝与坛之间以及各层坛面建筑空间中，于是，该方丘坛便成为了各色神灵的理想居住之所。总之，不管从内涵或是外部形象上，方丘坛营造出的建筑空间，在古人看来，完全可以满足祭地的精神需要。

2. 北郊神州地祇坛位置和形制

北宋东京神州地祇坛位于皇地祇坛西侧。其形制只能从一些文献记载中略知一二，摘录如下：

(1)景德三年(1006 年)三月二十七日己巳，翰学制太常寺李宗谔言：“神州地祇坛壝迫隘，不合礼文，请于黑帝斋宫北，别选坛位。”遂度地徙坛于方丘之西。……(皇祐)三年(1052 年)九月十七日诏：太常寺皇地祇坛旧制狭小，宜如《唐郊祀录》增广之。国朝因唐制，皇地祇祭以夏至，作方丘宫城(北)十四里。神州祭以孟冬，别为坛于北郊。(《玉海》卷九十四，郊祀，北郊后土)

(2)真宗景德三年(1006 年)四月，太常寺言：“神州坛壝中，有院阬及车马之迹，又两壝步数迫隘，不合礼文，望令改择坛位，及依令式封标诸坛外壝，禁人耕垦樵牧。奏可，即从坛于方丘之西焉。”(《文献通考》卷七十六，郊社考，祀后土)

(3)其神州之坛，方三丈一尺，皇祐(1049 年)增高三尺，广四十八步，内壝四面以青绳代之。(《宋史》卷一〇〇)

上述资料表明神州地祇坛要小于方丘坛的规模，而且也为两壝之制，但内壝用“青绳”简化代替，显见祀典等级较方丘坛低，而且疏于管理，至使路人通行，且还有人在其中耕种或打柴放牧。

3. 北郊北青城(斋宫)的营造

北青城斋宫是皇帝及官员在举行北郊祭地典礼时进行斋戒及更衣休息之处，有时遇阴雨天皇帝也可在斋宫进行“望祭”。由历史文献记载考证，事实上在北宋时代，北青城（斋宫）主要是在举行“祭地”活动时才临时以帐蓬、杆件搭建而成，而仅在北宋末期才建成永久性建筑物。相关文献记载摘录如下：

(1)瑞圣园，在景阳门外道东，初为北园。(《玉海》卷一七一，宫室，苑囿)

(2)[政和三年(1113 年)]……斋宫大内门曰广禋，东偏门曰东秩，西偏门曰西平，正东门曰含光，正西门曰咸亨，正北门曰至顺，南内大殿门曰厚德，东曰左景华，西曰右景华，正殿曰厚德，便殿曰受福，曰坤珍，曰道光，亭曰承休，后又增四角楼为定式。(《宋史》卷一〇〇，志第五十三，礼三，吉礼三)

(3)哲宗元佑九年(1094 年)正月诏重修黑坛斋宫。绍圣三年(1096 年)五月三日，工部侍郎王宗望等言："瑞圣园宴殿偏在南，北隅逼近街道，不唯将来陈列仪卫，喧坌兼辂出入由历正门，难以迂曲，其殿庭西廊外至园墙上阔四十步，若修盖望祭殿，委是窄狭。今比类南郊青城，拟移近东，充斋殿，直本园南北门修盖。"从之。六月乙酉诏立北郊斋宫于瑞圣园。六月二十七日，权尚书礼部侍郎黄裳等言："臣等相视北郊瑞圣园与南郊青城，皆方三百步。若以瑞圣园为帷宫，最是近便，其宴殿可以为斋宫，即殿之西北为望祭殿，以备阴雨……

帝幸瑞圣园，观新城北郊斋宫。故事，郊宫悉设幕帘，其费不赀，上命缮营，不日而成。三岁一郊，次舍之费缣帛三十余万，工又倍之，易以屋室，一劳永逸，所省多矣。

……政和四年(1114 年)四月十九日诏：夏祭斋宫大内门曰广禋，东偏门曰东秩，西偏门曰西平，正东门曰合光，正西门曰咸亨，正北门曰至顺，南门里大殿曰厚德，东曰左景华，西曰右景华，正殿曰厚德，便殿曰受福，曰坤珍，曰道光，亭曰承休。

(以上采自《宋会要辑稿》礼二之一至二，第 417～418 页)

①北青城（斋宫）位置：据资料(1)(3)可得知北郊斋宫位于东京外城北部景阳门（景阳门，周曰长景，太平兴国四年九月赐，名景阳，俗名新封丘门[12]）外道路东侧的瑞圣园内。而瑞圣园所处今天开封市的位置，可见于《开封市地名词条选编(4)》的记载："瑞圣园遗址位于开封市中心东北 5 公里，北郊乡大北岗村一带。1984 年市博物馆钻探队在大北岗村南地下探得宋外城景阳门"；"瑞圣园初称北园，……，因宋帝祭天于南郊玉津园侧天坛称南青城，则北郊瑞圣园侧祭地曰地坛称北青城。……其规模约占地 0.5 平方公里，包括大北岗村及村东耕地。"[13]由此，可确定北青城斋宫及方丘坛应位于今天开封市区北边大北岗村及村东耕地一带。

②北青城所用建筑材料：在资料(3)中有多处反复提及“幕帘”、“幕次”、“帷宫”，可知在北宋中前期甚至到哲宗元佑年间，应是使用织物帐篷类材料及支撑杆件搭建绑扎而成的屋宇，大约在哲宗元佑、元符年间才“易以屋室，一劳永逸”，建成永久性屋宇，也节省了很多费用。

③北郊斋宫平面布局：据资料(2)(3)中对斋宫各处门名及大殿、便殿的名称叙述，可推测此斋宫应是一处有两道围墙与建筑一起围合起来的院落式建筑群。其外层围墙上东、西、北三面各有一门，南面为三门；正中广禋门，东侧东秩门，西侧西平门，里层围墙正南亦有三门同外围墙上三门相对应，里层院落的南北轴线上的主体建筑为厚德殿；其主殿之后为后花园，后花园里有一亭子名叫承休亭；另外其外层围墙四角处均建角楼。北郊斋宫布局平面复原想象图见后附图（图 4）。

四、太社太稷坛及其附属建筑

社是土神，稷是谷神。中国古代以农立国，社稷象征国土和政权。天子及诸侯每岁春天祭祀社稷以祈求来年五谷丰登，秋天之祭则以谢其恩。北宋东京城社稷坛包括太社坛、太稷坛、四面围合的墙垣及屋宇。历史文献记载摘录如下：

(1)社稷，自京师至州县，皆有其祀。岁以春秋二仲月及腊日祭太社、太稷……。太社坛广五丈，高五尺，五色土为之。稷坛在西，如其制。社以石为主……四面宫垣饰以方色，面各一屋，三门，每门二十四戟，四隅连饰浮思，如庙之制，中植以槐。其坛三分宫之一，在南，无屋。(《宋史》卷一〇二，志第五十五，礼五，吉礼五)

(2)[元丰三年(1080 年)]古者祭社,君南向于北墉下,所以答阴也,今社稷壝内不设北墉,而有司摄事,乃设东向之位,非是。请设北墉,以备亲祠南向答阴之位,有司摄事,则立北墉下少西。《王制》曰:"……仍诏于坛侧建斋庭三楹,以备望祭。"(来源同上)

(3)仁宗天圣十年(1032 年)七月三日,判太常寺王随言:"社稷二坛数经增补,恐阔厚不如旧制,请下太常礼院检详制度"。礼院言:"按《唐郊祀录》,太社坛广五丈,高五尺,五色土为之;稷坛在西,如社坛之制。社坛以石为主,其形如钟,长五尺,方二尺,剡其上,培其下半。其社稷四面宫垣饰以方色,面各一屋,三门,每门二十戟。四隅皆连饰浮思,如庙之制。其中植槐,其坛三分宫之一,在南无屋"。诏依。(《宋会要辑稿》礼二十三之二,第 892 页)

(4)哲宗元佑七年(1092 年)三月十八日,太常博士孙谔言:"祭太社太稷坛,亦设登歌乐,仍除去小墙……"。(《宋会要辑稿》二十三之二,第 893 页)

(5)太社、太稷坛在新郑门外西北。太社坛广五丈,高五尺,四出陛,五色土为之。太稷坛在社坛西,制如社坛。社以石为主,其形如钟,长五尺,方二尺,剡其上,培其下半。每岁春秋二仲月及腊日奉之。(《宋东京考》,第 178 页)

(6)大内西去,右掖门袄庙,直南浚义桥。街西尚书省东门,至省前横街,南即御史台。西即郊社。((宋)孟元老著,姜汉椿译注,《东京梦华录全译》,贵阳:贵州人民出版社,1998 年 7 月第 1 版,第 55 页)

(7)……臣遂躬亲往诣太社及斋宫里外觑,当见二坛浸在水中,四神门及阙庭斋宫屋宇,并各倒侧摧圮,并自来所植树木,亦有僵仆,与瓦石土木纵横狼籍于水中。(《欧阳文忠全集》卷一一〇《论水入太社劄子》,文渊阁四库全书本)

1. 社稷坛位置和形制

①位置:由资料(5)说法位于新郑门西北方向,而由资料(6)说法则位于尚书省前横街西端。据此知"社稷坛"位于北宋东京城南北中轴线之西,符合《周礼 · 考工记》中记载"左祖右社"的营国制度(太庙位于北宋东京皇城之外的景灵宫与里城之东城墙之间,在城市南北中轴线之东,附图 10)。

②形制:由资料(1)(3)(5)知两坛均为方形平面,边长 5 丈,高 5 尺,四面设台阶,正中是用石做成的"社主石"。其中社坛上五色土铺贴,推测东为青土、西为白土、南为赤土、北为黑土、中部为黄土,以此象征国土和政权。

2. 社稷坛建筑组成

①殿宇和戟门:据资料(1)(3)中"面各一屋"、"在南无屋"知二坛外围北、东、西三面有三处殿宇,用于斋戒及雨天望祭。再由"其坛三分宫之一"知每一殿宇平面约 15 丈(5 丈×3)见方。有三座戟门(南方无戟门)(为"二十四戟"或"二十戟")。

②墙垣、神门和北墉:据资料(1)(3)中"社稷四面宫垣饰以方色"、"四隅皆连饰浮思,如庙之制"可知社稷坛最外围是方形平面的一圈围墙,东墙饰"青色",西墙饰"白色",南墙饰"赤色",北墙饰"黑色";围墙四角部位采用"浮思"装饰。据资料(7)可知墙垣四面各有神门一座。由资料(2)(4)知,在社稷二坛北侧近傍,于神宗元丰三年后,可能建有一小墙,即"北墉",皇帝在此"小墙"下行祭社礼,但在哲宗元佑七年,可能又除去了北墉。

③空间绿化:据资料(1)(3)(7)可知社稷坛内环境绿化主要以槐树为主,这正是当时东京的主要树种。

据上分析,试绘制社稷坛的平面复原想象图于后图 5

五、先农坛及其附属建筑

北宋时期每岁"立春后亥日享先农",皇帝要行"籍田之礼",这是为祈祷国家农业五谷丰登而举行的活动,为"中祀"之礼。北宋时期用于行籍田之礼的建筑设施有:先农坛(主祭坛)、观耕台、斋宫(又叫青城)、钹麦殿(名为思文殿)、神仓、人舍、牛舍及墙壝、沟渠等。历史文献记载摘录如下:

(1)雍熙四年(987 年)九月二十七日诏:来年正月亲耕。……今请坛高九尺,周围四十步,饰以青。……今请于朝阳门七里外十五里内为坛。……宋齐之制,于先农坛东立观耕台,请筑台高五尺，周四十步，四出陛，饰以青。二十一日详定所又言：先农坛设二壝，乐玄二舞俱在坛前，请定御耕位在壝城东南，外壝设于大次、御耕位、观耕台、乐玄之外。……

淳化元年（990年）五月二十三日，礼官言：端拱亲耕，坛设两壝，无周围步数，请四面各封五十步为两壝，壝各五十步，从之。……

明道元年（1032年）……以农坛三壝，地狭，请自外壝十步限以青绳。

元丰二年（1079年）十月诏：于京城东南度地十亩为藉田，置令一员，徙先农坛于其中，立神仓于东南（以郊社令辛公祐兼藉田令），冬则藏水，凡祠祭取具焉。三年（1080年）五月九日王存请以千亩为藉田，百亩建先农坛、神仓、斋宫并耕作庐舍之类，绘图上之。（《玉海》卷一〇一，郊祀，祠坛，雍熙先农坛）

（2）宋太宗皇帝雍熙四年（987年）九月诏：以来年正月有事于东郊行籍田之礼。……方位请依唐例在东郊。……作祠坛。今圣朝郊宫制度广大，请设于千亩之外。坛高九尺，周围四十步，饰以青。……今请于朝阳门七里之外十五里之内，择地为坛。……按《通典》宋齐之制于先农坛东别立观耕台，……请筑台高五尺，周围四十步，四出陛，饰以青。……今既备乐玄二舞俱在坛前，请定御耕位在壝门东南。又先农坛设二壝，今缘仪卫广大，所有外壝请于大次及御耕位、观耕台、乐玄之外。……学士院上东郊青城殿门名，前殿曰两仪，后殿曰延庆，大殿门曰龙德，左掖门曰光天，右掖门曰丽天，东门曰凤阳，西门曰安福，南门曰祈年，北门曰元英，大殿东西廊门曰日华月华，后园五花亭曰会芳，御幄后门曰福庆，诏付有司。（《文献通考》卷八十七，郊社考二十，籍田祭先农）

（3）［神宗元丰二年（1079年）］……于京城东南度田千亩，置籍田令一员，仍徙先农坛于其中，立神仓于东南，以郊社令辛公佑兼籍田令。公佑请因旧钹麦殿规地为田，取卒之知田事者刺为籍田兵，给其役五谷之外并植果蔬，冬则藏冰，凡一岁祠祭之用取具焉，先荐献而后进御，有余则质钱以给杂费，输其余于内藏库用。著为令。权管干籍田王存等言："请以南郊钹麦殿前地及玉津园东南菱地八百四十余亩，并民田共千一百亩，充籍田外，以百亩建先农坛兆，开阡陌沟洫，建神仓、斋宫并耕作人牛庐舍之类"。绘图进呈，从之。（《文献通考》卷八十七，郊社考二十，籍田祭先农）

（4）籍田之礼，岁不常讲。雍熙四年（987年），始诏以来年正月择日有事于东郊，行籍田礼。所司详定仪注：依南郊置五使。除耕地朝阳门七里外为先农坛，高九尺，四陛，周四十步，饰以青；二壝，宽博取足容御耕位、观耕台、大次，设乐玄二舞。……观耕台高五尺，周四十步，四陛，如坛色。其青城设于千亩之外。……耕礼毕，百官称贺于青城。（《宋史》卷一〇二）

（5）［元丰二年（1079年）］……乃以郊社令辛公佑兼令。公佑请因旧钹麦殿规地为田，引蔡河水灌其中，并植果蔬，冬则藏冰，凡一岁祠祭之用取具焉。……权管干籍田王存等议，以南郊钹麦殿前地及玉津园东南菱地并民田共千一百亩充籍田外，以百亩建先农坛兆，开阡陌沟洫，置神仓，斋宫并耕作人牛庐舍之属，绘图以进。已而殿成，诏以思文为名。（《宋史》卷一〇二）。

（6）先农坛在东郊。坛高九尺，周围四十步，四出陛，饰以青。每岁上辛后亥日，祀先农，行耕籍礼。（《宋东京考》，第178页）

1. 先农坛位置和形制

①位置：据资料（1）（2）（4），在太宗年间先农坛位于东京外城东部朝阳门（朝阳门，周曰延春，太平兴国四年九月改名朝阳，俗名新宋门）[14]七里之外十五里之内。该先农坛位置可能在今天开封市后台村西北隅（今称宴台遗址）。《开封市地名词条选编（4）》中记述："宴台遗址在开封市东北6公里后台村西北隅。北宋端拱元年（988年）筑。台上暗红色，夯土坚实，高约15米，面积100000平方米左右。上建先农庙，有大殿、陪殿、游宴厅、亭数十间。建筑面积约3600平方米。为北宋皇帝祭农、饮宴、游乐处所之一。"[15]据资料（1）（3）（5），在神宗时代先农坛被迁往东京城东南，约在玉津园东南，此时先农坛占地约一百亩。

②先农坛形制：坛高9尺，平面周长约40步（合200尺），四面设台阶，坛体涂饰为"青色"，外设二壝墙（其间距要求能容纳下大次、御

耕位、观耕台、乐玄等)。宋太宗淳化年间(公元990年间),先农坛所建造的“壝”间距为:内壝与先农坛外壁面之间以及内外壝之间距离均为50步。宋仁宗明道年间(公元1032年间),曾设想要在先农坛外建造三圈壝墙,无奈由于空间狭小,其所增设的最外壝只好用青绳代替,距原外壝仅10步。

2. 先农坛配套建筑设施

①观耕台:位于先农坛东侧,高5尺,周长40步,四面设台阶,坛体也涂饰为“青色”。

②配套附属屋宇:东郊斋宫、钹麦殿(思文殿)、神仓、人舍、牛舍等。

神仓:其功能是用来存放行籍田礼时使用的祭祀物品用具以及冬季用来藏冰。

东郊斋宫:即东青城,其功能和北宋东京城南北郊斋宫的使用功能是一样的,这里不再赘述。值得注意的是,其平面布局和北宋东京城南北郊斋宫的平面布局均十分相似,试据资料(2)中北宋学士院上奏的东郊斋宫各处殿宇门名对其布局进行分析:推测东郊斋宫应是一处有两道围墙与廊庑及建筑共同围合起来的沿南北中轴线对称布局的多进院落式建筑群,其南北轴线是:祈年门(南)——龙德门——两仪殿——延庆殿——元英门(北)。东郊斋宫外重围墙四方各有一门;其内层院落应是由围墙、东西廊子以及前后殿宇共同组成,且正南方设三门;在后殿与北部外围墙之间是东郊斋宫后花园,其中建造有一平面可能为五边形的亭子,叫会芳亭(图6)。

③环境绿化:田野约千亩,里面遍植果树蔬菜,并有田间小路及灌溉用的沟渠设施(如宋神宗元丰年间引蔡河水灌溉)。

六、先蚕坛及其附属建筑

北宋时期于每岁季春巳日在先蚕坛“享先蚕氏”,为中祠,属“纯阴之礼”。参加者主要是皇后及其女嫔侍从等,祭祀时进行象征性的采桑活动(如皇后采桑“三枝”等),来祈求国家蚕业兴旺,蚕丝丰收,满足祭祀礼仪所用服饰之需求。北宋东京先蚕坛建筑设施有:先蚕坛、采桑坛、蚕室、茧馆、亲蚕殿、幄次及壝墙、桑林等。历史文献记载摘录如下:

(1)元丰四年(1081年)十月,详定礼文所言:“今坛在东郊,熙宁祀仪,又有燎坛,……。《周礼》后蚕北郊,以纯阴为尊,请为蚕坛北郊,以享始蚕之人。不设燎坛,瘗埋以祭。”政和元年(1111年)四月二十一日,于先蚕坛侧度地,筑公桑蚕室,其亲蚕殿名曰无斁。(《玉海》卷七十七,礼仪,亲蚕)

(2)徽宗政和元年(1111年)四月,诏就先蚕坛之侧,度地筑公桑蚕室,岁养蚕以供祭服,其亲蚕殿可以无斁为名。(《文献通考》卷八十七,郊社考二十,亲蚕祭先蚕)

(3)(真宗年间)……筑坛东郊,从桑生之义。坛高五尺,方二丈,四陛,陛各五尺;一壝,二十五步。祀礼如中祠。(《宋史》卷一〇二,志五十五,礼五,吉礼五)

(4)政和(1111—1118年)礼局言:……请仿古制,于先蚕坛侧筑蚕室,度地为宫,四面为墙,高仞有三尺,上被棘,中起蚕室二十七,别构殿一区为亲蚕之所。仿汉制,置茧馆,立织室于宫中,养蚕千薄以上。度所用之数,为桑林。筑采桑坛于先蚕坛南,相距二十步,方三丈,高五尺,四陛。……命亲蚕殿以无斁为名。(《宋史》卷一〇二,志五十五,礼五,吉礼五)

(5)先蚕坛在东郊,从桑生之义。真宗景德三年(1006年)筑。其坛二十五步,每岁季春巳日享先蚕氏。神宗元丰四年(1081年),诏徙坛于北郊。(《宋东京考》,第179页)

1. 先蚕坛位置和形制

①先蚕坛位置:由资料(1)(5)知神宗及以前的先蚕坛位于东京城东郊,神宗元丰四年(1081年)下诏迁先蚕坛于京城北郊。

②先蚕坛形制:据资料(3)(5),先蚕坛高5尺,方2丈(方形平面),四面设台阶,台阶各宽5尺,外围一壝,壝距坛距离25步。

2. 先蚕坛配套建筑设施

①采桑坛形制:据资料(4)采桑坛位于先蚕坛南侧,距先蚕坛20步,方3丈(方形平面),高5尺,四面设台阶。

②蚕室及其他附属建筑:据资料(1)(2)(4)知蚕室位于先蚕坛附近,四面设实墙体,墙高3尺,上面覆盖荆棘掩遮,内部划分出27间蚕室

供养蚕用；另外还有茧馆、亲蚕殿(称无斁殿)等建筑。

③环境绿化：据资料(4)，先蚕坛建筑区域中种植有成片桑林，以供皇后等祭祀时采用，事实上也起到了绿化环境之作用。

七、其他祭坛建筑

1. 雩坛

古代中国孟夏时遇到天气干旱，便要举行雩祭活动，以求上天降雨，它主要祭祀对象是山川百源。北宋东京城举行的雩祭活动是皇帝要亲自参加的，属于隆重的“大雩”之礼。关于北宋东京雩坛的历史文献记载摘录如下：

(1)(元丰)五年七月己丑(1082 年)，礼部奏太常参详：“雩坛当立圜坛于南郊之左巳地，依郊坛远近，高一丈，广轮四丈，周十二丈，四陛，为三壝二十五步，周垣四门，燎坛一如郊坛之制。”从之。(《玉海》卷一〇一，郊祀，祠坛)

(2)(天禧)四年(1020 年)十月，详定郊庙奉祀礼文所言：“……又请改筑雩坛于国南门，以严祀事。”五年(1021.)七月，礼部言：“雩坛当立于圜丘之左巳地，其高一丈，广轮四丈，周十二丈，四出陛，为三壝各二十五步，周垣四门，一如郊坛之制”。从之。(《宋史》卷一〇〇)

①位置：由资料(1)，雩坛建于南郊圜丘左侧巳地，“巳地”按宋代《地理新书》贯鱼葬图可知为“东南”方位。

②形制：由资料(1)(2)知雩坛为圆形平面，直径 4 丈，周长 12 丈，坛高 1 丈，四面设台阶，外设三重壝墙，壝墙之间距离均为 25 步(合 125 尺)，最外再用墙垣围绕(推测为方形平面)，壝及墙垣四面各设一门，配备烧燎祭品的燎坛。其形制与南郊圜丘坛有颇多类似之处。

2. 风伯坛、雨师坛、雷师坛

北宋时期祭祀风、雨、雷、电之神的活动，属于“中祀”活动，一般在立春后丑日祀风师，立夏后申日祀雨师。关于此类祭坛的历史文献记载摘录如下：

(1)熙宁(1068－1078 年)祀仪：……请稽旧礼，兆风师于西郊，祠以立春后丑日；兆雨师于北郊，祠以立夏后申日；……。旧制，风师坛高四尺，东西四步三尺，南北减一尺。皇祐(1049－1054 年)定高三尺，周三十三步；雨师坛、雷师坛高三尺，方一丈九尺。皇祐定周六步。政和(1111－1118 年)之制，风坛广二十三步；雨、雷坛广十五步，其雨师、雷师二坛同壝。(《宋史》卷一〇三)

(2)风师坛在城西，高三尺，周三十三步，每岁立春后丑日祀之。雨师、雷师坛在城北。各高三尺，广十五步，二坛同壝。每岁立夏后申日祀之。(《宋东京考》)

①位置方位：据上述资料知风师坛位于东京城西郊；雨师坛、雷师坛同位于东京城外北郊。

②形制：宋仁宗皇祐间，风师坛高 3 尺，周长 33 步(合 165 尺)；雨师、雷师二坛形制相同，它们高均为 3 尺，周长 6 步(合 30 尺)。徽宗政和年间，风师坛形制为高 3 尺，广 23 步(合 115 尺)，外部设一重壝墙，壝墙距坛 25 步(合 125 尺)；雨、雷二坛均广 15 步(合 75 尺)，两者同在一壝墙内，壝墙距坛 25 步(合 125 尺)。

3. 朝日坛、夕月坛

北宋时期的日神、月神之祭祀活动属于“大祀”活动，春分时节祭日神“大明”于“朝日坛”，秋分时节祭月神“夜明”于夕月坛。历史文献记载摘录如下：

(1)元丰六年(1083 年)正月二十三日，礼部言：“熙宁祀仪朝日坛，广四丈；夕月坛，广二丈。以唐王泾《郊祀录》考之，夕月坛方广四丈，今止方二丈，比日坛甫及其半。望改造夜明坛(夕月坛)，为坎深三尺，纵广四丈，为坛于坎中高一尺，方广四丈，从之。(《玉海》卷一〇一，郊祀，祀坛)

(2)真宗天禧初(1017 年)，……春分朝日于东郊，秋分夕月于西郊……。皇祐五年(1053 年)，定朝日坛，旧高七尺，东西六步一尺五寸；增为八尺，广四丈，如《唐郊祀录》。夕月坛与隋、唐制度不合，……今定坎深三尺，广四丈，坛高一尺，广二丈，四方为陛，降入坎深，然后升坛。坛皆两壝，壝皆二十五步。……《五礼新仪》定二坛高广、坎深如皇祐，无所改。(《宋史》卷一〇三)

(3)朝日坛在城东。广四丈，高八尺，四出陛两壝，壝各二十五步。每岁春分奉祀。夕月坛在城西。坎深三尺，广四丈。坛高一尺，广二丈。四方各为陛，降入坎中，然后升坛。两壝各二十五步。每岁秋分奉祀。（《宋东京考》，第179页）

据上述资料对日、月二坛试作分析如下：

①位置：由资料(2)(3)知朝日坛（大明坛）位于东京城东郊；夕月坛（夜明坛）位于东京城西郊合乎古代阴阳观念。

②形制：仁宗皇祐五年（1053年）所定二坛形制为：朝日坛高8尺，广4丈，四面设台阶，外设二重壝墙，壝墙距坛及两壝墙之间距离均为25步（合125尺）；夕月坛高1尺，广2丈，坐落于一个深3尺的下沉空间中，即所谓的“坎”中，该“坎”平面长宽4丈，这种下沉式处理隐含“月”者为“阴”之义。外围绕二重壝墙，壝墙距坛及两壝之间距25步间距（合125尺）。推测朝日坛、夕月坛均为矩形平面。神宗元丰六年（1083年），按《唐郊祀录》之制对夕月坛进行了改造，使夕月坛长宽达到4丈，高仍为1尺，仍作下沉式处理。因此到夕月坛举行祭祀活动的人们要沿台阶步入“坎”中，然后再沿坛之台阶登坛，进行祭典。

朝日坛、夕月坛二坛复原想象图见图7、图8

4.五方帝坛

五方上帝分别是指：东方青帝“灵威赤”、西方白帝“白招拒”，南方赤帝“赤熛怒”、北方黑帝“叶光纪”，中央黄帝“含枢纽”，与“五行”有着密切的联系。

北宋时期祭祀“五方上帝”是国之“大祀”，立春祀赤帝，立夏祀青帝，季夏祀黄帝，立秋祀白帝，冬日祀黑帝。历史文献记载摘录如下：

(1)《礼志》四立土王日祀五方帝，青帝坛高七尺，方六步四尺。赤帝坛高六尺，东西六步三尺，南北六步二尺。黄帝坛高四尺，方七步。白帝坛高七尺，东西七步，南北七步一尺。黑帝坛高五尺，方三丈七尺。皇祐定坛如《唐郊祀录》，各广四丈，其高用五行八七五九六为尺数。皇祐五年闰月（1053年）定诸坛。（《玉海》卷一〇一，郊祀，祀坛）

(2)宋因前代之制，……。各建坛于国门之外：青帝之坛，其崇七尺，方六步四尺；赤帝之坛，其崇六尺，东西六步三尺，南北六步二尺；黄帝之坛，其崇四尺，方七步；白帝之坛，其崇七尺，方七步；黑帝之坛，其崇五尺，方三步七尺。天圣中（1023－1032年），诏太常葺四郊宫，……皇祐（1049年）定坛如《唐郊祀录》，各广四丈，其崇用五行八七五九六为尺数。（《宋史》卷一〇〇）

①位置方位：由资料(2)“各建坛于国门之外”，再据各方颜色与五行方位的对应关系可推知青帝坛在京城东郊、白帝坛在京城西郊、黑帝坛在北郊，赤帝坛与黄帝坛在南郊。

②形制如下表：

坛名	宋代前期形制		仁宗皇祐间形制	
	高	长宽	高	长宽
青帝坛	7尺	方6步4尺	8尺	4丈
赤帝坛	6尺	东西6步3尺 南北6步2尺	7尺	4丈
黄帝坛	4尺	方6步4尺	5尺	4丈
白帝坛	7尺	方6步4尺	9尺	4丈
黑帝坛	5尺	方6步4尺	6尺	4丈

至于五方帝坛外部的壝墙为几重及各坛的层数无法确切考证。

5.九宫贵神坛

九宫贵神知风雨、水旱、兵革、饥馑、疫疾、灾害之事。在北宋时期此类祭祀属“大祀”，一般在“二仲”时节举行。在祭九宫贵神时，派遣司天监一员祭祀，应按每年贵神飞棋的方位，来定祭祀之神位。每年祭祀一位贵神，周而复始。历史文献记载摘录如下：

(1)国朝承唐制，祀于东郊。注：建坛于朝阳门外，与青帝邻。咸平四年（1003年）……，九宫所主风雨霜雪雷电疾疫之事，请复为大祀。从之。注：《郊祀录》：九宫坛在京城东，坛三成，成三尺四陛，小坛九阶，高一尺五寸，纵广八尺。又西南为一陛曰坤道人门。（《玉海》卷一〇一，郊祀，祠坛）

(2)太一九宫神位，在国门之东郊。坛之制，四陛外，西南又为一陛曰坤道，俾行事者升降由之。其九宫神坛再成，第一成东西南北各二十尺，再成东西南北各一百尺，俱高三尺。坛上置小坛九，每坛高一尺五寸，纵广八尺，各相去一丈六尺。初用中祀，咸平中（998－1004年）改为大祀，坛增两道。……皇祐，增坛三成。（《宋史》卷一〇三）

(3)（《政和新仪》）九宫贵神坛三成，一成纵广十四丈，再成纵广十二丈，三成纵广十丈，各高三尺。上依方位置小坛九，各高一尺五寸，纵广八尺。四陛，坤道，两壝，每壝二十五步，如旧制。（《宋史》卷一〇三）

①位置方位：据资料(1)(2)知北宋东京九宫贵神坛位于朝阳门外，即俗称的新宋门外，与青帝坛紧邻。

②形制：从资料(2)(3)知北宋早期为二层坛，每层高3尺，第一层坛长宽120尺[在资料(2)中“二十尺”前应遗漏了“一百”二字]，第二层坛长宽100尺；第二层坛上又按“九宫图”格局置九个小坛，小坛高1尺5寸（为下层主坛层高之半），每坛长宽8尺，各小坛间距均为1丈9尺；主坛四面设台阶，主坛西南方又有“坤道”台阶。

真宗咸平（998－1004年）年间九宫坛之外又增加两道壝墙。

仁宗皇祐（1049－1054年）年间又把九宫坛改建为三层。

徽宗政和年间（1111－1118年）九宫坛为三层坛，层高3尺，第一、二、三层坛边长分别为14丈、12丈、10丈；第三层坛上仍按“九宫图”置九个高1尺、边长8尺的小坛；主坛四面设台阶，其西南方位设一处“坤道”台阶；外设二重壝墙，壝距坛及壝与壝间距均为25步（合125尺）。徽宗政和年间九宫贵神坛复原想象图见图9。

6. 大蜡坛

中国古代人们要在每年十二月举行一次合祭万物之神的盛典，以报飨神明，称为“大蜡”。蜡祭的主要对象是对农业生产有功的神灵。北宋时期此类祭祀为“大祀”。有关北宋东京蜡坛的历史文献记载摘录如下：

(1)[神宗元丰（1078－1086年）]请蜡祭，四郊各为一坛，以祀其方之神，以不顺成之方则不修报。（《宋史》卷一〇三）

(2)（《政和新仪》）腊前一日蜡百神。四方蜡坛广四丈，高八尺，四出陛，两壝，每壝二十五步。（《宋史》卷一〇三）

(3)四方蜡坛在四郊。神宗元丰六年（1083年），定坛各广四丈，高八尺，四出陛，两壝，壝各二十五步。每岁腊前一日祀其方之神，有不顺成之方，则不修报。（《宋东京考》，第178页）

①位置方位：东京城外东、西、南、北郊各设一蜡坛。

②形制：四郊蜡坛完全相同，坛高均为8尺，长宽4丈，四面设台阶，外围壝墙两重，壝墙与坛体及壝墙与壝墙间距均为25步。

7. 高禖坛

中国古代祭高禖的目的主要是祈求皇子、祭祀“青帝”等，皇帝亲率六宫妃嫔参加，进行三献之礼，“皇帝初献，皇后亚献，夫人终献。”[16]北宋在东京城外建有高禖坛，历史文献记载摘录如下：

(1)景佑四年（1037年）二月，……当筑坛于南郊，春分之日以祀青帝，……。以禖从祀，报告为禖之先也。……。为圆坛高九尺，广二丈六尺，四陛，三壝，陛广五尺，壝各二十五步，主用青石，长三尺八寸，用木生成之数。（《宋史》卷一〇三）

(2)高禖坛在南郊。仁宗景佑四年（1037年）筑。每岁春分日祀青帝，本《诗》“克礼以郊”之义。坛高九尺，周广二丈六尺。四出陛，陛广五尺，设三壝，壝各二十五步。（《宋东京考》，第177页）

①位置方位：位于东京南郊

②形制：圆形平面，高9尺，直径2丈6尺，四面设台阶，台阶均宽5尺，外围绕壝墙三重，壝与坛体及壝与壝之间距均为25步。

8. 感生帝坛

感生帝是“五方帝之一”，每代王朝的兴盛必感其一。北宋皇帝“以火德”上承正统，奉赤帝为感生帝。文献记载摘录如下：

(1)为坛于南郊，高七尺，广四丈。（《宋史》卷一〇〇）

(2)感帝坛在南郊。高七尺，广四丈，四出陛，两壝，每壝二十五步。常以正月上辛祀感生帝。（《宋东京考》，第177页）

由上资料可知，感生帝坛位于东京城南郊，

高 7 尺，广 4 丈，四面出四台阶，两重壝墙环绕，壝墙之间距为 25 步(合 125 尺)。

9. 灵星坛、寿星坛

关于北宋灵星、寿星两坛的文献记载摘录如下：

(1)寿星坛，方丈八尺。灵星坛，东西丈三尺，南北丈二尺，……皇祐定如唐，……寿星、灵星八步四尺，马祭周九步，皆高三尺。(《玉海》卷九十九，郊祀，社稷)

(2)(仁宗)庆历(1041—1049 年)以立秋后辰日祀灵星，其坛东西丈三尺，南北丈二尺，寿星坛方丈八尺。皇祐(1049—1054 年)定如唐制，二坛皆周八步四尺。象尊二，在坛上东南隅，北向西上。(《宋史》卷一〇三)

(3)《政和新仪》改定：坛高三尺，东西袤丈三尺，南北袤丈二尺，四出陛，一壝，二十五步。(《宋史》卷一〇三)

(4)灵星坛在南郊。高三尺，东西长一丈三尺，南北长一丈二尺，四出陛，一壝，二十五步。(《宋东京考》，第 179 页)

据上述资料进行分析：

①位置方位：二坛均在南郊。

②形制：灵星坛为矩形平面，高 3 尺(东西长 1 丈 3 尺，南北宽 1 丈 2 尺)，四面设台阶，外围一重壝墙，壝墙距坛 25 步；寿星坛为方形平面，边长 1 丈 8 尺(高可能为 3 尺)，其他不祥。

10. 马祖三坛、司中司命司民司禄四坛

马祖三坛：《宋史·卷一〇三·志第五十六·礼六》记载“仲春祀马祖，仲夏享先牧，仲秋祭马社，仲冬祭马步，并择日。坛壝之制，三坛各广九步，高三丈，四陛一壝”。可知马祖坛由并列三个坛组成。

司中、司命、司民、司禄四坛：《宋史·卷一〇三·志第五十六·礼六》记载“司中、司命、司民、司禄为四坛，各广二十五步同壝”。知此一组四坛位于同一壝墙内。

关于北宋东京祭坛建筑分布近似示意图，见图 10。

八、结　语

根据上述历史文献摘录情况及简要分析，对北宋东京祭坛建筑可得出以下简要认识：

在建筑形体特征方面，祭坛的外观造型均表现为单层或多层向上内收“不屋而坛”的做法，外部又设一周或多重壝(最外再设垣墙)，并四面设棂星门，以达到强调主祭坛的中心“焦点”之作用，进而为祭祀天、地、日、月、山、林、川、泽诸神灵和祭祀先祖营造出了一种“天人感应”，“对应感通”的神秘空间。另外，祭坛一般还有配套的“院落型”斋宫殿宇，为中国传统的多进式沿中轴线对称布局的建筑组群，东京城区四郊皆有。

在建筑营建方案构思方面，蕴涵着丰富的中国传统文化内涵：如各祭坛在东京城的规划方位，就应用了诸如“南阳北阴”(圜丘南，方丘在北等)、“东阳西阴”(朝日坛在东，夕月坛在西等)的阴阳方位以及五行方位(社稷坛之覆盖五色土，五方帝坛之安置方位)象征等思想；各单体祭坛的营造构思应用了诸如以“方”象“地”，“圆”象“天”，“坎”象“沼泽”等等思想；另外圜丘、方丘等祭坛的构造尺寸构思中应用了诸如“九”象“阳”法“天”、“六”象“阴”法“地”等思想。由于这些象征思维及手法在祭坛构思设计上的综合运用，赋寓了祭坛建筑以丰富的传统文化内涵，体现了中华传统文化中神秘文化的那一部分，反映了中国传统文化的特色。

参考文献

[1][清]徐松辑，《宋会要辑稿》，北京：中华书局，1957 年影印本
[2][宋]王应麟辑，《玉海》，江苏古籍出版社、上海书店，1987 年
[3][元]马端临，《文献通考》，浙江古籍出版社十通本，1988 年
[4][宋]李焘，《续资治通鉴长编》，北京：中华书局，1990 年
[5][元]脱脱等撰，《宋史》，北京：中华书局，1977 年点校
[6][清]周城撰，单远慕点校，《宋东京考》，北京：中华书局，1988 年
[7][宋]孟元老原著，姜汉椿译注，《东京梦华录全译》，贵阳：贵州人民出版社，1998 年 7 月第 1 版
[8]周宝珠著，《宋代东京研究》，开封：河南大学出版社，1992 年 4 月第 1 版
[9]郭黛姮主编，《中国古代建筑史·第三卷·宋、辽、金、西夏建筑》，北京：中国建筑工业出版社，2003 年 9 月第 1 版
[10][清]宋继郊编撰，王晟等点校，《东京志略》，开封：河南大学出版社，1999 年 9 月第 1 版
[11][宋]李诫编修，《营造法式》，上海：商务印书馆出版，1933 年 12 月初版，1954 年 12 月重印
[12]陈戍国著，《中国礼制史·宋辽金夏卷》，长沙：湖南教育出版

社,2001 年 3 月第 1 版
[13]姜波著,《汉唐都城礼制建筑研究》,北京:文物出版社,2003 年 3 月第 1 版
[14]吴康主编,《中华神秘文化辞典》,海口:海南出版社,2001 年 4 月
[15][清]徐松辑,陈智超整理,《宋会要辑稿补编》,北京:全国图书馆文献缩微複製出版中心出版,1988 年 7 月北京第一版
[16]开封市人民政府地名办公室、开封市地名词典编辑部,《河南省古今地名词典·开封市地名词条编(4)》,1990 年 10 月

---

①(宋)孟元老著,姜汉椿译注,《东京梦华录全译》,贵阳:贵州人民出版社,1998 年 7 月第 1 版,第 249～250 页。

②(宋)孟元老著,姜汉椿译注,《东京梦华录全译》,赵师侠跋,贵阳:贵州人民出版社,1998 年 7 月第 1 版。

③(清)周城撰,单远慕点校,《宋东京考》,北京:中华书局,1988 年 8 月,第 171 页。

④(宋)李诫编修,《营造法式》,卷第三:石作制度,上海:商务印书馆出版,1933 年 12 月初版,1954 年 12 月重印。

⑤(宋)李诫编修,《营造法式》,卷第十三:泥作制度,上海:商务印书馆出版,1933 年 12 月初版,1954 年 12 月重印。

⑥(宋)李诫编修,《营造法式》,卷第十三:泥作制度,上海:商务印书馆出版,1933 年 12 月初版,1954 年 12 月重印。

⑦郭黛姮主编,《中国古代建筑史·第三卷·宋辽金西夏建筑》,北京:中国建筑工业出版社,2003 版第 134—135 页。

⑧开封市人民政府地名办公室,开封市地名词典编辑部,《河南省古今地名词典·开封市地名词条选编(4)》,1990 年 10 月,第 347 页。

⑨陈戍国著,《中国礼制史·宋辽金夏卷》,长沙:湖南教育出版社,2000 年 11 月第 1 版,第 47 页引述《宋史》中《宇文昌龄传》

⑩陈戍国著,《中国礼制史·宋辽金夏卷》,长沙:湖南教育出版社,2000 年 11 月第 1 版,第 46 页、47 页。

⑪(清)宋继郊编撰,王晟等点校,《东京志略》,开封:河南大学出版社,1999 年 9 月第 1 版,第 509 页。

⑫周宝珠著,《宋代东京研究》,开封:河南大学出版社,1992 年 4 月第 1 版,第 63 页。

⑬开封市人民政府地名办公室、开封市地名词典编辑部,《河南省古今地名词典·开封市地名词条选编(4)》,1990 年 10 月,第 323 页。

⑭周宝珠著,《宋代东京研究》,开封:河南大学出版社,1992 年 4 月第 1 版,第 62 页。

⑮开封市人民政府地名办公室、开封市地名词典编辑部,《河南省古今地名词典·开封市地名词条选编(4)》,1990 月 10 月,第 270 页。

⑯姜波著,《汉唐都城礼制建筑研究》,北京:文物出版社,2003 年 3 月第 1 版,第 179 页。

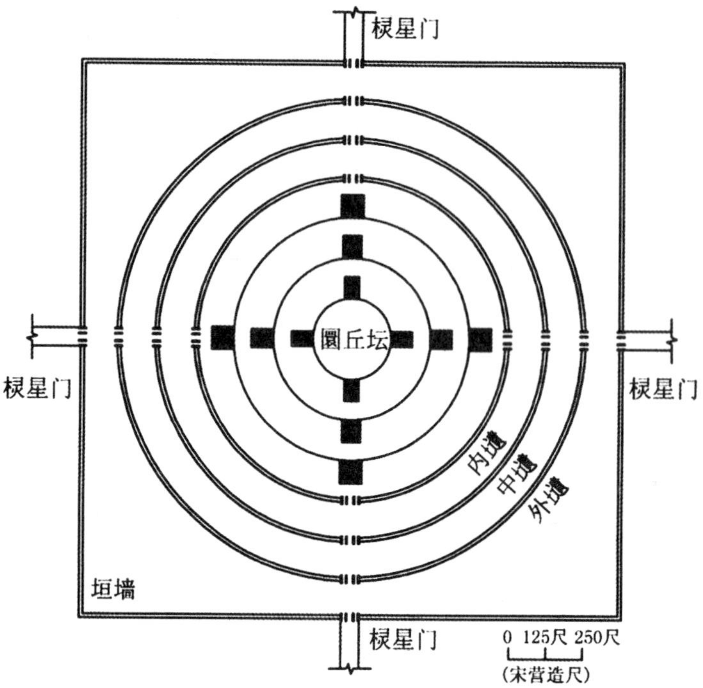

图 1　宋徽宗政和三年圜丘坛方案平面想象图

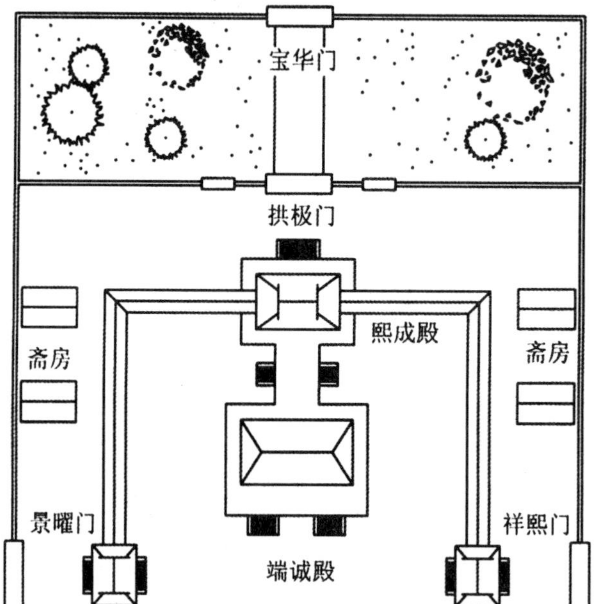

图 2　南郊青城平面想象图

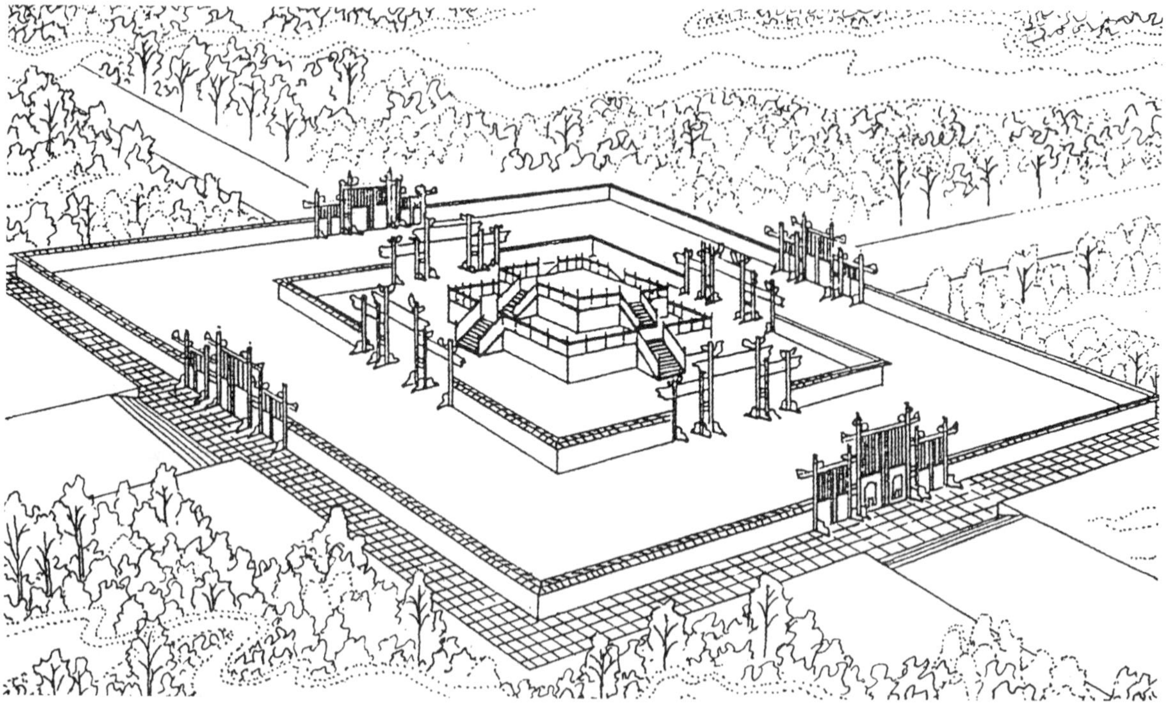

图 3　宋哲宗年间北郊方丘想象图(有凹坎)

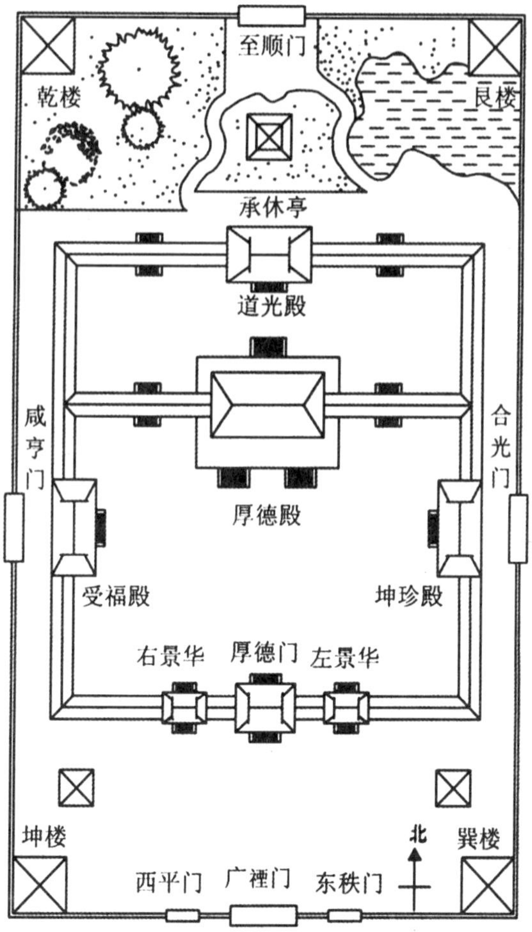

图 4　北郊斋宫平面想象图

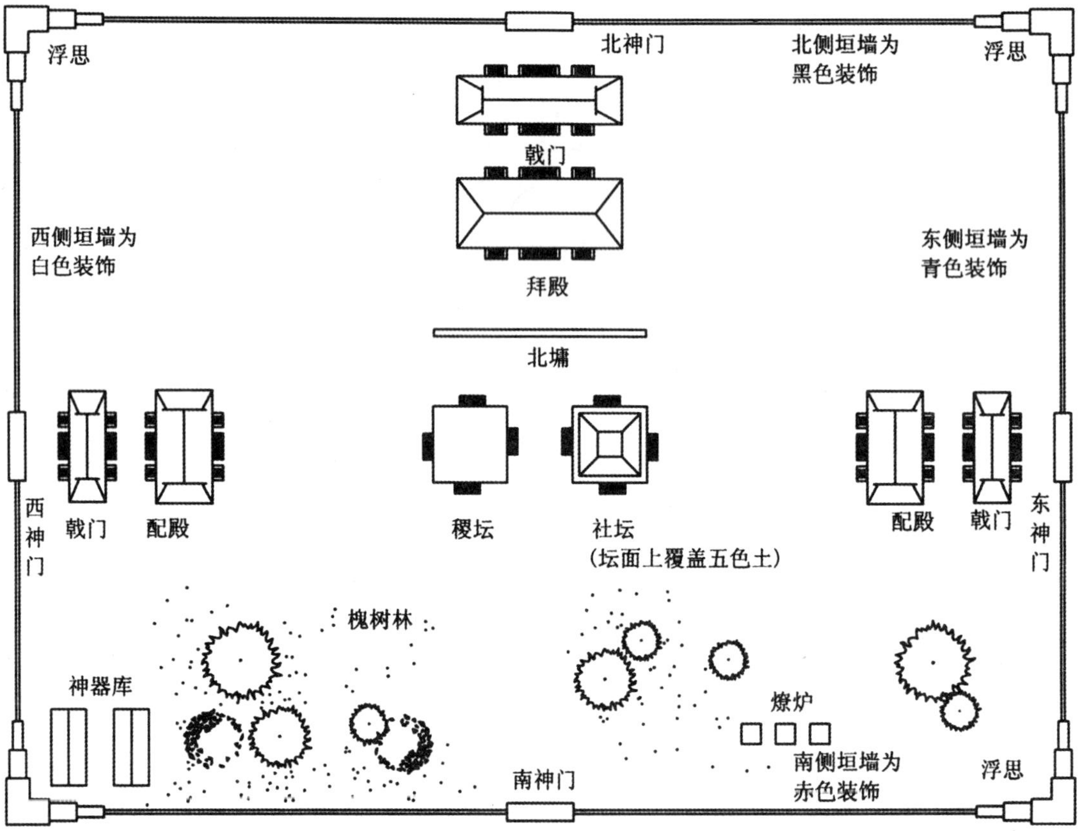

图5　社稷坛平面想象图

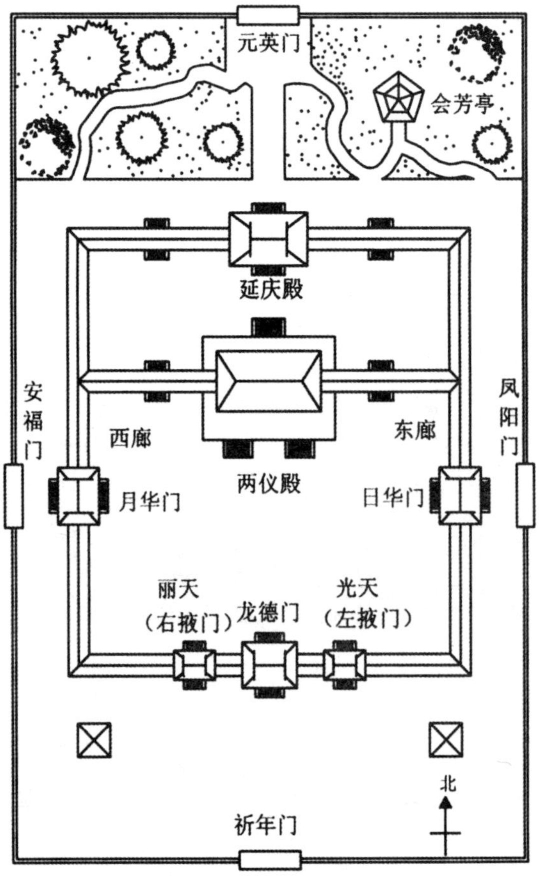

图6　东郊斋宫平面想象图

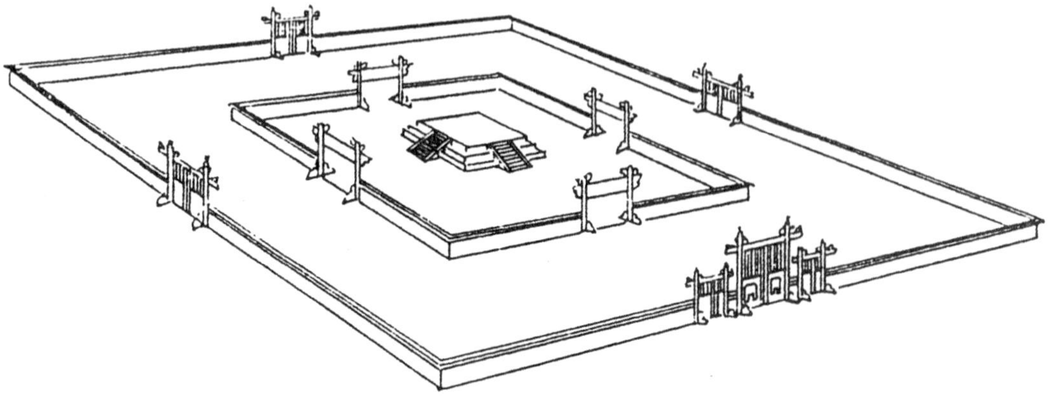

图 7　朝日坛想象图

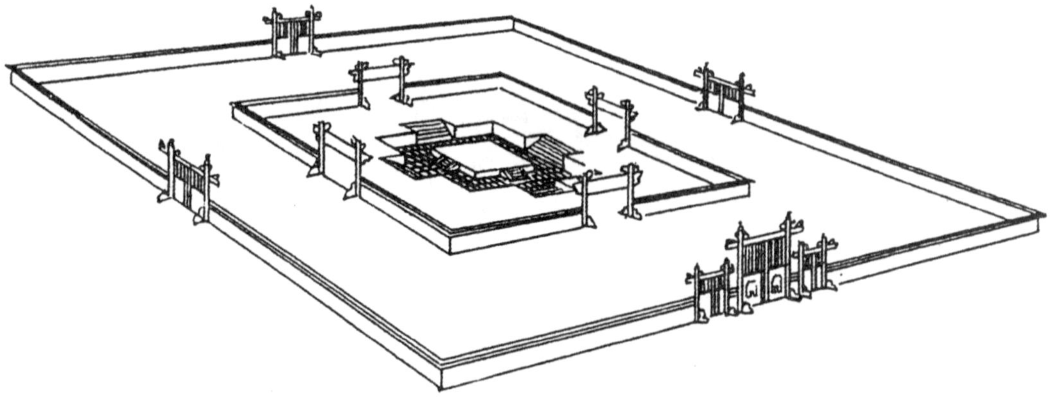

图 8　夕月坛想象图(有凹坎)

图 9　宋徽宗政和年间九宫贵神坛想象图(有坤道)

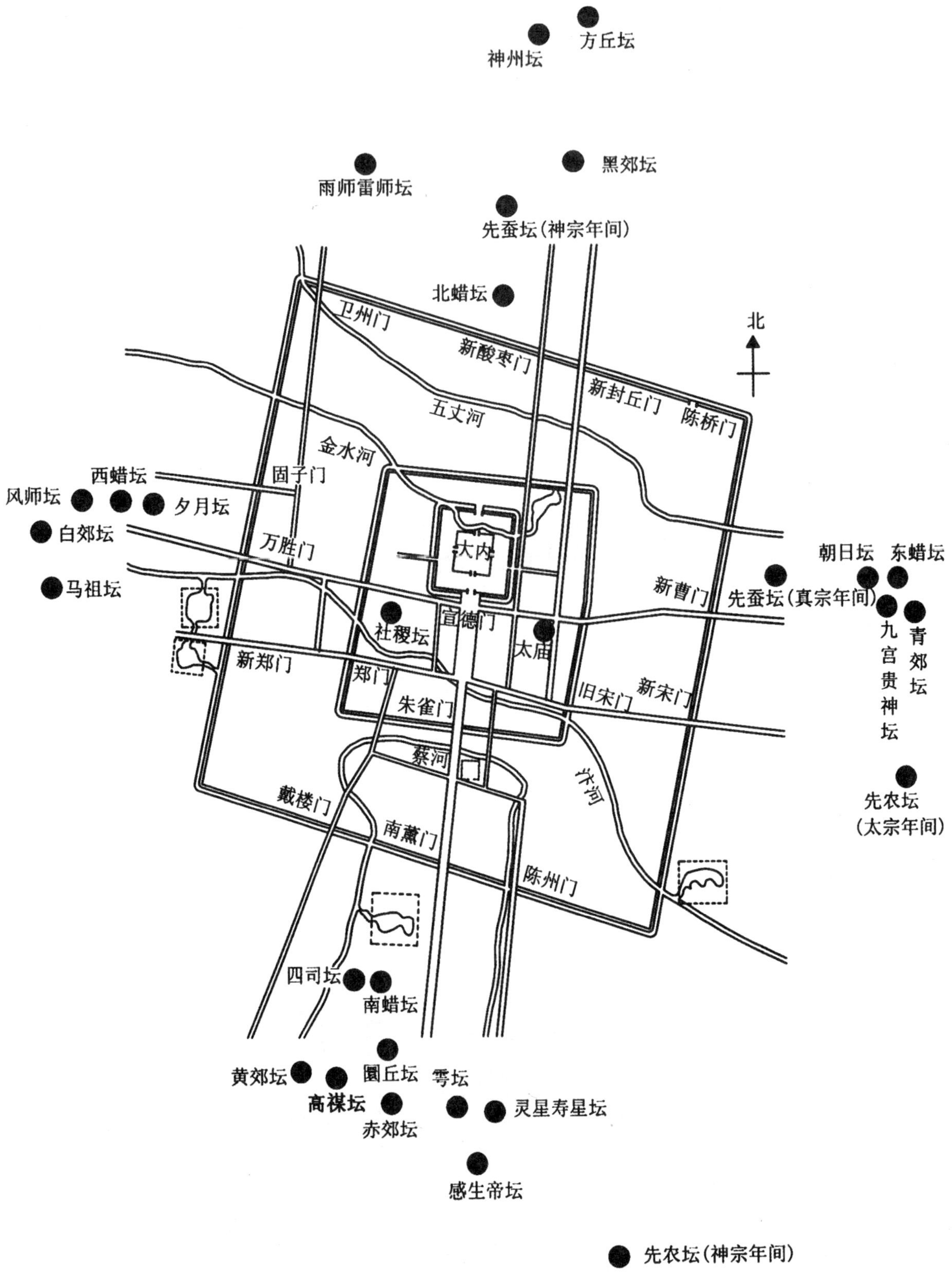

图 10　北宋东京城祭坛建筑近似分布示意图

·历史文化名城·

河南历史文化名城概论

杨焕成

（河南省文物局　郑州　450002）

［关键词］河南历史文化名城；保护；概论

［摘　要］中华大地上遗留下来丰富多彩的文化遗产。其中城市文化遗产是非常重要的组成部分。加强城市文化遗产保护，不但要保护单体的历史文化遗产，并且要保护能反映城市历史文化风貌的街区，进而保护整座城市的空间环境。河南历史文化名城保护管理工作，虽然取得很大成绩，但也存在一些不容忽视的问题。保护好历史文化名城，是历史赋予我们这一代人的神圣职责。

Introduction of Historic and Cultural Cities in Henan

Yang Huanchen

(*Henan Cultural Relics Bureau　Zhengzhou*　45002)

Key Words: Historic culture cities of Henan; Protection; Introduction

Abstract: There are many places designated as cultural heritages remaining in our motherland and the heritages of these ancient cities remain important. To strengthen the protective measures regarding these heritages is obviously of primary importance, but the protection of individual historic properties must be expanded to include the surrounding blocks of historical relics because they also reflect the past views of the culture and the history of the city. It is only through the protection and perseveration of the entire surrounding area that the true atmosphere of the ancient cultures may be observed. The achievements we have procured during the process of protection and perseveration aside, there remain problems to confront, These problems should not be ingnored. It is our mandate to protect these historic culture cities for posterity.

"保护一批历史文化名城，对于继承悠久的文化遗产，发扬光荣的革命传统，进行爱国主义教育，建设社会主义精神文明，扩大我国的国际影响，都有着积极的意义。"①

（一）

我国是世界上著名的文明古国，有着悠久的历史和灿烂的文化。数千年来绵延不断的实物考据和文字记载的多元一体的历史，是其他文明古国所难以比拟的。由于这样的历史地位，使中华大地上遗留下来丰富多彩的历史文化遗产。其中城市文化遗产是其非常重要的组成部分。因为城市是人口最集中的地方，是一个国家或地区政治、经济、文化的中心，聚集着古今大量的物质和精神财富，对人类的进步和社会的发展具有十分重大的意义。且每个城市都有属于自己的历史，每个城市都有区别于其它城市的历史传统和独特的记忆，只有保护好城市历史之根，传承城市文化之魂，才能够塑造城市品牌形象，突出城市特色的价值，推动经济发展，促进社会进步。所以一部人类文明的历史，城市占据着重要的部分。由于自然和人为的原因，城市的历史文化遗产和背景环境遭到越来越大的破坏，所承载的历史信息遭到大量流失，造成无法挽回的损失，引起有关国家政府和社会有识之士的高度关注。呼吁加强城市文化遗产保护，不但要保护城市单体的历史文化遗产，并且要保护能反映城市历史文化风貌的街区，进而保护整座城市的空间环境。

世界上历史文化遗产的保护经历了长期的发展和演进。由单纯保护供欣赏的艺术品，到保护历史建筑与环境，进而保护历史地区及整个城市。随之世界上历史文化遗产保护立法工作也从19世纪陆续展开。法国于1840年制定了《历史性建筑法案》，英国于1882年制定《历史纪念物保护法》，日本于1897年制定《古神社寺庙保存法》。1930年法国《景观保护法》，首先将建筑群、历史地段、古村落乃至整个历史城镇划为保护项目。随后意大利、英国、法国等也都逐渐形成了保护历史城镇、历史街区、古村落的法规。1975年欧盟发起了《欧洲历史遗产年》活动。1976年通过了欧盟第7628号决议案，涉及到古城镇“整体保护”的内容。但文化遗产是全人类的财富，保护文化遗产不仅是每个国家的重要职责，也是整个国际社会的共同义务。故联合国教科文组织通过了旨在促进国际社会保护人类文化遗产的重要文件。如1964年的《威尼斯宪章》、1977年的《马丘比丘宪章》都提出了保护城市环境的原则。特别是1976年通过的《内罗毕建议》即《关于历史地区的保护及其当代作用的建议》，强调“历史地区及其环境应被视为不可替代的世界遗产的组成部分，其所在国政府和公民应把保护该遗产并使之与我们时代的社会生活融为一体作为自己的义务”。1987年通过的《华盛顿宪章》即《保护历史城镇与城区宪章》，指出“为了更加卓有成效，对历史城镇和其它历史城区的保护应成为经济与社会发展政策的完整组成部分，并应当列入各级城市和地区规划。”这些国际文件，起到了保护历史城镇的重要推动作用和指导意义。

我国现代意义上的历史文化遗产保护工作始于20世纪30年代，1930年国民政府制定了《古物保存法》，1931年颁布了《古物保存法细则》，1932年设立“中央古物保管委员会”，开始了国家对历史文化遗产的保护与管理工作。河南省还先于国家于1913年制订《河南保存古物暂行规程》，该规程对古物种类、古物调查、保护责任、盗卖盗掘古物治罪等作出了地方法规的明确规定。但由于时局动荡等原因，法规基本没有得到执行。新中国成立之后，国家于1950年起，相继颁布了一系列历史文化遗产保护管理的法令、法规。1961年国务院发布了《文物保护管理暂行条例》，1982年全国人大常委会通过实施《中华人民共和国文物保护法》。1982年国务院公布首批国家历史文化名城，至今已公布国家历史文化名城107个。建设部和国家文物局公布了全国历史文化名镇（村），河南等省、市、自治区公布了省级历史文化名城（镇）。并相继颁布了历史文化名城（镇）的保护管理地方法规等。使我国历史文化名城（镇）的保护管理工作，“从规划、立法、管理、学术研究及人才培养方面得到不断发展和完善。其保护内容也由单体文物保护向文物环境及整个历史街区扩展，由城市总体布局等物质空间结构的保护向城市特色与风貌延续等非物质要素的保护拓展”，最终形成了历史文化名城（镇）保护管理较为完备的体系。

我国在史前文化和进入文明社会的发展长河中，形成了星罗棋布的古城址和城市功能仍在延续的历史文化丰厚的城市。按照考古学分类惯例，将史前及进入阶级社会遗留下来的古城址，归入古文化遗址类。在众多城市历史功能仍在延续的城市中，根据1986年《国务院批转建设部、文化部关于请示公布第二批国家历史文化名城名单报告的通知》中指出的“关于历史文化名城的标准，根据《中华人民共和国文物保护法》的规定，历史文化名城应是‘保存文物特别丰富，并具有重大历史价值或革命意义的城市。’在具体审定工作中要掌握以下几点原则：第一，不但要看城市的历史，还要着重看当前是否保存有较为丰富、完好的文物古迹和具有重大的历史、科学、艺术价值。第二，历史文化名城和文物保护单位是有区别的，作为历史文化名城的现状格局和风貌应保留着历史特色，并具有一定的代表城市传统风貌的街区。第三，文物古迹主要分布在城市市区或郊区，保护和合理使用这些历史文化遗产对该城市的性质、布局、建设方针有重要影响。”这就是中国历史文化名城的定义、性质和审定标准。国家依据此规定遴选公布了中国国家历史文化名城。《中华人民共和国文物保护法》还规定“保存文物特别丰富并且具有重大历史价值或者革命纪念意义的城镇、街道、村庄，由省、自治区、直辖市人民政府核定公布为历史文化街区、村镇，并报国务院备案。”所以我国四川、江苏、河南、湖南、安徽等省公布了省级历史文化名城（镇、村）。

我国核定公布的国家级和省级历史文化名城，都不同程度地保持着独特的个性和魅力。为了保护、研究和合理利用历史文化名城资源，需要对历史文化名城制订出不同的分类标准，划分出不同的类型。我国通常依据其名城形成的历史、自然、人文地理以及城市的物质要素和功能结构等方面，亦即名城的性质和特点，采用两种分类方法。第一种分类方法以名城的特点和性质分类：(1)古都类，以都城时代的历史遗存物和古都风貌为特点的名城。(2)传统风貌类，保留某一时期或几个历史时期积淀下来的完整的建筑群体的名城。亦即城市的格局、街巷、传统民居和公共建筑物均较完好的保存着某一时代的风貌。(3)风景名胜类，拥有对城市特色的形成起着重要作用的丰富的自然景观或人文景观为特征的名城。(4)地方及民族特色类，以民族风情、地方文化、地域特色构成城市风貌主体的名城。(5)近现代史迹类，以反映近现代历史重大事件或重要阶段的历史文化遗产为其显著特色的名城。(6)特殊职能类，城市中的某种职能在历史上占有独特的突出地位，并在某种程度上成为该城市特征的名城。(7)一般史迹类，以分散在全城各处的历史文化遗迹、遗物作为历史传统体现的主要方式的名城。第二种分类方法为：(1)作为历史上统一国家的国都的城市。(2)“鼎足三分”、“南北对峙”时期王朝的帝都。(3)诸侯国家或封王的都城。(4)边疆地区早期地方政权的都城。(5)革命历史名城（近现代历史名城）。(6)海外交通的历史名城。(7)风景游览名城。以上是通常从历史文化名城性质、特征、分布状况等要素分析划分的类型。若按名城的特色风貌保存情况分析，一般将已公布的历史文化名城分为4类：(1)古城的格局风貌比较完整，有条件采取全面保护的名城。(2)古城风貌犹存，或古城格局、空间形态尚存大部分或一部分的名城。(3)古城的整体格局和风貌已基本不存，但还保存有若干体现传统历史的街区。(4)有少数名城已经没有一处完整的历史街区，但城内及郊区的文物古迹本身及背景环境保存尚好。严格讲这后4种情况，不是名城的类型，但从现存实际出发，针对其历史和现状，从宏观的角度把握各个名城的整体特点，制定切合实际的实施对策，无疑也是有着重要作用的。

（二）

我国现有国家级、省级历史文化名城最多的省——河南，位于黄河中下游，古为“豫州”，因居九州之中，故称“中州”，又因境内多平原，故又称“中原”。在我国史前及进入文明社会发展过程中，以河南为代表的中原文化始终起着中心作用和导向作用，而成为华夏文明的核心。《读史方舆纪要》载“自天下而言，河南为适中之地。”“河南古所称四战之地，当取天下之日，河南在所必争。”“河南阃域中夏，道里辐辏。顿子曰‘韩（新郑）天下之咽喉；魏（开封）天下之胸腹。’范雎亦云‘韩、魏，中国之处而天下之枢也。’秦氏观曰‘长安四塞之国，利于守；开封四通五达之郊，利于战；洛阳守不如雍，战不如梁，而不得洛阳，则雍、梁无以为重，故自古号为天下之咽喉。’夫据洛阳之险固，资大梁（开封）之沃饶，表里河山，提封万井。河北三郡（彰德、卫辉、怀庆），足以指挥燕、赵。南阳、汝宁，足以控扼秦楚；归德（商丘），足以鞭弭齐、鲁，遮蔽东南。中天下而立，以经营四方，此其选矣。”有学者亦称“中原居九州之腹心，中天而立。地势西高东低，关山险厄，势利形便。东据芒砀之险峻，西依连绵之秦岭，南亘蜿蜒之大别，北依太行之巍峨，巍巍嵩岳，屹踞中立，奔腾澎湃的黄河浩浩荡荡，横贯其间。名山大川，交相辉映；平原沃野，人民殷富。”

据此可知，河南地理位置在历史上是何等

的重要。故而古往今来，政治军事集团的角逐无不在这块热土上进行，成为历史上“得中原者得天下”的兵家必争之地。曾经有二十多个王朝建都于此，长达两千多年为中国政治、经济、军事、文化的中心。形成中国八大古都河南占其四（洛阳、开封、安阳、郑州），并现有8个国家历史文化名城，3个中国历史文化名镇，1个中国历史文化名村，34个省级历史文化名城（镇、村）。这46个历史文化名城（镇、村）具有如下特点。

(1)历史悠久。这是河南历史文化名城的突出特点。国家历史文化名城洛阳（图1、2），素有“河山控戴，形胜甲天下”之誉，自夏、商在其附近建都，迄今已有4000多年的城市发展史，此后东周、东汉、曹魏、西晋、北魏、隋、唐及五代时期的后梁、后唐先后建都于此，其建都时间长达1000多年。国家历史文化名城开封（图3、4），自战国时魏惠王为避强秦，迁都大梁（今开封），经过130多年的经营，大梁成为战国时期“（城内）车马往来，日夜不休”的第一流大都市。五代时期后梁、后晋、后汉、后周也在此建都。特别是北宋定都开封（东京），历时167年，全城人口达150万，成为当时世界上第一大城市。金代后期曾迁都开封（时称南京）。省级历史文化名城新郑，早在8000年前裴李岗文化时期，我们的祖先就在这里定居生息。远古时代黄帝轩辕氏之故里故都均在新郑。春秋战国时的郑、韩两国先后在此建都500多年，遗留下丰富的历史文化遗产。

(2)建城历史早。古代河南城邑林立，目前保存的新石器时代和历代王朝的古城址就达320多处，仅史前的古城址就多达12处（西山古城址、后岗古城址、戚城古城址、王城岗古城址、平粮台古城址、孟庄古城址、郝家台古城址，古城寨古城址、新砦古城址、徐堡古城址、蒲城店古城址、西金城古城址）。国家历史文化名城郑州（图5），在其西北郊发掘一座西山仰韶文化时期的古城址，距今约5300年，城址平面近于圆形，采用分块版筑法修建夯土城墙，至今夯窝仍清晰可见，还发现有西城门和北城门。是目前我国发现唯一的仰韶文化城址，把中国已发现古城址的年代提早了近一千年。西山仰韶古城址的发现，宏观上可以说郑州最早的建城史，距今约5300年；郑州市区现存的商代城址（图6），为夯筑城垣，近似纵长方形，周长近7公里，地面残墙最高处达6米许，城垣内面积3.43平方公里。近年在商城外发现面积不小于13平方公里的外廓城。此为商代前期的王都，距今约3600年。充分显示出郑州建城历史的久远。河南其它历史文化名城洛阳、开封、安阳也都有千年以上的建城历史。

(3)现存文物古迹丰富。河南现存不可移动的历史文化遗产达3万处，馆藏各类可移动文物140多万件，在全国名列前矛。46个历史文化名城（镇、村）聚集着大量的不可移动和可移动的历史文化遗产，成为中原传统文化的颗颗明珠，放射出璀璨瑰丽的光彩。国家历史文化名城洛阳，仅国有文物收藏单位收藏的各类可移动文物多达40多万件，比我国普通文物省全省收藏文物总数还多。城内和郊区现存有世界文化遗产龙门石窟；全国重点文物保护单位——王湾新石器时代遗址、汉魏洛阳故城、隋唐洛阳城遗址、白马寺、关林、周公庙、祖师庙、河南府文庙、潞泽会馆、山陕会馆、邙山陵墓群、八路军洛阳办事处旧址等；加上省、市级文物保护单位及其它不可移动文物点计100多处，足见洛阳地上地下现存文物古迹是极为丰富的，在古代东方文明的进程中发挥着非常重要的作用。省级历史文化名城登封，现存全国重点文物保护单位王城岗及阳城遗址、初祖庵与少林寺塔林、中岳庙、汉三阙、嵩岳寺塔、观星台等16处18项及省级文物保护单位22处、市级文物保护单位165处，各类不可移动文物点达1000多处。是我国拥有全国重点文物保护单位最多的县（市），地上地下不可移动文物的历史、科学、艺术价值之高，在全国县级单位中也是首屈一指的。

(4)都城多。自夏商以降有二十多个王朝在河南境内建都，建都时间长达两千多年，使其长期成为中国政治、经济、文化中心。中国历史上第一个奴隶制国家—夏王朝建都阳城（今登封告城），经考古发掘基本证实了王城岗古城址即为夏都阳城。后迁阳翟（今禹州）。洛阳偃师二里头遗址，经过科学的考古发掘证明，这里就是夏朝早期的都城斟鄩。3600年前商族崛起，建立自己的国家，都于亳（今商丘（图7、8）），商汤灭夏后，建都于西亳（一说郑州，一说洛阳偃师）。后经四次迁都，至盘庚时迁都于殷（今安阳），自此至商灭亡的273年中商王朝一直定都于安阳。周灭商后，还在洛阳营建东都（成周），因成王曾迁都到这里，故也称“王城”。平王时迁都王城史称东周。周代诸侯国也多都于河南的淮阳、商丘、安阳（图9、10）、许昌、新郑等地。东周以后的东汉、曹魏、西晋、北魏、隋、唐（东都洛阳）、五代、北宋、金等十余个王朝，先后在现已公布的历史文化名城洛阳、开封、安阳等地建都或设东都、南京等。

（5）历史名人多。河南在中国历史的长河中，著名人物灿若群星。如中华远古始祖伏羲、女娲、黄帝、颛顼、帝喾、唐尧、大禹等；思想家哲学家老子、孔子、庄子、墨子、韩非子、范缜、程颢、程颐等；政治家商鞅、李斯、子产、张良、陈平、晁错、姚崇、赵普、王安石等；文学家贾谊、阮籍、杜甫、韩愈、白居易、李贺、李商隐、苏轼、李梦阳等；史学家班彪、班固、荀悦、范晔、薛居正、司马光等；书法绘画艺术家蔡邕、钟繇、吴道子等；科学家石申、张苍、张衡、张仲景、张子信、僧一行、李诫、张从正、朱载堉、吴其浚等；经济学家范蠡等。还有军事家、政治家诸葛亮和民族英雄岳飞……，载入史籍的历史人物多达千余人。这些历史人物有的出生于河南，有的长期供职生活在河南，蜚声古今中外，后人广为传颂。他们对丰富人类科学文化知识，推动社会历史进步和中华民族文化的发展做出了重要贡献，将彪炳史册，名垂千古。

（6）地理位置重要。河南座座历史文化名城古往今来在全省，乃至全国地理位置非常显赫。“九朝古都”洛阳，位于黄河中游南岸，洛水之滨，南有天然险壑龙门，北有逶迤起伏的邙山，西有连绵嶙峋的秦岭，东有虎牢关隘。地处中原，自古素有“天下之中”，“九州腹地”，“河山控戴，形胜甲于天下”之称。成为历代帝王建都的理想之地；“七朝古都”开封，位于黄河下游南岸豫东大平原的核心地区。北依黄河，南通淮蔡，东接青徐，西峙嵩岳，平旷四达，自古就有“八省通衢”，“万国咸通”，“汴京富丽天下无”，“夷门自古帝王州”赞誉的水陆要冲之地，“启拓封疆”之城；具有3000多年建城史的古都安阳，是河南省的北部门户，华北平原的南部重镇，位于晋、冀、豫三省交会处，殷商、曹魏、后赵、冉魏、前燕、东魏、北齐建都于此，成为我国北方名城；古都名城郑州，位于黄河中下游的南岸，河南省省会，地处中华腹地。为我国最早的铁路运输线，著名的交通枢纽；国家历史文化名城南阳（图11、12），位于河南省西南部豫、鄂、陕三省交界处，地处南阳盆地的中心地带，东、西、北三面环山，南濒汉水，自古成为北控汝洛，南蔽荆襄，西通关中，东达江淮的交通要冲和战略重地；古城商丘，南控江淮，北临河济，彭城居左，开封居右，《读史方舆纪要》称“归德，足以鞭弭齐、鲁，遮蔽东南”；古都许昌，史称“自天下而言，河南为适中之地；自河南而言，许州又适中之地也。北限大河，曾无溃溢之患；西控虎牢，不乏山豁之阻；南通蔡、邓，实包淮汉之防，许亦形胜之区矣。岂为土田沃衍，人民殷阜，足称地利乎。”

（7）名城传统规划特色突出。河南历史文化名城多为历史上帝王建都的地方，或府、州、县治所在地。在传统城市规划方面，既有严格的礼制规范要求，又有因地制宜与众不同的个性特点，形成中原古代城市群的城规形制和特色。北宋东京（开封）城的规划布局不但特点突出，而且深刻地影响以后王朝都城的规划。东京城的街道分布和城门互相配合，四条御道为主的主干线把全城街巷串连起来，纵横交错，密如蛛网。第一条南北向的主干线为中轴线，从皇宫正门，经州桥过朱雀门，直达外城南薰门；第二条主干线由州桥向西，抵外城新郑门；第三条主干线由州桥向东，经里城宋门，通达外城新宋门；第四条干线由相国寺前向东再折向北，经里城封丘门，直达外城之新封丘门。特别是在四条御道中以皇宫宣德门径直通到南薰门的御道最为宽阔，据有关文献记载宽约200余步。并种植有荷花和桃、梨等植物。东京城的规划建设开创了承上启下的模式，除保留了历史上都城的“前朝后市”“左祖右社”的传统格局外，打破了隋唐时期都市中封闭状的“里”、“坊”制式，将宫阙建在城之中央，临街临巷营建开放式商店和服务性建筑等，此为东京城规划设计方面最为突出的特点。是经济文化发展的反映，“是一种超越北魏洛阳、隋唐长安城市规划和城市生活的历史的进步”；隋唐东都(洛阳)城由外郭城、宫城、皇城、东城、含嘉仓城等组成。宫城和皇城规划营建于外郭城西北隅地势高亢的地方，宫城在其北，皇城在其南。在其皇城之南，洛水两岸为布局规整的里坊区，里坊面积较小，呈方形或近方形，便于管理。东都城内外营建有众多的皇家和私家园林。构成了隋唐东都城特有的都城风貌。在中国古都规划营造史上占有非常重要的地位。河南其他历史文化名城城市规划也各具特色。如商丘归德府城鉴于水患之因，城内地势以大隅首最高，四面逐降为龟背形，并在南门两侧分别建水门一座，通向城湖，以利排水，城内水井呈梅花状分布等。城之整体外圆内方，形如古铜钱状，象征天圆地方，阴阳合气。规划严整，布局独特；国家历史文化名城安阳，平面呈长方形，东西长，南北短，中轴线稍偏，街道呈棋盘式布局，形成九府、十八巷、七十二胡同；国家历史文化名城南阳，形若梅萼，有梅花城之称。

(8)革命纪念地(旧址)多。在中国近现代历史上，有一些城市曾经在革命的历程中或重要转折关头起过重大作用，特别是辛亥革命以来中国共产党领导的新民主主义和社会主义革命时期，许多重大历史事件和重要历史人物的革命活动都发生在一些重要城市中，使其成为“具有重大历史价值和革命意义的”历史文化名城。河南省历史文化名城新县为鄂豫皖革命根据地的首府和红四方面军的诞生地，我党我军老一辈革命家邓小平、刘伯承、李先念、徐向前等曾在这里留下了战斗的足迹。还孕育了许世友、李德生、吴焕先等党和军队的高级将领和领导干部。至今保存有全国重点文物保护单位中共中央鄂豫皖分局旧址、鄂豫皖军委航空局旧址、中国工农红军第二十五军司令部旧址和省级文物保护单位鄂豫皖边区兵工厂旧址、中国工农革命第七军司令部旧址、中国工农红军第一军司令部旧址、鄂豫皖边区工农民主政府旧址等众多革命旧址和纪念地；河南省历史文化名镇竹沟，具有光荣的革命传统。1927 年 4 月，共产党员李畔林等带领竹沟一带 3000 民众，参加震惊中外的确山农民暴动，建立了河南第一个红色革命政权。抗日战争初期，在这里设立了中共中央中原局、河南省委等，并汇集我党领导的武装力量，发展成为新四军二、四、五师，成为坚持华中抗日的主力部队。至今还保存有中共中央中原局、河南省委、新四军八团留守处的旧址，被国务院公布为第三批全国重点文物保护单位。在以古代历史文化遗产为主的名城中也保存有重要的革命旧址和纪念地。如洛阳至今完好地保存着八路军驻洛阳办事处旧址；开封保存着辛亥革命十一烈士墓、中共豫陕区委旧址、国共“黄河归故”谈判旧址等多处革命旧址和纪念建筑；郑州现存有郑州二七罢工纪念塔和纪念堂、吉鸿昌烈士墓、郑州铁路职工学校旧址等；商丘现存的中共中央中原局扩大会议旧址、淮海战役总前委旧址。这些革命旧址(纪念地)在当年革命斗争中发挥着重要作用，光辉业迹将永载史册，彪炳千秋。现在成为爱国主义教育的基地，为发扬革命传统，构建社会主义和谐社会继续发挥重要的教育作用。并成为红色旅游的重要资源。

(9)名城功能延续，历史文化传承。河南境内的历史文化名城，由于得天独厚的重要地理位置和深厚的历史文化内涵，虽然历经沧桑，屡遭战争和改朝换代的破坏，但发展前进已成为一种最重要的推动力量，推动着城市历史社会一步一步向前发展。因为一个国家，一个地区的发展与建设，首先要把城市放在主导地位，这是历史的总结，是实践的证明。河南自夏商以降二十几个王朝在洛阳、开封、安阳等地建都，再加上封国、藩王的都城府邑，使历史上的河南涌现出一大批成为全国或地区的政治、经济、文化中心的著名城市。其中多数古城的历史在发展，城市功能一直在延续，传统文化在传承，形成颇有影响的国家和省级历史文化名城。这种延续、传承、发展的历史，既是河南名城的特点之一，也是河南名城今后继续发展的文化推动力，是软实力的重要表现，更是打造名城品牌的基础和优势。所以在今后名城保护和经济社会前进发展的进程中，深挖文化内涵，解读城市绵延不断的发展历史，为古城的保护和发展注入强大的推动力。并成为增强中华文化国际影响力的积极向量。

(10)名城文化遗产不但具有重要的科学、历史、艺术价值,而且具有很高的观赏价值,成为丰富居民文化生活和发展旅游业的重要资源。河南众多的不可移动文化遗产,具有重要的史学研究、社会教育、文化交流、科学技术和艺术创作借鉴作用等方面的价值。大部分还具有丰富人民群众精神文化生活,是观赏、休憩、陶冶情操的好场所。还是发展旅游业的物质基础和重要资源。河南全省正式对外开放,接待旅游参观的文物保护单位(文物旅游景点)100多处。其中大部分集中在历史文化名城(镇)中。国家历史文化名城开封,不但保护好文物古迹点,开辟为文物旅游项目,而且还突出营造宋文化的历史氛围,恢复重建历史文化项目,使整座名城成为精神文明和物质文明俱佳的旅游城市。著名的铁塔、龙亭、相国寺、山陕甘会馆、禹王台、开封城墙及恢复新建的开封府、包公祠、清明上河园、天波杨府等成为广大旅游者慕名参观游览的好去处。提高了开封名城的知名度,搭建了招商引资的平台,增加了地方经济收入,带动了相关产业的发展,安排了大批就业人员。总之发展了名城经济,保护了名城历史文化遗产。国家历史文化名城洛阳、安阳、郑州、南阳、商丘、浚县(图 13、14)和省级历史文化名城登封、新郑、巩义、济源、许昌、淮阳、汤阴、社旗、禹州等,现存的世界文化遗产洛阳龙门石窟、安阳殷墟以及全国重点文物保护单位、省级文物保护单位等文物古迹,均发挥着重要的社会效益和经济效益。2007 年“十一”黄金周期间,“河南省文物开放单位接待观众游人就达 341 万多人次,直接经济收入 3633.4 万元。其中洛阳龙门石窟在‘十一’黄金周七天内,共接待参观游人 7.78 万人次,实现经济收入 458 万元。安阳殷墟文物景区在黄金周期间接待 1.85 万中外观众。登封市乘着‘嵩山历史建筑群’申报世界文化遗产的东风,加强文物建筑的维修和环境治理,使文物景区软件环境得到进一步改善,共接待中外游客 25.88 万人次,直接经济收入 1039.8 万元。旅游总收入达 1.12 亿元”[②]。为发展名城经济注入了新的活力,为调动名城群众主动自觉地投入名城遗产保护工作的积极性起到了推动作用,为解决名城保护与发展的矛盾提供了很好的经验。

河南历史文化名城(镇)在其历史城镇的形成、发展进程中,具有共性和个性的推进方法和魅力。将每个名城的共同特性和独特的个性归纳起来,针对相同和不同情况采取其名城的保护方法,明确城市性质,制定经济社会发展规划具有重要意义,所以划分历史文化名城的不同类型是非常必要的。河南 46 个历史文化名城(镇、村)大致可分为六类:(1)都城类:我国奴隶社会和封建社会长达四千余年,虽然历史上经历过多次分裂和战乱,改朝换代,但大多数时间是处于统一的历史时期。这些王朝先后在河南的洛阳、开封、安阳、郑州、许昌(图 15、16)、淇县(图 17)等地建都或设东都、南京。有的名城还长期作为全国统一王朝的陪都。故上述洛阳等名城应属于都城类。(2)传统都市风貌类:这种类型的名城完整的保留了某一时期或几个历史时期积淀下来的建筑群体。“传统城市建筑环境,不仅在物质形态上使人感受到强烈的历史气氛,它本身也具有建筑学意义上的价值。同时,通过这些物质形态,可以折射出某一时代的政治、文化、经济、军事等诸方面深层历史结构。对于城市意象的形成,大大超过单个的文物建筑。这类城市,不仅文物古迹保存较好……(城市的传统)格局、街道、民居和公共建筑物均较好地保存着某一时代的风貌”[③]。国家历史文化名城南阳、商丘和省部级历史文化名城(镇、村)济源(图 18)、淮阳(图 19)、社旗、朱仙镇、荆紫关、临沣寨(图 20、21)等基本上可以归入此类。(3)风景名胜类:此类城市拥有优美的自然景色和丰富的人文景观。这些自然的和人文的景区、景点对城市特色的形成起着重要作用。它不仅给人们以旅游的场所,还能给人以精神的陶冶。在我国社会主义精神文明和物质文明建设中,发挥着重要作用。国家历史文化名城浚县,素有“两座青山一溪水,十里城池入半山”的独特优美景观。“文物之乡”省级历史文化名城登封(图 22、23),有“五世同堂”的地质奇观,有著名历史建筑汉三阙、嵩岳寺塔、少林寺、中岳庙、嵩阳书院、观星台等人文景观,故为典型的风景名胜类名城；属于风景名胜类型的还有以人文景观为主，在古城内及其周围拥有著名的文物古迹和历史名胜的新郑（图24）、汤阴（图25）、巩义（图26）等名城。（4）近现代史迹类：这类城市是中国近代许多重大事件的发生地，承载着重要革命历史阶段的纪念地或构筑物、建筑物等，具有重要的近现代历史价值和社会教育意义，同时也是发展红色旅游的资源。如新县（图27）于1924—1925年就有进步青年王志仁、吴焕先等赴武汉求学，在董必武、陈潭秋、肖楚女的教育下，加入中国共产党。1926年建立党支部成立农民自卫军，开展革命斗争活动。1927年，吴焕先领导自卫军参加著名的“黄麻起义”。随后成立了中共鄂豫皖中央分局，诞生了红四方面军，扩大了革命根据地，粉碎了敌人三次反革命“围剿”，为中国新民主主义革命斗争的胜利做出重大贡献；省级历史文化名镇竹沟，具有光荣的革命斗争传统，早在大革命时期这里就建立了中国共产党的组织。土地革命时期，开辟了以竹沟为中心的桐柏山区根据地，成为南方8省坚持游击战争的14个革命根据地之一。抗日战争时期，在此成立了中共中央中原局、河南省委，缔造了新四军二、四、五师。使竹沟成为中国共产党领导中原诸省抗战的指挥部和支援前线的重要基地，被誉为“中原小延安”。刘少奇、周骏鸣、彭雪枫、李先念、肖望东、陈少敏等在这里留下了革命的战斗足迹。（5）特殊职能类：在我国广袤的土地上，由于古代手工业的发展，工匠聚集，人丁繁盛而形成一些手工业城（镇），城镇中的某种职能在历史上占有非常突出的地位，使其成为这些城镇的重要特征。这种特殊的职能及在历史上的重大作用，有的虽已成为历史的陈迹，但仍不失为我国古代科技、文化的标志和结晶，是宝贵的历史文化遗产。有的特殊职能，至今仍在延续，成为发展名城经济的品牌，为当地社会进步和经济发展继续发挥着重要作用。中国历史文化名镇神垕、省级历史文化名城禹州（图30），被誉为“钧瓷之都”。钧瓷在宋代为中国五大名瓷之一，素有“家藏黄金万贯，不如钧瓷一片”及“黄金有价钧无价”的说法，可见其价值之高。早在唐代已烧制出多彩的钧瓷，到宋代达到鼎盛期，被定为“宫廷御用珍品”，直至金、元、明、清时期成为全国日用瓷主要产地之一，带动了古城手工业经济的发展。新中国成立后，恢复古钧瓷生产，仅神垕镇就有钧瓷生产企业68家，其产品远销海内外。钧瓷已成为名城禹州和名镇神垕极具发展优势的支柱产业，同时参观钧瓷生产工艺，也成为当地一个旅游特色项目。禹州还是我国古代“四大中药材集散地”之一，有“药都”之称。故禹州、神垕（图40）等应为特殊职能类名城、镇。（6）一般史迹类：许多历史名城，历史上多系府、州、县治所在地，曾是一个地区政治、经济、文化的中心，历史悠久、文化延续性强，其性质因素构成数量较多。但中心不够突出明显。多以文物古迹作为历史传统体现的主要方式。我省境内的国家和省级历史文化名城（镇）濮阳（图28、29）、邓州（图30）、卫辉（图32、33）、汝南（图34）、沁阳（图35）、睢县、陈桥等属于此种类型。

河南历史文化名城（镇）所在地的人民政府和管理职能部门，遵照《中华人民共和国文物保护法》、《中华人民共和国城市规划法》及《河南省历史文化名城保护条例》等法律法规的规定精神，采取措施，加强保护管理工作，取得了明显的成效，其做法是：

（1）为名城立地方法规。我国公布历史文化名城已经有二十多年的历史，此时期正是我国改革开放经济快速发展的时期。由于先后公布了一百多个国家历史文化名城和一批省级历史文化名城（镇、村），使得这一部分重要的名城、名镇及历史街区得到了保护。但由于名城（镇）涉及到的保护对象是一座使用功能仍在延续的城市，加之受经济利益的驱动和认识上的偏失，故名城保护所受到的冲击也是相当大的。当务之急是为名城立法，改变无法可依的被动局面。河南省经过5年调研准备，草拟了《河南省历史文化名城保护条例》，经河南省政府常务会议讨论修改，提交省人大常委会审议。2005年7月30日，河南省第十届人民代表大会常务委员会第十八次会议通过该条例，于当年10月1日起施行。《条例》明确规定“历史文化名城的保护应当坚持科学规划、突出重点、有效保护、合理利用、加强管理的原则，正确处理保护和建设的关系。”根据当前名城保护的实际情况，极富针对性的提出“未经省城市规划行政主管部门和省文物行政主管部门依法审查同意，历史文化名城所在地不得擅自拓宽规划范围内的道路或者进行旧城改造，不得在重点保护区和传统风貌协调区内安排建设项目。”“历史文化名城保护规划确定的建筑物、构筑物，确需整修的，应当按原样整修……在传统风貌协调区内进行建设项目，其布局、性质、高度、体量、造型、色彩和建筑密度等，必须与名城景观、风貌相协调。其规划或者设计方案应当报省城市规划行政主管部门和省文物行政主管部门依法审查同意”。这些规定为名城的保护、规划、建设、管理提供了规范的法律依据，从法律角度界定了名城内拓宽道路和旧城改造两大影响名城风貌源的报批程序及审批办法，此为该《条例》最重要的管理措施。一些名城（镇）所在地的市、县、镇政府还根据当地名城（镇）保护的实际情况，制定了名城（镇）保护管理的办法、通知等文件。为名城（镇）的有效保护和合理利用提供了地方法规保障。

(2)名城文物古迹的保护和利用。文物古迹是构成名城要素的最重要的内容之一。国务院在公布我国历史文化名城的通知中明确提出“名城审定，不但要看城市的历史，还要着重看当前是否保存有较为丰富、完好的文物古迹和具有重大的历史、科学、艺术价值。”河南省现存的各级文物保护单位和非文物保护单位的各类文物古迹点，除散存在广袤的田野之外，较集中的分布在城、镇之中，特别是集中在历史文化名城的城内及郊区。如国家历史文化名城洛阳，城区和郊区现存有世界文化遗产龙门石窟，古代五大故城址（均为全国重点文物保护单位），还有全国重点文物保护单位白马寺、关林、潞泽会馆邙山陵墓群、王湾新石器时代遗址等数十处文物保护单位；国家历史文化名城安阳的世界文化遗产殷墟，全国重点文物保护单位天宁寺塔等；国家历史文化名城开封的全国重点文物保护单位铁塔、繁塔、延庆观、北宋东京城遗址、河南大学近代建筑群等；国家历史文化名城郑州的全国重点文物保护单位西山仰韶文化城址、大河村新石器时代遗址、商城遗址、小双桥商代遗址、二七纪念塔与纪念堂等。其他国家和省级历史文化名城内也保留着众多的文物保护单位及丰富的文物古迹点。现河南境内所有名城的各级文物保护单位均划定了文物保护范围和建设控制地带，树立了保护标志和说明牌，编制了文物档案资料，建立了保护管理机构或业余保护组织。并投入保护管理经费，及时维护和维修，保证文物本体和环境的安全。大多数辟为博物馆或文物景点，常年对外开放，取得了很好的社会效益和经济效益。名城内非文物保护单位的众多不可移动的文物古迹点，也得到了较好的保护和利用，发挥着社会教育、史学研究、参观游览等作用。并带动整个历史文化名城的保护和利用。

(3)编制名城保护发展规划。名城的有效保护和合理利用，即科学地处理好名城保护与经济发展、城市建设、改善居民生活居住条件等关系，是名城保护管理的重要任务，其关键是编制好名城保护发展规划。河南省现有的国家和省级历史文化名城（镇、村），多数已经编制了保护发展规划，有的名城规划还进行了修编，对名城的保护和建设发挥着重要作用。少数名城因公布的时间晚，只编制了名城所在城市的总体规划，包含了保护城市文化遗产的内容，专项名城保护规划正在编制中。多数名城保护建设专项规划经报批实施后，取得了比较好的效果，达到了保护和建设双赢的目的。探索出一条良性发展的路子。如国家历史文化名城商丘，早在1987年就委托同济大学，由著名名城专家阮仪三教授牵头编制了名城保护规划，经全国知名专家论证、评审，修改完善后，报省政府批准实施。由于规划较好地解决了保护与建设的关系问题，所以执行的效果好，特别是在名城保护方面发挥了重要作用。根据规划，党、政机关率先搬出老城，起到非常好的模范带头作用。接着关停、搬迁了有污染，影响名城风貌的企业。随之一些事业单位、居民等也相继迁离老城，大大缓解了名城内人口密度过大的压力；争取国家、省文物部门拨款，地方财政支持，维修城墙2000多米，疏浚了护城河，净化保护城周大片水面；修葺城内不可移动文物文庙大成殿、明伦堂、阏伯台、壮悔堂、侯家大院、穆家大院、淮海战役总前委旧址、淮海战役总前委后勤机关旧址、中共中央中原局扩大会议旧址等。整修了传统商业街区。开发了应天书院、燧人氏陵、张巡祠、文雅台等景区景点；对老城周围长达9公里土城廓也进行了有效的保护。商丘名城采取的是全城整体保护的原则。这座名城现已得到较为完好的保护，现在已全城对外开放，为提高商丘的知名度和进一步扩大改革开放发展经济作出了贡献。已走在名城保护工作的前列，并已启动“商丘古城”申报世界文化遗产工作。河南境内其它历史文化名城(镇)，大多数按照名城规划进行保护和建设，取得了较为理想的效果。

(4)保护老城区，辟建新城区。由于历史文化名城的城市功能在延续，城市人口在增加，现代建筑设施挤占历史文化遗产的事件频频发生，破坏古城风貌的现象屡禁不止，不但使名城的保护工作难度越来越大，而且也严重影响和制约着名城所在城市的现代化建设和经济发展，造成名城保护和建设的矛盾日益突出。随着各级政府和广大市民的名城保护意识的提高，随着改革开放经济社会快速发展，在探索名城保护和建设的道路上，找到一条行之有效的办法，那就是保护老城，另建新城。郑州、洛阳、开封、安阳、商丘、济源、许昌等国家和省级历史文化名城所在地党委、政府针对古城区人口密度过大，城市功能繁杂，交通压力大等严重影响名城保护和经济社会发展的实际情况，在古城区之外建设新城区，规划出行政区、经济技术开发区、教育文化区、商住区等，使有关单位和人员逐步迁入新区。有效缓解了古城区的人口、交通等方面的压力，较好地解决了名城要保护，经济社会要发展、市民居住条件要改善的矛盾。特别是商丘老城区内的行政机关已全部迁至新区，并疏散老城区1万多市民迁往新区，效果非常好，使得保护和发展相得益彰。这种作法在国外也有成功之例，如意大利的佛罗伦萨和罗马。在我国其他省市也有类似做法。如江苏苏州和陕西的韩城、山西的平遥等这些国家级历史文化名城和世界文化遗产地保护老城另辟新城的做法也是成功的。这种做法是保护历史文化名城的大趋势，相信河南其他凡有条件的历史文化名城也会逐步走这条保护与发展之路。

(5)加强管理，分工合作。加强管理，是依法作好历史文化名城保护和建设的基础保障工作。名城所在地党委、人大、政府、政协及有关职能部门，在立法、规划、经费投入、宣传、市民参与、视察、检查、建立机构等有关名城保护管理方面作了大量工作，取得一定成绩。南阳、商丘、禹州、汝南、郑州等名城所在地由文物、城建行政主管部门具体负责名城日常保护管理工作外，当地政府还成立了由政府主要负责人或主管负责人牵头，由有关职能部门负责人参加组成的名城保护管理委员会或名城保护管理指挥部、名城保护管理办公室等，处理、协调保护管理工作中的重大问题。由于名城保护管理涉及面广，容易形成多头管理、职责不清、都管都不管的现象。《河南省历史文化名城保护条例》规定“各级人民政府负责保护本行政区域内的历史文化名城，并把保护工作纳入国民经济和社会发展计划……。”“历史文化名城所在地的城市规划行政主管部门和文物行政主管部门依据各自职责，负责历史文化名城的规划、保护、管理和监督工作。发展和改革、财政、旅游、交通、环保、公安、消防等有关部门应当依据各自的职责，共同做好历史文化名城的保护工作。”《条例》还清晰地界定了文物行政主管部门和城市规划行政主管部门各自的具体职责范围，使之责任明确，保护管理任务清楚，便于操作。经实践，各职能部门分工合作，共同作好名城保护工作，大大减少了部门间推诿扯皮现象，消除了权力重叠，重复执法的做法。规范了名城保护的管理规程，取得了执法主体和执法对象均较满意的效果。

(6)治理名城内严重影响古城保护的污染单位和建筑物。由于历史原因，名城保护区内近现代建设了一些影响古城风貌和空间视觉效果的工业企业及其它建筑物。洛阳、安阳、南阳、许昌、开封、郑州等在古城核心区内的龙门石窟、安阳殷墟、南阳府衙、许昌春秋楼和关帝庙、郑州城隍庙和文庙、开封古城墙的保护范围及建设控制地带内搬迁、拆除大量非文物的建筑物和工业企业、学校、居住民宅等。特别是国家历史文化名城商丘，近几年来先后拆除城墙保护区内的电影院和私搭乱建的其他建筑物；关停了酒精厂、造纸厂、塑料厂，转产了木器厂、内衣厂，搬迁了酿造厂等；拆除了穆家大院、侯家大院内非文物的现代建筑，整修了残损的传统民居建筑，治理了周围环境，恢复了古朴风貌，对外开放，吸引众多游人参观游览。由于这些历史文化名城所在地政府和有关职能部门采取强有力的治理措施，取得了非常明显的效果，使名城的传统格局、历史风貌、文物古迹、背景环境得到了保护。

(7)保护护城河等水体水面。护城河、护城湖是古代城池防御体系的重要组成部分，是古城特色的重要体现。自原始社会的古城址迄新中国成立前的城寨工程，皆重视护城河的建设和维护，并根据防御工程的需要，还对护城河的形制、规模规定了具体做法。有不少志书记载有护城河距城垣的距离、河面河底宽度、河桥设置、防御功能等较为详细的情况。故河南大部分历史文化名城所在地的管理部门重视护城河、护城湖及古城内水体水面的保护工作。开封古城不仅是国家历史文化名城，而且也是全国重点文物保护单位。近年来，不但维修墙体，拆除违章和有碍历史文化名城风貌的建筑物，而且疏浚现存的城墙西面和南面的护城河。还整修了城内的杨家湖、潘家湖、包公湖的驳岸，采取了严格的治污措施，使城内大片水面水质清湛，景色优美。南阳古城明清时期的护城河除北面堵塞外，东、南、西三面基本畅通。商丘古城，不仅东、西、北护城河畅通，而且城南的城湖东西长1300多米，南北宽500多米的水面水质清澈，风景宜人。淮阳、睢县等历史文化名城投入大量资金，治理护城河和城湖，取得很好的效果，不但保护了名城的传统风貌，丰富了古城的文化内涵，而且改善了人居环境，增加了难得的水域景观，促进了旅游产业的发展。

(8)采用“面”、“线”、“点”相结合的保护方法。历史文化名城的保护，除保护文物古迹、历史地段外，还包括城市整体空间环境保护这一重要内容。因为它反映了历史文化名城的整体风貌与特色，是历史文化名城有别于其它普通城市的关键所在。名城的保护不同于文物点和历史地段(历史街区)的保护。它必须从全城整体出发采取保护措施。若非此，即使划定了文物保护单位(点)和历史地段保护范围，并得到了较好的保护，但名城内其它空间和周围环境的破坏得不到遏止，那么名城有别于其它普通城市的整体风貌特色也就保持不了。因此一定要采用整体性和综合性的措施对名城整体空间环境进行保护和控制。通过环境控制保护；传统街区、道路格局、护城河水系的保护；文物保护单位及其他文物古迹点的保护，形成“面”、“线”、“点”相结合的保护方法。河南多数历史文化名城经过十几年或二十几年运用这种理念和方法保护名城，取得了明显的保护效果。如商丘古城、开封古城、荆紫关古镇、社旗古镇等，虽然全城(镇)原封不动地保护下来是不可能的，但从保护空间视廊、保护古城(镇)整体空间环境“面”的层面出发，对城市性质、用地布局、路网设置、新建筑控制、城市绿化、水系疏浚等方面与保护古城风貌相协调。使得商丘归德府古城的龟背状、棋盘形、格网方正、街衢井然的格局没有发生大的变化；鸟瞰全城，城廓俱在，外圆内方的全城大面积的空间环境风貌没有发生大的变化。传统街道没有进行大的改造，护城河没有填埋占压等，使其“线”形保护要素没有发生大的变化。古城内与近郊的阏伯台、燧人氏墓、帝喾高辛氏陵、文庙大成殿与明倫堂、壮悔堂、《八关斋会报德记》碑刻、淮海战役总前委旧址等文物保护单位和不可移动的文物古迹“点”均得到了及时维修和妥善保护。故商丘名城中“点”是保护最好的，其次是“线”的保护，“面”的保护在河南诸多名城中也是较好的。荆紫关镇，基本保持了古镇整体传统风貌(图36、37)，“面、线、点”立体式保护，使镇内街道两侧700余间清代和民国初年黑漆板门商业店铺保护较好；镇南“关门”和石构桥梁、青石板铺地的古街道保护较好；诸多四合院民居得以保留，其使用功能仍在延续；平浪宫、山陕会馆、湖广会馆、万寿宫(江西会馆)、清真寺、法海禅寺古建筑群经过维修后得以较好的保护，有的已对外开放。社旗古镇(图38、39)，拆除了有碍名镇风貌的新修建的非文物建筑；维修了山陕会馆、火神庙古建筑群；整修了传统的主要历史街区“瓷器一条街”；恢复了少部分已毁的历史建筑物；疏浚了部分河道等。再现了中州四大名镇之一的“赊旗店”历史风貌。第一批国家历史文化名城开封，虽然中山大道拓宽，城内传统民居部分被拆，部分高层新建筑超控，造成古城风貌保护的损失。但开封名城保护也取得了很大成效。首先，市委市政府等领导机构较早地从古城区迁出，带动市直机关也先后迁出城外，减少了城内人口、交通的压力；市主管部门多年来不断地维修古城墙并结合城市建设，在古城墙外开发了供市民活动的园区，受到了市民的欢迎。古城内还进行了河道湖面维修与贯通的水系工程，保持了水城特色。尤其是对文物保护单位进行了及时维修，使其得到妥善保护；保持宋代御道主干线的地面位置（由于黄河淤淹，宋代御道深藏地下 8 米许）；按历史原貌整修书店街和其它一些街巷；按照保护古城风貌控制新修建筑物的要求，对名城内一些新修建的建筑项目实施报批程序，并从建筑高度、形制、体量、密度、色调等方面进行控制，使其与古城风貌相协调。

（9）以名城为依托，发展名城产业经济、促进城市经济社会又好又快发展。名城既要保护，也要发展。保护是我们的义务，发展是我们的责任。保护好了，可以宏扬传承民族优秀文化，服务社会主义物质文明和精神文明建设；利用名城独特优势，建设好城市发展经济，反过来可以进一步促进保护。开封古城最繁华的历史时期是北宋时代。名城内的文物古迹也是以宋文化为主体，开宝寺塔（铁塔）、繁塔是现存宋代重要的历史文化遗产，现存的大相国寺虽然已是清代建筑，但宋代的趣闻轶事却至今仍脍炙人口。所以改革开放以来，开封紧紧围绕宋文化大做文章。治理开宝寺塔（铁塔）周围环境，完善对外开放的服务设施，使铁塔成为古都名城开封的历史标志性建筑，受到广大游客的欢迎；搬迁占用繁塔的单位，拆除周围杂乱的违章建筑，按历史原貌维修塔体，设立专门保护管理机构，辟为文物旅游参观项目，对外开放；开展大规模的考古勘探工作，探明了深藏地下的北宋东京城的外城、皇城和大内的基本情况，为保护研究和开发利用宋文化遗产奠定了坚实基础；开发汴绣、宋代宫廷御菜及名城产业经济，带动发展第三产业；依据辉煌的宋代文化遗产，复建“清明上河园”、“包公祠”、“开封府”、“天波杨府”、“金明池”等一批旅游项目。还开放了龙亭、延庆观、山陕甘会馆等文物景点。使开封成为河南旅游的热线，吸引大批中外游客慕名考察、参观游览，成为发展开封经济的支柱产业。洛阳在龙门申报成功世界文化遗产的基础上，适时抓住机遇，进一步在保护名城的前提下，扩大改革开放，发展文物旅游产业，带动了整个文化事业和文化产业的大发展大繁荣，带动了第三产业的快速发展，促进了市民名城保护意识的进一步提高。形成了古城保护与发展的良性循环。安阳以殷墟申报世界文化遗产成功为契机，加大名城保护力度，加大资金投入力度，加大宣传力度，使旅游参观人数和经济收入得到较大幅度的提高。现正在建设中国文字博物馆，相信今后安阳名城经济产业将迎来更辉煌的发展。郑州和登封紧张有序地进行申报“嵩山历史建筑群”世界文化遗产工作，在其申遗过程中已显现出很大的社会效益和潜在的经济效益。中国历史文化名镇神垕，近年来借助古代“钧瓷”的独特优势，恢复古钧工艺和传统产品，并开发新产品，使名镇经济迅速发展，城镇居民得到实惠。河南其它名城、名镇在这方面都作了大量工作，取得了明显的成效。

（10）改善古城基础设施，提高居住生活质量，调动市民保护名城的积极性，共同做好保护工作。古城区的传统民居是历史文化名城要素的重要组成部分，但是由于这些民居建筑少则数十年多则上百年的历史，多数室内无卫生间，无洗浴设施等，室外的城市基础设施陈旧老化，对居住生活带来诸多不便。造成居民不愿继续住下去，有的迁走，有的不经批准拆房或改建，甚至埋怨名城保护影响了他们生活。显然不利于名城的保护工作。开封、洛阳、安阳、商丘、郑州、南阳等名城所在地政府和有关职能部门，针对上述情况采取应对措施。在城市基础设施建设方面，适当向老城区倾斜，将地上照明、通讯等线路埋设地下，改造和更新城市基础设施，允许在不改变原貌和结构的情况下，在居室内增设卫生间和洗浴设施等，提高古城区居民居住环境质量，使之舒适方便，享受现代化生活。通过这些保护古城，以人为本措施的实施，名城民居的居住功能得以延续，调动了市民自觉保护名城的积极性，保护意识有较大提高。据安阳社会调查显示“大部分人愿意住在老城区，住四合院形式的房屋，认为老城区舒适方便，有人情味。[④]开封市民对古城十分热爱，对古城保护非常热心，在维修城墙和龙亭大殿时，除政府拨款外，3 万多市民积极踊跃地捐款捐物，事迹非常感人。

河南历史文化名城保护管理工作，虽然取得很大成绩，但也存在一些不容忽视的问题。一是认识上的偏颇：部分名城所在地政府和一些市民重视名城申报工作，认为取得“名城”称号是一种荣誉，是城市的名片，体现了城市的文化品位，有利于城市的对外交往和改革开放。所以申报的积极性高，但取得了名城称号后，不乐意接受保护名城的法律约束，认为束缚了自己发展的手脚。未能从根本上认识保护历史文化名城的重大意义，未能从法律层面上认识保护管理名城是当地政府、每个市民应尽的责任和义务。这是造成不利于名城保护的最大思想障碍。二是不够重视名城保护规划编制工作。少数名城所在地政府和职能部门至今还未编制名城保护规划。有的名城虽有规划，但执行的不好，随意性较大。三是在部分名城内拓宽道路、旧城改造与名城保护矛盾问题尚未得到解决，形成传统的古城格局遭到不同程度的破坏，不少有价值的古民居和商业店铺被拆除，古城风貌受到严重影响。这种“建设性破坏”给历史文化名城保护工作造成无法弥补的损失。四是管理工作力度不够和保护经费短缺。

河南历史文化名城保护和建设管理工作存在的问题，也是全国历史文化名城的共性问题。这些问题的解决，第一位的工作是为名城立法，因为历史文化名城的保护对象是一座城市，其面积少者几平方公里，多者几十平方公里，甚至上百平方公里。涉及到几十万，乃至数百万城市市民的生产、生活方方面面，更涉及到科学合理确定城市的性质、发展方向、城市人口、产业结构、用地与空间结构、道路交通等一系列重大问题。所以名城保护管理的重要性和保护管理的难度都急需要有一部全国性的名城保护法或名城保护条例，从法规层面上加强保护管理工作。虽然部分省(市)制定了保护管理名城的地方法规，但需要尽快制定更权威的全国性的上位名城保护法规，依法保护管理历史文化名城。再者要编制好历史文化名城保护规划，保护规划是名城保护管理的“先行官”，其规划一经批准，就具有法律效力，名城的保护和建设就要依照规划进行，所以编制规划是非常重要的。河南多数名城能做到依法编制规划，并根据规划执行情况和保护管理工作中遇到的新问题依法修编规划。但也有少数名城(镇)至今尚无编制规划，有的应该修编规划的未能及时修编。鉴于规划对名城保护和建设的至关重要作用，所以经国务院及省、部级公布的历史文化名城、名镇、名村都要及时编制规划，及时调整修编规划，确保名城的保护和建设依法有序进行。其三是要加强管理，严格报批程序。历史文化名城不断遭到破坏，保护规划执行不到位等，都与管理工作有关，所以要加大管理工作力度，充分发挥名城所在地政府和职能部门依法保护管理名城(镇)的重要作用，按照《河南省历史文化名城保护条例》赋予名城所在地人民政府和各有关行政管理职能部门的权力和责任加大管理力度，作好名城的保护和建设。特别是要按照《条例》规定“未经省城市规划行政主管部门和省文物行政主管部门依法审查同意，历史文化名城所在地不得擅自拓宽保护规划范围内的道路或者进行旧城改造，不得在重点保护区和传统风貌协调区内安排建设项目。”以及《条例》中其它需要报批的规定，履行报批手续。这些报批规定至关重要，只有把好这一关，才能避免名城遭到大规模的破坏。所以一定要认真作好保护管理工作，坚决贯彻执行《中华人民共和国文物保护法》、《河南历史文化名城保护条例》中的各项规定，严把有关审批程序，保护好历史文化名城。

历史文化名城是中华民族历史悠久、文化灿烂最集中的体现，是珍贵的精神财富和物质财富，是不能再生无可替代的文化遗产，是国家和民族的瑰宝。保护好历史文化名城是历史赋予我们这一代人的神圣职责，让我们携起手来，保护好名城，建设好名城，为传承优秀的民族文化，为建设美好的家园撑起一片蓝天。

附：河南省国家级、省级历史文化名城、名镇(村)名单(46 个)

国务院公布的国家历史文化名城(8 个)

第一批洛阳、开封；第二批安阳、商丘、南阳；第三批郑州、浚县；濮阳(2004 年 10 月 1 日公布)

建设部和国家文物局公布的中国历史文化名镇、名村(4 个)

神垕　荆紫关　临沣寨　赊店

省级历史文化名城(镇)(18 个)(1998 年前公布)

许昌、济源、汤阴、淇县、卫辉、沁阳、巩义、登封、新郑、睢县、汝南、淮阳、邓州、禹州、新县、陈桥、朱仙镇、竹沟(1989 年 7 月 1 日公布的省级历史文化名镇荆紫关、社旗(赊店)已晋升为中国历史文化名镇)

省级历史文化名镇(村)(2002 年文物法修改后省人民政府公布的省级历史文化名镇、村)16 个

郑州市惠济区古荥镇、新安县铁门镇、鹤壁市山城区石林乡、禹州市鸿畅镇、临颍县繁城回族镇、郏县广阔天地乡、南阳市卧龙区石桥镇、遂平县嵖岈山乡、光山县白雀园镇、光山县泼陂河镇、永城市芒山镇、孟津县朝阳镇卫坡村、卫辉市狮豹头乡小店河村、临颍县皇帝庙乡小商桥村、郏县李口乡张店村、罗山县铁铺乡何家冲村

---

①见 1982 年 2 月 8 日国务院核准公布我国第一批历史文化名城的通知。

②王韬：《“十一”黄金周河南文物开放单位综合效益显著》，中国文物报 2007 年 10 月 24 日 2 版。

③王景慧、阮仪三、王林：《历史文化名城保护理论与规划》，同济大学出版社，1999 年 8 月。

④王景慧、阮仪三、王林：《历史文化名城保护理论与规划》，同济大学出版社，1999 年 8 月。

图 1　洛阳历史街区

图 2　开封大梁门及城墙

图 3　郑州商城宫殿基址(考古发掘现场)

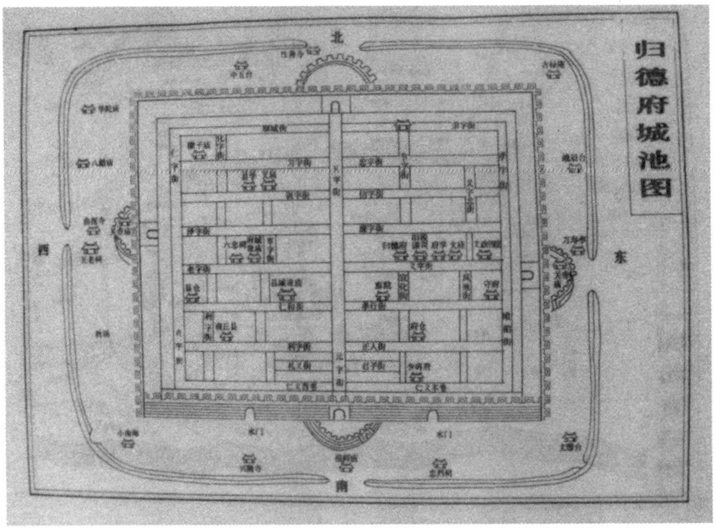

图 4　(商丘)归德府城池图

图 5　商丘归德府北城墙

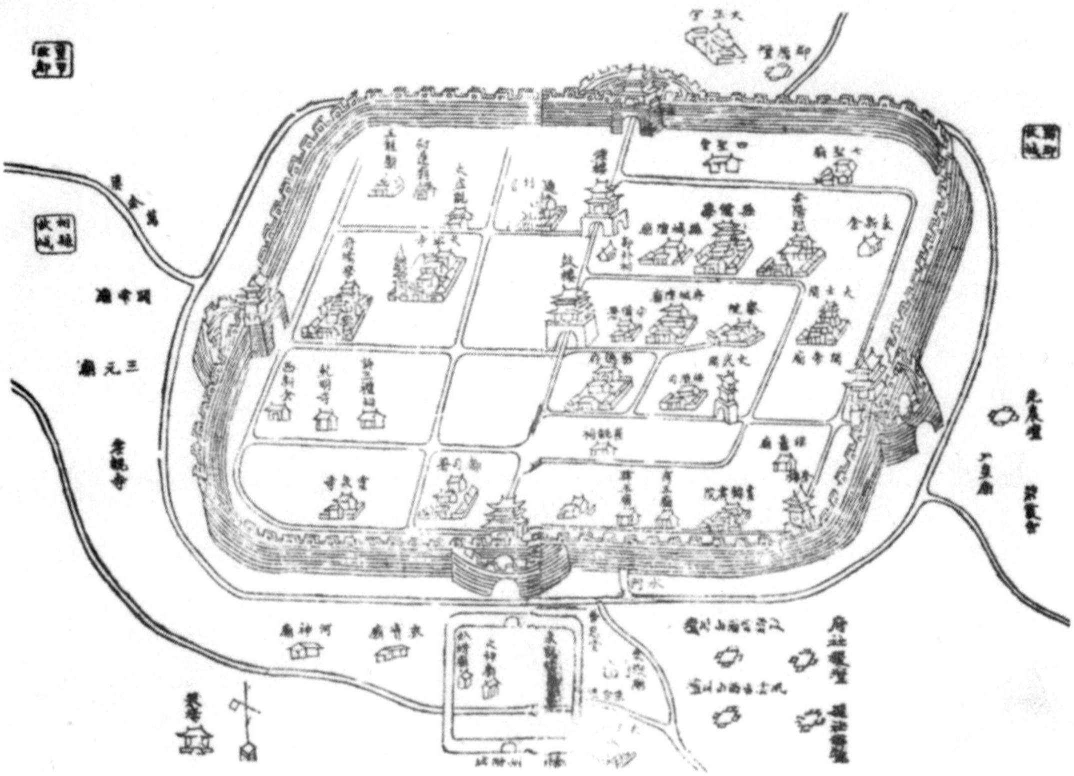

图 6 （安阳）彰德府城图

图 7 安阳老城民居

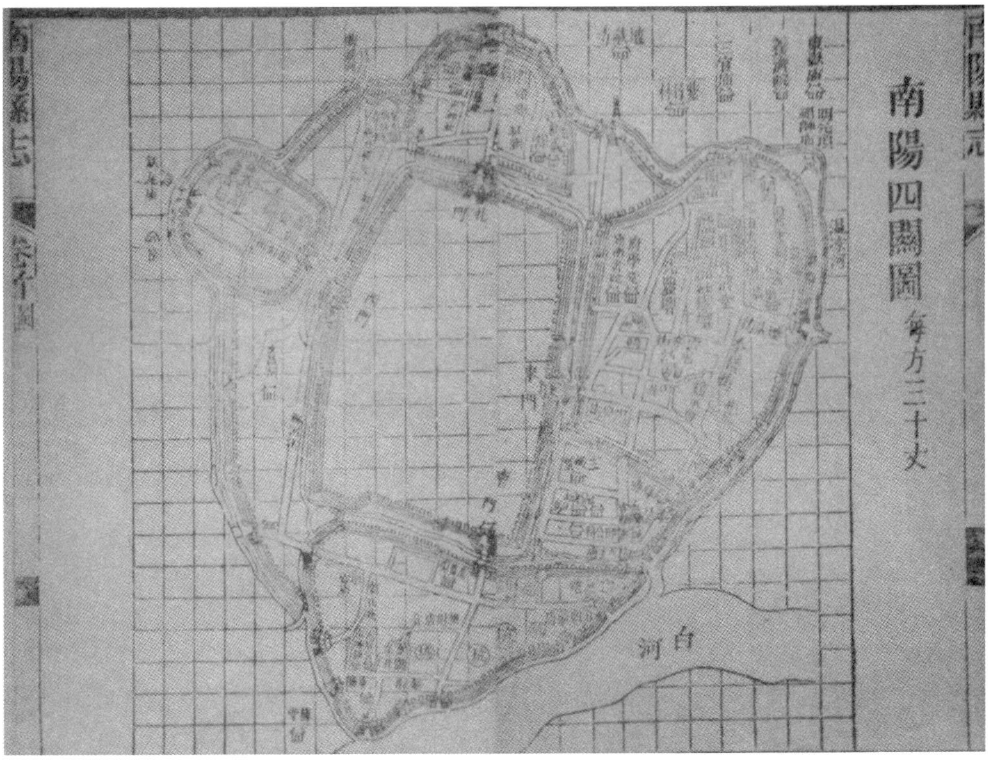

图 8　南阳四关图

图 9　南阳城内明代王府山

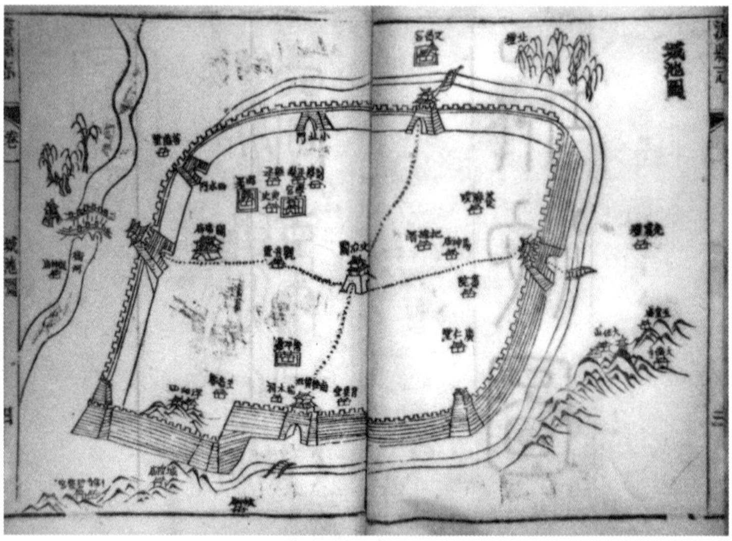

图 10　清代浚县城池图

图 11　浚县大伾山古建群

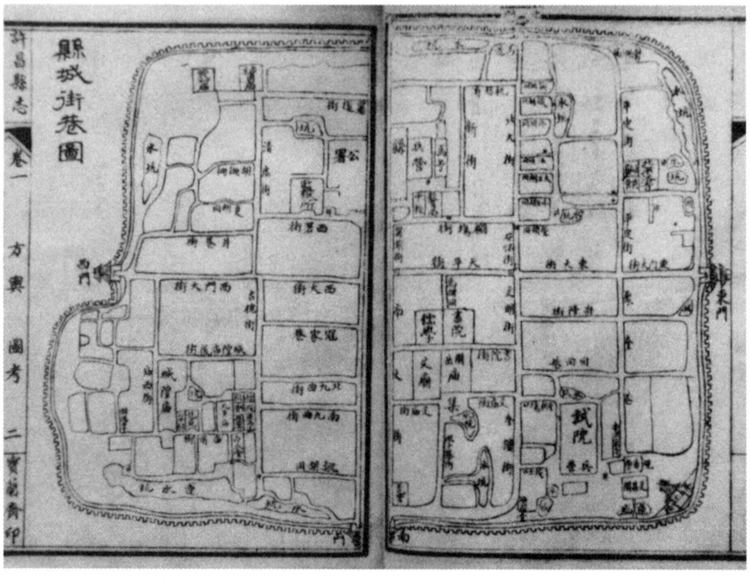

图 12　许昌古城街巷图

图 13　许昌安怀街民居

图 14　济源济渎庙龙亭与北海池

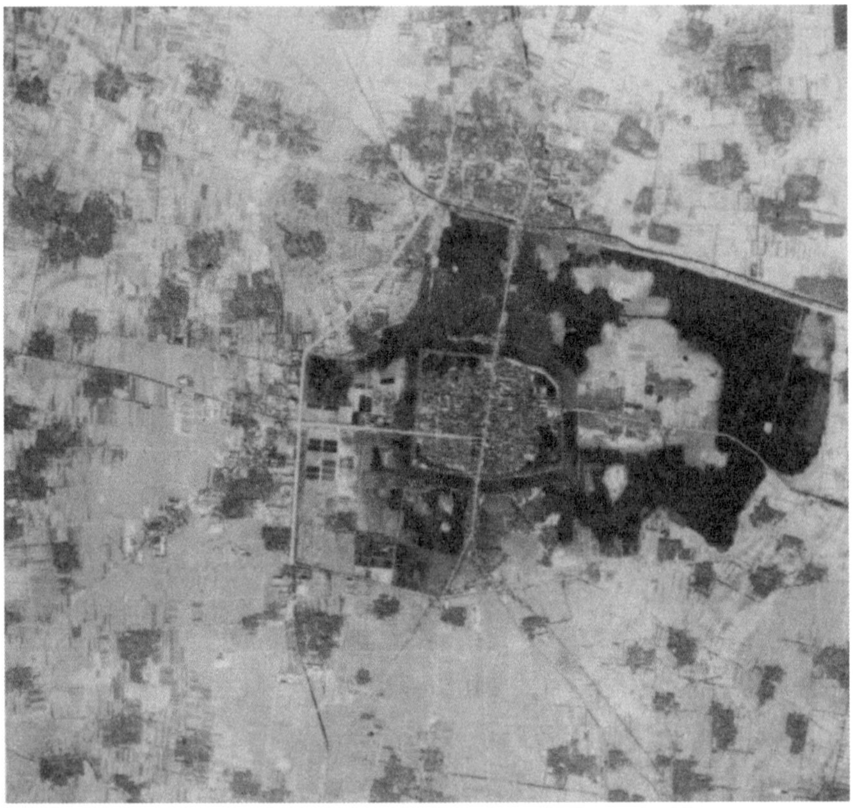

图 15　淮阳城区航拍图

图 16　郏县临沣寨寨门与寨墙

图 17　郏县临沣寨民居

图 18　登封中岳庙全景

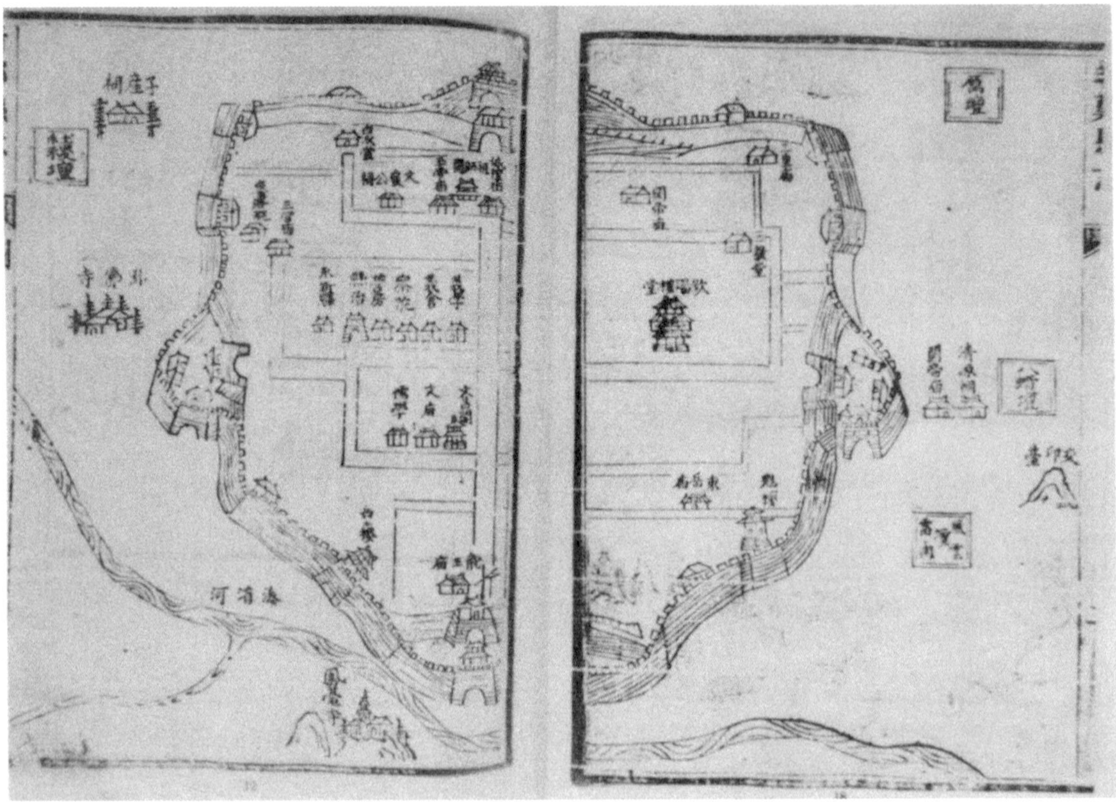

图 19　清代新郑县城池图

图 20　汤阴岳飞庙大殿

图 21　巩义康百万庄园主宅院正房

图 22　新县列宁小学旧址

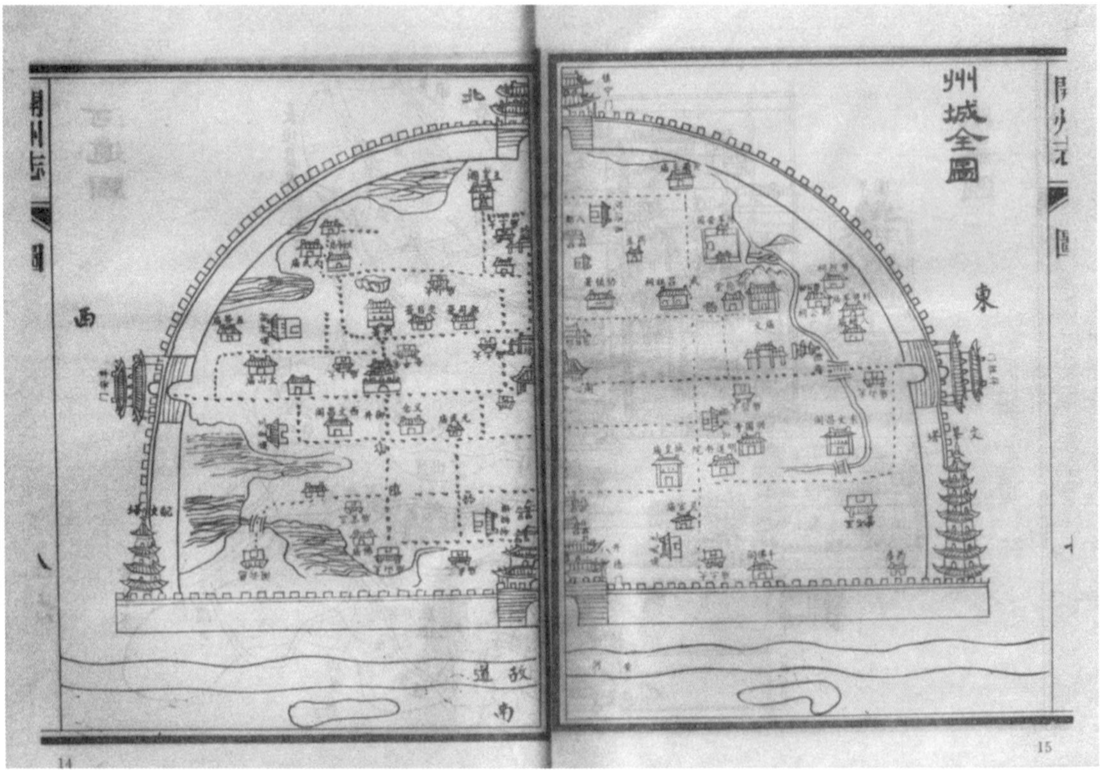

图 23 (濮阳)开州城全图

图 24 濮阳历史街区

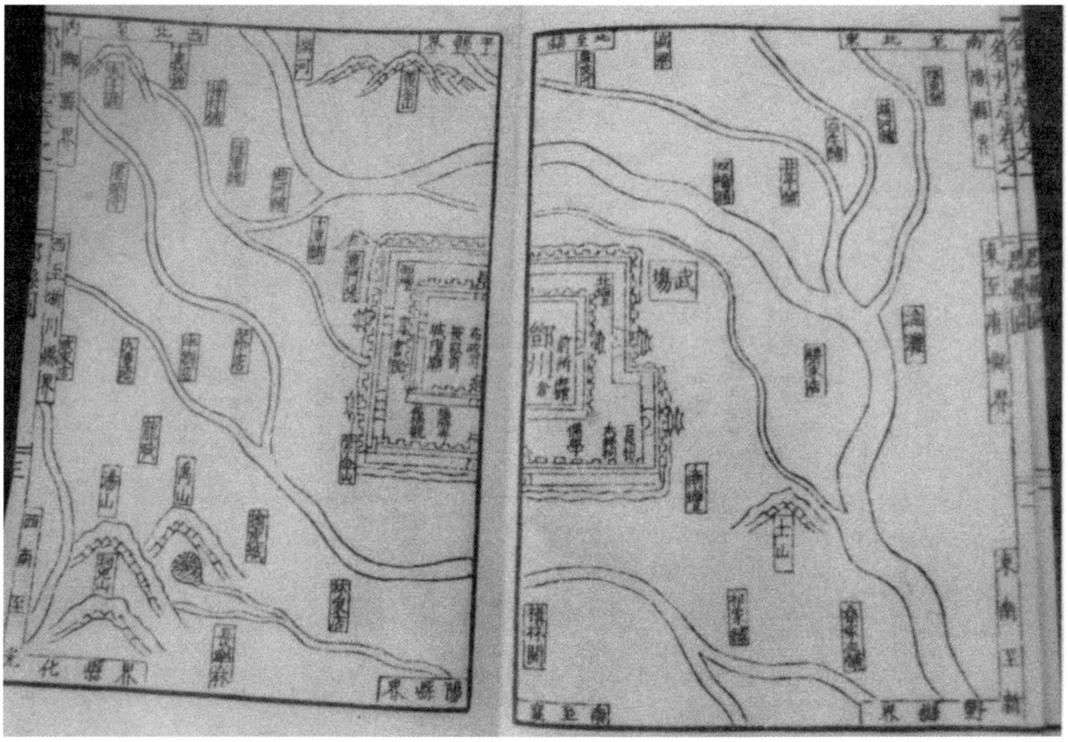

图 25　明代邓州城池图

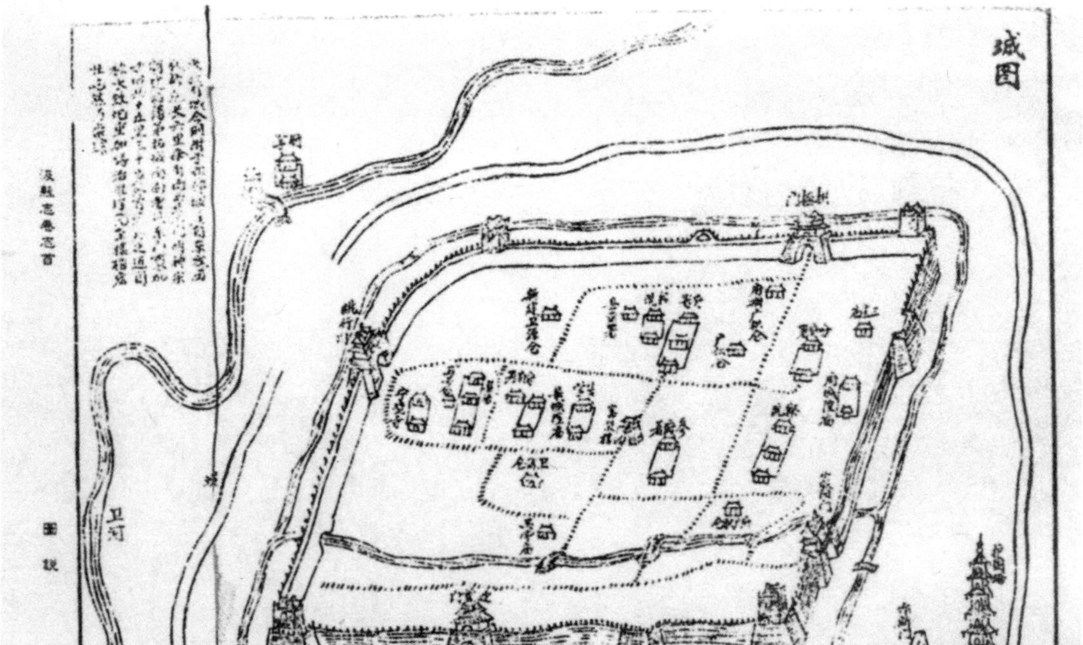

图 26　清代卫辉府城池图

图 27　卫辉明代望京楼

图 28　古城汝南悟颖塔(宋代)

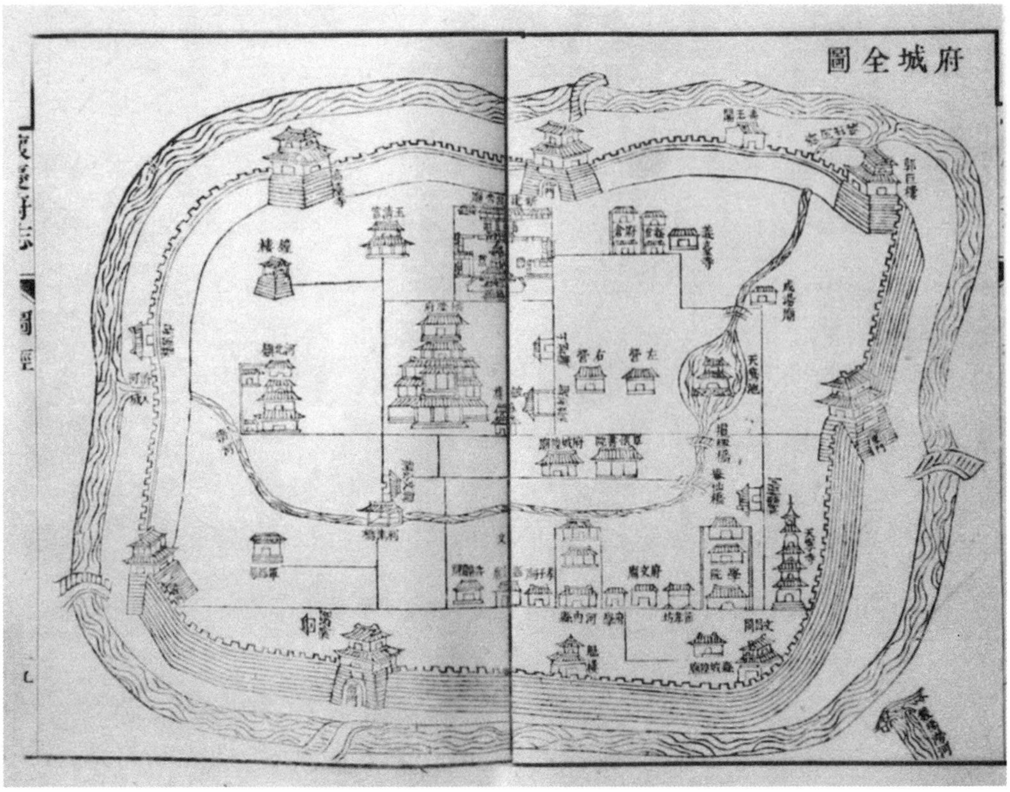

图 29 (沁阳)怀庆府城全图

图 30 荆紫关历史街区

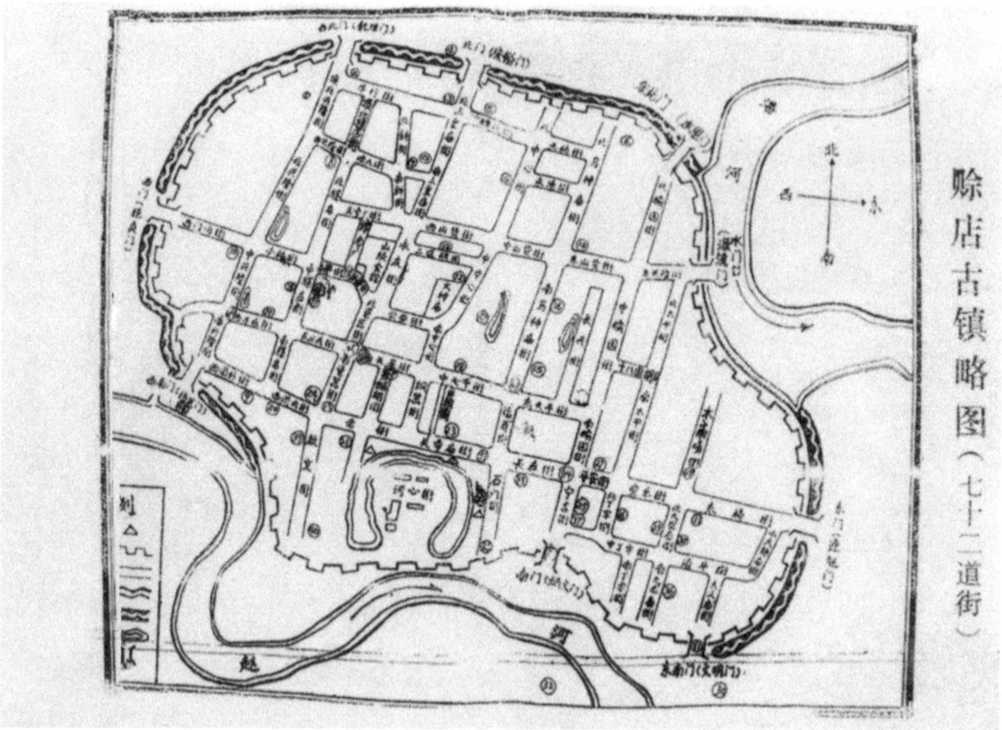

图 31 （社旗）赊店古镇街道图

图 32 社旗(赊店)山陕会馆

图 33　禹州神垕镇古街道

· 历史文化名城 ·

历史文化名城开封可持续发展与保护利用研究

刘汉州

（河南大学土木建筑学院　开封　475001）

［关键词］历史文化名城；开封古城；保护对策；持续发展

［摘　要］历史文化名城是祖先赋予我们的宝贵遗产，是华夏古老城市文明的生动见证。在历史文化名城的现代化过程中，如何正确处理保护与发展的关系，实现历史文化名城的可持续发展，是一个十分紧迫而又现实的问题。本文以名城开封为主要研究对象，从建筑历史与城市规划的专业角度，探讨了历史文化名城开封可持续发展与保护利用问题。

On the Sustainable Development and Protection & Utilization of Famous Historic City of Kaifeng

Liu Hanzhou

(*Civi Engineering College of Henan University　Kaifeng*　475001)

Key Words: Famous historic-cultural city; Ancient Kaifeng; Strategy of protection; Sustainable development

Abstract: Famous historic cities are valuable treasures given to us by our ancestors, and vivid testimonies of the ancient city civilizations of China. However, modern urban development has encroached upon many of these ancient cities giving rise to several important concerns. Principal among these concerns is how to achieve a balance between a sustainable development of moodern cities while protecting the cultural and historical heritage left to us by our ancestors. The purpose of this paper is to examine from a professional perspective the means required to achieve such a balance, i. e. , to protect and preserve Kaifeng's architectural and cultural treasures while incorporating a program of modernization and sustainable development for the city.

"城市既是世界各地历史文化的象征，又是文化过程的产物，带有明显的地域文化特征。历史上形成的城市，作为仅次于语言的人类文明的第二大创造，同语言文字一样，是丰富多彩、各具特色的……成为其灿烂文明的最好的见证和世世代代人民的集体记忆。……然而，不知从何时起，传统民居、历史街区甚至连文物古迹，在一些人看来似乎成了城市开发建设的绊脚石。新区开发和旧城更新时，数百年来形成的富有人情味和鲜明特色的古老城区，经过一场'脱胎换骨'的打造，消失殆尽，迅猛且快速推进的城市化，以'旧貌变新颜'换来'千城一面'的无个性的都市空间。"[①] 今天的部分城市正面临着环境危机、特色危机、文化危机……《新周刊》曾认为：国外 1970 年代旧城改造破坏的文物建筑比"二战"炮火摧毁的还要多；中国改革开放 20 多年以建设的名义对旧城的破坏超过以往 100 年[②]。如何保护中国的历史文化名城一事更显得非常的紧迫。

开封地处中原腹地，是"七朝古都"、"北方水城"、"中国优秀旅游城市"。本文以名城开封为例，更具有重要的现实意义。中原地区有不少县市被列为历史文化名城，而且一些尚未公布为历史文化名城的城镇，也同样存在历史文化及自然环境的保护问题。在当前社会经济蓬勃快速发展的大好形势下，研究历史文化名城，正确处理保护与发展的关系，从而更好的指导名城的城市建设，具有重要的现实意义及推广价值。

一、名城开封的历史文化特征及现状分析

1. 名城开封的历史文化特征

(1)开封城池的布局及历史变迁

开封，是一座具有数千年历史的古城。根据1956年开封城郊东南万隆岗出土的文物考证，早在五、六千年以前开封就出现了原始的居住点，至夏代，第七世帝杼五年迁都老丘，就在开封附近，春秋时，开封为卫国仪邑，名“浚”，得名于城北浚水。

开封有历史可考的，为战国时魏惠王自安邑迁都大梁。魏惠王迁都后，在这里修筑了一座大梁城，其城共有12个门，东西约10里左右。大梁城毁于秦灭魏的战争，以后作为浚仪县城，屡有兴衰。南北朝时，开封升为州，北周时改名汴州，已有简陋的城廓。至唐代建中年间，宣武军节度使李勉对汴州城进行了一次扩建，周长达20余里，计有城门十座，但面积较今城略小。五代的后梁、后晋、后汉、后周皆以此为都城，周长达48里233步，较原来的旧城扩大了一倍以上，共有城门10座，为北宋东京城的营建奠定了基础。

北宋东京城有三重城垣——皇城、内城和外城，规模壮阔，气势雄伟。外城，是北宋统治者在后周所建的基础上多次加以修葺，增补和展筑而成的，周长50里165步、高4丈、宽5.9丈，外距护城河15米。南面三门，中曰南熏、东曰宣化(陈州门)，西曰安上(戴楼)；东面二门，南曰朝阳(新宋)，北曰金辉(新曹)；北面四门，中曰通天(新酸枣门)，东曰景阳(新封丘门)，次东曰永泰(陈桥门)，西曰安肃(卫州门)；西面三门，南曰顺天(新郑门)，北曰金耀(固子门)，中曰通远(开远，及胜门)，加以各河水门，共21个城门。城门皆“瓮城三层，屈曲开门”，唯南熏门，新郑门、封丘门“皆直门两重”。

里城，又名内城，即唐重修的汴州城，周围20里155步。南三门，中曰朱雀，东曰保康，西曰崇明(新门)；西三门，南曰宣秋(郑门)，中曰角子门，北曰阊阖；北三门，中曰景龙(酸枣)，东曰安远(封丘门)，西曰天波(金水门)；东二门，南曰丽景(朱门)，北曰望春(曹门)共十一门。如今开封现存之明清城墙的曹门、宋门等名称即从此流传而来的。考古勘探得知，内城位于今开封市区，据初步测量，形制略为正方形，四墙共长25华里左右，面积略小于今存的明清城墙。内城南墙位于今城大南门北300米左右的东西一线，北墙位于龙亭大殿北500米左右的东西一线，东西墙与现存明清城墙相重叠。

宫城，又名皇城，在内城中部略偏西北，城周5里，设有城门七座，南面三门，中为干元(宣德)，东曰左掖，西曰右掖；东面二门，南为东华，北曰夷门；西面一门为西华；北面一门为拱宸。

北宋灭亡后，金改东京为汴京，曾两次建都于此，对开封进行了一番营建，除把原故宫基址稍移向外，为了防御上之需求，主要对三座城进行了营建。尤其对内城南北墙的扩充，便成为今日现存的明清城墙的前身。

元代在开封设汴梁路，并设江南江北行省省会于开封，加固了原有开封城垣，只留内城5个城门以便固守，外城受到很大损毁。

明代在元代都址的基础上建筑了开封城。城四周用砖包砌，修成后，城墙周长20里190步，高3丈5尺，宽2丈1尺，外濠深2丈，阔5丈。城门较宋金大减，保留了元的基址，只留5座，各建有瓮城。明洪武十一年(1378)太祖朱元璋封其五子朱棣为周王来开封镇守。次年在金故宫旧址上营建了周王府，设萧墙和紫禁城两重城墙。前者为王府之外城墙，周9里13步，高2丈，辟4门，南为午门，东为东华门，西为西华门，北为后宰门。后者是周王的活动中心，周5里，高5丈，亦辟4门，南为端礼门，北为承智门，东为礼仁门，西为尊义门。今日之龙亭，就位在周王府紫禁城后院煤山旧址上。

清代初年，因明官军掘黄河灌城，开封一片黄沙，断绝人烟。康熙元年(1662年)重建开封城，仍用明代基础，城门、城墙均在原位，城内干道无多大变动。道光二十一年(1841年)黄河

再次决口，围城达8个月之久，城墙破坏不堪，故再次修筑开封城垣，即今日之开封城墙。据记载：周长22里70步（实测为14.15公里），高3丈4尺，女墙高6尺，上宽1丈5尺，底宽两丈，内外一色巨型青砖砌成。全城共有敌台（马面）81座，城外有护城河宽5丈，深2丈。康熙五十七年（1718年），在明周王府遗址东北中还建有一座满州城，用作满清旗军驻防地，俗称里城。此城周围5里192步，高一丈，城平面为正方形，四周筑有土墙，辟东、西、南三门，内驻有满洲八旗和蒙古左右翼军100人。清道光二十二年（1842年）的黄河淹灌，再加上民国时期冯玉祥军队的拆除，使得满州城墙大部分被毁坏。

一百多年以来，开封城墙保持了原有的建筑规模，但由于战乱和后期建设，各城门至今都已无存，为适应近代交通发展的需要，1928年曾开了小南门，之后又在西、南两面各开一门，东边辟有两门，城外之护城河东面北部、北面已堵塞，西面和南面尚存。30年代还对城内的重要街道进行了扩建改造，但街道的位置走向基本没变。

总之，开封作为历史文化名城，其城市格局有着悠久的历史。尽管从战国之大梁至今已有2300多年的历史，但城市坐标都在今开封城一带，没有大的迁移，尤其从唐代起，城垣规模、街道格局及重要建筑（如王府、宫殿区）的分布等，已基本固定。历史上的开封城池多次在前代经营的基础上重建并逐渐向外扩展。如李勉重筑的唐汴州城，五代的后梁、后晋、后汉和后周甚至北宋东京之内城都是在它的基础上建筑的。经金、元、明、清至今，1300多年城市格局基本未变。尤其是1984年在中山路中段距地表4～5米深处发现的原北宋御道上的州桥遗址，则更说明了这个问题。这是我国城市建筑史上的宝贵例子。如今开封的道路和街巷的格局是以北宋东京南北御道（即今之中山路）为轴线而分布的，尽管解放以来城市进行过大规模的改建，但开封城传统的格局仍被保留下来，这是开封历史名城的重要特点。

（2）名城开封重要文物古迹简述

开封，我国著名的“八大古都”之一、“七朝建都”之地，近代又作为中原政治、经济、文化之中心，其光辉灿烂的历史为古都开封留下了众多的文物古迹。新中国成立后，开封十分重视对古文化遗产的发掘和保护，到目前已使274处不同级别的文物保护单位得以较好的保护和管理。如祐国寺塔（铁塔）、繁塔、延庆观、山陕甘会馆、开封城墙、大相国寺、龙亭、禹王台、北大寺、朱仙镇岳飞庙及清真寺、河南大学近代建筑群、天主教河南总修院、刘青霞故居等，已公布为全国重点文物保护单位，或省级文物保护单位。此外还有众多的历史人物及遗迹。开封自古就是我国经济、文化发达的地区，其老字号名店、文化艺术、民俗风物等极为丰富。老字号名店不仅保留有许多名人题写的匾额，而且在保留传统“店”、“号”的基础上，随着商业的发展与繁荣，在经营方式、经营品种等方面又有不断创新与发展；文化艺术更是根基深厚，既继承传统，又推陈出新，呈现出一派繁荣的景象；民俗风物丰富多彩，各色小吃琳琅满目，充分展现出其历史文化名城深厚的文化底蕴。

2. 名城开封的现状分析

（1）自然与社会环境的历史变迁

开封从战国时的魏惠王迁都到大梁至解放初期，一直是河南中东部地区的经济、文化中心之一，使其在2300多年的时间里，虽历经多次兴衰，但一直占据着特殊的优势。分析其发展、繁荣的历史原因主要有两方面。一是水陆汇通的交通之便。名城开封历史上尤其是隋唐到宋明一直是中国水陆交通的中心，漕运之便，九省通衢，带来了商业、手工业以及对外贸易的繁荣与发展，素有“汴京富丽天下无”的美称。二是都城及省府或州治所在地奠定了其政治基础。大凡都城及省、府、州、县治所在地，均为一方之政治、经济、文化中心，而都城所在地更是全国之政治、经济、文化中心。开封历史上除秦灭魏后到东魏这一时期为郡县，不是都城就是省治或州治。政治功能在中国古代城市中有着特殊的重要地位，正是由于开封作为都城或省府、州治所在地，又居中原水陆交通之要冲，使其在政治、经济、文化、人才、科技等各方面有着显著优势。

清末以来，随着社会、自然环境的变迁，使得开封日渐失去往昔的地位。对开封来讲，社会、自然环境的变化，与名城的命运息息相关。主要表现在黄河决堤，城市被淹，使得开封城市毁坏严重，穿过开封境内的多条河道淤塞断流，水运中断，运输主要靠陆路交通，而且京广铁路的开通，使南北铁路交通大动脉从郑州穿过，使开封失去南北交通枢纽地位，交通优势明显降低，特别是省会于 1954 年 10 月由开封西迁到郑州，开封失去了往昔特殊的政治地位，而且由于开封在工业尤其是重工业方面明显劣于郑、洛，沿京广铁路沿线郑州南北的许昌、新乡也逐步发展起来，使得开封逐步失去往昔的经济优势。

以上几个方面的历史变迁，造成了名城开封的相对衰落，使之失去了在中原地区往昔的辉煌。但是历史为开封留下了灿烂而丰富的文化遗产，它将始终引起人们对这一具有 2300 余年建城史的“七朝古都”的无限怀念，这些是开封宝贵的财富，潜在的资源。

(2)20 世纪开封名城形态的重大变化及保护观念概述

进入 20 世纪，古城形态变化经历了三个重要阶段。在这几次变化过程中，充满了无奈、充满了彷徨、充满了喜悦、也充满了遗憾。

第一阶段是 20 世纪初至 40 年代末。这一阶段是开封古城局部改造阶段，主要表现在拆除旧庙宇和满洲城等，根本谈不上对古城的保护意识。

第二阶段是 20 世纪 50 年代初至 70 年代末。这一阶段是开封古城全面改造阶段，主要表现在拓宽马路，城墙开门，拆除鼓楼、宋门等。城市建设主要表现在旧城内。虽然新中国成立后对文物保护工作日渐重视，但对整个城市的价值认识不足，比如认为鼓楼、宋门等旧时标志性建筑已失去往日的功能，没有价值，阻碍城市的发展而被拆除。城市街道不断地被拓宽，拆除旧建筑，新建筑形式成为时尚。这个阶段的保护意识可谓“保护文物、拓宽马路、大拆大建、城中发展”。

第三个阶段是 20 世纪 80 年代初至 90 年代末。这个阶段是开封古城更新与保护最复杂、最关键的阶段。随着城市人口的不断增加，旧城已不能容纳更多的人口，城市要求向外发展。与此同时，古城内依旧拓宽马路，并出现了许多大体量、设计拙劣的新建筑。但 1982 年国家公布第一批国家历史文化名城时，开封位列其中。为了保护名城风貌，为新建筑戴上传统的“大檐帽”等做法成为时尚，将原汁原味的传统街道拆除建设仿古街，城中大体量的建筑相继出现，名城保护与发展处于复杂的矛盾之中。

近年来，历史文化名城保护在全国范围成为热点话题，出现了平遥、丽江等保护典范。开封市的领导、职能部门的保护观念发生了重大变化，开始进行名城保护规划及名城保护研究工作，名城保护提到议事日程。纵观三个阶段，古城形态已突破旧城积极向新城区发展，形成开放性的城市格局，保护观念已从“大拆传统建筑、建仿古一条街”等误区走出，老城区传统风貌得到进一步保护，正确的保护观念正在形成之中。

(3)开封名城保护当前存在的问题

随着“旧城改造”的进行，开封古城遭到了相当程度的破坏，名城的历史文化品位日渐下降，名城保护面临着严峻的挑战。古代城市是在自然农业条件下的产物，是一个封闭的、相对稳定的有机体。大拆大建，一味拓宽马路的做法只能破坏城市的稳定性，毁掉古城。开封古城中已被拓宽改造的中山路、东西大街、曹门大街、解放路等均为改造的产物。其建筑设计要么求高、求新，甚至求怪。要么一味仿古，完全没有了古城的韵味。在改建、扩建的同时，许多历史地段被冷落，丧失了城市的活力。这样就出现了一种奇怪的现象：改造过的地段失去历史风貌，没有改造的旧区失去了城市的活力，出现了历史地区的衰败。

国家历史文化名城是一个很高的荣誉，亦是一个艰巨的责任。开封虽然是一个市级城市，但人们的文化水平、思维意识、法制观念、管理水平以及当前的经济状况、管理体制、科学信息等方面与国家级历史文化名城保护要求存在着较大差距。国家级历史文化名城没有国家级的管理水平、观念意识、理论研究、经济实力等。当前，开封名城的保护矛盾主要表现在五个方面：

首先，名城价值认识不足，保护意识淡漠。

长期以来，“除旧建新，大拆大建”的思想深深地影响着开封建设的领导和居民，名城保护仅停留在文物古迹的保护上，除此以外的旧建筑多被拆除。尽管开封保存了丰富的文物古迹，但真正意义上完整的历史街区少之又少，大多只能称之为历史风貌区。由于古城内大部分居住区宅基分割均为历史形成，多为祖业，经济条件较好的居民拆除旧宅，独立建设“洋楼”的现象时时发生。近年来，由于大拆大建受到批评，“新建筑”受到排斥，于是广施琉璃瓦，以“延续古城风貌”。

一些人讲到“历史文化名城阻碍了城市的发展”，这种观点显然是站不住脚的。名城是优势而不是障碍，是责任而不是包袱。历史文化名城的保护与发展比起一般的城市要复杂，但也比一般的城市更具魅力和底蕴，是城市潜在的资源。

其次，规划设计水平较低。开封古城内的新建筑，大多为 4 到 6 层，上世纪 90 年代之后，陆续出现十几层的高层建筑，色彩多为白色或米黄色面砖，有的在檐口、窗台等部位作成小坡檐，并施以红色、黄色、绿色等琉璃瓦，“琉璃瓦等于古城风貌”的设计思想是根深蒂固的。尤其在历史地段的一些新建筑，尽管采用了传统的风格，地方式样，但显然对开封传统民居的做法、比例等研究欠妥，出现了一些低档次的建筑作品。城市空间缺乏城市设计的引导，不顾城市的文脉、肌理、风貌特色等，比如寺后街以南的拆迁改造就是一个很明显的例子。

第三，保护及发展理论研究不足，古城保护及发展存在诸多盲点。开封自 1980 年以来作过两次规划，即 1985 年规划和 1995 规划，均为总体规划。现在实施的是 1995 年的城市总体规划（1995——2010）。1995 年的规划提出了开封“历史文化名城保护规划方案”以及“旅游开发规划”，但成果缺乏完整、系统的分析论述，名城保护与发展仍有盲点。开封古城发展到今天，哪些是绝对保护的？开封的特色是什么？保护与发展应采取何种模式？遗产的再利用问题等等。再比如，开封在上世纪 90 年代以前集中在旧城发展出现了许多问题，90 年代以后逐渐在古城以西开发新区，显然，这对古城保护与城市的发展都是十分有利的，那么新旧城区关系如何处理？保护历史文化名城是否就是单纯的保护那些历史建筑，不许建设、不许发展呢？保护古城是否就要人们生活在旧有的建筑形态中，不准改变现状呢？这些问题都需要深入地研究才能找到答案。

第四，管理工作亟待改进。名城的管理工作不同于现代化城市，其管理思想、方法策略等要求远远高于现代化城市，比完全现代化复杂的多，极富有挑战性。还有一些人法律意识、保护意识淡漠，违章建设、暗地建设现象是时常发生的。对于历史文化名城的管理建设，领导的保护意识是非常重要的，领导的行为起着引导、示范作用。开封名城保护管理存在的问题主要有四个方面：

①有法不依或执法不严。国家和省均有名城条例，虽然有法可依，但是执行起来难度颇大。一方面旧城市民不能系统地了解名城保护规定，建设出现的问题也只是处以罚款等手段，处罚力度不够。另一方面，以权代法，以情代法也影响着管理工作，这是诸多名城保护与管理工作中存在的难度很大的事实。

②保护管理机构不合理。在开封，名城保护的职能部门是建委、文物局、旅游局以及园林局等，各自都有主管的上级领导，在领导的分工中，建委有城市建设规划，文物部门有文物保护规划，旅游部门有旅游发展规划等。这样，名城的保护与建设，在管理体制上就存在问题，没能使城市建设与文物保护、旅游开发很好的统一起来。对于历史文化名城的建设必须有高度的综合性、权威性，实现文物及历史街区保护、旅游开发与城市建设的统一，这是开封名城发展的行政保证。

③管理人员必须注重新老交替，工作延续。历史文化名城保护与管理不同于其它工作，它必须以一贯之，锲而不舍，必须重视保护工作的延续性。“好大喜功”，“急于求成”是名城保护的大忌。保护工作是一门专业技术性很强的工作，一个领导从上任不熟悉情况，到逐渐了解，再到比较清楚是一个很长的过程，所以必须注意年轻干部的培养、选拔与老干部的退休返聘相结合，形成保护历史文化名城的合力，走一条

适合开封实际的管理路子。

④历史文化名城的教育工作严重不足。名城保护是专业性很强的事业，同时又是一项群众性的工作。“公众参与历史遗产的保护”是国际公认的一条基本经验。当前，开封居民中大多数对名城保护的法规、基本知识、重要性了解甚少，人们所知道的是具体文物景点的保护。而对历史街区的保护漠然处置，要“热爱开封、建设开封、发展开封”，但首要的是让百姓都了解开封、熟悉开封。对开封居民尤其是青少年进行以历史文化名城知识及保护意识为主的爱家乡教育是非常必要而紧迫的。开封名城的未来要靠他们，只有让他们了解开封、认识开封，才能激发他们对家乡的热爱，培养对古城开封的感情，他们才能理解我们为这项光荣而艰苦的事业所付出的巨大热情。

二、开封名城保护的战略意义及理论探索

1. 开封名城保护的战略意义

开封名城有历史可考的自魏惠王自安邑迁都大梁（公元前 364 年）至今，已有 2300 多年的历史，在这漫长的岁月里，她逐渐形成、发展、成熟、繁荣，成为远近闻名的“七朝都会”，素有“琪树明霞五凤楼，夷门自古帝王州”、“汴京富丽天下无”的美称。历史上的崇高地位，奠定了作为国家历史文化名城的基础，保护这座有着两千多年建城史的名城有着重要的意义。

（1）开封名城具有重要的文化价值

首先，名城开封有大量的历史文化资源。开封是我国著名的“八大古都”之一，“七朝建都”之地，近代又作为中原政治、经济、文化之中心，历史文化资源十分丰富。目前全市已公布的各级文物保护单位 274 处（280 项），其中全国重点文物保护单位 13 处（15 项），省级文物保护单位 38 处（42 项），市级保护单位 30 处，县级保护单位 193 处，之外还有众多的非物质文化遗产。

这里有我国保存最早的八角琉璃砖塔，有全国唯一的“城摞城”奇特景观，有集“木雕、砖雕、石雕（尤以木雕为胜）”三绝于一体的山陕甘会馆，有我国第一座蜡像馆，还有延庆观、大相国寺、繁塔以及众多的风味小吃，民间艺术等。这些在我国都享有很高的声誉。

其次，开封古城是我国古代城市建设的转折点和杰出代表。北宋东京城的城市布局，在中国都城建设史上，具有承前启后的作用。他一方面继承了隋唐长安城城市布局的一些特点，如城市的三个圈层结构（外城、里城和皇城）和中轴线结构等；另一方面，北宋开封城的城市布局又有新的特点。最明显的特点是取消了唐代的坊里之隔和集中设“市”的商业模式，商业区分布甚广，甚至沿街设店，而且还有摊贩，走街穿巷的挑贩，商业气息甚浓。同时，加宽御道，突出加强了中轴线的地位。且“道路布局以宫城为中心的辐射式与方格相结合的道路网系统，大道正对城门，形成井字似的方格网，次一级道路也是方格形的。……不仅道路很有特色，而且城内河道也十分讲究，城内和四周有四条河道：汴河、蔡河、五丈河、金水河，都与护城河相互沟通。其中汴河横穿城的东西，是城市的主要水上交通线，商业、贸易相当发达”。[③]张择端之《清明上河图》反映的街市繁荣景象可见一斑。这些新特点又被后来的元大都和明清北京城所继承。

第三，是我国宋文化形成的基础和重要内容。开封虽然在北宋之前曾经为战国时的魏及五代时的后梁、后晋、后汉、后周的国都及其后的金后期都城，但影响最大的是北宋在此建都九帝共 168 年。北宋是我国古代封建社会一个重要的时代，其政治、经济、文化艺术、科学技术等都得到空前的繁荣与发展，是宋文化形成的基础和传播的重要载体。因此开封自然是我国最具声望的宋文化旅游目的地。其宋文化主要有宫廷文化（包括皇城建筑、宫廷礼仪文化、节庆礼仪文化、祭祀文化、服饰文化、乐舞文化等）、建筑（城市布局、桥梁）与园林文化、文学诗词文、书法、绘画与工艺、科学技术、府衙文化、儒学文化、名人与名臣文化、宗教文化、商业与饮食文化、民俗文化等。其中民俗及饮食文化对现代有相当深远的影响。

第四，“黄河安澜与汴城兴衰同步，环境变迁与人类文明共生”。[④]人类历史上，由于自然

环境变化而对人类文明造成影响的事很多，开封城市发展史是与开封地区的黄河变迁紧密关联着。历史上黄河多次泛滥、改道，导致从公元前300多年以来，开封城地下叠压着被洪水淹没的6座城池，包括3座国都、2座省城及1座中原重镇，构成了“城摞城”的奇特景观。这6座城池基本处在同一区域，埋在最下面的是战国时期的魏都大梁城，埋深在10米以下。大梁城之上，依次是埋深10米的唐代汴州城、埋深8米的北宋东京城、埋深6米的金代汴京城、埋深5—6米的明代开封城和埋深3米的清代开封城。这既充分反映了汴城的兴衰史，也是人类与环境抗争的历史。

(2)保护开封名城是建设现代城市的优势资源

城市的产生和发展，是人类社会文明进步的标志。在社会、经济发展过程中，城市及其面貌不断变化，是历史的必然。但在自然的和社会的巨大变迁中，一些城市发展了，一些城市衰落了，留下来的经验与教训都是宝贵的。特别是历经千百年沧桑，至今仍焕发着青春活力的城市——历史文化名城，对当代经济社会高速发展有着巨大影响。

因此，开封作为全国第一批公布的24座历史文化名城之一，历史文化优势就是开封的最大优势，是开封城市发展的最有力的资源。因为开封要想发展，就要吸引投资，提高自己的知名度。而其国家级历史文化名城的称号无异是最大的优势资源，使其在全国的历史文化城市中，尤其是在“八大古都”中占据了一席之地，这既是一个崇高的荣誉，更是一种历史的责任。同时，深厚的历史文化内涵也是开封城市现代化的重要内容。当全球化席卷世界的时候，注重国家、民族、城市的文化特色尤显重要，能否在现代化的潮流中保护自己的个性与特色是一个城市是否有生命力的体现。“现代化城市必须城市市政设施高性能、环境高质量、工作高效率、生活高品位以及深厚的历史文化内涵”。[⑤]所以保护好历史文化名城，是建设现代化开封的重要内容，是改善开封生存环境、提高市民文化素质的重要措施。

2. 开封名城保护理论的探索

(1)开封名城的特色类型定位

每个城市由于地域的差异、人类活动繁简的差异、城市各自发展历史的差异等诸多因素综合作用下，其历史文化基因虽有相通的一些要素，但是从整体表现形式上看都具有各自强烈的个性(即特点)，绝不可能雷同。就河南的一些历史文化名城来说，洛阳的汉唐文化、郑州的商文化、安阳的殷墟文化等都具有一定的代表性。在这些城市中，无论是从人们的印象中，还是在诸多景点或老街陋巷里，都能给人留下各自文化特征的印记。这就是所谓的城市“特色”，也是这些城市历史文化精髓的所在。

开封的历史文化个性或特点，比较这些城市来说，相对要复杂一些。从大文化特征来看，它包容了宋文化和明清文化两大块，而前者属于“都城文化”，后者属于“省府城市文化”，其中“都城文化”占据主导地位。依据中国历史文化名城类型的划分，可以看出，这两者都属于政治型历史文化名城的类型。这正是开封这个古老城市特色所在。

开封古城从建城至清末，尤其在北宋及其以后，一直是中原地区重要的政治中心，城市格局反映了城市的等级。在此同时，开封又是一个商业交汇中心，城市有着悠久的商业传统。习贾好商的社会风尚弥久不衰，延续至今。另外，从旅游业发展角度来说，开封是“中国优秀旅游城市”，从城市自然景观看，开封又是“北方水城”，但这些职能是基于城市作为都城或省府城市的政治功能而呈现出来的，政治特色仍是这个古代城市鲜明的特征。反映古代都城或省府城市风貌和制度文化特征是开封古城特色的基本定位。

(2)开封名城保护的内容

首先，城市格局及形态的保护。城市格局及形态是自然环境、文化观念、经济水平共同作用的结果，反映了城市的历史文化特征。

中国古代城市有着自己鲜明的特色，城市的格局是关乎城市建设的大事，城市历来所强调的“礼”就主要反映在这个平面中。这个城市的平面往往还有特殊的含义，用以象征更为深层的文化观念，人们通过历代的营建使之完善，以达到“求吉”的目的，使城市增加了趣味性、神秘性、乡土感。“城市的结构其实就是一种为存在于地域社会的特有文化中的集团意志所左右的构图。正是这方面的原因，城市的结构与单体建筑不同，它的构图形态更富于传统性和习惯性”。[⑥]

开封作为“七朝都会”，都城体现在哪里？和北京不同，开封作为都城标志的宫殿、坛庙、王府都已消失，留下的建筑遗迹、街道遗迹、河道遗迹是仅存的帝都标志，应得到妥善保护。而现在的开封古城是明清时的省城遗存，城市格局虽基本未变，但大量的历史街区是明清(主要是清)的遗存。作为古城，在保护好现有的文物古迹外，还要保存城市格局、历史街区和历史水系更有重要意义。因为，开封古城的建筑特征，文化内涵都是基于开封作为都城及省府治所为前提的，都城及省府治所的空间格局特色应是开封名城基本的景观定位。

保护开封名城形态方面应当在三个方面得到体现：其一，古都格局：严格保护中轴线，尽量恢复历史风貌，在相应位置设置城门标志；其二，历史街巷：保护城市历史街巷，尤其是马道街、徐府街、书店街以及刘家胡同、双龙巷、双井巷等历史古街巷，不应随意改变历史风貌；其三，历史水系：保护历史水系的完整，不得随意填埋古河道，保护河道的历史风貌，有条件的可全部或局部贯通相应河道，包括整修护城河。

其次，文物建筑及一切反映古城特色的历史建筑的保护。历史建筑的保护是历史文化名城最基本的内容，历史上的许多著名城市，就是由于缺少了历史建筑的遗存，而不能成为历史文化名城，比如山西的临汾、太谷等。保护文物建筑的同时，也要重视传统民居及一切能反映古城特色的历史建筑的保护。

第三，古城的文化珍宝及民俗风物的保护。凡是历史悠久的文化名城都有自己的文化珍宝和绝技，之所以称之为绝技就是其它地方不可能有的，或有但不能与之媲美的。技艺绝活表现在音乐、美术、饮食等生活的各个方面。开封是中原民族重要发祥地之一，是夏、商、夷三族文化的交汇地，是著名的文化艺术之乡，有资格最老、久负盛名的木板年画，有众多的名号老店及风味小吃，有中外闻名的开封盘鼓等等。

开封的文化珍宝除古建筑外，还有众多书画珍品，雕塑史上占据重要地位的山陕甘会馆“三雕”等，它们都是古汴大地的文化珍宝，是历史文化名城的重要内容。

第四，古城所在的自然环境的保护。开封古城周围的自然环境主要是黄河、贾鲁河、古汴河、广济河等。古城的兴衰与黄河安澜紧密相联，所以要保护好黄河地上河河段、黄河滩地、黄河大坝、黄河险工河段，以及处于黄河古泛区的背河洼地、湖泊与湿地区域、河流段落等，这些反映了历史上黄河安澜及开封人民与之抗争的纪录，也是古城兴衰的见证，要予以保护，而汴河、贾鲁河等是开封繁荣的历史见证，因此也要保护。

第五，反映城市发展演进的“历时性多元空间结构”的保护。古城开封，虽然隋唐以前的建筑等在地面上已不复存在，宋、元、明时期也仅保存有铁塔、繁塔、延庆观、城墙等古代建筑，但是遗迹(址)丰富，城市格局自宋至明清基本未变。这些建筑遗存巧妙地组成了一个环，这个环把开封古城内所有的历史建筑都有机地联系在一起，反映了城市的演进历史，可称之为开封的“历史环”。

古城的发展表现在开通外环路，扩展中山路，东西大街、曹门大街、解放路，发展小商品批发市场(如相国寺批发大市场)，修筑铁路、建设火车站、修筑桥涵等，中山路上的建筑反映了开封人民在古城发展中对新与旧的思索，对古城保护的认识过程。它与东西大街、批发市场以及新区建设等共同构成一个新的环，反映了开封的时代发展，可称之为“时代环”。

开封的“历史环”、“时代环”再与古城边界一起构成了反映开封城市演进的历时性多元空间结构，这个结构还要在保护的基础上不断发展、完善。

第六，古城历史空间的意境营造及保护。开封古城中历史空间的美学挖掘、意境营造是构筑城市的文态环境的重要手段，是历史文化名城保护的深层需要，现存的这些历史文化遗产有的已不完整；有的已失去原来的功能改为它用；有的已严格修复，风貌再现。据《汴京遗迹志》记载，宋代汴京有“双八景”之说，其“双八景”中第一组为“繁台春晓、金池夜雨、铁塔行云、州桥明月、大河涛声、汴水秋风、隋堤烟柳、相国霜钟”，第二组为“艮岳春云，夷山夕照，金梁晓月，资圣熏风，百岗冬雪，宴台瑞霭，吹台秋雨，牧苑新晴”。此外《汴京遗迹志》还记载“大梁十迹”：“夷门、古城、吹台、隋堤、上源驿、愁台、陈桥、艮岳、青城、官渡”。而明代《明成化河南总志》对“汴京八景”的记载为：“艮岳行云，夷山夕照，金梁晓月，资圣熏风，百岗冬雪，大河春浪，吹台秋雨，开宝晨钟”，明李濂又重编“汴京八景”为：“繁台春晓，铁塔行云，金池过雨，州桥明月，大河涛声，汴水秋风，隋堤烟柳，相国霜钟”。到了清朝乾隆年间撰修《祥符县志》时，把“汴京八景”中的“大河涛声”删去，增添了“梁园雪霁”，把“金池过雨”改为“金池夜雨”，把“汴水秋风”改为“汴水秋声”，把“繁台春晓”改为“繁台春色”。它们共同构成开封古汴城市的文态环境。古汴八景虽大多已不复存在，但根据开封古城建筑遗存及其环境的特点，分析它们的美学特征后可以再现部分“汴景八景”，如“繁台春色”、“铁塔行云”、“相国霜钟”、“大河涛声”、“吹台秋雨”，有的可以改换名号，如隋堤烟柳可以转为林堤烟柳（黄河大堤开封段西自水稻乡马头村东至柳园口乡小马圈村的大堤，因1842年林则徐在充军途中，曾在此指挥堵口抢险而被称之为林公堤）。

(3)开封名城保护的方法

本文所谈的保护主要限于城市物质空间形态，社会文化的保护不在研究之内。

名城保护研究的角度不同，处理的方法也会有所区别。从什么角度去研究至关重要。国内的研究主要是从文物建筑保护、历史地段保护、城市整体保护三个层次分别提出各自的保护方法，取得了比较好的效果。但这种方法是以“物”为研究对象的被动式保护，没有将物与人结合起来考虑，本文以人在历史环境中生活感受为出发点，把遗产保护分为景观控制和功能延续两部分，分别对待。

首先，关于景观控制。控制的目的是更好地维护城市的特性和个性，为人们提供一个易识别的、有序的历史文化环境和城市景观。长期以来，我们更关注文物建筑的保护，只要把重点文物保存下来就够了，采取的做法也就是在文物建筑周围划定保护范围与建设控制地带、环境协调区，不要使文物建筑孤立起来。诚然，这是文物保护法的规定，也是历史文化名城保护的重要内容。但从名城景观保护的角度，还应当把保护的视域和视角扩大。我们要从城市的整体景观特征出发，从“人”在城市中的视觉感受出发，来控制城市的景观。例如，当人观赏城市的整体形象时，就没有必要控制远处建筑的质感，只考虑整体的城市感受，比如屋顶形式、色彩、高度等等，这方面，丽江古城和平遥古城总体上把握的很好。从这个角度，将城市的景观按照观赏点、观赏路线、观赏的感受来进行分类，有的景观需站在较远的地方来观赏，称之为远观型景观，如城市的天际线；有的景观需在近处详细品赏，称之为文物建筑景观，如著名的文物建筑、园林等。这样的分法，对于控制的进行是具体的，要求是明确的，易操作的。根据这一观念，可将开封古城的景观分为：远观型景观、俯瞰型景观、环境型景观、展示型景观、文物建筑景观。这种按照人在古城中方位的移动而形成不同的景观类型，并分别从直接视觉感受予以控制的方法，称之为“方位动态景观保护法”。

远观型城市景观，即站在远处观景，在开封古城中主要是站在开封外围城市环道上观赏城市的整体景观，这些景观不需看清建筑的细部，只需看整个城市的形象，故而要控制城市建筑的屋顶形式，建筑的高度、型体、色彩以及其它影响城市景观的因素，比如烟囱、广告、路灯等，如龙亭等景点，附近有一些不协调的烟囱和体量、形制不适当的建筑物或构筑物。相国寺、延庆观周边的建筑过于稠密，拥挤等。

俯瞰型城市景观，即站在城市的制高点上向下观景。开封古城有许多可俯瞰全城的观景点，比如铁塔、教堂、龙亭、城楼以及高层建筑等。俯瞰型景观可观赏到城市的肌理（包括空间组织体系和建筑屋顶形式）、城市的平面形态、城市的格局以及主要的建筑物之间的关系等，这就要求控制建筑的高度、建筑的屋顶形式、色彩、城市平面和空间肌理。

远观型城市景观与俯瞰型城市景观都属于城市整体景观范畴，对于城市整体景观的保护最为重要的是保护一个城市整体的景观构成秩序。在开封特别是城市主轴线的景观、水系在古城中的布局等，是极有特色的。认真分析这个“秩序”之于城市的个性表现的全部信息，最后通过对建筑高度、屋顶形式、城市平面、肌理、色彩等方面进行控制。这种保护方法貌似与我国目前的保护方法相同，其实有着本质的区别。传统的保护是理想的、美丽的“宏图”，但分类的保护方法则更体现着对人的关怀，处处从人对城市的景观感受出发。

环境型景观，就是在城市的一定范围内所表现出具有共同文化特征的建筑景观，这种景观具有整体性、标识性、生活性、延续性。所谓整体性就是所有建筑之间有着内在联系，它们共同构成这种景观，主要表现在建筑形象的整体性，空间格局的整体性、文化意义的整体性。所谓生活性就是在这个环境里，有人的生活，它是一个活的、洋溢着生命力的景观，主要表现在人的参与性、空间的趣味性。所谓标识性，就是指这个空间有自己独特的印记，即标志物或者说是最能感人，最具魅力的特征。所谓延续性，也可称之为继承性，指在这个景观里并不是冻结式的保存，它依然需要发展，需要适应人们生活的需要。

环境型景观也不同于历史地段，在我国，历史地段有三个标准⑦：1、有较完整的历史风貌；2、有真实的历史遗存；3、有一定规模，视野范围内风貌基本一致。在我国许多历史文化名城中，严格意义上的历史地段并不多了，有的甚至没有，一个地区里也只保留了主要文物建筑，城市格局等，其余均为后世所建，但这样的地区仍很有魅力，应当予以保护、控制。这样的地区，由于文物建筑的作用力，以及空间格局的固有特征，使得整个地区浸透了一种共有的文化精神。在开封这种景观最为丰富，有文物古迹风貌区、天主堂风貌区、繁华商业街市风貌区、民居精华风貌区等。

环境型景观的保护重在保护其风貌，也就是保护景观格局（重要建筑的位置关系、道路的宽度、走向），建筑的高度、屋顶形式、色彩立面处理的地方手法，有特色的门窗形式、木雕、石雕、砖雕、古树名木、重要生活场景实物（古井、古庙旧址），这些内容要保持历史的真实性，不能作过多的干预。

环境型景观中的建筑，要特别注意两个方面：一是对于历史上已毁掉的建筑，原则上不能采用复原的方式。如若确实需要复原的，应经主管部门批准后由文物专家指导完成。第二是关于历史地区的新设计及新空间问题，在历史地区进行新的建筑设计与城市空间设计是非常有争议的事情，因为它涉及到传统与现代关系的深层问题。

在历史地区进行新建筑设计，首先要思考的是对历史遗产的保护，我们的设计不能破坏历史文化遗产的“真实性”。同时，要认真分析历史地区的深层文化内涵，但新的建设不要因为我们对历史的无知而破坏了这一地区的深层结构((deep structure)。所以在历史地区的设计必须了解历史、尊重历史、延续历史。只有从人的全面健康发展，城市的和谐有序为最高目标，重视现代与传统的对话、融合，在保护历史文化遗产的前提下为历史地区注入时代精神，才是处理历史地区的新建筑、新空间的正确观念。

展示型景观，并不是集中于某一区域，而是分布于整个城市，并通过某种结构将之有机的联系起来，在人们行进的过程中城市展示给人的景观等。展示型景观一般都在城市的艺术轴、发展轴或城市的特色构架上，主要表现在城市的标志、节点、绿化、水体等方面。

开封古城的展示型景观与城市的历时性多元空间结构紧密联系在一起。在城市的“时代环”上及其与“历史环”、“古城边界”、“自然轴”的交界处，均形成了展示景观。如开封历史上就是著名的水城，至今分布在城市景区的水景之多仍是突出的优势。近年来，开封市一直开展的水系工程，把龙亭、铁塔、包公祠等水景有机地连接起来，更加突出了开封的城市特色，美化了古城景观，既是一个很好的景观规划，也是一个成功的展示型景观建设。

在“时代环”上有城市入口景观、小商品批发中心景观、鼓楼广场、金明广场、火车站等景观,"历史环"上也有丰富的历史建筑及民居、传统街道、古城墙等作为展示景观。所以要强化城市的展示型景观,增加城市的可识性、知识性、趣味性。

文物建筑的保护。文物建筑及历史园林是历史文化名城中最基本的一个层次。根据我国古城建筑遗产保护概念及世界遗产保护理论,我们清楚认识到中国文物建筑的保护要发扬具有中国特色的传统保护理念并认真借鉴国外先进的保护理论,构筑符合我国文物建筑体系特征的保护理论。

要保存实物,确保历史实物的"真实性"(authenticity)。"真实性"是当今世界文化遗产保护所共认的"原则"。1993 年,B·M 费尔顿与 J·约奇勒托共同撰写的《世界文化遗产管理守则》,对文物建筑"真实性"涉及的几个方面作了阐述[8]。首先提出了材料的真实性,不仅指建筑最初被建造时的材料,而且也指历史在建筑上的积淀,特别是那些重要时代在建筑上留下的印迹以及建筑在漫长岁月中的增减变化。其次是工艺的真实性。包括建筑所采用的结构技术和工艺。第三是设计的真实性。不仅包括了文物建筑设计中内含的艺术、建筑、工程和功能要素,而且还包括了这些要素以及文物建筑选址所表述的原始意义和信息、艺术、功能的创意以及纪念性的要求。第四是环境的真实性。涉及到文物建筑的建造年代、历史文化景观、城市景观价值和建筑的群体价值。

从国际遗产保护中心的文件、文章中可以看出,要保护文物建筑的真实性,就要从材料、结构、设计、工艺、功能、环境六个角度去把握,可归纳如下原则标准:

材料真实。我们要搞清楚现存建筑的材料构成(柱、梁、枋、椽、檩、门窗、柱础以及其它砖、石等的年代),在保护的过程中,要尽量"少干预",尽可能使用原材料,确实不能继续使用,可替用新的同质材料,但保持与原材料的区别。要保护建筑材料由于年代久远而产生的痕迹,或重大事件给建筑材料留下的标志。如檩、枋、柱子上面的工程题记、匠人及施主题记等。

结构真实。要清楚、真实地研究并记录建筑自身的结构,明确建筑结构的演变过程及在历史上的定位。保持结构现状,而不是改变它,恢复到历史上的某个状态。除非有危及建筑安全的情况,才能对之进行干预,在尊重"材料真实"原则下,对之进行结构维护。对新加固的结构,应加以标记何年月日等。

设计真实。主要是建筑艺术方面的,包括三方面:一是建筑本身的。即建筑的选址、朝向,开间、屋顶、屋身、台基的比例关系,色彩、门窗式样,室内外装饰,地方特殊设计做法等;二是建筑群体的。各建筑元素之间的整体关系,建筑元素之间的距离,建筑群轴线与自然、社会环境的关系,建筑的名称、对联、题额、碑石、古树以及一切装饰物的摆放,铺地纹样及形、色、方位的意象与隐喻的象征手法;三是思想方面的。如"天人合一"的自然观,"风水思想",阴阳对应互动、互应的哲学思想等等。

工艺真实。主要有大木工艺、小木工艺、砖石工艺、彩画工艺等。这些工艺有许多内容,虽然能够被机器所替代,但机器工艺就失去了"工艺"的真实。比如:柱础,用机器打制的与人工打制就有明显的区别,没有手工工艺所洋溢的力量和"生命感"。对于工艺的真实是保护中难点之一,要特别重视对传统工艺实物的保护与研究,并加强对手工艺专业人才的培养。

功能真实。保持文物建筑的功能的真实,应该坚持一个原则,即"尽可能延续文物建筑本身的功能"。要求所有的文物建筑都延续原来的功能往往是不现实的,比如故宫。但作为历史园林、寺庙、钟鼓楼等文物建筑均可延续原来的功能,确保它们功能真实。另外的文物建筑可以辟成展示原来文化的博物馆,或者其它一些用途,比如办公、研究之类。这类功能的改变,要以确保设计的真实为前提。

环境真实。要保护文物建筑所在的地段环境及城市所赋予该文物建筑特殊的文化、景观意义。主要包括文物建筑周围的建筑形式、色彩、高度、功能,特殊的地形空间走向、形态;主要建筑物之间的关系,古树名木及一切历史构筑物之间的关系;文物建筑在城市中的选址的文化意义,与其它重要文物建筑的空间关系,与自然景观的关系等。

功能的延续与更新。历史建筑或地区形成

于特定的历史阶段，服务于不同的社会阶层，但随着社会的进步、历史的变迁，有的已失去原来的功能，有的功能虽然依旧延续，但生存环境日益变化。历史建筑的生命就在于其延续不断的功能活动，没有了时代的功能，历史建筑及历史地区就会失去活力，历史文化名城就必然衰败。“城市中历史文化遗产集中的地段，不同于一般的文化艺术品，它既是历史的陈迹，又是当前人民生活的所在地。对于建筑文物，不仅古建筑家、历史家、工匠们要善于修复、维护，这当然已经很不简单，还有求于建筑师、规划师用新的环境观念来精心设计，加以整治、改善，使它适应当今的生活需要，即在历史文化的背景上，要充满时代的新气息”[9]。历史建筑、历史地区甚至整个古城在新的城市中应承担何种功能，关系到历史文化名城保护的成败。

由于历史建筑、历史地区的形成、结构、空间都是依据其当时的功用来营造起来的，当赋予其今日新功能时，应考虑新功能对历史建筑及历史地区的影响。这种新功能是以保护历史建筑和历史地区，保护其生命力为前提的，要使新的功能适应历史建筑，而不是历史建筑适应新的功能。赋予的新功能同时应当符合城市规划的要求，适应古城在整个城市中的功能定位。

历史建筑功能的延续与更新应按照不同的类型分别进行，开封古城中的历史建筑，历史地区按其原始的功能可划分为园林建筑、城防设施、宗教建筑、居住建筑、会馆建筑五大类。

根据历史建筑的性质、特征、现存状况及其在古城中所起的作用，分别赋予适合各自特点的新的功能，使历史建筑、历史环境充满时代气息的做法，称之为“时代功能注入法”。

园林建筑

开封古城中的园林建筑如龙亭公园，现继续发挥着城市公园作用，并注入旅游观光及展示功能。

城防设施

有城墙和护城河，城墙保存基本完好，护城河仅保留有部分河段，其城防功能已不复存在，可开辟为居民沿城休闲及旅游观光带，注入居民活动场所、旅游观光及展示功能。

宗教建筑

开封古城中的宗教建筑主要有相国寺（佛教）、铁塔（佛教）、延庆观（道教）、清真寺（伊斯兰教）、天主教堂（天主教）等。其中天主教堂与清真寺及相国寺保持宗教功能，还可附加有旅游参观与文物考古研究等功能。铁塔、延庆观主要是旅游参观、考古研究等功能，宗教功能退居次要位置。

会馆建筑

开封古城的会馆建筑仅有山陕甘会馆，它主要是作为博物馆功能、会馆建筑展示、旅游参观及文物考古及雕刻艺术研究功能。

居住建筑

居住建筑是所有历史建筑保护中难度最大的一类。原因有六：其一，住宅是与人关系最为密切的建筑，随着人们生活方式的变化，住宅变化是最为显著的。旧有的建筑空间形式、安全模式、生活方式不能适应时代的要求，人们迫切需要改变现有的居住环境。其二，土木建筑体系自身的因素。土木建筑本身与砖石建筑相比，建筑的寿命显然不及后者，基本寿命均为150年左右。另外，土木建筑也容易造成虫、蛇、鼠、蚁的生存。这些因素都严重影响建筑的结构安全。其三，产权因素。中国传统理想的居住模式为“四合院”。这种合院体系适应了古代封建制度下的大家庭聚居生活方式。房屋产权是统一的。解放后，家庭结构模式发生了变化，原来的大家庭分成了几个小家庭，四合院也随之“分家”，出现了拆除四合院中部分建筑而另择新址立家的现象，这样，四合院的完整性遭到了破坏。其四，中国“居住文化”的因素。中国古人非常重视阳宅与阴宅，将其视为关乎家庭盛衰的“根本”。“宅者，人之本。人以宅为家，居若安即家代昌吉；若不安，即门族衰微”。[10]故而，若有家中不顺之事，就出现了对四合院的“改造”，有的甚至大动干戈，破坏建筑真实性。其五，社会因素。我国自古就有将房屋建设视为家庭条件、身份、地位的主要象征，为光大祖业，经济条件较好人家一般都拆旧建新，引起对传统住宅的破坏。其六，旧城更新因素。时代在进步，城市在发展，旧城中大片历史街区由于人口拥挤，基础设施条件差，适应不了城市现代化发展的需要，在旧城更新改造中一味的推倒重建，导致大量的历史民居被毁。

总之，这六方面的因素，是当今开封古城中传统住宅破坏的主要原因。保存至今的建筑，一部分是著名的大家宅院，过去为公共单位占用，如刘家宅院。另一部分大多是家庭条件比较差，无力改造的。近年来，开封市城建部门、文物部门开始了保护传统民居的工作，但是面临的问题很多。我们必须反思传统民居的保护方法，正确处理保护历史文化遗产与促进人们生活质量提高的关系。

传统民居在历史文化名城中的作用有三：1、居住。为人们提供居住功能；2、民居布局、艺术装饰研究。3、地域景观资源。那么，从历史文化名城的角度，我们应如何保护传统民居呢？历史文化名城的保护最为重要的就是保护一种传统城市的景观营造秩序，保护与延续人们在其中的生活，保护历史城市的活力。基于传统民居在历史文化名城中的作用以及名城保护理念的认识，传统民居的保护应注意做到：

保护历史上的居住形态、生活内容、宗法制度的真实性；

保护居住建筑工艺技术、地方做法的真实性；

保护传统的巷道景观，给后人留下不同历史时期的真实记忆；

延续、改善人们的生活环境；

体现名城景观的营造秩序。

但是这些内容共同完成在每座四合院内是不可能的。因为有的就没有价值，不能代表当地的最高艺术水平，有的已破败不堪，不能再继续使用。所以，必须对目前的建筑进行详细的登录分类，分别对待。

第一类，保护十分完整且具有较高的艺术水准，能代表当地的技术、艺术水平。对之进行“文物式”保护，保护原貌（比如门窗上不能用玻璃、室内生活用品、器物均为历史上当地居住文化的实物等），反映居住文化的真实性，同时可配有一定的图表、文字等。这类四合院数量不能多，也不会多。

第二类，居住区中的庙宇。如理事厅街教堂、东大寺等，在历史上它作为这一地区的一个公共活动中心出现的，现在仍进行宗教活动。今日可依旧延续这种功能，若不再进行宗教活动的，可作为社区管理与活动中心，是老年、儿童活动的地方，也可举办家庭活动，或手工艺品展览的地方，是历史地区的居民交流的地方。

第三类，建筑质量较好，仍可居住的建筑。对之采取居民自己保护维修的方式，可改变屋内结构，保持院落外观。当然包括这些建筑在内的历史地段所有居民的市政设施要逐步改善。

第四类，破败的历史建筑及一切没有保护价值且影响景观的建筑。此类建筑可采用重建的方式。重建有两种途径：一种是土地转让给经济条件较好的居民，采用仿古做法，保持历史环境的延续。另一种是是探求新的合院建筑形式（如北京菊儿胡同），保持环境协调。这类建筑的处理最重要的是要注意古城景观的营造秩序，不能破坏民居的景观格调，要延续传统的空间格局及地块划分，延续传统的建筑符号，空间意境。

第五类，历史环境中已建起的新民居。对这些建筑总的原则是“保护现状，逐步改造”，改造的内容主要有层数、屋顶形式、建筑色彩、饰面材料等。

总之，传统民居的改造是非常复杂的，但无论何时，保持历史地区的活力，让人们生活得更好是我们永恒的目标。

三、旅游业与名城开封的保护开发

1. 开封旅游业发展的基础分析

（1）名城开封旅游业发展的区位与交通条件

作为中原地区的历史文化名城，开封地处河南黄河旅游带的中东部，是河南传统旅游开发思路“一带四区”（“一带”包括郑州、洛阳、开封、三门峡、商丘、济源等地区的“黄河旅游带”，核心是郑州、洛阳、开封三个传统旅游区，由黄河串在一起，被称为“三点一线”。“四区”是嵩山旅游区、伏牛山旅游区、太行山旅游区、桐柏—大别山旅游区）的核心区域。随着经济、社会的不断发展，加之开封旅游资源丰富多样，许多知名旅游点都分布在开封市区的范围内，外地来汴的旅游者和本地居民近距离出游的旅游活动有不断增多的趋势。

开封交通便利,新郑机场距开封仅 76 公里,陇海铁路及连霍高速横贯全境,京广、京九铁路左右为邻,大广高速、日南高速穿境而过,黄河公路大桥横跨南北,310、106 国道纵横交汇,其中连霍高速开洛段已成为连接河南省郑、汴、洛等主要城市的黄金通道,开封至新郑国际机场的高速公路已经贯通,国道 220 线和省道 219 线的连接工程也已竣工。全市基本形成了干支结合、四通八达的公路交通新格局。公路密度高于全国、全省平均水平。

交通条件和旅游业区位决定了区域的可进入性、门槛游客数量、游客进入后的游览质量,并由此而影响着旅游业的开发模式。开封旅游业区位的自身特点和现阶段的交通状况决定了历史文化名城开封未来旅游业的开发有较好的条件和机遇。

(2)名城开封旅游资源的特点

①旅游资源丰富多样,地方特色突出,且与周边地区存在一定的互补性

开封所处的华北大平原的中部,从资源构成角度来讲,这里既有令人惊叹的"地上悬河"景观和少见的"北方水城"景观,又有发古思忧的众多古代文物遗存;既有秉承南北、汇通东西的中原文化,又有独具特色的民族风情;既有辉映千古的宗教文化;又有彪炳史册的革命胜迹,此外,洋溢着地方特色的节日庆典、民风民俗、特产风味更是中外驰名。据统计,以开封市区为核心,在当地分布的有较高旅游开发价值的景区(点)多达上百处(已开发的近 40 余处),其中尤以市区"古(古都)、人(名人)、文(宋文化)、水(黄河、湖泊)、食(传统美食)、花(菊)"最富地方特色和区际开发价值。

开封位于国家旅游局"十五"旅游业发展布局中的"中部地区",这一地区起着承东启西的作用,同时又位于河南省"一带四区"的传统旅游开发带上。在这"一带四区"中,其核心区域是由黄河串在一起的被称为"三点一线"的郑、汴、洛黄金旅游线。这"三点一线"都以人文旅游资源为主,其中,郑州以商文化为主,洛阳以汉唐文化为主,开封以宋文化为主,三者之间明显存在着资源的互补性和时间先后的延续性。

②旅游资源的优势。

对旅游业的开发来说,丰富多样的资源优势为开封的旅游开发带来便利,而资源单体规模大且地域分布相对集中,旅游开发容易形成一定的规模,且景点服务相对丰富,景点游览时间较长,游客对观览物信息量获取较多,旅游收入自然相对提高,游客满意度也就容易实现;而旅游景点的相对集中集聚度大,又缩短了不必要的旅途时间,提高了各个旅游景点整体效益的发挥,也给旅游产品的制作和顺利推向市场创造了条件,从而获得良好的经济、社会效益。

开封市旅游资源的主类和亚类较为丰富,在全国旅游资源同类别中分别占 89%和 58%,但旅游资源基本类型总数上较少,占全国基本类型总数的 1/3 左右,在基本类型数量上不占优势。[11]其旅游资源基本类型主要集中在建筑与设施主类内,其后依次为遗址与遗迹主类、水域风光主类、旅游商品主类及生物景观主类等,地文景观主类最少。表明开封自然旅游资源较为贫乏,文化旅游资源非常丰富的显著特点。同时,开封市优良级旅游资源单体数量占全部旅游资源单体总量一半以上,总体质量高,显示出开封市旅游资源拥有很大的优势和较大的开发潜力。在开封市主要旅游资源中,大多集中在市区几个湖泊周围,显示出旅游资源以湖泊为依托的布局特点,"湖在城中,景在湖中",这种魅力无穷的奇妙景观又充分展现了开封市"北方水城"的旅游资源鲜明的特点。

③人文类旅游资源优势突出,反映宋文化的旅游资源形成完整的群体

开封市旅游资源绝大多数属于人文旅游资源,全市的自然旅游资源基本类型与人文旅游资源的比值为 0.21,远远低于全国两者的比值 0.85,[12]这也正是开封旅游资源的特色与优势所在。且在开封众多的人文旅游资源开发中,反映宋文化的旅游资源特别突出并形成完整的群体,它们既有物质型的,也有非物质型的;既有地上的,也有埋藏在地下的。这些资源类型已构成一个坚实的群体。

(3)当地旅游业发展现状

作为河南中东部地区国家和河南省重要的

商品粮和经济作物生产基地，开封的农业在相当长一段时期内占统治地位。但近年来，随着产业结构的调整和二、三产业的发展，这种情况有了一定的改观，第三产业的比重逐年提升，经济结构进一步优化。旅游业作为一种第三产业，其对经济和社会发展的巨大促进作用早为人熟知。开封是“七朝古都”、“北方水城”、“全国优秀旅游城”，文物古迹、历史遗迹众多，民俗风情独特。作为全国历史文化名城，有着相对良好区位的开封市，近几年旅游业的发展成蓬勃上升之势，其对国民经济的拉动和贡献作用在逐年提升。旅游业作为一种高效益的产业，其越发展，就越要求追加大量的要素投入。旅游收入提高会促进旅游业发展的后续投入不断提升，如此必然会促进旅游效益在下一轮循环的实现，若这种状况持续下去，则极易形成旅游地开发进入良性循环的圈子。

2. 名城开封旅游开发策略

(1)旅游地形象与城市形象的塑造——“宋之都、水之城、菊之乡”

开封作为旅游地的开发，城市形象的塑造是最先需要考虑的问题之一。城市形象属于城市定位的一个范畴，它既包括城市外在的物化形象，如标志性建筑、名胜古迹、市徽、市花、市树等，也包括城市居民的心理形象、城市地位、城市理念、城市观念、城市精神等软的东西[13]。一般来说，以城市为中心的旅游地开发形象策划主要有三个方面的内容，即理念识别(Mind Identity，MI)、行为识别(Behavior Identity，BI)和视觉识别(Visual Identity，VI)，这三个紧密联系的系统通过协同、配合，共同构筑起了一个城市(旅游地)的总体形象。

第一，理念识别(MI)系统

它是指一个旅游地独特的文化个性、精神内涵、发展目标、口号、价值观、伦理道德水平等，是旅游地 DI 设计的灵魂和核心[14]。从开封历史环境和现实景观出发，开封市提出“宋都景区、千年梦华、北方水城、菊香天下”的旅游开发主题。虽然历史上先后有七个朝代在此建都，但最具影响力的是北宋王朝，宋文化遗存最丰富、影响最深远。因此可以说开封是“七朝地、宋之源”。开封市区现有大面积的水域，为中原乃至北方城市所少有，是名副其实的“北方水城”。另外，开封养菊历史悠久且流传至今，一年一度的“菊花花会”已成功举办 28 届，影响深远，中外皆知。因此名城开封作为旅游地开发的理念可定位为“宋之都、水之城、菊之乡”。

第二，行为识别(BI)系统

BI 系统是旅游地理念识别的具体化，主要通过旅游地的政府行为、民众行为、企业(主要指旅游企业)行为来体现。开封位于河南沿黄旅游的黄金旅游线上，该线上名城荟萃，景点众多，各地都有许多叫得响的旅游名胜和特色产品，名城开封的旅游业若想在竞争中稳中有进，就必须在改善城市和旅游地的软环境上狠下功夫。

在构建开封旅游企业形象方面，首先，要不断提高旅游从业人员的文化水平和道德修养，加强从业人员的乡土地理历史教育，尤其是后者，将直接关系到游客游览时信息获取满足感的实现。其次，要不断整顿行业作风，杜绝对游客的各种不良行为，弘扬开封先民的优良品德，树立“诚信”的企业形象。第三，要不断运用市场手段对旅游企业(包括向游客提供的旅游产品)进行形象包装，制定合乎当地旅游特色的行业规范，力图塑造具有相当竞争能力的旅游企业形象品牌。第四，整合旅游产品市场，发挥优势名牌产品的集聚效应。比如，开封桶子鸡，虽然是开封传统名产，但生产经营过于分散，且良莠不齐，既影响产品形象，又造成资源的浪费，更不能发挥产品的集聚效应。

第三，视觉识别(VI)系统

VI 系统是为人眼能够直接感知的、最直观且信息获取量最大的形象识别系统，主要包括：建筑体量、形式、色彩；城镇格局；城市生态环境营造；路径建设；城市广场；城徽；城市色彩；城市字体；城市代表服饰等。开封历史名城作为全市的旅游核心，其视觉形象设计对全市旅游业的整体发展具有重要的带动作用，具体说来，其 VI 设计主要有以下几个方面。

建筑造型的设计。开封作为国家级历史文化名城，大量的古代建筑遗存构成了城市重要而迷人的人文景观，随着岁月的流逝，许多古代建筑由于自然和人为的原因而损毁日重，适时、科学的整修成为必要。在对古建筑开展修缮工作时，一定要遵循“不改变文物原状”的原则，尽量不破坏建筑的原汁原味。城市新的建筑造型要符合古城原赋风格，同时对仿古建筑应持审慎的态度，杜绝对现代建筑动辄就戴“大沿帽”且美其名曰“传统特色”的类似设计。在古城区建筑色彩的运用上，应选择与传统街区和水城风光相呼应的灰色、绿色、蓝色、白色相协调的颜色，尽量避免三种以上反差剧烈颜色的组合运用，努力营造一种清新、愉悦的色彩氛围。在建筑体量的设计上，考虑到城市的历史特色和发展需要，应大力提倡朴实、谦虚的建筑风格，尤其在古城区对高层建筑的建造要慎之又慎。在民族风情浓厚、地域特色明显的旅游地，建筑造型的设计必须注重体现当地的民族、地域特色，非本地特有的建筑，或本地虽有，但特色并不明显的应尽量少建或不建。因此在旅游地旅游景点的开发建设中，一定要注意挖掘、研究富有民族、地域特色的建筑文化，在科学整理的基础之上，推出特色鲜明、文化底蕴深厚且档次较高的民族旅游产品。

城市格局与路径建设。未来开封老城区的城市道路系统应继承原有方格网状的城市道路格局，这既是城市建筑文脉延续的基本要求，也是开封名城保护开发的现实需要。具体说来，就是在老城区内继续以中山路为轴线，东西大街、曹门大街横贯东西，并保证“一街一线两片三区”[15]的完整性。一街即宋都御街和中山路，一线即环城墙环线，两片即双龙巷和刘家胡同，三区即“田字块”核心区、包公湖景区和龙亭湖景区。“田字块”核心区包含马道街、书店街与徐府街。它们与“水城风光”共同构筑起开封的基本视觉形象。

自然景观风貌。中国传统的城市规划尤为重视水的作用，或临水而建城，或引水而入城，总之，有城必有水。开封地面特点是地势平缓，历史上有多条河流穿境而过，形成很多洼地和湖泊，特别是在开封城区有较多水体，水域面积较大，仅市区水域面积约 1.43 平方公里左右，“北方水城”也由此得名。可惜的是城区原有几条河流被淤塞填埋，损害了水城的视觉形象。将来，一方面要加倍珍惜和合理开发现有水域，将它们建成富有水乡特色的园林公园；另一方面，适当的时候，可考虑恢复古城原有的部分水系，再现水乡迷人风貌。

城市广场。城市广场作为最重要的城市公共活动空间之一，被称为城市的“起居室”，是城市中最具公共性、最富活力、最能直接体现城市风情的城市空间形态。

作为国家级历史文化名城的开封，其广场形态应能充分表述城市的文化特征和历史延续，做到广场形象与古城特色的完美融合。但是，名城开封原有或新建城市广场明显缺乏文化内涵，不能充分反映开封的历史风情，没有很好地解决文化继承、延续与创新的问题。此外，广场周边的建筑无论从体量、色彩，还是形式上都妨碍了广场形象的空间构建，使广场的设计更显得单调和缺乏内涵。广场以满足市民需要为其根本出发点，它应能满足市民集会、表演、赏景、游憩、交往、锻炼等需求。开封新区新建的金明广场规模宏大，硬质铺装场地面积大，很好地满足了集会的需求，广场也有反映开封作为“七朝古都”历史文化盘龙柱及现代化的音乐喷泉设施，但除此之外它是否考虑了市民其它的需求？例如，广场缺乏市民休闲游憩的小品设计和应有的广场设施，活泼性和亲切性都显不足，无法满足游憩这一广场重要的职能。芒福德说过，“城市应当是一个爱的器官”，它最好的模式是“关心人和陶冶人”，广场的休憩适宜性直接反映了城市对人的关心程度，以这座广场为例，休憩的市民只能以无奈的站立来应对广场的宽阔。开封虽是一座“北方水城”，但风沙较大的现实自然条件强化了人们对绿色的认识和向往，作为城市新区的中心广场，应当将环境的营造放到十分重要的位置，使它能够起到良好的生态作用。

城徽、城市字体、市树、市花等。这些 VI 要素的设计有助于形成相对强烈的内外感应气氛，有利于城市知名度的形成和当地旅游产品向社会的推广，从而最终有利于旅游地品牌产生轰动教应和持续效应。

总之，开封虽是全国历史文化名城，其境内也有价值较高的旅游资源，但城市若要形成巨大的旅游吸引力还有很长的路要走。开封旅游业要想有长足的进步，城市形象（旅游地形象）的塑造始终是需要考虑的首要问题，因为事实不断证明，对旅游地形象的感知是现实旅游者满意度实现的直接因素，同时，它也对促成潜在旅游者做出最终决策行为具有十分重要的作用。

(2)以市场为导向，构造名城开封旅游业的发展

经过了80年代“低投入高产出”的发展阶段，90年代的中国旅游业也同许多产业一样，市场结构由卖方市场转变为买方市场，对中西部地区来说，基础设施和接待设施虽仍是投资的重点，但旅游产品本身是否有品位，需投入多少建设资金更成为人们关注的焦点。就开封旅游业的发展来说，旅游资源的开发，最终要体现在旅游产品上；旅游基础设施的建设，最终也要融入旅游产品中去，切忌开发中只考虑旅游资源，却忽略产品设计的倾向。

旅游产品，说到底，是一种组合产品，是吸引物、交通、住宿、娱乐等的组合，是一种复合概念；在消费者看来，旅游产品是其外出旅游期间各种经历的总和，开封今后的旅游开发要秉承旅游产品组合开发的理念，以市场为导向，构造旅游业的整体发展。

第一，精品发展战略

面对目前在沿黄旅游带上的激烈竞争局面，开封的旅游发展战略应在充分认识自身优势特色和价值的基础之上，不断推出消费者满意的优秀旅游产品。首先，一个完美的旅游产品，它应能表现本民族历史文化的发展特征。开封作为历史文化名城，应当在充分保护历史景观和城市特色的基础之上，深入发掘古城文化的内涵，将文化产品合理转化为观光产品，以满足各个阶层、不同品位旅游者的口味需要。文化旅游产品弹性很大，启动较难，发展阻力大，旅游者稍有不满意或因有其它因素影响就不会选择（如体验不够或文化水平不高等）。这就更要求我们应秉承精品发展的战略，将见效较慢的文化旅游与弹性较小的观光旅游结合起来，不断稳定并扩大客源市场。开封素有“七朝都会”和“北方水城”的美誉，但论及开封最有特色的旅游资源，那当属宋文化资源和传统美食，此二者不仅为全国最具影响力，而且资源品质也十分优良，非常适合开发成极具竞争力的旅游产品。今后，应注重对宋文化的深入挖掘和系统整理，使之成为最具声望的宋文化旅游地。

第二，系列产品发展战略

这一发展战略从另一个侧面体现了旅游产品的组合开发理念。对旅游者来说，同一旅游过程除了需要能尽量满足其“吃、住、行、游、购、娱”的六大需求外，其所能获得的产品类型越丰富，旅游者的满足感就越强烈；相应的，旅游地的口碑就越好，也就越能吸引更多的游客前来旅游。开封既有深厚的历史文化传统，又有丰富多彩的民俗风情及传统美食，还有地上悬河的奇特景观，旅游资源的构成域面较宽，很适合旅游产品的系列化综合开发，具体说来，就是要将古城游览、民俗体验、宗教旅游、民族传统与风情游、遗址与自然风光游以及旅游购物紧密结合起来，使游客在较短的时间内能够享受到反差剧烈的不同旅游产品带给他的强烈快感。使他们新奇而来，满意而归。

随着旅游业的深度发展和游客的不断成熟，个性化、多元化的旅游产品越来越为游客所青睐，游客的参与意识越来越浓，专线、专项、专题旅游倍受欢迎。

开封历史悠久，名臣、名人众多，可以充分利用中外历史名人的知名度，开发一些专题性质的旅游。目前开封已经对包拯（开封府）、杨家将（天波杨府）、岳飞（朱仙镇岳飞庙）进行了旅游开发，在此基础上，应当进一步进行深层次的研究、挖掘，适时推出一些专题性质的旅游产品。对国内旅游来说，旅游者出游大多选择中短途的观光旅游产品和周末短途度假旅游产品。开封的旅游业除了瞄准远程客源市场外，还应大力开发适合地方口味的中短途旅游和周末度假旅游，开发组织诸如革命传统教育游、观光农业游、黄河湿地游、水利工程、体育休闲游、寻根访祖游、民族手工业游等诸多旅游项目，以此带动相关产业的不断发展。

第四，旅游产品的宣传与形象包装

开封有许多特色的旅游资源，但许多都是“养在深闺人未识”，产品宣传的不力和形象策划的落后严重妨碍了当地旅游业的快速发展。

近年来，开封虽举办过诸如记者招待会、新闻发布会、菊花花会等多项宣传促销活动，央视和河南卫视也曾做过开封的专题报道，但客观地说，名城开封在外界的知名度与其“七朝都会”、“北方水城”有一定距离，许多人若不是亲自来过开封，都很难相信中原大地有这么一个旅游胜地。旅游业效益的实现最终要靠旅游产品的顺利出售，而旅游产品市场价值的实现又与广告宣传的促销密不可分。在中国区域旅游发展模式已从“低投入高产出”转变为“高投入、高风险、高产出”的今天，未来开封的旅游开发必须引入类似其它商品的广告宣传和形象代言机制，对这一方面的高投入是实现旅游产业高效益的先决条件。

(3)名城开封与周边历史文化名城旅游业的合作开发

开封位于河南省“一带四区”的传统旅游开发带上，这一“黄河旅游带”，其中郑州、洛阳、开封、商丘四城市均为国家历史文化名城。同时，这“一带”都以人文旅游资源为主，很容易造成各个旅游地之间相互争夺客源、资本和市场的竞争，从而影响“黄河旅游带”，整体效益的实现。再者位居其西区位和交通条件较为优越的郑州、洛阳分流了相当的游客资源，在这样的情况下，各自特色旅游资源的市场开发必然受到一定程度的影响。由于多个旅游地在同一地域内的串珠状出现，它们各自的吸引力往往会出现此消彼长的动态变化，在地域旅游市场的重新组织之下，各个旅游地之间的空间替代性竞争便在所难免了。

尽管如此，这“一带”旅游产品也具有一定的互补性，要想使各个地区的旅游业共同迈向一个更高的层次，不断加强区域内部各个旅游地之间的相互合作，建立囊括整个中原黄河旅游带的旅游网络体系至关重要。以此理念为基点，将各个旅游地(城市)的资源开发融入到包括安阳、焦作、许昌等在内的整个河南风景名胜区的构建中去，在推出各自特色旅游产品的同时，深入发掘相同类型旅游资源的内涵，拓展同类资源的相互联系，通过与邻近地区的开发合作，取长补短，形成你无我有、你有我补的合作发展机制，最终，在互惠互利的基础之上，不断稳定并扩大共同的客源市场，使旅游业成为带动区域共同发展的一个强劲产业。

四、开封名城发展模式的探讨

历史文化名城的发展不同于一般的城市，因为她不仅有丰厚的历史文化积淀，而且还有上千年的城市建设经验，历史文化名城的发展应当是这种优秀传统的延续，而不是追赶什么所谓的“时代潮流”舍本逐末。“为了适应现代生活的需要，历史文化名城需要建立现代的物质设施。但现代建设不能与旧城保护对立起来，旧城的现代化要在妥善的策略引导下逐步展开，并且这种策略不会对后人的发展带来危害，即要实行‘持续发展’的战略，而不是毕其功于一役”[16]。

保护与发展是辩证统一的，但发展是必然的。“传统是一种只有在发展中才能流传和保持的东西，发展不是原有规定性的重复和扩大，而是不断地产生新的规定性。传统中包含着‘古’与‘今’的因素，进步是趋势，后来者居上，‘厚古薄今’的观点是站不住脚的”[17]。所以，对于历史文化名城必须在分析其历史文化特征及现状的基础上提出科学的发展模式，促进历史文化名城的可持续发展。

1. 开封城市规划布局结构的构想

根据名城的分类和名城开封发展的实际，名城开封属于保存历史文化遗产一般的大中型历史文化名城。其发展模式是“新旧分离，融新入旧”。

“新旧分离，融新入旧”就是古城范围内有一定数量的文化遗产，但不够完整。独立地将历史文化作为未来城市的一个功能区(旅游)，将支撑不起名城应有的繁荣。这类名城的发展应坚持三个原则：一是坚持新旧分离的大原则。二是在新的城市中，必须赋予旧城新功能，保持旧城作为城市应有的活力与繁荣。三是新城与旧城要形成有机的整体。

1995年，开封市规划局与开封城乡规划设计研究院共同编制了《开封市城市总体规划(1995—2010)》，对开封城市的功能布局进行了较深入的研究，确定了城市发展的方向，明确了规划目标,“通过规划期内有序建设,使国民经济和社会发展进入良性循环。把历史文化名城开封建设成一个经济实力较强的工业城市;建成具有古都风貌和名城特色的旅游胜地;建成吸引力和辐射力较强的多功能中心城市;建成环境优美、社会进步、开放发达、经济繁荣的社会主义现代化先进城市”。[18]并从城市的现状发展及历史文化名城保护角度,提出如下几个功能区域(仅限于市区):

旧城区:规划进一步强化旧城区的历史上长期形成的中心作用。旧城更新要充分结合历史文化名城保护,优化土地利用,调整产业结构,改善基础设施,减少人口容量,提高环境质量,大力发展第三产业,加强商贸、金融、文化交流、旅游和信息中心的功能。并明确了对旧城保护区内重点文物古迹,传统民居及开封古城独特历史风貌的空间布局重点保护。同时保护与整治相结合,不断改善旧城区的生活环境,赋予名城新的生命。

东区:规划为以机械工业为主的重工业区,是全市的铁路货运枢纽。

西区:规划为全市的行政中心,是以发展高新技术产业为主,体现现代特色的新市区。

铁南区:规划除保留现有工业外,在西部预留旧城小工业搬迁用地。

杏花营组团:为相对独立的综合性边缘组团。规划南部以发展农副产品深加工出口为主,促进全区发展。

边村组团:规划以发展重工业为主的综合性边缘组团。

在这样的布局中,对旧城区的功能定位是“结合历史文化名城保护,发展商贸、金融、文化交流、旅游和信息中心之功能”。这样的功能定位是符合名城开封当前的实际的,因为:

首先,旧城区是开封市的“历史文化保护区”,即历史文化职能,也就是有旅游的功能、文化职能。

第二,继续保持全市商贸、金融、信息中心的地位,在古城中保留商贸功能是与历史文化职能相协调的,而且商贸中心的地位更好地延续古城的社会经济秩序,与古城空间结构形态相统一。但古城中的商业应是在满足古城区内居民日常消费的同时大力发展有古老传统的地方商业、餐饮业,创造一个更好的旅游环境。政府机关逐步迁出老城。

第三,延续居住功能。居住是古城的主要职能之一,大量的民居四合院是珍贵的文化遗产。坚持“重点保护,分类整治,居民参与,良性循环”的原则,逐步实现传统居住区的整治,为居民提供更好的居住环境。但在古城中要严禁成片的“住宅楼”、“住宅小区”的开发建设,这样不仅会破坏城市的高度控制,更破坏了城市的肌理。

第四,保持教育、卫生职能。为古城居民提供子女受教育的便利条件和居民就医是必须的,同时有悠久的教育、著名的学府和完备的医疗卫生设施也是构成古城文化环境的重要方面。

在对古城区功能定位的同时,必须考虑城市其它用地的功能,共同构成一个有机的整体。西区、东区、铁南区基本上都坚持 1995 年总体规划的功能定位,而西区作为开封一个重要的发展地区,承担何种职能关系到开封的整体发展。根据近十年的发展,西区作为开封市的行政中心及高新技术、现代文化为主的兼有部分居住、财政金融的现代城区,体现时代开封的城市风貌。

另外,保护历史城市与发展旅游业有着事实和逻辑上的天然一致性,而旅游业对开封国民经济的拉动和贡献作用在逐年提升,名城开封的保护与其旅游业的发展密不可分,为此要作好[19]:

(1)推进旅游产品更新换代步伐,实现多元开发

明确“宋都”的整体旅游开发形象,以“宋城”为依托,开拓宋文化的视野,开发宋代建筑、市井文化、科学与文学艺术、道德文化的旅游产品。

规划传统产业分布区,如汴绣、木板年画、传统餐饮、文房四宝、书画等,创新旅游产品(如铁塔、繁塔、延庆观玉皇阁等微缩模型)、传统木雕精品、传统壁毯(挂毯)、开封皇酒、开封御酒,微缩北宋名人蜡像,开发有特色的家庭旅馆、老茶馆、瓦肆文艺场所,恢复北宋东京城夜生活。

黄河、水体、农业、环境治理都是生态旅游开发很好的载体，有可能演化成为规模化的休闲、度假、科学教育、环境保护的旅游地。

开封市的许多历史人物和历史事件在国内外有深远而持久的影响，其中的革命领袖、人民公仆、民族英雄、吏治楷模、民间俊杰、文人学士等层出不穷，为开展历史传统教育、文明道德教育、乡土教育旅游提供了丰富的养分。

开封地区历史上的政治、经济、文化地位，宗族繁衍遍及五洲，开发宗亲旅游有较好基础。

开封黄河几千年的变迁和古城的湮没与重建，是一项具有世界意义的旅游开发主题。从田野考古中发掘出来的埋藏古城、古地形、古地物的实际物证，配合丰富的历史资料，可以转化为反映深层次人地关系的科学教育和文化观光旅游产品。可用适当的旅游项目将其反映出来。

(2)与城市建设高度统一，策划鲜明的优秀旅游城市的整体形象

从高标准和国际化的视点加强开封市旅游城市建设，并与历史文化名城保护和城市建设结合在一起，创立国家最佳优秀旅游城市。

为实现更高层次的目的，在城市建设中要求注意以下与旅游开发关系密切的旅游环境问题：其一，旅游城市形象建设包括：城市建筑布局与建筑风格、标志性建筑、旅游街区、城市夜景、公共信息显示等。其二，基础设施，如道路、通讯、住宿、水电气供应、多功能服务设施等构成旅游业发展的先决条件，也是维系旅游业运营的基本要素。其三，秩序维持系统，如城市管理法规、安全应急措施等，是旅游顺利进行的保证。其四，城市的精神文明建设，如居民的文明素质、城市语言环境、对外来旅游者的态度、提供服务的方式方法等，是显示旅游城市文明程度的机会。

(3)全面整合现有旅游区(点)，挖掘深层次旅游资源

国家旅游局将主题公园列为未来旅游开发的新产品之一，但强调主题公园要坚持民族化、特色化和国际化的发展方向，避免一些策划水平低、建设质量低、经济效益低的项目。因此对于开封市某些扩建和新建的人造景观主题公园项目要慎重对待。应坚决避免新建扩建雷同性多，特色性少，外形内饰几乎相同，对游人缺乏吸引力的仿古建筑旅游景点。将旅游开发中存在的相互威胁转化为互补互益的积极因素。

为此应该对现有和计划新建的人造景观旅游点加强协调管理，突出各个的个性，提升其档次。慎重建设新的人造景观，控制其数量和规模。同时，为避免各景点独立运作出现雷同，要从宏观的角度对它们进行必要的整合、改造，将内容相同的旅游项目集中到少数现有或新建旅游区(点)，营造规模效应，设计旅游精品。如将现有清明上河园、翰园碑林、天波杨府、龙亭公园、北支河到铁塔公园整合为宋都主题文化园，其中清明上河园为宋代民俗文化园，翰园碑林为宋代书画文化园，天波杨府为宋代名臣名将文化园，龙亭公园为宋代宫廷文化园，北支河两岸开辟为宋代名吃、瓦肆、作坊一条街，铁塔公园为宋代宗教文化园。

在整合的基础上，适当规划几处中小型专题博物馆(如汴绣博物馆、年画博物馆、菊花博物馆、官瓷博物馆、书院博物馆等)；规划传统作坊区，现场表演传统生产工艺场景(可让游客参与)；适当地方显示“城摞城”的地层关系供游客参观；符号性地标示名城著名的宫殿区、名宅区、名寺庙区、著名胜迹区，让游客抒发思古之幽情。

(4)改善水环境，提高水城品位

规划整合水域景观。目前开封市对水的利用，从旅游的角度看还有很大的开拓空间，其中包括：开辟水源，贯通城内与城外水系，作为城内河湖水系水源的主入口；人工营造湿地，对西北湖、龙亭湖、包公湖现有水面进行改造，使南北水域相通，其水面可以种植菱藕、芦苇等水生植物，体现自然风光；亦可在一些水域开展种植和养殖；适当恢复名桥，开发传统舟船游汴京；开辟舒适垂钓区，进一步优化水面亮化工程，整治水面景观。

(5)建设旅游项目层次分明、功能互补、结构合理的旅游地

坚持高起点策划和建设，开发规模化精品旅游项目。

遵循国家的各项质量标准，规划、建设、整

合不同类型、不同形式、不同规模、不同档次的旅游区和旅游点，使其形成梯级态势。不同类型的旅游区和旅游点包括文化传统观光型、知识教育与科学普及型、生态型、游乐型等；不同形式的旅游区和旅游点包括以展示为主的、以演示为主的、以体验为主的等；不同规漠的旅游区和旅游点包括综合大体量的主题型和中小体量的、专题型的；不同档次的旅游区和旅游点按照国家A级旅游区(点)标准，合理的构成应该是5A级的2—3处，4A级的4—6处，3A—1A级的5—8处以上。

(6)加大旅游开发中的科技含量，将知识经济全面引入旅游业

在项目的策划、设计、建设中加大科学技术内涵，如展示、演示、导游内容和方式，其中特别要在重大项目设计中引入高科技手段，争取达到轰动效应。在政府行使管理职能、旅游业与其他行业的协同发展、旅游管理与企业的信息化管理水平和内部交流、旅游专家咨询等方面加强管理机制信息化。在旅游资源开发、旅游环境建设、旅游市场营销等领域加强数字与信息化管理和技术创新。

总之，通过以上结构模式及旅游开发，未来的开封应达到突出历史名胜，满眼古城美景，浓郁的古城特色，整体的名城风貌，高雅的文化品位，舒适的人居环境，心旷神怡的精神享受。是一个整体保护的名城，露天的博物馆，参观游览的大景区，教育功能的大课堂，社会进步和经济繁荣且有着深厚文化传统和时代精神的现代化城市。

2. 名城开封保护与发展保障体系的构想

开封是我国第一批国家历史文化名城，有着重要的历史文化地位，建立一个科学的保障体系关系到名城保护的成败。没有科学的保障制度，再好的保护理论也只能流于形式。名城开封自建国以来所经历的变迁都深刻地说明了这一点。但是建立科学的保证体系是相当不容易的，因为它涉及到职能部门的协调，公众的积极参与、经费来源、如何监督等诸多理论与实际的问题。

前文所述开封名城保护的最大问题是“开封古城作为国家历史文化名城的崇高地位与开封作为河南中东部地区经济欠发达的市级城市实际之间的矛盾”。开封具有很高的历史、文化、艺术价值，同时又处于中东部地区的市级城市，是开封古城最大的实际。如果我们的保障体系脱离了这个状况，它就失去了价值，就会成为空话。针对当前开封古城保护的实际，开封古城保护保障体系的基本结构，主要有六个方面的内容：

(1)形成一个权威的历史文化名城管理机构——核心内容

一个权威的管理机构是历史文化名城保护的关键，是构成名城保障体系的核心内容。历史文化名城保护是一项复杂的工程，涉及许多部门，但从基本职能来看，主要是城市建设管理部门、文物、旅游、园林部门、文化部门。所以建立起这些部门统一协调的工作机制是十分必要的。城建、文物、旅游、园林、文化部门能否协调一致，形成历史文化名城保护的合力是保护工作的关键。

中国市(县)级政府的管理模式均为“市(县)长总负责；副市(县)长分工主管”的传统工作格局。在这种格局中要构建起实质性的历史文化名城保护的管理体系是十分不容易的。因为，城建与文化、园林、旅游等部门往往不是一个共同的副市(县)长主管。这样一些问题就很难集中讨论，集中处理，开封市当前也是这种情况。于是，在历史文化名城的建设过程中就出现了责权不一的状况，保护的责任与职权范围没有很好的统一，出现了管理的漏洞。所以，对于国家历史文化名城来讲必须要从管理上理清关系，建立强有力的保障机构。那么，如何建立起权威的管理机构呢？设立历史文化名城保护管理委员会，坚持城建、文物、旅游、园林、文化部门协作和统一是建立这个组织的基本原则，并加大名城保护机构的权威。名城保护是实实在在的建设，不仅是理论的东西，它是通过物质空间反映出来的，只有依据当地的实际情况，坚持有关部门的协调，形成合力才是建立这一体制的关键。

(2)必须建立名城保护的法治系统——根本保障

目前，我国有关历史文化名城保护的法律

法规主要有《中华人民共和国文物保护法》、《城市规划法》、《历史文化名城保护规划编制要求》等。必须按照国家公布的《历史文化名城名镇名村保护条例》等文件要求，结合开封历史文化名城的特征及名城保护规划，制定开封名城的保护条例。

（3）形成一个关注、支持名城保护与发展的顾问专家群体——科学引导

历史文化名城保护也是一个十分严肃的学术问题，有着自身的规律。名城保护是由专家发起，同样，在名城保护与发展的过程中依然离不开专家的指导和参与，这是科学决策的一个重要方面。

对于大城市，本身有着良好的文化环境和人才优势，专家参与城市建设，管理是一贯的、经常的、规范的，这些地方的保护与发展也就走在全国的前列。但作为中小城市，就没有这样的优势，那么，这无形之中就是一个损失。所以，对于中小历史文化名城更要有强烈的“专家意识”，聘请专家对城市的保护与发展建言献策。事实证明，每次专家的综合论证都是对当地名城保护理论与实践的极大促进。积极聘请专家参与保护是信息封闭的地区进行古城保护的重要措施之一。平遥古城从开始保护发展至今，无时无刻不凝聚着专家的支持与关心。

（4）广开渠道，吸引公众参与名城保护——社会基础

公众参与名城保护，是世界各国的共识，《保护历史性城市和城市地段的宪章》中指出：“为了使保护取得成功，必须使全城居民都参加过来。应该在各种情况下都追求这一点，并必须使世世代代的人意识到这点，切忌不要忘记，保护历史性城市或城区首先关系到它们的居民”。同时又指出；“为了保证把居民吸引到保护工作中来，必须从学龄开始就对他们进行普遍的教育。要用鼓励各种保护协会的工作，要采取财政措旋鼓励保护和修复工作”。

没有公众的参与，历史文化名城保护就会失去社会基础，没有公众的参与，历史文化名城的保护就会成为一句空话。如果一个地方的居民不知当地的历史，那么他怎么会产生对其生活环境的情感，更不要说自豪感了。所以，从青少年开始抓“爱家乡，爱名城”教育是十分必要的。比如开封在小学与初中一二年级就应设置“爱家乡，爱开封”的课程，组织同学参观文化名城，培养对地方文化和历史名城的感情，从小树立对历史文化名城的保护意识。

吸引公众参与就要有公众参与的渠道，提供公众参与的有效途径是历史文化名城保护管理水平的体现。纵观国内外名城保护实践，公众参与可有以下途径：

建立群众性的历史文化名城保护组织。以历史文化风貌区为单位，建立居民“保护促进会”，全市有总的“开封市名城保护促进会”。这个组织是不能由街道办取代，是由退休老干部为主体的兼有社会各界自愿参与的人士组成的群众性团体，宣传、研究、交流古城保护经验、政策法规，并从事适当的保护教育工作。

居民参与保护规划与设计，保护名城最直接的服务对象就是当地居民，专业人员要积极吸引广大居民参与调研、规划、实施。提倡“自己名城自己管，自己家园自己建”的风尚，提高居民参与的主动性。

鼓励居民投资文化遗产保护，政府要给政策，广泛吸引社会资金。

重视民间文化艺术，鼓励居民学习民间文化、弘扬民间文化。开展多样的群众文化活动，活跃古城文化氛围。

参与“名城历史”，“名城保护”知识的教育活动。

（5）名城保护的经费来源——物质基础

我国是历史文化遗产非常丰富的国家，同时又是发展中国家。“严格地说，目前我国名城保护资金无论从筹集、分配还是运作都十分薄弱，不成体系，相关制度的形成与完善还有相当长的路要走”。

开封经费问题尤显突出。名城保护经费要多方面考虑。首先要有科学的保护规划，划分阶段，逐步实施，切不可全面开花，大兴土木。根据实际能力，抓好当前的紧要工作。这种思路可称为“长远规划，分期实施，选准项目，集中建设”。其次要多渠道筹集资金。从目前情况看，主要有三种途径：一是国家划拨，二是地方政府筹集，三是社会投资。国家划拨的经费主

要有两部分:一是文物保护经费,二是名城保护经费。这两项都不是很多,不能根本改变保护现状。地方政府始终是名城保护经费的主要来源,但依然不足。可见,社会投资应成为资金筹集的重要方面,在社会资金的筹集中,必须考虑到投资者的利益,要有明确的政策支持,以政策吸引投资,坚持"谁投资,谁保护,谁受益"的原则,扩展投资途径,积极吸引社会资金。政府的资金主要用于公益事业上,比如基础设施、重要文物维修等方面。

(6)必须培养自己的专业人才,提高专业水平——技术保障

开封名城保护从很大程度上讲,要靠开封人自己进行。从现状看,开封名城中绝大多数建筑均是开封市有关建筑院所设计,当地工程队施工。这些设计人员对历史文化名城保护的认识程度、设计水平直接关系到名城保护的进行。所以,必须提高设计人员的专业素质,促进建筑设计创作水平的提高。

另外,传统的做法、技术以及工匠也要培养。他们是名城保护的技术保障。

(7)建立历史文化名城保护的监督制度——有效促进

历史文化名城保护要始终处于监督之下,有健康的监督机制是对管理工作的有效促进。监督主要是对《保护条例》执行状况的监督。这个机构应设立在权力监督机关——人大,并与政协组织共同形成监督机构,这个机构应每半年或一年对"历史文化名城"的保护工作进行考察、检查一次,并提出意见和建议,帮助政府部门改进工作。这个机构的人员应由人大代表、政协委员以及城建、文物、文化、旅游等部门的离退休老同志及各界代表组成,受人大领导、对人大负责,同时接受政协的指导。

所以,建立一个以管理为核心,以法律为准则,融专家支持、技术保障、经费来源、公众参与为一体的,接受人大、政协监督的保障体系是名城保护的内在要求。

总之,历史文化名城的保护与发展是一个非常复杂的课题,是一项系统工程,需要众多学科的共同参与,但只要我们善于从不同的角度提出问题,分析问题,找出解决办法,都会有益于丰富和发展我国的历史文化名城保护理论,更好地指导历史文化名城保护与发展的实践,促进历史文化名城的可持续发展,此谓"百虑一致,殊途同归"。

[作者简介]刘汉州,男,1970年生,硕士,副教授。

参考文献

[1]张松:历史城市保护学导论——文化遗产和历史环境保护的一种整体性方法,上海科技出版社,2001。

[2]《新周刊》专题(2000):中国城市十大败笔。

[3]沈福煦.中国古代建筑文化史.上海古籍出版社,2001.

[4]中国城市规划设计研究院,开封市旅游局.开封市旅游发展总体规划(专题报告二)2004年10月

[5]任致远编著.21世纪城市规划管理.东南大学出版社,2000

[6]桢文彦.城市哲学.世界建筑,1988(4)

[7]王景慧.历史地段保护的含义与方法.城市规划,1998(5)

[8]吴焕加,吕真主编.建筑史研究论文集.中国建筑工业出版社,1996

[9]吴良镛.论城市文化.吴良镛城市论文集(1986——1995).中国建筑工业出版社,1996

[10]《皇帝宅经》.《地理正宗》.广西民族出版社,1996

[11]中国城市规划设计研究院,开封市旅游局。开封市旅游发展总体体规划(说明书),2004年10月

[12]中国城市规划设计研究院,开封市旅游局.开封市旅游发展总体规划(专题报告二),2004年10月

[13]张复明.城市定位问题的理论思考,城市规划,2000(3)

[14]罗文,陈国生,赵毅.21世纪双江历史文化名镇旅游地形象DI战略,经济地理,2000(7)

[15]开封市旅游发展规划提出"一街一线两片四区",在此将旧城以南的"禹王台景区除外",故称"一街一线两片三区。

[16]吴良镛.重振东方水城的历史辉煌——论苏州城区域发展、古城保护与建筑文化创造.1994年苏州城市规划工作会议报告。

[17]常思敏.传统与现实生活.哲学研究,1995(5)。

[18]开封市人民政府.开封市城市总体规划(1995——21010)。

[19]中国城市规划设计研究院,开封市旅游局.开封市旅游发展总体规划(说明书),2004。

· 古代民居研究 ·

河南民居概述

左满常 李宏伟

(河南大学土木建筑学院 开封 475004)

[关键词] 古村镇;传统民居;窑洞民居;民居保护

[摘 要] 本文通过河南现有古村镇概况和现存民居建筑情况,概要介绍了河南民居的大概情况。又以民居的结构类型、常见木构架类型、墙体材料与构造和屋顶构造简要说明了河南民居的结构。还简要介绍了河南窑洞的分布与类型,通过这些简介,可使读者对河南民居有所认识。

Overview of Henan Dwellings

Zuo Manchang Li Hongwei

(*Civi Engineering and Architecture College*, *Henan University*, *Kaifeng* 475004, *China*)

Key Words: Ancient villages, Traditional houses, Cave dwelling, Dwelling protection

Abstract: Based on current situation of ancient villages in Henan and existing residential architecture, this article introduces the situation of Henan probably. This type of structure with dwellings, common wooden frame type, wall material and structure and roof structure would explain the structure of Henan dwellings briefly. In addition, a brief introduction of the distribution and the type of Henan caves can make readers to henan dwellings.

历史悠久、民族众多、幅员辽阔的中华民族,在数千年的历史演化进程中积累了丰富多彩的民居建筑形式及其经验,形成了独具特色的建筑哲学思想和朴实的建筑生态观。近些年来,我国民居建筑研究深受社会各界人士关注和重视,研究队伍不断壮大,如2008年11月中旬在广州华南理工大学举行的"第16届中国民居学术研讨会",与会人员数量及规模空前。

传统民居建筑与人类的文明进程几乎是同步发展的,是历史上出现最早的建筑类型,民居建筑量大面广,与人民生活最为密切。也是可持续发展的一种建筑类型。民居在很大程度上揭示出不同时代和不同环境中建筑的生存与发展的客观规律,反映了当时、当地的经济、文化、生产、生活、伦理、习俗、宗教信仰以及哲学、美学等观念。作为一笔极其宝贵的历史文化资源,一旦灭绝,则永不可能再生。在世界城市与建筑趋同化的今天,人们纷纷把研究目标转向传统民居,以期寻求新的出路。《皇帝宅经》云;"人因宅而立,宅因人得存,人宅相扶,感通天地。"简释其意可为:人、建筑与环境和谐共生。建筑作为人造物和人工环境,是满足人类物质和精神生活需要的重要组成部分。社会的可持续发展是必由之路,深入研究和理解传统民居建筑,对于发展现代观念中的节能与绿色建筑,消除千城一面的国际建设模式,可能会从中得到一些启示。

1 河南现存传统民居概况

河南位于黄河中下游,处于我国第二阶梯向第三阶梯的过渡地带,位置适中。地处北亚热带和暖温带过渡地区，气候温暖适宜，日照充足，降水丰沛，适宜于农、林、牧、渔各业发展。境内不仅有绵延高峻的山地，也有坦荡无垠的平原，既有波状起伏的丘陵，还有山丘环抱的盆地，具有多种多样的地貌类型。中原温和有利的气候环境、广袤肥沃的膏腴土地、便利通达的交通条件，加之黄河一往情深的无私哺育，使河南成为早期人类的理想栖息地、原始文化的发展中心和华夏文明最重要的发源地。在五千年绵延不绝的文明进程中，河南长期作为王者之都，是中国政治、经济、文化、科技、教育和军事中心。同时，也为中国传统建筑的发展做出了重要贡献。

1-1 古村镇概况

河南现存传统民居资源丰富、分布广泛，无论是城乡，还是山区或平原均有遗存。其中有古代村镇。如国家历史文化名镇之一的神垕镇，自古以生产钧瓷而闻名于世。神垕历史久远，早在夏、商时期这里就有人类居住，从事农耕和冶陶。始于唐盛于宋的钧瓷使神垕逐步发展成为中国北方陶瓷中心之一，宋时称神垕店，明代称神垕镇。明清时期就流行一首民谣："进入神垕山，七里长街观，七十二座窑，烟火遮住天，客商遍地走，日进斗金钱"，由此可见当时之繁华。悠久的历史给神垕镇留下了丰富的文物古迹。目前，神垕有省级文物保护单位 1 处，各种古寺庙、古民居、古祠堂等 40 余处，大多数分布于以老街为核心，面积达 3 平方公里的古镇区内。神垕老街位于神垕中心区，俗称的七里长街是由肖河两岸的二道街、高老庄、朱园沟、茶叶沟、老窑坡等 5 个古老村庄连片而成的。现在，神垕老街比较完好地保存了清末以前的老街道，建筑物和许多有价值的建筑细部。民居有郗家院、白家院、温家院(图 1)、霍家院、王家院、辛家院等，周边环境基本上做到了原貌保存。

又如国家级历史文化名镇荆紫关，隶属于南阳市淅川县，淅川有史料记载为楚始都"丹阳"所在地。战国时期，荆紫关是秦楚交界地，当时领兵驻守此关的楚国太子名荆，所以人们就称这里为荆子关。后来，随着荆子关商业的繁荣，一些商人把荆子关的"子"改为紫气东来的"紫"，赋予该镇以吉祥之意，荆紫关之名从此延用至今。荆紫关镇地理位置更为独特，位于县城西北方向 44 公里处的丹江岸边。镇西边 1.5 公里处是荆紫关镇的门户——白浪村。白浪村背负青山，面向四季不断的白浪河水。一个不足 260 人的小山村，却居住着鄂、豫、陕三省村民。村内地盘难分经纬，一户有三省户口者不足为奇。白浪街中间埋设一块三角锥石头，它便是三省的交界点。脚踩上这块三角锥石尖，就意味着一脚踏三省领地。荆紫关地形复杂，为伏牛山、秦岭与武当山三大山系交汇处。这里是古代水陆交通要道，水路由丹江经汉水入长江，东可下江淮。陆路北可进中原，西可进秦川，南可达荆襄。这里是历史久远的行政区划的分界点，又是中原、秦晋、楚文化的交汇带。此地战略地位十分重要，自古乃兵家必争之地。战国时期，秦楚之间的"丹阳之战"，演绎出"朝秦暮楚"的成语；楚汉相争，刘邦走荆紫关入秦直抵咸阳；明末李自成起义，过荆紫关直捣中原进逼北京；1935 年红四方面军取道荆紫关转入陕西完成战略转移；1946 年李先念、王震率中原野战军突围，攻破荆紫关到达陕南根据地。日本侵华期间，河南大学也曾迁到这里，安营扎寨继续办学。这里地处丹江之滨，因水陆交通发达，八方商贾云集，商业繁荣，是三省边界贸易中心。明清鼎盛时期，曾有八大帮会、十三大骡马店和二十四大商行。现存古代建筑有：五里长街两侧有 700 余间店铺的古商业街(图 2)、荆紫关古关门(图 3)、沿街两侧还有山陕会馆、禹王宫、平浪宫、万寿宫、法海寺、清真寺等古建筑群。

再如中国历史文化名村之一的郏县临沣寨，寨墙、寨河基本完整。因距临沣寨十里处有座红石山取石方便，临沣寨的寨墙外皮则是红石包砌。观遍南京、开封、西安、荆州古城墙，商丘县城的古城墙，林州市任村镇的寨墙，博爱县寨卜昌村的寨墙等等，对人们的震撼都不及眼前的这座寨墙。因为，这座寨墙毕竟是封建社会时期一个小村庄所为，论财力物力人力怎能与城市相提并论；论修建材料，临沣寨的寨墙外皮为清一色的红石块，绕墙一周不见一块砖，不见一块其他颜色石料，中原地域无二，不知全国有几？论完整程度，临洋寨南墙有部分残缺断口，墙基仍是连续完整的，另缺失寨门楼。东西北三面墙体外皮完整如初。上述城墙有国家保护（国保单位）的财力支持，完整程度不及此寨墙。

还有太行山下怀川平原上的寨卜昌村寨墙大部分完整，村内清代古民居尚存百座以上，鳞次栉比古香古色。再如豫北卫辉市太行山内的古村落小店河村、灵宝市境内黄土丘陵上的杨公寨和大别山内的毛铺村，都还基本保持着山村原有风貌。

同样为了村寨的防御，豫西灵宝市黄土丘陵区的杨公寨，则利用地形之利达其目的（参见图 4）。杨公寨位于灵宝市向南约 5 公里处，坐落在小秦岭山脚下的一块孤立的小土塬上，四周绝壁临空，壁立几乎竖直，相对高差约 30 米。在过去的冷兵器时代，此真乃天险庇护之地，可谓大自然的造化。塬顶面大致呈椭圆形，南北长约 180 米，东西宽约 130 米。寨上有十余座清代中期建造的传统院落，连同破败的双重寨门见证着据险建营寨的典型古村落的存在。

1－2 房屋建筑概况

现存传统民居均为清代与民国时期的建筑，有大型和中小型院落，这些民居分布在全省城乡各地，风格特点有所不同。一般来说，以开封为中心，商丘、郑州、新乡、许昌、驻马店、平顶山等地的民居形式大体相同。这些地方的民居受官式建筑的影响较大，具有正统大气的特点。具体表现为：(1)单体建筑体量适度（图 5），位于中轴线上的正房及两边的厢房，以三间为多。(2)木构架规范化程度高。梁架一律是抬梁式构架，并且是比较接近标准的大木小式做法。(3)建筑的“师古性”强。之所以师古性，亦即对古代建筑形制的保留与延续，甚至延续的时间较长。(4)墙体、屋面厚重，构造层次复杂。

豫西地区的民居面宽、开间尺寸较上述略小；厢房有单坡顶和双坡顶房屋并存的现象，因而体形与体量变化很大；民居的装饰艺术水平普遍高于其他地区。典型民居有康百万庄园、庄廷珍庄园（现为洛阳八路军办事处旧址），洛宁程总兵府第。如图 6 所示的程总兵府第某小门楼，以砖雕为主要装饰手法，成就了这一小门楼为同类建筑中的精品。

信阳与南阳南部的民居接近长江流域的民居风格，轻盈矮小，构造比较简单。典型民居有荆紫关民居，大别山内毛铺村彭氏民居，新县刘彝武庄园（中共鄂豫皖分局旧址）等。

焦作、安阳之民居则有体形严谨，立面高贵大气，装饰华丽，做工考究等特点。典型民居有博爱寨卜昌民居，林州张翰林府第，安阳马丕瑶府第。

大型官宅马丕瑶府第有三处建筑群，称为北区、中区和南区。中区规模最大，东西并排四个院落，均坐北朝南。西边三路院落以中路为主院，两边为次院，属一主两次并列的深宅大院。其建设年代在中路第二进大堂（前客厅）明间脊檩上有清晰的文字记载：“光绪拾叁年叁月拾壹日贵州按察使马建”。三个院落的格局相近，全部由四进院组成，通进深相等。三个院落的面阔稍有差异，东院面阔略小于主院，西院又略小于东院。以房屋的体量、质量与装饰的豪华程度而论，也是按主院、东院、西院依次排列的。充分体现出了主次分明、左尊右卑的传统建筑思想原则。中区的这四个院落规模如此宏大，保存完整，是中州大地绝无仅有的封建官僚府第的官式建筑标本，在国内也应是留存至今为数不多的大型清代官僚府第之一。

南区的建筑群是由马丕瑶三子马吉梅所建，与中区斜对面。原设计为三路大院，东院建成后，中西院仅将两座大门（与倒座连体）建好，其余未建。东院第三进院上房脊檩上记载乃 1924 年建筑，坐南朝北。三座倒座房屋各七间东西一字排开，总长度 70 多米。东院沿中轴线的建筑序列为大门（倒座）→一进院（两边厢房各三间）→二门→二进院（两边厢房各五间）→客厅七间）→三进院（两边厢房各三间）→四门→四进院（两边厢房各五间）→正房七间两层→五进院→后罩房。本院东西两侧另有裙房。目前，经过整修全部房屋完整，建筑华贵（图 7）。多亏安阳县政府慧眼识玉，不惜大量投入，很好地保护了马丕瑶府第。如今，马府中区和南区已成功开发利用，成为当地旅游的明星景点。

2 河南民居结构与构造

2-1 承重结构类型

中国古代建筑素有“墙倒屋不塌”的特点，这是对完全木构架建筑的恰当描述。所谓的完全木构架，是指水平与竖向承重构件全用木材。明清以来，我国人口大量增加，对房屋的需求量也大大增加，而木材资源相对匮乏，促进了砖在民间的大量应用，推动了民居承重结构的巨大变化。由完全木构架体系，发展到木构架与墙体结合的承重体系，进而又发展到墙体承重体系。河南现存民居的承重结构类型，主要是这三种，分述如下：

(1)木构架承重体系。木构架承重体系历史悠久，在民间有广泛基础。这种结构形式，使得盖房先搭架而后围护或分隔，墙体除承担自重力外，不承担屋顶荷载，所以墙倒屋不塌。因民居建筑对木材资源短缺的敏感性极强，河南现存民居绝大多数为清代民居，梁柱承重的木构架体系已是少量。豪门大户以及官吏家的房屋有的还保持着木构架承重体系，如寨卜昌王泰顺家族的有些厅堂、开封刘家宅院的部分房屋、南阳万兴东宅院厅堂等等，仍是完全木构架承重体系。

(2)木架与墙体结合承重体系。这种承重体系是指柱和墙体共同承担屋顶荷载，分三种情况：其一是柱＋山墙承重，即山墙部位的山面梁架和柱被山墙取代，一堵山墙承担半间屋顶荷载；其二是柱＋山墙＋后檐墙共同承载(参见图8)，亦即在其一的基础上后檐墙部位的柱被墙体取代。此种情况所见较多，既用于厅堂，也用于部分前檐廊的厢房；其三，以墙体承重为主，前檐廊檐柱落地，檐柱承担很少的荷载。

(3)墙体承重体系

即房屋无檐廊，前后檐墙直接承托屋架大柁，山墙直接承托檩条，四面墙壁都承重。民居发展到清末和民国时期，较小的(三间面阔)房子四面封檐，不再用木柱。水平受力构件仍用木材，抬梁式梁架简化为只有抬梁部分。为了进一步节约木材，又发展了人字形梁架。河南地方语称前者为“重梁起架”，后者为“叉手梁架”。这种简化了的木构架房屋，在当代北方农村民房中占绝大多数。

我国近代社会时期，也是中国古代建筑的转型期，这种转型在民居建筑中有其自身的规律。那就是木屋架，坡屋顶仍然保留，以墙体代替木柱承托屋架，墙倒屋必塌。

上述三种承重体系，类型一应属于木结构建筑，类型二、三则属于砖木结构建筑。

2-2 木构架常见形式

木构架是中国传统建筑的结构主体，因木材用于建筑有诸多优点，如取之易得、便于加工、适应性强、重量轻、施工方便等等。从而促进了木结构的发展、成熟并延续下来。又因地域气候不同以及施工技术的差异，木构架形成了两种主要形式，即抬梁式和穿斗式。这两种木构架形式在河南民居中都有应用，抬梁式使用较多，范围较广。穿斗式应用地域范围相对较小，用量也更少一些。在以上两种形式的基础上，二者结合式木构架在河南民居中也有使用，且用量要大于穿斗式。

(1)抬梁式木构架

抬梁式木构架是沿房屋进深方向在石柱础上立承重柱，柱顶端架梁，再在梁上皮向中心内退一步架的距离立置两根瓜柱，瓜柱上再横置较短(比下层梁短两步架)的梁。根据需要，可依此法重叠三根乃至四根梁，梁的根数越多，房屋进深越大。最后在顶层梁上立脊瓜柱，构成一榀三角形木构架。在沿房屋面阔方向用枋连接相邻两根立柱(包括瓜柱)的顶端，并在各层梁头和脊瓜柱上搭置纵向檩条。最后在檩条上等距密排椽子，构架全部形成，自然构成的坡屋顶，就成为中国传统建筑外形的主要特征之一。

抬梁式构架各构件散置，形状以杆件为主，多数构件体积小，重量轻，备料与加工制作、房屋的施工都十分方便。一件件拼接安装，梁、檩、椽均为水平受力构件，在构造上又是两端构件的连系构件，如椽连接相邻的两根檩、檩连接相邻的两榀梁架、梁连接柱等。连接方法由原始的绑扎发展到非常精巧、科学的榫卯扣合。柱及瓜柱轴心受压，正好发挥木材“立木顶千斤”的长处。这种纵、横、竖三向互相连接的木构件形成整体框架结构，对房屋的整体稳定性也很有利。

(一)常用的抬梁式构架。关于抬梁式构架房屋的大小、屋宇之高深、构件之短长等数据,官式建筑早有一系列规定。河南民居中的抬梁式构架,以开封、洛阳、许昌、焦作、安阳等几地区较为统一,且受官式建筑影响较大,同时也掺杂着诸多地方手法。图 9 所示的五檩抬梁式构架,即为上述几地区通行的基本形式。较之官式大木小式梁架的相关内容,有三处明显差异,分述如下:

(1) 额枋由上下两块木板组成。上为平板枋,板宽等于或略大于柱径,置于柱顶,由其承托梁头、由额垫块(代替垫板)以及斗拱等物。下施矩形断面立置的枋木,两者共同组成"T"字型额枋。俗语有形象的称谓,前者叫"卧枋",后者叫"立枋",两者断面大小基本相同。周口、商丘一带的立枋另有变化,增加了装饰性。

(2) 檩下的随檩枋一般紧贴檩条下皮,节省了垫板。两者之间上下拉开一段距离,中间再施垫板的官式构造做法,在民居中的实例较少。

(3) 脊瓜柱多由两件弓形的叉手支撑(见图 10),其上端有的撑脊檩,有的撑脊瓜柱。这种构造方法对于提高脊瓜柱稳定性的作用,要优于角背。

河南民居中常用抬梁式木构架的形式主要有 10 种,如图 11 所示,图中的虚线表示墙体,有墙的部位往往是承重墙,就可把柱减去,以节约木材,这种情况在民居中是普遍现象。以墙代柱的构架实际上已变为简化的木构架。所考察的民居中,只有少数几家的房屋未用墙代替柱,仍保持着完全木构架承重体系,这是河南民居中的个别情况。

如图 11 中所示的 a、b 两种形式,常用于二门,b 型用得更少些;c 型为单坡顶房屋构架,人们的印象是陕西单坡顶房屋多,其实河南境内也不少,分布范围主要在豫秦毗邻区域。豫秦古道(今陇海线)上的分布范围相当大,三门峡到洛阳一带厢房通行单坡顶。由西往东逐渐减少,到偃师结束。单坡顶房在河南的分布地区有专用称谓"单坡厦"。单坡厦主要用作厢房。两步架进深的较多,庭院较宽的,也有三步架进深的情况;d 型为五檩四步架进深,三间五架的房屋在传统民居中数量最多,硬山屋顶若前后封檐,构架就简化为只剩上面的抬梁部分;e 型为常见的前檐廊构架,主要用于第一进院厢房和倒座;f 型为挑廊式构架,晋东南民居中较多,河南民居中仅焦作几个县使用,寨卜昌民居中的厢房、倒座构架主要是这种形式;g 型为六檩前檐廊式构架,所形成的房屋前坡大后坡小,前檐低后檐高。常用于较小的正房。豫东地区的院落较宽,厢房也多用这种构架;h 型为七檩前廊式构架,河南民居中的主要厅堂绝大多数是这种构架。只有七架进深,才能接近主要厅堂平面"方三丈"的要求。不过,河南民居的厅堂都是后封檐,檐墙代替后檐柱承重,即成为七檩前廊简化构架;m、n 两种形式是 d 和 g 的加高变为楼房,常用于后院正房建筑。

以上 10 种抬梁式构架,有的也适当加用斗拱和飞椽。用斗拱的以座斗为多,出挑的很少。檐口用飞椽的现象比较普遍,凡有檐廊的檐口都用飞椽。

(2)变异型抬梁式构架

就抬梁式构架而言,开封洛阳和其他地区的一些官宅(如安阳的马丕瑶府第,南阳的杨知府院)木构架,相对更接近官式建筑的大木小式;在商丘与周口两地范围内构架变异性就大一些,图 12 所示的即为变异型抬梁式构架。其中:a 是在五檩等距的构架中廊步另加一根檩,变为双步廊,这是商丘穆家四合院的厢房构架实例;b、c、d 三种为中间步距大,双步廊步距缩小。如 c 型中间四步等距均为 1.28 米,廊宽 1.9 米,步距 0.95 米。b 为穆家四合院的绣楼构架实例 c 为虞城任家大院中院厅堂的构架实例。d 为商水叶氏宅院大厅楼构架实例;e 为袁世凯行宫过厅实例;f 型是袁世凯故居中西路大厅构架实例,大梁由两根直径不等的短木在墙体中对接。

以上这些抬梁式构架实例都用承重墙代替了柱子,实际上成为既有变异,又简化的构架,地方手法更多一些。民居建筑各地有各地约定俗成的规矩和习惯,不那么统一,结构与构造设计随机性也比较强。如商丘、周口一带的额枋形状,即遵循通行的"T"型式样,又在立枋前脸上贴一块板材，周边打圆角，形成雕刻的额枋形象，地方性更强；如图13所示的抬梁，利用一根弯木，随弯就势造成了一榀抬梁式构架。此例为南阳市北郊石桥镇赵家大院的特殊梁架实例。工匠因势利导，凭高超的绳墨技艺变一根废材为宝，这种因材致用的随机性设计令人钦佩。此例如不亲眼所见，难以置信。“天有时，地有气，材有美，工有巧，合此四者，方可为良。”[①]此例就突出了用材之巧。

上述各式抬梁式构架，有两个重要参数即屋顶坡度和步（檩）距相对统一：屋面坡度通行的标准为“一丈起三尺”；步距一般为0.9～1.5米，其中0.9～1.2米常用于厢房，1.1～1.4米常用于正房。主要厅堂取较大尺寸，较大的厅堂则多为1.2～1.5米。

（3）穿斗式及穿斗与抬梁结合式木构架

穿斗式木构架又称为“立帖式”，多用于南方屋顶比较轻的民居和其他一般性建筑。穿斗式构架是由柱、枋、檩等构件组成。如图14中的a型，即为标准的穿斗式构架。由图可知，柱子直接支撑檩条，图中所示的六步架进深有七根檩就要七根柱支顶。柱子顶端或柱中再用横木榫卯拉结，谓之穿枋，使之成为一榀整体构架。

穿斗与抬梁两者传力方式和用料方式有很大的区别，按受力特点来分：抬梁式构架是梁柱支承体系，梁是受弯构件，其突出优点在于能获得较大的空间跨度。但随之而产生的负面效应也很突出，即梁柱需要较大的截面。同时檩条间距较大，相应地亦需用较粗的檩木；穿斗式构架是檩柱支承体系，柱直接承受檩条的压力，梁的作用降低，成为两柱间的拉接联系构件。穿斗式构架又分疏檩和密檩两种做法，疏檩式较大檩距约相当于抬梁式较小的檩距，每根柱都落地，如图14a，即为疏檩式。密檩式是两檩间再加一根檩条，由柱间穿枋中间再立一根瓜柱支撑，檩距很密，约50～60厘米。穿斗式因多用于南方湿热多雨地区，对房屋的保温要求不高，屋面轻薄，加之上部荷载分散到相对密集的立柱上，因此，檩柱直径都小。用较小的木材解决大问题，是其突出的优点。又因柱距小，数量多，使得室内空间狭小又成为穿斗式的弱点。

河南信阳、南阳两地，位于我国南北气候过渡地带，又是襄楚文化与中原文化的交汇区域。民居建筑集南北风格为一体，其结构技术也集穿斗和抬梁于一身，除纯正的穿斗式构架外，还综合穿斗和抬梁两者的优点，另创造出形式各异的穿斗与抬梁结合式构架。如图14中的五种形式即为实地考察所见的构架实例。其中，a为疏檩穿斗式构架，这种典型的穿斗式构架在河南民居建筑中有单独使用的，如淅川大石桥乡杨营村某老宅的正房用穿斗，厢房用抬梁。此地与湖北接壤，用穿斗构架较多。还有用于房屋山面的，见于寨卜昌民居中有些正房的山面构架，埋于山墙内，以节约抬梁的大直径木料，在房屋中起辅助作用；b型中间三架梁是抬梁，两边使用穿斗。挑檐部分设计巧妙，内檐檩用瓜柱支撑，瓜柱落于楼层外伸的挑梁上，檐檩又由外伸的穿枋承托。抬梁与穿斗结构分明，构造简单利落。此例为淅川贾沟贾氏民居其中一座正房的构架，既有此等形式，想必不是孤例，这一带应有较多使用；c型为光山白雀镇中街的胡家宅院（红四军司令部旧址）正房构架实例。中间亦是抬梁，两步架步距较小。两边抬梁与穿斗结合变为密檩式，四根落地柱非等距排列。挑檐方式与b型又有不同，檐檩由插接于檐柱上的挑梁承托。因该挑梁一端榫卯只能连接，不能负重，又在其下斜置一根撑木支顶负重端，把檐檩支撑起来。b和c的两种挑檐方法正符合孙大章先生所说的“硬挑”与“软挑”两种方式[②]，前者属于硬挑，后者应为软挑；d型是新县大别山深山区内毛铺村彭氏民居一座房屋的构架实例。它以抬梁形式为主，瓜柱与檩条节点的构造做法完全采用穿斗的方法（图6－14）。屋顶前坡略小，后坡稍大。檐柱与楼层梁有连接构件，以增加檐柱的稳定性。挑檐也集中了软挑与硬挑两种方法，且叉手为弯曲的弓形。此例的几处变化，反映出了山区工匠在结构设计与节点构造做法的灵活性；e型是荆紫关商业街一商店的密檩式穿斗与抬梁结合的构架。中间抬梁五架梁柱距2.6米，两边柱距各1.3米，中间加一檩用穿斗式支撑。最长的一根穿枋不是一根枋木贯通，而是分为几节，且中间一节上提，错开榫卯位置便于构造操作。

上述之穿斗及其穿斗与抬梁的结合形式的构架，主要分布于我国南北气候过渡带的河南境内。房屋保温要求介于南北之间，屋面苫背层很薄，屋面轻。特殊的气候与地理环境对房屋的要求，促进了穿斗式与抬梁式的有机结合，形成更为实用的结构类型(图 15)。

2-3 墙体材料与墙体构造

墙是人们生活中最为常见的构造物，也是建筑物的重要组成部分。墙在古代典籍中有：墉、垣、壁等三个主要称谓。古人对墙的认识很深刻，对墙的解释也各有不同，如墙，障也。所以自障蔽也；垣，援也，人所依止以为援卫也；墉，容也，所以隐蔽形容也；壁，辟也。所以辟御风寒也。由此可看出，古代墙的作用比现在更加宽泛。河南民居建筑墙体所用材料以砖、土坯、石料为主。有单一材料墙体，更多的是混合材料的墙体。

(1) 单一材料墙体。

即只用一种材料砌筑的墙体，砖墙、土坯墙和石墙。砖墙，河南俗话叫“混砖墙”，亦即实砌砖墙。在民居中砖墙主要用于三个部位：一是板门两侧墙壁，以提高门框与墙体构造的牢固性；再是廊心墙；三是墙体下碱。还有少数人家的承重山墙也是砖墙。为节约资金，其他则很少使用混砖墙。

砖的砌筑比较讲究，首先要求砖面平整光洁，看面墙、影壁、檐部等处需“磨砖对缝”。民居墙体砌筑以顺砖为主，每隔 5～6 层砌一层顶砖。这样的墙壁以十字缝为主，整齐美观，节省砖料。砖还可砌出空斗墙，豫南、豫西民居中应用很多，且多为一斗一眠、二斗一眠或三斗一眠。民居墙体砌法详见相关书籍[3]，此不赘述。

土墙即以黄土为主的墙。成墙方法有三种：一是版筑夯土墙，民居建筑中的墙体已无遗存，只有古村落寨墙还有遗存；二是和泥垛墙，主要用于农舍院墙；三是土坯砌墙，即土坯墙。在习用土墙的广大地区，以土坯墙为最多，被广泛用于农舍的所有墙壁，是土墙的代表。土墙虽然古老，至今仍存。如图 16 中 A 所示的房屋，台基之上的墙体全为土坯。这种土坯墙是多为三合土土坯，很耐雨水冲刷。全部用土坯墙体的房屋现遗存的也是极少数。

石墙根据砌墙所用的石块形状，有方正石墙、乱石墙(又名虎皮石墙)和卵石墙。石墙一般用于墙体下碱或墙心。经济实力强的也用条石作墙基，在多石的山区应用很多，如林州市太行山深山区某地民居以石房子为主。图 16D 所示为神垕镇某民居厢房用乱石砌筑的山墙和前檐墙。

(2) 混合材料墙体

由砖、土坯、石料混合搭配砌墙是河南民居墙体的主流，可砌出多种不同的混合墙。如砖与土坯的混合墙、石与土坯的混合墙、砖与石的混合墙。尤其是砖与土坯的混合墙，可以说在众多的民居建筑墙体中占主导地位。砖与土坯混合砌墙有下列三种情况：

一是下砖上坯，即墙体下碱用砖砌，上身用土坯砌，这种墙体常用于一般农家居屋。豫西黄土丘陵窑洞民居分布地区土质特别好，也有豪门大户使用的，如洛宁程总兵府的倒座檐墙即为下砖上坯墙。与此构造方法相同，墙体下碱用石块砌筑，上身用土坯的墙体由图 16B 所示，土墙之上用砖封檐，此墙即为石与坯的混合墙。从图中可清晰看到，墙上有一排拴马桩，也是豪门大户的房舍。

二是下碱及墙角等重要部位用砖砌，土坯填墙心。这种墙体是殷实人家常用的，如图 16 中 C 所示的房屋，当地人用形象的语言说这种墙叫“砖包边，坯填心”。土坯表面经素泥粉刷找平，再经白灰浆罩白，整体墙面色彩蓝白相间，效果甚佳。此屋曾是“晋冀鲁豫”边区八路军办事处旧址。

第三种混合即是下碱之上的墙身部分外皮用砖，里皮用坯砌的墙，这种墙体河南通行的俗称叫“里生外熟”墙。保留至今的民居，都是质量优等的建筑，这些建筑外墙以里生外熟墙占绝大多数。图 16F 所示即为里生外熟墙体构造实例，图中土坯、顺砖、丁砖、扒墙石一应俱全，并清晰地反映出了它们在混合墙体中各自的作用。其中扒墙石的使用数量多寡因地因人而异，多石地区富裕家庭用的多，贫家用的少。而少石地区民居建筑，则很少用扒墙石。清代中后期，外墙逐步转化为承重墙。豫东地区里生外熟墙局部做法有所变化，因土坯的承载力显弱，梁头下多改用实砌砖柱，上加5厘米厚的木块作梁枕。豫西以及豫西北、豫西南等地区的黄土承载力强，梁头下只砌3～5皮砖再加梁枕便可。图16E所示的墙体也是砖与土坯的混合墙。此墙为无眠空斗墙中间夹土坯，这堵墙是两座房屋之间的连接院墙，故为两面砖。图中可见与其相连的房屋山墙以及与之相交的檐墙，外皮只用顺斗砖和丁斗砖砌筑，等于无眠空斗墙的外皮，也属于里生外熟墙。这样的里生外熟墙多用于洛阳、三门峡一带。上述里生外熟的墙体，下部有实砌砖墙下碱，可保护土坯，避免因地气返潮使土坯失效。外皮用砖，墙面既美观又可避免雨水对土坯的冲刷。从经济角度来说，材料易得，施工方便；以使用功能论之，外表整洁美观。可确保居家建房的百年大计，因而，被广泛应用。

2－4 屋顶及其构造

屋顶是中国传统建筑三大构成中的上分，对建筑立面起着很大作用，是中国传统建筑外形主要特征之一。

(1) 屋顶类型

民居中的屋顶因受皇权等级制度的约束，形制不高。现存民居的屋顶以硬山式为主，另有少量悬山屋顶。还有大量的单坡顶房屋以及少量的传统平顶房屋。中国民居建筑中的屋顶类型，河南拥有的类型齐全。

(一)硬山屋顶。硬山屋顶即两山墙封檐的屋顶类型，是明朝民间大量用砖以后产生的屋顶类型，也是现存民居数量最多的屋顶类型。

(二)悬山屋顶。悬山屋顶是最古老的屋顶形式，远远早于歇山和硬山屋顶。梁思成在《清式营造则例》中称悬山屋顶和庑殿顶为中国建筑屋顶的两种基本形式。硬山屋顶的出现，很快取代了这种古老的屋顶类型。图17所示的悬山屋顶原为渑池县境内的，黄河小浪底水库淹没区一处完整的老宅院。河南省文物局采用整体购买，易地搬迁保护的办法迁至仰韶文化保护区，除土墙非原物外，其余全部为原构建重建。这种很典型的悬山屋顶、山面梁架外露、土坯五花山墙的民居已成为罕见实物。

悬山的形成即檩条外伸出山墙面的结果。檩条外伸，椽子跟随向外铺钉，最外端迎面钉上博缝板。重要建筑博缝板另加悬鱼、惹草之类的装饰物。博缝板是悬山屋顶的外观构件，它和檐椽、飞檐椽给人们留下的记忆同样深刻。当硬山屋顶出现后，这些构件的形象仍被砖檐继承下来。

(三)单坡屋顶。单坡顶顾名思义只有一面坡，主要用于厢房。单坡顶有两种基本形式：一种是后墙借助于其它墙体，贴于墙体上(图18A)；另一种则完全独立(图18B)，正脊后有一小段坡，正脊与后檐做法和双坡顶相同。

单坡顶房屋有其自身的长处：其一，适应狭窄院落的平面布局；其二，后墙高有利于院内的安全；还可满足人们心理之需，如豫西灵宝人认为：水为财，单坡顶可尽量多地聚拢财富。

(四)平屋顶

平项房分布于安阳地区与河北省接壤之地。较好的房子设女儿墙，有组织排水。这里的平顶屋面非当今的平顶，其构造做法如图19所示。椽子上面铺设望砖，其上的麦秸泥为找平层和保温层，相当于瓦屋面的苫背泥层。表面的三合土层须经砸实，为防水层。当地人说，只要三合土配比适当，防水层就不开裂，三五十年没事。这样简单的构造却非常可靠，耐久性也很好。传统的方法与材料当今也值得借鉴。

(2) 屋面类型与构造

现存民居全部为传统的瓦屋面，其构造层次自下而上为：苫背垫层、苫背层、粘合泥层、瓦面层。

苫背垫层即多数古建书籍中常说的望板，通常把望板归属于木结构。这一构造层次的作用主要是承托其上的苫泥。望板是明清以来官式重要建筑的通用构件，更早期的官式建筑包括重要的殿堂，并不是这样。如《营造法式》卷十三《用瓦》制度中有明确规定："凡瓦下铺衬柴栈为上，板栈次之。如用竹笆苇箔：若殿阁七间以上，用竹笆一重，苇箔五重。五间以下，用竹笆一重，苇箔四重；厅堂等五间以上，用竹笆一重，苇箔三重。"④ 可见用望板少，用竹笆、苇箔等物多。明清以来，官宦人家、财主等讲究的民居屋面垫层以望(方)砖为主，望瓦次之，次要的建筑也有用苇箔的实例，望板仅用于檐廊部位。普通百姓的房子就以苇箔、条笆，甚至高粱秆等廉价物做苫背垫层；苫背泥的传统材料以麦秸泥为主，保温隔热性能好，不易开裂；粘合泥以黄土、石灰为主，另加少量煤灰调成近似砖瓦色。打一陇泥铺一陇瓦；瓦面层为屋面的表层，所用瓦有筒瓦、板瓦之分。可构成筒板瓦屋面、合瓦屋面、冷摊瓦屋面和仰瓦屋面（见图 20）等。河南民居的屋面类型就以上四种，且以仰瓦屋面为主，通行各地甚至整个北方。

仰瓦屋面北方又有干槎瓦屋面之称，这种屋面用瓦较省，但对瓦的质量要求高，稍有变形则要剔除。结瓦时对匠人技能要求也高，必须互相错接扣合严密，以上下瓦压四留六至压七留三为准则，不能有松动的瓦。檐口第一片瓦叫滴水，下垫勾头。匠人的技能和工作质量与仰瓦屋面的质量有密切的因果关系，我们通过对民居调研深有体会。如浚县裴庄村常进士宅第的二进院正房，建于清同治年间，屋面至今未变形，不漏雨。一般质量的瓦屋面 30～50 年进行维修是止常的。

筒板瓦屋面各地都有使用，主要用于正房，但不是凡正房都用；合瓦屋面在河南民居中用量更少，凡有使用的，也不讲究正房厢房；冷摊瓦屋面仅用于信阳、南阳南北气候过渡带地区的部分房屋，做法与南方屋面完全相同。

（3）屋脊类型与构造

河南民居建筑的屋面擅用屋脊进行装点，并且多用正脊与垂脊。地方不同、房屋不同，屋脊的简繁程度差异很大，图 21 所示的屋脊说明了这种差别。图中的 A 是屋脊的主要定型构件——陡板，有大小不同的规格可供选择，以调整屋脊的高度，用于正脊和垂脊。陡板两看面还可有各种花饰或文字花饰，用这种构件叠出的屋脊河南称为"实脊；B 型即为看面带有花饰的实脊，以仰瓦屋面为例，其构造层次至下而上为：盖瓦（筒板瓦屋面为当沟）→瓦条→方砖→陡板→方砖→筒瓦。这类实脊是现存民居屋脊的主要形式。正脊为实脊的则必配垂脊。有的还按大式做法，配有排山勾滴；C 型为花瓦屋脊，其特点是在陡板位置用筒、板瓦，或单用或两者配合使用，摆成各式漏空花纹图案，转化为阳数。

（4）脊饰构件

河南民居的屋脊装饰构件种类繁多，形象不一，具有浓郁的地方特点，略举几例如下：

（一）正脊装饰构件。官式建筑的正吻由唐宋时期的鸱尾演变到明清时期的龙吻剑把。而河南民间建筑的正吻如图 23 所示，以龙头鱼身的造型为主，安装于正脊两端，嘴一律向外，不似官式建筑的龙吻剑把或鸱尾，嘴向内吞脊。

（二）垂脊兽。河南民居中的垂脊兽与正脊兽通用，只是同一座房屋的正脊与垂脊兽选用不同形象和不同大小的兽便可（图 24，25）。

（三）走兽。走兽在《营造法式》里有 9 个，《清式营造则例》中列出 11 个。官式建筑中用于垂脊兽前和歇山的戗脊之上。河南民间建筑中用走兽则比较随意，垂脊上兽前、兽后都有使用，甚至正脊上也用，也有都不用的现象。图 26 所示为走兽 6 例，这些是较为复杂的形象，简单的则更多。

（四）扭头。官式建筑中垂脊最下端使用仙人，民居建筑则不用，另有别物在此部位装饰。以开封为中心的河南大部地区，甚至冀南、鲁西、皖北等地，民居建筑垂脊的最下端，即房屋的四角几乎全部使用扭头，成为惯例（见图 27）。它是由砖瓦经雕刻叠砌而成，形象比仙人突出。扭头这一名称，各地叫法不尽相同，本书采用"扭头"一名，乃是开封对这一组件的形象称谓。扭头在流行的区域内，形状和大小也略有差异，但总体形象接近。这一组构件也是河南民居檐角的重要特征之一。

以上脊饰构件，为地方民居常用之物，独具地方特色。近年来，有很多民居已被列为各级文物保护单位，这对脆弱的民居当然是天大的好事。可是，不断见到对民居的修复也存在随意现象，很多脊饰构件全部换为官式的剑把，仙人等等。致使地方性很强的民居变味走调，造成新的遗憾。现代建筑国际化，传统建筑官式化实在无可奈何！

3 河南窑洞民居

窑洞民居历史悠久，从远古至今的漫长岁月中，穴居这种独特的居住原型，伴随着人类文明和社会发展，始终适应人类居住生活要求，一直沿用至今。黄土窑洞民居主要分布在我国黄河中游的黄土高原地带,河南豫西地区就位于这一地带上,是我国窑洞民居的主要分布区域之一。

3－1 窑洞民居的优势

窑洞民居土生土长,从古到今一直延续下来,伴随着传统地上民居从萌芽、成长、成熟、衰退各时期并存,并且与当今的方盒子建筑共存共融,表现出了极强的生命力,自有它独到的优势所支撑。具体表现为:

(1) 取之方便,获之易得,经济效益最好

中国窑洞是在黄土高原天然黄土层下孕育生长的。生长在这一区域的世世代代人民,在认识黄土、改造黄土、利用黄土的长期实践中,学会了依山靠崖、随坡就势,选择适当的黄土地质层开挖洞穴,妙居沟壑。在无沟壑可利用的情况之下,就深潜土塬,凿土挖洞。在简单工具和人力的支持下,用最少的投入获得居住处所。挖出的土方即可铺垫场地,又可造坯垒墙,土尽其用,是节材的好典型,有最好的经济效益。陕县庙上村前任支书向笔者介绍说,他和夫人带领两个弟弟于 1975 年开挖一座 10 孔地坑窑院,仅花费 24 元卷扬机提土的电费钱。此例说明,黄土窑洞自己动手,是投资最少效益最高的建筑类型。

(2) 经久耐用,有利于安全

在窑洞分布区内,祖辈相传,说不清窑龄的窑洞到处都有。三门峡南塬上的地坑院窑龄普遍很长,如庙上村的 80 座地坑院绝大多数都有百年以上,还有 400 年之久的地坑院。像巩义市康百万庄园的 70 多孔窑洞,都有 150 年以上历史。康家 1901 年为慈禧太后挖的窑洞时间最晚,也 100 年有余了。还有著名的诗圣杜甫诞生窑,说是唐代窑洞缺少根据,清康熙 31 年(1766 年)的"唐工部杜甫故里碑"则说明其年代久远。这些窑洞均为笔者所亲见,其经久耐用性是普通地面建筑所不能比的。这里所说的有利于安全,是指窑洞抵御战乱时期战火的能力远远强于地面建筑。窑洞的这一特点以往不被学者们注意,可在中国古代和近代的战乱时期,其作用是非常突出的。"得中原者得天下",是众所周知的一句话,洛阳古都的几经盛衰都与历史上的大战役有关,战乱祸患下的灾民入地求生是好办法。刘振华、刘茂恩两兄弟的庄园就有 20 余孔窑洞专门用于近代备战。

(3) 冬暖夏凉、节能环保

黄土窑洞的材料是原状土,黄土具有良好的蓄热和隔热双重功能,窑洞空间全包裹在厚厚的土层中,所以冬暖夏凉,是天然的节能建筑。这是直接的节能性质,人们容易看到。与砖瓦房和钢筋混凝土房相比,其间接节能性不可估量。砖瓦、金属、水泥都需要消耗大量煤炭制成建筑材料,这些建筑材料到建筑工地也要大量的燃油驱动车辆。直接与间接的节能对国家、对人类社会的意义是何等重要啊!

(4) 节约土地

对于靠崖窑来说,利用山崖、沟坡横向开挖,是有空间而不占地面的建筑,开挖出的原土还可填坡造地,是非常节约土地的建筑类型。

(5) 维持生态平衡

黄土窑洞建筑作为典型的生态建筑,往复再生不留后遗症。现在自命的"绿色建筑"也好,"生态建筑"也罢,都与黄土窑洞建筑的生态含量差之太远。这种建筑类型对于人类社会的可持续发展的积极作用,其他任何建筑类型都不可与之并论。正因如此,自 20 世纪 80 年代以来中国窑洞已经引起了国内外建筑学界极为广泛的研究兴趣。在生态环境上,中国窑洞对未来建筑学的发展具有启迪与借鉴作用。

上述特点对于窑洞居住者来说看重的是:方便易得、经济性好、经久耐用和冬暖夏凉。至于节能环保、节约土地、保持生态平衡等特点,更应该受到国家的高度重视。

3－2 河南窑洞民居的分布与类型

(1) 窑洞民居分布

黄河中游的黄土高原在豫西沿黄河两岸向东伸展,尤其在黄河南侧的黄土地层东出陕西,在黄河与秦岭、伏牛山脉之间的东西走廊地带延伸至郑州,在市区西部形成一道明显的分界。站在郑州北郊的邙山头下,西侧是连绵起伏的黄土丘陵,东望则是坦荡无垠的千里平原,出现高原与平原两种地质构造突变的奇异现象。随黄土高原的结束,京广铁路以东就不存在窑洞。黄土层厚度自西向东逐步递减,从三门峡地区

的百米以上到洛阳地区的 100～50 米之间，巩义市黄土堆积厚度也在 50 米左右，再往东到郑州仅 20 米。河南窑洞民居就分布在郑州以西的黄土丘陵地带。具体为郑州市辖区的上街区（荥阳）、新密市、巩义市。洛阳市辖区的偃师市、洛阳郊区、伊川、孟津、新安、洛宁县。三门峡市辖区的陕县，渑池、灵宝市等地。其中又以巩义市、洛阳郊区、孟津、新安、陕县、灵宝市等地的窑洞数量为最多。

（2）窑洞类型

豫西以洛阳为中心，在我国新石器时代以及其后的封建社会发展史上占有重要地位。这里黄土沟壑纵横，地形变化复杂，物产丰富，人口稠密。人们因地制宜，巧妙地利用河谷，沟壑两侧的黄土阶地，挖掘窑洞并形成窑洞聚落。这种利用自然，人工融合于自然，朴实、优美的格调，犹如展现在眼前的山水画，感人至深。人们又根据局部的自然、地质地貌特征以及地方风俗等不同，创造出各种不同形式的实用性很强的窑洞。从河南窑洞民居的建筑布局与结构形式划分，可归纳为三种基本类型，即靠崖式、下沉式和砌筑式三种：

（一）靠崖式窑洞。靠崖式窑洞出现在山坡、土塬边缘地带以及沟壑之两侧面（图 28）。靠山窑前面有较开阔的川地，因它是依山靠崖而建，必然随着等高线布置更为合理，所以窑洞常呈现曲线或折线型排列。另外，根据山坡面积大小和山崖的高度，可以布置几层台梯式的窑洞。为了避免上层窑洞的荷载影响下层窑洞，台梯是层层后退布置的，形成下层的窑顶就是上层窑洞的前庭。

靠崖窑是开挖较为方便的窑洞形式，可利用的山势地形多，因此这种窑洞数量也最多。一个家庭少者两孔，一般 3～6 孔足够一家使用。若窑洞前有足够的空地，往往是靠崖挖窑洞，崖前建房屋，可形成窑房结合的四合院。这种形式的建筑豫西很多。

（二）下沉式窑洞。这是在黄土塬区，在没有山坡、沟壁可利用的条件下，农民巧妙地利用黄土的壁立稳定性，就地挖一个方形（或长方形）地坑，然后在四壁上横向开挖窑洞，形成地下四合院。这种下沉式窑洞在豫西窑洞区有多种称谓，如天井院、地坑院、窑院、窑庄等。在洛阳和三门峡两市辖区内，“地坑院”的称谓流行较为普遍。“天井院”一词则多用于非窑洞居住者们的普通口语中，或非学术性文字材料中，真正窑居的人们使用较少。对于这种向下挖坑，横向开洞的窑洞民居，豫西分布较广，西起灵宝，东到巩义均有此类窑洞，但面积最大、数量最多、窑院形制最完善的，当数三门峡南塬地坑窑洞分布区最具代表性。其形制完善、科学合理，称谓也相对统一、规范，以下就延用“地坑院”一词。

豫西地区的窑院常见有斜坡进出和平进平出两种形式。两者都是在平地开挖地坑，如果地坑周围全是平地，进出地坑只能采用斜坡道方式，此为地坑院；如果地坑旁边有断崖或陡坡面，则可利用断崖或坡面开挖通向院内的横向通道，实现方便出入的平进平出式，此为天井院。地坑院是多数，天井院因受地形环境限制数量较少。地坑院形制各地不同，所见有 6 孔、8 孔、10 孔乃至 12 孔的，地坑面积随窑洞孔数增大，以三门峡南塬地坑院为例，10 孔窑的地坑面积通常为 10×10（米）。现在农民一直沿袭传统习惯，将窑顶碾平压光，作打谷场和院外休闲场所，而不种植农作物。因而存在着地坑院占地多的弊端，但还存在着节约用地的很大潜力，需要进一步完善。无论是地坑院还是天井院，防风性能都优于靠崖窑，居住环境更为幽静，更加安全。

（三）砌筑式窑洞。豫西窑洞区的人民称这种窑洞为“明锢窑”。这是窑洞分布区的部分人，在没有开挖窑洞条件的地方，如黄土层薄、山坡平缓、土崖高度不够或基岩外露的地方，用砖石发券构建的窑洞房屋。若靠山坡或土崖，券顶上多数覆土 1 米多厚；若四面临空，券顶则用三合土砸实，形成平顶房屋。近现代以来，人口增长过快，砖石明锢窑发展得不少。近几年，人们的商品经济意识增强，还有在大路边缘的断崖处砌筑锢窑，上面建房屋。锢窑住人，上面房屋开办商店。随着社会发展，窑洞与房屋结合得也更加紧凑。

4 民居保护与利用情况

4-1 总体状况

河南拥有大量的民居资源，各地都有不少优秀的代表。民居的分布农村占多数，城市以及县城为少数。分布在城市与县城的民居绝大多数归国家所有，分布在乡镇和农村的多数由后人继承，归个人所有。归国有的民居少数被开辟为展览馆，同时又归文物部门管理，这些民居保护得较好。有可观的经济效益，如康百万庄园则保护得更好。个人所有的民居好比苍老的树木，任其朽蚀最后消失。总之，河南民居目前整体状况不容乐观。河南民居数量虽多，但近几十年来损失、毁坏严重。突出表现在：一为河南民居大多数都是上百年的老建筑，年久失修而毁掉，还有许多民居建筑属于“危、漏”房屋。同时，随着现代生活方式的变化，人口的增加而带来大量的社会问题，诸如位于城市民居的给排水设施、卫生设施、道路交通及电力等基础设施先天不足，致使大多民居周围的环境质量差，这样就造成了传统居住环境与居民的现代生活需求之间的矛盾，民居的存在受到严重威胁，甚至受到人为的破坏。处于乡镇和乡村的传统民居有相当一部分，已经处于破朽不堪、无人照管、被废弃的地步，数量也在加速减少；二是已被定为文物保护单位的民居因种种原因也在不断减少，尤其是自身和周边环境遭受到的破坏更为严重，城市中星星点点的民居文物建筑淹没在“混凝土森林”中，艰难地生存着；三是许多古城镇中有代表性的传统民居群、历史街区，在旧城改造的浪潮中消失，这种情况对民居的毁坏最为严重。

4-2 造成民居损坏的因素

由于历史的发展，河南也与全国各地一样，城市、村镇都发生了巨大变化。能留存到当今的民居，必为质量上乘之优品。具有科学、技术、经济、艺术、文化等等多方面的价值，是前人留下的宝贵而又不可再生的文化遗产。然而，这些承载着历史文化，与人类生活极为密切的传统民居建筑正在快速消失，已到危机关头。究其原因是多方的，既有自然方面的因素，也有人为的因素，还有社会因素。根据河南民居损坏消失的实际情况，可具体概括为以下七个方面：

(1) 自然损坏。传统民居大多属于土木结构，许多房屋经过了上百年的风吹雨淋、日晒虫蛀之后，大多数自然消失，在所难免。

(2) 民居易主，数量急剧减少。新中国成立后社会形态发生了根本变化，大批量的民居财产易主，以及人口数量的大量增加，未易主的民居也由后代分割继承，把完整的民居化整为零。这些房屋的所有者因心态不同对民居建筑的珍惜程度远远不够，使得传统民居在短短几十年内快速消失，数量之大，应占首位。

(3) 经济能力增长，建筑更新。经济的发展，居住形态的变化，原有建筑不能满足现代居住需求的新旧碰撞，又有原址建新房的政策，也是传统民居快速损失的一个主要方面。

(4) 传统观念与生活方式的改变，迁新弃旧，传统民居被废弃。这种现象普遍存在于城乡各地。处于交通不便，自然条件差的山区农村，人们向往居住在公路边，便于经济发展和出行。也有居住者，特别是年轻一代居民以住“老房子”为耻，最突出的是窑洞居住者。以上两种情况的结果，即废弃老民居。无人居住的房屋或窑洞，缺少通风、缺乏维护，任其在风雨中飘摇，损坏加剧。笔者认为，前一种原因丢弃老房子，是为摆脱困境，谋求新的发展路子，理所当然；而后者丢弃老房子或窑洞则是大气候使然，潮流所致，他们中间有相当一部分新建的房屋并不比原来好，这种情况我们在调研期间遇到不少。

(5) 国有民居管理不善、使用不当导致一些优秀民居被毁。新中国建立之初，位于城镇的一些优秀民居收归国有，随办公条件不断改善，重要部门迁出，其他部门迁入。甚至一处大宅院分配给几家单位，有单位使用，无单位维护。尤其是经济部门使用的优秀民居，随经济体制改革，被二级或三级机构占用，更是只用不维护，如某县城内的一条主要街道两旁现存大片民居，就属这种情况。又如图 29 所示之传统民居也是被单位占用至今，并对其进行了大手术，如此糟蹋传统民居，令人心寒。像这样的民居原来都是当地质量上乘的建筑物。

(6) 经济大潮下的旧城改造，引发新一轮民居损失。社会在进步，经济在发展，城市(镇)在变化，旧城改造势在必行，应该改造。但旧城改造的方法应该是多种，不应该是全国上下大片历史街区两天之内夷为平地这一种方法。应充分调研、充分论证，做好规划，不能一律拆除，形成玉石俱焚的后果。现在这一大潮正在河南的县城镇等地蔓延，有的省保单位也保不住，同样受损，且都无可奈何！

(7) 文化苍白，利益熏心，故意破坏。近 20 多年来，我国经济飞速发展，科技领域也取得了令人瞩目的成就。然而，在精神文化方面却滞后于经济发展，国民的文化修养水平较低，对传统文化的应有价值缺乏认识，导致发展经济就要付出不应有的代价。因利益熏心，还有倒卖民居艺术构件的现象。也有被乡政府将完整的大院民居化整为零，廉价出卖的情况，

笔者通过近多年的大量调研，所见所闻众多的民居资源，因以上诸种原因，完整的寥寥无几。

4－3 保护对策探讨

(1) 当前河南民居保护存在的问题

由于历史的偏好，为河南留下了众多的文物古迹，其中留存于地面上的古建筑在全国也占有重要地位。这些古建筑主要是古塔、古寺、庙、会馆等类，过去对民居的保护在河南并没有得到应有的重视。近年来才受到政府主管部门的重视，因对民居的保护起步较晚，目前还存在一些问题：

首先是对民居的文物价值认识不足，重视程度不够。河南其他文物多，主管部门长期以来的主要精力都在这些文物的发掘与保护上，忽视了对民居的发掘与保护工作。尽管近几年加强了这方面的工作力度，又因民居建筑的量大面广，产权归属复杂，工作起来需要投入相当大的精力等实际困难，有些基础性工作(如资源拥有情况)尚待各级主管部门认真调查落实；二是对民居保护工作的监管力度不够。对传统民居及其环境的保护牵涉面广难度大，因此，保护力度远不及其他类型建筑，这好像是全国的共性，河南亦然。好在河南省十届人大常委会三次会议批准了《河南省历史文化名城保护条例》，限制各级政府进行城市建设时对历史文化名城的破坏；三是保护资金严重匮乏。河南民居量大面广，需要大量的保护资金，即使具有较高保护价值，政府也难以投入对其进行保护。又因多数保留较好的传统民居属私人财产，很难得到政府、单位或其他个人的资助。牵涉到资金的问题，就成为全社会最头疼的问题，也成了一道难解的方程式；再是居民对民居保护缺乏了解。河南现保留有一批较好的传统民居，其中有的是户主善守老业，认识到传统民居的保护价值而加以主动保护的。而更多的传统民居却由于居民保护意识淡薄而被毁，保留下来的也多是由于资金等原因被动的保留下来。

(2) 保护对策探讨

对民居的保护目的也和其他文物一样，重在传承历史文化。但是，民居建筑又有自身的特点，即对人的亲和力强，古为今用的成效全民可见，这应视为民居保护方面的独特优势。所以，笔者认为对民居的保护对策应有别于其他文物，也应与时俱进，把尊重历史与服务现实有机结合起来。目前全国都在探索，国内、省内已有一些成功经验。

首先是就地原址保护。对民居的保护最好采取就地原址保护的方式，只有在原址、原环境中，才能最大限度地保持其历史意义和环境特点，既保护了历史价值，又保护了环境价值。它的最大优点是能将民族文化保护在其原生的自然和社会环境中，真实而自然。目前原址保护应是采用最广泛、最经济的方式之一；二是脱离原址就近保护。这是指因国家重大工程，必须迁移，附近又有合适地方可供安置的情况。这方面河南已有成功经验，如小浪底水库库区迁往仰韶的一处民居就很成功。既保护了建筑本身，又因距离较近，并未完全脱离原生态环境；三是集中迁建保护。河南民居数量多，破损程度不一，又分散在全省各地。看其自灭，实在可惜。将这些孤立存在又不可能保护好的民居拆迁，集中于一处位置适当的地方再建的方式是完全可行的。这类保护形式国内早有先例，并收到了良好的效果，这也为河南提供了很好的思路，可以借鉴。当然，集中迁建有理论上的缺

点，使这些民居失去了原来所处的人文和自然环境。成为孤立的建筑。有得必有失，有效地保护了民居建筑，深得人民大众喜爱，还可产生可观的经济效益，这就是得。虽失去了原人文和自然环境，总比看其自灭要强得多！

(3) 开发利用的前景

各地现存较好的民居反映了本地区的地方特色和民族习俗。这些民居所蕴涵的历史文化价值如果合理开发利用，就可以转换为实实在在的经济价值。而且与中原文化相关的旅游，均对游客有很大的吸引力，在河南旅游资源中应占有重要地位。我省有许多自然景观和人文景观，可以成为民居开发利用的前提条件。现在，各级政府已逐步认识到河南民居的重要性，加强了保护措施。在生活节奏日益紧张的今天，这些有着古朴生活气息的传统民居和古村落备受人们的青睐，已经成为一种独特的人文旅游资源，有着广阔的旅游市场。开发保护被广泛接受，把“保护”与“开发”的关系从势不两立转化为相互依存，已经成为全社会的共识和一致的努力方向。

对民居的保护，其目的在于对它们的利用。几十年来的经验表明，凡是保护好的民居，发挥的作用也就越大，凡是发挥作用越大的民居，越受到重视，也就能得到更好的保护。巩义市对康百万庄园的开发利用是非常成功的范例，安阳县对马丕瑶府第的开发利用也已见成效。这些都说明，越来越多的游客希望通过民俗生活去全面地了解过去、现在及变迁，对真正的老传统民居发生了兴趣，深层次的民居文化展示旅游是利用民居文化遗产资源，复苏地区经济的一个很好的途径。同时，它的展示收益也是民居保护所需资金的重要渠道。

---

①戴吾三　考工记图说 P20 山东画报出版社 2003.1

②参见孙大章 中国民居研究（M）P306 中国建筑工业出版社 2004.8

③参见刘大可 中国古建筑瓦石营法 P45～73 中国建筑工业出版社 1993.6

④李诫　营造法式第 2 卷 P51 商务印书馆 1934

图 1　温家院

图 2　荆紫关古商业街原貌

图 3　荆紫关门

图 4　杨公寨远景

图 5　豫东任家大院厅堂

图 6　程总兵府第某小门楼

图 7　马丕瑶府第南区东院二门

图 8　柱、山墙、后檐墙承重体系

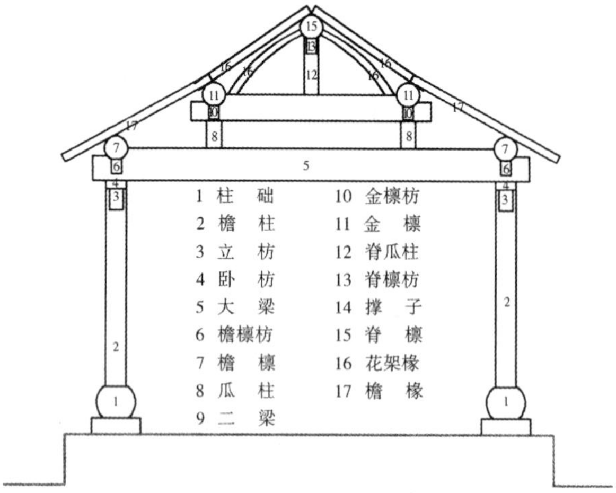

图 9　五檩抬梁式木构架基本形式

图 10　脊檩脊瓜柱叉手节点构造实例

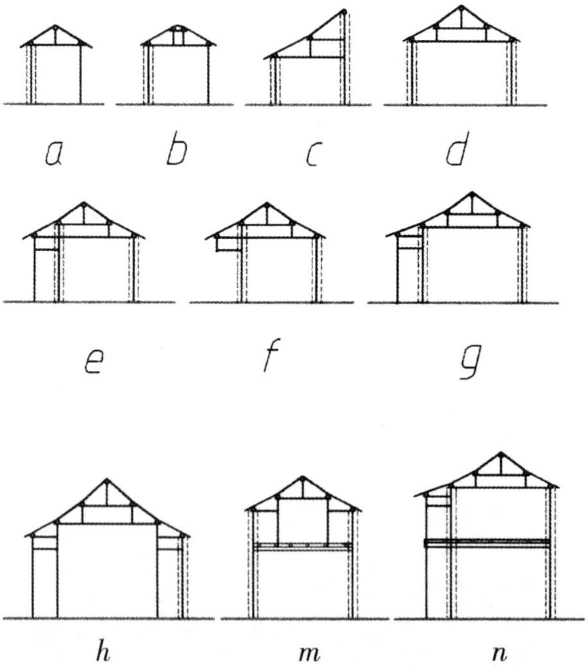

图 11　河南民居中常见抬梁式构架示意图
（a 三檩抬梁式　b 四檩卷棚式　c 三檩单坡式　d 五檩无廊式　e 五檩前廊式　f 五檩桃廊式　g 六檩前廊式　h 七檩前廊式　m 五檩楼层式　n 六檩楼前廊楼层式）

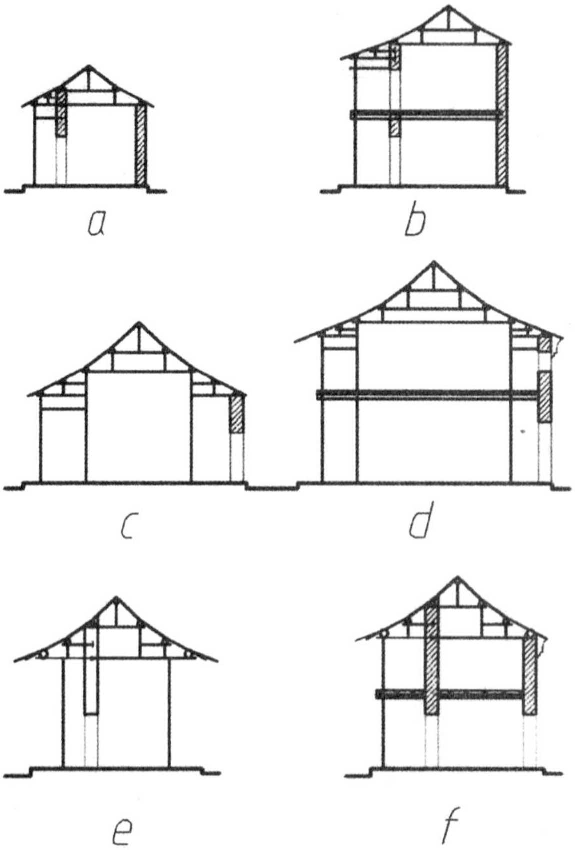

图 12　变异型抬梁式构架示意图
(a 六檩双步前檐廊　b 七檩前檐廊
c 九檩前檐廊　d 十一檩前檐廊
e 七檩大梁对接、柱位移　f 七檩大梁对接)

图 13　因材致用的抬梁

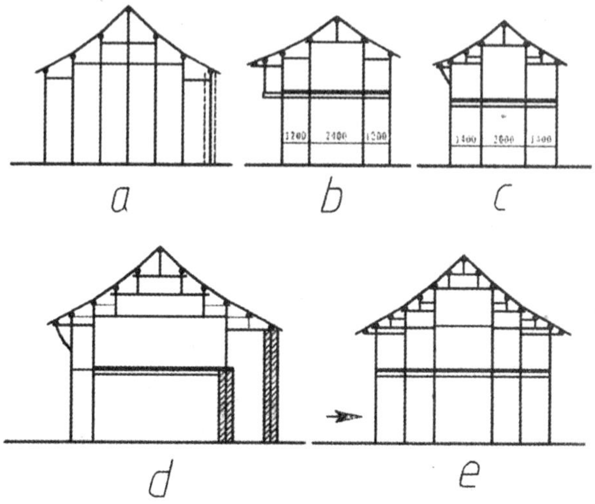

图 14　穿斗式、穿斗与抬梁结合式构架示意图
(a 穿斗式构架　b 中间抬梁两边穿斗　c 中间抬梁两边抬梁加穿斗　d 穿斗与抬梁结合形式之一　e 穿斗与抬梁结合形式之二)

图 15　穿斗与抬梁结合式节点实例

图 16　常见墙体实例

图 17　悬山屋顶实例

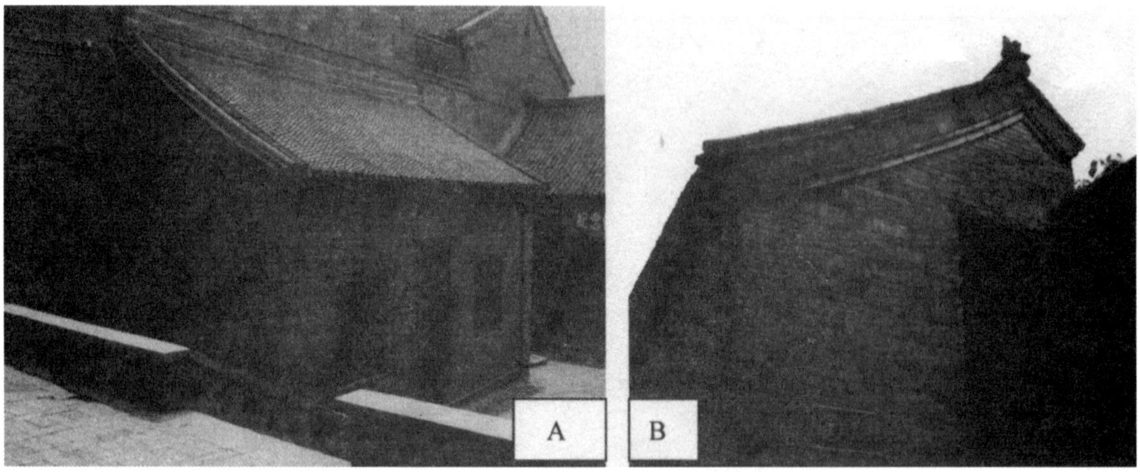

图 18　单坡顶实例　A 贴墙式　B 独立式

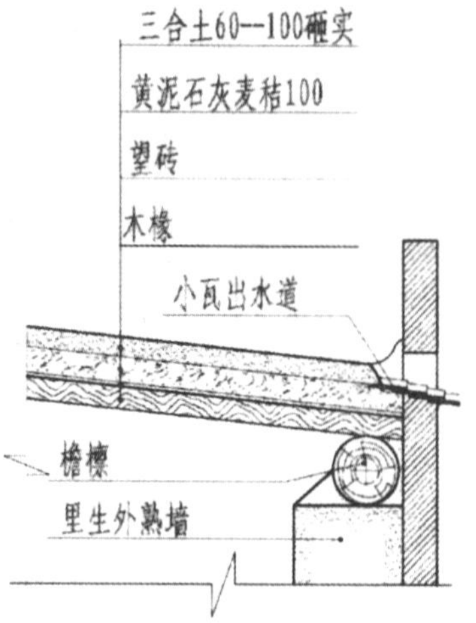

图 19　传统平屋顶构造图

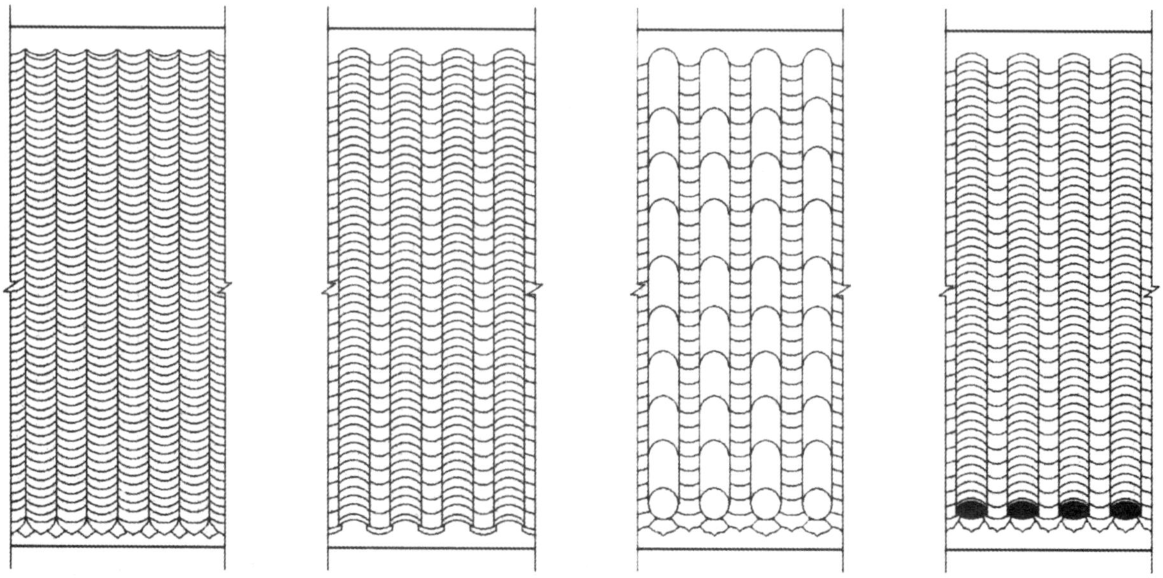

图 20　河南民居屋面类型

图 21　屋脊构件及其屋脊事例

（A 屋脊主要构件——陡板　B 实脊及其脊饰　C 花脊实例　D 简单的屋脊）

图 22　正脊断开以界定房屋开间数量

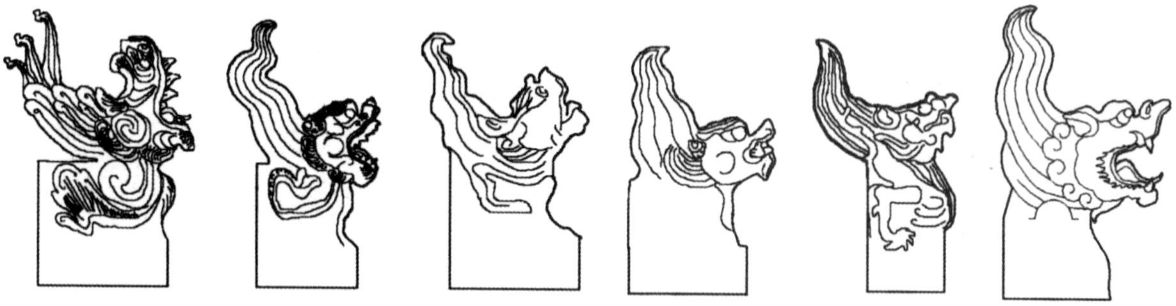

A B C D E F

图 23　正脊兽形象举例

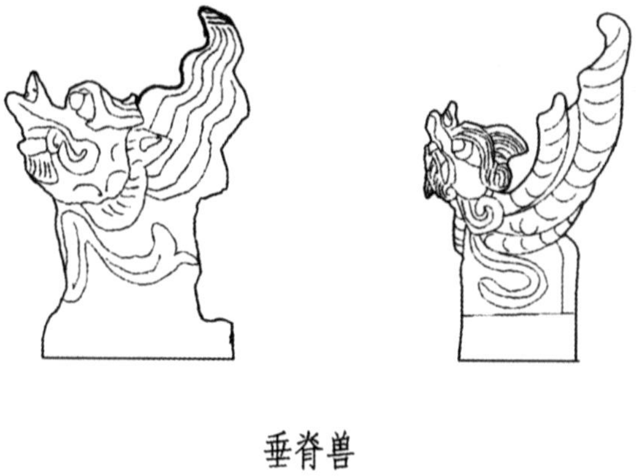

图 24　垂脊兽两例

图 25　南阳万兴东厢房垂兽实例

A B C D E F

图 26　走兽举要

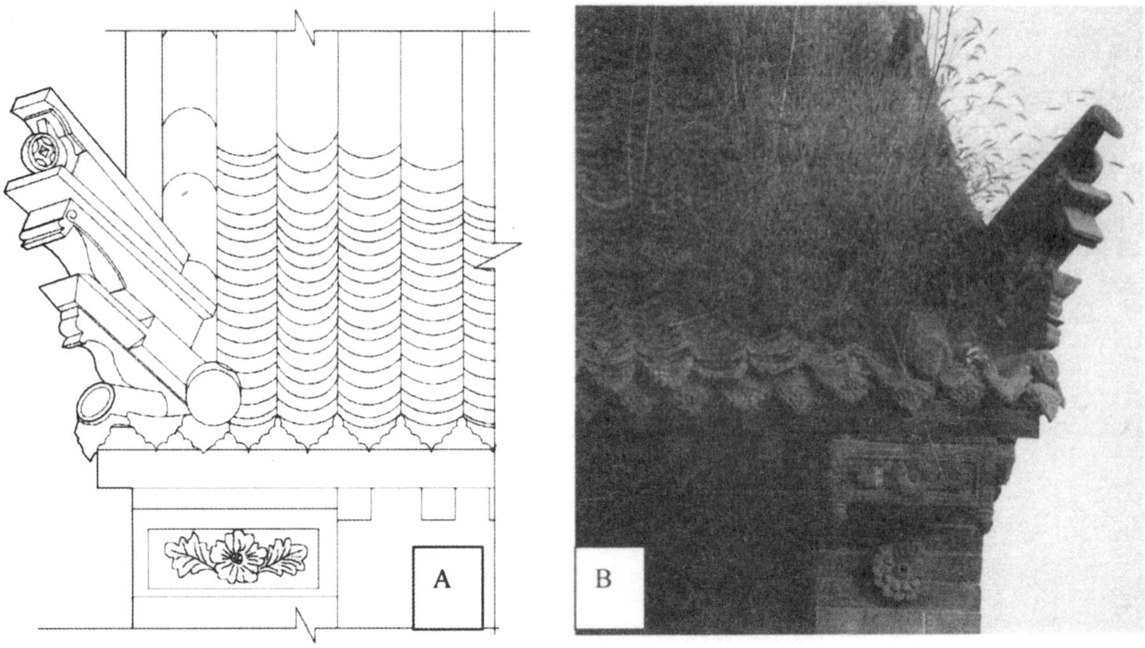

图 27　屋角装饰(A 扭头图例　B 扭头实例)

图 28　巩义市南河渡靠崖窑实例

图 29　某市同一座传统民居近几年的变迁(A 为 2004 年秋之状况;B 为 2008 年秋之状况)

· 古代民居研究 ·

马丕瑶府第研究

张大伟 朱兆阳

（河南大学土木建筑学院 开封 475001）

［关键词］ 马丕瑶府第；院落；形制；地方手法；保护利用

［摘 要］ 马丕瑶府第位于河南省北部，作为该省保留下来的为数不多的清朝晚期的督抚级官员府第，其在平面布局、规模、建筑体量、营造方法、空间艺术处理等很多方面都表现出了不同于普通人家民居的特征，同时作为官宦居所，在遵循古制的建筑伦理等级的同时，也不乏地方建筑手法的体现。通过研究，力求进一步发掘其文物价值，为研究河南传统民居建筑提供一定的帮助；同时通过研究，为当地的保护管理和经济发展提供可行性的参考。

Study on Ma piyao Mansion

Zhang Da-wei Zhu Zhaoyang

(*Civi Englieering and Architecture College*, *Henan University*, *Kaifeng* 475004, *China*)

Key Words: Ma Piyao mansion; courtyard; building construction; local technique; protection and usage

Abstract: Ma Piyao Mansion locates in the north of Henan Province. It used to be a govenor's palace in late Qing dynasty. Its sets, scope, size, build-methods and the spatial processing were different from common dwelling. As a mansion of government officer, the buildings followed a certain hierarchic rank of old dynasty, and it also reflected the unique feature of local dwllings. This study aimed to discuss the historical value of the mansion, favor the research of traditional dwelling in Henan province, meanwhile, give support ideas to local government in manage this mansion.

马丕瑶府第是清末广西、广东巡抚马丕瑶及其子女的大型府第，位于河南省安阳县水冶镇之北 3 公里处的蒋村乡西蒋村，距安阳市区约 10 余公里。这组建筑建于清光绪至民国年间，占地面积 20,000 平方米，建筑面积 5,000 平方米。整个建筑群由南区、中区、北区 3 部分组成，马丕瑶府第建筑风格典雅，造艺较精，平面布局保存基本完整，为河南省现存最大的清代官僚府第，对研究河南民居建筑具有较高的价值。

一、马丕瑶府第各区现状简介

1. 中区现状

马丕瑶府第的中区规模最大，自西向东包括生活区、祭祀区和花园。由于花园在解放后被毁建为民宅，目前生活区和祭祀区保留基本完整。该组建筑建造于光绪十三年前后，坐北朝南，东西共计四路院落，西边三路院落为生活区，而最东路院落为祭祀区（图 1）。

生活区的三路院落均采用四合院形式，每一路都含有 4 进院落，各路院落位于南北中轴线上的门的数量均为 9 个，这种布局在当地被称为“九门相照”，代表着主人的身份和地位。中间一路为马丕瑶的居所，东、西路院落分别为马丕瑶的长子马吉森和四子马吉枢的住处。

祭祀区位于生活区的东边，是马家用于祭

奉祖先的场所。此路院落由前后2进四合院组成。由于此路院落的通进深与两边生活区院落的通进深一致，院落面宽又大于生活区的各路院落，故该组建筑庭院宽大、建筑疏朗，满足了家族祭祀活动之需。

整个中区建筑以硬山式建筑形式为主，各路院落位于轴线上的正房平面不过五间七架，厢房则不过三间六架，所有正房屋面施筒板瓦，除生活区中路马丕瑶的居所厢房采用了筒板瓦屋面，其余各路院落厢房则以形制较低、具有地方特色的干槎瓦形式为主。

2. 南区现状

马丕瑶府第南区（图2）位于中区祭祀区南对面，建筑群是由马丕瑶三子、时任安阳县议会议员的马吉梅所建，该路建筑建造于民国十三年（1924年）。坐南朝北，院落东西宽约39米，南北总长度约100米，总共由5进院落组成。院落的东西厢房后另建造有后罩房供仆人使用。该路院落也是按照“九门相照”的建筑格局所建。较之中区而言，南区的这路院落庭院空间较大，居于中轴线上的建筑采用了七间九架的形式，厢房则以五间六架为主，建筑体量宏伟，装饰装修十分考究。除了后罩房屋面采用了具有地方特色的干槎瓦形式外，其余建筑包括正房、厢房、门楼、抄手游廊的屋面均使用了筒板瓦形式，且中轴线上的所有建筑均使用了斗拱，使得该路院落建筑形制提高，气势更显恢宏。

3. 北区现状

马丕瑶府第北区的院落紧邻中区后面的另一条村干道北侧，距离中区西围墙约60米，是一座较大的两进四合院，亦坐北朝南。此为马丕瑶家的老院，马丕瑶从出生到步入仕途都生活在这里。后来由马丕瑶次子马吉樟继承此院，并于民国三年（1914年）重新在老宅基地上建造了现在的两进四合院（图3）。这一院落的营建特点有以下几点：一是整个院落的进深尺度相对比较大，如果都采用两层建筑形式，势必显得庭院空间拥堵，营建时考虑到了空间感受，故采用单层（二进院厢房的耳房、过厅）双层并举、平顶坡顶共用的方式进行调节；二是与周边环境的充分协调。安阳一带常年降雨量较少，当地居民有建平顶房屋的传统。马丕瑶老院西隔壁邻居房屋，也有百余年历史，整个院落采用的就是砖木结构的平顶房屋。这样的平顶房在村内其他地方也有不少。为了和周边环境协调，马家采用折中的办法，将一进院内的厢房屋顶建成平、坡结合的“厂”字形屋顶形式。平项以呼应周边的房屋，内坡以呼应院内前后的传统坡屋顶的主要格调。由于二进院内的厢房采用卷棚坡屋顶的形式，给整个院落增添了几分活泼；三是此院以两层建筑形式为主，通往二层的楼梯均设置在室外，这样就有效地节省了室内空间的面积。目前北区的这个院落因年久失修，所有的二层屋面坍塌严重，多处屋面出现露天的状态，且楼地面也多有损毁，目前尚不能登至二楼，底层房屋勉强还能使用。

二、马丕瑶府第建筑形制研究

1. 建筑群平面形制研究

在中国封建社会，随着周礼的制定和《仪礼》、《周礼》、《礼记》的成书，建筑制度被纳入“礼”的规范，成为礼仪制度化的重要表现，起着等级名分、社会地位、宗法特权的物态标志作用。从建筑的平面形制上看，处于上位建筑文化的官僚第宅建筑的平面形制与处于下位建筑文化的普通民间居住建筑的平面布局有所区别，主要表现在院落大门在平面中所处的位置及四合院平面的宽度这两个方面。受传统文化、封建礼制和等级制度的影响，普通百姓的住宅大门是不能坐落在中轴线之上的，而高官贵族的宅第则允许将大门置于院落的中轴线上；对于居住建筑中各单体房屋的间架，历代的典章制度也给予严格的等级限定，例如《唐六典》明文规定：“三品以上堂舍，不得过五间九架，……门屋不得过三间五架；五品以上堂舍，不得过五间七架；……庶人所造房舍，不得过三间四架，门屋一间两架，……”。[①]《明会典》也有规定：“六品至九品，厅堂三间七架；……庶民所居房舍不过三间五架，……”。[②]这就导致身居高位的达官贵族的院落要明显宽于低品阶官员和庶民的院落宽度。

马丕瑶府第的平面形制则正反映了这因

素。特别是中区，因建造于清光绪年间（1887年），当时马丕瑶任贵州按察使职务，按清代官制为正三品高官，这处建筑群的平面布局形制正吻合了当时的社会背景和典章要求。现存北区院落建于民国3年（1914年）。此院主人马吉樟在清末民初均担任高官要职，其院落的平面采用如此形制显然是合乎规范的。南区院落是马丕瑶府第建筑群中建造最晚的一路建筑，是马丕瑶的三子马吉梅的居所。如果按照封建社会的典章制度审视其平面形制，会给人以“僭越”之嫌。但客观上当时（1924年）清朝早已灭亡，封建社会中所谓的“建筑伦理之制”已经失去了约束力，作为民国初期安阳县议会议员的马吉梅在当地有钱有权又有势，建造规格更高的居所以彰显其地位却也在情理之中。

2.建筑群立面形制研究

中国古代建筑的立面特征十分显著，他们都具有屋顶、屋身和台基三个部分。自从礼制出现后，传统建筑的立面形制便被赋予了强烈的封建等级色彩，各部分均有制度要求，例如关于台基，《礼记》祀器篇有“以高为贵者，天子之堂九尺，诸侯七尺，大夫五尺，士三尺”的记载；关于屋身，其间架的要求在前面已有述及，作为外檐装修的重点部位，其色彩使用也有要求，例如《礼记》中有这样的记载：“楹，天子丹，诸侯黝，大夫苍，士黈”；屋顶是中国古典建筑中最具特色的地方，其形制也有很严格的规定，从庑殿到硬山等级递减，形成了一整套严密的屋顶系列。

马丕瑶府第中区各建筑的立面形制遵从了这些要求。所有房屋的台基均没有超过“大夫五尺，士三尺”的最高规定，这样处理台基不仅仅是出于经济性的考虑，更主要的原因恐怕是由于庭院空间相对不大，适当降低台基高度可有效减少踏步台阶数量，从而减少了台阶踏步对庭院的占用面积。此区建筑的屋顶屋身，其间架数量最多为五间七架；关于斗拱的使用，除了生活区中路二门檐下点缀了几朵交麻叶斗拱，整个中区建筑均未使用斗拱，而是采用荷叶墩等形式的代拱件进行了装饰；所有梁架未使用角背；未使用随梁枋；屋顶形式有一处建筑使用悬山、其余为硬山形式；未发现使用脊兽饰件；厢房中普遍使用形制较低的灰梗仰瓦和形制更低的干槎瓦。比对建筑之制，我们可以看出中区建筑基本吻合了马丕瑶的阶级地位，其建筑形制属于官式建筑中小式建筑的形制。但也存在“小式大作”的现象，例如清代官式建筑“小式做法”不许使用飞椽，而在中路四进院的两层楼式正房，则不仅使用了飞椽，而且屋面设有脊兽；另外此区的各建筑屋脊采用了十分精美的雕刻，反映出大式建筑的做法特点。

由于马丕瑶府第南、北两区建造年代的原因，不能完全按照封建等级的标准评价其立面形制是否吻合使用者的身份。从南区主要厅堂建筑的开间进深来看，早已突破了最多“五间七架”的要求，而是采用“七间九架”的形制。虽然屋顶采用的是硬山及卷棚做法，但屋脊普遍使用了雕刻和脊兽且檐下施斗拱，且厅堂建筑使用了飞椽，形制更接近于官式建筑的大式做法特点，属于“大式小作”。

三、马丕瑶府第的空间分析

马丕瑶府第采用了典型的中国传统四合院形式的布局，整个建筑群的空间形式规则中富有变化，充分反映了传统居住院落的特点。从空间的构成上马丕瑶府第的建筑空间同样包含室内空间、室外空间以及介于二者之间的“灰”空间。

1.外部空间——庭院

民居的庭院空间富于变化，它的尺度、形式的变化和当地的气候环境、生活习惯等有着密切的联系，凝聚着民间匠人和使用者巧妙的创作智慧。马丕瑶府第的庭院空间反映了中国传统四合院庭院空间的特征：1）、具有显著的实用性。它不仅仅是作为院落中正房、厢房、过厅、杂屋等单体建筑之间的交通联系空间，而且为家庭成员提供了进行娱乐休闲、露天家务等活动的理想场所，是室内有限空间的有效补充。2）、具有优良的气候调节机能。由于四合院周边房屋的围合，使得庭院四周呈现强烈的封闭性，作为上面开敞的庭院，无疑为周边建筑提供了良好的日照、通风、遮阴纳阳等条件，有效改善了建筑组群内部的小气候。3）、体现强烈的伦理礼仪要求。中国伦理的家族制度，形成了家庭内部严格的尊卑、主从等关系，这些在庭院空间形态的处理中也有所体现，例如马丕瑶府第的祭祀区为满足家族的仪式需要，庭院显得宽广，而其余生活区各路的庭院就小得多；在所有院落中，庭院宽度由前到后逐步变大，庭院的地面在竖向上由前到后逐步抬高，中区生活区并排的三路院落的地面以中路马丕瑶居住的院落为最高，东路、西路依次降低，等等，所有这些空间形态的处理都在一定程度上凸现了封建的宗法观念和礼教意识。

2.“灰”空间

“灰”空间是现代建筑空间理论的一种称谓，实际指的是既不完全封闭又不完全开敞的空间，介于传统意义的“室内”与“室外”之间。马丕瑶府第“灰”空间的典型代表就是“檐廊”和“抄手游廊”空间。抄手游廊和檐廊由于具有很强的开放性和通透性，对于庭院空间相对较小的四合院形式的民居建筑来讲，其精神功能并不亚于物质功能（交通联系功能）：一方面它有效地延展了庭院面积，另一方面由于廊的动态特质和柱的序列排布，使得庭院空间灵动而富于变化，人们穿行其间，庭院景致尽收眼底。

3. 内部空间

通常我们把建筑物的室内空间称为内部空间。典型的室内空间是由地面、墙体和屋顶围合而成，也就是说完整的室内空间应该有四向界面围合。马丕瑶府第具有这种特征的空间实际上主要就是各个院落中的正房和厢房的内部空间。总的来讲，位于中轴线上的房屋体量大，其内部空间相对宽敞；而两侧厢房的内部空间相对要小一些。内部空间形态之所以存在差别是和具体的功能性质和使用对象尊卑有着内在的联系的。

四、马丕瑶府第的保护与利用

1. 马丕瑶府第的保护研究

作为河南省现存规模最大的清代官僚宅第之一，马丕瑶府第具有很高的文物价值，如何保护好这一历史遗留下来的民居，是我们应该深入进行研究和探讨的。

2. 进一步加强保护的设想

（1）加强民居环境格局的整体保护意识

通过实地调研，我们发现西蒋村不仅有马丕瑶府第这个规模宏大的四合院，而且村子中还保留不少规模相对较小的这类四合院，也有很多年代不短的极具地方特色的豫北平顶民居建筑，是一个历史风貌老村落。这些地方传统民居建筑和特有的区域形态是当地居民特定历史阶段的生存状态、生活方式、居住形态和经济水平的产物。这些风格各异的老房子形成了富有特色的建筑和人文景观，是祖先留给我们的优秀的历史文化遗产。我们这一代人要负起责任，切实保护好它，这是一份庄重的历史责任。当代人没有任何理由不保护它们，更不允许无故拆除和毁坏。

但随着经济的高速发展，由于村镇的开发、民居的翻建，村子原有的环境风貌逐渐被越来越多的钢筋混凝土建筑所破坏，而那些本具有乡土特色的老建筑慢慢消失，原来村落环境的结构和肌理特征越来越微弱。如果按照这种趋势走下去，将会丧失历史村镇的发展之根，最终必然导致历史文化名城支撑体系的苍白。

（2）坚持对文物建筑进行真实性保护的原则

文物建筑和其他一切历史文物一样，它的价值就在于它是历史上遗留下来的东西，不可能再生产、再建造，一经破坏就无法挽回。即使是有条件照旧重建一个，也是一件复制品，较之原物其价值就无法比及。因为任何一座古建筑或任何一件历史文物，它们都是在当时的历史条件下产生的，它们反映的是当时的社会生产、生活方式、当时的科学技术水平、当时的工艺技巧、当时的艺术风格、当时的风俗习惯等等。它们之所以可贵就是因为它们是历史的产物，是历史的物证。如果改变了原貌，就改变了其蕴含的历史信息，从而会大大降低其价值甚至导致毫无价值可言。

马丕瑶府第是具有较高历史、文化、人文价值的四合院式建筑群（当然也包括周边的传统民居），应该真正将其作为历史文物加以保护。这种保护不是一般意义上的修葺维护，而是从文物建筑的角度加以保护，使其承载的历史信息能够真实的传递下去成为历史实物见证。对于这类四合院的完整、统一、和谐等审美价值并非是第一位的，不允许为了完整、统一、和谐等因素损害历史信息的真实性。保留历史信息的真实性这个价值取向也是文物建筑保护理论的核心。在国际上人们根据文物建筑保护理论建构了一系列的保护原则，在联合国教科文组织向各国推荐的文物建筑保护教科书中把这些原则叫做文物建筑保护的“道德守则”。这些原则包括：修葺之前要对文物做全面深入的研究；要详尽地纪录维修过程，事后要写出报告；要把修葺工作量压缩到最小，只做必要的工作；尽量保留原有的材料、构件和方法；修葺工作要有可识别性，要努力使文物建筑本身的历史可以读出；要极其慎重地对待文物建筑在它存在的历史过程中缺失部分和增建部分，不可轻易地复原它们，而要经过缜密的全面论证：一切措施都应该是可逆的，即这些措施都可以拆除而不损害文物建筑本身……

既然文物建筑所拥有的历史信息是指文物建筑从建成之日起到确认为文物单位之时止，这个生存过程中所获得的全部历史信息，那么真正的文物建筑保护对清理、拆除、对复建改建，都应该抱有非常慎重的态度。因此对作为文物保护单位的马丕瑶府第的保护绝不是把它修得美轮美奂，比原来更实用、更坚固、更漂亮，而是尽量保持其现存状态的修葺，修缮的过程中一定要体现“不改变文物原状的原则”。

3. 进一步完善保护的措施

(1)尽快做出区域保护规划

由于西蒋村现存有不少地方传统民居，对马丕瑶府第的保护不应孤立的看待，一应纳入到整个居住区进行整体考虑，使整个村落民居形成合力，相辅相成，共同促进文物保护的顺利开展。要做好这个区域保护规划，应该对西蒋村的道路状况、民居分布、现存状况等进行深入调查研究，体现传统民居群原貌及空间形态保持基本不变的原则，尽可能展现建筑群的历史文化特征。同时保护规划要遵守“整体保护、重点突出、适度更新、延续文脉、整治环境、调整功能、改善市政、疏通交通”的基本原则。在这一原则指导下，保护规划可从以下几个方面入手：

1)建筑风貌突出以马丕瑶府第为代表的传统民居这一主题，使之成为一道展示历史传承、文化交融的主要载体。

2)控制周边新增建筑的数量、位置、高度、体量、色彩、风格，使其与历史遗存的传统建筑风貌相协调，保证村落风貌的统一性。

3)保留村庄传统道路格局，结合交通、消防等要求合理增建村庄内的路网系统，保证与外部路网的顺畅衔接。

4)拆除违章建筑，提高绿化率，引入必要市政管线，改善居住环境。

5)考虑旅游开发对商业建筑的需求，结合旅游线路，合理分布商业服务网点，根据接纳游人的规模在适当地点布置停车场位。

(2)加强立法执法力度，切实保证对文物的保护

河南省是一个历史文化名城大省，全国八大古都河南省占四个，国务院批准的国家级历史文化名城有 8 座。地下文物、馆藏文物、重点文物保护单位数量均居全国前列，没有配套的法律法规作保障，要想保护好这些文物是不现实的。1982 年 11 月，全国人民代表大会常务委员会公布了《中华人民共和国文物保护法》，使得文物保护有法可依。之后全国各省结合本省情况，陆续出台了文物保护的地方法律法规，2005 年 7 月 30 日，河南省十届人大常委会三次审议并通过了《河南省历史文化名城保护条例》并于 2005 年 10 月 1 日起开始施行。由此可见党和政府对文物“坚决保护、严禁破坏”的一贯政策和决心。作为地方政府和文物保护部门在认真贯彻执行这些法律法规的前提下，为了更加有针对性地做好保护工作，还可以结合本地情况制定相关的保护管理规定和措施。当然政策出台后要严格执行，对于违反规定、有损于文物保护的行为要坚决依照规定进行处理。马丕瑶府第周边也出现了不协调的施工、垃圾乱堆乱放等行为，这种情况如果不及时整治，对文物的保护和发展必然会带来影响。

(3)坚持原真性保护的具体做法。

由于历史和自然的原因，马丕瑶府第曾经遭受较大的破坏，现在当地文物主要部门正在抓紧抢修并初见成效。对于修缮的“不改变文

物原状”的原则，针对马丕瑶府第的修缮，我认为应该在有研究基础的前提下尽可能按照原来面貌进行修复。例如对小木作的修缮，现在基本上是简化的做法，这只是临时的处理而已，如果条件具备(有原来的照片、实物样本的话)，还应该重新按照原貌进行恢复，没有必要完全象有些人提倡的凡是进行文物修缮，就一定要通过改变形式、色彩、材料、技术等手段以求所谓的修缮部位的“可识别性”。原因有四：其一，如果改变了原貌，将容易产生建筑形式、风格的紊乱，不利于人们感受历史的真相；其二，文物的价值(特别是艺术价值比较显著时)并非是在其确定为文物后产生的，当它的形式不能表现历史原貌时，按照原样给予恢复能更清晰地传达当时的历史、人文信息；其三，对于我国的传统建筑来讲，运用许多宝贵的传统技术和工艺，例如偷梁换柱、拼镶补缺、墩接暗榫、剔补砖墙等。如果在保护维修中发现原来采用的是传统技艺，按照“原真性”的原则则可以使这些技艺得以传承；其四，就是文物保护管理的“四有”原则中明确包含“有记录档案”。一个真正完善的档案应该包括每次修缮的纪录，从这个纪录中我们可以了解到哪些部分是原来的，那些部分是修缮的。对于相对少数的专业研究人员来说，应该可以通过档案资料的查阅获得这个信息。而对于绝大多数的普通参观者来讲，更多的是想完整地感受当时的风貌、另外如果有可能还可以通过讲解等方式向人们介绍修缮的信息。总的来说，是否保持修缮部位的“可识别性”应根据文物的主要价值侧重点来确定。作为马丕瑶府第的木作装修等部位是展现高官要员身份地位的重要载体，应该努力按照原貌恢复，同时作为马丕瑶府第重要组成部分的花园区，当地政府和文物部门应在资料收集、研究论证的基础上进行必要的恢复。当然这工作需要有支撑体系——资金、技术，更主要的是原貌资料的获取。由于遭受毁坏的时间并不久远，当地还有许多老人曾经目睹过马丕瑶府第当年的面貌，这都是宝贵的资源，只要前期基础工作能够抓紧落实，想必对于原貌的恢复会起到很好的帮助。

(4)对历史人文资源进行保护

马丕瑶及其子女在中国近代史上都有一定影响，或爱国恤民，或投身革命，或为近代工业的先驱，这些实际上作为非物质文化都应该加以保护。主要可以开辟纪念馆、陈列展示厅等向人们展示人物的思想生平，利用历史遗存和革命遗迹进行爱国主义和革命传统教育，增强公民爱护历史文化遗产、保护人文与自然资源的意识，提高城市的文明程度。

4.马丕瑶府第的开发利用研究

我国的《文物保护法》中明确规定了“保护为主、抢救第一、合理利用、加强管理”的十六字方针。实际上文物保护的目的就是为了更好的利用，也就是让它发挥物质的、精神的或者文化的服务功能。作为文物建筑来说，目前更多的利用表现在旅游开发上。旅游的本身并非纯粹消遣娱乐，它在客观上是一种文化的学习与交流。

作为安阳乃至河南重要的历史文化遗存，马丕瑶府第不仅需要很好地加以保护，同时可以借助良好的外部环境进行合理的开发和利用。关于马丕瑶府第的开发利用前面已经有所涉及，例如在做保护规划时对于环境的整治、道路的疏通、基础服务设施的配备等在利于保护的同时也有助于旅游开发利用。下面针对开发利用再谈一些自己的看法。

(1)进一步加大宣传力度。目前宣传途径很多，广播、电视、报纸、网络等媒介都可以借助。

(2)进一步疏通周边交通线路。西蒋村距离安阳市仅十余公里，但从水冶镇到西蒋村的道路路况比较差，应该想办法加以维修。同时通过旅游、规划等部门进行路网的增设，考虑加强与周边景点的交通联系，从而拉近各旅游景区的时间距离，形成景区网络联盟，发挥集聚效应。

(3)发挥自身优势，引进合作伙伴。通过与影视剧组的合作，当作外景地，既是对传统建筑价值的很好利用，又扩大了宣传，促进了保护和旅游，电视剧《乔家大院》就是成功的例子。马丕瑶府第也有这方面经验，《西门豹治邺》曾经在这里拍摄，应该积累这方面经验。

(4)设置节目表演，创办特色文化。以马氏家族的一些历史事件例如关于马丕瑶重视教育、反对李鸿章割让台湾，马青霞(刘青霞)投身革命等为题材进行表演节目创作，既能起到爱国教育的目的，也能增强旅游开发的趣味性。

(5)与其他传统民居联合，创办农家乐套餐。随着现代城市生活节奏的加快，人们在周六周日抽出时间到外面放松心情、品尝农家饭的人数越来越多。马丕瑶府第所在环境在这方面有十分优越的条件。还可以在这种形式中开发民间手工艺品、土特产等经营项目，促进旅游资源的充分利用。

对文物建筑在有效保护的前提下，科学合理地进行开发利用是对文物保护工作更全面的认识，只有更好地发挥文物建筑的作用，才能使之得到更好的保护。在财政经费相对紧张的情况下，马丕瑶府第的文物管理部门应该多想办法，通过多种方式发掘自身的文物价值和利用价值，形成良性循环，最终使得这处历史文化遗产延年益寿。

---

①侯幼彬，中国建筑美学，黑龙江科学技术出版社，1997 年版，第 19 页。

②侯幼彬，中国建筑美学，黑龙江科学技术出版社，1997 年版，第 19 页。

图 1　中区现状平面图

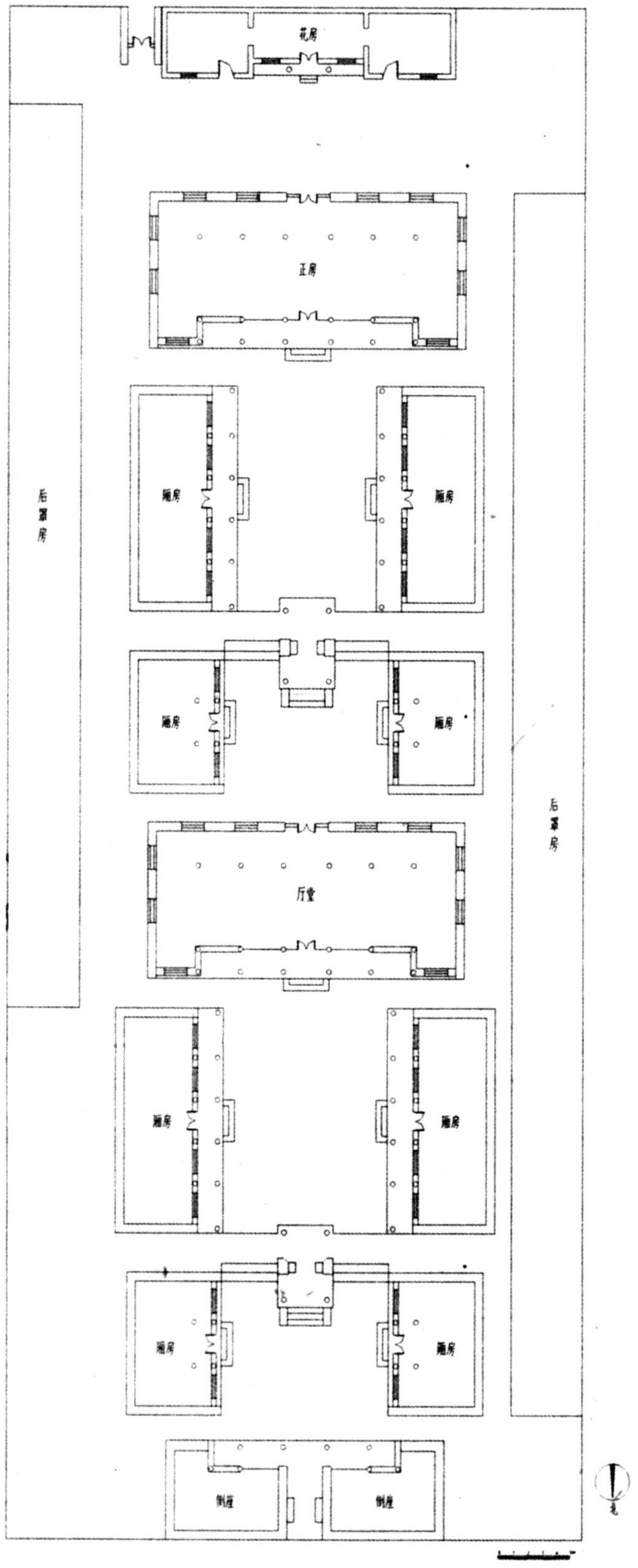

图 2　南区平面图

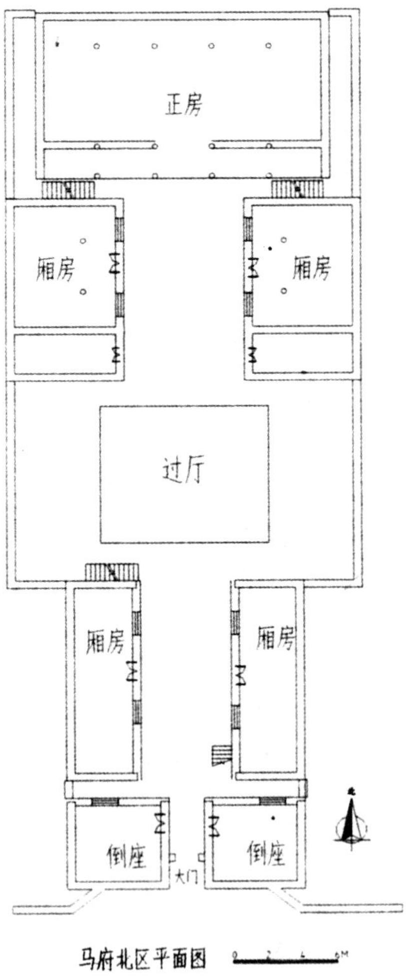

图 3　北区平面图

中国营造学研究 第 2、3 辑

·古代民居研究·

河南巩义康百万庄园研究

渠　滔

（河南大学土木建筑学院　开封　475004）

[关键词] 康百万庄园；木雕；砖雕；石雕；古建筑

[摘　要] 河南省巩义市的康百万庄园位于巩义市的康店镇，是中国三大地主庄园之一。该庄园背依邙岭，面临伊洛河，依照“天人合一、师法自然”的传统营造哲学修建。靠山筑窑洞，临街建楼房，濒河设码头，据险垒寨墙，形成了一个自成体系、功能齐全、布局严谨、等级森严的大型地主庄园。其科学价值、艺术价值、历史价值和传统建筑的文化价值之高，是其它绝大多数民居建筑不可比拟的。它的木雕、砖雕、石雕也被誉为中原艺术的奇葩。巩义康百万庄园可谓明清民居的大观园、传统建筑文化的浓缩图、中原地区传统民居的典型代表。

Research on Kanbaiwan Manor in Gongyi Municipality of Henan Province

Qu Tao

Key Words: Kangbaiwan Manor; wood carving; brick carving; stone carving; tralitional architecture

Abstract: Kangbaiwan Manor, one of the three largest landlord's manors, is situated in the Kangdian town of Gongyi Municipality, Henan Province. Leaning against Mountain Mang and facing River Yiluo, this manor was build in accordance with the Chinese traditional construction philosophy "achieving harmony between nature and human, respecting and following the natural laws". The talented builders dug cave dwellings against the mountains, build pavilions along the streets, set piers on the river bank, and raised ramparts in the dangerous steep, all these fascinating endeavors give birth to a systematic, functional, precisely arranged, and restricted landlord manor. Due to its outstanding scientific, art, historical and traditional values, there is no parallel among the average folk architectures. Besides, Baiwanzhuang Manor's wood earvings, brick carvings and stone carvings are known as extraordinary treasures of art in central China. Kangbaiwan Manor is held with the esteem of the panorama of folk architecture Ming and Qing Dynasty, the concentration of traditional construction culture, and the typical representative of traditional folk architectures in Central China.

一、康百万庄园的历史背景及现状

1. 巩义市的自然地理环境与社会历史背景

巩义市位于河南西部，地处郑州与洛阳之间，隶属郑州市。东距郑州 82 公里，西距洛阳 76 公里。东与荥阳为邻，西和偃师接壤，南与登封、密县以嵩山为界，北和孟县、温县隔黄河相望。面积 1041 平方公里，耕地 54 万亩，境内主要河流有黄河、伊洛河、米河等；山脉有嵩山、浮戏山等；人口 78 万。

康百万庄园位于巩义市西北 4 公里的康店镇（图 1），这里嵩山与邙岭对峙，黄河与伊洛河交汇，土地肥沃，物产丰富，水陆交通十分便利。周围有北魏的石窟寺、北宋皇陵、杜甫故里、慈云古寺、东周故城等一批国家、省、市级重点文物保护单位和嵩阴风景区及青龙山森林公园风景名胜区等与之交相辉映，堪称依山傍水、自然与文化环境俱佳的风水宝地。

(1)巩义市的自然环境

①地质

巩义市位于秦岭纬向构造带,嵩山大背斜的北翼,为单斜构造,区域构造以断层为主。在康百万庄园以东约5公里的孝义镇区域西南至东北方向有一条正断层地质构造穿过城区。巩义市处于华北地震带的南端。最早的一次地震记录是今本《竹书纪年》卷上有"桀十年(约前16世纪),五星错行,夜中,星陨如雨、地震,伊洛竭"。古本《竹书纪年》又记:"夏桀(桀居斟鄩)末年,社坼裂。其年为汤所放。"历史上有关巩义市的地震记录50次,明确记载巩义市的有13次,其中比较严重的三次。

②地貌

康店一带属邙岭系列。邙岭实为黄土残塬,古代称为山。《水经注·卷五》:巩义市"北有山,临城(指康店古城)谓之塬丘,下有穴,谓之巩穴。"康店,属巩义市西北邙岭黄土丘陵区。西有偃师、北临黄河、东靠伊洛河,为黄土丘陵地貌。

③气候

巩义市处于暖温带大陆季风气候区。冬季天气晴冷,干燥,气温低,降水较少;春季升温快,多风,气候多变;夏季炎热,多雨;秋季降温急,降水较少。

④水文

巩义市的水资源,年平均总量为17.3亿立方米。其中地表径流1.29亿立方米。地下水8735.6万立方米,过境水伊洛河有15.1亿立方米。降水径流集中于汛期,流失多,利用少,本地区属少水区。

位于康店东侧的伊洛河,与庄园关系最为密切。洛河源于陕西省华山南麓洛南县,与发源于熊尔山南麓的栾川县的伊河交于偃师成伊洛河入巩义。河水含沙量相对比黄河少,又称"清河"。经康店至神北村注入黄河,境内长33公里。坡降0.5%,河宽200—300米,河床不断增高。水深2.4米,最深处8.10米。水量极不均匀,夏丰冬少。

⑤植物

由于干旱缺水,全市植被率仅8%。其中康店、南河渡、沙峪沟等乡镇植被率最低,仅在2%以下。丘岭区多植侧柏、柿树、枣、榆、臭椿、杨等乔木。邙山植被率2—4%。速生树种有杨、柳、桐、枫杨、刺槐、椿树、楝等。慢生树种有侧柏、桧柏、黄檀、青檀、榉、银杏、槐等,皆为适应性较强的乡土树种。[①]

(2)巩义市的社会历史背景

河南省巩义市位于中原腹地,境内山峦起伏,沟壑纵横,南依嵩岳,北临黄河,东瞻省会郑州,西望古都洛阳,伊洛河蜿蜒奔流其间,由西向东注入黄河。1991年经国务院批准撤县建市(县级市)。巩义历史悠久,建制屡有变更。早在30万年前,人类就在这里繁衍生息。境内有裴李岗、仰韶和龙山文化遗址多处。夏代曾建都斟鄩(今稍柴、罗庄一带)。西周、春秋时,巩为巩伯国。战国,称东周。秦庄襄王元年(公元前249)置巩县。巩县以"山河四塞、巩固不拔"而得名,历代因之。巩县距北宋都城东京(今开封市)约122公里,西距北宋西京(今洛阳市)约55公里,是宋代两京往来必经之地。又因地扼古都洛阳,故史有"东都锁钥"之称。巩义为历史古邑,是古代名人活动和墓葬的宝地。据先秦典籍载,伏羲神农、黄帝、尧、舜、禹、汤等都曾在这里活动,创造了为后人称道的尧天舜日式的稳定与繁荣。尤其是古代文人学士、墨客骚人、高僧名道来巩著书讲学、撰书碑刻、隐居传教者不胜枚举。如汉代曹植,晋代潘岳,唐代储光羲、岑参、韦应物、刘禹锡,宋代欧阳修、王安石,清代张汉等均游历于此,并赋诗赞巩。

2.康百万家族的社会历史背景

"康百万"这个称谓,是明清以来人们对康应魁家族的统称,后来因慈禧的封赐而名扬天下。康百万家族,上自六世祖康绍敬,下至十八世康庭兰,一直富裕了十二代、四百多年。历史上曾有康大勇、康云从、康道顺、康道平、康道兴、康无逸、康鸿猷、康廷兰等等十多人被称为"康百万",其中最具代表性的则是清代中期的康应魁。他在前人的基础上,利用清廷镇压白莲教之机,供应百万清兵棉花、布匹达十年之久,发了为朝廷"尽忠"的财,这才富甲三省(河南、陕西、山东)、船行六河(洛河、黄河、运河、沂河、泾河、渭河),拥有土地达18万亩,两次悬挂千顷牌，财富无以数计。老百姓称其“头枕泾阳、西安；脚踏临沂、济南；马跑千里不吃别家草，人行千里尽是康家田！”[②]一时家道极盛。康百万家族靠河运发财，靠土地致富。曾多次捐巨资修黄河大堤，建黉序，荒年赈灾，募民勇办团练，对抗太平天国和捻军起义。特别是在1900年花巨资修行宫、架浮桥、修御道，迎接两宫回京，并贡献大量白银被慈禧赐名“康百万”而名扬天下。康百万家族还曾多次得到皇帝赏赐和封官；最高时官至三品，数次钦加知府衔。明、清时期，康百万、沈万三、阮子兰被中国民间称为“三大活财神”。苏、杭一带民间也流传有河南康百万“金银堆如山”的年画。日本经济学界称其“家运隆盛，可谓极矣！”民国时期称“东刘（尉氏刘小五）、西张（新安张钫），中间夹个老康”[③]，是中原的三大巨富之一。

根据《康氏家谱》、《康氏族谱》及现存的数十通碑刻记载，康百万家族的发展分为下列几个时期：

1、创业期为明朝（1368－1644）。康家的始祖明初由赵氏携带儿子康守信从山西洪洞迁至河南，下居在巩县桥西村（后名康家店）。二世康守贵，有四个孩子，后世的康百万家族是其第三子康安的后代。一直到六世的康绍敬才初涉仕途。自此，康氏家族在伊洛河边繁衍生息，农、桑、渔、商，逐渐创立基业。到了明朝后期已拥有大量土地和店铺，桥西村也改称康家店。

2、初兴期为康熙、雍正时期（1662－1735）。经过明末清初动乱之后，在康熙时期社会逐步安定下来，在十一世康惠“康、朱联姻”之后，康家的财富迅速积累，已拥有四千余亩土地，家业已相当富裕。康惠的长子康大勇毅然突破“士不经商”的思想桎梏，将生意由伊洛河做向黄河，东进山东、开辟了临沂、兰水等地，购置田地，为康家经营山东的土地、栈房奠定了基础。康家特制的太平船每次运回的银子以万两计，至此康家已被世人称“康百万”。康大勇独生子康云从继承父业继续开拓，扩大了禹县、栾川、卢氏等药材和木材基地，家资十分富足，也被人称为“康百万”。

3、全盛期为乾隆、嘉庆、道光、咸丰时期（1736－1861）。到了十四世康应魁（字斗方，1773－1850）时，除了拥有大量土地（曾两次悬挂“良田千顷”牌）外，还利用家临洛水、黄河之便，依靠漕运开始在山东、河南、陕西等地做生意，并贿通了当时清廷镇压白莲教起义的大臣勒保，取得百万清军的衣服、棉被与棉甲的供应权，在十余年里，开辟了泾阳、三原等基地，一时财源滚滚、家资巨万。据碑文记载：“道光（1821－1850）初，输金万余重修簧序”；“道光戊子（1828年）独资捐修圣庙”；“值祥符（现开封）、中牟两次河工，乐输已财，亦无吝色”；“丙午、丁未（1846－1847）末，岁大饥，又出粟以赈，全活者甚众”，因而皇帝颁旨“加公直隶州分州衔，郡太守萧公亲赐匾额曰‘义仁里’”[④]，康应魁的几个孩子也相继作官。康百万家族此时已在全国的许多省份都置有土地和店铺，影响甚大。康家至此已经成为全国屈指可数的大地主了。

4、渐落期为同治、光绪时期（1862－1908）。咸丰（1851－1861）年间，康家仍为巨富，到十六世的康无逸、康无耽、康无宴也皆有功名。至十七世时，康家仍殷富不衰，康建德（又名鸿猷、字伯宣、号竹溪）为“清诰授奉政大夫赏戴蓝翎汝阳教谕前恩科举人”（庄园内碑刻）。此时，清朝民族矛盾与阶级矛盾日益突出，太平天国和捻军起义波及到巩县。咸丰三年（1853）太平军占领巩县城，咸丰末年（1861）捻军又攻克巩县城，并占领康百万庄园南边的黑石关，康家倾力抵抗。自此以后，捻军多次攻入巩县，加上连年灾荒及清政府军的抢劫，康家开始由鼎盛转入没落，此时的康百万家族已经无力继续扩大土地和栈房，一部分后裔们，已逐步走到坐吃山空的地步。不过从庄园中遗留下来的“石屏窑”和“功垂桑梓”碑中看，从省内外名宦显绅所写的许多颂词来看，康家当时在社会上仍是名声未减，而且凭借慈禧赐名“康百万”，康氏家族的名声名扬天下。同时随着当时中国民族工商业的初兴，康家在巩、登、偃、郑、汴及济南、陕西泾阳等地的许多店铺依然经营正常，仍有大量收入。但是总体上来看，康百万家族此时已经是走下坡路了。

5、衰败期为民国时期（1911－1949）。民国初期，经过战乱之后，虽然“连年荒欠，癸丑（1913）春，民间十室九空”，康家凭借历代积余还尚能应付门面。在民国五年(1916),阖村待客,唱戏九天,花巨资修建了石牌坊(即现存的节孝坊);曾授汝阳教谕的康鸿猷"出粟赈济","县知事嵇旨美以'情深施济'额其门"。康建璧因为打官司"山东卖地数千亩,河洛挥金十万缗"(庄园内题壁诗);到十八世康子昭时,据中华民国二十五年(1936)所立《康子昭先生懿行碑》载,"今居常债台层积,而所识穷乏又复曲为援",此时康家已经到了家道维艰的地步。尽管康子昭作了许多努力,与他同辈的康庭兰也曾奋发中兴,但未能挽回康家颓势。到了民国后期,康氏家族增至百余口人,除了少部分人能勉强维持祖业、坐吃山空外,有些纨绔子弟花天酒地,赌博、吸鸦片,将家业挥霍殆尽。康百万家族几百年的兴盛也就至此彻底结束了。

3.康百万庄园的历史和现存状况

康百万庄园背依邙岭,面临伊洛河,北近黄河,南凭黑石关,环境优美,地势险要,水陆交通便利。而康氏家族,上自六世祖康绍敬,下至十八世的康庭兰,一直兴旺了十二代,长达四百多年。康氏家族以农为本,以官商发家,其经营之道有别于晋、徽二商,购田地、营庄园,历经十几代经营,造就了一座规模宏大、功能齐全的大型民居庄园建筑。这座庄园以寨上主宅区为中心,呈扇形往东发展,西依邙岭,东临伊洛河,是十七、十八世纪华北黄土高原封建堡垒式建筑的典型代表,它依照"天人合一、师法自然"的传统营造哲学营建,同时借鉴黄土高原民居和北方四合院的形式,吸收了官式建筑、园林建筑和军事堡垒建筑的特点,靠山筑窑洞,临街建楼房,濒河设码头,据险筑寨墙,建成了一座自成系统、功能齐全、布局严谨的大型地主庄园。

(1)康百万庄园的历史状况

康百万庄园原有十九处形式不同、功能齐全、风格各异的建筑群(图 2),占地 240 余亩,它们分别是:明代的楼院(未经考证),主要分布在张沟、寺沟区,清代的建筑群为福禄堂区、龙窝综合住宅区、寨上主宅区、南大院区、栈房区、祠堂区、金谷寨、饲养区、菜园区、花园区、圣寿寺、造船场、唐高善果园、砖瓦场、墓园区、集贤庄以及书院、戏楼、观音堂、关帝庙、黑石关行宫、杨岭栈房、看家院、望楼、大碑楼、石牌坊等建筑。

康百万庄园原有的这些建筑群中有很多已经损毁殆尽,再也无法从遗迹中显其原貌了。例如:

原建在寨上主宅区东寨墙下的作坊区,原本是由沿寨墙根部的座西向东的九孔砖券窑洞和坐北向南的 3 座青瓦房组成"庆令居"院、木作窑、粉房窑和大伙房,在寨门东面隔路建有轿车房和石雕作坊院,是康百万庄园工匠的活动场地,据当地人讲连原伙房院的二层硬山过厅楼都建得极为讲究,四柱明廊,各种雕刻极为华丽精美。可惜现仅剩几孔埋至腰部的废弃窑洞和一座三开间的硬山青瓦房。

原位于寨上主宅区北部崖下的龙窝区,是一条依山靠岭位于南北两崖中下部的土沟,随高就低挖筑了许多青砖窑洞。这些窑洞与其他窑洞不同的是,每个窑洞甚至侧门上都有青石或灰砖的阴刻题额。可惜大都已毁坏了,据此处的现居住者回忆,有"仿杜甫草堂"窑、"永修正果"窑、"笑迎烟霞"窑、"居严永康"窑、"通德洞"、"精思洞"、"景福洞"、"迎福洞"、"藏密洞"等。

还有原位于寨上主宅区西南一公里的邙山上的金谷寨,原是一座独峰,上有平台,东西长 200 米,南北宽约 150 米,下临深崖,东西建寨门,易守难攻。金谷寨是康氏家族当年为对抗捻军和其它农民武装而联合乡绅在此修建的一座军事堡垒,寨中原有八十多间房子和四十多孔窑洞,可惜现在大部分都已被拆毁,仅留下两孔砖券窑洞和二十余孔土窑。传说金谷寨有地道直通寨上主宅区,可是一直没被发现,也不知是真是假。不过从今天的历经人为毁坏和岁月侵蚀的金谷寨已无法再现当年地势险要的堡垒风貌了。

还有很多如福禄堂、圣寿寺、集贤庄、观音堂、关帝庙等等,这些康百万庄园中颇有价值的建筑艺术作品都已渐渐消失在历史的长河中了。

(2)康百万庄园的现存状况

康百万庄园的现存各类建筑共有大小庭院 33 座,楼房 53 座,平房 97 间,窑洞 73 孔,建筑遗址 10 余处[⑤]。建国后部分房屋分给农民或被机关、单位、学校占用,一部分被改作它用,部分拆除。现存文物包括明代楼院(这座四层楼房,据称是明代建筑,但我觉得似乎应为清代早期的建筑,其形制与我在信阳白雀(图 3)附近和许昌神垕(图 4)附近所见到的清代楼房极为相似。这座历史悠久,极具文物价值的建筑,在我第一次到康百万调研时还很完整(图 5)。但是时隔半年,当我再次来到康店时,这座"明楼"已经坍塌了(图 6),甚是可惜。)的张沟、寺沟,清代寨上主宅区、南大院、栈房区、祠堂区及石牌坊、大碑楼等十个部分。除主宅区几经修缮保护较完整外,其它几处均存在有不同程度破损。按照 1989 年河南省人民政府批准的《河南省国家级、省级文物保护单位保护范围》确定的康百万庄园"重点保护范围"区域内的建筑包括:1. 寨上主宅区;2. 南大院;3. 栈房区;4. 祠堂区;5. 节孝坊;6. 碑楼。这几处建筑目前只有寨上主宅区由文化部门在进行管理,并在此布置了康百万庄园历史的基本陈列展览;其它部分仍然被外系统所占用:中心区的南大院被中学占用;栈房区被占用,祠堂为小学占用;碑楼与节孝坊立于街道边。

其它原属于康百万庄园的许多建筑遗址,或被占用,或在遗址上建有其它建筑物,在此就不再赘述。整个康百万庄园的建筑群地面被淤泥淤埋于地下平均 70cm－120cm,其中碑楼及节孝坊埋深甚至高达 2.5 米以上。

康百万庄园的现存建筑中有很多有价值的艺术精品,但因篇幅所限,我们现在仅能把"重点保护范围"内的建筑现存状况简介如下:

①寨上主宅区

建在一座黄土高地之上(图 7)。依山而建,外形作寨堡,东寨墙通高达 12 米(下部淤没土中,深不等)。东寨门作东低西高的券洞式,此为主入口,由东向西,顺斜坡道,逐渐达于寨上主宅院,坡道顶与照壁间现存水井一口。另外南面另设一侧门,可以进入寨门。以东入口上部东西道路分寨区为南北两大部分。

北部为主院,由东而西并列五座院落,座北向南,外各立门户,内部又相连通。我们为研究方便,姑且称之为一至五号院。最东面的院落为一号院,又称"花楼重辉"院。南入口现存大门一间、耳房一间、倒座二间;入前院有东花厅与西花厅和三间大过厅。过厅后,为一垂花门即为内院,东西两侧现存的厢房,东五间,西四间,西缺一耳室。最后为上房三间。上房后东角,原有厕所一处,已毁。此院在上房西侧崖下,现存南、北二孔窑洞。二号院又称"秀芝亭"院。大门居东南隅,其西并列四开间倒座一座。前院东侧大门之内是一号院与二号院间的过道,原无建筑,现加建了一座过宅门;西侧现存祭祀厅一座;北面为一垂花门。过垂花门进入内院,内院现存东、西厢房各三间,其北端另有平房各一间。西厢房西墙后原有厕所一座,现改为它用。厢房之北现存东、中、西窑洞三座。三号院又称"克慎厥猷"院。前有倒座,前院在垂花门前现存东、西二花厅。垂花门后为内院,现存东、西厢房各三间,其北接建平顶小室各一间。西厢房西侧原也有厕所一处,现也改为储藏用。院北部现存东、中、西窑洞三孔。此院照壁前置一太湖石,其东侧有"行贵简"门(即祭祀厅的西侧门),西有月亮门。院中现存树龄有上百年的葡萄和石榴树。四号院又名"知所止"院。院之东南隅现存大门一间和四间倒座,现前院东、西两厢无建筑,东面经月亮门与三号院相通;西面过花墙与五号院相通。由前院经垂花门可至后院。后院现存东、西厢房各三间,厢房北接建平顶房各一所。院北崖下现存窑洞三孔。五号院又名"芝兰茂"院。由于地形关系,此院最为狭窄,建筑亦少。前无大门,由四号院大门入内。倒座处现存瓦房一所。经月亮门进入内院,其内仅存东厢房二间,北崖下现存窑洞二孔。此外,西崖下现存窑洞五孔。

总共北院计有五座院落,木构建筑有四大门、四倒座、四花厅、九厢房、一上房、一过厅、四垂花门楼以及六平顶伙房、库房等。另有北崖、西崖下各式窑洞十七孔。

主宅区之南院,位居水井以南,与北院倒座相距约 10 米。现存建筑有南一院、南二院、大门及八孔窑洞,另有厢房与平房基址等。南一院座西向东,现存大门与倒座三间。向西过一垂花门,即为前院,前院现存南北对称厢房各三间。再过一月亮门为后院,也有南北对称厢房各三间。院之西崖下现存北、中、南窑洞三孔。

南二院，原有二进院落。现尚存大门一间，倒座两间，内面亦出廊子。厢房已毁，仅存西崖下窑洞两孔。南二院南边有磨房院旧址，现为花园。再向南西崖下现存面向北和东北窑洞各一孔。

此院南墙边开南大门，可通车辆，园内门西侧新建公厕一座，其南院外为一直路，通向街市。

主宅区总体为寨堡形式，北自龙窝区，经东寨主墙到南院东南角，建有青砖砌筑的坚固寨墙，在东寨墙上筑有75米长堞垛。寨堡的地下通道上口处，现存"打更屋"一座。由寨门斜洞正面的雕花照壁之后，筑有通向崖顶的上山坡道。崖顶现存砖券窑洞二孔。在崖顶之西南角，靠山又筑窑洞一孔，临崖建望楼一座（图8）。

主宅区上下建窑洞居室三十余孔，与木构建筑略相等。因主宅区现由文化部门管理，并在此布置了康百万庄园历史的基本陈列展览，所以是目前保存最为完整的部分。

②南大院

南大院位于主宅院东南角的寨堡下面，中间一路之隔（图9）。南大院由主院和左右两侧的别院组成。此外还在西路西边缘筑有六孔窑洞，现已基本损毁。院落前部原还建有戏台、旗杆、石刻、大门和二门等，现均被拆除，目前为占用单位康店中学操场的一部分。

主院现存"方五丈"院的厢房和正房等。东、西厢房各五间。正房五间。厢房南端均有一座平顶房。东路是书院。现存"临街房"的三间过厅式二层硬山式楼座。院内现存东、西厢房各三间，再后为过厅三间，厢房和过厅均严重损毁。西路院落现仅存三间过厅和西"方三丈"正房，其余建筑已毁。但此院内尚存坐西向东的两组窑洞。

③栈房区

位于主宅院之东，与主宅院东墙一路之隔，其西临庄园路，南临栈前路（图10）。现保留下来的坐北向南院落四座。自西向东通称为一号院、二号院、三号院和四号院。

一号院为临街二层楼院。大门和倒座已毁。其北现存垂花门一座，东、西厢房各三间，过厅三间。经过厅进入后院，现存两侧厢房各三间。最后为上房，已被后人改造为现代居住二层楼房。

二号院，现存建筑较为完整。前有大门一间、倒座两间。前院现存东厢房三间，其后为大过厅，已毁。再后为内院，现存东厢房三间，西侧已毁。上房同一号院，已改建。

三号院，现存东南角的大门一间，并列四间倒座。前院现存东、西厢房各三间。其后过一窑洞式过厅后现存东西厢房各五间。在后厢房中后部屋门前，现存垂花门楼基址一座。门楼后为后院，其上房五间，现仅存基址。

四号院，现已全毁，仅存旧址。

④祠堂区

即"康氏祠堂"。位于主宅区的北部，相距300多米（图11）。现有房屋9座，计35间。大门居中轴线上，左右各设倒座二间，现均已损毁。大门内前院现存东、西厢房各三间。其后为过门，门后现存东、西厢房各三间。最后是卷棚及与之搭连的正殿，现为幼儿园的办公室，前檐已被改建，厢房也被占用。

在祠堂主体建筑以外，原还有两组建筑。一是大门对面的戏楼遗址，平面呈凸字形，南大北小。遗址北半部被现代建筑所占用。另一组是祠堂东侧待客院遗址，现尚保存有部分跨院房屋遗址（居祠堂前院东厢房及垂花门楼的东侧；另有自大门前沿至卷棚前沿、东西宽近十七米的院墙遗址）。

⑤节孝坊

节孝坊位于栈房街中部路北侧，在主宅院东门之东100米处（图12）。此坊为节孝牌坊。石坊下部现淤没在地表下约2.5米。

⑥康霖三神道碑楼

碑楼位于主宅院南约200米处的南北沟口路东南角上（图13）。目前碑楼的下部基层多淤没地面下，并且由于地基的不均匀下沉，现在该碑楼出现严重的倾斜。

二、对康百万庄园现存建筑的分析与研究

1.康百万庄园的建筑形制

(1)寨上主宅区

康百万庄园的寨上主宅区虽然是经过历代陆续营造的，但其总体布局并未因此而变得散乱，依然是完整统一的。尤其令人佩服的是，营建者能随着山坡的走势巧妙地利用地形，使每个四合院内部都有窑洞存在。院落在布局上既沿袭了传统的四合院，又随着地形条件安排出变化丰富的多进院和毗邻院，使人能感受到其参差错落的空间序列变化，带给人不同的美感。每个单独院落都具有我国北方地区自商周（安阳殷墟考古发掘出成片的四合院民居建筑）以来传统的四合院建筑特点，又兼有黄土高坡民宅的地方特色，主院落都是按南北纵轴线对称地布置，每院住宅大门多位于东南角上，与南侧倒座的客房连为一体；二门多为雕饰华丽的垂花门房，进二门后东西设厢房。在此庄园中除第一院设正房外，余院均以三孔砖砌窑洞作正房，形成房窑结合的院落。

寨上主宅区南北长 83 米，东西宽 73 米，筑于邙山半腰，坐西向东。建筑群依山就势，充分利用此处的地形地貌，在一级靠山崖壁，12 米高的直立黄土崖面表层，用青砖砌筑寨墙，顶部并砌有垛口，形成寨堡式大院落（图 14）。院落经由 30 米长的坡状涵洞与外界连通，涵洞为砖石拱券。洞的外口便是主宅区唯一的大门，由我国著名古建筑专家罗哲文先生 写的“康百万庄园”匾额高悬于门洞之上，赫然醒目（图 15）。进寨门通过涵洞可到寨上的外院广场，涵洞出口上方还建有硬山顶“打更房”一座（图 16）。这一间更房虽小，四面三窗一门，作用却有三：一为打更报时；二是监控寨门涵洞的一道防线；三可防止寨上广场活动的人不慎跌落于涵洞沟内。外院广场长 25 米、宽 20 米，是主宅区的集中活动场地。广场南侧现设置有石刻碑林，北、西两侧分别为进入各个内院的宅门和倒座。东侧临崖壁有女儿墙阻挡。主宅区建筑根据基地平面形状，以涵洞沟及沟边大路为界，分为南北两个建筑群体：北部有 5 个院落，皆座北向南；南部有两个院落，皆座西向东。庭院的建筑形制基本上属封闭型两进式四合院，但又具有园林和官式建筑的一些特点，有的上房以窑洞代替，有的过厅以对花厅、垂花门楼所代替，院落之间既各成体系，又互相联系；北部五个院落的前院间采用古代园林艺术传统的“障景”法设计，以太湖石、月亮门及花墙增加层次，用葡萄、石榴、竹子等作点缀，达到移步换景的艺术效果。后院则采用传统的“衬景”法，以小衬大，以幽衬深，院落之间以狭窄的过道相通，由过道进入庭院，豁然开朗，欲扬先抑，增强层次感。前后院曲径相连，能启能闭，启则混然一体，闭则各成体系。房屋大都为砖木结构，窑洞全部为青砖券砌，饰以各类木雕、砖雕、石雕图案，庄重气派、华丽典雅。

①“花楼重辉”院

一号院南北长 54.76 米，东西宽 14.5 米。东邻 12 米高的砖砌寨墙，俗称边院、老院，为中过厅二进式四合院。中轴线由前向后依次为倒座、过厅、门楼、堂屋（上房）；前院有东西花厅，后院为东西厢房，西厢房北山墙面外侧建耳房一座，堂屋西的崖壁上筑有二孔窑洞。南入口为大门一间、耳房一间、倒座二间，一层硬山顶，明柱花棂窗；一进院东西花厅各三间对称，花厅的体量较小，悬挑式短檐廊，一层硬山卷棚顶，隔扇门窗；过厅三开间七架，硬山屋顶，前柱廊，檐下坐斗，雕梁画栋。此过厅面积 182.88 平方米，宽大明亮、雕凿华丽，是康百万庄园过厅中的代表作（图 17）。厅内陈设富丽堂皇。穿过此过厅，是一座门楼，二道明柱卷棚门，体量不大，颇为精致，虽无垂柱、花罩之类，但有门楣行书“花楼重辉”四字，使小门楼灿然生辉，因而此院亦称“花楼重辉”院。过垂花门即为内院，东西各建二层硬山顶厢房，门窗对应，东五间，西四间，西缺一耳室，留下一间作为通向西院的过道。最后为上房（图 18），堂屋为三开间六架、二层硬山式屋顶，前有柱廊，气势轩昂，是该院最高的建筑物。上房后东角，原有厕所一处，现已毁。此院窑洞筑在上房西侧崖下，分南、北二窑。这组木构建筑群的规模是其它西侧各院的两倍左右。

②“秀芝亭”院

二号院位于一号院西侧，是老院的一部分，亦称“内院”，原为康家未成年子女所居之所。按清代俗规长辈住正房（堂屋），晚辈住厢房，闺女与儿童住内院，来客和男仆住外院。此院为二进四合院。南北通进深 25.44 米，东西通面宽18.86米，大门居东南隅，即八卦之巽位。其西并列四间倒座，二层硬山顶。宅门正对的坐山影壁处理简单，陶塑突起的“福”字赫然醒目。影壁前的葡萄树已260余年，夏季枝繁叶茂，秋天果实累累。多子的葡萄与福字配合呼应，形成多子多福，寓意明显(图19)。前院东侧大门之内是二号院院与一号院之间的通道，名曰“居贵敬”的过宅门。西侧建祭祀厅一座，名曰“行贵简”通三号院。北面建垂花门一座，门楼题名“秀芝亭”，故此院也称“秀芝亭”院。过垂花门进入内院，内院建东、西厢房各四间二层，屋顶形式为硬山，其北端另建平房各一间，东为库房、西为伙房。厢房北端院内对称的两堵低矮花墙，用于界定庭院空间。西厢房西墙后原有厕所一座，现改为它用。厢房之北为东、中、西窑洞三座，三孔窑洞筑法基本一致，中、西两窑皆为一棚二层，唯东窑为二棚三层，内设楼梯，俗称“窑楼”，该种三层楼式的窑洞，为河洛地区所少见(图20)。窑洞内均设置落地木罩，将窑内分为前后两间，木罩由六扇格扇组成，雕花精致。该院倒座内的一进院与二门、二门与厢房的位置关系类似于北京的四合院，和一号院截然不同。

③“克慎厥猷”院

三号院又称中院位于二号院西，也为二进四合院。南北通进深26.69米，东西通面阔16.7米。前院倒座、宅门与二院倒座形制相同且东西向并排。一进院处理手法与二号院有所不同，二门位置较一院退后。二门外两边对称建有小花厅，花厅为硬山卷棚顶单开间、前柱廊，柱上配有楹联，上为卷棚顶，小巧玲珑。元宝顶垂花门后为内院。院内东、西各有二层硬山顶厢房三间，其北接建平顶小室各一间，东、西为伙房。西厢房西侧原也有厕所一处，现也改为储藏用。院北部为东、中、西窑洞三孔。三窑洞券法基本相同，窑内以落地罩将洞室分为前后两部分。此院照壁前置一太湖石，其东侧有“行贵简”门，西有月亮门。院中种有葡萄和石榴树。二门横楣“克慎厥猷”和联语“处事无他莫若为善，传家有道还是读书”，出自监察御史刘毓楠之手，精雕细镂于石板，镶嵌于壁间。门楼、花厅、对联、古树相映成趣(图21)。二进院内建筑形制与二号院相同，但上房(窑洞三孔)为单层。院内的对花墙石雕意深、工巧。整个院落端庄华美，是康百万庄园中建造最精良的宅院之一。

④“知所止”院

四号院俗称新一院位于三号院之西，系清同治年间所建，亦为二进四合院。二进院建筑形制与二号院和三号院大体相同，不再赘述。大门一间，开在院之东南隅，与之相连的是四间倒座，倒座为前出檐二层硬山顶，建筑面积138.34平方米，高8.4米。其中东稍间为大门，高5.32米，宽2.13米，青砖铺地，青石踏步五级，两边砌有上马石，门枕石为一对圆雕狮子，左右相视，门上饰吊挂楣子，雕刻大气，含意丰富，彩绘贴金，是康百万庄园中倒座建筑的姣姣者(图22)。现前院内未设东西花厅，庭院显得宽敞。西与五号院相通，东墙中部开一月亮门通三号院，由前院经垂花门可至后院。垂花门楼为卷棚式屋顶，建筑精致。门额南面书“知所止”，北面书“谦受益”。后院建东、西厢房各三间，均为二层硬山顶，厢房北接建平顶房各一所，为院内伙房。院北崖下有窑洞三孔。该院建筑壮观大方，窑壁门罩和厢房山花、搏风、脊花及院中“阅台”花墙的石雕、砖雕以及倒座上的木雕等，规整精致，庄重富丽。

⑤“芝兰茂”院

五号院位于最西边，又名“新二院”。由于地形关系，此院最为狭窄，建筑亦少。前无大门，由四号院大门入内。倒座建瓦房一座作为厨房。经月亮门进入内院，门上题名“芝兰茂”，故此院也称“芝兰茂”院。内院仅建平顶东厢房二间，北崖下有窑洞二孔。此外，西崖下建窑洞五孔。由南至北，第一孔与厨房相连可由厨房西侧进入窑内，第二孔居前院中部，名“油盐窑”，为库房性质；第三孔居月亮门前，名“库房窑”；第四孔居内院并与东厢房相对应，是帐房窑。第五孔居北端，名“石屏窑”。“石屏窑”较前四窑宽大，窑室以精美的木雕装修门罩，将窑室分作前窑与后窑两部分，其前部两壁面镶嵌着当时社会名人书写的真、草、隶、篆各体书法，边框图案，互不相同。正因如此，所以此窑又称“功德窑”。此院中窑洞功能齐全，侧重日常生活，七座窑洞各有分工，有磨坊、厨房、库房、帐房、石屏（保存文物类）和医诊等窑；是康百万庄园中一座功能完备的生活区。此五座院落中的北崖和西崖崖壁均用青砖砌筑起挡土墙，窑洞内亦用砖券，窑内又加木质棚板、楼枋，区分为二至三层窑楼；窑口筑有不同形式的砖砌门罩（仿倒挂楣子）。

⑥南院

南院座西向东，与北五院相距 7.47 米，属寨上主宅区的又一院落（图 23），南北长 47.95 米，东西宽 35.43 米。西部为高约 15 米的砖砌崖壁，崖下建窑洞 8 孔。东部为倒座三间，出前廊，二层硬山顶。倒座北稍间均设大门楼，门楼高大雄壮，没有台阶。北部第一个庭院基本完整，为三进四合院模式，倒座与垂花门间的一进院空间不大，过垂花门至二进院，南北各为三开间二层硬山厢房，再经月亮门至三进院，南北亦为两座三开间二层硬山厢房，崖壁青砖砌上房窑三孔。北部有“忍”字窑一孔，通至雕花照壁后。靠南的第二个倒座和门楼，建筑形制与北侧院落相同，仅面宽稍窄，应是又一处庭院，但除西崖上建成的 2 孔青砖窑洞外，现存并无其它建筑，亦无院墙。

⑦寨堡式庄园

此主宅院总体为寨堡形式，北自龙窝区，经东寨主墙到南院东南角，建有青砖砌筑的坚固寨墙，在东寨墙上筑有 75 米长堞垛，具有明显的防守战备功能，也是寨堡式布局的标志。由寨门斜洞正面的雕花照壁之后，筑有通向崖顶的上山坡道，长 16.7 米，宽 3.22 米，设石踏步 40 级（图 24）。由此直登山顶，在上面可俯视主宅院全景及远眺各大院与伊洛河景物。崖顶建有砖券窑洞二孔，俗称天窑，是看守人员住的地方，这里和“打更屋”上下呼应，便于联络。临崖建卷棚歇山顶望楼一座（图 25）。

（2）南大院

康百万庄园的南大院是一处官式建筑。南大院主院座南向北，建于寨下东南广阔的伊洛河西侧台地上。主院由五间六柱式二层硬山“方五丈”、六明柱式东西二层硬山厢房和东西一层耳房组成。西侧院有出檐明廊式硬山顶“方三丈”和元宝项式过厅；东侧书院由“经腴史华”过厅式二层硬山式楼（藏书楼）和“书带生庭”院（书馆院）组成，书院垂花门楼内尚存有东西厢房和上房三座建筑，过厅与垂花门楼之间东边有平房一间。厢房为二层硬山式楼房。再后为过厅三间，也为二层硬山式楼房。南院是康百万庄园建筑最高大宏伟的院落，尤其是上房“方五丈”两侧配“方三丈”，所用木材硕大，龙吻吞脊，脊背饰天狮、海马等脊兽，雀替双层透雕，各个部位的砖雕、石雕大多雕刻精美，是中原地区为数不多的佳作。大厅内原悬有“留余”中华名匾（今移至寨上主宅区一号院过厅内）。

（3）栈房区

现存三座坐北朝南的二进四合院（见图 10），建筑形制与传统四合院大体相同，不再赘述。由西向东，一院临街楼已毁，一进院过垂花门楼后两侧各为三间二层硬山厢房楼，经三开间硬山过厅至后院；后院两侧也是三间二层硬山厢房，有上房（已被改建）。二院有二层硬山明柱出檐倒座两间、大门一间；前院为东西厢房、过厅；后院为东西厢房、上房。虽然目前前后院的西厢房和过厅都仅剩基址，但仍能看出院落布局建筑形制均与一院相同。这两座院落与传统四合院相比，整个院落布局甚为狭长，加上倒座厢房都为二层，院内空间静怡幽深。三院临街有内檐明廊硬山倒座及门楼，前院两侧各有一座单层三开间前柱廊卷棚顶厢房，然后经砖券窑洞式过厅（极为少见）至后院，后院有东西二层五开间硬山顶厢房，后还有垂花门和五开间上房的基址，建筑形制已无法考证。三院倒座的内檐明廊，大木作雕饰华丽，两厢房改作卷棚式，脊部砖雕及檐下拱、昂、铺作等工艺精湛，是康百万庄园中厢房之华丽者。这几座院落的建筑特点是地基坚固，青石垒砌四、五米高，虽经伊洛河几度泛滥而大部无损。栈房区据记载多建于光绪年间康鸿猷时期，原曾是康家“顺记”、“崇义德”、“魁记”等店面的经营区域，临街倒座原为商贾门面，厢房一层是客房和接待、二层即为仓库。

（4）祠堂区

祠堂区为传统的中心对称布局，现存建筑东西长 13.5 米，南北长 33 米（见图 11）。中轴线上由南向北依次为大门、牌楼、元宝顶过厅

(祭殿)、享殿;前院有檐下木雕繁缛的东西三开间前柱廊卷棚顶厢房;二进院中东西的三开间硬山顶厢房为五架小木结构。元宝顶祭殿、享殿及东西厢房,为明末及清代早期建筑;大门、牌楼为清代后期建筑。大门居中轴线上,左右各设倒座二间,均出前廊(北面)。前后院间为大型砖木结构、砖石筑雕三门牌楼一座,其门南面作牌楼式,内面作垂花门式,一门两式颇费匠心。其门可为康氏庄园中过门最为精美的一座;正面门额题"源远流长"四字,周边有精工雕造的人物骏马出行和狮子滚绣球等传统图案,保存基本完好,是一座不可多得的建筑艺术佳作(图 26)。其建筑结构式样,也颇具特色。

(5)节孝坊

石坊座北面南,为三间四柱三楼式石牌坊(见图 12)。通高 6.9 米,宽 6.9 米。主楼正中阳面悬二龙戏珠"圣旨"匾,阴面亦悬二龙捧寿"圣旨"匾,一楼、二楼各三间,皆雕刻花卉、故事、瑞兽类高浮雕图案,坊下栏板刻"清旌表节孝武生康道兴妻王氏坊"。下部四柱,南面各有蹲狮和抱柱石,阴阳两面均刻有歌功颂德的石对联,系中华民国五年(1916 年)所建。坊用青石雕成,用斗拱、屋顶、眷饰,全坊各处均有武士、雄狮、龙吻、翔凤、鸳鸯、二十四孝图、历史典故等石刻浮雕图案,整座石坊工艺精湛、构图完美、设计严谨、内涵丰富,是石牌坊中少有的艺术佳作,也是研究民国初年封建遗风的实物依据。

(6)康霖三神道碑楼

碑楼系清代晚期建筑。碑楼是为保护"康霖三神道碑"而建造的青砖结构、十字歇山顶的建筑。由基座、楼体和上顶三部分组成。基座高 2 米(现都埋于地下)。碑楼高 11 米,东西面阔 4.13 米,南北进深 3.73 米,略呈长方形。顶部二层,上层为十字正脊,有垂脊八条和砖雕脊花,下层四角四条垂脊、飞檐两层,碑楼下部东、西、南、北开四门,内有石刻品质座,敠屃座高 1 米。上立青石大碑,碑通高 4.07 米,宽 1 米,厚 0.32 米。碑正面刻牛碹书"诰授奉政大夫前遂平县教谕候补知县加同知衔霖三康公神道",碑阴刻碑文。碑首篆额"神道碑文"四字。碑两侧刻亲友、晚辈、学生的颂诗十三首。碑楼外表分四层,布满了石雕、砖雕花卉和人物故事(图 27)。整座碑刻及碑楼是一座非常完美精美的建筑艺术品,具有重要的历史和艺术价值。

2. 康百万庄园建筑的结构构造、装饰艺术和空间文化

(1)康百万庄园建筑的结构与构造

①建材

中国古代建筑的原材料与西方古代建筑一样,都是取自自然,金木土石皮"五材并举,百堵皆兴"[⑥],一直延续到近代。古代金属产量有限,在建筑中很少应用。而且由于中国传统的"天人合一,师法自然"的营造哲学,随处可见的土、木在长期的营造活动中,一直是主要的建筑材料,是建筑的根本,这与中国的"土木"成为营建工程的代名词也有着直接的渊源关系。

a. 土孕育万物,是中原传统民居主要的建筑材料,虽是易得到的材料,但品质有优有劣,用法亦有不同。巩义地处黄河中下游流域,黄土资源丰厚,从远古到现代都为人们提供了穴居处所。

生土建筑有许多的优越性,如就地取材、施工简单,保温隔热性能好,坚固耐用等。用生土作为建筑主体也可以充分发挥其物理特性。时至今日,由于其热效性能良好、保温性强、技术要求较低、使用周期长、维护简单等诸多优点,生土建筑依然在河南西部地区被使用着。在康百万庄园中也有 70 多孔建造年限都在百年以上的窑洞,大都完好无损还在使用。

b. 木材一直是中国古代建筑重要的原材料之一。巩义地区历来盛产榆树、槐树、柏树、楝树、杨树、泡桐树等等,这些都是康百万庄园建筑中常用的优良木材,广泛的用于柱梁结构、门窗雕饰等处。特别是其中的木雕装饰,蕴含了丰富的传统文化,雕工精美,堪称精品。虽然就中国目前的经济、社会和自然环境情况来看,在现代居住建筑中大量使用木材已不太现实,但是我认为原来用木材作出的小木作和精美雕刻中所蕴含的中原文化,通过对民间工艺的研究与创造,一定也能利用新的建筑材料和现代的加工技术完美的表达出来。

c. 石:采自嵩山的青石色泽深灰、灰黑与传统砖瓦颜色基本一致,加之易于开采、抗压性能和耐久性都很好，虽然采制、运输费用较高，但康百万家族家境富裕，石料被广泛应用于庄园建筑的基础、墙身、台基、阶石、路面等处。

随着现代加工技术的不断改进、普及，石材作为一种地方乡土材料，将凭借其坚固、耐用、美观等优点，在传统砌筑技术、构造基础之上不断推广、发展，其作为地方可持续发展的建筑材料 生命力是毋庸置疑的。

d.砖瓦：因其制作加工工艺简单，故应用面极广。巩义当地的土质极好，又干旱少雨，加上经济条件所限，在当地的民居中瓦被大量使用，但砖只有在大户人家或建筑的重要部位才会使用。康百万家族兴旺了几百年，家底殷实，康百万庄园建筑的外表面均为青砖灰瓦所覆盖。

e.土坯在当地民居的墙体中占有重要地位，量大面广，无论是有钱人，还是一般平民，房屋建筑中都用土坯。土坯的原料为粘土，技术含量低，随地可取。因为此地的土质甚好，制成的土坯承载力也很高。以原土制作的土坯砌筑墙体有许多优越性，如就地取材、施工简单、保温隔热性能好等，厚实的土墙是理想的房屋围护结构。所以庄园的大部分建筑的墙体内部都使用了土坯。劳动人民这种因地制宜，因材致用的实践创造，是民居发展的动力。对于现代建筑来说，经济因素也是主要的，寻求方便易取，廉价实用的材料，至今也是不过时的原则。何况当地的土坯建筑结实耐用，也很容易维护，大都可使用百年以上。

在康百万庄园所使用的建筑材料，大都是就地取材的，一方面是因为经济技术发展水平的限制，另一方面客观上也充分体现了民居对乡土材料本质的材料美和独特的材料特性的追求。如(图 7)中所见，庄园的建筑材料都来源于黄土，远远望去一片青砖灰瓦，源于斯也就融于斯，气势非凡的庄园与其所处的巍巍邙岭几乎融为一体。这种乡土材料独有的魅力也是中国传统民居建筑文化的一种体现。

民居的材料美是最本原和质朴的真实美，是一切高级美的基础。民居大凡真实简约，结构美和材料美是其审美价值的核心体现。窑洞和土坯的“土”、梁柱的“木”、石板路的“石”、青砖灰瓦的“砖瓦”无不透露出一种天然、一种纯真、一种质朴、一种愉悦、一种亲情、一种人与自然最直接的对话关系。建筑形式是结构的外在形式，结构则是形式的内在结构，没有建筑的结构，也就没有建筑的形式，更不会有结构的“生命、灵魂和方向”。而材料又是结构的基础，结构则是对材料物理特性的忠实和可能构成的空间形式表达。因此再现乡土材料美是新型民居建筑设计的美学根源与根本理念。

在康百万庄园中，建筑材料主要由木材、土、石以及砖等构成，利用这些简单原始的乡土建材，进行精细的组织搭配和墙体划分，同样也获得了良好的艺术表现力。所以建筑品味的高下并不在于材料的贵贱，而在于形式构造，在这一点上传统民居就能给予我们很好的启示。

②承重与墙体

a.承重：与西方古建筑的砖石结构体系相比，中国古代建筑的最大特点就是建筑采用木结构体系。即由木柱承重，而在柱子之间的墙壁，只起到隔断的作用而不承受房屋的重量。而这种完全由木构架承重的建筑，又素有“墙倒屋不塌”的特点。康百万庄园地处中原腹地，建筑结构均为抬梁式(图 28)。木构架的诞生源于原始居住建筑，当木材进入短缺时期，率先节约木材的措施还应是源于民居。广大劳动人民既要居住而财力又有限，势必想尽各种办法以求价廉，早期民居中的土承重墙就是鲜明的例证。明清以来，砖在民间的大量应用，推动了民居承重结构的巨大变化。由全木构架体系，发展到木构架与墙体结合的承重体系，进而又发展到墙体承重体系。康百万庄园现存建筑的承重结构类型，主要是后两种。虽然后两种承重体系的抗震性能与全木构架体系相比是略有不足，但其各方面性能和使用年限也都是非常可观的。

木构架与墙体结合的承重体系是指柱和墙体共同承担屋顶荷载，分三种情况：其一是柱+山墙承重，即山墙部位的山面梁架和柱被山墙取代，一堵山墙承担半间屋顶荷载，例如康百万庄园祠堂正殿前的卷棚过厅就是这种情况(图 29ABC)。AB 组合即是传统的抬梁式承重体系，B 中的山墙只起围护作用不承重；我们从 BC 对比可明显看出 C 中山墙位置的梁架和柱被山墙取代，由山墙承重。其二是柱＋山墙＋后檐墙共同承载，亦即在其一的基础上后檐墙部位的柱被墙体取代，例如寨上主宅区“花楼重辉”院前院的过厅就是典型的这种情况（图29D）。其三，以墙体承重为主，前檐廊檐柱落地，檐柱承担很少的荷载。这种承重模式在康百万庄园随处可见，例如寨上主宅区“花楼重辉”院后院的上房（图 29E）、“克慎厥猷”院一进院的花厅（图 29 F）、以及所有院落中有前檐廊的倒座等等都是这种情况，不胜枚举。

墙体承重体系，即房屋无檐廊，前后檐墙直接承托屋架大柁，山墙直接承托檩条，四面墙壁都承重。我国近代社会时期，也是中国古代建筑的转型期，这种转型在民居建筑中有其自身的规律。那就是木屋架，坡屋顶仍然保留，以墙体代替木柱承托屋架，墙倒屋必塌。康百万庄园寨上主宅区院落内院的二层硬山厢房（图29）和院落中无前檐廊的倒座都是这种模式。民居发展到清末和民国时期，较小的（三间面阔）房子四面封檐，不再用木柱。水平受力构件仍用木材，抬梁式梁架简化为只有抬梁部分。为了进一步节约木材，又发展了人字形梁架。河南地方语称前者为“重梁起架”，后者为“插手梁架”。这种简化了的木构架房屋，在康百万庄园的建筑中也有应用，例如在（图 30）“花楼重辉”院和“秀芝亭”院的垂花门内都可清晰的看到。

b.墙的构造：墙是人们生活中最为常见的构筑物，也是建筑物的重要组成部分。

由砖、土坯、石料混合搭配砌墙是康百万民居墙体的主流，可砌出多种不同的混合墙。尤其是砖与土坯的混合墙，可以说在康百万民居建筑墙体中占有主导的地位。

一种是下碱（墙体下部为防雨水冲刷所作处理为碱）及墙角等重要部位用砖砌，土坯填墙心。这种墙体是殷实人家常用的，当地人叫这种墙是“砖包边，坯填心”。土坯表面经素泥粉刷找平，再经白灰浆罩白，整体墙面色彩灰白相间，效果甚佳（图 31）。

另外一种混合即是下碱之上的墙身部分外皮用砖，里皮用坯砌的墙，这种墙体河南通行的俗称叫“里生外熟”墙（图 32）。

康百万庄园保留至今的民居，都是质量优等的建筑，这些建筑外墙以里生外熟墙占绝大多数，部分为“砖包边，坯填心”。上述所说的里生外熟墙体，下部有实砌砖墙下碱，可保护土坯，避免因地气返潮使土坯失效，在寨上主宅区“花楼重辉”院的东侧墙体（即外侧墙），还使用石料砌筑墙体下碱，以减少风雨冲刷对砖墙的损坏，增长墙体的使用寿命。外皮用砖，墙面既美观又可避免雨水对土坯的冲刷。从室内环境上来说，土坯的保温隔热性能又要比砖好的多，可使室内冬暖夏凉。从经济角度来说，材料易得，施工方便；以使用功能论之，外表整洁美观，且百年不损。康百万庄园现存建筑的使用年限大都在百年以上，而且结构体系大都完好无损。看着这些砖和土坯组合的墙体，不禁感慨这些廉价的建材用传统的建构技术砌筑的完美。再看钢筋水泥的 70 年使用年限，或许我们可以在传统技法的基础上，辅以现代先进的科学技术手段，更好的把这些最原始、最普遍的建筑材料运用在现代新乡土建筑和可持续发展建筑的设计和开发中。

c.墙的构成：墙体构成是建筑立面形态的重要组成元素，康百万庄园的青砖墙有其独特的表现特点。墙面划分可以分为两种类型。一是在体量上把墙体作凸出和凹进处理，在立面上形成不同的体块构成，在垂直方向上对建筑体形进行分段处理，宏观决定墙面的表现形式，如：庄园内大量硬山式房屋的山墙，下部的青石墙碱和上部的拔檐、博缝都凸出墙体。二是在墙面上进行划分，采用方砖和条砖的组合砌筑、装饰线条、雕刻以及色彩质地的区别作划分，这是墙面的细部处理（图 33）。

康百万庄园的民居利用青砖的各种组合，使墙面自然形成良好的垂直和水平划分，是结构的自然表现。现代居住建筑由于材料施工以及设计思想的转变，主要是追求大体量的表现，往往忽略了墙面的细部处理。因此，在现代居住建筑设计技法探索中，对墙体划分应该清楚地了解材质特性与肌理，保证建筑体量与尺度的适宜。所以我认为在进行现代居住建筑的设计过程中，对于墙体的划分和立面的表现应该注意尺度手法的多层次化，第一套尺度是要用传统的建筑尺度，满足建筑细部的要求，以创造传统宜人的空间和文化氛围，它是满足人文居住心理需求的尺度。第二套尺度才是目前所使用的现代大型居住建筑设计的尺度，在第一套尺度得以实现的基础上，大型建筑在技术条件及经济许可的范围内可以充分体现人类改造自然的能力。因其远离人们的视线及生活所及，故对人心理的影响可减至最小，它是满足功能性需求的尺度。或许两套尺度的创立，才能使传统与现实，人文与技术真正具有了融合的可能。

传统民居的构成是一个完整的系统，它的墙体构成反映了民居的结构、材料以及当地的文化宗教习俗，是建造体系的外在表现。其建筑是结构的自然表现，内外的统一体，只是依等级的原因，在原有结构逻辑体系上略加整饰，多了一些意匠，自然顺畅，自有其纯朴自然之美。康百万庄园的民居建筑主要为砖木结构，由梁柱构成框架体系，承重的墙一般用土、砖石构成，是典型的填充体系和层状体系。显然，梁柱同墙面之间对话的这种构造方式不应视为纯技术，它的意义超越了简单地表现其构架结构，此种构造已经上升成为一种艺术表现活动，一种结构诗意的表达。

康百万民居的结构体系和现在的梁柱框架结构体系在某种程度上是相似的，两者具有相通处，同样都有面与骨架的关系。我们可以在设计现代建筑的墙面形态时，有意地强化这种面与骨架的构成体系，以新型建筑材料的质感和民居墙体的形态为原型进行变形处理，寻找一个二者的结合点，在框架结构逻辑中融入民居墙体的构成规律，再加以细致的墙面划分和质感对比，从而得到新的墙体形态。在创作中建筑材料和结构技术可以是现代的，也可以利用当地的材料和传统的技术；墙面的划分可以是真实的结构体系的外现，也可以是色彩的划分或装饰线条的运用；只要运用合理都可以表达出对传统文脉的延续和与自然环境的和谐相处。

(2)康百万庄园建筑的装饰艺术

康百万宅院建筑物表面的所有装修都是独立装饰的对象。从门、窗、墙、柱、檐到棚、地板、砖、石块、瓦等都作为装饰的对象和部位，遍布庄园的美妙传神、争妍斗奇的各类雕刻，是数代民间工匠们呕心沥血的艺术杰作，反映了我国劳动人民的聪明才智和中国传统民居深厚的文化底蕴。木雕、砖雕、石雕为民居建筑局部增加了精细直观的艺术形象，提高了整个建筑的美学价值。这些雕饰或有其具体的使用功能、或为纯装饰构件，但无一例外的都具有独特的文化内涵。相比某些现代居住建筑上生贴硬加的装饰和构件，怎不让人感叹传统民居的人文魅力和现代居住文化的苍白无力。由于篇幅所限，我们以下仅以康百万庄园精美绝伦的雕刻艺术来领略中国传统民居装饰工艺之一斑。

①木雕

在康百万民居中的木雕有在结构构件上进行雕刻的，经过美学加工而后成为具有装饰性的构件，又不影响构件的使用功能。这是我们中国传统建筑艺术的主要特征之一，即建筑功能、结构和艺术的统一。如南大院檐下的龙首形梁头(图 34)。这些构件雕刻工艺精粗不等，图案繁简不一，均未伤其本，又不同程度地提高了构件的美学价值。

又如雀替，在明清官式建筑中还有一定的结构作用，在民居建筑中的结构作用基本消失，成为装饰构件，更是木雕艺术重点展示的部位。康百万庄园建筑上的雀替，形状、大小、雕刻的精粗差别都很大，雕刻题材相对丰富。有以松、鹤、鹿为主题的(图 35)；以盘龙、莲荷为主题的(图 36～37)；以花卉为主题的(图 38)；甚至牛、马、羊也可作为雕刻的主题(图 39)。例如垂柱的下端头是雕饰的重点部位之一。垂柱头的基本形式有圆柱头和方柱头两种。圆柱头的雕刻多以莲花和莲蓬头为题，如(图 40)形似含苞待放的莲花。

康百万庄园中拱眼壁的位置也多有另加木雕装饰的情况。这些雕饰的雕刻多以透雕为主，刀法相当精巧。如(图 41)的狮绳木雕，绳纹如同实物，三只幼狮在绳网上攀爬，欲夺中间的绣球，神态幼稚顽皮，令人喜爱。以及孔雀和牡丹构成的“丹凤朝阳”(图 42)和以鼎为中心，周围环以如意形云朵(图 43)。这类的雕饰在庄园中多不胜数，内容无一重复，其丰富的想象力和蕴含的文化可见一斑。

②砖雕

康百万庄园中的砖雕包含有塑(雕塑)的成分。砖雕即在青砖上进行雕镂的艺术;雕塑则是在砖(或其他陶制品)未烧制之前对泥坯料直接塑成或接近于所需形状,烧制后再经进一步简单雕镂即为成品艺术构件。可惜庄园中的砖雕在文革期间受到过严重破坏,现完整者极为少数。

如硬山墙的墀头砖雕遍及庄园各处,是砖雕的重点表现部位,也是外檐装饰最强的部位。砖雕主要在戗檐及其上侧面的山花和博风头上,庄园内的墀头戗檐形式多样,法无定式。雕刻题材既有常见的福禄寿禧、吉祥如意的内容,也有局部地方流传的民间故事(图 44)。总之,都有深厚的文化内涵。就连博风头和山花上的砖雕,题材和形象的差异也非常明显。如博风头上的龙头、兽首、二鱼互绕(图 45);再如山花上的八卦阴阳鱼、二龙捧寿;以及花卉(图 46)。

陶塑构件在传统建筑中早有应用,如康百万家的祠堂牌楼的立面以陶塑代替砖雕。"源远流长"两边和上方的六幅图案全是陶塑。左上方图案为一人伏在竹林中;右上方是一农夫卧冰求鲤;这两幅是民间二十四孝中的故事。上方中间两幅分别为文臣武将,威风凛凛,神气十足。左右两幅均为双狮滚绣球,不但两对狮子的形象不同,绣球也各不相同,左为如意阴阳结状、右为元宝灯笼状,两对狮子宛若活物,雕工极为精细(图 47)。门拱两侧的武将,雕刻的也极为精美,盔甲衣饰,栩栩如生,可谓陶塑中的精品,可惜头部都在文革期间被毁(图 48)。这类陶塑品立体感突出,装饰效果颇佳,在康百万庄园的屋脊、垂脊兽和套兽上也有大量应用,因篇幅所限就不再列举了。

③石雕

康百万庄园中的门枕石中有许多精品。如(图 49)中某二门的一对幞头门枕石雕刻内容独有创意:左边门枕石幞头迎面上的画面是一位青年学生有问题不明,便深夜叩老师的门求教,名曰深夜求师图;右边门枕石幞头迎面上的画面是敬老图,在罗圈椅上的老人欲要起身,青年忙去搀扶。把中国刻苦求学、尊老爱幼的传统美德用石雕记录下来,以启迪后人。又如(图 50)的子母狮门枕石,狮子本为凶猛之物,在建筑装饰中,它们的形象多了几分温顺和顽皮。图中所示的狮子,脖子上系着铃铛侧头与另一只同伴对话,一副顽皮相。背上驮一只幼狮,脚下轻踩一只,母性十足。狮子除它的形象以外,同时又以"狮"与"事"谐音组成不少吉祥含义的内容,门前两只狮子就表示"事事如意"……。

康百万庄园中的柱础,也是石雕艺术的重点刻画对象,其中不乏有柱础艺术珍品。如(图 51)中的柱础(在文革中有些损毁)创意新颖,一面部表情严肃认真、两臂一前一后体态自若的男童充当金刚大力神,侧面为倒立的雄狮。整体柱础层次多变化大、造型优。又如(图 52)中的大象柱础,粗犷、刚劲有力,背驮莲花墩。两个柱础两种雕刻特点,前者细腻传神,后者刚劲浑厚,都表现出了石雕艺术的魅力。庄园中的柱础造型别致多样,亦是一大特色,限于本书篇幅,不能过多列举实物图片。

另外在"知所止"院中花墙端头看面石浮雕也可为精品,(图 53)中的内容是老师正在为三个年龄较大的学生上课,一个很小的顽童,便藏在老师桌下听讲。与之对应的看面内容是学生手推独轮车,老师坐在车上,名为师生出游图。这种读书气氛的营造,构想之奇特、童趣之逼真,寓意之丰富,令人叫绝。

虽然这些美奂美轮的雕刻艺术构件不能涵盖康百万庄园的建筑装饰艺术的万一,但从中我们仍然可以看到,不管是具有使用功能的装饰构件,还是不具有使用功能的纯装饰构件,都具有丰富的文化内涵、舒适的比例尺度、精美的细部刻划,和建筑本身宛若一体、和谐自然。这些装饰构件无论从符号性,美学,人文及生态方面而言都是传统民居极为成功的构造,对现代居住建筑的造型设计都具有极高的借鉴价值。

我认为具有的传统文化及历史渊源的民居符号和文脉特点,就是民居设计手法继承和发扬中最具有抽象和归纳价值的切入点,如果能准确的把握这些符号信息及其深层次的内涵,便能继承民居的内在的历史渊源和文化哲理,从而设计出真正吻合民族文化特色的居住建筑作品来。

(3)康百万庄园建筑的空间文化

在我国古代社会中的思想领域里，人与自然的统一，被概括为“天人合一”。这种哲学思想被历代思想家所重视，也被古代众多的建筑巨匠所恪守。“天人合一”，的自然观是把天地万物看作一个有机的整体，把人作为自然的一部分。《周易》则“认为天、地、人既分而为三，又合而为一。把天、地、人三才之道(天道、地道和人道)视为一个统一的整体”[⑦]。中国传统文化的灵魂即崇尚和谐。老子曰：“知和曰常，知和曰明。”[⑧]；“天地和合，生之大经也”(《吕氏春秋、有始》)；“阴阳合，而万物生矣”(《淮南子、泰族训》)；“天地之气，莫大于和，夕(《淮南子、论训》)。传统文化观念还以“和”为“美”，古代哲学家董仲舒曾经说过：“天地之道而美于和”，“天地之美莫大于和”[⑨]。庄子也道：“我守其一，以处其和”(庄子《在宥》)。先哲们所说的“和”即“和谐”。因为“天和人都是物，形态相殊，本质则一，因为都在进行阴阳交变，都在尊循阴阳之道，这就决定了天人关系是和谐统一的。”[⑩]中国的传统建筑非常讲究“天人之和”，即人与其周围自然环境之间的和谐相处。这种整体观念和崇尚和谐、师法自然的思想在康百万庄园建筑中，有着鲜明的体现。

①“天人合一”的空间文化

“天人合一”指的是人与自然之间的和谐统一，这个理想既不存在人对自然的征服，也不存在自然对人的主宰，人和自然是一个和谐的整体。“天人合一”的理想不仅表达了古人对自然的态度，而且从根本上成就了中国古代最初的哲学观和文化精神。传统建筑的营建，首先是以尊重自然为前提的，而人们的创造力，也是先融入自然，再表现出来的。

寨上主宅区的选址，依照我国传统营造哲学中“相形取胜”、“相土尝水”、“辩正方位”的选址思想，充分考虑到周围的自然地理地貌，建于邙山半腰。往上是邙上岭的顶面，往下则是伊洛河冲积平地。建筑群依山就势，充分利用此处的地理地貌，在一级靠山崖壁12～15M的高度直立黄土表面，用青砖砌筑寨墙，顶部有垛口，形成堡垒式大庭院；庭院内利用二级台地的直立黄土崖壁，开挖“靠崖式”窑洞做为上房，前面再由房屋组合成四合院(图54)。《黄帝宅经》云：“夫宅者，乃是阴阳之枢纽，人伦之轨模。”主宅区的营建完全按我国地理“阴阳”理念选址，选择了一个从邙岭看似“金龟探水”，从伊洛河望若“金莲拱秀”的宅基，集我国传统聚落基址优选原则“避风、向阳、近水”于一身。这种“天人合一，师法自然”的有机整体观念，是中国传统建筑最基本的文化内涵。

寨上主宅区的建筑根据基地平面形状，巧妙地分为南北两个建筑群体：北部由东至西并排五个院落，皆座北面南。“花楼重辉”院是中原地区较为传统的二进四合院，整个四合院内正房、厢房、高低、大小有别，主次分明，比例恰当，十分和谐。“秀芝亭”院、“克慎厥猷”院、“知所止”院，因地形所限则是上房为靠崖窑洞与房屋组合而成的四合院，这种窑房组合的院落空间形式，是我国北方传统民居中的四合院和黄土高原独具特色的靠山窑巧妙结合而成的一种空间组合，也都是按照中国传统的对称、封闭、严谨的四合院空间序列关系布局的。“芝兰茂”院是以北、西两面靠崖窑洞为主组成的小庭院，与“知所止”院公用一个大门。各单独院落均通过二门前三四米宽的横向通道和月亮门相贯穿(图55)；后院则由窑洞前两米宽的通道相联系，各院之间封而不闭、通而不畅；使其并排的五个院落形成了一个既独立又统一，既封闭又开敞的大型宅院。南面有并排两个院构成南部建筑群，座西向东。与北五院之间有7.5M宽的东西向道路相分隔。南一院依照地形形成一个形似三进院四合院的窑房组合院落，南二院仅遗倒座和崖下的两孔青窑。康百万庄园中的四合院建筑是我国北方民宅建筑形式中具有代表性的典型组合，整个主宅区的建筑虽是历经几代完成，但在师法自然、崇尚和谐多变的传统思想指导下，宛若一气呵成。窑洞与房屋的组合、院落之间的组合、建筑群体之间的组合和谐自然、灵活多变；室内室外、庭院之间互相渗透、互相融合，庭院成为室内空间的延伸；加之点缀景石花木，处处有景，步移景变(图56)，可谓“虽由人作，宛自天开”，是我国传统民居建筑中的典范。目前的城市规划设计大多因为过于强调平面构图的理性美而忽略了空间关系，设计师始终在俯视(鸟瞰)的角度进行设计,感知不到在身临其中的空间感。例如,单看寨上主宅区的总平面图(见图 14),只能感受到民居脉络的自然感,并沿邙山随势而建,却不能感受到身处院落之中后那种尺度宜人的亲切感和空间的错落和变化。因此,在今后的设计工作中应该结合实际比例,把握正确的尺度感,深入工地,在真实比例中进行设计,并与当地的匠人密切合作,吸收当地传统的施工经验,加强对实际工程尺度的控制和把握能力。创造出尺度正确,真正融入环境之中的作品。

康百万庄园寨上主宅区的生态营建观启示我们,在进行现代城市设计的时候,应该从自然生态观的角度进行思考。在将各种自然景观引入城市这个人工环境的时候,应该尽量保持环境本身的自然属性,更多地适应自然而非改造自然。失去了本色的山水、植物,也就失去了用其改善城市人工环境的原有意义了。放眼目前我国许多新兴城市建设中抛弃原有的自然山水肌理,大兴土木,凿山补水,而后又刻意营造人工环境的做法很是值得人深思。目前许多城市的规划建设存在一种全球趋同的现象,按照西方人的建筑理论思想搞严格的功能分区,城市道路也是在大比例的总图上机械地拉出几何直线和曲线,建筑风格单调、呆板、千篇一律,不仅丧失了民族地域的特色,更无人情味可言。二者对比,生态自然的康百万庄园更让人留恋往返,更富有人情味。康百万庄园的范例表明:在进行城市规划和设计时,应该融入"天人合一"的自然生态观念,尤其在城市居住区的设计中,引入类似于康百万庄园自然随意的空间布局,才能创造出丰富的、富有人情味的、适于居住的环境。

②康百万庄园的空间特性

我国的民族传统聚落、建筑空间环境处理,都是以考虑人在其中的感受为出发点的。其空间韵味远胜于现代建筑中空间本身的自我表现。也就是说传统的民居空间中拥有一种饱含浓郁生活气息的场所精神,就像康百万庄园寨上主宅区的院落组合就蕴含着浓郁淳朴的民风。对传统民居院落空间生活感的深层理解其实就是对民居空间手法处理的一种内在探索。传统民居的空间组织特点很大程度是一种水平方向的叠加和渗透。由于我国传统的民居不追求房屋体量过大,所以对房屋数量和多样性的需求往往是通过合院的弹性变化而满足的,同时建筑技术和材料的局限性限制了空间在垂直方向的重叠,因此传统的民居空间就是一种院落空间的递进和叠加。我们从康百万庄园中就可以看到以下的属性和特点:

a.寨上主宅区院落组合的布置格局具有一定的向心性。各个院落以院前广场为中心呈放射状自由布置(图 57)。这种通过中心向外散射,来组织建筑群体、道路和空间,以达到限定空间范围、增强环境整体性的"向心"构图手法,很值得在我们进行小区规划时吸取和借鉴。这一特性也是我国传统建筑群体空间形态的主要特征之一。

b.寨上主宅区的空间布局还极具完整性。每组院落都拥有各自独立的内院空间,院落之间又有交互流动的共享空间,各个院落又统一组织在院前广场周围(图 58)。形成了建筑单体通过轴线和家族等级观念组织成完整有序的院落空间,各个院落又由交叉的通道骨架与院前广场有机地连接起来,从而营造出一个有机、和谐的整体区域。学习和借鉴这种完整的空间布局形式,是表现传统民俗文化中整体意识的手法之一。

c.康百万民居的空间划分还具有很强的序列性,而其空间序列性是建立在空间布局的完整性基础上的。从单体的私密空间到院前广场的公共空间有一系列的过渡空间,层层渗透递进,表现出一种空间上的通透感。以一号院为例:上房卧室(最私密)——堂屋(次私密)——外檐廊(半私密)——内院(中性)——垂花门(联系)——过厅(半开放)——外院(次开放)——大门(联系)——院前广场(开放)(图 59)。这样完整丰富的空间层次使得在空间过渡的感受方面自然亲切,不会有突兀感。再看现代住宅小区的空间层次,则仅有社区广场——组团绿化——户内三个层次,空间过渡突兀。因此借鉴康百万民居中空间组织的多层次序列,在小区设计中增加如社区公共生活场所、入户花园、邻里共享交流空间等中间层次,不仅可以改善空间过渡迅速的弊端，使之充满生活气息。还可加强社区邻里的人际关系，消除现代人邻里间“老死不相往来”的境况。

d.寨上主宅区的空间构成既有一定的规律可寻，又不拘泥于某种固定的模式。各个院落的布局随自然地势的变化灵活布置、随山势的走向曲折排布，整个住宅区也顺自然地势呈不规则形状。民居单体的平面则更为灵活，随地形变化，开间进深大小不拘一格。使得整个空间环境古朴、自然、富有韵味。反思现代城市及建筑空间设计，过于强调理性的“和谐与秩序”美，也是对西方理性主义的偏重。其实这种理性的秩序感并不符合中国传统文化中所强调的“天人合一”趋同自然的哲学理念，也背离了东方人潜意识的审美价值观，这种现象也很是值得我们深思。

③康百万民居中的空间取向及人文意识

如果我们从中西方文化差异和中国传统的封建体制来看，东方人较为注重个体的私密和独属。而西方人则更为崇尚人与人之间的交流和联系。例如为了满足市民的聚会交流需求，在欧洲的城市规划中，所建的公共广场不计其数，著名的威尼斯圣马可广场就曾被誉为“欧洲的客厅”；在设计手法方面则是大量运用骑楼和柱廊，让处在这些空间之中的人们之间能够“看与被看”，讲究空间之间互动和空间的流动感。

中西方文化上的差异，我们从中国的民间传统及谚语就能明显地看出差别来。“独善其身”、“自得其所”等观念蕴含了内敛、含蓄的人文气息。反映在中国传统四合院住宅上，就形成了目前内院与户外环境完全被高耸的建筑和院墙隔绝，不存在丝毫的渗透与融合的空间形态。因此，康百万民居中的空间取向具有极强的自我意识，具有一种独享性。在寨上主宅区的院落空间形态中就可以很明显地反映出这一特点：

例如庄园内窑房结合的靠山窑院中（图60），由二层硬山倒座、垂花门、二层硬山厢房和高耸的靠崖窑楼所营造的内院空间都是较为封闭的，丝毫不考虑户外景色的介入与否，特别值得让人称道的是虽然窑院中不管是倒座、厢房还是靠崖窑楼，不管是二层还是三层，真正的使用空间均为一层，二层以上都是作为仓库使用。这种做法既满足了粮食棉花的储藏和防潮，同时又营造出了更为静谧、安逸的院落空间（图61）。其中垂花门既是联系内外院空间的要素，同时也是内院的重要景观。垂花门可谓康百万民居中最有特色的组成部分，门上的雕刻及彩画均是反映主人身份与地位的标志（图 62）。而且在显示主人品位与修养的同时，更营造了一个自得其所的内院环境，院内种植枣树和石榴等树木，既寓意深刻，又使得久居其中也能悠然自得。内院空间的舒适性及私密性均得到了考虑。在风水方面因庭院的里大外小（窑前的庭院均比垂花门处的庭院宽出几十公分）和“四水归一”（雨水顺坡屋顶汇至庭院内），更是将中国传统民居文化的“聚财”及“肥水不流外人田”等等寓意精辟地体现了出来。

康百万民居在空间上还具有明显的秩序与反秩序共存的特征与取向，在深层结构中体现了尊重人、尊重自然的传统思想，并得以传递和延续。中国阴阳哲学中尊重自然的天人合一思想，以及矛盾因素对立统一，相互转化的思想在民居建筑中表现得尤为明显。阴阳必相互共存构成事物，则秩序与反秩序也必是彼此以对方的存在而存在的，康百万庄园灵活多变的反秩序形式也必然蕴含着隐性有序的逻辑秩序（如有序的院落组合，统一的建造思想，相似的建筑材料，相似的地形、气候……）。正由于秩序与反秩序在哲学层面上的共存统一使得康百万民居的建筑空间表现出一种混沌美。说到底，我们的目的就在于利用传统的混沌美来创造现代的混沌美，也就是希望能在历史与现代、秩序与反秩序之间，找到了一个锲入点，使得现代技术与传统文化的融合成为可能。

康百万民居空间的人文意识则源于传统文化中儒释道的影响，更多的强调二元的渗透与转化，具有不可度量性、相对性、模糊性、广含性和无限性。这种空间观影响着康百万庄园建筑艺术的各个方面。康百万庄园的《留余》匾中的“盖造物忌盈，事太尽，未有不贻。”[11]，雕刻中的阴刻与阳刻，墙面构成中的“留白”无一不生动地再现了“有无相生”的传统空间审美意识。就像中国画的韵味与西方的写实主义完全不同，讲究的是画面的布局、气韵，追求“虚实相生，无画处皆成妙境”的境界。这些都反映出中国的传统文化善于利用虚实、动静、有无的相生关系，来创造出一种“只可意会，不可言传”的情趣与韵味。

虽然康百万民居建筑艺术中所传达出的空间观是在二维空间中展开的，却时时体现出气韵流动的空间审美效果，表现出整体划一的连贯性。从康百万庄园寨上主宅区的空间布局上我们就可以明显地看出，主宅区的单体建筑不是以“间”或“幢”单独存在的，而是由“间”或“幢”组合成的庭院而存在的。“幢”在这里仅是建筑群中的一个符号，并非是表现的中心与重点，中心与重点是通过虚实相生关系的组合所传达出的意——“道”与“礼”。院落因此从被围合的空间这样一种被动地位上升到起组织作用的核心的积极地位。同时，院落由于整体构图的需要被强调出来，既是室内生活向室外的延伸，又是室外生活引向室内的前奏。它既是属于“外”(相对于房间的内部空间而言)，又是属于“内”，(相对于整个院落空间而言)，是一种灰色的二元调和物(图 63)。而且建筑单元沉静的外表后面还蕴含着丰富的空间层次和景观。例如：主宅区内的院落空间比其简朴的主宅区外观要生动，宅院内部的空间层次比其四周立面更为丰富多彩。可以说，正是这种楼外楼，院中院的空间结构，造成了中国传统建筑“咫尺天涯”、“别有洞天”的深奥境界。

康百万庄园的实例同样也说明了中国人将营造“内部”空间放在设计首位的设计思想。现代空间设计过于强调“高潮”空间而忽略了联系这些“空间点”的“过程空间”，抑或平铺直叙，抑或高潮迭起，很少能做到柳暗花明的境界。此外，由于像康百万庄园这样的传统建筑群是由许多简单的重复单元组合而成的，为了避免单元(或空间)布置上太多的随意性、打破均衡感和单调感，往往通过有节奏地布置一些公共建筑(如路边的石牌坊和碑楼；主宅区的更房、望楼等)来丰富这条线性空间，由此造成一种有节奏的空间序列感。这种营造空间的手法，在我们进行现代居住小区的设计创作中，是很值得借鉴和利用的。

了解康百万民居中空间取向的营造手法，将对我们在现代居住建筑的规划和单体设计中尽力营造出东方人文意识所追求的一种内敛性及独属性理念；营造出悠然自得的内空间；体现十足的中国传统空间韵味都具有深远的意义。所以，任何时期的居住建筑都是文化的载体，是政治、经济、文化、科学、技术、艺术等的集中反映，必然也会包含设计与建造者的哲学思想，表达出创作者对宇宙、人生的把握与理解。再看中国现代居住建筑之现状，我辈当奋发努力，为中国民族文化的延续和发展尽自己的一份力。

综上可知，康百万庄园的魅力既体现于其构件的细微之处，又存在于其整体的生活秩序之中。而现代社会的发达使建筑艺术可以更加平等地面向公众，从而使大众也有机会分享到这类传统民居建筑的文化精品。同时，时代的发展也要求建筑师不仅在现代居住建筑的创作中要对应有的细部刻画给予足够的关注，还要不断提高自身的文化素质和艺术修养，深入了解传统民居建筑的精髓而非流于表面。当然，这一切也将依赖于对传统民居建筑深入而系统的研究和探讨，和对传统民居建筑文化的尊重和提炼；这既应是由小及大、由表及里的持续探索，也需要在潜移默化的文化氛围熏陶中不断前行。

［作者简介］渠滔(1974－)男，汉族，河南开封人，河南大学土木建筑学院讲师，硕士。

参考文献

[1]康百万庄园文史编纂委员会《康百万庄园》[M]. 香港　香港国际出版社，2002.

[2]康百万庄园文史编纂委员会《康百万庄园匾额楹联大观》[M]. 香港国际出版社 2002.04

[3]刘敦桢《中国古代建筑史》[M]. 北京 中国建筑工业出版社 1984.06

[4]吴焕加《中国建筑·传统与新统》[M]. 南京 东南大学出版社 2003.06

[5]孙大章《中国民居研究》[M]. 北京 中国建筑工业出版社 2004.08

[6]左满常白宪臣《河南民居》[M]. 北京 中国建筑工业出版社 2007.04

[7]杨大禹. 中国传统民居的技术骨架[J]. 华中建筑，1999.

注释：

①这些自然环境的统计数据是由前河南省古建所所长我的老师张家泰先生提供。

②康百万庄园文史编制纂委员会《康百万庄园》P4 香港国际出版社 2004 年 4 月

③康百万庄园文史编制纂委员会《康百万庄园》P6 香港国际出版社 2004 年 4 月

④康百万庄园文史编制纂委员会《康百万庄园》P53 香港国际出版社 2004 年 4 月

⑤这些统计数据是由前河南省古建所所长我的老师张家泰先生提供。

⑥李诫营造法式 商务印书馆第一册 P15 1934

⑦楮良才《易经·风水·建筑》P42 学林出版社 2003 年 12 月

⑧老子《道德经》55 章

⑨董仲舒《春秋繁露·天地阴阳》

⑩楮良才《易经·风水·建筑》P39 学林出版社 2003 年 12 月

⑪康百万庄园文史编制纂委员会《康百万庄园匾额楹联大观》P10 香港国际出版社 2003 年 12 月

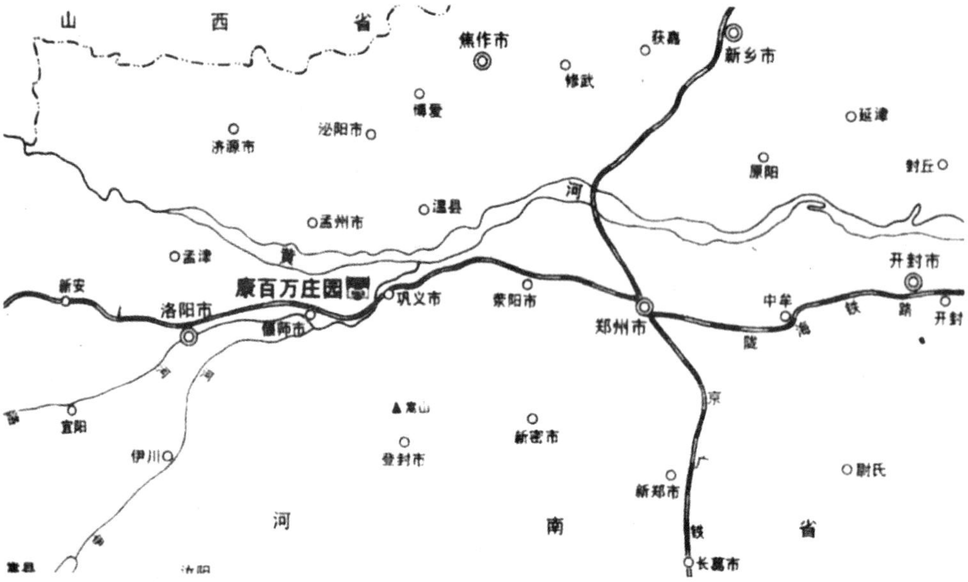

图 1　康百万庄园地理位置图(引自《康百万庄园》P13 香港国际出版社 2002)

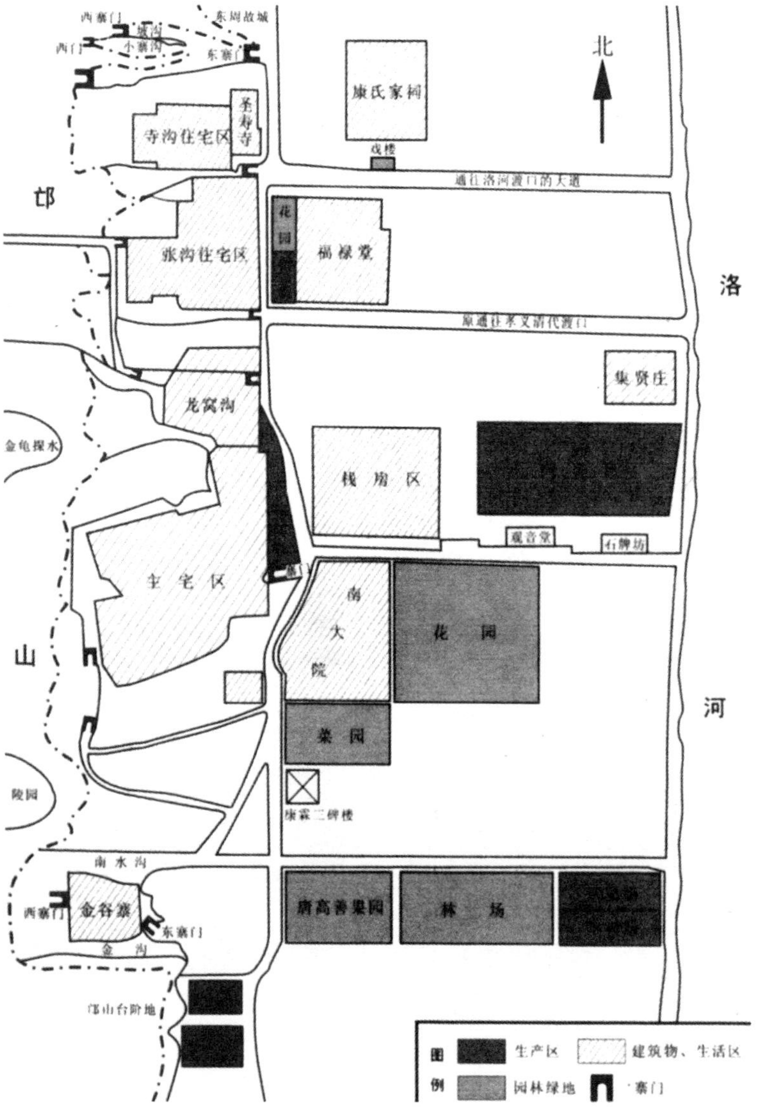

图 2　康百万庄园分布图(引自《康百万庄图》P14 香港国际出版社 2002)

图 3　白雀民居

图 4　神垕民居

图 5　“明楼”完整图

图 6　“明楼”坍塌图

图 8　望楼

图 9　南大院现状图

图 10　栈房区现状图

图 11　祠堂区现状图

图 12　节孝坊现状图

图 13　康霖三神道碑楼现状图

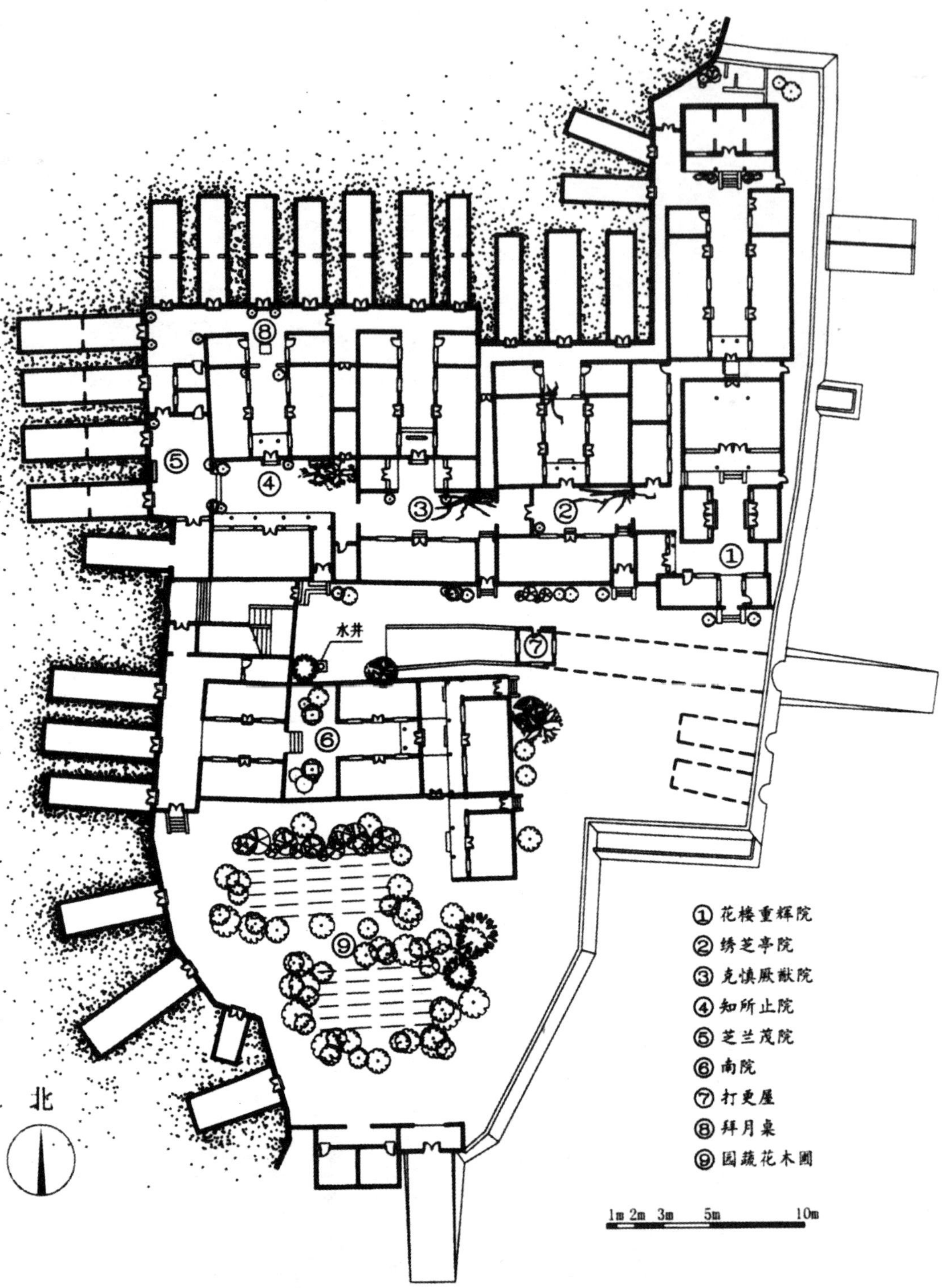

图 14　康百万庄园主宅区现状平面

图 15　主宅区入口

图 16　主宅区入口上方的更房

图 17　主宅区“花楼垂辉”院过厅

图 18　主宅区“花楼垂辉”院上房

图 19　影壁前的葡萄树

图 20　窑楼

图 21　“克慎厥猷”院二门

图 22　“知所止”院大门

图 23　南院

图 24　坡道

图 25　望楼

图 26　祠堂牌楼

图 27　雕刻精美的碑楼

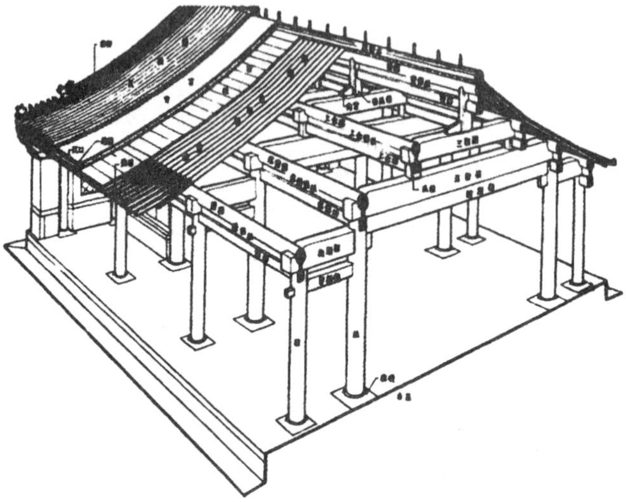

图 28　传统抬梁式构架示意

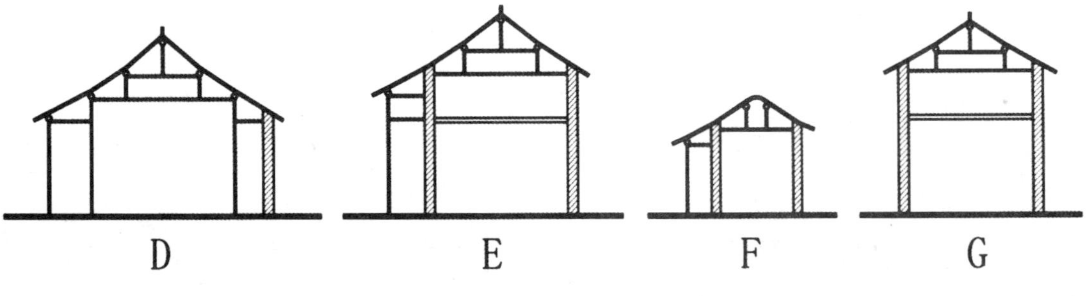

图 29　康百万民居中木构架与墙体结合的承重体系示意图

图 30　梁架二例——大梁架在墙壁上

图 31　“砖包边，坯填心”墙体

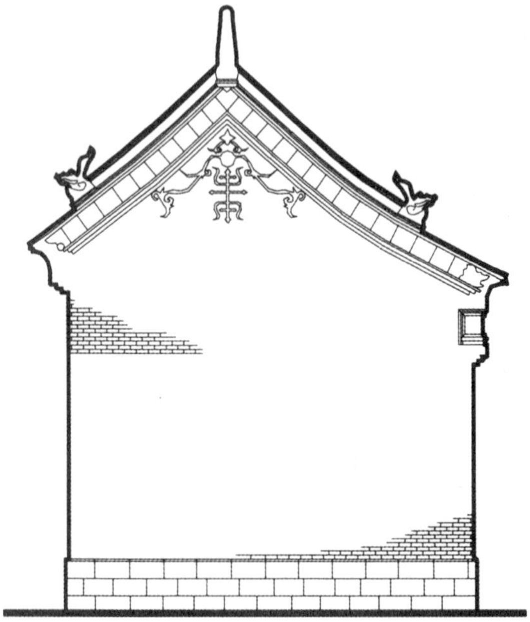

图 33　康百万庄园某倒座山墙立面

图 32　“里生外熟”砖土墙

图 34　南大院屋檐下的龙首形梁头

图 35　建筑木雕 9 种

图 44　墀头砖雕

图 45　博风头砖雕

图 46　山花砖雕

图 47　牌楼立面陶塑

图 48　陶塑武将

图 49　幞头门枕石雕刻

图 50　子母狮门枕石雕刻

图 51　金刚柱础

图 52　大象柱础

图 53　师生出游图

图 54　康百万庄园鸟瞰(摄自康百万庄园展室模型)

图 55　横向通道

图 56　框景

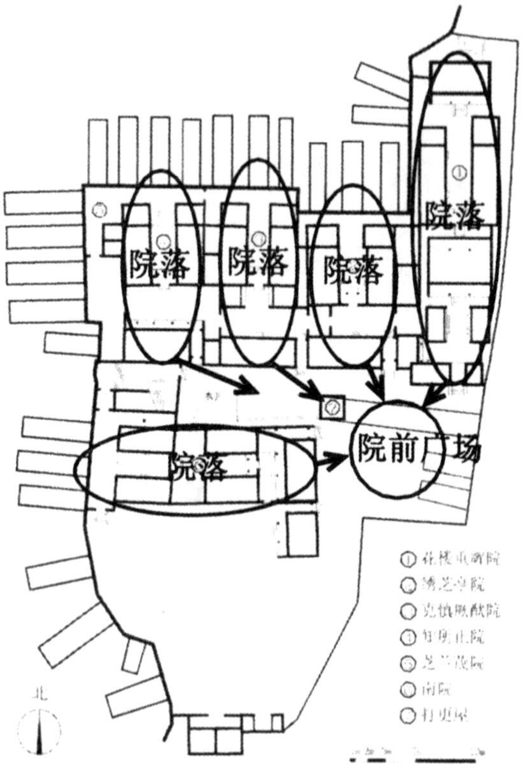

图 57　院落组合向心性示意

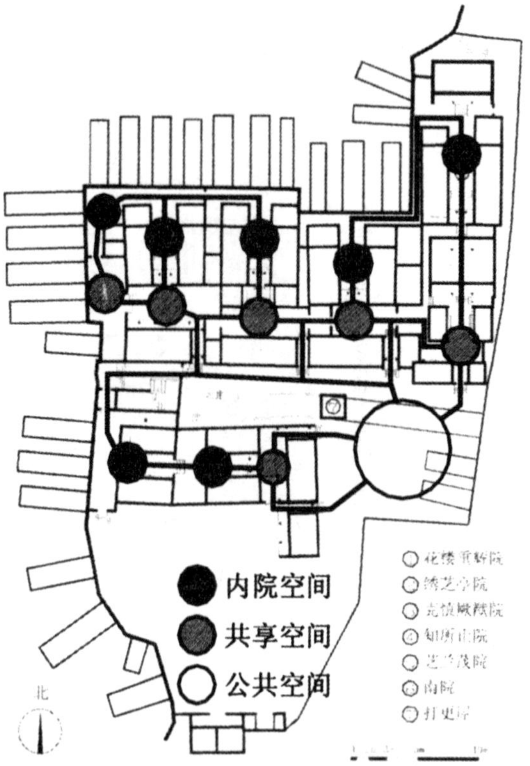

图 58　院落空间完整性示意

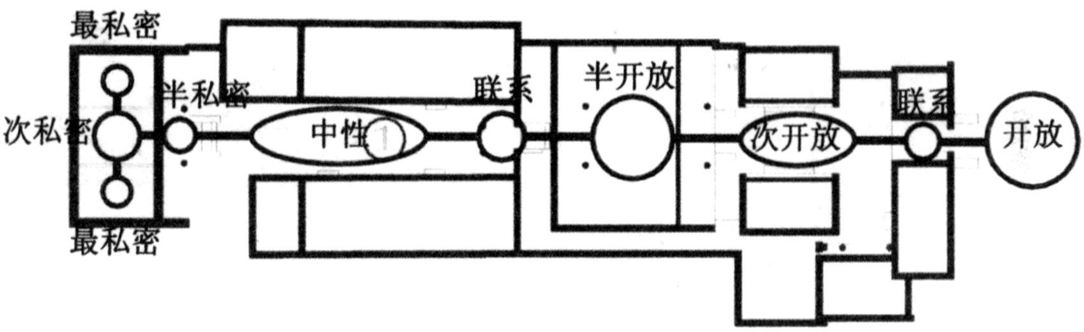

图 59　一号院空间序列示意图

图 60　靠山窑院内院空间示意图

图 61　院落空间

62　联系内外院空间的垂花门

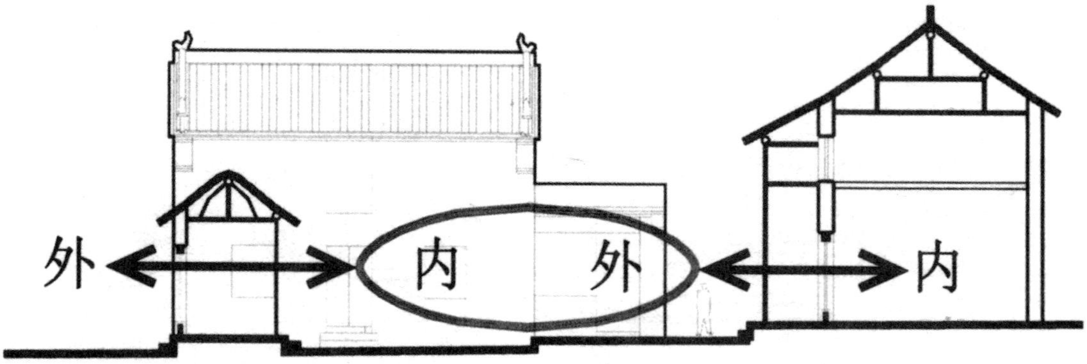

图 63　院落空间示意图

·营造技术研究·

龙门石窟奉先寺与大卢舍那像龛研究及修缮纪实

刘景龙

（龙门石窟研究院　洛阳　471023）

［关键词］龙门石窟；奉先寺；大卢舍那像龛

［摘　要］龙门石窟作为中国石窟艺术的典范，2000 年列入《世界文化遗产》名录。龙门石窟奉先寺历史上准确的名字是“大卢舍那像龛”。大卢舍那佛及群像的残破，是毁于因建“九间房”的佛殿而引发的火灾。1971 年至 1990 年保护工程：1. 大佛龛南壁天王、力士抢险工程；2. 卢舍那大佛的加固工程；3. 防洪排水工程；4. 熔洞的加固治理工程；5. 其他保护性修建项目。通过对奉先寺遗址的调查发掘、整理，初步了解是：该遗址是唐代奉先寺建筑遗迹，寺当为金、元时期所废。

Record of the Research and Restoration of the Fengxina Temples and Niche for Buddha Vaiocana in Longmen Grottoes

Liu Jinglong

(*Research Institute of Longme Grottoes　Luoyang*　471023)

Key Words: Longmen Grottoes; Fengxian Temple; Niche for Buddha Vairocana;

Abstract: As the model of Grottoes in China, Longmen Grottoes was listed in the World Heritage in 2000. The exact name of Fengxian Temple in history is Niche Buddha Vairocana. The fire during the construction of the Nine Rooms caused the damage of the Buddha Vairocana and other statuaries around it. The protection project from 1971 ti 1990 including: 1. the emergency project on the heavenly kings and warriors on the south walls of the niche. 2. the reinforcement of Variocana Buddha. 3. flood control and drainage prlject. 4. reinforcement project on the caves. 5. other projects about protection. By excavation and sifting through and organization, the preliminary understanding is that the site of Fengxian Temple is the construction of the Tang Dynasty. The temple was deserted in the period of the Jin and Yuan Dynasties.

龙门石窟作为中国石窟造像艺术的典范，被世人誉为龙门风格。联合国教科文组织赞之“是人类艺术创造力的充分体现。它是长期确立的艺术形式的典型，在亚洲地区文化的发展上扮演着非常重要的角色。龙门石窟非凡的石刻艺术囊括了中国唐朝时期深厚的文化底蕴和复杂的社会内涵。”这一高度评价，我想多是对奉先寺群雕而言，更准确的讲，是指卢舍那大佛。2000 年联合国教科文组织在澳大利亚凯恩斯召开的第 25 届会议上，一致通过将龙门石窟列入《世界文化遗产》名录（图 1a）。笔者在龙门石窟工作长达四十余年，对龙门石窟有着极为深厚的感情，从 20 世纪 70 年代初起先后参与并主持了龙门石窟大卢舍那像龛等的维修工程，尤其对大卢舍那像龛的研究与维修工程更常萦绕心扉。现将一些研究心得与修缮实况著成此文，以做为工作研究的总结，并请专家学者指正。

一、奉先寺大卢舍那像龛研究

1. 关于大卢舍那像龛的名称

今天人们所称的龙门石窟奉先寺，历史上准确的名字当是大像龛记碑所写的“大卢舍那像龛”。它位于龙门石窟西山南段山崖上，今窟龛编号1280号，是龙门石窟群中最大的一个造像群雕龛。也是我国目前发现留存的石雕艺术群中公认最为成熟的两组杰作之一（另一组是陕西乾陵前的一组石雕）。“卢舍那大像是龙门石窟的代表”，已被世人所公认（图1b）。

奉先寺的雕刻艺术之高早被世人公认，但奉先寺原名是大卢舍那像龛知者却不多。

据“奉先寺”主尊卢舍那大佛座东面南侧于唐调露二年（680年）所记的《大卢舍那像龛记》和32年后在大佛座北侧唐玄宗开元十年（722年）补刻的河洛上都龙门山之阳《大卢舍那像龛记》碑文分别记载了大卢舍那像龛当指今俗称的“奉先寺”。调露二年像龛记称“大卢舍那像龛者，大唐天皇大帝之所建也……粤以成亨三年壬申之岁四月一日皇后武氏助脂粉钱两万贯……”开元十年（722）年像龛记所刻略有区别：“河洛上都龙门山之阳，大卢舍那像龛记. 大唐高宗天皇大帝之所建也……值上元二年乙亥十二月三十日毕功。调露元年己卯八月十五日奉敕於大像龛南置大奉先寺……”（全文附后）说明大像龛开凿于唐高宗（650－671年）时期，具体哪一年开始凿造，史无记载。有研究者以咸亨三年（672年）开工，皇后捐脂粉钱始凿，上元二年（675年）毕工。多人认为，决不可能。且不说当时的科技条件，就是科技发达的今天，三年也是无法完成这一巨大工程的。《魏书》卷114《释老志》记宾阳洞用工二十五年完成中洞，推奉先寺用工至少也需二十年以上。“大卢舍那像龛记”是完工十年后补刻的，所以无记开始凿造年代，原因可能是开工时间已久，原无记载，无法考究，由此笔者推测营造时间约在二十年以上。

碑文中有“调露元年已卯（679年）奉敕于大像龛南置大奉先寺……”高宗并於翌年正月十五日为之“书额”，这更进一步说明现奉先寺原名是“大卢舍那像龛”，调露元年奉敕所建之大奉先寺，经近年调查、考证、发掘，已证实原“奉先寺”在龙门石窟（伊阙）南品外约200来左右处，“与大像龛记所记载相符”，该寺於开元十年伊水暴涨，与天竺寺同毁，现已无存。大像龛讹传为“奉先寺”起始无资料可查，日本学者水野清一在《释氏稽古略》卷三，将大卢舍那像龛叫做“龙华寺”，开元十年合并为奉先寺，实误。清代有“九间房”之称，清代末年历史学家刘声木先生称“大佛洞”，近代金石学家顾燮光始称“奉仙寺、九间房”，李建人在《洛阳古今谈》中称“奉先寺”，关百益在《伊阙石刻图表》称“奉先寺、龙华寺、天竺寺、九间房”，大村平子称“奉先寺”，关野贞、常盘大定在1945年的《龙门石窟研究》一书中称“第十九窟奉先寺卢舍那大像”；沙畹（法国）编为“U”（大像龛）；关野贞、常盘大定称“奉先寺卢舍那大佛”，20世纪50年代石窟周围村民众多称为“九间房”。近代研究者对“大卢舍那像龛”没正名，造成大像龛被讹传为“奉先寺”，至今传以为习，难复其名。

为便于研究，现将“大卢舍那像龛记”的唐调露二年刻本与唐卅元十年刻本两则原文附录于下：

附：

“大卢舍那像龛记”两则：

（一）大卢舍那像龛记录文：

唐调露二年（680年）

“龍門山之陽
大盧舍那像龕者大唐
天皇大帝之所建也
佛身通光座高八十五尺
二菩薩高七十尺迦葉阿
難金刚神王各高五十尺
粤以咸亨三年壬申之
歲四月一日
皇后武氏助脂粉钱二
萬贯奉敕検校僧西
京實際寺善道禪师法海
寺主惠暕法師大使司農
寺卿韋機副使東面监上
柱國樊玄則支料匠李君
瓚成仁威姚師積等至上
元二年乙亥十二月卅日
畢功调露元年已卯八月
十五日奉敕於

大像南置大奉先寺簡召

高僧行解兼備者二七人

創基主範持法英律而爲

上首至二年正月十五日

大帝書额前後别度僧一

十六人并戒行精勒住持

爲務恐年代绵邈芳纪莫

□□□□□□□□□□□”

此记位於大卢舍那佛座底东面南侧，现存二十行，与开元十年大卢舍那像龛记同，少(阙即续填)四字，因在露天，已损一部分。

(二)大卢舍那像龛记

唐開元十年(722年)

“河洛上都龍門山之陽大盧舍那像龕記

大唐高宗天皇大帝之所建也佛身通高八十五尺二菩薩七十尺

迦葉阿難金剛神王各高五十尺粤以咸亨三年壬申之歲四月一日

皇后武氏助脂粉錢兩萬貫奉敕檢校僧西京實際寺善道禪師法

海寺主惠諫法師大使司農寺卿韋機副使東面監上柱國樊玄則支料

匠李君瓚成仁威姚師積等至上元二年乙亥十二月三十日畢功調露元

年己卯八月十五日奉敕於大像南置大奉先寺簡召高僧行解兼

備者二七人闕即續填創基住持範法英律而爲上首至二年正月十五

日大帝書額前後别度僧一十六人並戒行精勤住持爲上首至二年正月十五

綿邈芳紀莫傳勒之頌銘庶貽永動云爾佛非有上法界爲身垂形化

物俯迹同人有感即現無罪乃親愚迷永隔唯憑信因寔賴我

皇圖玆麗質相好希有鴻顔無匹大慈大悲如月如日瞻容垢盡祈誠愿

正教東流七百餘載大龕功德唯此爲最縱廣兮十有二丈矣上下兮

百四十尺耳

牒敕旨龍華寺宜合作奉先寺

開元十年十二月五日

河南縣牒奉先寺

牒被符奉敕旨如右請録白入司施行牒舉者喋寺準狀者今以狀

牒牒至準狀故牒

開元十年十二月十二日史樊宗牒

尉員押”

原石左书(图2)

2.杰出的艺术成就

唐代石窟寺艺术已明显呈现出世俗化的趋势，唐王朝经济繁荣，社会上以丰满健壮、雍容华贵为美，大卢舍那像龛群雕反映出了唐代的审美时尚是唐代石刻艺术的杰作。

以卢舍那为中心的大像龛群雕，在构图设计上利用简练的对称排列布局，整组群雕突出的是卢舍那大佛(图3)。从卢舍那大佛的背光、项光图案与胸前一道道简洁环形衣纹组成多层次的同心圆围绕在头部的周围。大像龛所雕刻的内容：本尊卢舍那大佛面笑容、端庄慈祥，这种表现手法在当时是空前的。文殊、普贤菩萨庄严文静、雍容华贵，弟子阿难温和雅稚可爱；迦叶虔诚、善良；年幼的供养侍女脚穿云头鞋，温顺而度恭。天王、力士威武、雄壮、强健。整组雕刻构成一区佛国圣众的完美组合。同时也是世俗社会宫廷皇权的写照。

以卢舍那大佛为中心的这一组大型雕刻，是对大唐盛世获得伟大成就的时代所做的艺术概括。

大像龛在上述十一尊大像之外的正壁与南北两壁上，又穿插雕刻着四十八尊身高约190厘米的立佛，这就是位于大像龛北壁东侧的“大唐内侍省功德之碑”所述的由高力士、杨思勖等内侍省一百六十人封为大唐开元神武皇帝唐玄宗所造的西方无量寿佛一铺四十八事，时在开元六年，他已不在大像龛的整体设计布局范围。

在艺术表现手法上，大像龛也是精心设计的。如眼睛和服饰都有特殊的艺术处理。大像龛群像的眼眶内当时都镶嵌有球形黑色琉璃眼珠，大佛眼眶中的琉璃皂眼珠虽早已无存，但在1973年维修时仍可看到留存有粘结镶嵌的糯米白灰遗存。从北壁天王右腋下保留的衣纹装饰彩画可以断定，唐代对雕刻在都城的这组完美、庄严的大像龛在艺术处理上的认真严肃性，它增加了这组群像的真实感。

大像龛在雕刻艺术设计同像龛建筑形制设计上的配合，是十分和谐得当的。整个像龛区，面阔 38 米，进深 36 米，是一个宽阔开敞光亮的艺术空间，很好地展示了大佛龛群像的超常艺术魅力，成为国内外观光人群的必到之地。试想，如果这组群雕置于木构房屋建筑之内，柱子林立，群雕被立柱分割成若干单体，庄严宏伟的整体被分割而失去完整性，哪还有什么壮观场面？而今卢舍那大像居中坐在巨龛之内，群像环绕于两侧，阳光普照，气势极为宏伟壮观。

大像龛九尊大像的雕刻，在造像的总体尺度比例关系方面，作者还特别注意到了造像比例在视觉差上的纠正。正常人的头与身高低比例坐像是 5.5:1、站像是 7.5:1。大像龛造像的实际比例，依卢舍那大像来说，通高 17.14（实际高度 16.7）米，减去座高 3.8 米，大佛本身高不足 13 米，而实测头高 4 米竟是 4.2:1、耳长 1.9 米，极不成比例，但是当人们站在大佛前，并没有不协调的感觉。一般参观者很少有人能注意到九尊大像在雕凿时已纠正了人们的视觉差，只看群雕比例匀称，艺术的美，可敬可爱。1958 年为了完成中央领导要建房保护奉先寺几尊大像的指示，先对十一尊造像实施测绘，从实测图上看到除仅高 5 米左右的双髻侍女外，其余九尊造像测绘图明显与视觉上看到的几尊像完全不一样，比例过于失调，九尊大像都显得上身大，下身小（图 4、图 5）。实则原设计者巧妙的以人的视觉差雕刻了超越常人比例的群像。除了在比例上对视觉差进行调整，还合理的安排了朝拜者拜佛时所站立的地面位置距大佛不同距离的高度调整。大佛前 40 米左右的距离，除中间阶道供皇帝贵妃行走，整个地面共设计了四级高度差，愈远愈低，台阶缓减，使人们在龛前任何一个位置、任何角度看卢舍那大佛，都感到十分亲切，大佛的眼睛与你对视、亲近地面对仰望者微笑，让人们只有抬头仰望才能看到群雕、看到佛面，从而感到大佛的慈祥和和雄伟，这也是建筑艺术上的杰作。1990 年将像龛前沿清理整修，将皇家行走的九米宽台阶道整修、补缺并向前延伸砌筑到山下道边。使人们到奉先寺下，抬头隐隐仅可见到卢舍那在微笑，但完整的面部却难以看到，它吸引着游者到大像龛前去朝拜。

韦机是当时有名的设计大师。大像龛碑记中他的名字具重要位置，推测大像龛也是他的设计成果。他的设计构思考虑到如何突出大像龛的壮观，在选址上有独到之处。乐山、敦煌、宁夏固原须弥山、河南浚县等地分别都造有大佛，他们选址都在平地的山崖上凿洞窟造像。而龙门大像龛则在高出地面 18 米的山崖上开龛造像，使朝拜者在很远之处就隐约可见，对佛怀敬慕之情来攀登高阶。艺术家韦机等人（包括那些匠师们）的艺术造诣之深是可想而知的，大佛龛的成功是中华民族之骄傲。

3.“九间房”与火灾毁像

大像龛既有“奉先寺”的误称，又有“九间房”的错名。“九间房”何时始称与名之由来不详。民国初年在大像龛前登山台阶小道旁的崖壁上刻有每字约五十厘米见方的“九间房”三个字。1990 年修建新台阶将其掩盖。“九间房”从现留在龛壁面上的遗迹推算实际应是：正殿五间、南北天王力士厢房各三间，下层平台南北各建僧房三间为僧人、信徒居住，共十七间，“九间房”可能是多的意思，原意待考。大殿房屋建于何时，史书无记载。有专家推测：最早也在公元 785 年补刻造像记以后，多数专家推说是宋代，目的是为了保护大像龛的群雕，为信徒提供礼佛场所，而实际上是画蛇添足，而且为建房对雕刻品进行了严重的破坏，如在正壁大佛的背光周围安装梁枋的 23 个方孔，多开凿在造像的背光上，直接破坏了原有雕刻的精美图案，使背光残缺不全（图 4、5）。中间两排梁孔又在大佛的两肩上，为保护大佛，又要大佛两肩扛大梁，岂非自相矛盾吗？从地面排列大小不一的柱础分析，大像龛的建筑非一次所建，但无论哪一次，柱子林立，大梁又显得低矮，大像龛的整体性必然被破坏，而且佛殿内的光线和对视线均有不良影响，非常不利于对大佛的参拜和瞻仰。

卢舍那大佛及群像的残破更严重的是毁于因建“九间房”的佛殿而引发之火灾：大像龛的佛殿建筑史料无记载。研究者推测建造时代应在宋代，而且，是建成不久即因火灾而烧毁，史料也无记载，但实物证明，殿堂的烧毁已给龛内造像带来了一场大灾难。现在从实地观察，房架塌下，卢舍那大佛因两手向前伸，所以，架起了由殿顶落下的木材，当是火势最旺处，所以两手被烧掉，手下座饰被烧毁，座两侧及二弟子、二菩萨、南北两壁天王、力士及两侍女等造像上部也有架木方孔，因为房架木料小，底座通风不好，火势较小，即使如此天王下的地鬼、力士的脚部及弟子、菩萨下座也被烧得无一完整者，大像龛群像座也无一完整（图6、7、8、9、10、11）。像前地表岩石层层剥起、随之有片片剥离之迹（图3左下部地面），整个像龛壁面底角有严重烧灼的迹痕。九尊大像除南壁天王力士由于岩体结构原因严重损坏外，正壁、北壁造像身上部保存均还完整，底座残破，掉块不是正常见到的自然风化剥落。由此推断：大像龛群像所有造像的残毁都与造像后所建木构建筑而引发的火灾有关。即石刻在烈火中，造成岩体在高温作用下，发生不同程度的崩裂、剥蚀与残损。从石刻受损程度分析，凡居于大型木构架殿堂之下的佛像，损害就越大，在小型建筑之下的佛像损毁就相对轻些，而位于大像龛下层平台南北两壁最简宜的僧人住房在壁面上就没留火烧迹痕，损失相对较少。放生池位无建筑，池边沿完好无损，说明无被火烧过。大卢舍那像前正中阶道口踏向第一平台上是一长2米、宽1.5米、深1米的放生池（或焚帛池），应是为礼佛者焚香（帛）或放生所设。自大佛向南32米开始筑有宽9米、三分道，每阶高12厘米的阶梯，从每阶高度判断，显然是专为帝王、皇后、贵族礼佛所设计修造的。踏道分三组，在敦煌唐代壁画的殿堂上，多有表现，这是封建社会礼制建筑的一种做法，礼佛时帝王、后妃、大臣各行其道（图12）。由此可想像当时礼佛的盛大壮观场面。中间道前有焚帛池（或放生池），是为帝、后、皇室贵族拜佛施礼专设，文武百官侍从在此则无焚帛、放生之礼。龙门石窟两千多佛龛也仅此一例，由此可想当时的等级制度。

4. 大像龛的选址

唐代佛教艺术成熟，风水学也发展到了极成熟时期，就大像龛的地理位置、朝向选择，在那个时代应该是极讲究的。

大像龛的地理位置：大像龛是大唐皇家修建，建造时当然要经过周密、精心考察，设计者会首先从风水上考虑。大像龛巧妙地利用了这里的山形、地貌。营造主事者会非常注重建筑周围的山川河水形势、自然环境和建筑方位朝向等。当政者为弘扬佛法，护佑皇祚，为皇室营造大像龛，期望国祚永隆；主持施工者为工程顺利、安稳，都希望选择一处风水宝地。大佛面前台面开阔，西、南、北三面高山隆起，岩壁拱卫遮挡，选在高高的山腰上，两山头之间的沟豁位，首先省去了大量的工程量，并依照地形充分与大自然相结合定位、定向造像。面前有伊水，应该是佛学上称谓的“德水”相助，两侧高高耸立的山峰犹如左龙、右虎护卫，加上面对遥遥突出的应山定向，头顶高峰耸起（图13）。

卢舍那大佛的面向：大像龛面前隔伊水约300余米远，是香山南段的老君坝沟与万佛沟两条沟壑，卢舍那大佛的定向既选定了香山作为应山，大佛面前又避开了两条沟壑，选定面对的是两沟壑间突出的大山头作应山，临官一卢舍那的视线——香山（应山）在一条线上。

龙门石窟的选位，从地质岩石质地上分析，由万佛洞到古阳洞这一段属白云化残余鲕粒灰岩，层理厚，硬度小，质细而柔，易雕琢的区段已由古阳洞、火烧洞、皇甫公窟等在北魏就占居。543窟（万佛洞）到40窟（潜溪寺）大空间区段是细精白云岩（含铁量高出万佛洞到古阳洞的白云化鲕粒灰岩二十倍以上，质地坚硬），大像龛选择了这段层理厚，硬度小，质细而柔，易雕琢的白云化残余鲕粒灰岩岩体为这组群像艺术的成功凿造创造了有利基础条件。

大卢舍那像龛这一完整的设计构思，出于主持工程的官吏韦机、樊元则及参与主持的高僧善道、惠谏的规划设计，成于李君瓒等的雕凿技艺，更有赖于众多实施雕凿的匠师，这一历史创举是一代艺术大师和能工巧匠集体智慧的结晶。

毋庸讳言，由于历史条件、科学技术手段等因素，大像龛的选址也存在有美中不足之处，当然这是当时还没有物探技术，也有可能是为了省工、节俭，在选址时有意选择多溶孔位置，（北魏的古阳洞、莲花洞等都是为了省工，利用溶洞扩凿而成的）。在大像龛位置的地貌上，常人看不出任何与它处不同之处，而在卢舍那佛像南侧的壁面上，密布着大大小小不同的溶孔：像龛西南角上方，地表七米下是一个大溶洞，近似方形，边长约 40 米，溶洞顶部已向下陷落 20 厘米左右，暴露的洞口高 4 米多，宽 5 米多，敞口，看似危及着下部壁面岩体与阿难、菩萨两像的安全。1976 年我们用水泥和方料石砌成方柱支顶，每根柱 1 米×1 米，共六排，每排 6 根，总 36 根立柱，洞口用一米厚石墙支护，支柱与支护墙体双管齐下，牢固地支顶了已向下滑落的巨大岩块。为了方便后人对溶洞变化情况的检查，施工设计选定保留阿难上方（清代赐名）的神仙洞，供检查人员出入。

5. 营造大佛龛的主持人、著名匠师

《河洛上都龙门山之阳大卢舍那像龛记》碑文，记载了开凿大像龛的主持者、监工和设计、施工匠师们的姓名，他们多是唐代东都宫中的主持者、设计者和匠作师。唐朝的甄官令掌琢砖瓦石陶木之事，但是，皇室开凿石窟的工程则是由大监和特派大使、副使和僧侣负责主持的。高宗建大像龛主持工程的是检校僧西京实际寺善道禅师，法海寺寺主惠暕大师，大使司农寺卿韦机、副使东面监上柱国樊玄则、支料匠李君瓒、成仁威、姚师积等。善道禅师是净土宗大师；韦机是设计师，据史料记载，他曾设计有洛阳的上阳宫和迁移洛阳中桥。大监即将作大匠，龙朔二年改为大监掌土木营建之事(《龙门杂谈》)，应该是监工了。

支料匠李君瓒是工匠，当时工匠地位十分低下，因此史书无记载。《金石萃编》第五十八卷《李义丰造像记》云：咸亨元年（670 年）十二月二十二日，佛弟子李义丰为皇帝陛下、法界众生、合家大小先祖坟灵亡父、亡叔见存母敬造弥勒像一区夕李义丰妻乐，弟君瓒，妻王；弟除节，妻赵；弟承业，妻含。由造像记得知，李君瓒兄弟四人，排行第二。李君瓒参加大卢舍那像龛雕凿工程竣工后，又参加修建紫桂宫，调露二年（680 年）即大像龛完工的第五年，他回到家，在大像龛南约 20 米处造有高 30 厘米的观音像一区。“李君瓒修紫桂宫平安至家，敬造观音菩萨一区，＜调露二年＞六月三”。李君瓒能在参加大像龛工程后又选去修建紫桂宫，说明他当时已是杰出的能工巧匠和出色的施工管理人员（支料匠）。

大像龛这样巨大的艺术群雕绝非少数人所能完成得了，无疑是千百名名匠大师们集体智慧和辛勤劳动的结晶，但绝大多数能工巧匠虽付出了智慧和汗水，他们的名字却未能留于后世，仅仅在一些施主造像记中对那些能工巧匠留下赞美之词。当时工匠们积聚在龙门石窟区域附近形成村落，叫“石匠村”。龙门石窟东山万佛沟有“石作村”西山“大像龛”南北有“石匠”、“匠人”等刻记。唐玄宗时期，在高力士主持下，又在十一尊大像之间的空隙处雕造了四十八尊高两米左右的立佛，这些立佛形态单一，艺术价值与高宗时期的大像龛作品不可相比，只在龛壁上做一点装饰罢了。

6. 大佛龛营造工程中的传统技术措施

大像龛展示了卢舍那大佛的光辉，在营造工程中，先人们也对大佛龛提供了有效的保护措施。如前面讲到的大龛选址以及以龛代屋，挡风避雨；建排水沟，疏通山洪；使用腰铁，加固裂缝；施加彩画，石面防护；尤其是小片实验性的防风化涂料的试用，更具有科学性与启示作用。其中不少保护措施一直流传到今天，还在使用着和发展着。

(1)保护性大像龛的设计应用。

人们常说卢舍那是露天大佛，这种说法其实是一种观感。这是因为像大、龛大、光线好，展示了佛造像的光辉，而被人们忽视大佛及弟子、菩萨、供养人、护法神等 11 尊大像都在高大的像龛以内（图 14）。古人在造像时已注意到了对群像要进行有效的保护。首先是造龛保护，防雨防晒。这在夏季降雨时看得更明显。再大的雨，淋不着大佛像，雕像都是在大龛内保护着未被雨水淋湿，大像龛在南北向的伊阙口内，当地有句俗话，“进了龙门（伊阙）口不识风向”。因为像在伊阙内，东西有山，中为河道，所以，在这里只有南北风向，大像开凿在朝东向的大龛中，两大山挡风遮雨，龛南北两壁高大特具挡风功能。

(2)排水设施工程。

在石窟保护工作中水是石窟的一大祸害。为了防治水害，各大石窟都有排水泄洪设施。在防水设施上，中国自东北辽宁万佛堂石窟、西北宁夏须弥山石窟及四川诸多石窟在开窟造像的同时，都设计和凿造了排水系统.龙门石窟宾阳洞南侧崖体沿山体窟沿凿有类似的小沟槽排水，用来保护下方壁面雕刻的安全。1976年发现大像龛(奉先寺)沿有总长120米的人字形排水沟，其形制、规模、结构均与笔者在全国诸多石窟所见到的排水沟不同，没见到任何一处排水沟与龙门石窟大像龛所修凿的排水沟一样设计合理、宏伟、壮观(图3－6)。1976年对大像龛九尊大像加固竣工。为保证像龛不受山洪冲刷、保证不让山体表面活动的乱石滑落伤及游人及下部石刻，设计修建了一排水沟。施工开始由檐正面开挖基槽，发现了两条开凿整齐的基槽。经过清理研究，判断它是与大像龛同时开凿修建的一大型排水保护工程。这一排水工程设施，南北各长60米，沟槽宽0.5米，平底，沿像龛龛沿南北绕行。北侧一条出水口在像龛前向北折转约5米。南侧一面因天王、力士上部像龛龛沿崖体坍塌，此一段仅留阶梯式(可能是坡度大、为施工方便)的沟底(是多年来古建筑研究者的迷团)。沟口处有近10米保存完好，出水口南折约5米，至药方洞上方北侧(稀少的窟龛也是大像龛完工以后开凿的小龛)排水。它是全国诸多石窟寺排水沟中规模最大、作用最完整、设计最合理的一条，看其沟形似大像龛上戴了一顶宝盖。当年我们对其整修、补砌，为确保质量与长期效应，南侧中段用环氧砂浆取代水泥砂浆堍石补配，使这一古代排水工程重新发挥了排洪和阻挡滚石的作用。大像龛形制大，龛沿深(正壁深5米余)龛上又有大型排水沟，有效地保护了卢舍那大佛及诸神王不受雨淋、山洪冲刷和滚石砸伤之害。

(3)彩绘的装饰与保护功能。

由于大像龛早已设置了良好的龛檐保护功能，从而使历经千余年的自然侵袭后，大像北侧弟子迦叶头顶上高力士所造的立佛原着颜色及北壁天王右腋盔甲上的色彩保存都尚好，表现出古代的建筑彩绘不仅具有装饰作用，而且对石质文物的表层均有保护作用(图5)。

(4)腰铁的应用。

在1973年对大佛实施灌浆加固过程中发现在卢舍那头项南半部，小溶孔与裂隙纵横相连，造像时古人已使用了“8”字形腰铁，用糯米拌白灰粘结加固，这一加固石刻的方法，在其后的石质工程中也多常见，直到今天，这一技术应用范围仍较广泛。

(5)对溶洞的补砌技术。

在唐代造像时，已发现了位于大像南侧的弟子阿难和普贤菩萨，身上有多处溶孔，当时已采用了用石头补砌好之后再加以雕刻的办法：唐代匠师们的方法是在大像龛开始雕刻时，将已暴露的溶孔扩凿成规则的方形孔，先镶粘装上加工好的岩石块，使整个造像岩体完整，然后再行雕刻、补块与周边雕刻线条协调一致，因补配技术高超，衣纹线条连接无可挑剔，所以1974年维修工程对原补块与原岩体间的裂缝用环氧胶泥填补之后，表面整修作旧，现已看不到旧的接缝。对于这一保护修葺的技法，我们在二十世纪五十年代、七十年代对阿难雕像左下颏部溶孔的两次修补及菩萨雕像右臂内侧、胸部及左腿等处的补配工程中，均加以借鉴使用，使修复各部严实、牢固、完整。

(6)对石刻表层风化病害加涂无机合成材料的防护技术。

这是在龙门石窟和巩县石窟调查中的一项重要的发现。古人为使石窟表层雕刻不受外环境污染受到损害，还对石刻的风化用无机合成材料加以防护性实验。龙门石窟大像龛、万佛洞、惠简洞等盛唐时期在防风化材料上颇有研究成果，也给我们留下了宝贵的经验。现今在龙门石窟中的大像龛、万佛洞、惠简洞等窟壁面、造像表面都有一层厚约0.03～0.05毫米厚的涂层，古阳洞、莲花洞两个北魏洞窟雕刻、题记上也有零散的涂块，有涂层的岩块和处于同一条件下无涂层的岩体表面相比较，溶蚀、风化程度明显不一样，说明涂层起到了有效的保护作用。1991年对龙门石窟周边中小型石窟调查，发现巩县石窟寺第二窟壁面的千佛龛上和第三窟的唐代造像龛的造像上有类似龙门石窟的涂料，因砂岩岩体耐风化能力弱，涂层部位的保护效果更为明显：所用涂料未见史料记载，该材料在岩石孔隙率大的巩县石窟砂岩岩体上，渗透性好，加固效果也好，表面结膜极微，巩县石窟第三窟两涂层处表面均暗红微亮(第二窟千佛龛略有发亮，未取样）。1992 年对上述五个窟的涂层取样分析，推断属唐代所涂，与出现在古阳洞、莲花洞等北魏洞窟的涂层是同时期涂的试验材料，由此证明唐代进行防风化保护也是要先进行小面积试验，莲花洞、古阳洞与巩县石窟几处数平方厘米小块遗存应该是对防风化进行涂刷试验所留下的遗迹。（见附表）

附表：龙门、巩县两石窟古代防风化涂料分析结果

<table>
<tr><td>样品名称</td><td colspan="2">龙门石窟佛像表面涂层</td><td colspan="2">送样日期</td><td>1992 年 3 月 1 日</td></tr>
<tr><td>分析项目</td><td colspan="2">全分析</td><td colspan="2"></td><td></td></tr>
<tr><td>委托单位</td><td colspan="2">龙门石窟研究所</td><td colspan="2">联系人</td><td>陈建平</td></tr>
<tr><td colspan="6">采样点
(1)巩县石窟第三窟(2)万佛沿(3)奉先寺(4)莲花洞</td></tr>
<tr><td rowspan="9">分析结果</td><td>分析项目</td><td>A—1</td><td>A—2</td><td>A—4</td><td>A—5</td></tr>
<tr><td>石膏</td><td>13.24</td><td>62.27</td><td>65.49</td><td>50.98</td></tr>
<tr><td>二氧化锰</td><td>0.08</td><td>0.11</td><td>0.13</td><td>0.11</td></tr>
<tr><td>碳酸镁</td><td>1.40</td><td>0.81</td><td>0.91</td><td>0.98</td></tr>
<tr><td>铁红</td><td>2.20</td><td>1.39</td><td>1.60</td><td>1.75</td></tr>
<tr><td>四氧化三铝</td><td>0.26</td><td>0.21</td><td>0.15</td><td>0.61</td></tr>
<tr><td>氧化铜</td><td>0.03</td><td>0.05</td><td></td><td></td></tr>
<tr><td>水分</td><td>4</td><td>5</td><td>7</td><td>6</td></tr>
<tr><td>二氧化硅</td><td>78.51</td><td>30.37</td><td>24.85</td><td>40.60</td></tr>
<tr><td rowspan="2">分析人</td><td colspan="2">戴允民　王三友</td><td>批准</td><td colspan="2">许一平</td></tr>
<tr><td colspan="2">1992 年 3 月 21 日</td><td></td><td colspan="2">1992 年 3 月 23 日</td></tr>
</table>

二、1971 年至 1990 年大卢舍那像龛等保护工程纪实

1965 年文化部文物局所属的古代建筑修整所提出为龙门石窟保管所培养技术保护人才，笔者有幸到云冈石窟学习保护技术。1966 年“文化大革命”开始了，龙门石窟附近的某中学的学生几天前曾来龙门，扬言要砸石窟。我受龙门石窟书记指派立即报告了中共洛阳市委，市委书记吕英果断决策，派洛阳第一高级中学、洛阳农机学院同学到龙门石窟与龙门保管所的同志共同驻守保护，阻挡了中学生的不良行动，龙门石窟得到了保护，没受到破坏。1992 年江泽民总书记到龙门石窟参观，我向总书记讲了那一段历史，总书记说：“这些人是功臣，要记住他们。”我心里始终没忘记 1966 年市委吕英书记、洛阳农机学院，洛阳第一高中的学生们保护龙门石窟的动人景象。

1. 大佛龛南壁天王、力士抢险工程

1971 年我和 1955 年曾参加龙门石窟工作的曹光祥同志合作，在 1965 年文化部为工农兵服务调查小组对龙门石窟破坏情况调查的基础上，收集石窟损坏新变化的资料，曹光祥照像。我写文字，向洛阳市革命委员会反映的同时，也向中央有关方面进行了反映，并引起领导部门的重视。1971 年 6 月从湖北五七干校劳动的原文化部古代建筑修整所（现中国文化遗产研究院）的人员中抽调四人来到龙门石窟落实损坏情况，勘察、研究抢修方案。7 月开始了“文化大革命”后我国第一起大型石刻文物抢修工程的室内试验、选定奉先寺大佛龛南壁天王力士作为现场试验对象，7 月下旬开展了大佛龛南壁天王力士抢险工程的现场工作。

鉴于龙门石窟是开凿在结构细密、孔隙率极小、强度高的石灰岩岩体上，与云冈石窟的砂岩岩体差异大。1962 年中南化学研究所、文化部文物局古代建筑修整所在云冈石窟研究试验使用甲基丙烯酸甲酯灌浆材料加固云冈石窟的强度、施工工艺等方法不适用于龙门石窟。文物保护当时（就目前）没有专用材料、器械，都是借用品经过改进使用。奉先寺的抢险加固是在中南化学研究所进行水利混凝土大坝灌浆堵漏的配方，因 1962 年中南化学研究所与文化部文物局古代建筑修整所合作对云冈石窟进行加固保护研究试验、1966 年黄河青铜峡水库灌浆堵漏，笔者到现场学习中南化学研究所的灌浆技术，与中南化学研究所叶作舟教授认识，我写信同叶作舟先生联系，叶先生很快寄来了一份中南化学研究所“水利化学灌浆堵漏配方”材料。1971 年 7 月份，国务院图博口的陈中行、陆寿麟、蔡润、姜怀英及河南省博物馆的陈进良等同志都到了现场，市政府指示原文物管理委员会主任蒋若是支持龙门石窟抢修工程，龙门石窟保管所领导张兰英、林世东对保护工作都很支持。立即组织有国务院图博口同志、省博物馆

陈进良、龙门石窟保管所刘景龙、冯五现同志共同组成奉先寺抢险工程小组,开始工作。

抢险小组经过认真调查、摸底,决定用环氧树脂灌浆结合钢筋锚杆对奉先寺残破最严重、现状最危险的南壁天王、力士进行实验性加固抢险工程。报经市革命委员会逐级向上请示,国务院图博口很快批准了我们的方案,现场试验工作立即开始。

小组分作配方试验、施工工具选择、加工、购买等项工作。各项目相互交替进行。经过一个月的试验,认真对广州化学研究所提供的配方进行分析研究,先后改进配置了十多个配方。分别进行粘结抗拉试验、材料的自身抗压、抗弯曲试验。洛阳市建筑工程公司试验室积极配合,进行数据测试,很快选定了配方。了解到洛阳风动工具厂的无振动钻岩机钻孔减少震动,是最适合裂隙密布、破碎严重的石刻钻孔串锚杆的工具,厂方又为我们加工了套接加长钻杆的套丝,钻杆可由 2 米延长到需要的长度。为保证石刻文物表面不受磕碰,施工架不能用金属管件,经市计划委员会批准解决了脚手架需要的杉木杆,施工经费由河南省政府很快拨到。领导的关心、全市各单位支持,为龙门大佛龛的抢险工程奠定了良好的基础。

1966 年我与蔡润到宁夏青铜峡大坝,向中国科学院广州化学研究所学习过灌浆技术,研究用于水利工程混凝土大坝的灌浆加固、堵漏材料——环氧树脂材料。与甲基丙烯酸甲脂材料相比,货源充足、老化期长(无发现有老化例),运输方便,施工工艺远远比甲基丙烯酸甲脂简便。经过在配方上的改性,不仅保持了原有的物理性能,又有了良好的渗透性,韧性、强度都有增大,它是石刻文物保护维修加固的一种有发展前途的理想材料。1971 年在国务院图博口领导、专家的关心支持下,中央古建筑修整所、河南省博物馆、龙门石窟保管所共同在中南化学研究所水利大坝灌浆堵漏配方的基础上针对龙门石窟奉先寺大像龛南壁天王力士(石灰岩质地文物)的岩石加固配方进行改进试验、施工工艺研究,施工设备的研究制作,当年取得成功,完成了奉先寺南壁天王力士的抢险、加固工程。这一试验改进成果,1973 年在云冈石窟加固工程中开始应用,1974 年在全国石刻文物保护上普通应用。"环氧树脂灌浆技术"1978 年在全国科学大会获得了成果奖。

施工方案的制定:奉先寺大像龛是龙门石窟的代表作,尽管南壁造像严重残破,它是奉先寺群像的组成部分(图 5)。经勘察发现,南壁天王、力士两尊像都已与岩壁分离,裂缝上大下小,宽达 15 厘米以上,天王胸部左侧早期塌落。为防止施工中出现异常,搭脚手架前已首先用圆木将两尊像支顶牢固,脚手架按照国家建筑标准搭设,要求搭建的脚手架不能与山体(加固对象)相连,整个脚手架是一独立体,脚手架的晃动不能影响雕刻品的安全。脚手架搭设成后,按试验结果、拟定加固程序开始施工。

(1)清洗裂隙:现场没有高压自来水,裂隙中的灰尘聚集年久,我们自己设计了近一吨量,能承受 3 个压力以上的活口水桶,用潜水泵从伊水将水抽到大像龛地面上,装入压力桶,再用空气压缩机加压,用两个以上大气压力进行冲洗,到裂隙中流出的水变清为止,达到了我们的要求。

(2)布灌浆管:首先清理天王力士与岩壁间裂隙中的杂物,用清水冲洗干净,增加粘结强度,待干燥后,在缝隙两侧的雕刻品表面涂脱模剂,根据裂缝的分布情况,布灌浆管,一般高度间距在 30 厘米左右,便于一旦灌浆时有漏浆情况,间距小,压力也小,漏浆易堵,间距大一旦漏浆难以堵止。

(3)封缝:(环氧树脂+固化剂+适量的岩石粉末)封堵裂缝,裂缝的封闭过程中,对较宽大裂隙要用小片石砌垫,节省胶泥、增加封堵强度、减少环氧胶泥流淌。为增加灌浆强度,节省原材料,在封闭天王力士两侧裂缝的同时,将筛选好的(合适粒度的干净沙粒)干净石子填入裂缝,减少灌浆材料、增加灌浆强度。封缝要注意尽量保持线条与雕刻表面物一致,减少作旧处理的工作量,封缝质量是灌浆加固效果的关键。

(4)检漏:封缝结束,检查封缝效果,有无漏孔。用压缩空气通过灌浆孔压气,外表层涂肥皂水从气泡情况检查漏气点,修补漏孔。反复检查三遍以上,确认无漏洞,再进行下一步灌浆工序。

(5)灌浆:大像龛采用的环氧树脂灌浆结合工程锚杆加固的方法,灌浆配方是:环氧树脂100:糠醛30:丙酮30:二乙烯三胺18(重量比),方法是压力灌浆和常压灌浆两种,压力灌浆桶是我们自己设计加工的(进气阀、排气阀、法兰盘一对角6个螺栓、带阀门的出浆口与灌浆管相连),容量五公斤。做好灌浆前的准备(堵漏材料——肥皂,堵孔工具锥、棉纱等必要工具)。灌浆由下而上。确保灌满浆,第一天灌满,第二天检查再补灌.因为经过一夜的裂隙渗透,每次均有补灌。南壁天王、力士灌浆封缝,因为在主裂隙外,细小裂隙少,所以到九月比较顺利结束。接下来我们开始吊装复归天王左胸部塌落部分,场地距道路高差大,机械无法运到现场使用,经计算塌落体重量,借来四个五吨手拉"捣链",将早期塌落地上的天王左胸部清洗干净,粘结面钢刷刷新,为确保粘结强度,先用环氧树脂稀料渗透粘结面,遵照文物保护原则,保证石刻表面不受伤碰,在开始吊装前又备好了麻袋、木片支垫的物品,确保吊装捆绑石刻的钢丝绳不直接与石刻接触。在吊起归位时,要确认与原位无丝毫错位,线条吻合一致,衣纹、雕刻衔接顺畅,再支顶牢固。因为要与右胸线条协调,衣纹顺畅,所以与岩壁的间隙距离也保持一致。接下来开始封闭周边裂缝,再用环氧砂浆边灌、边用钢锤捣实。停留三天,确保环氧树脂完全固化,吊装归位的左胸粘结固定牢固。又用无震动钻岩机钻孔,使用铁路边坡加固工程锚固的方法加施钢筋锚杆加固。国外发达国家文物保护锚固使用的都是紫铜、不锈钢。我们当时的经济条件不允许,只有在工序上、技术上采取锚固钢材先除锈,再灌浆密封使锚杆与氧气彻底隔绝,防止钢筋锚杆的氧化锈蚀,保证其耐久作用。

锚杆加固,锚固剂开始使用钢筋内楔、外螺栓,由环氧树脂灌浆锚固。后期使用膨胀水泥固定钢筋锚杆,抗拉强度十吨以上,完全达到要求。

从锚杆钻孔得知,奉先寺南壁天王力士与岩体间裂隙2米厚的距离内还有两层台的乱石、杂草堆积物需作清理。在清理中出土了早期卢舍那像北侧迦叶像坍塌下来的头、身残块,都以同样的方法归位、粘结。有几块残身件确实找不到位置,无法粘结的,暂放在卢舍那像前的焚帛池中保存。

1972年,图博口同志开始到云冈石窟等地考察文物保护项目,开辟新工程。我们也为了进一步摸索、积累经验,计划这一年只维修加固北壁天王一尊像。7月请部队技工指导搭脚手架,架子搭成后,开始检查石刻病情。发现天王托塔的右手胳薄腋下有彩绘,经专业人员现场考察、研究后,认为彩画是早期的,要保护好。我认为,这一衣纹彩画之所以能保护这么好,这么鲜艳,是因为在腋下防雨效果好,整天不受阳光照射,避开了紫外线直射的缘故。天王像整体与岩壁间一裂隙将其分离,造像上部裂隙明显,下部细小,全身及头额以上严重破碎。为确保文物本身和施工安全,我们仍先用大圆木支顶牢固,用铁路边坡加固工程的锚固方法,用无震动钻岩机在设计好的位置(受力部位的隐蔽位置)钻孔11个,选用24mm螺纹钢(除锈后使用),锚杆采用内楔外螺栓。因头部钻孔怕出危险,特用环氧树脂进行局部粘结、架杆进行了固定,再开钻钻孔锚固。待将全身进行了初步稳定,开始冲洗、吹干、安装灌浆管、刷脱摸剂、封缝、检漏、灌浆。此像因整体稳定性差,全身裂纹多,灌浆多采取常压灌浆方法,每天灌浆高度在50厘米内。即使如此,第一天灌浆,第二天50厘米高度内的像体表面,满是浆液渗出结成的串珠似的半软半硬半固化浆液。说明浆液已渗透到各个部位,灌浆效果也令我们满意。对天王靴用环氧胶泥修补,因为刚开始未先用稀料刷渗,后来修补部分与原雕刻之间出现有裂缝。

作旧:裂缝封闭灌浆,灌浆管清理后的迹痕、灌浆中间避免不了漏浆清理后的遗痕、锚杆孔的修补等等,按照文物修复的要求,要坚持不改变原貌的原则。灌浆结束,由石工清除封缝多出的地方、修补锚杆头位置、随和周边雕刻线条及清理干净灌浆漏出的废浆液,并要把表面随周边光洁度打磨一致,再用丙烯酸乳液(苯丙乳液、硅丙乳液……)涂刷,再用颜色相近的岩石粉末刷抹装饰与周边原雕刻色协调一致。

2. 卢舍那大佛的加固维修工程

经过1971年对南壁天王、力士，1972年对北壁天王的修复实践，1973年已积累了一定的经验，对卢舍那大佛进行加固工程已具备了较为熟练的技术条件。而且卢舍那大佛危险程度最大，全身损毁严重，头上与后壁有一条裂隙、脖颈也有一前低后高的斜裂隙。远看，头似平放在肩上。面部左侧一裂缝宽有3厘米，缝里面岩体连接不清楚(图6、7)。因此，向中央报的是奉先寺危险程度最大，选送的照片主要是北壁天王力士、卢舍那大佛。中央批准抢险，决不能让大佛出一点问题。1973年上级通知：龙门石窟刘景龙、冯五现已掌握了石窟维修施工技术，可以独立工作了，中央今年不再到龙门去人了。九月为迎接周恩来总理陪加拿大总理到龙门石窟参观，文化部文物局所属古代建筑修整所老所长蔡学昌同北京故宫博物院陆寿麟同志来检查了保护工程，表示满意。我选定这一年加固卢舍那大像，提前开始施工。组长冯五现同意我的意见，所领导林世东书记和温玉成所长均表示同意和支持。

3月到上海树脂厂定购环氧树脂、染化十四厂订了固化剂二乙烯三胺等材料，4月在洛阳备好用具与施工必备的工具，5月开始现场施工。从脚手架的设计、搭建，一直到九月三十日完工，我与冯五现两人几乎没离开过奉先寺施工现场。我们与民工同吃同住同干活，工人们的工作时间也从没计较过。工人每天工作都在70多岁的老石工刘元标的带领下，每天干10小时以上，大家从不讲价钱，也从没要过加班费。我每晚都在思考计划着第二天的工作。架子要有跑道、独立架，杉杆不得与卢舍那像接触，避免碰掉活动的雕刻石块、安全防火道，人身安全通道，钻机的后坐力支顶，工作人员上下架子的方便通道等等。经常半夜要到未完成的架前观望、比划、揣摩，用了一个月的时间，最终搭成了满意的卢舍那大像加固施工脚手架。

架子搭好，首先清理掉覆盖在卢舍那大佛身上的几十架子车石子，开始由上而下将雕刻品表面清扫干净，并冲洗裂缝。冲洗时要求三人在场，手扶稳残破块再开压力水阀门。冲洗过程中发现裂隙中有积土、石子堆积，便使用8号铁丝慢慢扒出来。

在眼睛冲洗前，发现原粘结琉璃眼珠留下的糯米白灰遗存还存在，我们严加保护，小心对周边冲洗，遗迹没有丝毫损伤。对头顶原镶嵌的“8”字形腰铁与粘结物都是特加保护。钻孔要有四个人掌钻，孔口位置、方向绝对要与设计保持一致，不得偏斜。锚杆钢筋按要求长度锯好，光洁度几经检查，绝对不能有锈点，坚持必须是灌浆的浆液平面接近钻孔水平位置再放钻杆，封孔、灌浆，钢筋要在尽短时间内被环氧树脂浆液包围不再与氧气接触。裂缝冲洗、锚杆钻孔内的水干燥后(为加速钻孔干燥，一般每一钻孔完成，都用压缩空气再吹几分钟)，冲洗、钻孔结束(大佛总计用锚杆20根)，干燥几天后，开始修补衣纹、耳、鼻、唇。为修补需要，到洛阳水泥厂利用研磨机研磨了一汽车岩石粉末，卢舍那像身上的大裂纹先用碎石块砌补，对裂缝两侧和补砌碎石块、修补部位，在修补前均用稀释的环氧树脂浆液边修补边涂刷，以增加修补块与雕刻品的粘结强度。卢舍那大佛的修补实际是和封缝同时进行的。修补过程中，安装灌浆管基本是同时进行。对大佛的修补过程，一开始就特别注意与周边线条，衣纹走向的协调。用了将近两个月的时间，残缺部位修补结束，没封的缝也就剩余不多了，封缝实际是补缝。这一阶段的工程于7月中旬结束。接下来就是检漏、灌浆、石工修凿与作旧等工作。检漏、补封时间长，检出的漏洞用稀胶泥浆补、点滴检，认真补、效果好，为灌浆顺利进行奠定了基础。封缝、修补用的环氧胶泥共用环氧树脂1.5吨，灌浆用环氧树脂1.2吨(辅料除外)。灌浆结束，我与冯五现趁架子用皮卷尺重新量了大佛的高度，头顶平一杆。到大佛面前地平面是17.14米，公布时没减去佛座下的45厘米底阶。大佛全身整个修饰整妆，头部有：左面部大裂缝修补位，右耳下端、嘴唇、鼻子修补处让石工先剁个大样，线条基本符合，再开始用砂轮细磨。个别封缝、修补的位置还要用环氧胶泥再修补、填平(图17)。右耳在修补时，因距离太近，架子不易折、捡、审看、修改，最后脚手架全部拆完，看两耳不一样，补的不合要求，时已晚了。几十年来，每看到卢舍那，必看右耳，悔其失误之时。

1974 年，奉先寺九尊大像已完成百分之七十以上的工作量，通过三年的工作，也已积累了经验。年初，冯五现调文物工作队工作，我一人主持保护工程，但我有决心尽快完成奉先寺的整个抢险工程。北壁力士、正壁两菩萨、阿难四尊像的加固，除北壁力士危险程度与天王基本相同外，两菩萨、阿难主体都基本稳定，加固工程一年完成。经费问题在年底向国家文物局汇报卢舍那大佛的修复加固情况和年初到国家文物局汇报工程计划、所需经费，都得到鼓励、支持。单位领导肯定了工作计划，一揽子工作由我通管。当时物资紧张，环氧树脂、固化剂都要提前到上海几家工厂讲情、宣传龙门石窟（那时也只有送几本龙门石窟小册子），好话讲遍，才可购到所必须的化学材料。另外，在洛阳准备地方可供材料。当时杉杆是最难买的一种材料，洛阳实在太紧张，便到北京找国家文物局，很快从清西陵一次给调了 100 根.解决了脚手架的大问题。一直坚持到 1986 年综合治理立项才开始联系购进杉杆。

为了在一年内完成四尊像的加固，包括四尊像的座、地鬼、足部不同程度的残破的维修。对残损已不存在的部位，因无根据，不再修补。加固维修过程，我选择了同时搭架，流水作业，即每一道工序依次进行完毕，再进行下一道工序，赶快了进度。四尊像清理表面、冲洗、置灌浆管、封缝、修补同时进行。左侧（北普贤菩萨眼中琉璃眼珠虽然碎为多块，但保存还完整，我们坚持不予扰动，保持原样，因其它处原粘结剂还很牢固）力士像、石壁完全脱离，危险度高，列为这一年的重点加固项目。施工前先用原木支顶牢固，作为第一个搭架、第一个加固施工项目，力士像共打入锚杆 6 根，灌浆用环氧树脂 300 公斤。壁南普贤菩萨座残，主要是修补。因在开凿时已扩大溶孔用雕凿好的补件修补，在一千多年的时间里有的丢失了。对这一类胸部、左腿上的两块，我们仍以原方法刻好补件，用环氧胶泥粘补上。对还保留着原刻件的补块，松动的取出，用环氧胶泥填实粘上。对较牢固的补件，用封缝灌浆粘结的方法加固。正壁弟子阿难座残破，全身溶孔多，头上额右侧、面部左侧到下颚大范围是 50 年代用水泥修补的，也没养护好，强度太差，予以清理干净，全部重新用环氧胶泥又补了一次，身上原补的地方线条和谐适度基本没大动作。（图 18、19、20、21、22）

1975 年我们对奉先寺重点危险造像抢险工程告一段落，宾阳洞前的伊阙佛龛之碑整体与岩壁分离，有滑塌的危险，1975 年停下奉先寺的一般治理工程，抢修了伊阙佛龛之碑。

3. 防洪排水工程

奉先寺的抢险工程结束，防山洪、雨水冲刷的正常维护工程还需进行。1958 年中央领导专门指示：奉先寺要建房保护。后来，国家文物局领导（陈滋德）讲：中央领导当时是在我们国家技术落后，没能力保护的情况下讲这番话的，现在技术先进了，要保持原状。为了预防山洪冲刷，1975 年我与国务院图博口的姜怀英同志共同设计了一条沿龛沿走向的排水沟，1976 年开始凿建排水沟，施工开始清理表面堆积层，发现像龛正上方有凿挖整齐的沟槽与新设计的排水沟相重叠，为了慎重处理，先对发现的沟槽进行清理，摸清用途，再行施工。经过谨慎清理，弄清正上方是相距 100 厘米的两条沟槽，组成人字形，头下边沿造像龛沿两边延伸，北侧窟沿边的沟槽保存尚完整，仅有局部残破；南侧窟沿边原沿龛沿崖壁上凿有一条台阶状的平台，不知什么作用，一直是研究者的一个谜。这次对上沟口及下出水口进行清理，弄清了它是原始凿建的排水防护沟槽底，是为保护大像龛内的造像不遭受山洪冲刷；保护拜佛的信徒不遭受滚石伤害而凿建的排水挡石沟槽建筑设置。只是早被破坏，仅留沟底。台阶状的沟底是因南侧沟槽坡度大，施工人员无法站立，为了便于施工，凿留台阶，供施工者站立施工的。

南沿排水沟出水口位置的下面山崖，是大像龛完成以后平民百姓凿造的零星小龛；北侧沿排水沟的出水口在一片平地，无窟龛区，地面是否凿有排水沟槽，当时无顾及清理发掘。总的讲，排水沟的设计、选扯、开凿是合理的，当时又顾及到了左邻右舍。排水沟的形状似一宝盖，排水沟顶“人字形”字头上翘，两出水沟口弯曲外撇，俯视其形，恰似大像龛顶戴一宝盖，这又是主持工程的韦机一项智慧结晶（图 2－6）。

根据新的发现，重新研究认为：原防护设施的设计走向合理，可以对原排水防护沟进行补修、加固，重新使用，以免重复设计，工程量太大、破坏历史遗迹、破坏环境，同时也造成浪费。而且，有利位置早期已被占用，根据周边地形考察，再选位置效果肯定不如原开窟始修凿的位置好。原排水防护沟槽大样为人字形，南北两条沿龛沿走向，正上方叠交处相间100厘米，相交长度约300厘米，整个正面南北向的一段保存较完整，南北两条出水口保存也尚好，基本未遭受损坏，保护原迹、原貌是重要的，几次现场研究，决定修复原沟，保护历史原貌。

南侧一条由出水口处下面崖体是大像龛完成后凿造的少量小形造像龛。从出水口向北，转南北走向，不到10米，又向西折起；一直到大像龛西南角上方，沟槽再向北折转处，整个南壁面排水沟外沿全毁无存，整个排水沟内沿，保存完好，也无风化破损，不需加固、修补。对外沿我们按照原沟槽破损显示的遗迹厚度，先计算好用料厚薄、大小，准备好石块。南侧排水沟坡度大，水流急，不会有积水，沟槽深度保持与北侧沟槽的深度基本一致，为保证修补砌体的长久坚固，补砌粘结物用环氧树脂拌和水泥砂浆，强度绝对高于水泥砂浆，也避免养护时间不足.造成强度达不到要求。

北侧沟槽清理干净后进行检查，整体基本没受大损坏。内沿完好无缺，外沿只是局部破损，修补是两种方法：其一，对已活动的部位，将石头取开，擦洗干净，用环氧树脂砂浆粘结上；其二，缺部位，依照两侧形状，随其形造石块修补，粘结同样用环氧树脂砂浆。

通过30多年来的观察，修补、加固的沟槽，坚固程度如初，达到了预期的目的。历史证实了唐代凿造的排水、挡石沟槽所起到的效果明显，证明了先人在保护工程方面的聪明智慧。

4.溶洞的加固治理工程

奉先寺的选址有美中不足之点，缺点就是在西南角上没避开大大小小的溶洞，使卢舍那背光、阿难、普贤菩萨诸多位置露出溶洞没能避离。西南角的一大溶洞南北长达40米，东西宽近30米，高达3米多，中一直径60厘米的竖井，深度将下降到伊水面，从正面龛沿观察，溶洞洞顶已向下滑落约20厘米，溶洞是石窟安全的巨大隐患。而且分布范围较广，为一劳永逸保护大像龛的稳定，要对溶洞支顶。是填实支顶，还是砌柱支顶，讨论比较，填实稳妥，但浪费大，以后不易检查；所以决定采用砌柱支顶的办法。计用料石砌了100×100厘米的方柱8根，洞口砌石是100厘米以上厚度砌封，为以后工作进洞检查的方便，阿难上方（清代施名）的神仙洞保留。

5.其他保护性修建项目

龙门石窟的文物安全保护工作，除了防盗凿、崩坍、漏水等病害外，最通常的损坏行为是刻画、涂写、抚摸等。1980年我设计了钢筋矛头栏杆在宾阳洞试装，经征求意见（今样品安装在东山大万伍佛洞）几经改进，在石窟区普遍安装。对奉先寺游人集中的地段，经现场反复勘察、演示。于1985年选择既可阻止游人进入限制区抱腿、磨损碑刻、刻画、阻挡游人投掷石子，又用石块装修下层平台，扩大容人面积，使人们有一个良好的欣赏以卢舍那为中心的整体造像艺术美的合适位置，安装了栏杆。三十年来，矛头围栏起到了预计的保护目的。

1983年我试着设计修通了奉先寺通向火烧洞的栈道，1990年又将伊河边旅游通道通往卢舍那大佛面前不足一米宽台阶，按佛前那段唐武皇谒拜卢舍那的九米宽台阶延伸到伊河边游览路，游人参观奉先寺后，不再走回头路，直接向火烧洞方向参观，满足了发展着的旅游节、假日人流集中时期的需要。

三、关于“大奉先寺”旧址的调查与保护工作

关于大卢舍那像龛以南“大奉先寺”旧址的调查与龙门石窟研究所发掘奉先寺遗址的情况附件两则：

（一）民间调查：六十年代。魏湾村老年村民于二十世纪初年在龙门石窟南口外约100余米位置发现有数米宽用（唐代）莲花纹铺地方砖路面，由东向西经地震台南走向高台地，台地上在上个世纪七十年代有一米多见方成排的柱础

被农民平整场地出土，应是调露元年高宗敕建的奉先寺。《旧唐书·五行志》记载：开元十年(722年)，“伊水暴涨，毁都城南龙门天竺、奉先寺。”至同年(开元十年)十二月五日，便急“敕旨，龙华寺宜合作奉先寺。”龙华寺合作的奉先寺在今魏湾村正北，地平面上有洛阳通向伊川的公路，大面积是农民的耕地。魏湾村村民居住的窑洞挖去部分面积，窑洞崖壁上暴露多处建筑遗存。1997年龙门石窟研究所与意大利那波里大学、意大利东方文化研究所，意大利非洲与东方研究所联系，现场勘察，最后由洛阳市文物事业管理局组织龙门石窟研究所、意大利那波里大学、意大利东方文化研究所，意大利非洲与东方研究所经国家文物局批准，联合先对开元十年敕旨合并的奉先寺进行了调查、发掘。调查成果显著、发掘出土了一批珍贵的造像与记述奉先寺的文字资料，该项合作双方本意一直继续顺延下去，对奉先寺进行完整的了解。但在第二期协议还有一年期的时间，2002年3月14日我退下来后，继续合作调查，搞清奉先寺三个位置的历史转变过程的愿望落空了。我与意大利合作调查开始时，作了一次普探，钻探结果与出土文字记载着的塔院是相符的。由于合作中断了，调查未能继续进行下去，此是我对与意大利合作的最大遗憾。

(二)洛阳市文物局组织龙门石窟研究所负责发掘奉先寺遗址的情况

1.遗址的地层发现情况

第1层：耕土层。土色灰褐，质地疏松。厚0.12—0.4米。出土有近现代瓷片和玻璃碎片等。

第2层：现代垫土层。土色灰黄，较硬。厚0.2—0.4米。包含物基本同上。

第3层：明清时期堆积。土色赭黄，质地较硬。厚0.19—0.3米。出土有明清青花瓷片和乾隆通宝铜钱等。

第4层：金元时期堆积。土色深褐，质较软。厚0.12—0.26米。内含白地黑花、白地酱色花瓷片、青瓷碗片及砖瓦建筑构件等。

第5层：金元时期堆积。土色灰黄，质地较硬。厚0.25米。出土物基本同4层。

第6层：金元时期堆积。土色黑灰，质地疏松。厚0.4—0.75米：内含砖瓦类建筑构件多，并有石刻造像及文字记录、青瓷、自瓷残片等。该层下即为建筑台基。

2.遗迹发现情况

发掘区内，主要的建筑遗迹位于洛伊公路北的台地上。台基已揭露部分东西长约46米，中部南北宽约20米。东部南伸部分南部被公路破坏，残长15米，东西宽约13米。发现的遗迹主要有殿址和水道等。

①殿址1座

殿址座北面南，保存较好。东西长25.77、南北宽19.06米，高出南部地面约0.8米。殿址西南角的角柱石略呈方形，边长约0.42、高约0.77米，西、南两面(即外露面)打磨光滑，南面阴线刻有荷花纹饰，东、北两面不规整。角柱石下衬有青石。东南角的角柱石已不存在，角柱下衬垫的青石尚存。殿址西北角的角石为长方形，长0.825米，宽0.665米，厚0.4米。殿址东北部为现代坟墓区，暂未发掘。殿址北部为一条东西向砖砌水道，南部为砖砌包边，再南正中为上殿台阶。

殿址西墙残长9.6，厚1.26，残高0.18米。墙体内外两侧，底部均横砌一层长条砖，其上顺砌两排长条砖，中间用土填实。北墙仅北侧个别地方残存有一层或两层长条砖，砌法与西墙同。发掘部分长6.45米，推测其宽度为1.07米。东墙仅东缘(也可能是殿基东缘)尚能辨出。南墙无存。

柱础石多已不存。发掘区内，共发现柱础石10块，其中一块置于另一块之上。最北一排和最西一排均为壁柱柱础。西面两列柱础石间距4.73米(柱础中心间距)，北面两排间距2.43米。柱础石多为方形，大小不一，最大者边长约0.7，最小者边长约0.35米。边长0.45米左右者共3块，其中一块中间带有榫窝，榫窝直径0.08、深0.055米。边长0.65米左右者共5块，其中，西南角的一块为素覆盆柱础。东南部两块柱础石位置略偏。

室内地面为砖铺地坪。最西面的两排是南北向错缝平铺的方砖。其东一排用方砖和长条砖相隔铺成，长条砖为南北向，目的是使以东西向平铺的方砖错缝。西北部铺砖保存较多，也较完整，西南部铺砖经长期踩踏而多成碎块，但多能看出整砖轮廓。在房内南部正中，西距西墙4.28米，北距北墙5.3米，东距东墙东缘5.95米的范围内，为一用条砖（多为砖块）砌边的铺砖遗迹。条砖的外缘平齐。西部残长8.8米，北部发掘部分长6.98米，东部残长8.3米，南缘不详。在此范围内用方砖东西向错缝平铺。铺砖仅东南角存留几块，其余的地方仅能辨出铺砖所用的白灰痕迹。

室外部分，西墙以西，铺砖宽0.53米，内侧为一排顺砌的条砖，外侧平铺一排方砖，含角石残长约3.6米。北墙以北，东西向错缝平铺两排方砖，其北为一排横铺的大长条砖，再北为水道的内槽。

殿基南侧为砖砌包边基槽，槽内砌砖多已不存，底部有砌砖痕迹。基槽东西长同殿基，宽0.36、深0.002米。砖槽两端为角柱石。基槽内距台阶0.54米处，东西两侧各置一带有榫窝的青石，均残。西侧青石长0.805、宽0.4、残高约0.7米。榫窝长方形，位于青石北部中间，东西长0.25、南北宽0.22、残深约0.54米。东侧青石形状大小与西侧青石略同，榫窝底部有三块砖块，似为填塞榫窝而置。

从殿内铺地砖的情况看，发掘区内，东北部有几块高出原地坪，与之同一平面的柱础石有一块，柱础石略呈方形，边长约0.41、高约0.15米。这很有可能是后期修建的遗迹，因存留较少，这一期的殿址情况不明，推测其结构与早期殿址相似，只是将地坪抬高约0.01米。

②水道

水道位于殿址北侧，东西南，用砖砌成。水道西端基本上与殿址西缘齐。发掘部分长约7米，内槽宽0.74、深0.38米。底部用两排条砖横铺而成，两岸用条砖错缝顺砌，共8层，底层砖低于水道底部铺砖。南岸宽0.56米，北岸砌单层砖。修砌得非常严密结实。南岸表层砌砖与殿址北部廊道铺砖连成一体。北岸地面横铺一排条砖。水道西端为条砖砌成，残高0.19米。水道内填土为淤土，含有大量小卵石、细沙和白灰粒等。水道以西为砖砌地面，东西长约1.6，南北宽约1.1米。

水道近西端处，有一段南北向夯土墙，南对殿址西墙。将水道封堵，底部砌出一个排水孔。夯土墙长2.7米、宽约1米、残高0.9米，夯层厚0.08米左右。水道槽内，墙的西皮较为整齐。排水孔偏南，宽0.18、高0.19米。这段夯土墙的修筑时间较大殿稍晚。

其它的遗迹有台阶、散水、火炕等。这里仅作以简单介绍：在殿址南缘两侧，各有一个台阶，以殿址台阶为轴线，东西基本对称。西侧台阶坡度小而长，东部台阶坡度大而短。从发掘情况看，殿址东西两侧均有建筑，可能是僧房类建筑。台基南凸部分的两侧有砖砌包边，其外用条砖铺砌散水，散水外侧用条砖侧砌，作为挡边。在殿址北部西墙外侧，有一砖砌平台，底部有四道用砖块砌成的矮墙，其上平铺方砖。这可能是僧房中的火炕，炕头位于背面。

3. 遗物

遗址内出土遗物有建筑材料、石刻造像、生活用品和铜钱等四大类。

①建筑材料

建筑材料出土数量最多。有砖、瓦、滴水和瓦当等。

砖分方砖和长方形砖两种。

方砖：边长36厘米左右，厚6厘米。多饰“X”形几何纹。

长方形砖：尺寸不一，一般长35厘米、宽17厘米、厚5～6厘米。有一种大型长方形砖，长50～54厘米、宽34.7厘米、厚5～6厘米。背面多饰凹条纹和“米”字形纹。

瓦分板瓦、筒瓦两种。

板瓦：素面布纹里或磨光。亦有无重唇板瓦、重唇板瓦。瓦沿纹饰有麦穗状、三角形和波浪形等，一般长37厘米左右，下端宽21～23厘米、厚约2.5厘米。

筒瓦：瓦身呈半圆形，素面布纹里或磨光，瓦的一端出有内唇。一般长35厘米、宽14厘米、厚2厘米左右。

滴水：有略呈三角形和椭圆形两种，均为兽面纹。瓦当正面模印有盘龙纹和兽面纹。

②石刻造像

遗址内出土的石刻造像均为石灰岩质，有佛像、菩萨像、弟子像和佛龛等。

佛像4件。均为圆雕。其一为立像，余者

为半身像与头部。

菩萨像 7 件。均为圆雕。3 件为坐像，1 件为立像，另外 3 件仅见头部。

弟子像。通高 82 厘米、像高 60.5 厘米，头部残。颈部有二道蚕节纹，着交令内衣，外披双领下垂式袈裟，双手相执掩于袈裟内。胯部左送。跣足立于束腰仰莲圆台上，束腰处上下各叠涩一层，莲瓣为双圆翘角。

佛龛 1 件。龛项及左侧残。

千佛造像碑：碑之一部分，现存圆拱坐佛龛 13 行，满行 14 龛，现存佛像 124 尊。佛像均高肉髻，着通双领下垂式袈裟，内着僧祇支，施禅定印，结跏趺坐于仰圆座上(图 22)。

俗人头像：石灰质，隋代，高 6.7 厘米。面部丰满圆润(图 23)。

千佛碑断片数块：唐代，中间一块高 55.3 厘米、宽 45.8 厘米、厚 19.7 厘米。

残佛龛：唐代，高 36.2 厘米，宽 33 厘米。2000 年龙门奉先寺遗址出土。原为如来佛像居中，左右均有胁侍菩萨的三尊式造像龛。龛顶与左侧残失，如来左臂下部残失，身着通肩大衣，坐在束腰台座上，呈结跏趺坐状。胁侍姿态三曲，右手持物向下，左手屈臂上举，立在束腰台座上(图 24)。

武人头像：陶质，盛唐，高 11.5 厘米。2000 年龙门奉先寺遗址出土。戴头盔，怒目圆睁，表情威严生动(图 25)。

如来坐像：唐代，高 103.5 厘米。如来坐像基本完好，仅胫部及右手指受损，佛像及莲座雕工甚精，是很难得的一尊较完整的如来佛坐像(图 26)。

如来像：唐代，高 21.8 厘米。2000 年奉先寺遗址出土，胸部以下缺失。高髻刻涡卷形，面部文雅而威严。身着通肩大衣。为盛唐作品。(图 27)

菩萨立像：唐代，高 48.4 厘米。2000 年奉先寺遗址出土菩萨立像左臂弯曲上举，右臂向下，腰部向左扭曲呈站立三屈姿态。头部和两手臂下及两膝下部缺失。垂发悬至两肩、上半身空丝帛、有胸饰、从两肩到腹前交叉连珠状缨络。天衣从两肩垂下、从两臂下有两条直至膝上、前端缺失。从风格属上判为 7 世纪制作(图 28)。

菩萨头像：唐代，高 22.3 厘米，宽 11 厘米。2000 年出土，面丰满，高发髻上饰大宝珠，下联圆环，口下一凹纹，显出唐代以胖为美的风度(图 29)。

半跏菩萨像：石灰岩、唐代，高 87.5 厘米。2000 年奉先寺遗址出土，头顶高宝髻，宝髻正面刻净水瓶。脸颊丰满圆润。右手覆于右膝上，右足残；左肩下部到左手残缺，左腿半跏坐于莲花座上。盛唐作品。(图 30、31)

半跏菩萨像：盛唐，高 83 厘米。右腿半跏状，左腿向下，左手覆于左膝，坐于莲花座上，头顶宝髻较大，呈贝状。从面部及身体形态看，整体显得成熟稳重。该像发现时，腰部断开，右肩之下至右手残缺(图 32、33)。

菩萨像：63.2 厘米，头部雕像极精致，胸部以下严重残缺(图 34)。

大如来立佛：唐代，高 189 厘米。2000 年奉先寺遗址出土，当时已碎成 10 多块散落在遗址大殿地面，后进行了对接，高 189 厘米，像螺髻，圆脸，空通肩大衣，立于莲花座上。推测是接引佛(图 35)。

佛头像：高 28 厘米。涡旋髻，面部圆润。盛唐作品(图 36)。

上半身佛：唐代，高 22 厘米。

比丘(俗人)身，唐代，高 30 厘米。

半成品菩萨头，半面脸，高约 20 厘米。

菩萨头像

佛头：唐代，高 28 厘米。

此外还有佛手、菩萨、佛像残块。

③宋代四大文豪之一的文彦博题龙门奉先寺记碑(拓本一)

“题龙门奉先寺

河东节度使守太尉潞国公文彦博

伊叟已先至

兴师犹未归临高东

北望一片白云飞

门人云　师不久自魏归

元丰三年十月

十三日殿中丞

陈安民明素大

师陈宗应三嵋

主从并同至

元丰四年九月望日传戒副住持赐紫法晏立

化主僧惠然同立　张志宁刊”(图 37)

④瓷器

以青瓷为主,黑釉瓷、白瓷较少。器类以碗为主。碗足圈中多写有毛笔字,分别写的是“奉先寺”、“奉先”、“奉”、“先”,还有僧人“賨樊”名字等不同的字(图 38、39、40、41)。

青瓷,通体均施均匀的青绿釉,釉层较簿,釉面大,多光洁莹润。浅灰胎,质地细密坚实。器类只有瓷碗一种。

白瓷有:瓷碗、瓷盘。

黑瓷:有碗和粉盒两种。

出土瓷器经瓷器专家鉴定,多是宋元时代。

⑤铜钱

铜钱共出土 44 枚。唐开元通宝 4 枚,其中,一枚背面印一“洛”字。

金海陵王时期的正隆元宝 1 枚。其余均为宋代铜钱。宋代铜钱从宋太宗到宋徽宗时期的均有出土,分别是:宋太宗时期的至道元宝;宋真宗时期的景德元宝、祥符通宝、天禧通宝;宋仁宗时期的天圣元宝、景祐通宝、皇宋通宝、至和元宝和嘉祐元宝;宋英宗时期的治平元宝;宋神宗时期的熙宁元宝和元丰通宝;宋哲宗时期的元祐通宝;宋徽宗时期的圣宋元宝和政和通宝。其中,皇宋通宝和元丰通宝较多。

⑥出土历史文物

经幢:五十年代村民挖土发现,公路北侧,高 140 厘米,八面,面宽 13—14.5 厘米不等,刻陀罗尼经,记述奉先寺盛状。

题解:

经幛大幅为《陀罗尼经》。这段文字是经幢前面的序言。主要记载了经幢供养者奉先寺和尚宝德的生平事迹。作者是宝德和尚的弟子圆叚。

修建该经幢的发起人应该是奉先寺僧人宝德,他检校了《陀罗尼经》文,然未来得及修建经幢,便圆寂了。他的弟子圆叚按他的意愿,完成了经幢。

经幢文:

大朴既散,造化未运,年迷□旅,众象之浊,无由自拯。我梵雄,戡薙魔军,匡济蠢类,展龄寿于尘算,升沦蛰于高岸者,其惟佛顶尊胜。

真言驱口,代传儒行,时习仁让,含光蓄穰,□□□□,□□□□,□□□□,求索不著,常怀高志,知栖树远,劳力难攀,定常持心,佛不离□。初住天宫,从遂侍□。一鳌□务,宽猛于济。师事和畅,人□义爱,□墙声悠,长若嘱呼。名遂身退。功成不居。坚暖顽子,□□绵怜。

吾师上之曰:“宝德与广真,上命断本年。神器飧泣,即同此碑。深墙厚溪,不历众途。愿化为灰,均于水陆,回兹缗帛,造一石幢。模皆泫众,荐区永福。此是愿也。”言迄归寂,报龄五十九。

润夏卅曰,不俟卜月,镌勒斯毕,立拎龙门奉先寺之塔院。文皎:早承惠眷,悲深镐原,聊纪休列,传之不朽。恐海田之或变,异未曾于斯文,于时贞元十八年廿六日,命忝建廷门,比历学亭,刊文皎迹并书。

检校修幢僧:道睿宝德

弟僧:圆叚

译文:

质朴的大道已经毁灭,造化也不逢时运,岁月迷失于漫漫之征途,众生在昏浊之中难以自我拯救。我威武雄健的梵道(佛教)啊,戡乱刈除魔军,匡扶宇宙,救济芸芸蠢类的生灵。

使得红尘中的生命能够舒展到他最大的寿限,使得沉沦蛰伏的人民能够登上高高的彼岸,唯有至尊无上的佛陀。

(我的上师宝德,他)真言能够驱除邪恶,(他的祖先)世代传递儒家学说。(他本人)时常学习仁义谦让,胸怀光明而行为谦虚……,探索真理,心中树立广大的志向。知道规矩,尽力攀登艰难,抱定信念,终日念佛。(他)进入僧院做了寺僧以后,虔诚侍奉佛尊。自从管理寺庙中的事务以后,立刻理清了各方面的头绪,各种措施宽严得体。以至于师徒和畅,充满了仁义友爱。寺院梵墙之内,经常听到亲切的嘱咐欢呼之声。(他)建立巨大的威望之后,便功成身退,绝不居功。(他)坚毅的品质能感化了顽固弟子。(他的友爱慈悲的品行)绵绵的广为流传。

(一日)我的师傅宝德说:“宝德和广真(我们二人)的天命应该在今年中断。(你们众弟子)要设立神器皿和飧食,就要像这座经幢碑记述的一样。要筑起高高的围墙，引来溪水，不要重蹈一般的众庶的归宿。（我）愿意化作尘灰，遍洒水陆之间。用这些钱财，建造一座石经幢，作为感化众人的模范，为天下人祈求永福。这是我的心愿。”说完，圆寂了，（他）在俗世中年龄为五十九岁。

在湿润的夏月三十日，来不及等待占卜择日，（就）镌刻这通经幢，立在龙门奉先寺的塔院之中。刻文的目的，是要表达这样一种心愿：很早承受师傅的恩惠照顾，我们的悲伤比鹡鸰鸟独自在荒原上鸣叫还深痛。暂且把师傅的品行事迹刻在经幢上，以便使之传之不朽。恐怕时间久远以后，他的事迹传闻有不同于经幢上所记载的，所以，在贞元十八年某月二十六日，（弟子圆叚）命人仿照着学校里的学亭样式，修建了寺院的门亭，并在经幢上亲自刻上（陀罗尼）经文和宝德师傅的事迹。

检校修幢僧人是道睿和宝德

弟子：圆叚

《陀罗尼经》（略）

坐佛：1958年修建公路出土坐佛，石灰岩质，盛唐雕刻。通高101厘米，坐高40厘米，肩宽37厘米。螺髻，面相方圆丰满，舒眉微睁，嘴角微翘，鼻尖微残，双耳长垂，颈部刻三道蚕节纹，着通双领下垂式袈裟，内着僧只支，胸结带，左手抚膝，右手侧举，五指残失，结跏趺坐于仰覆莲束腰圆座上。

卖地契刻碑：2000年百姓在挖土时挖出，正方形，边长40.5厘米，出土于遗址西部高台西南约30米处。字体有魏、楷、行等。记述奉先寺寺主守真于唐丁亥天成贰年十二月拾叁日立契卖罗汉台西脚下两亩地一事。

卖地记碑录文：

“龙门奉先寺主僧守真　唐丁亥岁天成贰年拾贰月

拾叁日立契卖寺后中岭罗汉台西脚下割地贰亩

东西北　至南至古凌东西阔贰拾步南北长贰拾伍步止

敬爱寺千佛院僧傅肪充先　大师和尚墳塔地准價钱

壹拾贯文为定其钱及地立契日交相分付讫并无悬欠

其他如後别有人占認稱是自己田地不忏买人之事并是

卖人支当官有政法下準么契为据代雨家书契儛院

僧继珍年五十三

寺主僧守真五十五

同学僧惠真年四十七

儛院主僧思真年三十九

儛院僧思範年四十

天成三军（928年）正月八日收税讫

买地主内外臨壇大德傅肪奉为

先和尚澄明大师修塔地以记於後

同学傅朗

同学河陽萬歲律院宗主内外臨壇大德傅業

同学傅日＋出同学内外鹽壇大德襲源 同学全晰同学全皎同学襲章”（图42）

此卖地契证实了该地域是奉先寺，后唐（927年）时期该寺的香火还在延续着。

4.结语

通过对奉先寺遗址的调查、发掘和初步整理，对该遗址的初步了解是：

①从出土的碑刻、石刻造像和建筑遗迹、遗物可以判断，该遗址是唐代奉先寺建筑遗迹。据龙门石窟大卢舍那像龛主佛座北侧《河洛上都龙门山之阳大卢舍那像龛记》记载：“调露元年已卯（679年）八月十五日，奉敕于大像龛南置大奉先寺”，奉先寺与大奉先寺同指一寺，只是随着寺院地位的改变，而名称略异。

②从发掘情况：现存建筑基址的上部堆积有唐、宋、金、元时期遗物，奉先寺建筑当为金、元时期所废。从局部小范围的解剖：建筑下为约40厘米厚的夯土，夯土下即为生土，说明寺院建成后，虽然不断有局部的修缮、改建，但其基本建筑结构保持未变，即使原建筑被毁，重建时也基本上利用原有台基。

③从发掘现场东侧150米处60年代出土的大型柱础以及窑洞中的水管道、百姓传说伊水西岸的唐代莲花地砖道路，应是唐调露元年高宗敕建的大奉先寺；现发掘的殿基是朝南方向，柱础相对较小，应是开元十年，伊水泛涨奉先寺被毁；同年十二月五日敕旨，龙华寺宜合作

奉先寺。”

④发掘出土的石刻造像多成碎块，分散存于堆积层中，经对接多是基本完整造像，由此推测，寺院的最终毁弃系人为因素所致。

⑤《旧唐书·五行志》记载：开元十年(722年)，“伊水泛涨，毁都城南龙门天竺、奉先寺”。(2000年龙门村农民在伊阙口北约1000米处伊河边施工，于深3米位挖出与奉先寺遗址出土的半结跏菩萨造型相同的菩萨像，雕刻表面已被冲刷一层，有可能是调露元年高宗敕建的奉先寺内置像被大水冲下淹没的)至同年(开元十年)十二月五日，便急“敕旨，龙华寺宜合作奉先寺”。现遗址东约3000余平方米的建筑基址，于二十世纪六十年代已被农民挖掉，数十个大型柱础石也相继丢失。现今魏湾村在人民公社时期使用的窑洞内还有暴露着直径30厘米、长10多米的陶制水管道和平整的遗址建筑地面。l990年农民曾在公路南与发掘的殿址相对应处挖去约100平方米以上面积的铺有唐砖的地面。证实《唐书·五行志》记载：“开元十年二月四日伊水泛涨，毁都城南龙门天竺寺、奉先寺”的记载实有其事。

⑥调查

在遗址南魏湾村村民居住的窑洞崖壁上保存有遗址的砖道遗存。

魏湾村农民于六十年代初介绍：1900年前后，遗址东、伊水西，现地震台前不远处还有一条约宽6米通向伊水边的莲花方砖铺的道路。

1965年—1970年农民挖土平地在发掘现场东的150米处，出土有边长100厘米的方础石多排。

因遗址上堆积层多砖瓦，考古钻探较为困难，因此整个布局还要靠进一步的发掘工作才能了解。

[作者简介]刘景龙，1958年参加中国科学院(现社会科学院)工作，1964年调龙门保管所，1965年学习文物技术保护，1985年任保管所副所长，1989年任龙门石窟研究所副所长，1993年任龙门石窟研究所所长，2005年退休。是龙门石窟研究所技术保护的奠基人，著有《龙门石窟保护》、《古阳洞》、《宾阳洞》、《龙门二十品与造像艺术》、《龙门石窟总录》等二十余部，发表论文十余篇

参考文献

[1]发掘简报是在本人与李永强合作在2001年《中原文物》2期发表的基础上又作了较大的修改，载入本文。

[2]温玉成，《龙门奉先寺遗址调查记》，《考古与文物》1986年2期。

[3]富安敦，《龙门大奉先寺的起源及地位》，《中原文物1997年2期。

图 1a　龙门石窟西山南段(中为奉先寺大卢舍那像龛)

图 1b　1971 年修复后的奉先寺(大卢舍那像龛)

图 2 大卢舍那像龛记(唐开元十年)拓片

图 3　大像龛本尊及弟子、二菩萨像实测图(洛阳市设计院 1958 年测绘)

图 4　大像龛北壁金刚、神王像实测图(洛阳市设计院 1958 年测绘)

图 5　大像龛南壁金刚、神王像实测图(洛阳市设计院 1958 年测绘)

图 6　修复前大卢舍那佛及其南侧弟子、菩萨损毁状况

图 7　大卢舍那佛修复前面部及胸、望部损毁状况

图 8　大卢舍那佛基座左侧烧毁残况

图 9　大卢舍那佛基座右侧烧毁残况

图 10　修复前大佛北侧的天王、力士损毁状况

图 11　修复前大佛北侧金刚头部损毁状况

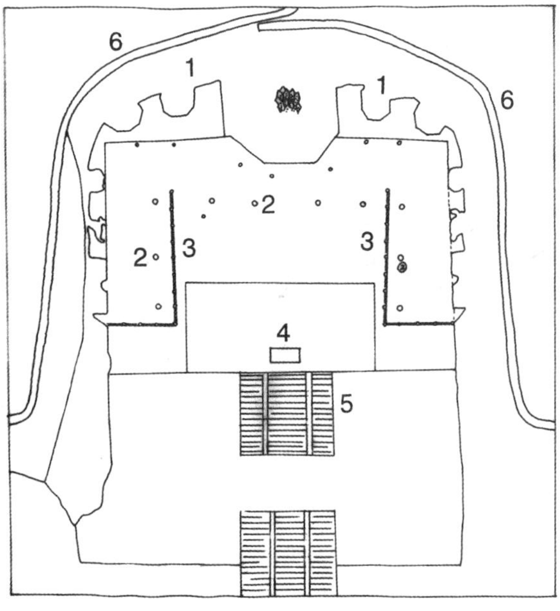

图 12　大像龛平面图

1. 雕像岩体　2. 后加建筑柱遗迹

3. 护栏　4. 放生池　5. 台阶　6. 排水沟

图 13　1990 年修建的奉先寺台阶及大卢舍那佛头顶的高峰

图 14　大像龛保护下的卢舍那群像（中、北壁部分）

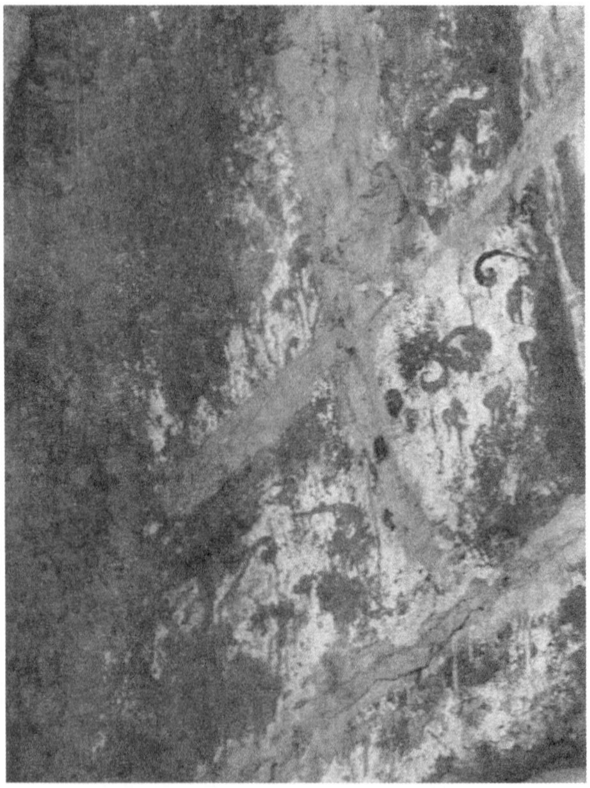

图 15　北壁天王右腋下保存的唐代彩画

图 16　修复后的奉先寺大像龛大卢舍那佛像及南侧弟子、菩萨雕像

图 17　修复后的奉先寺大像龛中部大卢舍那佛及二弟子、二菩萨群像

图 18　修复后的奉先寺大像龛正壁
右胁侍菩萨像

图 19　修复后的奉先寺大像龛正壁
左胁侍菩萨像

图 20　修复后的弟子阿难立像

图 21　修复后的北壁天王、力士像

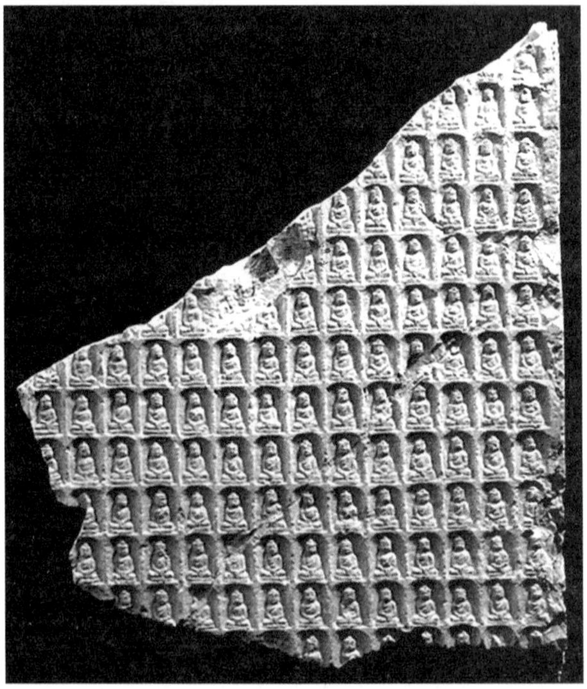

图 22　千佛造像碑(局部)

图 23　俗人头像

图 24　残佛龛

图 25　武人头像

图 26　如来坐像

图 27　如来像

图 28　菩萨立像

图 29　菩萨头像

图 30　半跏菩萨像

图 31　半跏菩萨像(上部)

图 32　半跏菩萨像

图 33　半跏菩萨像(上部)

图 34　菩萨像

图 35　大如来像

图 36　佛头像

图 37　文彦博:题龙门奉先寺(宋元丰三年)

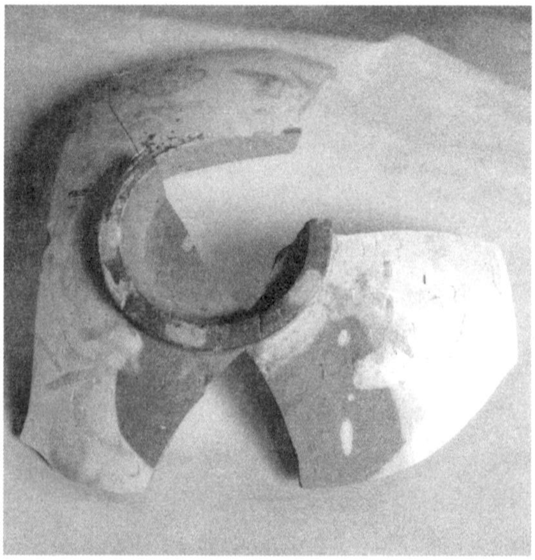

图 38　奉先寺遗址出土的写有“奉先”二字的碗足

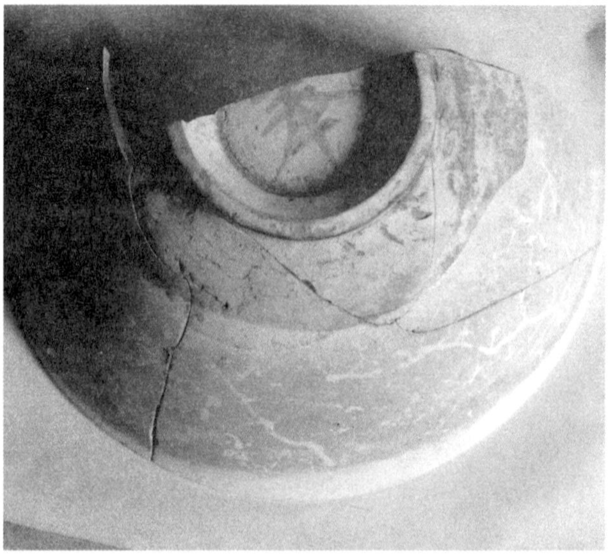

图 39　奉先寺遗址出土的、碗底写有“奉”字的碗足

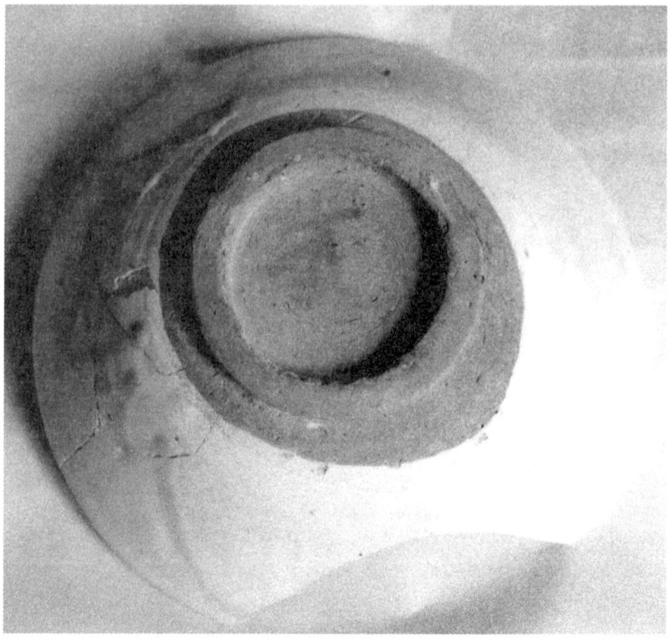

图 40　奉先寺遗址出土的(唐代)墨书“先”字碗足

图 41　唐代奉先寺僧人“宝梵”用过的碗足

图 42　在奉先寺遗址出土的龙门奉先寺主僧守真卖地契石刻(唐)拓片

·营造技术研究·

先秦时期城墙营造技术研究

曹金萍

（中国文物报社　北京 100007）

［关键词］先秦；城墙；营造技术

［摘　要］本文通过对考古发掘和勘查的有关先秦时期城墙营造资料的研究和分析，并结合相关的文献及学术成果，对先秦时期城墙营造技术的发展进行了分期和分区，以期揭示先秦时期城墙营造技术的发展历程以及不同地区城墙营造技术的地域特征。

The Study of Building Technology of City Wall during Pre—Qin Period

Cao Jinping

(Kaifeng Gultual Relics Archaeolo gical Research Institute Kaifeng 475000)

Key words: the pre-Qin period; city wal; buildihg technology

Abstract: Through analyzing archaeological excavations and survey research of the pre-Qin period, in conjunction with relating literature and academic. achievements, this paper briefly summarizes city wall's building techniques' stages and regions, in order to reveal the development and evolution track of building techniques and the regional attributes of different areas.

一、引言

对先秦时期城墙营造技术的研究，是认识先秦史的一个良好视角，也是对中国古代建筑技术史的补充。本文对先秦时期城墙营造技术的研究采用王国维先生提出的“二重证据法”，即地下考古材料和地上文献资料相结合的方法，并综合考古学和建筑学的相关研究成果，对考古发现的先秦时期的城墙营造技术进行分析、比较和总结，进而阐明先秦时期城墙营造技术发展演变的轨迹。舛误之处，敬请方家指正。

（一）研究历史与现状

迄今为止，对中国古代城墙史的研究无论是著作还是论文数量都相对较少①。譬如《中国古代建筑史》②、《中国古代建筑技术史》③等虽是比较系统的建筑史专著，但对于城墙的营造技术却很少涉及；而《中国城池史》④、《中国城墙》⑤、《中国城市建设史》⑥、《中国古代城市规划史》⑦、《古代城市》⑧、《中国古代城墙》⑨等著作或多或少都涉及到了城墙，但是缺乏对城墙营建技术发展特点和过程的总结和归纳，且多对史前、商周时期的城墙营建鲜有涉及。其原因一方面是限制于考古资料的缺乏，另一方面是由于对考古资料的忽视。近年来随着先秦城址的资料日益丰富，以其城墙营造为专题的研究成果不断新出，主要有《先秦城市考古学研究》⑩、《中国史前城址与文明起源研究》⑪、《我国史前至商代前期筑城技术之发展》⑫、《中国古代版筑技术研究》⑬、《新密古城寨龙山城筑城技术的初步研究》[14]、《王城岗城堡筑墙技术源流》[15]、《郑州商城城墙结构及筑法探析》[16]等。本文将在这些成果的基础之上，结合相关的考古资料，对先秦时期的城墙营造技术进行比较系统的研究。

（二）先秦城墙的营造技术

城墙的营造技术随着生产力的发展及经验的积累而不断地发展改进，进而形成了一套完整、复杂的建筑体系。城墙的营造技术主要体现在规划设计、建筑材料、地基处理、墙体营造方式、营造工具及其附属设施等方面。

关于规划设计，文献中有很明确的记载。《(周礼·考工记·匠人》载“凡为防，广与崇方，其杀叁分去一”、“凡沟防，必一日先深之以为式，里为式，然后可以傅众力”，也说明时人对于工程体本身的高宽比例、工程进度等问题都有一套相对科学的解决方案。另外《左传》宣公十一年(公元前589年)记载楚“令尹蔿艾猎城沂，使封人虑事，以授司徒，量工命日，分财用，平板榦，称畚筑，程土物，议远迩，略基趾，具糇糧，度有司，事三旬而成，不愆于素”，从这一记载来看，春秋时期已经专门设置了筑城工程的设计机构和施工部门，并能够正确地估算工程量、土方数，预计出所需劳动力，且根据土方任务量、取土远近、挖土和夯土效率以及规定的时间等许多因素，按合理比例分工和编组。然后进行现场勘察，规划好城墙及城壕的位置，准备好筑城所需的粮食，按预定计划筑城。严谨缜密的工序体现了其营造技术的科学性和先进性。但目前对规划设计的研究，类似于工程预算、施工进度安排、人员安排、后勤服务等方面的信息多来自文献记载、很难在考古资料中找到直接的体现，故而文中的规划设计仅局限于拟定城墙的具体走向和确定城址的平面形状。

建筑材料是指用来营建城垣的材料。先秦时期营建城墙所用的材料大多是就近取材的天然材料，由于不同地区地貌不同，其筑城所用的材料有所区别，比如土、石等；到明清时期，砖广泛应用于城墙建筑之中，砖砌城墙更趋陡直和规整划一。

地基处理是指对拟建墙体地段地基的处理，主要有平地起建、开挖基槽等处理方式。平地起建，即墙体直接修建在生土之上或经平整的文化层上，也有的直接建在未经处理的文化层之上。这种情况多是由于拟建城墙的区段地势比较平坦、土质比较坚实，略经平整夯实则可成为稳固的墙基，这样可以在保证墙基稳固的前提之下减少工程量并可以节省人力物力。开挖基槽，即先在拟建城墙的区段按规划的城墙走向开挖基槽，再在槽内填土分层分段夯筑到与地面相平，再在其基础之上夯筑墙体。

墙体营造方式是指建筑材料筑成城垣的建筑方法，主要包括堆筑、夯筑、版筑以及砌筑等方式。所谓堆筑，是指筑土不经夯打，层层向上堆积，从而使墙体加宽加高。采用该方法筑成的城墙体底部一般较宽，两侧坡度较小。所谓夯筑，是指边向上层层堆土边施夯击打，从而使墙体致密坚实，有的还在夯土中掺杂细砂、草木灰、稻草、植物根茎之类的凝结物，使墙体更加坚实；甲骨文“”、“”、“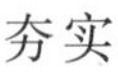”就是夯打的象形[17]。所谓版筑，是指用木板做模具夯筑城墙，即在固定的模板中间填土夯实，分层分段的加宽加高墙体。甲骨文“”、“”就是版筑的象形[18]，另有“傅说举于版筑之间”[19]的记载，就是说傅说在做役徒时主要从事版筑工作，可见商代后期版筑技术已成为一门建筑技术。模板的发明是夯筑技术的一大进步，为城墙大型建筑向高耸发展提供了必不可缺的条件。而版筑技术本身的进步关键则在于解决模板的承托问题，先是墙体向上逐级内收，在下层的收杀的台阶上开挖基槽来固定上层版块的模板；发展到采用桢干技术来固定模板，即在模板两侧及两端立木来固定模板；后来又发展到用穿棍或穿绳直接悬臂支撑模板，以绳索揽系模板两端。采用前两种承托模板的方法所筑出的墙体不够陡峭且最外侧形成一层层的阶梯，必须经过修整以防攀爬；采用穿棍或者穿绳的方法则可直接筑出外壁峭立的墙体，这一点是其它两种营造方法所无法媲比的。所谓砌筑，是指用石块或土坯垒砌墙体。

营造工具主要包括夯具、取土工具、运土工具以及修整工具等等用于城墙营造的工具。保存至今的营造工具实物罕见，据考古发现推测：

取土工具有石铲等;运土工具有竹筐甚至车等;修整工具有铁铲和铁镬等;夯具有鹅卵石、集束木棍、单根木棍和金属夯等,用鹅卵石夯筑时留下的夯窝形状因石本身的形状不同而不同,夯窝有圆形、椭圆形不规则形的,且夯窝深浅不一、分布多没规律并多有重叠现象等等;用集束木棍夯筑时留下的夯窝痕迹多为圆形圜底,并且固定几个夯窝一组,至于其具体的数据应是集束木棍中木棍的根数;采用单根木棍夯筑使用方法大致有两种:一种为上下夯击并留下单个的圆形圜底夯窝,一种为横向捶击并留下长条形的凹痕;采用金属夯筑时留下的夯窝多为圆形或方形,平底,并且由于夯具本身的重量窝痕往往较深。

附属设施则包括城门、门卫房、护门墙、城台、角楼、马面、女墙、瓮城、城阙、水门、护城壕及桥梁等附属在墙体内外的设施。部分附属设施见有文献记载:譬如《武经总要·守城》载"其城外瓮城,或圆或方,视地形为之。高厚与城等,惟偏开一门,左右各随其便";《诗经·郑风·子衿》:"挑兮达兮,在城阙兮";《诗经·邶风·静女》:"静女其姝,俟我于城隅";《越绝书·记吴地》载吴国都城"陆门八,其二有楼"、"吴小城……门三,皆有楼"、"城中有大河,三横四直,……七堰八门,皆通水陆";《越绝书》又载阖闾城后"增二水门"等等。

城墙的营造技术是对生产力水平的侧面反映,也展示了我国先民们的聪明智慧以及我国建筑技术的源远流长。

(三)考古发现的有城墙设施的先秦时期城址

到目前为止,我国有城墙设施的先秦时期城址的发现较多,至少有546座(不包括北方地区的石城址群)。

1.新石器时代城址

新石器时代城址据不完全统计至少有71座,主要分布在黄河流域、长江流域两岸地区和北方地区:

黄河流域中上游地区大致有15座。黄河流域中上游地区包括有山西、陕西、河南等地区。新石器时代城址主要有:河南省境内的郑州西山[20]、淮阳平粮台[21]、登封王城岗[22]、郾城郝家台[23]、辉县孟庄[24]、安阳后冈[25]、新密古城寨[26]、新密新砦[27]、平顶山蒲城店[28]、焦作徐堡[29]、博爱西金城村[30]、濮阳戚城[31]等13座,山西省境内的保德林遮峪石城[32]以及襄汾陶寺[33]等2座,还有陕西省境内的佳县石摞摞山石城[34]。其中郑州西山城为仰韶文化城址,其余的皆为龙山文化城址。

黄河流域下游地区至少有15座。黄河流域下游主要包括河北、北京、山东等地区。其中新石器时代城址主要分布在泰沂山北侧和鲁西地区,主要有:山东省境内的日照章丘城子崖[35],寿光边线王[36]、邹平丁公[37],临淄田旺[38],五莲丹土[39],滕州市尤楼遗址[40]、西康留[41],聊城阳谷县景阳岗[42]、王家庄[43]、皇姑冢[44],茌平县教场铺[45]、东阿王集[46]、大尉[47]、乐平铺[48]、尚庄[49]等15座。各城址均发现有龙山文化城,在五莲丹土还发现有大汶口文化城址。

长江上游地区至少有8座。长江流域上游主要指四川成都平原地区。新石器时代的城址主要有:四川省境内的成都新津县的宝墩古城[50]、都江堰芒城古城[51]、郫县梓路古城[52]、崇州双河古城[53]、温江鱼凫古城[54]、崇州紫竹古城[55]、成都盐店古城[56]、大邑县高山镇古城村古城[57]等8座,这些城址多集中在成都地区附近。

长江中游地区至少有13座。长江流域中游主要包括有湖南、湖北、江西等地区。新石器时代城址有:湖南省境内的澧县城头山城址[58]和鸡叫城城址[59]等2座,湖北省境内的荆州市阴湘城城址[60]和马家垸城址[61]以及沙洋县城河村城址[62]、应城县门板湾城址[63]和陶家湖城址[64]、公安县鸡鸣城城址[65]、石首市走马岭城址[66]、天门市龙嘴湾城址[67]、石家河城址[68]以及笑城城址[69]、孝感市叶家庙城址[70]等11座。其中龙嘴湾城址为大溪文化城址,另外城头山城址在大溪文化时期也已经出现,其余的城址大多为屈家岭文化或石家河文化城址。

长江下游地区至少有4座。长江下游主要包括安徽、浙江、江苏、福建等地区。新石器时代城址有:江苏省境内连云港藤花落古城址[71],安徽省境内的垓下古战场龙山城[72]、怀宁孙家城龙山城[73]等2座,浙江省境内的良渚古城[74]等。

北方地区至少有16座。北方地区主要包括内蒙古、辽宁等地区。新石器时代城址有：包头市的威俊[75]、阿善[76]、西园[77]、莎木佳[78]、黑麻板[79]、纳太[80]等6座，岱海地区的老虎山[81]、西白玉[82]、板城[83]及大庙坡[84]等4座，还有黄河沿岸地区的准格尔旗白草塔[85]、寨子塔[86]、寨子上[87]、小沙湾[88]及清水河县马路塔[89]、后城嘴[90]等6座。

2. 夏代城址

目前见于报道的、有城墙设施的夏代城址至少有10座。主要有：河南省境内的新密新砦城址[91]、辉县孟庄二里头文化时期城址[92]、平顶山蒲城店二里头文化时期城址[93]、荥阳大师姑城址[94]、二里头遗址宫城址[95]等5座，山东省境内的城子崖岳石文化城址[96]、临淄田旺岳石文化城址[97]、邹平丁公岳石文化城址[98]、阳谷景阳岗岳石文化城址[99]等4座，湖北郧县辽瓦遗址城址[100]等。

3. 商代城址

商代城址，目前见于报道的、明确有城墙设施的至少有12座。主要有：河南省境内的偃师商城[101]、郑州商城[102]、焦作府城[103]、洹北商城[104]等4座，山西境内的夏县东下冯[105]、垣曲商城[106]等2座，陕西省境内的李家崖[107]，四川省境内的广汉三星堆[108]，湖北省境内的黄陂盘龙城[109]，江西省境内的樟树吴城[110]、新干牛城[111]等2座，江苏省境内的江阴佘城[112]等。

另外还有北方地区的夏家店下层文化石城址群等。夏家店下层文化城址多见于内蒙古东南部和辽西山前台地，以英金河、阴河、老哈河、大凌河流域最为集中，城址多成群分布，比如在阴河和英金河沿岸，就明显的分为三群[113]：第一组石城址群分布于尹家店至三座店，有石城址20座；第二组石城址群分布于由初头朗至当铺地，与第一组石城群相距约5公里，有石城址12座；第三组石城群分布于王家店至水地一带，与第二组石城群相距约25公里，共有石城址5座。在大庙附近还有石城址4座；赤峰市还有一座单独的大型石城址；另外九十年代在该地区又勘查出石城聚落址百余处[114]。见于报道的有城垣的夏家店下层文化城址还有辽宁境内的新县平顶山[115]、南梁城子山[116]、凌源县三官甸子城子山[117]，河北省境内的平泉顶子城和小王子城[118]等。

4. 西周城址

西周城址，目前见于报道的、明确有城墙设施的至少有15座。河南境内的三门峡虢都上阳城[119]、汉魏洛阳故城西周城[120]、荥阳娘娘寨[121]等3座，甘肃礼县西山和大堡子山以及山坪三城[122]等3座，山东省境内的薛城西周城[123]、鲁国故城[124]、城子崖西周城[125]等3座，北京琉璃河燕故城[126]，湖北省境内的麻城金罗湾城址[127]、襄阳黄龙镇城址[128]等2座，湖南省境内的宁乡炭河里城址[129]，江西余江平定乡店下村城[130]，江苏省境内的吴国古城址[131]等。

5. 东周城址

东周城址，目前见于报道的、明确有城墙设施的至少有438座。许宏先生在1998年时初步统计的已有428座之多[132]。1998年至今考古新发现的东周城址有报道的至少有10座。主要有：辽宁省境内的沈阳侯城[133]，内蒙古自治区境内的卓资城卜子古城[134]、清水河城嘴子古城[135]、呼和浩特陶卜齐古城[136]等3座，河南省境内的濮阳卫国都城[137]，山东省境内的倡阳故城[138]，湖北省境内的大冶五里界[139]、赤壁土城[140]等2座，江苏省境内的邳州梁王城[141]、丹阳葛城[142]等2座。东周城址保存较好、资料较丰富的大致有：东周王城[143]、燕下都[144]、郑韩故城[145]、鲁国故城[146]、齐国故城[147]、楚纪南城[148]等。

二、先秦时期城墙营造技术的分期及特征

通过对考古发现的先秦时期城址城墙营造技术的综合研究，并结合相关的历史文献，笔者认为先秦时期城墙营造技术可分为四个发展阶段，而且不同的阶段又有不同的特征。

（一）城墙营造技术的分期

先秦时期随着社会生产力水平的不断提高、社会能力范畴的扩大、社会性质的改变、政权的更替、人口的增长，城址的营建也相应的发生了一系列的改变，其中城墙营造技术不断改进，并且其发展演变的历程十分清晰。笔者依据城址的数量和规模、规划设计、城墙基础处

理、城墙营造方式、城墙附属设施等综合因素将先秦时期城墙营造技术划分为四期，即仰韶时代的起始期、龙山时代的发展期、夏商西周时期的繁荣期和东周时期的鼎盛期。

仰韶时代是城墙营造技术的起始期。该时期城墙营造技术出现，但比较原始。城垣多为堆筑而成或经简单的夯打，版筑技术出现但其应用于城墙营造的仅见有一例。该期考古发现的城址数量比较少，城址的规模比较小，大多在10万平方米以下。

龙山时代是城墙营造技术的发展期。该期城墙营造技术取得一定的发展，夯筑和版筑技术在部分地区广泛应用；城址的平面形状以及城墙的营建渐趋规整；该时期城址的数量骤增、规模增大，且城址间的规模差距不断扩大，城址面积从十几万平方米到几百万平方米不等；并且不同地区之间城墙营造技术的区别比较大。

夏商西周时期是城墙营造技术的繁荣期。该期社会性质有所改变，国家统一政权，城址的数量大幅度减少，城址的营建规整化、制度化、等级化，城址的规模扩大化，城墙营造技术更科学化。城墙墙体明显较前期规整，墙体主要由主墙体和两侧护坡组成，其中主墙体接近垂直，夯层水平、厚薄均匀。该时期不同区域之间的城墙营造技术表现出了明显的相同性，体现了各地区之间的交流和融合。

东周时期是城墙营造技术的鼎盛期。该期礼崩乐坏、列国林立、筑城风靡，城墙营造技术也取得突破性的发展。城址的营建突破礼制的现象频频出现，城墙的营建以满足军事需求为主，规整中又带有随意；城址的数量剧增，城墙附属设施的种类增多；随着生产力水平的提高，金属工具出现，城墙营造工具得以改进；同时穿绳和穿棍技术的出现使版筑技术得到更进一步改进。

（二）各期城墙营造技术的特征

城墙营造技术各期的特征主要从城址的规模、规划设计、墙基处理、营造材料、营造方式以及城墙附属设施等方面来分析。

1. 起始期

以目前的考古材料显示，仰韶时代的城址主要分布在长江中游和黄河中下游地区，有湖南澧县城头山大溪文化城址、湖北天门市龙嘴湾大溪文化早期城址、山东五莲丹土大汶口文化城址、郑州西山仰韶文化城址等4座城址。仰韶时代生产力相对比较落后，因而起始期城墙的营造技术也相应的比较原始，但其营造程序大体上已成型，为营造技术的发展奠定了坚实的基础。起始期城墙营造技术的特点大致体现在以下八个方面：

（1）城址的平面形状多呈不规则圆形、椭圆形或圆形。城址的平面形状一方面体现了当时的社会习惯，另一方面也是规划设计水平的反映。该阶段城的平面形状直接承袭了环壕聚落和地穴、半地穴式房屋那种圆形的布局；其中稍早的城头山大溪文化城址和湖北天门市龙嘴湾大溪文化早期城址平面形状均呈不规则圆形，山东五莲丹土大汶口文化城址平面呈椭圆形，郑州西山仰韶文化城址的平面呈近圆形。

（2）城址的规模一般在10万平方米以下。湖南澧县城头山大溪文化城址的面积要小于8万平方米，湖北天门市龙嘴湾大溪文化早期城址面积约8万平方米，山东五莲丹土大汶口文化城址城内面积约9.5万平方米，郑州西山仰韶文化城址面积约2.5万平方米。

（3）城垣多依地势而建，且临近河流。湖北天门市龙嘴湾大溪文化早期城址建在一个海拔26～31米的高台上，东、西、南三面环湖，北面人工开挖的壕沟与环湖相通，形成了护城河。

（4）城墙地基的处理方式或平地起建或开挖基槽。所谓平地起建，即墙体直接修建在生土之上或经平整的文化层上，也有的直接建在未经处理的文化层之上；城头山大溪文化城址据解剖的部分城垣来看，墙体便是平地起建的。所谓开挖基槽，即先在拟建城墙的区段按规划的城墙走向开挖基槽，再在槽内填土分层分段夯筑到与地面相平，再在其基础之上夯筑墙体。

（5）城垣建筑材料均为土。城头山大溪文化城址的城垣使用的是纯黄色粘土；郑州西山仰韶文化城址城垣夯土多为黄褐色或褐灰色，包含有较多的烧土粒、料礓石粒、碎陶片和蚌片等。

（6）城垣的营造方式大不相同，有的采用简单的堆筑，也有稍施夯打的夯筑，更有先进的版筑技术。城头山大溪文化城址的城垣营造是采用了黄色粘土堆筑而成。五莲丹土大汶口文化城址是分层夯筑而成，夯层较平整，夯层厚0.1～0.2米。郑州西山仰韶文化城址则是应用了版筑技术分段版筑而成的，版块每版大小不同，一般长1.5～2、宽1.2米，目前所见最大者长3.5、宽1.5米；版块的厚度也不相同，以30～50厘米者居多；模板的承托，采取向上逐版内收、在每层内收的台阶上开挖基槽来固定模板的方法，然后再填土夯实；夯层厚约4～5厘米，中心版块的夯层厚度达8～10厘米；夯窝呈圆形，直径约3厘米，深0.3～0.5厘米；夯窝多呈品字形分布，夯具当为3根一组的集束棍夯；城墙最外侧的夯土因夯打、挤压而呈上大下小的方斗形，为保持城墙结构的稳定，就用集束木棍来击打、整形；在城墙外侧有厚约30～100厘米的堆积层，斜压城墙，推测是在城墙外侧抹泥使之光滑，以防攀登。

(7)城墙内外已出现城门、城台、护门墙、护城壕、桥梁等附属设施。郑州西山仰韶文化城址已确定的城门有北门和西门2座，其中西门设在西北隅，存宽约17.5米。在西门外壕沟内东西两侧各发现有一个直径约3米的半圆形生土台，推测是为了架设板桥、方便通行而设立的桥墩。北门设在城址东北角，存宽约10米，平面形状略呈“八”字形，东西两侧分别有略呈三角形的附筑城台，城台由长方形、梯形、三角形和近似菱形的小版块筑成。并且北门外侧正中横筑了一道长约7米，宽约1.5米的护门墙；护城壕在北门两侧断开，不相连属。此外在城头山大溪文化城址，护城壕内坡紧邻城墙的外坡，在南护城壕的内、外坡还有明显的加筑护坡，护坡表面还有用木桩固定芦席的维护设施(图1)。护城壕内还发现有木桨、木艄等船构件，推测船是当时出入城的工具之一。

(8)城垣、护城壕双重防御设施的组合已经基本定型。城墙筑土多就近挖沟取土，护城壕成为城墙的附属产物，但同时也作为另一道防御设施而存在。这种组合为后世城址防御模式的发展演变奠定了基础。城头山大溪文化城址、五莲丹土大汶口文化城址、龙嘴湾大溪文化早期城址以及郑州西山仰韶文化城址均是墙壕结合。

2.发展期

龙山时代城址的数量明显增多，城墙的营造技术也得以发展，从城址的规划设计到城址的规模、墙基处理、营造方式等，都明显展现出了发展期较起始期的进步。该阶段城墙营造技术的特点大致有以下九点：

(1)城址的平面形状有所改变，出现并逐渐盛行方形，城址平面形状以圆形和方形为主。该阶段方形城址的出现为后世城址的方形平面模式开辟了先河。淮阳平粮台城址、登封王城岗城址、辉县孟庄城址、新密新砦城址、大邑县高山镇古城村城址、藤花落古城内城址等城址平面皆近方形；郾城郝家台城址、新密古城寨城址、平顶山蒲城店城址、博爱西金城城址、襄汾陶寺城址、宝墩古城、紫竹古城、郫县古城、藤花落古城外城、良渚古城、怀宁孙家城古城等城址平面则呈近长方形。

(2)城址的规模扩大化。该阶段逐渐出现一些规模较大的城址，比如新密古城寨城址约18万平方米，新密新砦古城址约70万平方米，天门石家河城址约120万平方米，襄汾陶寺城址达280万平方米，良渚古城更达290万平方米。

(3)城址营建前规划缜密。城址的平面形状由起始期的不规则形、椭圆形以及圆形演变到该阶段的以圆形和方形为主，这或许与时人的审美观念或者精神信仰有些关连，但也说明了方位测定技术得到了一定的发展，城墙营建前的规划设计趋于缜密。其中新密古城寨城址的南、北墙基皆长500米；登封王城岗大城址的方向与其东北方的并列小城的方向竟然近似，均约355°(图2)；淮阳平粮台城址的长宽均为185米，平粮台城址的方向为6°，其城中的两座房址(F1、F4)的方向也均为6°，房址的方向与城的方向一致；城头山屈家岭文化城址有东一西、南一北相对的四个缺口(图3)，其中西门为274°，南门为193°，北门为13°，东门为94°，四个城门虽未设在今正东西一南北的轴线上，但是相对应的城门方向一致，且东西门、南北门所在直线的交点大致就在圆形城址的中心处。以上种种现象应该不仅仅是一种巧合，说明是时人已经事先规划好的，整个城址的营建是有依据、有意识、有目的地进行的。此外平粮台城址的东、西两道距离甚远的大型夯土城墙竟然能够近乎平行，很可能事先已确定了各面城墙的走向，同时这也表示时人已经初步掌握了方位的测定方法。

（4）城墙建筑材料有土和石等。该阶段北方地区出现一系列城址，其中威俊、阿善、西园、莎木佳、西白玉、准格尔旗白草塔、寨子上等城址均为石城垣，老虎山、寨子塔、小沙湾等城址城垣则是土石混筑而成。而黄河流域和长江流域的城址依然以土墙为主，淮阳平粮台、登封王城岗、山东日照城子崖、阳谷景阳岗、天门石家河、澧县城头山、江苏连云港藤花落等城址城垣均是土筑而成。

（5）城墙地基的处理更趋科学化。该阶段地基处理的方式也见有平地起建和开挖基槽两种，与起始期相比，虽然处理方式大体上相同，但很明显该阶段的地基处理更具科学性。淮阳平粮台、登封王城岗大城、新密新砦、新密古城寨、四川宝墩、鱼凫、江苏怀宁孙家城等城址的城墙均为平地起建，如淮阳平粮台城址主体城墙的基础便是略经平整夯实的文化层（17：第十层）（图 4）。在新密古城寨城址的墙基发掘中，还发现低洼地带用夯土筑起宽阔的墙基，在地基整平时如遇到窖穴，先把窖穴内虚土清除，然后再由底部填土层层夯打出坑口，再在上面加筑夯土。这种处理方式在今天的建筑施工中仍然使用，在今天地基处理中类似的方法叫换填法，其目的在于提高地基的承载力，同时保证墙基有一致的下沉指数，不致于因下沉不同而导致墙体塌陷等。古城寨的这种地基处理方法，展示了时人不容小觑的认识和改造大自然的能力。该阶段开挖基槽的城址增多，例如王城岗东西并列城、辉县孟庄、襄汾陶寺、天门石家河、连云港藤花落外城等城址。另外良渚古城墙基处理的方式比较特殊，系在城墙底部普遍铺垫石块作为基础，宽度约 40～60 米，石头基础以上用较纯净的黄土堆筑，最上面则是比较硬的粘土，笔者分析铺垫石块很可能是为了防潮，把用来堆筑墙体的黄土与水位比较高的地下水隔离开，避免墙土因为受水浸泡而倒塌，其最终目的还是为了保证墙基的坚固。

（6）营造方式以夯筑、版筑为主，且版筑技术不断发展。该阶段原始简单的堆筑少见，夯筑技术在城墙营造中得到普遍的应用，更为先进的版筑技术也在不断改进。在登封王城岗东西并列城、辉县孟庄城址、淮阳平粮台城址、新密古城寨城址、襄汾陶寺城址、阳谷景阳岗城址、藤花落城址等城墙营造中都应用了版筑技术。其中在新密古城寨城址的城墙营造中应用了较郑州西山城更为先进的桢干（幹）技术，“桢幹植木以筑墙”[149]，“幹，筑墙两旁木也”[150]，所谓的“桢干”就是指版筑墙时模板两侧的立柱，竖两端的叫“桢”，竖于两旁的叫“干”。桢干技术是指在模板两侧使用桢干和绳索来直接固定模板，等版块完成后，只需砍断绳索便可转移模板，便于模板的抽取，不再需要在下层版块上开挖基槽来固定模板，但墙体向上依旧逐渐收杀。新密古城寨城址即模板两侧树干，每侧两根，埋深 10 厘米左右，桢木尚不清楚。两侧的长板用木板，两端的挡板则木板、竹编、小木棍兼用（图 5）；另外版块之间的结合还采用了上下版块错缝叠筑砌的方法，并且在上下版块间施加植物根茎等黏合物，便于版块的结合。同时还采取隔版夯筑的方法，即先版筑中间留有约一个版块间隔的两个版块，然后再在间隔处填土夯实，此时两侧的版块起到了模板的作用，节省了固定模板这一道工序，从而减少了工程量并加快了工程的进度。新密古城寨的版筑痕迹保存明显（图 6）。另外在夯层之间还见加有细砂、草木灰或者白灰等等，用来防止夯土黏滞夯具，这在王城岗城址、边线王城址、宝墩古城、城头山城址等城址的墙体建筑中均有发现。

（7）夯具推测有河卵石、集束木棍和单根木棍、木板等。在登封王城岗、新密古城寨、平顶山蒲城店、澧县城头山、连云港藤花落等城址有使用河卵石夯具的迹象，其中城头山城址城垣夯窝内有一层白色的粉末，而夯土内的卵石恰与窝痕吻合，卵石应该就是夯具；登封王城岗城垣夯土层面上就发现有直径 8～18 厘米的河卵石，很可能就是当时的夯具遗存；平顶山蒲城店龙山城城壕底部出土有不少的石块，也疑是筑完城墙后被弃入城壕的石块夯具。淮阳平粮台、辉县孟庄、新密古城寨等城址有使用集束木棍夯具的迹象；山东寿光县边线王、章丘县城子崖、阳谷景阳岗、藤州尤楼、江苏连云港藤花落等城址有使用单根木棍夯具的迹象，四川新津宝墩古城则有使用木板夯具的迹象。

(8)城墙上排水设施的设置。该阶段排水设施的设置主要在长江流域的城址出现，或许是由于南方多雨的原因。在四川宝墩城址城墙内侧墙脚下有一排卵石，顺着城墙方向延伸，宽40厘米、高35厘米，其功能应该是起到散水的作用，把雨水排离墙脚以保护墙基。另外四川温江鱼凫城址的城墙外坡最表层铺砌有密集的、厚约5～43厘米的卵石层，湖北阴湘城墙体表面用纯净的黄色黏土加固，并且似经夯实，坚硬光滑，二者的功能应该是异曲同工，同样是为了保护墙体，避免因雨水冲刷而造成墙土流失。

(9)城墙附属设施除城门、护城壕、桥梁外，还建有门卫房。在淮阳平粮台城址的南门两边发现有两座房基，房了依城墙用上坯垒砌而成，两房门相对，推测为门卫房。

3. 繁荣期

夏商西周时期城墙的营造技术在继承龙山文化时期城墙营造技术的基础之上，在实践中更进一步得到发展。各项营造技术运用熟练，城墙的营建整体上更趋规整，城墙营造技术地区差异性缩小。该阶段城墙营造技术特征大致有以下八点：

(1)城址的平面形状大多为方形或近方形，奠定了后世城址的基本平面形状。目前考古发现的37座夏商西周时期的城址中平面形状呈方形或近方形的有18座、梯形的3座、不确定的14座、圆形1座、弧形的1座。与前期相比，该期圆形的城址更是罕见。

(2)城址的数量减少，但规模增大，且不同性质的城址规模悬殊。目前考古发现的该时期城址有37座，与龙山文化时期的60座城址相比，数量明显减少。其中都城性质的城址规模明显要远远大于其它性质的城址。例如商代都城性质的偃师商城大城面积约200万平方米、郑州商城遗址面积达250万平方米、洹北商城复原面积约470万平方米，而商代一般城址的焦作府城面积约9万平方米、垣曲商城面积约13.3万平方米、盘龙城约21万平方米等等。

(3)城墙建筑材料以土、石为主，还出现了土坯砖。城墙的建筑材料依旧以土为大多数，在北方地区仍以石料为主；该时期城墙建筑材料出现了新因素，即土坯的出现，但土坯并没有取得广泛的应用，土坯的应用仅见于广汉三星堆商代城址的城墙营建中，且土坯的使用仅限于墙体的上部，起加高作用。

(4)城墙基础的处理方式灵活，以满足承重需求为目的。城墙地基处理继承传统做法，或开挖基槽或平地起建，多因地制宜。其中李家崖城址部分城墙底部还出现用木杠支垫的现象，可能是为了保持城墙对地面压力平衡，以防墙向外倒塌。

(5)城墙的营造方式以版筑为主，版筑技术在城墙营造中得到广泛的应用。版筑技术在龙山文化时期已在黄河流域地区的城墙营造中大量应用，该时期版筑技术的应用更加广泛，目前能够确定营造方式的夏代城址有6座，其中4座使用了版筑技术，能够确定营造方式的商代城址有9座，其中6座使用了版筑技术。其中还包括有长江流域的湖北黄陂盘龙城、四川广汉三星堆等城址，该阶段版筑技术应用的地域范围扩大至长江流域。该阶段墙体一般分为主墙体和内外护坡，且主墙体和内外护坡分界明显；主墙体版筑而成，近乎垂直，夯层平直；两侧护坡夯筑而成，由无数个倾斜的小夯层构成(图7)。版筑技术在实践中逐渐熟练应用，使墙体的结构更加规整(图8)。

(6)夯具仍以木质夯具最为常见。与龙山文化时期相比，该时期夯具尚未取得突破性的发展。依据夯窝的大小、形状和分布密集程度来推测，夯具以集束木棍为主，长江流域仍见有少量用石块、单根木棍作为夯具的；辉县孟庄二里头文化时期城址、城子崖岳石文化城址、郑州商城、焦作府城、垣曲商城、洹北商城、三门峡虢都上阳城等城址推测均是使用了集束木棍作为夯具。夯窝形状多为圆形圜底或圆形尖底，夯径多在10厘米以下，夯层厚度大多10厘米左右。以郑州商城为例，其夯土层一般厚度为8—10厘米，夯窝口径多为2—4厘米、深1—2厘米，每层夯土层表面都保留有密集的圆形尖底和圆形圜底的夯杵窝痕迹(图 9)。

(7)城墙护坡上的排水设施在黄河流域也有发现。龙山时代出现在长江流域的城墙保护措施,该阶段在黄河流域也有发现。郑州商城内城城墙护城坡顶面上铺有一层料礓石碎块,应该是为了防止护城坡受雨水冲刷而铺设的保护层;在夏县东下冯商代城址也发现有类似的情况。

(8)城墙附属设施,城门的设置逐渐对称化、并且随着城垣的加长而增多,门卫房也比较普遍。新出现了马面,在偃师商城小城发现有类似后世马面的凸凹现象,另外在赤峰三座店夏家店下层文化城址[151]中也有马蹄形和半圆形的马面。

4. 鼎盛期

东周时期城墙营造技术在夏商西周时期营造技术的基础之上取得更进一步的突破性发展,主要体现在版筑技术和夯具的改进以及附属设施的增加上。该时期城墙的营造技术特点大致如下:

(1)城址的平面形状仍以方形为大宗,但在规整中带有随意性。城址的营建既囿于礼制又打破礼制,城墙的走向充分利用有利地势,以满足战争防御为重。

(2)营造方式仍以版筑为主,并且版筑技术取得了突破性的进展。该时期穿绳和穿棍技术出现,悬臂支撑模板,使模板的承托问题得以更快速、更方便的解决,使版筑技术进一步改进。穿棍不仅更先进地解决了模板承托问题,而且还加固了墙体、提高了墙体的稳固性、增加了墙体的陡峭程度。在洛阳东周王城、易县燕下都、赵邯郸故城[152]、秦都雍城[153]、鄢陵古城[154]、阳翟故城[155]、大马古城[156]等城址均发现有使用穿棍的痕迹,从保存的棍洞痕来看,各城址的穿棍大小不同;例如东周王城穿棍直径 7～15 厘米,赵邯郸故城穿棍直径 11～18 厘米,薛故城穿棍直径 12～16 厘米,鄢陵古城穿棍直径 9－15 厘米,阳翟故城穿棍直径 7～11 厘米,秦都雍城穿棍直径 8～10 厘米或 12～15 厘米,大马古城穿棍直径 5～6 厘米。其中易县燕下都的城墙建筑资料较为丰富其城垣营造采用了穿棍、穿绳等技术(图 10);其中穿棍痕迹仅见于城垣的上部,穿绳痕迹则上、下皆有,棍眼直径 7～10 厘米,最大直径 16 厘米,它们左右距离是 0.8～1.1 米,上下两行交错排列,间距约 0.5 米,推测由于城垣太宽,不可能一次筑成,需要由内向外或者由外向内,逐段加宽夯筑。每次版筑用两块木板上下排列,用绳将两端揽紧,绳的两头压于填土里边,然后夯打结实。夯筑完一层之后,把缆绳砍断,取下木板,而缆绳的两头便留在夯土里边;然后把取下的木板向上移动,重新用绳揽紧,继续填土夯打。穿棍在城垣上部发现,可能是用来固扎木板的(图 11)。

(3)营造工具也取得了突破性进展。其中夯具出现了金属夯具,夯打的力度要远远超过河卵石和集束木棍,不仅提高了夯土的密实度,同时还减少了击夯的次数。在郑州商城战国时期的夯土城墙上保留有圆形平底的夯窝痕迹;在郑韩故城战国时期的夯土城墙上也布满了圆形平底的夯窝,夯径 5～6 厘米,夯层厚 10～19 厘米。另外在郑州商城战国时期修补的墙体上还发现有用铁铲和铁镬修整墙体的痕迹,并且在战国城垣内外出土有铁镬、铁镰和铁削等,北京市窦店古城[157]大城内墙夯土中还出土有四件铁镬(图 12),推测这些铁质工具可能在城墙营造中有所运用;在东周王城还发现有车轮所轧的轨道,与城墙平行,推测车辆应为当时的运土工具。

(4)城墙附属设施种类又有新增。随着战争防御的需要,城墙上附属设施较前期更加复杂,据《墨子·备城门》载城上"百步一表"、"二百步一楼"、"百步为橹"、"百步一亭"、"百步一木楼"、"三十步一坐侯楼"。由于城墙多保存不好,所以城墙体上部的附属设施很少有实物遗存,今考古发现的附属设施除城门、护城壕、桥梁、马面外,还见有瓮城、角楼、城楼、楼橹等等。其中在内蒙古卓资三道营战国城址[158]的城垣上发现有角楼和瓮城(图 13),角楼呈圆角方形;另外还发现有两座瓮城,其平面均为正方形。湖北孝感草店坊城[159]城垣共有 5 个拐角,在西北、西南、东北 3 个拐角上各有一座台基,台基呈正方形,台基建在城垣之上并向城外两边凸出,推测台基应是楼橹基址(图 14)。

三、先秦时期城墙营造技术的分区及特征

由于地域广阔，不同区域的生产力水平不同、自然环境存在差异，再加上地区之间的交流有限，先秦时期各地区的城墙营造技术有着较鲜明的地域特征。

（一）城墙营造技术的分区

新石器时代，地区之间的自然环境有所不同，再加上地域之间的交流相对比较缺乏，地域之间的社会组织、生产力水平、文化生活等各方面都充满了差异。夏商周时期，随着社会生产力水平的提高、中央王朝的统一及其领土范围的逐渐扩大、交通的发达.各地区间的交流逐渐扩大，社会的各个方面也在不停的交流和融合，地区差异性渐小。但就城墙的营造技术来说，各地区土生的城墙营造之间就存在着明显的不同，例如城址出现的时间有所不同，城墙的建筑材料有所区别，城墙的营造方式也不一致等。城墙营造技术的地域特色显著，整体上划分为三个大的地区：黄河流域、长江流域以及北方地区，其中黄河流域的中上游与下游也有所区别，长江流域的上游、中游和下游也不大相同，故而三大地区又可进一步细分为六个小区域。

黄河流域地势较平坦，土质为黄土，黄土在干燥的条件下能保持直立的陡坡，但遇水易产生湿陷。该地区城址起源比较早，在仰韶文化时期即已出现；黄河流域又是夏商周时期中央王朝的集中地，战乱频繁，城址的更新不断，城墙的营造技术在实践过程中不断的发展进步，其发展历程是系统的、复杂渐变的，与同时期其它地域的城墙营造技术相比，黄河流域的城墙营造技术水平整体上比较先进。随着地域之间交流的扩大，黄河流域城墙营造技术中先进的因素逐渐为其它地区所汲取。

长江流域水系发达，土质黏性大、强度高。城墙建筑的地域特色明显，建筑风格与黄河流域迥然不同。城址沿用时间比较长，城墙营造技术的发展速度相对黄河流域比较缓慢；到夏商西周时期城址的数量明显减少，且城墙的营造技术明显汲取了黄河流域的先进因素，与黄河流域的地域差别明显缩小，这也在一定程度上体现了夏商周时期长江流域对黄河流域中央政权的依附关系。

北方地区地势不平且多石，城墙营造地方特色明显，多用石块砌筑而成，或者土石混筑而成。到商周时期开始出现了土城墙，并逐渐运用了黄河流域的先进营造技术，城墙营造技术与黄河流域的差别渐小。

（二）各区城墙营造技术的特征

整个先秦时期每个区域的城墙营造技术都有自己的发展历程并形成一定的地域特色。

1. 黄河流域

黄河流域的城址多为土墙体，但中上游地区和下游地区还存在一定的差异。

(1)黄河中上游地区

地域范围主要包括陕西、山西和河南等地。该地区城墙营造技术最大的特征是其发展历程是系统的、复杂渐变的，并且它还始终是城墙营造技术最先进的代表。该地区城墙营造技术的发展历程与先秦时期城墙营造技术的分期基本上相吻合。黄河中上游地区先秦时期城墙营造技术特征大致有以下七点：

①城址的平面形状以方形或近方形为大宗。该地区除最早的仰韶文化城址一郑州西山城的平面形状为近圆形外，目前能够确定平面形状的城址大多都是方形或近方形。这种成形于龙山文化时期的平面规划为后世城址的平面形状奠定了基本模式。

②城址的规模逐渐扩大化、制度化。仰韶文化时期郑州西山城址大约 2.5 万平方米，龙山文化时期博爱西金城古城址约 30.8 万平方米、襄汾陶寺城址达 280 万平方米，到偃师商城面积达 200 万平方米、洹北商城复原面积约 470 万平方米。

③城墙的建筑材料以土为主，但也见有少量石城。在山西保德林遮峪、陕西佳县石摞摞山等遗址发现有石城。

④墙基的处理多见开挖基槽。该地区土为黄土，呈砂性，不易成型，并且遇水具有湿陷性，容易坍塌；该地区的城址从仰韶文化时期的郑州西山城址的城墙建筑就已经开挖基槽，可见

当时人们对黄土的特性已经有所认识，开挖基槽很可能是借鉴了当时的房屋建筑技术。基槽的开挖不仅可以夯实墙基，同时还能确定墙体的走向。这种手法直至今天仍在沿用，让我们不得不叹服先人的智慧。

⑤城墙营造方式以夯筑和版筑为主。该地区版筑技术应用于城墙营造比较早，整个先秦时期皆以夯筑和版筑为主，并且版筑技术不断改进，模板承托从采用版块向上逐层内收、在内收部分开挖基槽固定模板到版块向上逐层内收、使用桢干固定模板，又到用穿棍、穿绳承托模板。从郑州西山仰韶文化城址到新密古城寨城址，再到易县燕下都城址，体现了版筑技术不断改进的历程。另外在夯层之间还有使用砂、植物根茎等现象，这样可以防止夯土黏滞夯具．还能增加夯土层间的凝结力，从而在一定程度上提高了墙体的坚固性。

⑥营造工具中的夯具从河卵石、集束木棍发展到金属平底夯。早期河卵石和集束木棍共同作为夯具存在，到春秋战国时期夯具发生突破性的进步，即金属夯具的出现。郑州商城便是最好的例证，其商代城墙剖面上保留的夯窝是圆形尖底或圆形圜底，但战国时期修补的城墙上保留的是圆形平底的夯窝。

⑦城墙营造中注意防止土体位移。比如新密新砦城址的东、北墙体是依托于一段自然河沟的内壁直接打破生土而建起，其具体做法是先把自然冲沟内侧的沟壁大体修成若干台阶状，再于台阶上堆土夯筑；襄汾陶寺城址也有类似的现象，把墙体所依的斜坡修成台阶状（图15）；郑州商城战国时期对商代城垣的修葺、偃师商城大城对小城的加宽等等，都是把原来的墙体修成阶梯状；这种处理方法是具有一定的科学原理的，用现代的建筑工程说法是在倾斜的持力层上筑墙体容易发生土体位移[160]（图16），这种做法实际上是改善了持力层的方向，使墙体的稳固性得以提高。

（2）黄河下游地区

该地区的地域范围主要包括山东和河北、北京、天津等地。史前时期的城址数量较多，到夏商西周时期骤减，而东周时期城址数量又猛增，这种现象似乎应与政治上的统一、分裂相关联。从现有的资料来看黄河下游地区的先秦城址，尤其是新石器时代城址，有三大特征。其一是台城。其二是城址群，在某一区域，分布有一个大城和若干个小城；山东地区的史前城址主要分布在泰沂山北侧和鲁西地区，鲁西地区则以两组城址为主，一组为以景阳岗城址为最大的城址群，一组为以教场铺城址为最大的城址群。其三是城址沿用时间长，墙体经过不同时期多次的修葺；比如五莲丹土古城址经历了大汶口文化到龙山文化中晚期，边线王古城址也存在早晚期城址的废弃修缮，城子崖、薛城龙山城历经龙山文化时期到岳石文化、周代等等，从而可见史前时期山东地区社会的变动程度较河南地区相对较小。该地区具体的营造技术特征大致有以下三点：

①早期城址城垣多见沿台地边缘修筑，形成台城。台城的墙基不在同一水平面上，内高外低，高差悬殊。从城外看高墙耸立、在城内看则如土岭围绕城周围，城垣内侧成缓坡或只有矮墙。对台地地形的利用使筑城的工程量大大减小，以较简便省力的方法达到了增强防御能力的目的；但这一优越的地理条件同时也给城址的发展带来了一定的局限性，例如城址规模很难再扩大，城址因突出地面而避风性差等等。例如城子崖龙山文化城址面积达 20 万平方米，而发展到岳石文化城址规模却缩小到了 17 万平方米。

②城墙的建筑材料以土为主。该地区目前发现的先秦时期城墙体均为土墙。

③城墙营造技术发展缓慢，到西周时期与中游地区明显接近。该地区没有黄河中游地区发展的速度快，譬如城墙的营造方式、夯具、基础处理等方面均没有黄河中游地区那种明显的、繁复的发展历程，或许恰恰是其优越的地理环境条件束缚了其前进的步伐。该地区史前时期营造方式以堆筑、夯筑为主，仅景阳岗城址见有版筑技术的应用，到岳石文化、周代时期版筑技术的应用才常见；史前时期甚至到西周早期夯具都以单棍夯、石块最为常见，西周晚期夯具以集束木棍为主，直到战国金属夯具得以应用。其中鲁国故城的城墙营造最具代表性，其城墙从西周到西汉经多次反复修葺，保留了不同时

期的营造痕迹(表 1)。西周前期:使用尖头或圆头的小棍夯,夯层薄,未见基槽,只将基础夯实。西周晚期:使用圆头棍夯,棍稍微粗些,一般直径 3～3.5 厘米,夯筑时六、七根或七、八根棍子绑在一起。夯层厚一般为 8～9 厘米,未见穿棍,没有或只有浅弧形的地槽。春秋时期:仍使用圆头棍夯,夯层则比前阶段稍厚些,更整齐些,出现了穿棍。墙基处理有两种情况:一种是在接近墙皮部分挖有直壁平底的地槽,槽内分层打夯;另一种仅将墙根堆积稍加清理,成为弧形慢坡或呈台阶式。战国到西汉时期:夯具使用圆形平头的金属夯(镶在棍上),夯层较厚而且整齐,穿棍普遍,墙皮以里部分有方形地槽。到西周时期该地区的城墙营造技术与中游地区相接近,这或许也是地区间交流融合的结果。

表 1　鲁国古城城墙营造技术演变示意简表

时期 / 营造情况	西周早期	西周晚期	春秋时期	战国到西汉
基础处理	未见基槽	没有或只有浅弧形基槽	井挖有直壁平底的基槽	部分有方形基槽
夯层	3～4 厘米	8～9 厘米	更厚、更整齐	厚且整齐
夯窝形状	圆形尖底或圜底	圆形圜底	圆形圜底	圆形平底
夯具	单棍	集束木棍	集束木棍	金属夯
营造方式	版筑和堆筑结合		出现穿棍	

2. 长江流域

该地区城墙的营造方法明显的分为两个不同的阶段,由最初的堆筑、夯筑一下子过渡到北方中原地区成熟的版筑技术,中间缺少了中原地区城墙营造技术复杂的、逐渐演变的发展过程,使该地区的城墙营造技术产生了突变。这在一定程度上体现了在此期间,长江流域与北方中原地区的文化交流,以及对其先进文化因素的吸收和引用,也从侧面反映了此时长江流域对中原政权的归附。长江上游、中游、和下游的城墙营造技术又有所不同。

(1)长江上游地区

该地区的地域范围主要包括四川地区。该地区的城址主要集中在成都平原,且城址多建在海拔较周围高的台地上,台地周围往往有河流,城址方向大体与河流平行。新石器时代的城址多为一次性筑成,不见后世修葺补筑现象,城址使用时间多为一百到二百年左右。该地区目前尚未见夏、西周时期的城址,商代城址也仅见广汉三星堆城址,且其营造技术明显汲取了黄河流域部分先进的营造技术。该地区城墙营造技术特征大致有以下八点:

①城址的平面形状整体上以近方形为主。宝墩古城平面略呈长方形,芒城古城平面呈不规则的长方形,郫县古城和紫竹古城平面均呈长方形。

②城墙体依台地的边缘而筑,城内地面一般高于城外地面。例如宝墩古城现今高差 1.6 米,估计原始高差达 3 米;芒城现存地面高于城外地面约 0.3 米;梓路古城现存城内地面高于城外地面约 0.6 米等等,利用天然的地理优势形成防御工事。

③建筑材料以土为主,从城内就近取土。该地区早期城址周围不见护城壕,也是一种比较独特的现象,那么筑城所需的土的来源便是个疑问。目前据考古发现宝墩古城的城墙夯层内遗物倒装的现象,初步推测城墙筑土可能是直接从城内就近取土。

④城墙地基处理罕见开挖基槽,多为平地起建,或直接建在生土之上,或者直接建在文化层之上。

⑤墙体营造方式多为堆筑和夯筑,仅有广汉三星堆商代城址见有版筑痕迹。该地区的城墙墙体建筑多堆筑而成,或者经过简单的拍打,墙体外坡比较陡直、内坡比较缓且宽,内坡由若干个大夯层堆筑而成,而大夯层又有若干个小夯层,小夯层近乎水平,大夯层由内到外坡度渐缓。以宝墩古城为例(图 17)。宝墩古城的墙体是从台地边缘向城内方向逐层斜坡夯筑,为使外侧整齐,又在墙外侧补筑,靠城内的几层斜面夯层中又分若干水平小夯层,斜坡夯面呈梯形。墙体夯筑方式有水平、斜面拍打两种。水平拍打用于各小夯层,斜面拍打主要施于各小夯层堆筑至一定高度后形成的坡状堆积斜面,此斜面即各大层层面。各大层层面倾斜度(坡

度)由中心向两边逐渐增大,即处于中心部位的夯层坡度缓,位于外边的夯层坡度陡。同时还注重对土质的选择,各大夯层的土均不相同自下至上分别有淡黄色土、黑灰色土、黄褐色土、红黄色土,土质均较硬、结构紧密。小夯层厚度多10～30厘米,夯层间常抹有极薄的一层草木灰,可能是用于防止泥土黏连夯具。

⑥城墙体整体上比较宽,这也是该地区城墙与黄河流域不同的一点。或许是因为墙体建筑采取堆筑和夯筑的原因,该地区的墙体比黄河流域版筑的墙体要宽很多。宝墩古城北墙基宽约31.3米、郫县古城墙基宽8～40米不等、鱼凫古城东墙基宽28.6～29米,而同时期的黄河流域的城址除辉县孟庄和焦作徐堡的城墙基宽度在25米左右外,其它能够确定的城址的墙基宽度均在13米以下。

⑦夯具根据夯痕推测多为用木板或木棍,且为横向拍打。宝墩古城城墙体上保留有长条状的窝痕,一般宽10厘米,也有宽5厘米者,长以50、56、58厘米最为常见,深约0.2厘米;另外还少见有窄长条形的夯痕,宽1.8厘米,长30厘米,深约0.2厘米,推测前者为用板横向拍打的痕迹,后者为用棍横向拍打的痕迹。直到广汉三星堆城址的城墙体上还见有成排的用圆木棍平行夯打后留下的痕迹。夯具及其夯打的方式也是该地区的特色之一。

⑧早期城墙营造已注意到排水设施的设置。宝墩古城和鱼凫古城所保留的保护墙体和墙基的排水措施,是该地区较黄河流域先进的一点,这也是当地的人们长期与多雨的自然环境斗争的结晶。

(2)长江中游地区

长江流域中游主要包括有湖南、湖北、江西等地区,土质硬、黏性大。该地区发现的夏商西周时期的城址数量较新石器时代城址数量明显减少,新石器时代城墙营造技术与黄河流域差别较大,且整个新石器时期城墙营造技术发展相对比较缓慢,到商周时期城墙营造技术又明显汲取中原地区部分先进的营造技术,与黄河流域的城墙营造技术差别缩小。先秦时期该地区城址的规模有不断扩大的趋势,早期城址的面积较小,约8万平方米,到屈家岭文化中晚期始建的城址面积大多十几万到几十万平方米,更有甚者天门石家河文化城址达120多万平方米。再者早期城址延用的时间比较长,比如城头山城址历经大溪文化和屈家岭文化早中期,阴湘城始建于屈家岭文化时期、历经石家河文化并延用至商周时期。其具体的营造技术特征大致有以下八点:

①城址的平面形状从近圆形逐渐发展为近方形。该地区大溪文化时期的城头山城址平面形状呈圆形、龙嘴湾城址的平面形状呈不规则圆形,屈家岭文化时期的城址的平面形状除近圆形外还出现了近方形,阴湘城平面略呈圆形、陶家湖古城平面形状呈椭圆形、鸡鸣城等城址平面形状呈不规则椭圆形,鸡叫城、门板湾、走马岭、以及石家河等城址平面形预则为近方形。

②该地区城址多建在台地上,城墙沿台地边缘修筑,进而形成城内地势高于城外地势、墙体外坡陡内坡缓的现象。这点与长江上游地区相似。同时台地也限制了城址扩大规模的空间,使城址的规模在延用的过程中很少有变化。

③建筑材料以土为主,且对筑土的选择都比较讲究。例如门板湾古城的墙体填土主要为黄土和淤泥,基本修筑方法是一层黄土夹一层淤泥向上加高筑起墙体的;石家河城址墙体则由紫色土、黄色土、灰褐色土分层夯筑而成;而阴湘城的主墙体和护坡的土质土色差别明显,主墙体以纯净的灰白色、灰黄色土而成,而护坡用黄褐色土堆筑而成。

④墙体多平地起建,直接建在生土层上或文化层之上。城头山城址、阴湘城址、盘龙城等城址经考古发掘证实其墙体营造为平地起建而成;该地区目前能够确定开挖基槽的城址比较少,在石家河城址、楚纪南城[16]等城址的城墙营造中见有开挖基槽的现象。

⑤城墙的营造方式有堆筑和夯筑,夯筑墙体大多是略经夯打;到商代时期版筑技术也始见用于城墙营造。早期城址堆筑或夯筑而成,墙体相对较宽,地区墙脚处宽多在30米往上,甚至宽达60米,而同时期中原地区城墙营造采用版筑技术,墙脚处宽约10米左右;相应的该地区护城河的宽度也远较中原地区同时期要宽,该地区护城河宽约20～60米,中原地区的

护城壕宽约 4～20 米，充分体现了长江中游史前城址营建的工程量之大。该地区商周时期版筑技术应用于城墙营造，在盘龙城、阴湘城后世修补城墙中都有版筑痕迹；商周时期城墙营造技术应是汲取了中原地区先进的建筑技术因素。

⑥夯具推测有鹅卵石等。在城头山城址城墙的夯层中发现有夹杂许多大河卵石的现象，卵石多呈楔形或椭圆形，夯径 6～7 厘米，窝深 3 厘米，窝内有白色粉末 1 层。经将夯土内的卵石与窝痕对合，推测卵石当即夯锤。

⑦城墙体表面有保护措施。城头山屈家岭文化城址两侧护坡上均使用了胶泥；阴湘城墙体表面用纯净的黄色黏土加固，且似经夯实，坚硬光滑；二者功能应均是便于排水，防止因雨水冲刷导致的墙土流失，这也是长江流域多雨的自然现象使人们在长期的防雨实践中所创造的先进因素。

⑧城墙的附属设施有城门、护城壕、水门、桥梁等，其中该地区水门的设置也是黄河中游地区所不见的。护城壕多为就地取土开挖而成，并且往往与附近的河流相通，构成城墙外围的防御体系，同时形成发达的水系交通网，大多数城址均有护城河。进而设置了水门和桥梁，目前在走马岭城址、马家垸城址以及楚纪南城等城址均发现有水门；并且水门的建筑技术也在实践中不断发展，楚纪南城水门的营造程序已十分复杂、讲究。另外在鸡叫城、盘龙城等护城壕内发现有柱洞及木板痕迹，推测应与桥梁有关。

(3)长江下游地区

长江下游主要包括安徽、浙江、江苏、福建等地区。该地区地势低平、水网发达，充分利用河道的优势构筑外围屏障，并以此作为架接城内外的交通和解决供水问题，这与中原地区的古城址存在着巨大差异。其具体的营造技术特征大致有以下七点：

①城址的平面形状以近长方形为主。早期城址藤花落古城、良渚古城、怀宁孙家城等城址的平面形状均为圆角长方形，到春秋战国时期城址的平面形状以长方形为主。

②城墙的建筑材料以土为主，多就地取材，并有城内取土的现象。在江苏江阴佘城城内发现有若干个池塘，推测城墙是两面堆筑而成，而池塘则是筑城内一侧墙体的取土来源；另外在淹城发现三重城垣外均有护城壕，在形成三重护城壕的同时也为其对应的城墙提供了筑土。

③城墙体多平地起建或挖浅基槽。该地区地下水位比较高，所以城墙体多平地起建，也见有开挖较浅基槽的，例如藤花落古城、江西樟树吴城。另外在良渚古城城墙底部普遍铺垫石块作为基础，宽度约 40.60 米，石头基础以上用较纯净的黄土堆筑。

④城墙的营造方式有堆筑、夯筑和版筑。该地区土质松软，城墙体多为堆筑而成，例如良渚古城、怀宁孙家城、武进淹城[162]等。该地区版筑技术在城墙营造中应用的比较早，藤花落古城就有版筑的痕迹。

⑤夯具推测有木棍、石块等。在藤花落城址的城墙体上保留有清晰的夯痕，一种为碗底形圜状，似用木桩的端头夯打而形成，另一种为片状，微凹，只看到夯面，而几乎不见窝，互有叠压、错位，发掘者认为形成此种夯窝面的夯具可能为石块。

⑥城墙体中见有木桩加固的现象。在藤花落古城城墙体中发现使用有大量的木桩，与城墙垂直方向，成排分布，有的大小相依成组；从木桩下端较圆钝的情况分析，木桩不是在夯土形成后打下去的，而是在夯土开始夯筑之前就栽下去的，然后在木桩周边层层施打夯土。类似的现象在郑州西山仰韶文化城址的西北角也有所发现，笔者初步推测木桩是为了加固墙体，提高墙体的稳定性；尤其是藤花落古城，地处多水地区，土质松软，不易直立成型，墙体中载木桩应类似于木骨泥墙的原理。

⑦城墙的附属设施有城门、水门、护城河、桥梁等。由于城墙保存不完整，所以城墙的附属设施种类难以确定。在寿县楚都寿春城[163]的门道发现有大型的夯土台基，推测当时可能建有高大的城门。

3. 北方地区

北方地区主要包括内蒙古、辽宁地区等，该地区城址的一个特色是石城，另一个特色即为城址群。该地区城址多成群分布，史前时期城址多见于内蒙古中南部地区，而夏家店下层文化时期的城址则多见于内蒙古东南部地区及辽西地区。其具体的营造技术特征大致如下：

(1)城址多坐落于山坡或河流两岸的山岗上，一般地势险峻，并因山势修筑城垣，故而城址的平面形状多不规整。城址在某些险要地段则不设防，而是以深沟峭壁为天然屏障，而在必要的地方设双重城垣以增强防御能力。例如寨子塔城址，东、南、西三面或为绝壁或为陡坡，石筑围墙亦根据地形时断时续，在易于攀援处砌筑，并且在北侧筑有两道并行的石墙(图 18)。

(2)建筑材料以土、石为主，或为石墙、或为土石混筑、又或为土墙；营造方式有砌筑、堆筑、夯筑及版筑等，其中版筑技术在战国时期城址中见有应用的迹象。该地区早期城址建筑材料以石为主，也有部分城墙是土石混筑，到夏家店下层文化时期出现了土墙。威俊、阿善、西园、西白玉等十余处城址均为石城，石墙大部分砌于生土之上，用石块因地形交错叠砌而成，相交处用黄绿色土泥固定，空隙间塞以碎石。老虎山、白草塔、寨子塔、小沙湾等城址则为土石混筑，老虎山城址城垣的营造是下土建、上石筑，底部共用 9 层纯净黄土和黑灰土层层铺垫、砸实，每小层厚 8 厘米～50 厘米不等，总厚 1.25～1.95 米；其上部石墙宽 0.7～0.9 米，外侧垂直平齐，内侧不甚规整；用平正较大的自然石块垒砌而成，尽量将石块的平直面朝向外侧；其垒砌方法主要是随着石块的大小而顺次进行，并无明显的错缝堆砌，石缝间垫有碎石块和黄土(图 19)。而白草塔的墙体是在原生土层上挖一基槽至基岩，再以土石逐层混筑，外侧垒砌规整，用小石块错缝叠砌，其间垫以碎石块和褐色土；墙面内部土石相杂，以小石块和褐色土不分层填筑，内侧墙面为垒砌石块。至于土墙，敖汉旗大甸子城址[84]、城卜子古城则为实例，其中大甸子城址城垣系一次筑成，夯土是红色和黄色生土，夹破碎的钙质结核混杂夯筑而成。城卜子古城夯土以黄、黑土掺杂夯筑，内含大量砂石块；该城址还见使用有中原地区流行的版筑技术，在筑墙之前先挖宽约 5.7 米的基槽，填土夯实后再立夹板夯筑墙体，夯层水平，墙体规整，与中原地区建筑水平相接近(图 20)；根据墙体内侧印痕测量，夹板长 285 厘米、宽 60 厘米，每次夯筑用 5 块夹板。

(4)城中采集到 100 多个石质夯锤，石质一般，灰白色平面呈圆形，中部有一小圆坑，夯面作扁圆状，表面有许多小麻点坑，直径 10.5 厘米、深 11 厘米。瓮城、马面和角楼等。在寨子塔城址北边双行城垣的城门设置就类似于后世的瓮城，内墙寨门建于与外墙寨门相对偏西处。并且在内墙正对寨门处内侧，修砌一道距内墙约 5 米、长约 40 余米的石墙，其内填充石块与土，在内墙里侧形成一个平台，可俯瞰外墙寨门；到战国时期的三道营城址共发现有两座瓮城(图 13)。至于马面在赤峰三座店夏家店下层文化石城、卓资三道营战国时期城址等城址均有发现，其中三座店大城城墙外侧就有马面，作马蹄形，体量高大，多数用 3 圈砌石，少数为 2 圈砌石，马面石壁与墙体石壁交错砌筑，坚实紧凑，向上亦有收分；大型马面中心用黄土填实；只有个别马面不分层次，一次性砌就，状如石垛；马面间距约 2～4 米。小城东、西、北三面总共发现半圆形马面 10 个，只有南城墙上不设马面，马面的体量较大城小了许多，有的直径约 2 米。三道营战国城址城垣上的马面则呈圆角方形，马面间距 100 米左右，并且还有角楼设施(图 13)，角楼也呈圆角方形。在寨子塔北墙外、敖汉旗大甸子城垣外侧等均发现有壕沟。

四、结　语

纵观先秦时期的城墙营造，其大的发展趋势是：城址的规模从几万平方米到几百万平方米不等；城址平面形状整体上渐趋于规整，由不规则形、圆形发展到方形；城墙的附属设施种类逐渐增多，城门、门卫房、马面、角楼、瓮城等设施逐渐完善；城墙墙体逐渐规整、陡直；城墙营造技术的各种因素在不断进步，例如营造方法从堆筑、夯筑到版筑，版筑技术从桢干承托模板到穿棍承托模板，石、木质夯具到金属质夯具；城墙营造技术逐渐复杂化、科学化，譬如各种营造技术的进步、新营造技术的不断出现、营造逐渐讲究规划等。总之，先秦时期的城墙营造技术在不断地发展进步着。

通过前文对先秦时期城墙营造技术进行的总体概括及横向和纵向研究，笔者对于先秦时期的城墙营造技术的特点及其发展演变大致总结有以下七点：

1.营造程序基本定型。先秦时期城墙营造程序大致相同，大概是先规划城墙的基本走向，然后处理拟建城墙处的基础，再在基础之上加筑墙体，直至满足需求的高度为止。这种营造程序为后世城墙建筑甚至今天的土木工程奠定了框架，几千年的沿用不弃证明了其科学性。

2.建筑材料始终以土为主。先秦阶段城墙的建筑材料除了北方地区多用石头垒砌外，大多地区都是用土筑的，采用的都是天然的建筑材料。虽然土坯在淮阳平粮台、湖北应城门板湾等城内的房屋建筑中已有使用迹象，但由于土坯制作速度慢而城墙需求量大，致使土坯在城墙营造中并未得到普及，目前考古发现的也只有广汉三星堆城址城墙上部见有用土坯加高墙体的现象。直到宋代城墙营造材料才有所突破，城墙内部夯土、外部用砖包砌，明代中叶以后才普遍地用砖砌筑城墙。

3.城墙营建渐有规制，但不够规整。城址的营建从平面形状到规模大小都逐渐形成一定的礼制，尤其是商周时期都城性质的城址与一般的城址相比，无论规模上还是营造技术上都显现有一定的尊者气息。尽管如此，囿于生产力水平的低下，营造能力有限，墙体的宽窄、营造技术并非能达到完全统一，甚至不同地段的墙体营造方法都有所不同，看上去不如后世砖砌城墙那样的整齐划一。这或许也与城墙建筑材料有关，土不容易定型，难以控制，而砖则形状规整，易堆砌成型。

4.城墙营造技术的地区不平衡性渐弱。北方地区商周时期大甸子城址一改前期的石城或土石城为夯土城墙，到战国时期城卜子城墙营造中使用了版筑技术，无论其改变的原因是什么，北方地区的城墙营造技术确实是逐渐与中原地区接近；同样，长江流域新石器时期城墙营造一直使用夯筑和堆筑等营造方法。在整个新石器时代都未取得突破，但到了商代广汉三星堆城址的城墙营造中突然出现了中原地区常用的版筑技术，这反映了新石器时代末期到商代长江流域与中原地区之间的交流加强。

5.营造技术的科学含量越来越高。人们在生产实践中认识自然、改造自然的能力越来越强，相应地城墙营造技术的理论和实践水平也日益见长。最直观地体现在城址的规模不断扩大、城墙体的结构逐渐规整、城墙附属设施的种类渐多等方面。另外对筑土土质的选择、防止土体位移的阶梯处理、夯层之间铺细砂或植物根茎的举措、桢干技术到穿棍技术的改进、鹅卵石和集束木棍到金属夯具的发展等等.每种建筑新因素的出现、每项技术的改进、每种原理的认识，都是城墙营造技术发展进步的动力源泉。

6.营造能力不断提高。随着生产力的发展、社会性质的改变，人力和物力条件都有所改善，例如人口增多、剩余产品增加、营造工具改善等等，致使建筑能力得以提高，人们能够建筑的城址规模越来越大，从史前时期几万、几十万平方米的城址到商周时期几百万平方米的城址。

7.方位测量技术的熟练应用。从部分城址规整的形状、城址的方向、城内的布局、城门的设置等方面可窥探出先秦时期人类对方位测量技术的熟练掌握。淮阳平粮台城址的长、宽均为185米，古城寨城址的南、北墙基皆长500米；王城岗大城址的方向与其东北方的并列小城的方向竟然近似，均约355°；还有平粮台城址的方向为6°，其城中的两座房址（F1、F4）的方向也均为6°，房址的方向与城的方向一致。这应该不仅仅是一种巧合，说明是时人已经事先规划好的，整个城址的营建是有依据、有意识、有目的地进行的。同时这也表示在史前时期我国先民已经初步掌握了方位测定的方法，充分展现了我国先民的聪明才智。这也在一定程度上肯定了《周礼·考工记·匠人》“匠人建国，水地以县，置槷以县，视以景。为规，识日出之景与日入之景，昼参诸日中之景，夜考之极星，以正朝夕”之记载的真实性。

总之，先秦时期的城墙营造技术随着社会的进步、生产力水平的提高而发展，体现了我国先民在这个历史时期的创造力，同时也证明了我国营造技术的源远流长。

①成一农:《中国古代城市城墙史研究综述》,《中国史研究动态》,2007年第1期。

②刘叙杰:《中国古代建筑史》,中国建筑工业出版社,2003年。

③中国科学院自然科学研究所:《中国古代建筑技术史》,科学出版社,1985年。

④张驭寰:《中国城池史》,百花文艺出版社,2003年。

⑤罗哲文、赵所生等主编:《中国城墙》,江苏教育出版社,2000年。

⑥董鉴泓:《中国城市建设史》,中国建筑工业出版社,1989年。

⑦贺业钜:《中国古代城市规划史》,中国建筑工业出版社,1996年。

⑧曲英杰:《古代城市》,文物出版社,2003年。

⑨刘叙杰:《中国古代城墙》,《中国古城墙保护研究》,文物出版社,2001年。

⑩许宏:《先秦城市考古学研究》,北京燕山出版社,2000年。

⑪钱耀鹏:《中国史前城址与文明起源研究》,西北大学出版社,2001年1月。

⑫佟伟华:《我国史前至商代前期筑城技术之发展》,《古代文明研究》,文物出版社,2005年。

⑬张玉石:《中国古代版筑技术研究》,《中原文物》2004年第2期。

⑭马俊才:《新密古城寨龙山城筑城技术的初步研究》,《中原文物考古研究》,大象出版社,2003年。

⑮董琦:《王城岗城堡筑墙技术源流》,《江汉考古》1989年第1期。

⑯张锴生:《郑州商城城墙结构及筑法探析》,《中原文物》1988年第3期。

⑰张家泰:《甲骨文与商代建筑若干问题研究》,《中原文物考古研究》,大象出版社,2003年。

⑱张家泰:《甲骨文与商代建筑若干问题研究》,《中原文物考古研究》,大象出版社,2003年。

⑲《孟子·告子下》。

⑳国家文物局考古领队培训班:《郑州西山仰韶时代城址的发掘》,《文物》1999年第7期。

㉑河南省文物研究所等:《河南淮阳平粮台龙山文化城址试掘简报》,《文物》1983年第3期。

㉒河南省文物研究所:《登封王城岗与阳城》,文物出版社,1992年;方燕明:《河南登封王城岗遗址发现龙山晚期大型城址》,《中国文物报》2005年1月28日。

㉓河南省文物研究所等:《郾城郝家台遗址的发掘》,《华夏考古》1992年第3期。

㉔河南省文物考古研究所:《辉县孟庄》,中州古籍出版社,2003年。

㉕胡厚宣:《殷墟发掘》,学习生活出版社,1955年;中国社会科学院考古研究所安阳工作队:《1979年安阳后冈遗址发掘报告》,《考古学报》1985年第1期。

㉖马俊才:《新密古城寨龙山城筑城技术的初步研究》,《中原文物考古研究》,大象出版社,2003年;河南省文物考古研究所等:《河南新密市古城寨龙山文化城址发掘简报》,《华夏考古》2002年第2期。

㉗赵春青:《河南新密新砦遗址发现城墙和大型建筑》,《中国文物报》2004年3月3日。

㉘魏兴涛等:《河南平顶山蒲城店发现龙山文化与二里头文化城址》,《中国文物报》2006年3月3日。

㉙毋建庄:《河南焦作徐堡发现龙山文化城址》,《中国文物报》2007年2月2日。

㉚王青:《河南博爱西金城遗址发掘取得重要成果》,《中国文物报》2008年1月23日。

㉛《河南濮阳戚城遗址文物调查取得重要收获》,《中国文物报》2008年4月9日。

㉜马升等:《山西省保德县林遮峪遗址调查试掘有重要发现》,《中国文物报》2005年9月28日。

㉝梁星彭、严志斌:《山西襄汾陶寺文化城址》,《2001年中国重要考古发现》,文物出版社,2002年;何驽、严志斌:《黄河流域史前最大城址进一步探明》,《中国文物报》2002年2月8日;中国社会科学院考古研究所山西第二作队等:《2002年山西襄汾陶寺城址发掘》,《中国社会科学院古代文明研究中心通讯》,2003年第5期。

㉞《中国文物地图集·陕西分册》编辑组:《石摞摞山遗址》封底,《文博》1997年等3期(陕西省文物普查专号)。

㉟《泰沂山北侧的龙山文化城》,《中国文物报》1993年5月23日。

㊱杜在忠:《边线王龙山文化城堡的发现及其意义》,《中国文物报1988年7月15日;《泰沂山北侧的龙山文化城》,《中国文物报》1993年5月23日。

㊲山东大学历史系考古教研室:《山东邹平丁公发现龙山文化城址》,《中国文物报》1992年1月12日。

㊳魏成敏:《临淄区田旺龙山文化城址》,《中国考古学年鉴(1993)》,文物出版社,1995年,第164页。

㊴山东省考古研究所:《五莲丹土发现大汶口文化城址》,《中国文物报》2001年1月17日。

㊵山东省考古所等:《鲁西发现两组八座龙山文化城址》,《中国文物报》1995年1月22日;《薛故城勘探试掘获重大成果》,《中国文物报》1994年6月26日。

㊶山东省考古所等:《鲁西发现两组八座龙山文化城址》,《中国文物报》l995年1月22日。

㊷山东省文物考古研究所等:《山东阳谷县景阳岗龙山文化城址调查与试掘》,《考古》,1997年5期。山东省考古所等:《鲁西发现两组八座龙山文化城址》,《中国文

物报》1995年1月22日。

㊸山东省考古所等:《鲁西发现两组八座龙山文化城址》,《中国文物报》l 995年1月22日。

㊹山东省考古所等:《鲁西发现两组八座龙山文化城址》,《中国文物报》1995年1月22日。

㊺贾笑冰:《山东茌平教场铺龙山文化城址第四次发掘获重要成果》,《中国文物报》)2004年12月22日;《鲁西教场铺龙山文化遗址发掘获重要收获》,《中国文物报》2001年9月2日;《鲁西龙山文化又添新类型》,《中国文物报》2000年12月17日;山东省考古所等:《鲁西发现两组八座龙山文化城址》,《中国文物报》1995年1月22日。

㊻山东省考古所等:《鲁西发现两组八座龙山文化城址》,《中国文物报》1995年1月22日。

㊼山东省考古所等:《鲁西发现两组八座龙山文化城址》,《中国文物报》1995年1月22日。

㊽山东省考古所等:《鲁西发现两组八座龙山文化城址》,《中国文物报》1995年1月22日。

㊾山东省考古所等:《鲁西发现两组八座龙山文化城址》,《中国文物报》1995年1月22日。

㊿《成都平原发现一批史前城址》,《中国文物报》1996年8月18日;成都市文物考古队等:《四川新津县宝墩遗址调查与试掘》,《考古》1997年第1期;《成都史前城址发掘又获重大成果》,《中国文物报》1997年1月19日;中日联合考古调查队:《四川新津县宝墩遗址1996年发掘简报》,《考古》1998年第1期。

51《成都平原发现一批史前城址》,《中国文物报》1996年8月18日;《成都史前城址发掘又获重大成果》,《中国文物报》1997年1月19日。

52《成都平原发现一批史前城址》,《中国文物报》1996年8月18日;成都市文物考古队等:《四川省郫县古城遗址调查与试掘》,《文物》1999年1期;《成都史前城址发掘又获重大成果》,《中国文物报》1997年1月19日。

53《成都史前城址发掘又获重大成果》,《中国文物报》1997年1月19日。

54《成都史前城址发掘又获重大成果》,《中国文物报》1997年1月19日;成都市文物考古队等:《四川省省温江县鱼凫村遗址调查与试掘》,《文物》1998年第12期;《成都平原发现一批史前城址》,《中国文物报》1996年8月18日。

55《紫竹古城遗址发掘初获成果崇州历史提前千年》,《成都商报》12000年3月29日。

56《比三星堆遗址还早的盐店古城》,《科学大观园》,2003年第5期。

57《大邑发现又一史前古城》,《成都商报》2006年2月13日。

58《考古学家在京论证确认:城头山为中国已知时代最早古城址》,《中国文物报》1997年8月l0日;湖南省文物考古研究所等:《澧县城头山屈家岭文化城址调查与试掘》,《文物》1993年第12期;郭伟民:《城头山古城考古又获新成果》,《中国文物报》1999年3月3日;湖南省文物考古研究所:《澧县城头山古城址1997～1998年度发掘简报》,《文物》1999年第6期;郭伟民等:《澧县城头山发现史前城墙与城壕》,《中国文物报》2002年2月22日;郭伟民:《城头山城墙、壕沟的营造及其所反映的聚落变迁》,《南方文物》2007年第2期;湖南省文物考古研究所:《澧县城头山》,文物出版社,2007年1月。

59尹检顺:《澧县鸡叫城新石器时代晚期遗址又有新发现》,《中国文物报》;1999年6月23日;湖南省文物考古研究所:《澧县鸡叫城古城址试掘简报》,《文物》2002年第5期。

60荆州博物馆等:《湖北荆州市阴湘城遗址东城墙发掘简报》,《考古》1997年第5期。

61湖北省荆门市博物馆:《荆门马家垸屈家岭文化城址调查》,《文物》1997年第7期;张绪球:《屈家岭文化古城的发现和初步研究》,《考古》1994年第7期。

62原风:《荆门发现一处新石器时代城址护城河城壕保存完整》,《楚天金报》2007年1月11日。

63陈树祥、李桃元:《应城门板湾遗址发掘获重要成果》,中国文物报》1999年4月4日;王红星:《史前城壕的防洪功能》,《中国文物报》2002年8月30日。

64李桃元等:《湖北应城县陶家湖古城址调查》,《文物》2001年第4期。

65贾汉清:《湖北公安鸡鸣城遗址的调查》,《文物》1998年第6期:

66张绪球:《屈家岭文化古城的发现和初步研究》,《考古》1994年第7期;荆州市博物馆等:湖北石首市马岭新石器时代遗址发掘简报》,《考古》1998年第4期;《石首市走马岭屈家岭文化古城址》,《中国考古学年鉴(1993)》,文物出版社,1995年。

67《天门发现6000年前古城遗址》,《人民日报海外版》2005年06月27日。

68石河考古队:《湖北天门市邓家湾遗址1992年发掘简报》,《文物》1994年第4期。

69《湖北天门笑城城址发现新石器至明代文化遗存》,《中国文物报》2006年9月13日。

70《孝感发现鄂东北迄今最早的城址》,《湖北日报》2008年6月10日。

71南京博物院等:《江苏连云港藤花落遗址考古发掘纪要》,《东南文化》2001年第1期总第141期。

72李陈续:《垓下古战场发现龙山文化时期城址》,《光明日报》2007年8月23日。

73朔知等:《安徽怀宁孙家城遗址发现新石器时代城址》,《中国文物报》2008年2月15日。

74《浙江良渚发现五千年古城遗址》,《中国文化报》

2007年12月13日;刘斌:《良渚遗址发现5000古城》,《中国文物报》2007年12月5日。

⑮田广金:《内蒙古长城地带石城聚落址及相关诸问题》,《纪念城子崖遗址发掘60周年国际学术讨论会文集》,齐鲁书社,1993年。

⑯内蒙古社会科学院蒙古史研究所:《内蒙古包头市阿善遗址发掘简报》,《考古》1984年第2期;田广金:《内蒙古长城地带石城聚落址及相关诸问题》,《纪念城子崖遗址发掘60周年国际学术讨论会文集》,齐鲁书社,1993年。

⑰田广金:《内蒙古长城地带石城聚落址及相关诸问题》,《纪念城子崖遗址发掘60周年国际学术讨论会文集》,齐鲁书社,1993年;包头市文物管理所:《内蒙古大青山西段新石器时代遗址》,《考古》1986年第6期。

⑱田广金:《内蒙古长城地带石城聚落址及相关诸问题》,《纪念城子崖遗址发掘60周年国际学术讨论会文集》,齐鲁书社,1993年;包头市文物管理所:《内蒙古大青山西段新石器时代遗址》,《考古》1986年第6期。

⑲田广金:《内蒙古长城地带石城聚落址及相关诸问题》,《纪念城子崖遗址发掘60周年国际学术讨论会文集》,齐鲁书社,1993年;包头市文物管理所:《内蒙古大青山西段新石器时代遗址》,《考古》1986年第6期。

⑳包头市文物管理所:《内蒙古大青山西段新石器时代遗址》,《考古》1986年第6期;魏坚:《准格尔旗寨子塔、二里半考古主要收获》,《内蒙古中南部原始文化研究文集》,海洋出版社,1991年。

㉑田广金:《内蒙古长城地带石城聚落址及相关诸问题》,《纪念城子崖遗址发掘60周年国际学术讨论会文集》,齐鲁书社,1993年。

㉒田广金:《内蒙古长城地带石城聚落址及相关诸问题》,《纪念城子崖遗址发掘60周年国际学术讨论会文集》,齐鲁书社,1993年;内蒙古文物考古研究所:《岱海考古(一)》,科学出版社,2000年,第206—208页。

㉓田广金:《内蒙古长城地带石城聚落址及相关诸问题》,《纪念城子崖遗址发掘60周年国际学术讨论会文集》,齐鲁书社,1993年。

㉔田广金:《内蒙古长城地带石城聚落址及相关诸问题》,《纪念城子崖遗址发掘60周年国际学术讨论会文集》,齐鲁书社,1993年。

㉕内蒙古文物考古研究所:《准格尔旗白草塔遗址》,《内蒙古文物考古文集》,中国大百科全书出版社,1994年。

㉖魏坚:《准格尔旗寨子塔、二里半考古主要收获》,《内蒙古中南部原始文化研究文集》,海洋出版社,1991年。

㉗内蒙古文物考古研究所:《准格尔旗寨子上遗址发掘简报》,《内蒙古文物考古文集》,中国大百科全书出版社,1994年。

㉘内蒙古文物考古研究所:《准格尔旗小沙湾遗址及石棺墓地》,《内蒙古文物考古文集》,中国大百科全书出版社,1994年。

㉙田广金:《内蒙古长城地带石城聚落址及相关诸问题》,《纪念城子崖遗址发掘60周年国际学术讨论会文集》,齐鲁书社,1993年。

㉚田广金:《内蒙古长城地带石城聚落址及相关诸问题》,《纪念城子崖遗址发掘60周年国际学术讨论会文集》,齐鲁书社,1993年。

㉛赵春青:《河南新密新砦遗址发现城墙和大型建筑》,《中国文物报》2004年3月3日。

㉜河南省文物考古研究所:《辉县孟庄》,古籍出版社,2003年。

㉝魏兴涛等:《河南平顶山蒲城店发现龙山文化与二里头文化城址》,《中国文物报》2006年3月3日。

㉞郑州市文物考古研究所:《郑州大师姑》,科学出版社,2004年11月。

㉟《河南偃师二里头遗址中心区》,《2004中国重要考古发现》,文物出版社,2005年5月;《二里头遗址发现宫城城墙等重要遗存》,《中国文物报》2002年6月18日;中国社会科学院考古研究所二里头工作队:《河南偃师市二里头遗址宫城及宫殿区外围道路的勘察与发掘》,《考古》2004年第11期。

㊱山东省考古研究所:《城子崖遗址又有重大发现龙山岳石周代城址重见天日》,《中国文物报》1990年7月26日。

㊲《泰沂山北侧的龙山文化城》,《中国文物报》1993年5月23日。

㊳《泰沂山北侧的龙山文化城》,《中国文物报》1993年5月23日。

㊴《泰沂山北侧的龙山文化城》,《中国文物报》1993年5月23日。

⑩郝同前:《南水北调库区发现夏代城址》,《光明日报》2007年4月11日。

⑩中国社会科学院考古研究所河南第二工作队:《河南偃师商城小城发掘简报》,《考古》1999年第2期;杜金鹏:《偃师商城考古再获新突破》,《中国文物报》1998年1月11日;中国社会科学院考古研究所洛阳汉魏故城工作队:《偃师商城的初步勘探和发掘》,《考古》1984年第6期。

⑩河南省文物考古研究所:《郑州商城》,文物出版社,2001年10月。

⑩《河南焦作府城遗址发掘报告》,《考古学报》2000年第4期。

⑩《河南省安阳市洹北商城的勘察与发掘》,《考古》2003年第5期。

⑩⑤中国社会科学院考古研究所:《夏县东下冯》,文物出版社,1988年。

⑩⑥中国历史博物馆考古部等:《垣曲商城》,科学出版社,1996年2月。

⑩⑦《陕西清涧县李家崖古城址发掘简报》,《文物》,1988年第1期。

⑩⑧陈德安:《三星堆遗址的发现与研究》,《中华文化论坛》1998年2期;《中国考古学年鉴(1990)》,文物出版社,1991年9月;《中国考古学年鉴定(1993)》,文物出版社,1995年6月。

⑩⑨湖北省文物考古研究所:《盘龙城》,文物出版社,2001年。

⑪⓪黄水根、周广明:《江西樟树吴城商代遗址西城墙解剖的主要收获》,《南方文物》,2003年第3期;江西省文物考古研究所等:《吴城一1973～2002年考古发掘报告》,科学出版社,2005年9月。

⑪①郑林生:《文物专家论证江西牛头城考古发掘阶段性成果》,《中国文物报》2008年2月22日;朱福生:《江西新干牛城遗址调查》,《南方文物》2005年第4期。

⑪②陆澄:《青铜时代长江下游第一城一余城》,《中国文物报》2000年8月23日。

⑪③徐光冀:《赤峰英金河、阴河流域的石城遗址》,《中国考古学研究一夏鼐先生考古五十年纪念论文集》收载,文物出版社,1986年。

⑪④田广金:《内蒙古长城地带石城聚落址及相关诸问题》,《纪念城子崖遗址发掘60周年国际学术讨论会文集》,齐鲁书社,1993年。

⑪⑤辽宁省文物考古研究所:《辽宁阜新平顶山石城址发掘报告》,《考古》1992年第5期。

⑪⑥转引自许宏:《先秦城市考古学研究》,北京燕山出版社,2000年8月,第71页。

⑪⑦转引自许宏:《先秦城市考古学研究》,北京燕山出版社,2000年8月,第71页。

⑪⑧平泉县文物管理所:《平泉县顶子城遗址调查报告》,《文物春秋》1997年第3期。

⑪⑨李家窑遗址考古发掘队:《三门峡发现虢都上阳城》,《中国文物报》2001年1月10日。

⑫⓪中国社会科学院考古研究所洛阳汉魏城队:《汉魏洛阳故城城垣试掘》,《考古学报》1998年第3期。

⑫①崔志坚:《南水北调中线考古:"踏"进八千年文明史》,《光明日报》2007年4月23日。

⑫②《甘肃发现三处西周至春秋古城遗址》,转引自中国考古网2006年11月20日。

⑫③山东省文物考古研究所:《薛故城勘探试掘获重大成果》,《中国文物报》1994年6月26日。

⑫④山东省文物考古研究所等:《曲阜鲁国故城》,齐鲁出版社,1982年。

⑫⑤山东省考古研究所:《城子崖遗址又有重大发现龙山岳石周代城址重见天日》,《中国文物报》1990年7月26日。

⑫⑥琉璃河遗址考古队:《北京琉璃河遗址发掘又获重大成果》,《中国文物报》1997年1月12日。

⑫⑦董敢忠:《麻城市埠镇金罗湾发现西周古城遗址》,《武汉晚报》2006年1月25日。

⑫⑧《襄阳黄龙镇发现西周城址》,转引自中国考古网2006年,12月20日。。

⑫⑨徐嘉林等:《湖南宁乡炭河里西周城址与墓葬发掘简报》,《文物》2006年第6期;《湖南宁乡黄材炭河里西周城址》,《2004中国重要考古发现》,文物出版社,2005年5月。

⑬⓪《江西余江发现商周时期古城墙》,转引自中国考古网2006年9月26日。

⑬①郑晋鸣等:《镇江发现吴国最早城池》,《光明日报》2007年9月21日。

⑬②许宏:《先秦城市考古学研究》,北京燕山出版社,2000年8月,第84页。

⑬③《沈阳考古发现2000年前战国古城》,转引自中国考古网2007年8月6日。

⑬④内蒙古自治区文物考古研究所:《卓资县城卜子古城遗址调查发掘简报》,《内蒙古文物考古文集》,科学出版社,2004年。

⑬⑤内蒙古自治区文物考古研究所:《清水河县城嘴子遗址发掘报告》,《内蒙古文物考古文集(第三辑)》,科学出版社,2004年。

⑬⑥陈永志:《内蒙古自治区文物考古研究所配合国家基本建设文物考古研究工作的主要收获》,《内蒙古文物考古文集(第三辑)》,科学出版社,2004年。

⑬⑦《河南濮阳发现东周城址》,转引自中国考古网2006年6月7日。

⑬⑧《倡阳故城遗址的考古钻探调查》,中国考古网2008年4月18日。

⑬⑨湖北省文物考古研究所:《大冶五里界》,科学出版社,2006年4月。

⑭⓪湖北省文物考古研究所等:《赤壁土城》,科学出版社,2001年7月。

⑭①林留根等:《江苏邳州梁王城遗址第二次发掘获重要成果》,《中国文物报》2007年9月14日。

⑭②《江苏丹阳葛城遗址考古试掘有新发现》,转引自中国考古网2008年1月6日。

⑭③叶万松等:《洛阳市东周王城城墙遗迹》《中国考古学年鉴(1987)》,文物出版社,1988年10月;考古研究所洛阳发掘队:《洛阳涧滨东周城址发掘报告》,《考古学报》1959年第2期。

⑭④河北省文物研究所:《燕下都》,文物出版社,1996

年。

⑭⑤河南省博物馆新郑工作站等:《河南新郑郑韩故城的钻探和试掘》,《文物资料丛刊 3》,1980 年。

⑭⑥山东省文物考古研究所等:《曲阜鲁国故城》,齐鲁出版社,1982 年。

⑭⑦群力:《临淄齐国故城勘探纪要》《文物》1975 年第 2 期。

⑭⑧湖北省博物馆:《楚都纪南城的勘查与发掘》,《考古学报》,1982 年第 3 期。

⑭⑨《格致镜原》卷二十引《事物绀珠》。

⑮⓪《说文解字》。

⑮①李树国等:《赤峰市松山区初头朗镇三座店村东梁东区石城址调查报告》,《内蒙古文物考古》2007 年第 1 期;郭治中等:《赤峰三座店夏家店下层文化石城址发掘全面结束》,《中国文物报》2006 年 12 月 13 日。

⑮②邯郸市文物保管所:《河北邯郸市区古遗址调查简报》,《考古》1980 年第 2 期;河北省文物管理处等:《赵都邯郸故城调查报告》,《考古学集刊》第 4 集,1984 年。

⑮③陕西省雍城考古队:《秦都雍城钻探试掘简报》,《考古与文物》1985 年第 2 期;韩伟等:《秦都雍城考古发掘研究综述》,《考古与文物》1988 年第 5 期、6 期合刊。

⑮④刘东亚:《河南鄢陵县古城址的调查》,《考古》1963 年第 4 期。

⑮⑤刘东亚:《阳翟故城的调查》,《中原文物》1991 年第 2 期。

⑮⑥陶正刚:《山西闻喜的"大马古城"》,《考古》1963 年第 5 期。

⑮⑦北京市文物工作队:《北京市房山县考古调查简报》,《考古》1963 年第 3 期。

⑮⑧李兴盛:《内蒙古卓资县三道营古城调查》,《考古》1992 年第 5 期。

⑮⑨草店坊城联合考古勘探队:《孝感市草店坊城的调查与勘探》,《江汉考古》1990 年第 2 期。

⑯⓪参照[比利时]W. F. 凡英佩:《地基土的加固技术及其新进展》,中国建筑工业出版社,1992 年,第 82 页。

⑯①湖北省博物馆:《楚都纪南城的勘查与发掘(上)、(下)》,《考古学报》1982 年第 3、4 期。

⑯②江苏省淹城遗址考古发掘队:《发掘淹城遗址的主要收获》,《南京博物院建院 60 周年纪念文集 1933-1993》收载,1994 年。

⑯③丁邦钧:《楚都寿春城考古调查综述》,《东南文化》1987 年第 1 期;丁邦钧:《寿春城考古的主要收获》,《东南文化》1991 年第 2 期。

⑯④中国社会科学院考古研究所:《大甸子—夏家店下层文化遗址与墓地发掘报告》,科学出版社,1996 年。

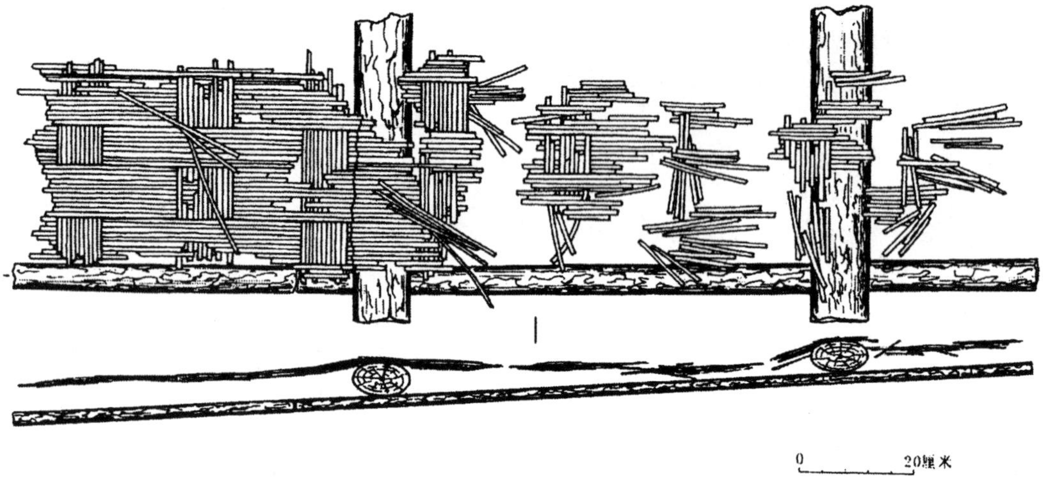

图 1　城头山大溪文化护城壕外坡维护设施的平、立面图

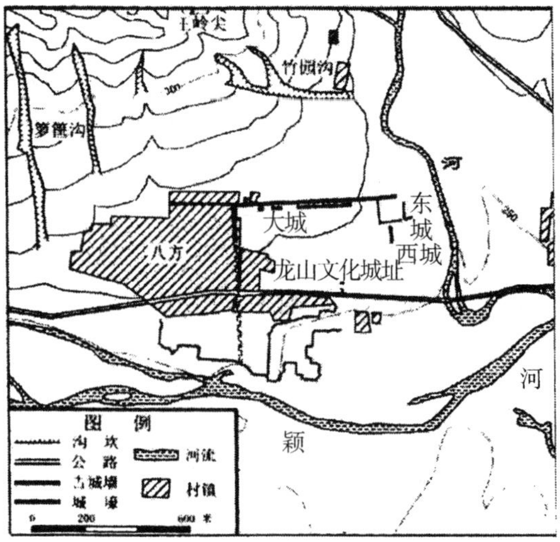

图 2　登封王城岗龙山文化城址(参照《登封王城岗考古发现与研究(2002～2005)》,第 25 页,图二)

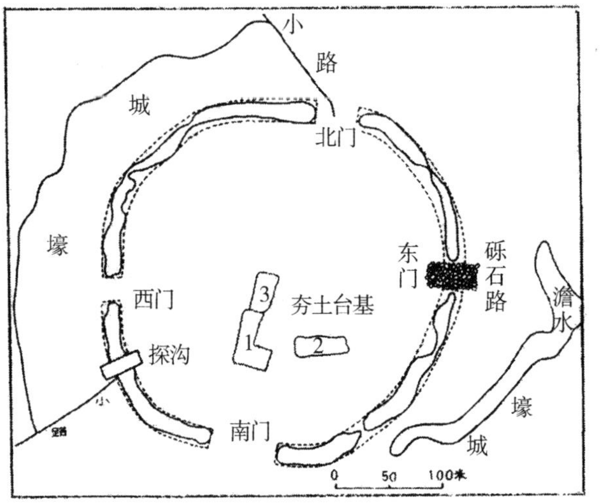

图 3　城头山屈家岭文化城址平面图

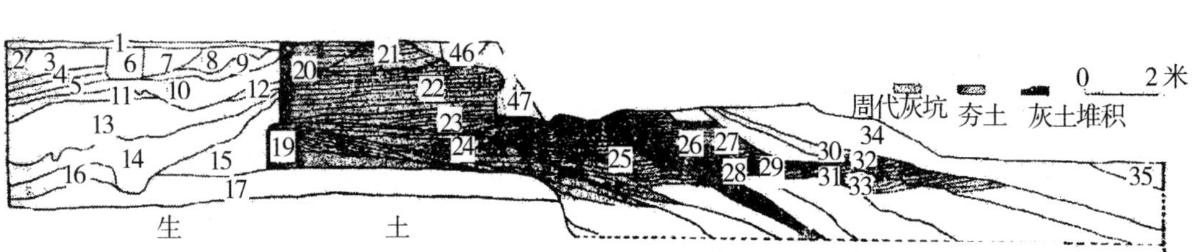

图 4　淮阳平粮台探沟 T29 南壁剖面图

图 5　新密古城寨城址南城墙木板档板痕、北城墙竹木编挡板痕

图 6　新密古城寨城址北城墙西剖面

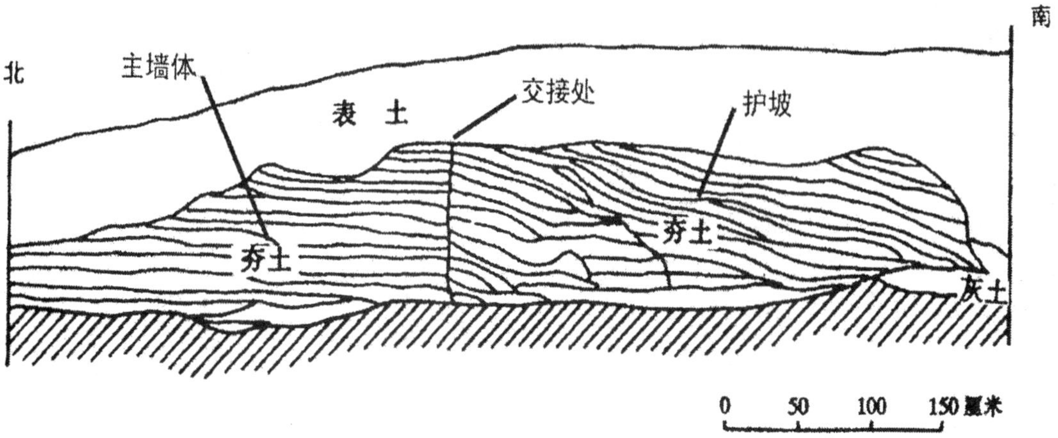

图 7　盘龙城城墙主墙体与护坡交接处(参照《盘龙城》P20 图)

图 8　郑州商城南城墙 CST3 东壁夯土层(西北—东南)

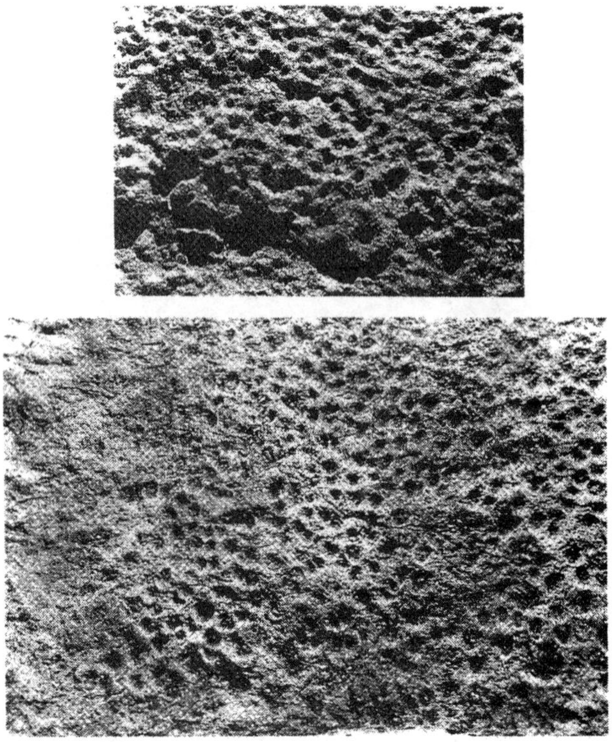

图 9　郑州商城西城墙 CWT5 内商代城墙夯土面上的夯窝

图 10　易县燕下都城墙墙体剖面

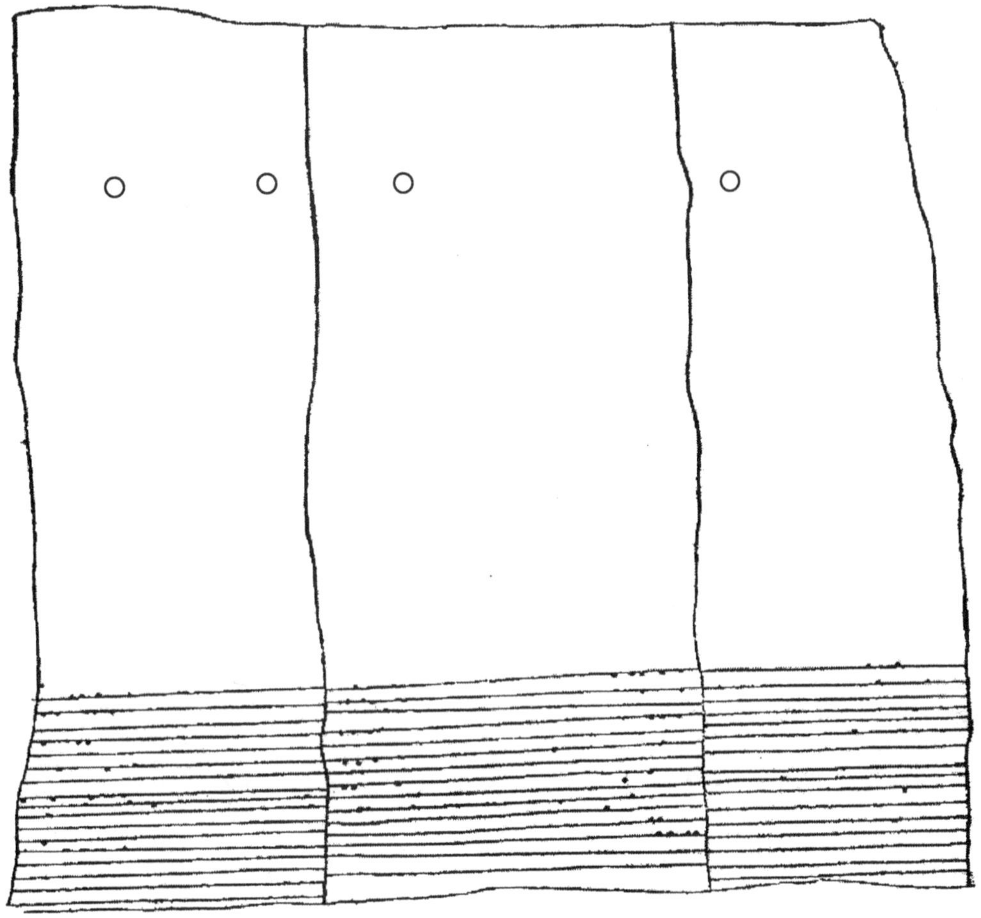

图 11　燕下都西城城垣穿棍、穿绳和夹板夯筑痕迹实测图
（因城垣过高，上部未实测）

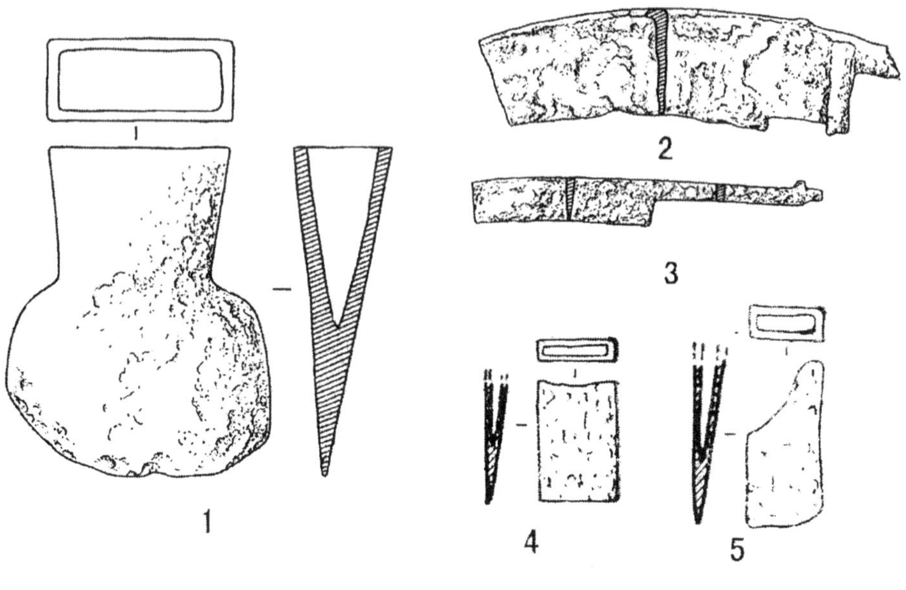

图 12　春秋战国时期城墙营造工具
1.郑州商城战国时期城垣内外出土铁镬　2.郑州商城战国时期城垣内外出土铁镬
3.郑州商城战国时期城垣内外出土铁削　4.5 窦店古城战国晚期城墙出土铁镬

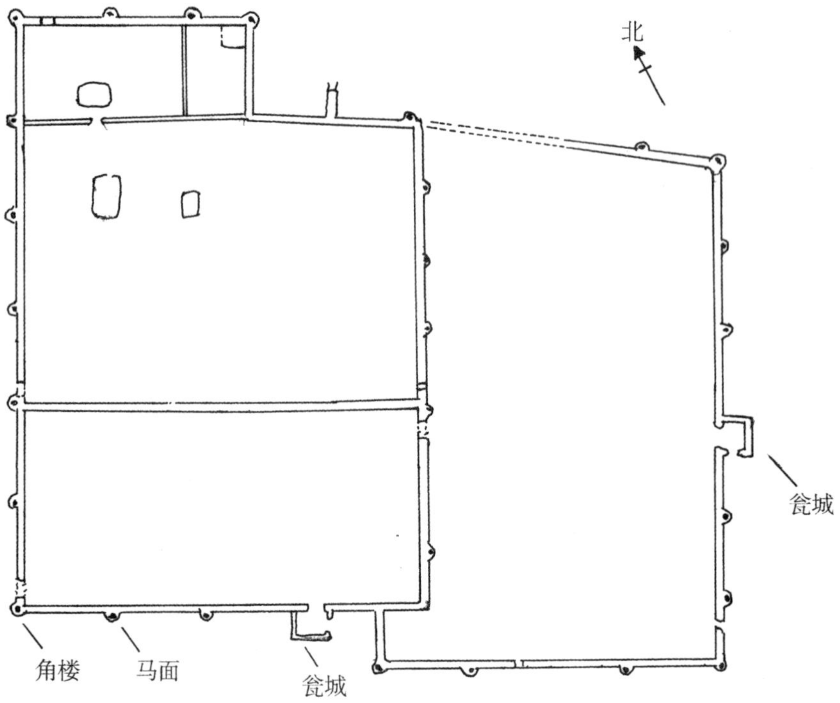

图 13　内蒙古卓资三道营古城平面图(文字为笔者所加)

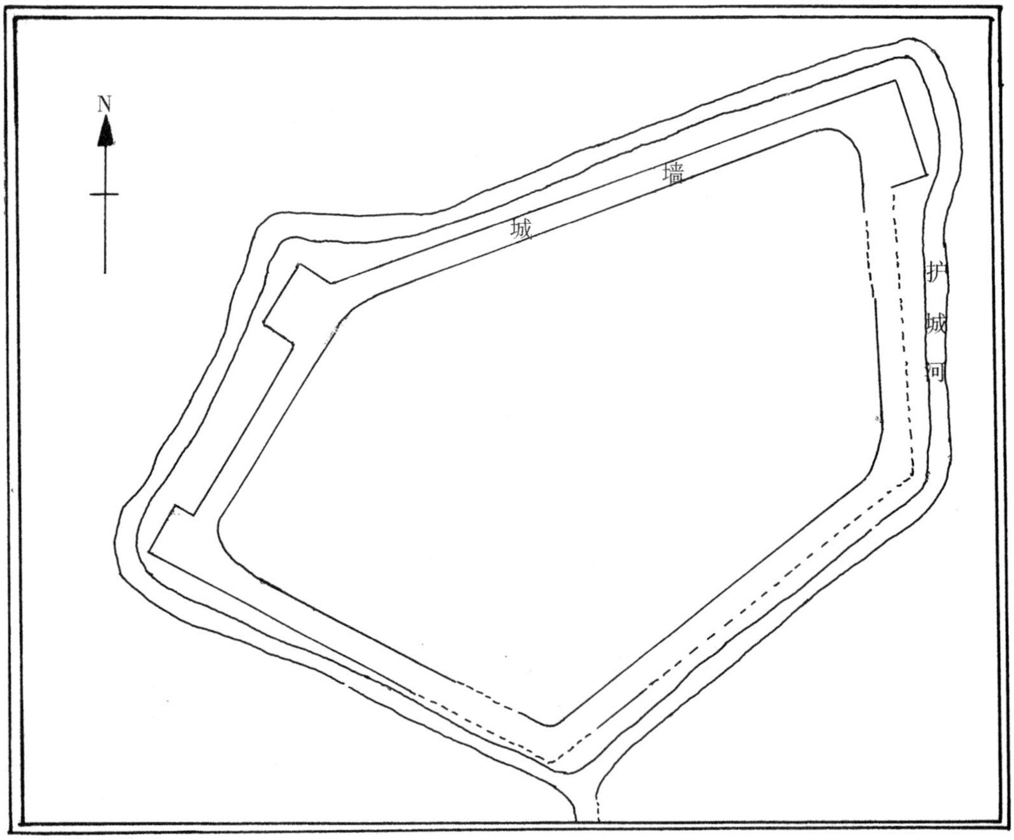

图 14　湖北孝感草店坊城城址平面图

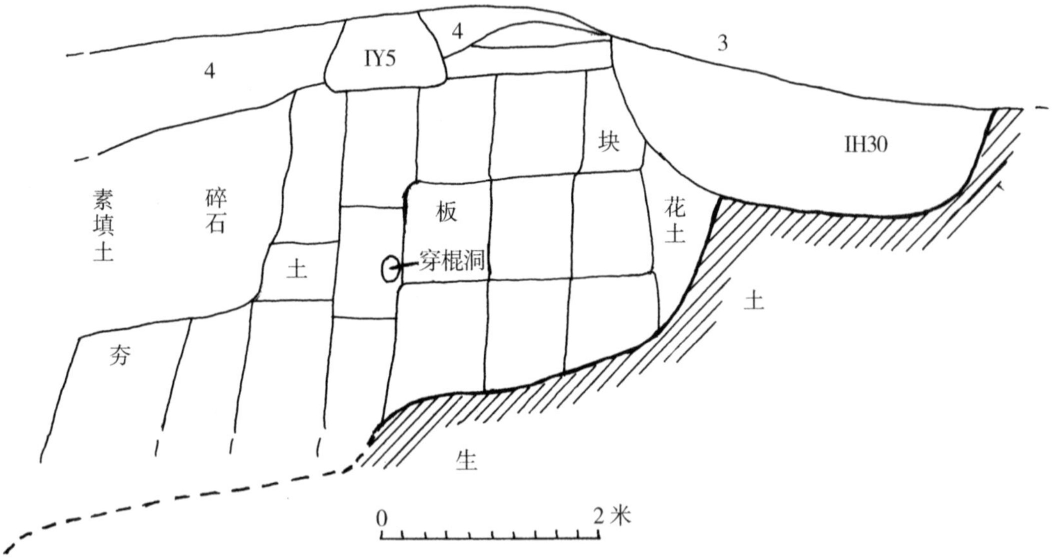

图 15　陶寺遗址桃沟剖面 Q4 结构图

图 16　倾斜持力层上易发生土体位移示意图

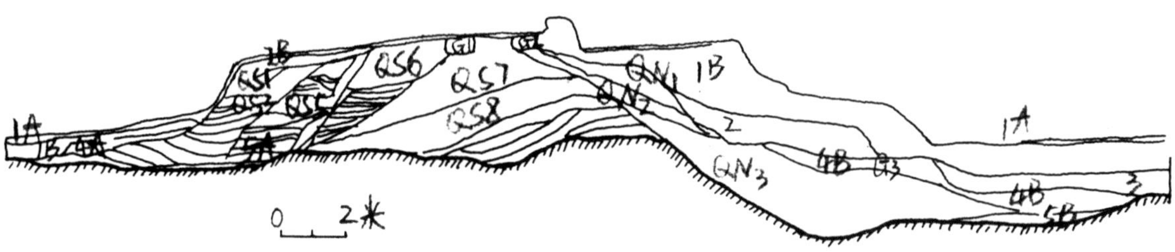

1A. 农耕土　1B. 灰褐色土　2. 红褐色土　3. 褐色土　4A. 浅褐色土　4B. 黄褐色土

5A. 青褐色土　5B. 黄褐色土　QS1. 2. 5－8. 城墙南侧夯土　QN1－3. 城墙北侧夯土

图 17　宝墩遗址城墙北墙西壁剖面图

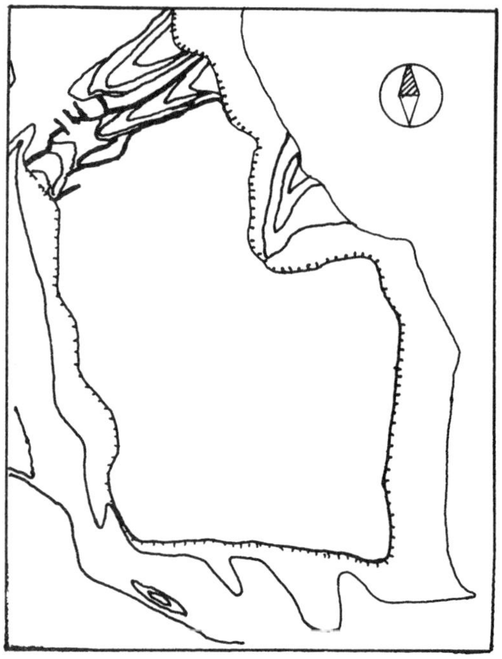

图 18　寨子塔遗址平面图

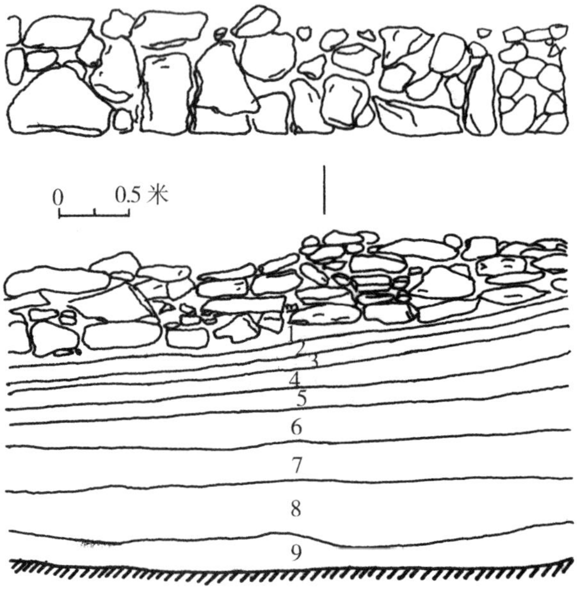

图 19　老虎山北一东墙 P3 解剖点平、剖面图

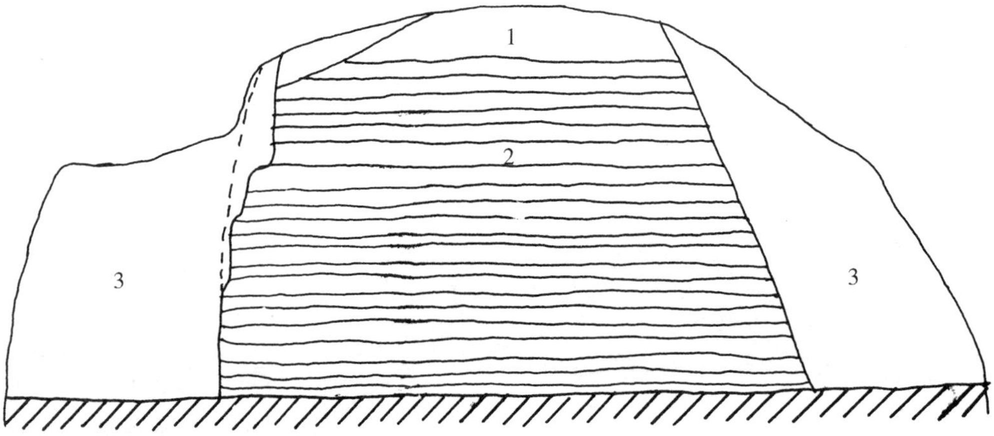

图 20　城子古城南墙剖面图

1. 表土层　2. 城墙夯土层　3. 城墙坍塌堆积

·营造技术研究·

华夏"土木"历史文脉与科技内涵新探

杨国忠 刘怡燕 刘红娟

（河南大学土木建筑学院 河南开封 475004）

［关键词］ 土木文脉；历史背景；土工技术；木构技术

［摘 要］ 本文通过对中国古代土木建筑多角度、多层面、多学科的深入探索和系统研究，提出了中国"土木"文脉形成的地理、生态、文化、技术等历史背景；提炼了中国古代土木建筑在材料选用技术，光学、力学、量化等设计技术，木构及土木混合等结构技术，材料及结构的构造技术，"土木"的加工及施工技术，防水、防火、防腐、防潮、防碱、防虫等防护技术的诸多方面科学内涵。

Chinese"Civil"and Its Historical Context of"lhe New connotation of Science and Technology

Yang Guo zhong Liu Yiyan Liu Hongjuan

(*Henan Uniuersity Civil Architectural Institute of Kaifeng*, *Henan* 475004)

Key Words: Civil Crystallization; Historical Background; Earth Technology Timber Technology

Abstract: the crystallization of geography, ecology, ecology, cultural, technology is extracted through exploration and systematial research ofthe chinese ancient civil engineering with the multi－layered apprpach, taking different points of view and conducting multi－study. Refiningthe ancient Chinese civil engineering in the selection of materials technology, optical, mechanical, design, and other quanlitative techniques, mixed technology of timbers and civil structures, materials and structure construction technology. "civil and conslruction of the processingtechnology, while the scientific connotations of water－proof, fire proof. anti－corrosion, moisture－proof. anti－alkali, pest control protectiontechniques are profoundly expounded.

引言

华夏"土木"历史纵贯古今，流播域外。从上古人类的穴居、巢居，经各个历史阶段，土工建筑和木结构建筑由产生、演化、发展、传承，形成了清晰的"土木"文脉，凝结了灿烂的中华文化，饱含了系统的科技内容，产生了深远的传播影响。时至今日，虽然建筑材料按其组成分为金属材料、硅酸盐材料、高分子材料三大主要系列，建筑结构按其构成划分为钢结构、钢筋混凝土结构、砌体结构三大主要类型，然而建筑类专业及其学科尚明确冠以"土木"二字。如"土木工程专业"、《土木工程制图》、《土木工程材料》、《土木工程施工》等。这说明，"土木"具有传统的深远意义和现代的科学意义。

国内外一些学者，对中国"土木"文脉虽有研究，但对其渊源的分析还不甚系统，对其科学内涵的挖掘尚不够深入。人们对中国古代建筑的土木为材、土木结构的鲜明特征，各有一些不同的单一看法：

1. 曾有人说："我国最早发祥的地区——中

原等黄土地区。多木材而少佳石，所以石建筑甚少”[①]认为是自然资源问题；

2.也有人说：“中国木结构的形成与缺乏大量的奴隶之间有一定的关系。”[②]认为是人力资源问题。

3.还有人说：“中国建筑发展木结构体系的主要原因就是在技术上突破了木结构不足以构成重大建筑物要求的局限，在设计思想上确认这种建筑结构形式是最合理和最完善的形式。”[③]认为是结构技术问题；

4.另有人说：“中原地区属于半干旱的黄土分布地区……。由于气候干燥，为采用土木作主要建筑材料提供了有利条件”[④]。认为是地理环境问题；

5.更有人说：“因为人民的生计基本上依靠农业，经济水平很低，因此尽管木结构房屋很易燃烧，二十多个世纪来仍然极力保留作为普遍使用的建筑方法[⑤]。认为是经济发展问题。

本文对中国“土木”文脉和流变，进行了多角度、多层面、多学科的深入探索和系统研究，提出了一些新的见解。

一、“土木”的历史渊源

中国建筑从起步就与“土木”结下不解之缘，且源远流长。”天生五材”(《左传·襄公二十七年》)，五材即“金、木、水、火、土。”其中“土”、“木”是建筑的基本材料和主要材料。“土”、“木”不仅是人类使用最早的天然建筑材料，也是中国古代使用最多的建筑材料。与西方古代的石材建筑传统相比，中国古代建筑的鲜明特点是以土木为主材、以木结构为主流的建筑类型，而后一脉相承，成为中国建筑用材之历史主流。中国“土木”的历史渊源有着多方面的背景因素，是由一系列客观条件所决定的。

1.地理背景

“广谷大川异制，民生其间者异俗”(《礼记·王制》)，中国“土木”文脉的形成与华夏大地特定的地理背景密切相关，是依照具体的地貌、地势、地质等因素，因地制宜而产生和发展的。

首先，在地貌方面，“上古穴居而野处”(《易·系辞传》)，原始初民在自然形成的山洞里居住。后来基于居住天然洞穴的经验，开始探索利用合适地貌挖掘人工洞穴。在黄土地带的台地断崖上掏挖横穴，以及“因陵丘挖穴而处”(《墨子·节用中》)，在山坡挖穴。

其次，在地势方面，始祖人类依地势高低而采取不同的居住方式，所谓“下者为巢，上者为营窟”(《孟子·滕文公下》)。在南方多居橧巢，于低洼潮湿地带巢居；在北方多居营窟，于高亢黄土地带穴居。

第三，地质方面，黄土是由砂粒、粘土和一定量的石灰质颗粒组成的混合物。黄土质地细密，粘度较高，有很好的可塑性和很高的粘结性，能将砂等颗粒很好地固结，形成较好的整体性和稳定性。黄土的土壤结构呈垂直节理，抗剪切强度较高，易于壁立而不易坍塌。这些都便于洞穴的挖作。

2.生态背景

“物竞天择，适者生存”。自然界中，生存的人类和生长的树木必然服从优胜劣态的生态规律。中国土木结构建筑体系的形成与发展，基于深刻的生态背景。

原始的居住形式——穴居和巢居中，就饱含了“土木”生态元素。挖土穴，曾考虑到近水、免淹、防暑、御寒等生态环境；构木巢，也考虑到防毒蛇、拒猛兽、避潮湿等生态条件。

中国古代建筑，在其发展过程中始终融合生态元素，以创造良好的适居生态条件。例如大屋顶，具有“上栋下宇，以蔽风雨”(《易经·系辞》)及“上反以盖载，激景而纳光”(《西都赋》)的生态功效；木构建筑的框架体系，门窗开设灵活，能最大限度增加窗地面积比，为采光、通风、瞭望创造了良好的生态条件；古代窑洞，至今在陇东、豫西、陕北、晋中等地仍然可见，其中包含有冬暖夏凉的生态因素。

中国古代建筑的特点之一是木构体系，木构建筑是中国封建社会的主流。木构建筑需要大量的木材和广茂的森林资源，正是中国大地慷慨的生态馈赠。中国位于亚洲东部，处于北纬4°至53°之间，跨越五个气候带，具备良好的树木生长的生态环境，为华夏建筑提供了充足的资源保证。

此外，“土”与“木”也存在亲密的生态关系，它们相依共存。土为木之母，木为土之华。

3. 文化背景

建筑是文化的重要载体，是文化的物质表现形式。任何民族都有其特定的文化，华夏土木建筑映射着居住在中国大地之上的中华民族深刻的文化背景。主要表现在：

(1)亲恋土木的情结。中华先民很早就在华夏大地上，发展了无与伦比的农业文化，将大自然认作自己的母亲与故乡，构架了与自然紧密相连，同构对应的亲和关系，建立了与自然和谐共生、天人合一的时空意识，形成了以"土木为居的大地文化"[6]，产生了浓郁的"亲土"情怀和"恋木"情结。

(2)崇拜祖宗的观念。生息在华夏大地上的炎黄子孙，对以黄帝为代表的祖先怀有深情的崇拜。东、南、西、北、中，木、火、金、水、土。东方，木也，其帝太皞；南方，火也，其帝炎帝；西方，金也，其帝少皞；北方，水也，其帝颛顼；中央，土也，其帝黄帝。黄帝居中，属土。土者，木之母；木者，土之华。土木之制为祖宗创造，是千古成法，土木不可分离，土木遗制不容更改。因此，中国古代建筑的一个鲜明特点便是以土木为材。

(3)表征形象的文字。象形会意的汉字，揭示了中国建筑一定的文化内涵。

象形是描摹实物形状的造字方法，属六书之一。例如，反映建筑形貌的"宫"、"室"、"宅"，其甲骨文的字形就是将建筑形状以最简化的图示而表达出来的"字体"，它们分别刻画了建筑的平面、立面、剖面的形貌特征。至今的建筑图纸就是用平面图、立面图和剖面图来全面表达建筑设计的。

象意也叫会意，也属六书之一。它是利用已有的字.依据事由加以组合，表达出一个新的意义的造字方法。例如，反映以土为材的建筑方面的汉字：墙、垣、壁、壕、墕、堰、坯、坊、埴等；又如，反映以木为材的建筑方面的汉字：材、板、梁、栋、枋、袱、檩、柱、楹、栱、栌、架、檐等。再如，从穴居的"穴"字派生的建筑方面的汉字，穹、窑、窠、窟、窗等。

"土木"的文化背景影响深远，形成有"唯土木是尊"的仿木文化现象。无梁殿、石牌坊、砖塔等砖石建筑，都因袭了大量的仿木成分。北京明十三陵石牌坊就是一个范例，可视为"五间六柱十一楼"的木牌楼的翻版。

4. 技术背景

建筑的形成和发展总是与一定的建筑技术水平相适应的。建筑本身的功能要求是促进建筑技术发展的重要因素，而一定水平的建筑技术又是促使建筑功能提高的重要手段。

中国"土木"文脉的形成，与"土"、"木"的自身功能、采集方式、加工手段、建造方法、结构形式、构造特点等技术背景因素息息相关。这部分内容极其丰富，本文将在后面详细阐述。

二、中国古代"土木"技术的科学内涵

中国古代建筑活动称为"营建"，也称为"土木"[7]。可见，"土"与"木"技术在中国古代建筑中占有突出地位。

历史上，人们曾编纂一些有关"土木"技术的宝贵典籍资料。如汉代《考工记·匠人》、宋代《营造法式》、宋代《木经》、明代《鲁班经》、明代《工程营造录》(《扬州画舫录》卷十七)、清工部《工程做法则例》等，均系"自来工作相传，并是经久可以行用之法"，都是经验总结，受当时科学发展水平所限，虽未能表述出理论内容，但却有深刻的科学内涵，供我们挖掘和借鉴。

长期以来，人们对中国古代建筑的实物和典籍进行了大量研究，取得了丰硕成果。然而却出现了重视历史年代、注视艺术效果、轻视技术功能、忽视科学价值的倾向[8]，即便对技术有一些研究，但也不甚深入和系统。

本文对中国古代建筑的"土木"技术的研究，在深度和广度上有所开掘和拓展，对其科学内涵进行提炼整合，提出了一些新的看法。

1. 材料技术

中国古代建筑以"土木"为材，其材料技术主要反映在对"土"和"木"的选用、采集和加工等方面。

(1)土材选用。在选材方面，古人因材适用。即根据"土"、"木"材料固有的性能而合理用之。古人在长期实践中对土的如下性质有所掌握并加以利用：

粘聚性——远古时代人们就利用黄土的粘聚力强、整体性好、易于壁立的特点，挖穴营窟。

可塑性——人们曾利用粘土水合后的流动性和可塑性，制造了土坯(人类最早的人工免烧砌块)；制成胶泥用作粘结和抹面；进行泥塑(如独乐寺观音阁、灵岩寺千佛殿)等。

烧结性——人们发现土质材料烧结后能显著提高强度、耐水性等改性的特点后，发展了一系列烧土材料。仰韶文化时期就有“烧土地面”，西周已有烧陶、制瓦技术；春秋后期已有铺地砖应用。烧土材料的产生是一种较大的技术进步，尤其是合理利用氧化焰和还原焰烧制红色砖瓦及青色砖瓦，其科技含量很高。仰韶文化时期的红陶以及后来的红砖、红瓦，就是利用燃料在充足空气中充分燃烧产生的氧化焰，使土质坯体中的铁质转化为三价铁，烧成后便呈桔红色。而燃料在不充足的空气中燃烧产生还原焰，使土质坯体中的铁质大部分转化为二价铁，烧成后便呈青灰色。

隔热性——人们利用土质材料的导热性差的特点，作为墙体材料，产生良好的隔热、保温、蓄热的功效。

阻燃性——人们利用土不可燃烧的性能，在对建筑中一些部位的外露木构件实施涂泥防火。

耐久性——露天建筑物要经受各种自然因素的长期反复作用，土质材料具有抗风化、耐冻融、拒腐蚀的特点。从现存较早建筑遗址就可得到鉴证。

胶凝性——古人在实践中发现土遇水成泥后具有粘结性能，经不断探索，利用粘土的这一性质，采取以土为肌、置骨加筋的手段，制成了一些土质复合材料，起到了提高综合性能的作用。以土为肌，即以胶凝材料泥土作为肌体(基材)，连结“骨”与“筋”；置骨，即在土中置入骨料(砂子、石渣、碎砖等)；加筋，即在土材中加入纤维材料(麦秸、稻草、芦苇等)。这可视为对现代钢筋混凝土材料的启蒙。仰韶文化时期的郑州大河村遗址的墙体就采用了草筋泥和细砂泥抹面。最迟在南北朝时期就有了以粘土、石灰、骨料(砂子、石渣、碎砖等)为原料的三合土，用作地面和地基材料，具有坚固密实、防潮抗碱的效能。

(2)木材选用。古人在营建过程中正确把握并很好利用了木材的如下性能：

承载性——木材具有较高的强度，具备较大的承载能力，在建筑结构中，特别是宫殿等宏大建筑的梁、柱等构件承担着庞大载荷。

抗震性——中国古代木构建筑能经受多次强烈地震的考验，除了结构因素之外，还与材质密切相关。木材是天然的高分子纤维材料，具有良好的弹性和韧性，有益于抵抗地震的破坏。

异向性——木材微观上由管状细胞紧密结合而成，其横向和纵向性能差异明显。承受弯曲载荷的梁、檩(宋代称槫)、椽等构件符合木材横向抗弯能力强的特性；承受压缩载荷的各种柱子，符合木材纵向抗压能力强的特性。

轻质性——木材是管状纤维有机材料，密度较小，如红松气干状态下的表观密度为0.44g/cm^3，使得建筑的荷重变小，减轻了主体构件及基础的负担，特别是在起重、运输技术不够发达的历史条件下，对运输和施工是非常有益的。

多孔性——木材具有多孔的结构特征，存在明显的毛细现象，使得木构件具有良好的吸声和隔热功能。同时，也使木材具有较强的吸水、吸湿特点，对此古代人们采取一些有效的防范措施(详见本文“防护技术”部分)。

装饰性——木材的年轮和髓线组成独特的纹理，加之红、黄等色泽，构成美丽花纹。木材易于着色和涂漆，又便于加工成许多形体及雕刻成多种花形，还能通过高温碳化烙制各种图案。通过这些，可获取有形有色、奇特美妙的装饰效果。

此外，木材还具有湿胀干缩的变形开裂特性，以及易燃、易腐和易受蛀蚀等特点。对此，古人采取了各种有效防护措施，有关内容将在本文“防护技术”部分详细阐述。

在木材采集方面，古人也采用了先进的技术手段。随着社会的发展，特别是大规模建筑耗材的显著增加，就地取材已不能满足建筑需求，“大木非近道所有”(《贞观政要》贞观四年条)，多自远方采来。在古代社会，陆路不发达，人们便利用自然规律，采取流放木排及船载等方式运达。

2. 设计技术

(1)物理技术。中国古代建筑设计运用了大量光学、力学、热学等物理技术。热学技术在本文的“构造技术”部分详细阐述,下面重点讨论光学和力学两方面的建筑设计技术。

采光技术:在土工建筑上,较为典型的是土窑洞的采光技术。窑洞住宅只有洞口可以采光,为尽量增大采光面积,通常把整个洞口几乎都安上门窗。最具特点的是陕北窑洞,除槛墙外,满洞口都做成花窗,加之门上大面积花格,有效增加了采光面积。在木构建筑上,光学设计技术主要体现在出檐和门窗方面。一是反宇飞檐大屋顶。除“以蔽风雨”(《易经·系辞》)外,还有“激日景而纳光”(班固《西都赋》)的作用。英国著名中国科技史学家李约瑟(Joseph Needham)指出:“在中国向上翘起的檐口显然是有尽量容纳冬阳和减少夏日的实用效果”②。古代营造者把屋檐做得既挑出深远,除具有防雨水冲淋墙体的作用又反宇向阳,符合冬季和夏季太阳高度角不同的科学原理。二是门窗开设。中国木构建筑的框架结构特点之一是门窗开设灵活,能最大限度增大窗地比,确保采光充足。此外,还有一些增大采光的做法。如汉代就有开设天窗以增大采光的案例。宋《营造法式》已有破棂子窗的记载,为确保窗洞口增大后,窗扇要有足够的刚度,以防止扭曲变形,要增设窗棂,为增加光线入射,而将正方形断面的木条斜角破开成两根等腰三角形断面的棂子,垂直布置,其平面向内,尖角朝外,以扩大太阳方位角内光线的入射。

力学技术:构件断面——梁、枋、栱等受弯构件.采用高宽比为 3:2 的矩形截面,极大提高了其抗弯能力⑨。

人字屋架——体现了三角形自由度为零的稳定性原理,东汉时期就普遍使用三角屋架。

框架结构——表现出了良好的承载和抗震功能。

立柱设置——柱网均衡布局,保证了整体建筑的受力合理性和结构稳定性。侧脚和生起的运用,产生了向心水平分力,进一步增加了架构的稳定性;移柱、减柱做法,改变了传统的传力体系,有效改善了空间布局。

高层建筑——高层木构建筑,以木塔最为典型。据史料记载,在北魏熙平元年(公元 516 年),就建造有总高达 75.6 米的洛阳永宁寺木塔。现存的建于辽道宗清宁二年(公元 1056 年)的山西应县佛宫寺释迦塔,总高达 67.31 米,近千年来经多次地震,至今仍巍然屹立。这得益于基座庞大敦厚,塔身的双环柱网布置层间的有力加固,构件的合理联接,平面正八角形状等元素构成的高超设计技术。

虹桥构筑——虹桥结构是一种独特的木拱桥。它创造于宋代,始建于青州(今山东益都),盛行于东京(今河南开封),聚焦于北宋东京的虹桥。北宋画家张择端在他的《清明上河图》长卷的显著位置,忠实描绘了北宋东京虹桥的形貌。该桥采用了很高的力学设计技术,以较短的木料,建造了大跨度、无桥墩的“飞桥”,避免了“山水暴涨,水与柱斗,率常坏桥”(《渑水燕谈录》)以及浮冰及船只撞击桥墩对桥的破坏,同时从宽度和高度上解决了大船通行,可谓是水陆立交桥。

(2)量化技术

中国古代木构建筑量化技术的核心是模数制。古代匠人以在大木作使用最多、尺寸几乎以最小构件的断面作为衡量建筑物及其构件的基本单位,以易于记忆、便于设计、利于营造,此即古典模数制。其中最具代表性的是宋《营造法式》记载的材份模数制和清《工程做法》记载的斗口模数制。材份模数制以材为基本模数,“材”不是一个绝对尺寸数值,而是一个相对比例单位,以单栱或素枋的断面尺寸为一材,高为十五份,宽为十份,不同材等的份值有相应的尺寸界定。斗口模数制以斗口为模数,是指为了在平身科斗栱坐斗上安翘或昂所开之口的横向尺寸,不同等级的斗口也有相应的尺寸规定。而发展最为完善、寓意最为深刻的是材份模数制,它蕴涵了系统、丰富的量化思想。

设计规范化、营建制序化:《营造法式》严格规定:“凡构屋之制,皆以材为祖。材有八等,度屋之大小,因而用之。……凡屋宇之高深,名物之短长,曲直举折之势,规矩绳墨之宜,皆以所用材之份,以为制度焉”。其中,“凡”“皆”体现为系统性和强制性；“祖”体现了纲领性和根本性；“度……而用之”体现了针对性和适用性；“以……为制度”体现了规范性和严肃性。

材料标准化、构件系列化：《营造法式》所制定的材份制，把“材”定为一种模数作为建屋标准，并以此规范各类构件的形状和尺寸，在一定程度上实行了标准化。例如

梁，规定用高宽比为 3:2 的矩形截面，“凡梁之大小，各随其广分为三份，以二份为其厚”，即高宽比为 3:2。

榑，规定采用圆木，“若殿阁，径一材一架或加材一倍；厅堂榑径加三份至一架；余屋榑径加材一份至两份”。

柱，“若殿阁，即径两材两栔至三材；若厅堂柱即径两材一栔；余屋即径一材一栔至两材”。

椽，“若殿阁，或加五寸至一尺五寸，径九份至十份；若厅堂，椽径七份至八份，余屋，径六份至七份”。

“材分八等”严格规定了各材等的具体模量及相应用途（详见表 1），在一定范围内形成了系列化。

表 1　各材等的具体模具及相应用途

材等	尺寸（寸）		值（寸）	用途
	高	宽		
一	9.00	6.00	0.60	殿身 9 — 11 间
二	8.25	5.50	0.55	殿身 5—7 间
三	7.50	5.00	0.50	殿身 3—5 间、厅堂 7 间
四	7.20	4.80	0.48	殿身 3 间、厅堂 5 间
五	6.60	4.40	0.44	殿小 3 间、厅堂大 3 间
六	6.00	4.00	0.40	亭榭、小厅堂
七	5.25	3.50	0.35	小殿、亭榭等
八	4.50	3.00	0.30	殿内藻井、小亭榭

模数系统化、等级序列化：材份模数体系的基本单位是“材”，导出单位有“份”、“栔”“足材”等。其中：材，“材有八等……各以其材之广为十五份，以十份为厚”。

份，份是材份模数制中的最小单位，其比例为材高的 1/15。各材等的份值如表 1 所示。

栔，高六份，宽四份。

足材，高二十一份，宽十份。

从表 1 中可以看出，八个材等可分成三个组别。一至三等为第一组，各材等份值差 0.5 寸，主要用于殿阁；四至六等为第二组，各材等份值差 0.4 寸，主要用于厅堂；七、八等为第三组，份值差为 0.5 寸，主要用于小亭榭及殿内藻井。

不但建筑单体用材等级鲜明，建筑组群也有严格的序列等级。如“若副阶并殿挟屋，材份减殿身一等；廊屋减挟屋一等”（《营造法式》卷四）。又如山西大同善化寺，大殿和三圣殿所用材等介于二、三等之间，山门用四等材，普贤阁用五等材⑨。

设计定型化、营建变造化：《营造法式》里一个重要思想是“有定法而无定式”，它充分体现了在原则性指导下的灵活性，给工匠在建造中留下了创造余地，可做到因材施用，变造用材，随宜加减，寓变化于规矩之中。

3. 结构技术

结构技术可分为土结构技术、木结构技术和土木混合结构技术。其中土结构技术已在“材料技术”部分提及，下面主要讨论木结构技术和土木混合结构技术。

（1）木结构技术，主要体现在以下几个方面：

框架构成：由柱、枋、梁、檩、椽等主要承载构件组成框架结构体系，加之侧脚和生起产生水平向心推力作用、额枋和地袱与立柱构成圈梁作用、桁架（金代已出现桁架雏形）撑拉作用等技术的巧妙体现，构成了合理的空间承载力系，能有效抵御建筑物自身荷重所产生的静载以及强风、地震等所产生的动载的作用，呈现出很好的整体性、稳定性和抗震性。

柱网布局：木构建筑的柱网多采用均衡对称的布置格局，以保证整体建筑的受力合理性、结构稳定性和空间规整性。《营造法式》中，殿堂柱网的地盘分槽形式有四种（如图 1 所示）

节点联接：木构的节点联接技术主要体现在榫卯联结和斗栱接两个方面（详见“构造技术”部分）。

（2）土木混合结构技术，除具备上述木结构的结构技术特征外，还突出表现为以下两点：

结构明确分工：土木混合结构的承重部分与围护部分分工明确，其显著特点是“墙倒屋不

塌”。木构框架承载屋顶和楼面等荷重;墙体(包括其上开设的门窗等)起着围合空间、保温隔热、防风蔽雨等作用。

材料合理匹配:土木混合结构充分体现了因材致用,各取所长的匹配原则。古人曾根据土、木材料各自的特点,创造了以“木为骨架、土为肉躯”的“木骨泥肌”的墙体,犹似今天的钢筋混凝土结构。

4. 构造技术

建筑的构造技术主要包括材料的构造技术和结构的构造技术。合理的构造可有效实现或改善建筑的采光遮阳、蔽雨防潮、保温隔热、承载联接等功能。

(1)材料方面的构造技术

土质材料的构造技术:主要采用以土为基材,置骨、加筋的构造方法。南北朝时就有三合土的应用,它是由粘土、石灰与骨料(砂子、碎石、砖渣、瓦砾等)混合而成,用于地面等部位,夯实后具有坚实、防水等特点。至今在房屋及道路等建造中,三合土仍有应用。

原始时期,人们为防止泥在干结硬化后开裂,就有在其中加入草筋的构造做法,以增加拉结强度。后来在土坯中也采用了类似做法。北方民间利用草甸地带的土中草根错综盘结,挖取土块晒干成坯(东北称“垡子”),就是巧妙利用上述强化机理的一个因材致用的范例。

东北地区,人们创造一种用稻草等浸湿柔软后,在稠泥中拧成辫子(东北称“拉哈辫”)垛砌成墙的构造做法,大大增加了墙体的整体强度。

木构件的构造技术:突出表现在木构件的拼合方面。

宋代就出现了拼合梁柱技术,《营造法式》有“缴背”“合柱”等拼合梁和拼合柱方面的记载,浙江宁波宋代保国寺大殿有采用拼合技术的拼贴梭柱实例。

清代一些山林中的大树良材几乎砍伐殆尽,大料稀缺而大量使用拼合料,创造了包镶梁、包镶柱、斗接柱等拼合构件。

(2)结构的构造技术

中国古代建筑的木结构构造技术,突出表现为木构的联接构件及其联结方式两个方面。

联接构件:结构中各联接构件均有承接和承载作用,以斗栱最具特色。斗栱是斗、升、栱、昂等错综叠加组合,构成三维承载力系。它使竖向载荷集中传递到立柱和额枋之上,减少了梁柱结合部分的剪力,使较大面积的构造得到了更多的支点,增加了水平方向杆件的抗弯能力,加强了柱与梁、枋、檩的结合。斗栱的错综而有序叠加,犹如车辆的弓形阻尼弹簧,具有吸收能量、缓冲外力、抗击地震之功效。檐下斗栱还有加大出檐的功能。

联结方式:木结构联结方式的突出特点是榫卯构造。榫卯的形式繁多,《营造法式》记载了十余种,明清官式建筑常用有二十余种。木结构的榫卯构造技术的作用非常独特,它使各构件能易于装配、紧密联接、有效制约,使各节点实现紧而不固、刚柔相济、缓冲减震。

5. 生产技术

(1)加工技术

中国古代土木加工技术主要表现在木构件的加工方面。木加工技术的先进性与时代性是相互对应的,其加工工具和加工工艺在不同的时期有着不同的发展,呈现不同的价值。

原始社会的新石器时代,古人用石斧、石楔来横截木料,加工方木和板材;用石斧、石锛、石凿等加工榫卯;用石扁铲刨光木材。

奴隶社会进入铜器时代,人们用青铜制作了鑁、锛、斧、铲、刳、凿、钻、锯、刀等工具,使木构件的截取、平木、穿孔、削制、雕刻等加工工艺得以提高,质量更加精致。

封建社会步入铁器时代,铁具的出现极大提高了木材的加工技术,使加工方法得以改进,加工速度得以加快,加工质量得以提高。尤其是尺寸更加精准,雕刻更加精湛。《营造法式》卷十二记载了雕作、旋作、锯作等工作制度,规定了木构件的一些相应做法,其雕刻技术就有混雕、线雕、隐雕、剔雕、透雕等形式。到了明代,木工工具又有了新的进展:斧有包钢和嵌钢的刃口处理;钻有了蛇头钻、鸡心钻、旋钻、打钻;锯有截断木料的短锯和剖开大料的长锯,刨有用制圆桶的推刨,用做精细木工的起线刨,用来刮光表面的蜈蚣刨;凿有平头凿和剜凿(凿圆孔用)。

(2)施工技术,分为土工技术和木工技术两部分。

土工技术,主要有四类:

开挖技术——长期以来,人们不断认识和利用粘土粘聚力强、整体性好、易于壁立的特点,并应用于不同时期、不同类型建筑的营建之中。原始氏族公社时期就挖穴营窟;战国时期筑城就采取了先挖基槽而后版筑的施工方法;宋代已有大型窑洞的开挖技术;明清时期黄河流域的土窑洞已成为当地民居的形式之一,至今在陇东、陕北、豫西、晋中、冀北仍存在不同特色的窑洞。

夯打技术——原始社会人们就运用了夯打技术,而后不断发展进步。新时器时代出现了夯打工具石杵,在遗址中发现在经人工夯打过的居住面及分层夯实柱坑回填土的做法;商汤时期,都城亳已有上万平方米的大规模夯土台基;宋《营造法式》记载了筑基之制的施工方法;清《工程做法》记载有大夯灰土筑法和小夯灰土筑法。

版筑技术——商代遗址中发现有房屋墙壁采用版筑的方法。西周时期,版筑技术有了新的进展,采用立柱、插竿、橛子等用草绑扎固定夹版(板),在其中填满泥土,以杵夯实的版筑墙体技术。

砌筑技术——土坯的砌筑技术在原始社会就已经产生,奴隶社会应用更加广泛,而后不断提高。汉代采用了在坯内加筋(稻草、树枝等),以增强抗拉强度,提高抗弯能力。土坯及其砌筑方法的出现是一大技术进步,替代了版筑墙体的宽厚梯形断面,实现了扩大室内空间、省材省时的效果,增强了砌体的坚固性,方便了门窗开设,拓宽了应用范围,除用于院墙、房屋的外墙和隔墙等墙体外,在北方又用于火炕、火墙、烟囱等构筑。土坯砌筑技术也为砖砌体打下了一定的技术基础。

木工技术,较为突出的表现为预制装配和起吊搭建两个环节:

预制装配技术——模数制度、木材性质、木工工具和加工工艺为木构件的预制创造了前提条件。据此,人们对单元构件(柱、枋、檩等)及组合构件(斗栱、梁架等)予以制做,而后在施工时进行有序装配。木构的预制装配有利于质量保证和工期缩短。也有益于拆分重构并减少浪费。

起吊搭建技术——主要有杠杆、滑轮、绞盘等形式的器具的应用。在搭建设施方面,古人主要采用的是被现代称之为脚手架的设施。一些建筑典籍中曾记述关于脚手架的内容。宋《营造法式》记载有“卓立搭架”、“缩系鹰架”、“缚棚阁”等;清《工程做法》记载了“搭材作”等内容。

6.防护技术

土木结构的防护技术包括防水技术、防火技术、防腐技术、防潮技术、防蛀技术、防碱技术、防寒技术和防震技术等。其中防寒技术和防震技术已分别在“材料技术”和“结构技术”中介绍,这里不再赘述。

(1)防水技术

中国古代土木建筑的防水技术主要表现在以下几个方面:

地址选择:古人在建筑选址中充分考虑了防止水淹问题,史料中有大量记载。“凡立国都,非于大山之下,必于广川之上。高毋近旱而水用足,下毋近水而沟防省”(《管子·立国》),“乡山左右,经水若泽,内为落渠之泻,因大川而注焉”(《管子·度地》)。

屋面设计:中国古代建筑的屋顶基本为坡面,起初其剖面为“人”字形,后来出现了反曲大屋顶,“吐水疾而溜远”(《考工记·轮人》),有利于雨水快速有序排泄。起初,古人用植物茎叶或敷泥土做屋面防水材料。西周时期出现了瓦,开始由于产量有限,只有用于脊部和檐部,后来普遍用于整个屋面的面层,其下仍设夹草泥层。其构造如《营造法式》所述:“其柴栈之上先以胶泥编泥,次以纯石灰施瓦”。瓦的出现是屋面材料的一大进步,在耐水浸、抗冲刷、防开裂等方面均优于草泥。

墙体保护:古代通过抹面和出檐等手段对墙体实施保护,采取在泥中掺入破碎麦秆和麦壳作为墙体面层,以及采用石灰浆抹面等方法对墙体进行防水保护;采用草筋泥以及石渣掺黄土拍实来做散水坡,以避免墙基积水受损。

中国古建筑最具特色的部分是大屋顶,它

除具有文化寓意和结构作用之外，还起到笼盖屋身，出挑深远，使外墙免受雨淋之功效。

（2）防火技术

木材的特性之一是易燃，木构建筑物的防火是个突出问题。中国古代人们不断总结经验，汲取教训，采取多方面技术措施进行有效防范。

有效隔断，以防蔓延：对于建筑组群，火灾的发生有时是因“重屋累居”、“邑宇逼侧”、“邻舍失火，屋比延烧”所致。如明清北京故宫的独立建筑群均有高墙分隔，自成一院，相连过长的廊屋每相隔一段距离也设一内部由全砖石构筑的防火间。这样，一旦某处失火，火势不会扩大，不致大片引燃。

对于建筑单体，“土涂”是一种重要防火技术，“草屋用泥圬上下，既防延烧，且易救护。……凡屋中内外材木露者，与夫门窗壁堵，通用法制灰泥墁之”（《农书》）。母系氏族公社时期，已有涂泥防火的做法。墙体隔断是另一种重要防火技术，原始社会时期已出现防火拦护坎墙，汉代已有了隔火墙，最迟在明代出现了封火墙和护檐墙等构造。另外，开辟火道、火巷，既能隔断火势，又便于疏散和抢救。

构建消防设施：备水灭火。明清北京故宫，采取了宫内开有水沟、水池、水井，主要建筑前面和宫院之内采取放置蓄水缸等消防举措。

合理建造烟囱。古人一直重视烟囱的防火设计，《墨子》就有“突高出屋四尺”的规定；《营造法式》也规定灶突的高度要“视屋身出屋外三尺”；桓谭《新论》有“教人曲突远薪”的叙述，告诫烟道要曲折，以免飘出火星引燃；《韩非子》中也有“涂突隙”的记载，要求及时涂墁烟囱裂缝，以防治火星飞出。

安设避雷装置。大木构建筑上安放避雷装置，可避免雷击引起火灾。初始吻兽在屋脊上只起结构和装饰作用，没有避雷功能，后来发展为吐舌（金属丝做成）的龙头，起到了一定的避雷防火作用。

（3）防腐技术

防腐主要是针对木材而言。木材的腐蚀是指木材在一定条件下，其表面或钻人其内部的腐败菌对其所造成的侵蚀。木质腐蚀的原因主要有：材质因素；生物因素（霉菌）；环境因素（温度、湿度）。古代人们采取各种控制措施进行木材防腐。例如：

材料控制：一是选择合适树木种类。如“杉理起罗纹者，入土不坏，可远虫甲……柏老者入水土，年久难朽”（《三农记》）。明清北京故宫，柱子多用楠木、东北松、柚木；梁架多用楠木、黄松；檩、椽和望板多用杉木；门窗台框多用樟木，脊吻下的构件多用柏木。二是选择合适采伐季节。春秋时期的《礼记·月令》记载有“仲冬之月，日短至，则伐木取箭”。汉代崔实曾提出“自正月以终季夏，不可伐木，必生蠹虫。”（《四民月令》）。

湿度控制：一是采用通风除湿的方法，保持木质构件的干燥。最迟在东汉以前就有设置山墙通风洞、通风气楼、檐下通风口等做法，架空的木地板一般都设通风口，对于被土墙、砖墙包裹的木柱，已有采用外露柱的做法，以利通风。二是采用隔断防潮的方法。对于直接与大气接触的木构件，一般采用施涂桐油等方法进行隔断防腐；对于与泥土接触的木构件，有采用石灰、木炭等材料进行隔断的做法；设置柱础也是一种隔断防潮的办法。

细菌控制：在控制细菌侵蚀方面，古人创造了药剂法、浸渍法、烟薰法、焦炙法等防腐技术：

药剂法。如北魏《齐民要术》中就有“将青松斫倒支枝，于根上凿取大孔灌入生桐油数斤，待其渗入，则坚久不蛀”的记述。

浸渍法。晋代葛洪在《抱朴子》中就有“铜青涂木，入水不腐”的记载。古代还有用石灰水、盐水、明矾水浸渍防腐的做法。

烟薰法。古人有将建房木料置于地坑用谷糠、锯末烟薰的做法，也有烟薰房间的做法。这些都有抑制细菌繁殖生长的作用。

焦炙法。古代也有对将要埋入土中的柱头用烟火烧烤，使其表面形成碳化层进行防腐的做法。

（4）防潮技术

利用适宜的地势：原始社会就有“下湿伤民”（《墨子·辞过》）、“居必爽垲，所以避湿毒之害”（晋·嵇康《摄生论》）、“下者为巢、上者为营窟”（《孟子·滕文公》）等认识和做法。奴隶社会有“室高足以辟润湿”(《墨子·辞过》)的理念,并出现了利用天然土台或采用人工夯筑土台来建造高台建筑,使得地面抬高,远离地下水位。明清北京故宫在每座宫殿院内都设有排水支沟,在宫城下设有集中主沟,且全部沟道都有适宜的排水坡度,使雨水畅顺排往护城河,保护全宫地坪干爽。

采用适当的构造:墙体的防潮构造与其防水构造相同,不再赘述。这里主要阐述地面的防潮构造技术。主要有以下四种做法:

其一是台基密实构造。古人采用夯土为基,有效克服疏松造成的毛细现象,防止水分上升。

其二是地面三合土构造。古代广泛应用较为经济的三合土构造地面,“以三合土甃地,筑之极坚,使完好如石,最为丰俭得宜”(李笠翁《闲情偶寄·甃地》)。

其三是地面隔层构造。原始时期人们就采用细泥、草筋泥墐涂地面,利用“红烧土”地面,应用茅草、皮毛做垫层等进行防潮处理。砖地面是古代最主要的地面防潮隔断做法。明清北京故宫采用了一种“架空金砖”的精细做法,防潮效果甚佳。它是在地面先铺砂子,然后用侧砖支承“金砖”地面,砖下有空气层,砖缝用桐油和面粉挤封,表面再攒桐油一道,称之为“响地”。

其四是柱脚防潮构造。原始社会挖坑栽柱,有在黄土中掺入石灰质材料,也有在土中掺入骨料(“红烧土”渣、碎骨、陶片等),还有用草筋泥做回填土的做法,以对柱脚加固防潮。奴隶社会已有柱础应用,以抑沉降、防受潮。殷墟发现柱础上垫有铜质柱横以进一步改善防潮效果的做法。唐宋时期柱横多为木制,其防潮效果并不明显,可能是维修受损柱根的措施。明清时期南方多采用石柱横,以进一步提升柱脚的高度,更好地改善防潮效果。

(5)防虫技术

木材在使用过程中会受到虫害的破坏,主要虫害为白蚁、粉蠹虫及海生钻木动物等。其中白蚁对木构建筑的危害极大,它多栖息在木构件与墙地交接处及木构件交接榫卯等处。古代采用的防蚁方法主要有四种做法:

材控法。一是选用适当的树木种类。宋代苏东坡曾在《西新桥诗》中提到了“独有石盐木,白蚁不敢跻”;明代徐光启在《农政全书·种植》中记叙了“杉木斑文有如雉尾者,谓之野鸡斑,不生白蚁”;清代屈大钧在《广东新语》中有白蚁“不触铁力木与椳木”的记教;二是选择适宜的采伐季节。古人曾发现“木性坚者,秋伐不蚁。木性茱者,夏伐不蚁。凡木叶圆满者.冬伐不蚁”(《造斫》)。

抬高法。古代有采用在木柱下垫砖石础墩,础高在45厘米以上,有效防蚁;也有在较高的台基上做突出连续的水平线脚,来阻断蚁路。

涂层法。古代曾采取对外露木材用灰泥封护和施加髹漆的做法,以在木材表面形成一层严密保护层,使白蚁无缝可入。元代王桢在《农书》中曾记述:“内外材木露者,悉宜灰泥涂饰,木不生虫”。

浸渍法。古代采用桐油浸泡及青矾溶液蒸煮等方法,对木材进行浸渍处理,以防白蚁侵蚀。《本草纲目》有“白蚁畏桐油”记载,《群物奇制》有在木材“项凿一个窝子,用桐油注入”,使桐油顺木材的纤维扩散到内部,而“不生白蚁”的记述。明代方以智在《物理小识》中也有木材经青矾溶液蒸煮以后,药剂渗透到木材纤维内部白蚁不敢蠹蛀的描述。

(6)防碱技术

秦汉时期,西北地区长城的城墙中就有夹入若干层约6厘米厚的芦苇层或平铺约20厘米厚的柳枝层,以防碱水上升的做法。

宋代《营造法式》规定:“殿阁外有副阶者,其内墙下隔碱,长随墙广……其广六尺至四尺五寸”及“凡破子棂窗,于腰串下用隔碱窗坐造。……凡版棂窗,于串下地栿上用隔碱窗坐造”。

明清时期民间建筑中,有采用在离地面约30～50厘米高度,用一层2～3厘米厚的青灰层或用一层5－7厘米厚的植物茎杆(芦苇、秫秸、柳条等)隔碱的做法。

四、结语

中国古代建筑是以土木为始,而后一脉相承,成为中国建筑用材之历史主流,充分体现了土木为材、土木结构的鲜明特点，中国“土木”的历史渊源有着多方面的背景因素，是由一系列历史条件所决定的。中国古代土木建筑在材料技术、设计技术、结构技术、构造技术、加工技术、施工技术、防护技术等，有着诸多方面的深刻科学内涵。这些对于全面了解和深刻认识中国古代建筑史，对现存古代建筑的维护和修缮，以及对仿古旅游建筑的设计和建造，都具有一定的指导意义和参考价值。

[项目来源]河南省教育厅基础科研项目（编号：200756000）

[作者简介]杨国忠（1955—）男，副院长、教授、硕士研究生导师，从事古代建筑技术研究。

参考文献

[1]刘致平：中国建筑类型及结构北京：中国建筑工业出版社 1987

[2]joseph needham. science and cicVlistation in china. vol. lv：3 cambridge universitr press. 1971

[3]李允稣　华夏意匠香港：广角镜出版社 1984

[4]gin djih SU. Chinese architect ure past and comtempora ry. hongkong 1964

[5]石宁、刘啸等：中国古建筑特点的形成与地理环境的关系文物 1986

[6]罗哲文、王振复：中国建筑文化大观北京：北京大学出版社 2001

[7]喻维国、王鲁民：中国木构建筑营造技术北京：中国建筑工业出版社 1993

[8]杨国忠：《营造法式》材分八等科学意义研究古建园林技术 2003

[9]郭黛姮：论中国古代木构建筑的模数制建筑历史论文集（第五辑）北京：清华大学出版社 1981

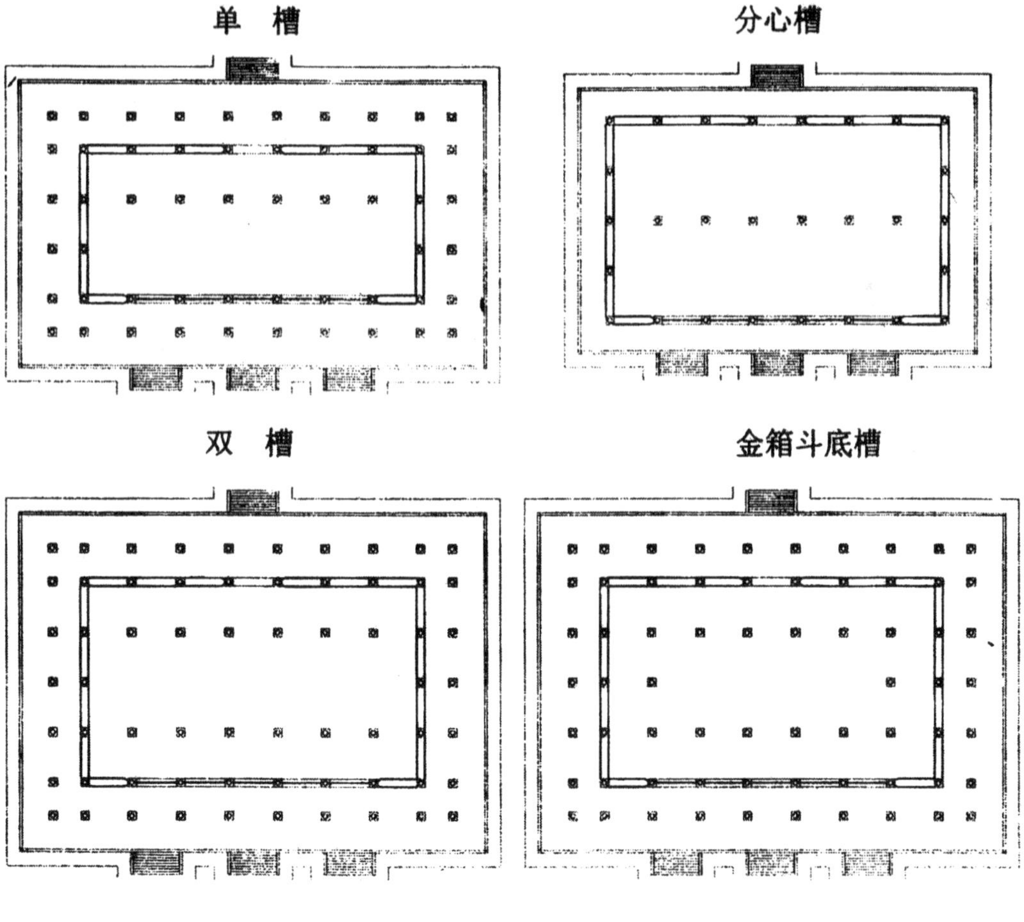

图 1　殿堂柱网的四种分槽形式

·古建筑调查研究·

中原名刹慈胜寺
——温县慈胜寺调查与研究

杨宝顺

（河南古代建筑保护研究所　郑州　450002）

［关键词］慈胜寺；建筑；壁画；匾额；经幢

［摘　要］慈胜寺现存主要建筑有山门、天王殿、大雄宝殿。大殿翼角反翘，气势壮观，门额上悬一巨匾，呈"风"字形。匾内镌"大雄宝殿"四个大字。系元至元五年李义本所书。殿内壁画现主要保存在前墙与东西内壁以及内檐栱眼壁之间。天王殿系元檐部勾头（瓦）、外檐斗拱、平扳枋均系元代建筑手法。精美的彩绘壁画，现仅存西山墙上的四大天王画像，形象生动逼真。石经幢，高540厘米，用17块材石组成，共十五层。刻工精湛，具有很高的艺术价值。像这样工艺精湛的五代后晋时期的经幢，今在中原地区尚不多见。

The Cisheng Temple：Famous temple in Central China

——Investigation and research on the Cisheng Temple in Wenxian County

Yang Baoshun

(*Henan Ancient Building Preservation Research Institute　Zhengzhou*　450002

Key Words：Cisheng Temple; Construction; Murals; Tablets; Sutra Columns

Abstract：The mainly remains in the Cisheng Temple is the Front Gate，the King Hall and the Main Shrine Hall. The edges of eaves of the Main Shrine Hall raise upwards and look very spectacular. A big inscribed board is hung above the door and it looks like the Chinese word '风'(wind). Inscribed on the board are 4 Chinese words of Da Xiong Bao Dian(the Main Thrine Hall)，written by Li Yiben in 1339. The murals in this hall now remain on the front wall，the west and east interior walls，and upper sections of interior walls. The tile，exterior corbel brackets，and supporting board of the heavenly King Hall are in the style of the Yuan Dynasty. The murals of four heavenly Kings on the west wall are life－like. The stone Sutra column with 540 centimeters high was made of 17 pieces of stones in 15 stratums. It was carved meticulously with high artistic value. This kind of sutra column of the Jin Dynasty(936－947 A. D.)is now rarely found in Central China.

温县位于河南省的西北部、滨临黄河北岸，为古温国所在地。不但历史悠久、还是中原人文会萃之地。因此，至今这里仍保存着不少闻名全国的历史文化遗迹。其中在古代建筑方面，要数创建于唐，在今河南境内保存元代木结构建筑最多、纯度最高、工艺最精、并有大量元代彩绘壁画及五代石刻经幢等，文物内涵非常丰富的中原名刹——慈胜寺。

笔者有机缘自1959年以来曾先后三次登访了温县慈胜寺。对这处著名古刹进行了考古调查及相关研究。现叙述如下：

一、慈胜寺地理位置与历史沿革

慈胜寺位于温县城西北20公里的大吴村。面临黄河、背依太行、隔河与古代著名的关隘虎牢关相望。距寺三里，即是著名的司马懿祖茔三陵。寺院周围环境优美如画，是人们理想的观光旅游胜地（图1）。

关于慈胜寺的历史，据地方志记载："慈胜

寺在县西北大吴屯、石晋天福二年建。金大定二年、元至元三年、明弘治三年屡修。旧称佛殿有写、画、塑三绝云。”又据清顺治六年十二月八日《重修毗庐殿碑记》载:“邑西三十里许旧有慈胜寺,建自唐。历五代及宋及元及明由来远矣……”。又据碑文载:“邑西四十里大吴,寺名慈胜。规模宏大,殿宇深广。前天王、金刚,中大雄殿,后毘庐殿,晋天福二年奉敕创建,嗣后郑王一修于弘治,庐江王再修于万历。”可知慈胜寺创建于唐和五代之际。因具有重要的历史、建筑艺术和科学研究价值,2001年6月25日,这座中原名刹经国务院批准公布为全国重点文物保护单位。

二、寺院建筑的总体布局

慈胜寺原是一座大型寺院。就碑文记载和现存遗迹看,中轴线上的主体建筑原有四进院落,五座殿宇,由前向后依次为:金刚殿(即山门)、天王殿、大雄殿、毘庐殿、延寿殿。其中以延寿殿规模最大,面阔九间,以大雄殿建筑工艺最精,称为三绝殿。全寺为南北长条状。各座主殿两侧又有配殿,仅碑文记载的配殿就有:罗汉殿、水陆殿、伽蓝殿、地藏殿等。四周是僧房寮舍。山门建于中轴线的最前端,左右建钟楼、鼓楼、遥相辉映。大雄殿建在寺院的正中、巍峨壮丽。从整个寺院看:其整体布局分外院、前院和后院三部,周围绕以寺墙,构成一组宏伟壮观的佛教建筑群体。加上五代时期一座精雕的八面石经幢巍然耸立寺中,使得寺院景观别具特色。

这座中原古刹,在解放前因无人保护,其建筑物和寺院内文物竟惨遭帝国主义分子和当地反动官僚的破坏。甚至还把大雄殿及天王殿内墙壁上绘制的元代精美壁画,大肆盗窃并偷运国外。

新中国成立后,温县慈胜寺及其珍贵的附属文物,才得到各级人民政府的认真保护与合理利用。

三、寺内现存主要建筑概况

慈胜寺现存的主要建筑有:山门、天王殿、大雄殿共三座。兹分述于后:

大雄殿:位于寺院的中部,前距天王殿19.8米。坐北向南、面阔三间(11.6米),进深三间(10米)。单檐九脊顶(图2),顶覆以绿色琉璃瓦。正脊中央饰以园形火焰宝珠,下置狮座,座下至正脊之间、有黄釉弥勒坐佛一尊,面带微笑。其右侧镌刻“伏牛山宝芳和尚”七字,左侧镌刻“大明正德十四年”题记。正脊两端饰有绿色琉璃鸱吻一对,吻高2米,形体巨大,造型生动,凶猛有力。殿基台高1.3米全部用青砖砌成,周边镶嵌条石,东西长13.86米,南北宽13.20米。檐柱顶端微向内倾,有明显的柱侧脚。次间檐柱较明间为高,有显著的柱生起。殿内金柱配制系采用减柱造。柱头皆卷杀,檐内柱础皆压在墙内。两金柱下端为精雕的覆莲石柱础。据调查,两根后内柱之间原来砌有扇面墙一道,前置佛坛,佛像现已不存。后檐明间已装板门一樘。殿墙较高,上下厚度不一。墙肩脚砖砌11层,由下至上逐渐缩敛,并有明显的叠涩。殿檐斗拱结构为柱头五铺作,单抄单下昂,重拱计心造。所有要头皆用足材,高18.5厘米,材宽12厘米,契高6厘米。前檐转角铺作及西北角转角铺作的搭角用要头,其后搭角正要头上还有齐心斗。栏额与普柏枋呈“T”字形。在栏额出头刻三卷瓣。殿内为彻上明造。梁为草袱。梁架结构为六架椽屋,五椽袱对乳袱用三柱(五椽袱越过内柱一架,其上用四椽袱,并与乳袱相互叠一椽架)。蜀柱下用合木沓以资稳固。两山面梁架结构为:前丁袱一端伸至檐外承托撩檐榑,后尾搭在五椽袱上,丁袱中立蜀柱承托上平榑,蜀柱下用合楮。殿顶坡度较缓,有较深的出际和出檐。殿的四翼角向上反翘,若大鹏展翅状,与殿顶雄伟的脊饰及两端大吻相衬,显得整个大雄殿气势益加壮观,具有很高的建筑艺术价值。殿的前后檐均开板门,并置门框与挺,门额上有门簪四枚,前后门皆置石雕门枕石,其外露部分为雕石狮各一对。昂首作蹲卧状,形象吉仆,雕工精巧,造型生动。大殿正面,当心间置板门一合,两次间各辟一长方板棂窗,制作古朴,木制窗框、边梃与板门框架等都是元代制作原物。每扇板门上饰铺首衔环及门钉。前门门额上悬挂一巨大木制匾牌,造形古朴大方，整体呈风字形，周边刻出云形纹饰，匾内镌颜体行书“大雄之殿”四个大字，字体苍劲有力，素有“铁钩银划”的美称。系元至元五年，僧人雪庵侄李义本所书(图 3)。

大雄殿在结构上，椽头呈圆形皆有卷杀，保持着元代以前的风格。檐下普柏枋连接处，均用勾头搭掌式榫卯，极为严紧。墙基的裙肩部分，除叠涩外，所有墙内檐柱其根部皆向外开有柱孔(即通风孔)。斗拱部分除转角铺作外，皆用足材、未用替木和齐心斗。殿基台前建有石阶，作踏道五级，两侧用条石砌成垂带。

大雄殿内的壁画，现主要指保存在前墙与东西内壁以及内檐的拱眼壁之间者。内容有人物、花卉及楼阁，山水等彩绘壁画。其中西壁的一处，为沥粉画殿阁，东壁一处为山水小景，另一处是城廓人物、景物相宜，十分合乎透视法则。在用笔方面，不论城廓、宫殿、山水、花卉、树木等均系笔繁色丽，既细腻又工整，充分展现了元代艺人的高超艺术水平，弥足珍贵。在拱眼壁间，主要是匾以佛像为主的彩绘坐佛。佛像皆梳高肉髻、袒胸、身披袈裟、结跏趺坐在云层中。佛像面部丰腴，其身后及脑后皆有圆形头光和背光。佛像衣纹流畅，面部表情自然安祥。

天王殿：建于山门与大雄殿之间，面阔三间，坐北向南(11.23 米)。进深四架椽(8.3 米)，殿平面呈长方形(附图 11)。系单檐悬山顶建筑。殿顶全部用绿色琉璃瓦覆盖。瓦件中的大部脊兽、形象生动。其檐部的勾头饰水波状纹，其边沿成齿状，别具特色，皆为元代作品。外檐斗拱用四铺作单下昂用真昂，昂下刻出假华头子，无齐心斗。补间铺作当心间、次间各一朵。明间补间铺作用瓜楞圆栌斗、次间补间铺作用讹角栌斗，前檐令拱上端砍成斜面，散斗呈菱形，其后尾令拱为卷云状；平板枋出头刻成海棠线。平板枋接头处，榫卯为勾头搭掌，均系元代建筑手法。殿内所有斗拱皆用足材，内檐斗拱出头更是元代常见的霸王拳形状。殿正面当心间置板门一合，两次间置长方形直棂窗。后檐当心间置板门一合。门额上方悬有风字匾牌，其内刻颜体楷书四字：“慈胜之寺”(现换为横匾)。

天王殿与大雄殿相比，在结构上明显的区别是不用梁，其中间承托殿顶的各部构件，如斗拱等，全都由两金柱及与之相连的额枋所组成的一套框架支撑，甚为稳固。其平面作分心槽，殿内结构为彻上露明造，系元代传统建造手法。

殿内两山墙的中部至金柱之间，原来砌有隔墙一道。就墙面残留痕迹看，墙高 343 厘米，厚 75 厘米。在两山隔墙之间，原塑有天王像四尊，均高约 250 厘米，惜今已不存。东西山墙，原均绘有精美的彩绘壁画，但解放前大部被盗，现仅存西山墙上的四大天王画像。形体巨大，画面通高 370 厘米，宽 520 厘米。形象生动逼真，栩栩如生。有飘然离墙，脱壁而出之势。整组壁画，具有很高的绘画艺术价值。现按自左向右顺序，分别叙述于下：

第一天王像，高 160 厘米，面部丰满，双目圆睁，两耳带环，猬发。身着甲胄，腰扎护圈系带，身背弯弓，腰挂箭，左腿昝缺，右腿直立，全身略向右倾，而面向左顾。双手搭交于胸前，右手执一长绳。其头发和衣带随风飘起，形象雄伟(图 6)。

第二天王像，高 160 厘米。青面猬发，肩披鱼鳞甲，腰扎护围，下身着短裤，袒胸露肌，肩负旗幡，右手执幡柄，幡高 260 厘米。其头发、幡带与衣带迎风飘荡，全身肌肉外露，形象凶悍有力，栩栩如生(图 7)。

第三天王像，高 160 厘米。惜头部已剥损面容模糊。其形象是左手持大幡，其幡面一半翻卷，一半外露，随风飘动。身穿甲胄，腰挂战刀，刀柄露出腰间。其右手执一凶猛挣扎的大蛇。下穿短裤赤足露肌，全身衣带随风飘起。整个形象勇猛异常，栩栩如生(图 8)。

第四天王像，高 160 厘米。猬发直立，身向右倾，两肩着兽面护身甲，袒胸露肌，脖带项圈。腰扎护围系长带，下着短裤，双膝以下露肌赤足。其面部狰狞咀露獠牙，双手握一带鞘兵器。身上衣带与前三人相同，皆随风飘动。其形象凶猛异常。四个护法天王像的服饰披挂，姿态动作内心表情及所持兵器等，皆各不相同。而且其目光炯炯有神，别具一格，构成一组相互联系，气宇轩昂的大型彩色人物壁画。这组四大天王像壁画，艺术价值很高，不仅在中原地区，就是目前从全国来说，也是极其少见的元代艺术珍品(图 9)。

山门原名金刚殿，南向。位于寺院中轴线上主体建筑的最前端。建立在高 80 厘米的台基上。面阔三间，进深五架椽，东西长 10.6 米，南北宽 6.4 米，为单檐悬山式建筑。采用柱梁结构。正脊与垂脊皆用黄绿色琉璃构件建成。正脊中央置彩色琉璃二层高阁形脊刹，其造型玲珑秀丽，与顶部其他琉璃脊兽，瓦件相衬托，色彩晶莹夺目，华丽壮观。山檐、前坡较后坡为高，形成前仰后俯之势。明间正中开方形实榻大门，内置板门两扇，门上有环及门钉 49 枚。门前设踏跺四级，两侧加垂带，全部用青石砌成。整个山门的木质结构为后人重修时，依照元代手法建造，所以斗拱等均保持传统形式、给人以朴实、大方和庄严之感。

山门的东西两侧，各有单间边门一座，其外各有八字形的扇面墙壁一堵。墙顶用绿色琉璃瓦覆盖，墙面四周也用绿色琉璃瓦镶边。墙下裙肩为束腰须弥座。两座扇面墙与山门相互陪衬，显得整个寺院气势更加巍峨壮观，庄严肃穆(图 12)。

四、附属石刻经幢、城堡及铁钟

慈胜寺除建筑及壁画外，还遗留很多附属文物。但在解放前曾遭严重破坏，现就其中建造艺术水平最高，内涵最丰富的举出三例分述于下：

(一)“佛顶尊胜陀罗尼经”石幢一座。高 540 厘米，用十七块材石组成，分上中下三部，共十五层。上部七层，最上层为火焰宝珠，第二层用受花承托，第三层为仰莲，第四层设八角形层顶，其下盘绕四条龙形怪兽，支撑八角形幢顶。第六层为方形城廓一座。每面皆有城门，城上建歇山顶重檐双城城楼，双阙之上雕楼阙和角楼。城堡下由一层浮雕的云气承托，第七层为一华丽多彩的圆形宝盖。宝盖周围雕有不同形象的兽头衔环八组，并有帷幔，缨络、彩穗彩带等点缀其间。中部一层，高 132 厘米，为八棱柱形石经幢，上刻“佛顶尊胜陀罗尼经序”。并记有“住持僧宝林与邑主吴宝”及建造经幢的工匠等人名。经文字迹清晰，表明是在该寺院或大雄殿落成后添建的。经幢下部同样由七层石雕组成。上为卷云束腰和莲座，下置平方形束腰须弥座，每面宽 92 厘米，高 37 厘米。其束腰部分，精刻人面鸟身的伎乐八个，均手执各种不同类型的乐器，分别作吹奏、舞蹈形象。再下为八面造像龛两层，各面雕坐佛、菩萨、力士、飞天等形象多个，其刻工精湛，刀法娴熟流畅，姿态生动活泼，栩栩如生，具有很高的艺术研究价值。象这样工艺精湛，内涵丰富的五代后晋时期的石经幢，今在中原地区尚不多见，弥足珍贵(图 10)。

(二)石刻城堡一座。通高 62 厘米，平面呈方形，全部用整块青石刻成。在其周围绕以城垣，每面正中雕出城门，双阙、角楼。城门上雕庑殿顶单檐挟屋。城楼下有拱券门，门洞皆敞开。城的四面门洞前，均有人马出入其间。其中东城门前有人物四个，两个人蹲卧门洞左侧，一人紧靠门洞站立，另一人骑马入城。南城门前也有数人，其中左侧有一老者扶杖而立，面向城门，另一人立近门侧，还有一人已进城门洞。西城门前有一老人肩负重物，扶杖而立，另一人俯地向老人作跪拜状。城门右侧雕一人一马，人作侍者模样，手执缰绳立于马前，马身披鞍。北城门前有二人，一人在门左侧站立，一人仰卧在地。另一人骑马进入门洞。以上情景可能系佛经中释迦牟尼修道前游四门的故事。双阙上之阙楼和城四隅角楼，亦作四面坡的四阿式殿顶。不论城堡建筑和人物造型，皆精工细雕，对研究唐与五代建筑艺术，具有极其重要的考古价值(图 13)。

(三)明代铁钟一口。高 1.7 米，重 1000 公斤。铸造于明天顺五年(1461 年)钟面周围铸有“皇帝万岁，太子千秋，风调雨顺，法轮常转。"十六个楷书大字。击之声音宏亮，钟顶部铸一巨大的龙头状钮，十分壮观(图 14)。

五、建筑及壁画石刻等的初步研究

慈胜寺创建于唐代。历经五代、宋、元、明、清各代，历史悠久规模宏大。仅中轴线上就有金刚、天王、大雄、毘庐、延寿等五座主殿，其中尤其大雄殿在建筑、彩画及匾额书法上素有“三绝”及史证价值，天王殿在建筑结构上也保存了重要的历史信息，均为河南重要的元代建筑实例，应当切实做好保护。寺内至今还保存有五代等古代石刻建筑艺术珍品，其中后晋时期的石幢，更是中原一带稀有的历史文化遗产，弥足珍贵。

天王殿与大雄殿西壁，绘制的元代精美壁画，其画技与艺术风格，同全国著名的晋南地区元代壁画颇为相似，其中大雄殿西壁，以殿宇楼阁为题材的沥粉画，更与晋中南平遥地区的元代壁画用沥粉的作法十分相同。表明元代时温县一带在绘画艺术上，同当时艺术活动最发达的晋南地区，有着十分密切的联系。整个壁画面积达 200 平方米。这在河南现存的元代壁画中，其题材之丰富。画技之高超及保存面积之大，当以慈胜寺为冠，极为珍贵。

慈胜寺因具有重要的历史、艺术和科研价值。新中国成立后受到各级人民政府的重视，并屡次拨款维修保护。2001 年经国务院批准公布为全国重点文物保护单位。今日的温县慈胜寺已成为全国专家、学者考察研究和国内外各界人士观光旅游的著名胜地。

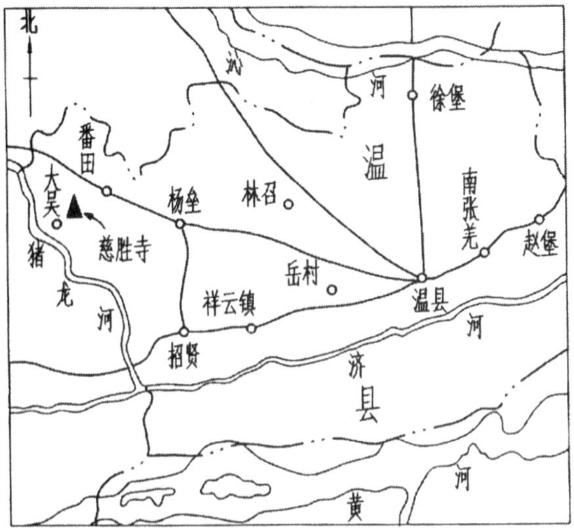

图 1　慈胜寺地理位置示意图

图 2　大雄殿牌匾

图 3　慈胜寺大雄殿外景

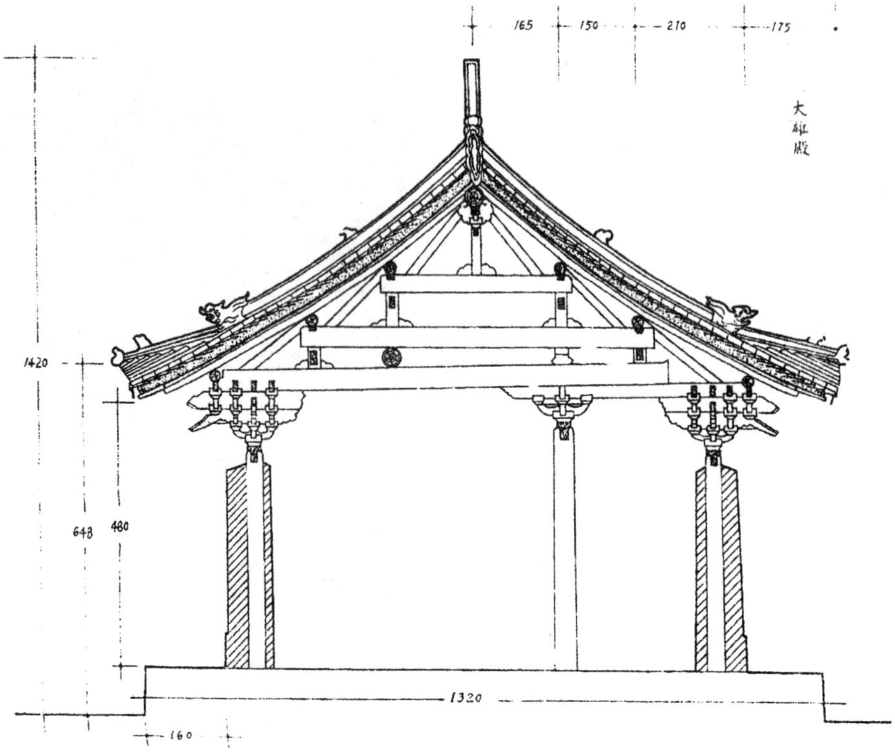

图 4　大雄殿横断面结构图

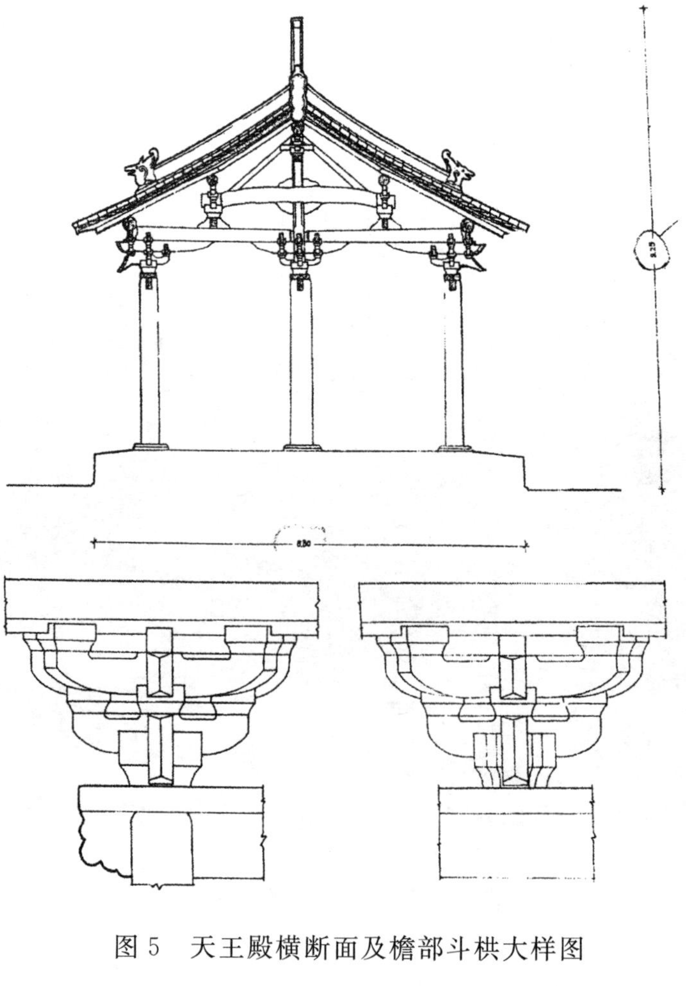

图 5　天王殿横断面及檐部斗栱大样图

图 6　天王殿元代壁画摹本之一

图 7　天王殿元代壁画摹本之二

图 8　天王殿元代壁画摹本之三

图 9　天王殿元代壁画摹本之四

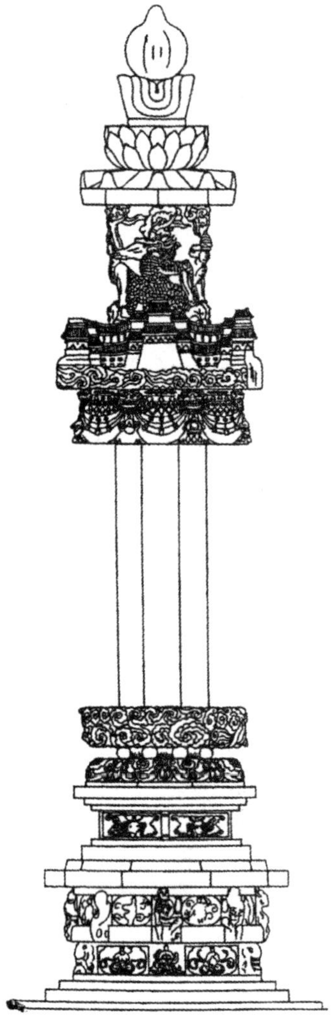

图 10　温县慈胜寺五代经幢

图 11　慈胜寺天王殿外景

图 12　慈胜寺山门外景

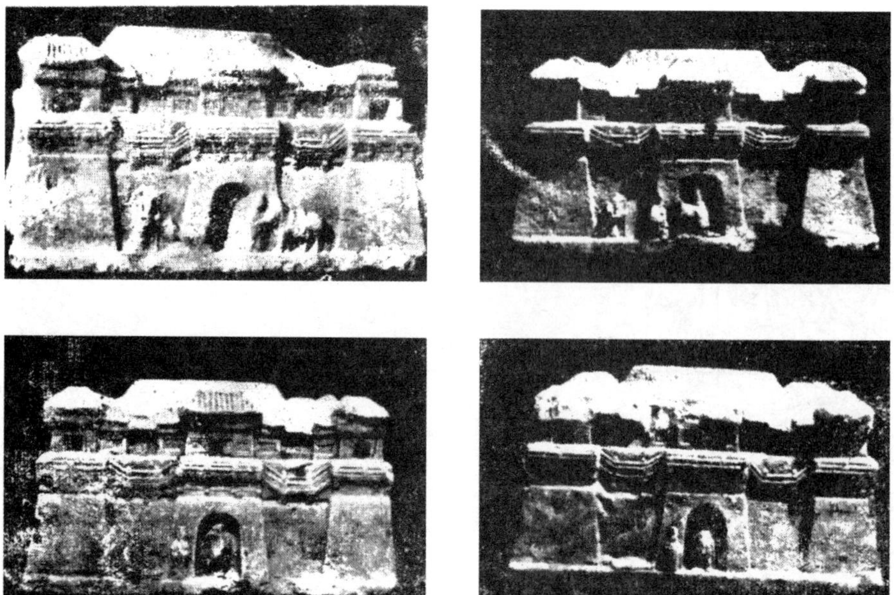

图 13　慈胜寺现存石刻城堡四壁面形制

图 14　慈胜寺现存明代铁鐘

· 古建筑调查研究 ·

中国古代的角楼

李合群

（河南大学土木建筑学院　开封　475000）

［关键词］角楼；城角；墩台

［摘　要］角楼是城墙防御体系的一部分，至迟出现于战国时期。平面形制有方形、曲尺形、十字形、多边形等。大体上，元代以前，角楼多为木构，明代开始出现了辟有箭窗的砖砌角楼。明清北京紫禁城的角楼，代表了角楼建造技艺的顶峰。

Of the Ancient Attics of China

Li　Hequn

(*collge of Civil Gngineering and Architecture of Henan UniVersity Kaifeng* 475001)

Key Words: Attic; City wall corner; Heap

Abstract: The attics, a element of the city wall defensive systems, came into being at Waring Period at least. their forms are rectangler, Lchaped, cross, mult-sides, etc.. In general, the attics before Yuan dynasty were mainly the form of wood structure, while brick-made attics, with arrow windows, emerged in Ming Dynasty. The attics at Beijing Forbidden City in Ming-Qing Dynasty, embody the summit of artistry in construction.

我国古代城市起源甚早，据传说夏禹之父鲧，即“筑城以卫，造郭以守民”①。目前发现的最早城址，为郑州北郊的西山古城，距今 4800～5300 年。作为古代文明要素之一的城墙，随着考古资料的日益丰富，学术界多有研究。但是，对于角楼，因为多已无存，形制不明，因而尚未引起人们的足够重视，亦未见有专题研究。本文即依据文献、考古及形象资料，按照时代顺序，从形制、功能及演变诸方面，对角楼予以探讨。

角楼所在的城角，为城墙防御上的重要环节，也是古人刻意经营之处。在角楼出现以前，主要是对城角进行加工。可能是出于技术和防御上的双重考虑，最初的城角多为弧形。如郑州西山古城，从考古提示出的西北与东北城角来看，皆为大弧形，并且城体略宽②。如果弧形进一步发展，则整座城垣变为椭圆或近圆形，城角近于消失。如湖北石首市新石器时代的走马岭城址，平面即呈椭圆形③。而同时期的湖南澧县城北的鸡叫城址，平面呈圆形④。

出于防御与瞭望之需，城角上出现了角楼。角楼始建于何时，史无记载。《考工记 · 匠人营国》中规定：“一宫门阿之制五雉，宫隅之制七雉，城隅之制九雉。”即周代宫城城角的高度比宫城城门的屋脊（门阿）高二雉⑤，外城城角比宫城城角又高二雉。文中虽未提到角楼，但是城隅（城角）如此之高，可视为角楼的前身。至战国时期，随着攻城技术的提高，文献中正式出现了角楼。《墨子 · 城守》中曰：“隅为楼，楼必再重。”并且，面对敌人攻城，角楼上尚有防御人员。如墨子即要求：“城四面四隅皆为高磨㯂，使重室子居其上，候敌，视其状态与其进退、左右所移处，失候，斩。"[⑥]角楼与城墙四面城楼上，派驻"重室子"即皇亲子弟，予以防守、观察，可见其重要性。但是，整个东周列国角楼的形制，史书上缺乏记载；在考古方面，多数城址未发现角楼遗迹。只是在东周齐国都城临淄故城东墙遗址七、八段的拐角上，发现有夯土台遗迹，发掘者认为应是角楼台基[⑦]。

汉代以后，角楼普遍出现。汉高祖刘邦即位后六年(前 201 年)十月，即"令天下县、邑城"[⑧]，从而掀起了一次大的城建高潮。城墙四角普遍建有角楼，并且其防御功能更为突出。这从汉长安城未央宫西南角楼遗址中可以得到证明[⑨]。该角楼基址平面呈曲尺形，东西 67.7 米，南北 31.5 米，北壁和东壁尚保存有柱础遗迹。基址上出土有凤纹、花瓣纹及云纹瓦当，有的瓦当上书有涂朱"卫"字。"卫"应为负责保卫工作的"卫尉"寺省称。遗址中还出土大量的剑、矛、弩机、镞、弹丸等兵器，应是当年守卫士兵的武器，可见角楼的卫戍性质。不但都城上建有角楼，地方城市亦有。例如，1973 年长沙马王堆三号汉墓出土的帛画《城邑图》，图中所绘城邑为四方形，标注有城的范围、城门堡、城墙上的楼阁、城区道路等。并且，帛书上还记载有尺寸，其中的"东北遇(隅)楼，口尺五寸"[⑩]。

魏晋南北朝时期，随着城墙外包砖的出现，角楼趋于高大。如后赵时期的邺城，"东西七里，南北五里，饰表以砖，百步一楼。凡诸宫殿台隅雉皆加观榭，层甍反宇，飞檐拂云，图以丹青，色以轻素。"[⑪]在天水麦积山第 127 号石窟中，绘有西魏宫城图(图 1)。图中墩角上为角楼，楼为三层。在第 027 号石窟窟顶上还绘有北周城楼图。图中城角形态与前者相似，城角明显突出，城角墩台高于两侧城墙，角楼为单层，歇山顶，屋脊两端有明显的邸尾(图 2)。

唐代洛阳宫城的角楼遗址，曾被考古发现。角楼仅存台基，其上有两个大小相套的方框形基槽，平面呈"回"字形。槽内共发现 10 个柱石坑，从其排列来看，角楼面阔三间[⑫](图 3)。

为了营建角楼，还需建造高大的墩台。如陕西省靖边县的统万城，为东晋匈奴族赫连勃勃建立的"大夏国"都城。遗址西北角的墩台高约 20 米，板筑每隔十层至十八层不等，即有平列椽孔一排，上下共有椽孔十层，椽孔中间有木椽头，尚未全朽(图 4)。角楼建在如此高大的墩台上，更显得雄伟、壮观。曹魏邺城东南角墩台则为矩形[⑬]。唐代安西县锁旬城内城西北角亦筑有高大的墩台[⑭]。

北宋时期，随着火药的发明，各种石炮、火药武器用于攻城之中，正如宋人陈规所言："攻守利器，皆莫如炮。攻者得用炮之术，则城无不拔"[⑮]，对于城防提出了挑战。就城角而言，如果仍为像天水麦积山所反映的方形那样，在两边火炮的夹击下，易被攻破，因此必须建造弧形城角，以避免两个方向的炮石攻击。宋人陈规还在《守城录》卷二《守城机要》中更以城东南角为例说明直城角之不利，他说："城身，旧制多是四方，攻城者往往先务攻角，以其易为力也。城角上皆有敌楼、战棚，盖是先为堤备。苟不改更，攻城者终是得利。且以城之东南角言之，若直是东南角攻，则无足畏。炮石力小，则为敌楼、战棚所隔；炮石力大，则必过入城里。"

随着城角更为弧形，角楼也大为改进。宋代军事家曾公亮在《武经总要·前集》中称弧形城角上的角楼为"敌团"或"团楼"。其形制，曾公亮说："敌楼前高七尺，厚五尺，每间阔一步，深一丈。其棚上下约容二十人，若城愈阔则愈深。上施搭头木，中设双柱，下施地袱。仍前出三尺，常法一间二柱，此用四柱，以备矢石所摧。上密布椽，覆土厚三尺，加石炭泥之。被以濡毡及椽袱之首并以牛革裹之以防箭。"[⑯]可见，此时角楼仍为木构。在南宋末年靖江府的城市平面图上，即画有团楼(图 5)。为了瞭望与防备火攻，团楼附近还建有白露屋："白露屋以江竹或榆柳条编，如穷(穹)庐状，外涂石灰，有门有窍，中容一人，以为候望。每敌楼、战棚上五间置一，祈于两旁施木拒马、篦篱笆，隐人于下，持泥浆麻搭以备火攻"[⑰](图 6)。

北宋东京外城，作为京师首道防御屏障，四角皆筑有角楼。早在神宗元丰七年(1084 年)，东京外城即"封筑敌团"[⑱]。皇城四角亦修有角楼，"高数十丈，其楼中一区高，两旁各第减三层以裹墙角"[⑲]。宋代日僧成寻于神宗熙宁五年(1072 年)十月二十四日，从皇城正南门宣德门向东，"渐过巽角，有大楼无门户，下一丈五尺，重瓦上造楼也"[20]。辽代契丹族亦建有角楼,如其东京辽阳府,其宫城"四隅有角楼,相去各二里"[21]。

元代时期,城角墩台多为圆形,如元上都皇城和宫城的四角[22]、奉元城西北角和西南角[23]及安西王府城角[24]。就角楼形制而言,元大都"内城广可六七里,方布四隅,隅上皆建十字角楼"[25]。这里的"十字楼",据《故宫遗录》记载,元大都宫城正南门崇天门突出两观,"观旁出为十字角楼,高下三级"。傅熹年先生对元大都宫城进行了复原研究,其所作"凹"字形城门向前突出的两观(阙)角楼图,即为三出阙(图 7)[26]。在考古方面,元中都宫城西南角台向东、向西经三级缩折后与墙体相接,说明角楼采用双向三出阙[27],与史载的"皆三垛楼,琉璃瓦饰脊"[28]相吻合。

明代,角楼形制改进很大,出现了四周开有箭窗的多层角楼,既可用于观察,又可用于射击。如明代北京内城东南角楼,建于明正统四年(1439 年),明清两代多次修缮,是明代北京城唯一保存至今的角楼。角楼平面呈矩尺形,凸出城墙转角处。城楼重檐歇山顶,灰筒瓦绿剪边。转角处正脊相交上饰宝顶,通高 29 米。楼体外侧向东、向南两阔面和向西、向北两侧面均辟箭窗(射孔),共 4 层 144 孔。楼体内交金柱 20 根,是角楼的主要承重结构(图 8)。又如,北京紫禁城垣四隅之上的角楼,建于明永乐十八年(1420 年),清代重修。角楼座落在须弥座之上,周边绕以石栏。中为方亭式,面阔进深各三间,每面 8.73m,四面明间各加抱厦一间,靠近城垣外侧两面地势局促,故抱厦进深仅为 1.60m,而城垣内侧的两面地势较开阔,抱厦进深加大为 3.98m,平面成为中点交叉的十字形。角楼由墩台下地面至角楼宝顶高 27.50m,由多个歇山式组成复合式屋顶,覆黄琉璃瓦。上层檐为纵横相交四面显山的歇山顶,正脊交叉处置铜鎏金宝顶。檐下施单翘重昂七踩斗栱。二层檐四面各加一歇山式抱厦,四角各出一条垂脊,多角搭接相互勾连,檐下单翘昂五踩斗栱。下层檐四面采用半坡腰檐,四角出垂脊,用围脊连贯,檐下重昂五踩斗栱。下层檐和二层檐实际上四面各是一座重檐歇山顶加垂脊集合在一起的屋顶形式。角楼采用减柱造做法,室内减去四根立柱扩大了空间面积。在房屋构架上采用扒梁式做法,檐下梁头不外露,使外观上更加具有装饰效果。

---

①《吴越春秋》,江苏古籍出版社 99 年 8 月出版。

②河南省文物管理局编:《河南文物精华·古迹卷》,文心出版社,1999 年 9 月。

③张绪球:《石首市走马岭文化城址》,《中国考古发现及研究》,文物出版社 1995 年。

④曹传松:《湘西北楚城调查与探讨》,《楚文化研究论集》(第 2 集),湖北人民出版社 1991。

⑤雉:先秦时的计量单位,即计算长度时,一雉等于三丈;计算高度时,一雉等于一丈。

⑥《墨子·城备城门第五十二守》。磿:楼之异名。

⑦群力:《临淄齐国故城勘探纪要》,《文物》1972 年第 5 期。

⑧班固:《汉书·高帝纪》,中华书局 1997 年版。

⑨中国社会科学院考古研究所汉长安城工作队:《汉长安未央宫西南角楼遗址发掘简报》,《考古》1996 年第 3 期。

⑩傅熹年:《傅熹年建筑史论文集》,文物出版社,1998 年 9 月出版。

⑪郦道元:《水经注》,上海古籍出版社,1990 年。

⑫中国社会科学院考古研究所洛阳唐城工作队:《河南洛阳唐宫路北唐宋遗迹发掘简报》,《考古》1999 年 12 期。

⑬中国社科院文物考古研究所、河北省文物考古研究所邺城考古工作队:《河北临漳邺北城勘探发掘简报》,《考古》1990 年 7 期。

⑭敦煌考古研究所、安西县博物馆:《安西县锁阳城遗址内城西北角发掘简报》,《敦煌研究》2003 年 1 期。

⑮陈规:《守城录》卷 2《守城机要》,中华书局 1985 年。

⑯曾公亮:《武经总要》卷 13,四库本。

⑰曾公亮:《武经总要》卷 12,四库本。

⑱徐松:《宋会要辑稿·方域》一之一八,中华书局 1957 年影印本。

⑲光绪二十四年《新修祥符县志》卷 14《古迹》引《使燕日录》。

⑳成寻:《参天台五台山记》卷 4,高楠顺次郎校本。

㉑脱脱:《辽史·地理志》,中华书局,1974 年。

㉒魏坚:《浅议元中都的兴建及对保护工作的建议》,《文物春秋》,1988 年 3 期。

㉓马得志:《唐长安城发掘新收获》,《考古》1984 年 4

期。

㉔中国社会科学院考古所西安唐城工作队:《唐长安皇城含光门遗址发掘简报》,《考古》,1987年第5期。

㉕萧洵:《北平考·故宫遗录》,北京古籍出版社1980年。

㉖傅熹年:《元大都宫城的复原研究》,《考古学报》1993年1期。

㉗张春长:《有关元中都的几点思考》,《文物春秋》2003年5期。

㉘萧洵:《故宫遗录》,北京古籍出版社。

图1　天水麦积山石窟127窟南顶西魏宫城图

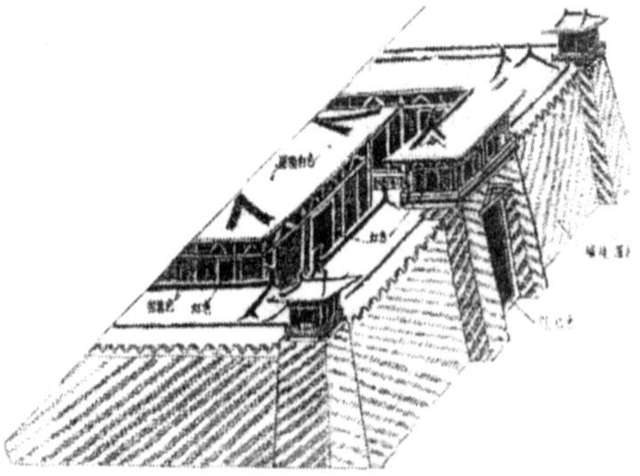

图2　天水麦积山石窟027窟顶北周绘城楼图

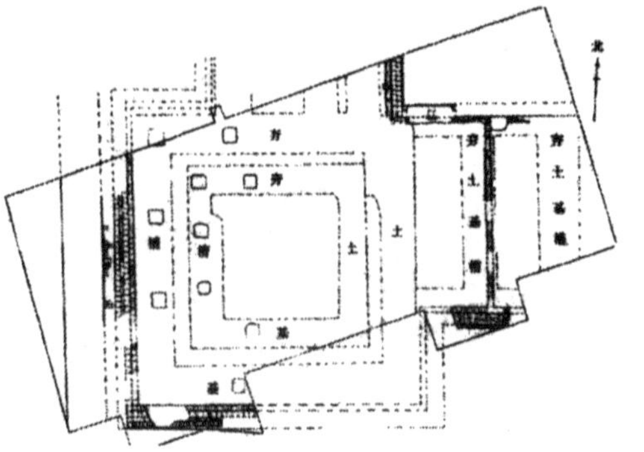

图3　唐代洛阳宫城角楼遗址

图4　东晋统万城西北角楼墩台

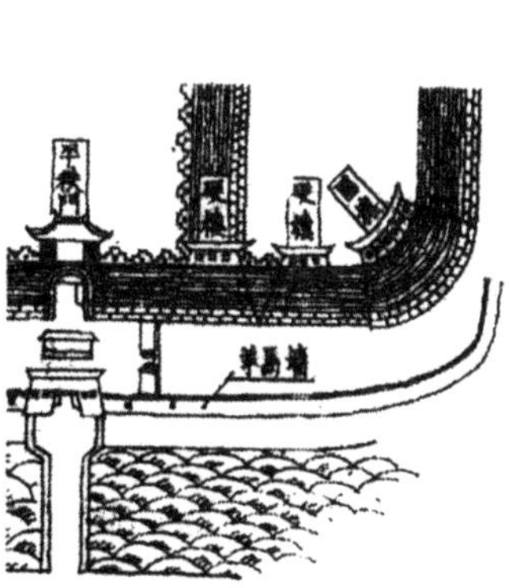

图5　南宋靖江府图敌楼示意图

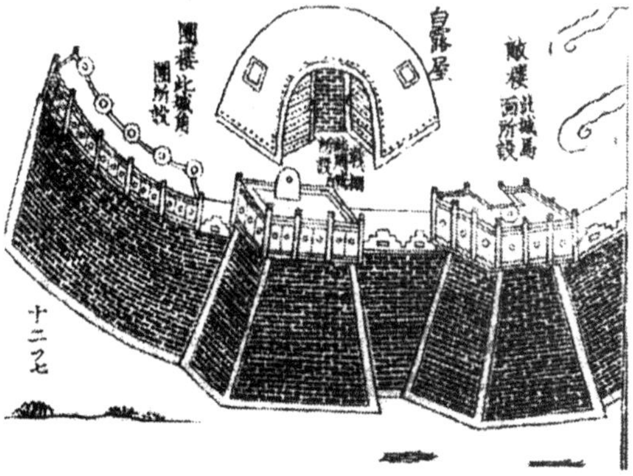

图6　《武经总要》中的敌楼与白露屋图

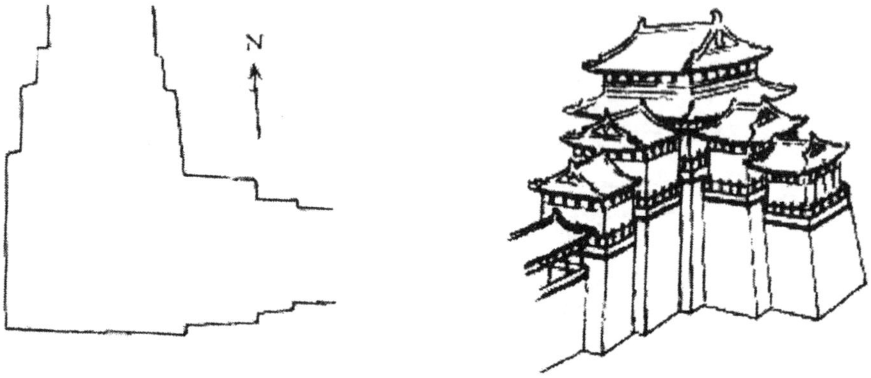

图 7　元大都宫城西南角楼平面与复原图(傅熹年复原)

图 8　明代北京内城东南角楼

图 9　明清北京紫禁城东北角楼

郑州北大清真寺平面与空间结构研究

张高岭

（郑州市文物考古研究院　郑州　450052）

［关键词］郑州北大清真寺；平面；空间结构

［摘　要］基于对郑州北大清真寺的实测，通过对建筑平面、空间结构的分析，研究发现，整个院落和单体建筑是以丈为单位的网格布局平面，院落与单体之间用网格定位，各单体建筑之间利用轴网相互对应，并利用不同建筑形式的特点来组织空间结构的联系，取得整齐、均衡、对称等特点的建筑布局。

ZHENGZHOU BEIDA MOSQUE PLANAR AND SPATIAL STRUCTURE STUDY

Zhang Gaoling

Zhengzhou relic Archaeology Research institute ZhengZhou，450052）

Key Words：Zhengzhou Beida Mosque； Plane； Spatial Struc ture

Abstract：Based on the field measurement of Zhengzhou Beida Mosque and the analysis of itsarchitecture plane and space structure，findings could be drawn as follows. The plane of thewhole compound and the single buildings pre sent a grid layout with zhang its distance unit. The compound and the single buildings are distributed as a grid，single buildings corre spOndingto each other in grid axiS. They demonstrate variety of spatial structure connections withtheir distinctive architectural styles. The architec tures show a feature of regular，balanced and symmetrical arrangement.

一、郑州北大清真寺概况

郑州北大清真寺是伊斯兰文化象征的物化表现形式，是郑州周边广大穆斯林按时进行礼拜的圣堂和精神依托之所在，属于礼仪性的公共建筑群。

寺院座落在郑州市区清真寺街北端，此地为郑州市回族聚居区，旧称“回回营”。据考证该寺始建于元代，盛于明、清两代，是郑州创建最早、规模最大、历史最悠久、布局具有中国传统建筑特色的清真古寺，原名城内清真寺。寺内殿宇肃整，古槐参天，古碑林立，文物荟萃，匾联生辉。寺院曾多次重修，现存大门、望月楼、拜殿等，均为清代中叶以后建筑，雕刻装饰带有浓厚的伊斯兰教建筑色彩。在历史上该寺前置照壁（仅存遗址），两侧设有经学讲堂，跨院还设有沐浴室和武学，备有各式兵器和练功器械，可惜毁于“文化大革命”时期。2006 年 6 月 8 日河南省人民政府将其公布为河南省第四批文物保护单位。

二、平面特点分析

寺院坐西朝东（朝向圣地麦加克尔白的方向），寺院东西临城市道路，北侧接住宅区，南侧为女寺。平面呈长矩形，占地面积 6938 m^2，由主院和南、北跨院三院组成。主院由院前广场和前后两进院落构成，自东向西中轴线依次排列为广场照壁（已毁），前院入口建大门，第一、第二进院正中建望月楼，望月楼两侧分列南、北掖门，最后建礼拜大殿（含卷棚、前拜殿、后拜殿）及窑殿，并在中轴两侧分布厢房。北跨院建有经学及武学（已毁）、沐浴室，最后由外墙围合。整个建筑群布局严谨、风格清雅．既具有鲜明的伊斯兰清真寺建筑朝向、布局与功能之特色，又保持了中国传统木结构建筑的手法与空间组织规律。

1.院落总平面的特点分析

中国古代建筑布局的方法多是主体建筑居中，次要建筑对称布置在主体两侧，保持一定的模数关系，对院落进行具体布置时，采用以一定大小的方格网为基准的方法。[①]鉴于中国古代建筑的诸多特点，对郑州北大清真寺院落之间，院落和单体建筑之间，单体建筑之间内蕴含的组织关系进行分析。清代尺长取为 31cm。[②]用不同的以丈为单位的方格网在实测图（图 1）套用，可知寺院用的是方 3 丈（9.3m）网格布置全寺平面。全寺之宽（南北向）恰为 10 格，即为 30 丈，寺院之深为 7 格，即为 21 丈，寺主院中轴之深（包括广场）为 10 格，亦为 30 丈。自东向西，广场深 3 格（照壁至大门），即 9 丈，第一进院深 2 格，即为 6 丈，第二进院深 2 格，亦为 6 丈，拜殿前檐柱至西围墙为 3 格，即为 9 丈。

从总图上分析，寺院的基本布局特点是用 3 格（9 丈）、2 格（6 丈）、2 格（6 丈）、3 格（9 丈）的规律将主轴分段布置。前部以大门为界将其分为院内和前广场两部分，又以望月楼和两侧掖门将其内院落分为前后两院，前院和后院进深相等，广场和后部进深相等。在主院中轴线两侧布置掖门和厢房，形成主轴。在主轴构图上有意识地用数字将前后比例均衡建筑，再左右对称，是该寺院总平面布局的原则方法。以主院边界画对角线求交点，主院之中心点落在后院礼拜殿前的石鉴处（图 2）再就两院进行分析，以大门后檐柱轴线和拜殿前面的卷棚前檐柱轴线为界画对角线，两院之中心点为分割第一、第二院的望月楼所在的位置。由此分析说明寺院在平面布局上采用“择中”的手法构图；全院用构筑物石鉴示意中心位置，用望月楼作为院落组合上的中心主体。在单体建筑和院落配置的融合上也有一定的规律存在。

大门明间宽 3.24m，次间为 3.04m，通面阔为 9.32m，为 3 丈；望月楼明间为3.22m，次间（廊宽）1.15m；礼拜殿明间宽为3.38m，次间为 3.1m，尽间为 3m，通面阔为15.58m，为 5 丈。从数据分析可知，大门、望月楼和礼拜殿以 1 丈为明间面阔基数。为突出明间，大门通面阔不变，将明间面阔扩展增大，将尽间面阔减小增至明间。礼拜殿次间和尽间 1 丈，只将明间增宽，望月楼也是只增宽明间。在结合大门的通面阔 3 丈，礼拜殿的通面阔 5 丈，总体平面是以 3 丈的网格布图，可以说总体院落和单体建筑平面布置都是以丈为单位，并以 1 丈为基本的模数单位。

单体建筑平面以面阔和进深的轴线组成的轴网，在轴网交点和轴线上布置柱子与墙体，形成建筑的基础平面布局。在用轴网与总体平面的网格取得对应关系，总体平面布局和单体建筑在组织关系上的布图原则都是根据网格为依据，将单体建筑有组织的布置到院落。大门、望月楼和礼拜殿都是以前檐柱轴线为基础，以 2 格（6 丈）的等间距来确定建筑东西方向的定位。在用 1 丈为基础的明间面阔，使明间轴线在中轴上对应相通，布置到院落的网格中。通过大门继续延伸，与大门前檐柱相距 3 格（9 丈）的位置上，确定轴端照壁。并且单体建筑与单体建筑之间除用网格取得相对应关系外，大门次间轴线与礼拜殿后窑次间轴线也同样连成一线，将前后建筑在轴线对应上取得一致，这是运用突出中轴的手法将单体建筑串联在总体网格的坐标中。除此之外，望月楼两侧掖门的轴网布置，也是运用轴线对应的关系，将掖门外轴线和礼拜殿的尽间轴线相通，前墙轴线和望月楼前金柱轴线连成一线，这是布置次要建筑在院落中的一种手法。在轴线上以礼拜殿轴线为基础，主院取得与主轴相平行的 4 列轴线（南、北掖门和南、北厢房形成的东西轴线），并且在轴线长度上，从中轴向两侧轴线长度逐渐减短，形成突出中轴，退缩边轴的轴线布局特点，使其在建筑位置的定位上两边对称均衡，更显中轴的重要性。掖门和望月楼的关系上，两掖门的前部退于望月楼檐柱轴线以内，使门轴线与望月楼金柱轴线对齐，以两掖门来衬托望月楼的中心地位。大门、望月楼和掖门在轴线关系上与礼拜殿都一一取得相应的统一关系，进一步说明寺院的规划布局除用网格布局外，还通过单体建筑轴线相互对应。在结合总体平面用网格坐标的定位，可以看到全院的布局是有统一组织的，有纵横序列的，分主从关系的。

就主院来讲，在主院定位后，以院中先定位中轴，用网格为单位定位中轴线上的建筑关系，形成院落主轴。横向以丈为基本单位确定单体建筑面阔尺寸，用掖门明间和礼拜殿两侧尽间的轴线，取得前后对应关系，最后运用主轴上建筑的轴网来确定掖门位置。整个院落以网格和轴网为基础，从院中轴展开，先纵后横，先主后从，先中心后两边的构图原则布局。在单体建筑布局到院落中时，本身也存在相应的比例关系。

2. 单体建筑平面的特点分析

大门斗口 80mm，明间面阔 3.24m，次间 2.8m(柱轴线)，3.04m(墙轴线)，进深两间均为 2.4m。明间面阔约为斗口宽的 40.5 倍，次间柱轴线为 35 倍，墙轴线为 38 倍，两进深为 30(6 椽平距，每椽平距为 0.8(10 倍斗口))。用斗口尺寸来分析，面阔是以 1 丈为单位控制尺度，用斗口为单位调整明间和次间(墙轴和柱轴)面阔尺寸。在进深方向，用斗口的倍数定步架，再用步架定进深尺寸。证明其平面尺寸是以丈来控制，由斗口为基本模数扩展而来，再用丈为基数与总平面取得对应。望月楼斗口为 70mm，平面成正方形，明间开间为 3.22m，廊子开间为 1.12m，进深方向同面阔。明间为斗口的 46 倍，廊子开间为 16 倍，并且明间由两步架构成，第一步为 9 斗口，第二步为 28 斗口。用斗口尺寸来分析，明间开间是以 1 丈为单位控制尺度，用斗口为单位调整明间和次间尺寸。

礼拜殿斗口为 80mm，明间开间为 3.38m，次间为 3.1m，尽间 3.1m(柱轴线)，3.35m(外墙轴线)。明间开间约为斗口的 42 倍，次间约为 39 倍，尽间为 39 倍(柱轴线)，42 倍(墙体轴线)。用斗口尺寸来分析，开间是以 1 丈为单位控制尺度，用斗口为单位调整明间和次间、尽间尺寸。礼拜殿通面阔为 15.78m，卷棚、前拜殿和后拜殿通进深为 21.53m，从礼拜殿实测图分析(图 3)，发现礼拜殿是用 1 丈的网格为单位，组织整个平面。开门为 5 格，进深共 8.5 格，其中窑殿为 1.5 格，前部分为 7 格。用画对角线方法分析，是以前拜殿后金柱为卷棚、前拜殿和后拜殿平面组合的中心，卷棚和前拜殿以前拜殿前檐柱为中心分界，后拜殿和两边连廊以后拜殿中心(与分界线相差 2 斗口)为分界。窑殿进深与前卷棚进深为前后对称，取相同尺寸。可以看到在总平面网格布图的基础上，在单体建筑平面组合上也应用相同的原理。

三、空间结构分析

自古至今，房屋建筑每一自成一体的单位大体上都是随着社会生活中所出现的各种组织单位而来。[3] 每一个自成一体的单体建筑都有一个自己完整的空间，并通过各种需求将其联系起来，形成整个的空间结构。

1. 院落总体空间的特点分析

寺院的整个院落依据人们活动需要，在其功能上将主院中轴线上的空间分成三段(图 4)。从东向西，第一个是完全开敞的公共性空间，周围不用任何构筑物围护，将其与外部空间完全融合的广场部分(图 5)将照壁建于广场内东端，示意广场空间的存在来区别其它空间，来满足社会上相应活动的需求。中段是用大门和围墙与广场相隔，四周用建筑和围墙作围护的露天空间，中部建望月楼和掖门，只有通过门这样一个虚实皆可的分割物与其他空间联系，形成由前后两进院落的半封闭院落空间。此空间属于院内的公共空间，用来满足院内活动的需求(图 6)。第三段是以礼拜殿形成的空间部分，整个空间在建筑内部全封闭，是伊斯兰教徒礼拜的圣地。主院空间在中轴上，以建筑为主体构成空间搭接，用院落围成的“负体形”包围主体建筑，形成建筑的中心“塑像体”地位，用虚、实空间相互联系、穿插，将空间依据生活的需求紧密地联系在一起，从东到西用以开敞、半封闭、完全封闭的空间组合成空间体系。在这个空间体系中的每座建筑都以各自的形式发挥着不同的功能。

2. 单体建筑空间的特点分析

在空间组织上，每个单体建筑都以自己的特点发挥各自的功能，按照有序的安排和其它空间组织在一起。照壁是唯一一个在院外的建筑，对应主院而建造，在整体布局上是主院的附属物，但又是广场的主体。照壁在这里起着寺院建筑群的标志性作用，首先将广场纳入寺院整体的建筑范围之内，使广场和主院真正在视觉上形成一体。照壁还是主院在主轴空间上的延续，在空间框架上将主院空间扩展到广场尽端，起着延长主轴的作用。

大门是进入清真寺主院的首要建筑，是院内和院外交通的枢纽，有着交通路线导向、集中、分散的功能，起着全院的主要交通作用。平面采用面阔三间，进深两间的矩形布局，梁架为七檩中柱式，在中柱间安门分割寺内外。（图7）这样的结构平面，使大门形成通透的室内空间，在大门关闭时，将进深方向的空间分为院内和院外两个空间，在开启的时候又将院外院内空间连成一体，起着分内外空间的关键作用。在空间过渡上，出檐形成的虚空间和通透的室内空间，将广场空间和主院空间有机组合，减少生硬过渡。

进入院内，由座落于两院中心的望月楼形成视觉主体，望月楼是极具观赏性的正方形两层歇山顶的阁楼，平面采用面阔三间的方形平面，外围回廊，两滴水歇山建筑。（图8）两旁又有古拙掖门相衬托，使空荡的院落空间增加活跃的气氛，加上院内花草树木的陪衬，整个院内以望月楼为中心主体建筑的格局展开，和两侧掖门组成院内最具艺术性的一组建筑，由它的实体和花草树木组成院内整个空间，起着独领院落环境的主体，创造出封闭又突出的院落环境。在空间分割上，以它为中心组织院内布局，望月楼和掖门一起组成分割两院，将两院建筑飞檐相望，既有空间相通，又有空间相隔，形成空间虚实结合的分界线。（图9）

后院主体建筑礼拜殿采用“勾连搭”建筑形式。前部卷棚是礼拜殿和院内空间的过渡区，正面不安门窗，使室内空间与院落空间完全连在一起，中部用平顶构架连接的前后硬山两坡顶建筑，形成完全和外部空间隔绝的封闭空间，后部是由庑殿顶的建筑组成，与中部用门罩相连，使两个封闭的室内，既成一体，又有分割。在整座建筑空间的布置上，是从开敞到封闭的次序排列。这样不但有了礼拜时要求的大空间和完全封闭，还取得了安静的空间。既在使用上满足了人员容量，又与其他空间有益的隔离和相通，与在礼拜聚会时所需求的安静肃穆气氛相适应。（图10）

四、结语

在整个院落平面布局上建筑采用“择中”、中轴对称，用以丈为单位的网格控制全局，主院中轴上每座单体建筑之间以各自的轴网（前檐柱轴线）与网格取得横向的对应关系，用丈为单位来控制建筑的面阔尺寸，以斗口尺寸为辅助调整，使之整数定面阔轴线，并使单体建筑的纵向轴线相互对应，次要建筑依据与主要建筑的轴网对应布置。空间体系组织以每个单体的建筑形式特点发挥各自的功能，用虚、实空间相互联系、穿插，形成前接后应，沿主轴以开敞、半封闭、完全封闭的空间完成空间体系的组合。在“勾连搭”建筑的平面组合和室内空间组合上，也运用总体的网格坐标和空间分割的方法布局。说明中国古典建筑在平面和空间设计上无比的灵活，取得了整齐、均衡、对称等特点的建筑布局。

参考文献

[1]傅熹年. 中国古代城市规划、建筑群布局及建筑设计方法研究[M]. 北京：中国建筑工业出版社，2001. 9. 16－17

[2]刘敦桢. 中国古代建筑史（第二版）[M]. 北京：中国建筑工业出版社. 1984. 6. 421.

[3]李允鉌. 华夏意匠[M]. 天津：天津大学出版社，2005. 5. 129

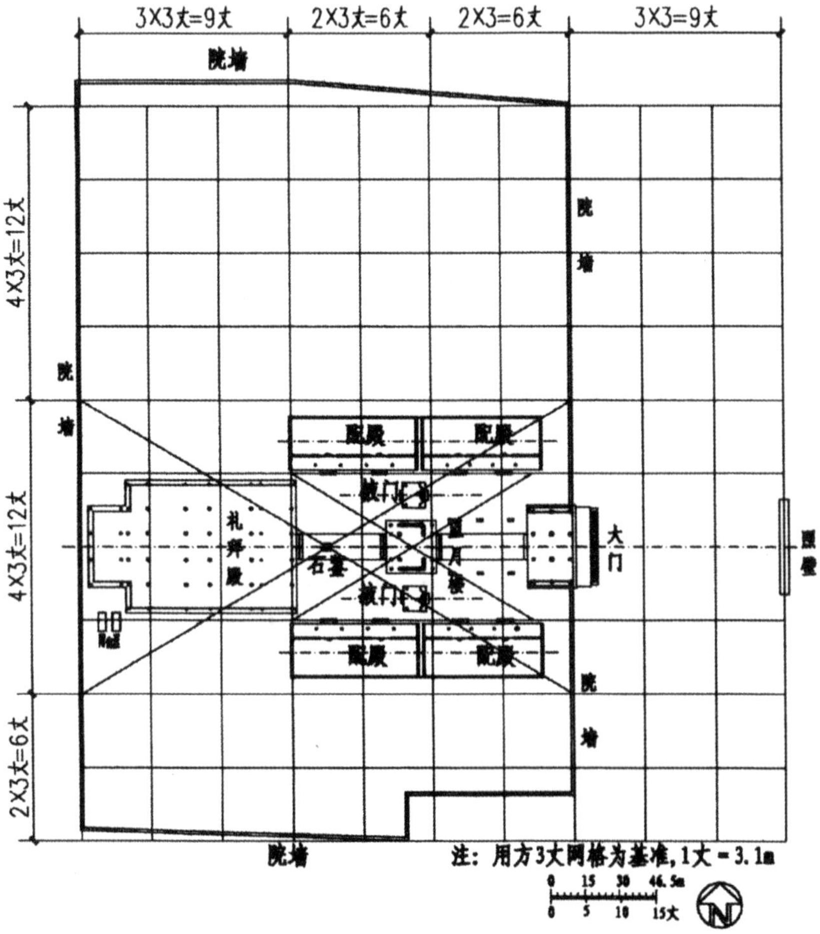

图 1　郑州北大清真寺平面分析图

图 2　主院对角线中心的石鉴

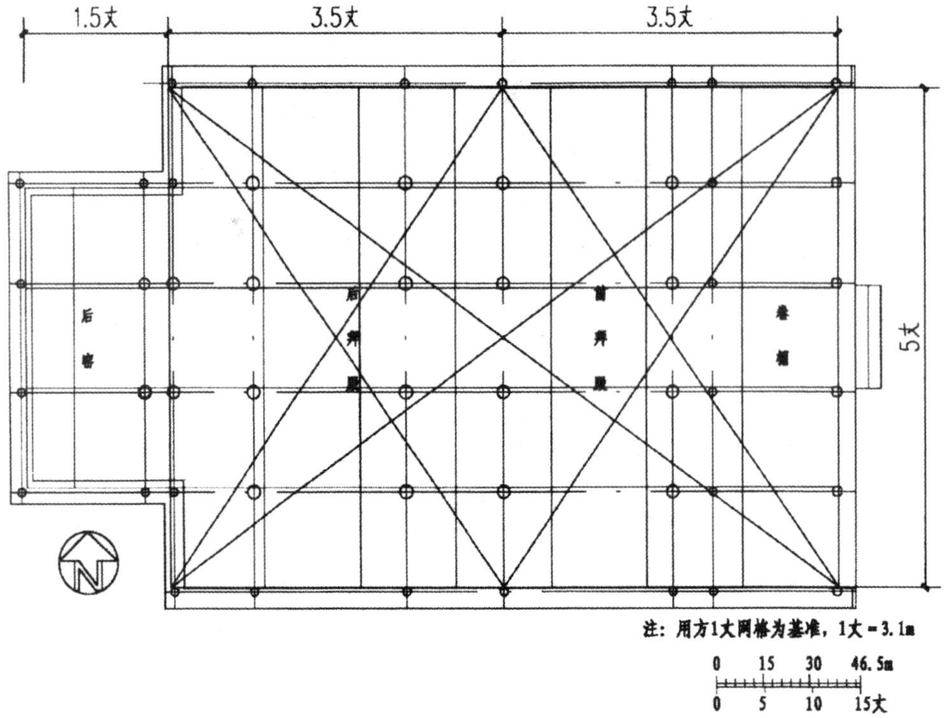

图 3　礼拜殿平面分析图

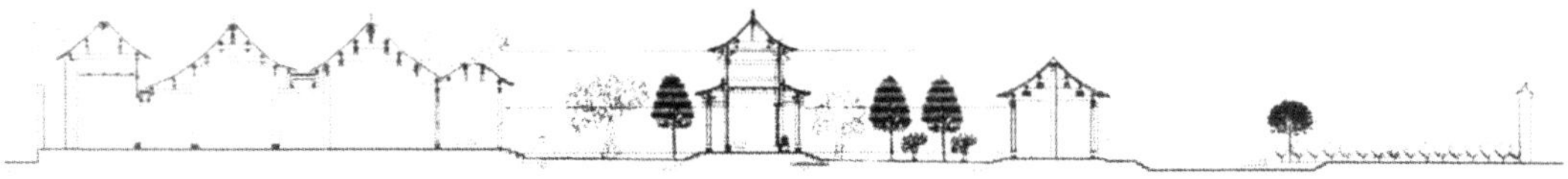

图 4　郑州北大清真寺中轴剖面图

图 5　与外部空间完全融合的山门前广场

图 6　半封闭式的院内公用空间

图 7　清真寺中柱式的山门(局部)

图 8　望月楼

图 9　望月楼和掖门形成分割两院的分界线

图 10　礼拜殿(色连接式)内部扩大的空间

·优秀近代文物建筑·

中体西用　中西合璧

——河南大学近代建筑群价值评析

张义忠

（河南大学土木建筑学院　开封　475001）

［关键词］近代建筑　中西合璧　规划　单体　价值

［摘　要］河南大学的近代建筑群建造于 1915 年至 1936 年间，其总体构图、轴线组织、体量权衡、比例尺度、柱式组合，体现了中西合璧的艺术风格，具有重要的历史价值、技术价值和艺术价值，它不仅承载着河南大学的创建、发展的风雨历程，而且是中国近代建筑的典型范例。

Chinese System is Basic, Western One is Applied Chinese And Weslern Style

——The Value of the Modem　Architecturese of Henan University

Zhang Yizhong

(*Henan Unirersity Civil Architectural Institute of Kaifeng, Henan* 475001)

Key Words: Early Modem Architecture; Chinese And Western style; Planning; Monomer; Value

Abstract: The modem buildings of Henan University has been built between 1915 to 1936 years, it'soverall composition, axes, and body weight balance, scale, column combination, reflects thechinese and western artistic style, with important historical value, technical value and artistic value, It not only hosts the Henan University for the creation, development of hardship, but also is atypical example of modem architecture.

一、时代背景

两次鸦片战争失败后，中国出现了严重的民族危机。以洋务派张之洞为代表的进步人士倡议"师夷长技，中体西用"以求救国之道。甲午战争及庚子国变后，中国民族危机进一步加深，"媚洋学洋，体学不二"成了救国的唯一寄托。辛亥革命和五四运动举起了民主和科学的大旗，在"效法欧美，引进西学"面前，社会各界对中国传统文化进行冷静理性的思考，学习西方科学和捍卫民族文化传统成为时代的最强音。近代建筑作为近代文化的有形载体，传承和记录着这一实践和探索的风雨历程。

二、历史沿革

河南大学近代建筑群包括六号楼、东西斋房(12 栋)、七号楼、大礼堂、南大门(见附表 1)，它们建于 1915 年～1936 年间，其建设过程伴随着河南大学的创办、发展和壮大的风雨历程。

建筑名称	建筑数量(栋)	建筑面积(一)
南大门	1	216.52
六号楼	1	2330
七号楼	1	4350
东西斋房	12	6636
大礼堂	1	4687

河南大学的前身是河南留学欧美预备学

校，其校舍是利用河南贡院的部分旧房改建的。1912 年，在李时灿、陈善同、林伯襄等为代表的进步人士的推动下创办的。1922 年，时任河南省督军的冯玉祥将军十分重视教育，主张在河南创办大学。他从查抄反动军阀赵倜的财产中拨出专款作为创办大学的筹备金。11 月，在预校的基础上成立了中州大学，1927 年，河南公立法政专门学校、河南省立农业专门学校并入中州大学，改名为国立第五中山大学。7 月，改为河南省立中山大学，1930 年 9 月，河南省立中山大学改名为省立河南大学，1942 年 3 月，河南大学由省立改为国立。

民国初年，经政府划定校园范围后，由李敬斋先生主持校园整体规划，占地面积约 100 亩，中州大学时期，即 1923～1927 年，学校得到冯玉祥将军的大力支持，不但经费屡有增加，校址也逐步扩充，东傍城垣，西环惠济河，北倚铁塔，南接明伦街，占地 500 余亩，至中山大学时期，南扩至近曹门，成为规模宏大的河南省高等学府，学校占地增加到 1104 亩。学校进一步调整完善校园整体规划。其间，1915 年动工、1919 年建成学校第一座中西建筑风格相结合的新式建筑，即六号楼，砖木结构，四层，作教室和办公之用，虽经沧桑，至今仍保存完好。

1921 年建成歇山顶式的三层教学楼七号楼。日寇占领开封时，曾把司令部设在此楼，建筑遭到破坏。十年内乱，作为“四旧”，该楼又一次遭到破坏，后均被维修复原。1921 年建成三层砖木结构学生宿舍楼西一、二斋，东一、二斋 4 座楼房。1926 年建成东三、四、五、六共 4 座斋房式学生宿舍楼。

1934 年学校利用多方资金，建成重檐歇山顶多元组合，具有极高艺术价值和实用价值的大礼堂，解放后经多次维修，至今仍发挥重要作用。

1936 年建成牌楼式大门，2000 年根据实际需要，又在大门两侧建侧门两座。

三、规划

河南大学近代建筑群总体构图、轴线组织、体量权衡、比例尺度、柱式组合、中西建筑艺术风格的融合等方面，都取得很高的艺术水平，其主体建筑居中、前门后堂、左右斋房的规划思想，明显地是对传统建筑（特别是书院建筑）布局的继承和发展，可称为扩大的四合院格局，1922 年规划草图体现了这一规划思想。（见图 1）

当时的校园建设规划分为四区，即校本部、运动场、农事试验场、教职员工住宅。其中校本部的布局是：以大礼堂至南大门为中轴线，中轴线为交通轴和景观轴，较为开阔，沿线景观形成重复交错韵律。主要建筑沿中轴线分布于前后左右，从楼的编号看体现西学东进的态势：中轴线东侧为 2、4、6、8、10 双数，西侧为 1、3、5、7、9、单数，由于该命名时间久远，已形成历史记忆，如后来虽曾将六号楼和七号楼试图命名为博文楼和博雅楼，但终未能形成态势。两侧建筑按功能分区，呈对称分布，南北朝向，有行列式布局的严谨，琴式布局的韵律，整体通过空间的围合，韵律节奏的塑造，为师生提供一个安静、亲切、富有艺术氛围的校园环境，形成理性与浪漫交织、秩序与诗意相容的人文情怀，实现建筑功能与形象的和谐统一，闪烁出教育建筑独有的智慧之光，是河南省高校唯一一处国保古迹，在全国高校中也是为数不多的近代优秀建筑群。由于经费、高校办学思想调整等其种种原因，加之历史跨度大，1949 年以前仅建成 4、6、7 号楼、大礼堂、大门及西 1、2 斋、东 1、2、3、4 斋，其余部分项目未能完成，但建筑群的空间格局仍沿袭了 1922 年的规划思想，这一规划格局奠定了河南大学空间框架。1950 年校园测绘图即为延续至今的空间格局。（见图 2）

四、单体

1. 六号楼

1915 年动工，1919 年建成，建筑面积 2300 平方米，位居河大中轴线东侧南部，是河南大学最早的中西建筑手法相结合的教育建筑。该楼的设计工作是在当时李敬斋校长的指导下，由一名叫武长发的设计人员设计的。当时作教室和办公之用。该楼突破了中国古典建筑的体量权衡和整体轮廓，平面呈“T”字型，中间部分 4

层、两翼为3层。正立面采用竖向三段式构图：半地下层处理为基座部分，灰泥粉饰，凹凸感强，较为厚重；二、三层为屋身部分，6根爱奥尼巨柱贯通两层，柱间青砖清水墙，灰泥粉门窗套，窗楣、门楣为西式三角形及圆弧形山花，西式玻璃门窗，层与层之间用灰泥粉水平线饰。四层为屋顶部分，红色圆券柱廊，花瓶形木质栏杆小柱。屋顶为悬山灰瓦坡顶，两翼为硬山四坡顶，屋顶采用传统建筑简化做法，未作举折，檐口无升起，屋面传统筒板瓦，中间四层部分正垂脊均有脊饰跑兽，悬山山面有木制博风板，红色似传统建筑的月台，南向、东西向三面设台阶直抵二层。其屋顶、墙体对称布局，中间高两侧低，颇具中国传统建筑艺术风格，而平面布局、柱式、门窗楣饰、圆券柱廊、花瓶形栏杆及灰泥线饰、窗套又为西方建筑手法，即具中西建筑相结合的意蕴，给人以厚重稳固之感。（见图3—6）

1925年中共中央北方区委负责人李大钊同志，曾应邀到六号楼向河大师生作英帝国主义侵华史讲演，大大激发了广大师生的爱国热情；中共河南省委在这里多次召开会议，部署河南革命斗争。王国权、马可、王实味从这里走向革命；尹达、白寿彝、石璋如在这里学习研究，终成历史、考古学大师。

2. 东西斋房

1921年建西一、二斋、东一、二斋；1926年建成东三、四、五、六斋；1952年建成东七至十斋。斋房功能为学生宿舍。每幢斋房建筑面积553平方米，均为三层，内走廊。走廊内北墙取暖壁炉和烟道、火墙，走廊尽端为木制楼梯，每层走廊两侧各三间，二、三层尽头各有一小间，共20间。各层均为木制楼板，底层架空，架空处南北墙上设通风孔，延缓地板因潮湿而破坏。砖木结构，屋面为横三道屋脊，屋面四周有城垛式女儿墙相围，每个斋房门口均有悬山顶垂花门罩，顶部覆以筒板瓦，两个垂花柱之间镶刻大小不等、形状各异的30块木雕花板，内容是梅兰竹菊、珍禽奇兽，是整幢建筑的明珠。按平面布局，为山面入口，西式格局，但屋顶并没有采用南北双坡人字型，而是转化为东西三个人字型双坡顶勾连式组合，中西手法有机结合在一起，同时有利于山花处设置屋顶内的通风口。每间使用面积为15平方米，摆放四张单人床，墙上设四个壁橱供放书籍，第三层房间内窗台下地板上设有逃生钩和逃生锁，可谓考虑周到细腻，不仅功能安排紧凑合理，而且尺度亲切宜人，为当时国内学府所罕见。斋房位于南大门至大礼堂轴线之两侧，对建筑群起着衬托作用，而且礼堂两侧布置斋房的作法正是我国古代书院讲堂左右布置斋舍做法的延续。在建筑总体规划上，也是中国建筑传统之继承。（见图7—11）

1936年4月20日，张学良将军到河南大学视察，亲临东斋房学生宿舍。

3. 七号楼

建成于1921年，总建筑面积4350平方米，是当对的主要教学楼，位居河南大学中轴线西侧中部。楼高3层，其中半地下室1层。该楼平面南北向呈“Ⅱ”字型，主入口位居楼中部东侧，4个入口处均有歇山卷棚屋顶式灰瓦门廊，四角红漆圆形木柱支撑，鼓形石柱上有木质透雕漏花挂落和雀替，尺度轻巧通透，雅致明快。楼四周设西式木质门窗，酱红色油漆；窗间扶壁作塔司干式圆柱，贯穿二、三层，直通檐下，共80根。上下窗间为悬挑坡顶式灰筒瓦缠腰；歇山式屋顶四角悬挑飞檐，上置套兽：建筑四周屋顶出檐2米，檐下全是垂柱及彩色木雕挂落，垂柱共有200多个，雕刻成垂莲柱头，垂柱间镶有2000块做工精细，画面内容各异的镂透雕花板：玻璃窗上有西式折叠式遮阳装置。整座建筑为青砖砌墙，灰瓦歇山式坡屋顶，上置通风孔。建筑立面层次丰富，色彩明丽、装饰细腻考究，显得华丽而典雅，是河南大学“秀美”建筑的典范，既有强烈的时代特点，又不失民族传统建筑风格的体现，且有极高的建筑艺术水平，是20世纪20年代中西建筑艺术紧密结合创作出的难得的建筑艺术精品。

4. 大礼堂

1930年，中山大学改名为河南大学后，许心武校长和李敬斋先生对河南大学做了校园的整体规划的调整与补充。学校原来仅有一大席棚为师生集会活动的场所，雨雪天根本不能使用。许先生首先提出建设大礼堂的动议，得到李敬斋先生的支持。为了精心建好大礼堂，学校组成了张伯英、李敬斋、杜岫僧等15人参加的大礼堂建设委员会，由从欧美留学回国在河南大学工学院土建系任教的教授张某设计。1931年11月20日破土动工，1934年12月28日落成，历时3载，耗资20万大洋。

大礼堂位居校园南北主轴线和东西轴线的交汇点上，是一座宫殿式建筑。占地面积3932平方米，南北长73.75米，东西宽53.75米，高24.4米，总建筑面积4687平方米。功能布局方面：整座建筑平面按功能安排，将门厅、观众厅、舞台三部分沿南北中轴线布置。主体空间为观众厅，有观众席2816个，看台分池座、楼座，上下两层布置，地面均按视线要求做了起坡设计，四周墙面也做了声学的考虑，视觉、听觉效果良好；大玻璃窗，窗户面积为墙体面积的五分之一，采光十分充足；观众厅外围U字型走廊包绕，上下2层，设楼梯6座，出入口七处，既满足隔声要求，又满足疏散要求。门厅为接纳组织人流的交通枢纽空间，东西两部楼梯组织垂直交通，北向两门洞通过走廊连接观众厅。舞台：台口宽18.23米，深12.19米，有大幕一道，垂幕五道，上设检修桥架，可作讲演、放映、演戏及大型会议之用；舞台为木制地板，下为地垄架空，弹性较好；台口两侧下部东西各设通风口一处，直通屋顶，内置机械抽风设备。侧台为音乐室、休息室，侧台两侧楼上楼下共辟室8间，作化妆室、办公室、储藏室等，也可作教室，每间可容纳60人就读。结构方面：主体采用钢筋混凝土结构，青砖墙，结合大屋顶，采用27米豪式钢木组合屋架，8根钢筋混凝土承重柱支承8架钢梁和楼板重量，所用钢材为英格兰进口，观众厅底层设钢筋混凝土柱6根，支撑二楼池座。造型设计：屋面沿南北纵向采用屋顶组合，门厅对应部分为歇山，两侧楼梯间为卷棚歇山，观众厅与U形走廊巧妙组成重檐歇山，舞台为硬山，东西及北向入口对应采用卷棚歇山门廊，观众厅前区两侧楼梯间上空对应为硬山，将观众厅与舞台外观有机衔接，形成侧面起伏多变的轮廓线，大屋顶覆以青灰筒板瓦，各脊端饰有脊兽，四角挑起，左右对称，高低起伏，变化丰富；屋顶的外部造型与内部功能一一对应，在简单的方形平面下创造丰富的视觉效果。正立面屋身部分采用4组双柱仿爱奥尼式直抵檐口的巨柱式倚柱，柱间正中设3樘双扇平开大门，门楣为悬山垂花门罩，门楼上部二层为办公用房，圆形竖向中旋窗，窗套彩绘图案精美，色彩艳丽；柱头与屋檐交接处，简化传统建筑的斗拱设置，以垂柱挂落替代，檐下垂花柱、雀替、挂落均作透雕彩绘，雕绘出龙头、狮子、凤鸟等生动图案，形象逼真，栩栩如生。整个南立面不仅为建筑艺术重点所在，而且在技术方面考虑也极为周全，在檐口处设有排水槽，通过倚柱后隐蔽的落水管将雨水排走，所以屋面虽为坡屋顶，在下雨天进大礼堂时也不会遭到檐口集中雨淋。大礼堂全高24.4米，尺度巨大，配以8根巨柱和收分砖砌墙体，辅以入口处宽阔台阶，挺拔高峻，气势宏伟，巍峨壮观，堪以体现“大壮”之势，在中西建筑手法的结合上及两种建筑艺术风格的巧妙运用上都有独到之处；其规模之大，结构之先进，在当时全国仅广州中山纪念堂与之媲美，不仅在河南，就是在全国也堪称近代建筑艺术精品。（见图19—26）

1937年10月，上海救亡演剧队在洪琛、冼星海、金山、崔嵬、贺绿汀等率领下，在大礼堂公演多次，把开封的抗日救亡运动推向了新的高潮。1950年4月河南省第一届各界人民代表会议在大礼堂举行。

5. 南大门

河南大学大门是1936年刘季洪校长按李敬斋、许心武两先生一九三零年校园规划的蓝图设想兴建的。大门处在河南大学校园中轴线的最南端，南临明伦街，北与中心主体建筑大礼堂遥向对应。该大门为两个四柱三牌楼庑殿顶工字脊组合的建筑，中间通高10.39m，东西长13.4m，进深最大处7.8m，两侧有开间6.1m，进深4.8m的东西耳房为东、西门卫室。该组建筑占地面积114.5m^2，中间拱券形门洞净高3.7m（最高处），中宽3.60m，两侧建有矩形门宽2.5m，高3.0m的人行通道，大门上有筒板瓦、花脊走兽，下有斗拱承檐，椽飞起翅，四角如翼，正楼匾写“河南大学”，次楼匾额镶古典花纹，檐下额枋、雀替相连，中为正楼，两边为次楼，形成重檐效果，是我国古代四柱三楼式牌楼的进一步发展，使之在保持传统特色的前提下更具实用性。该建筑以中式建筑为主体，融合了西方建筑线脚及卷柱，结构复杂而合理，是近代优秀建筑的代表作品之一；门楼既是整个近代建筑群的开端，又是建筑群举足轻重的组成部分，它不仅自身小巧玲珑，端庄秀丽，而且它的烘托使得整个建筑群更加华丽壮观，层次分明。（见图 27—32）

五、价值

1. 河南大学近代建筑群见证了中国特别是河南省的革命、建设、文化、教育发生和发展的历史进程，开启了河南乃至我国高等教育之先河。

河南大学近代建筑群位居开封旧城区的东北隅，北依宋代佑国寺塔，东邻明清城墙，西望清代龙亭，已成为七朝古都开封市建筑文脉构成的重要组成部分。当时校址择定在河南省会开封市铁塔脚下，原清末中国四大贡院——河南贡院东半部旧址上，1904 年 3 月，这里举行的最后一次会试终结了中国封建社会科举制度，而“河南留学欧美预备学校”的创办，开启了河南高等教育之先河。近百年来，一大批享誉中外的著名大师在这里执教，一代又一代莘莘学子在这里求知、生活、成长，背负崇高的使命和责任，投身到民主革命和社会主义建设之中，为民族的独立，祖国的繁荣和昌盛做出了卓越的贡献。1936 年 6 月，张学良将军曾到斋房看望河南大学的学生。日寇占领开封时，曾把司令部设在七号楼，并对近代建筑群进行了洗劫。1948 年解放军解放开封后，开封前线司令部立即通令保护河南大学建筑群。解放前后，李大钊、陈毅、胡耀邦、江泽民、胡锦涛、吴官正、贾庆林等党和国家领导人在近代建筑群留下了他们的足迹。

2. 河南大学近代建筑群总体构图、轴线组织、体量权衡、比例尺度、柱式组合、中西建筑艺术风格的融合等方面，都取得很高的艺术水平，尤其是造型的优美、制作工艺的精巧和色彩的运用，具有较高的艺术价值。其主体建筑居中、前门后堂、左右斋房的规划思想，明显地是对传统建筑（特别是书院建筑）布局的继承。

当时的校园建设规划分为四区，即校本部、运动场、农事试验场、教职员工住宅。其中校本部的布局是：以大礼堂至南大门为中轴线，主要建筑沿中轴线分布于前后左右，按功能分区，南北朝向，呈对称分布，有行列式布局的严谨，琴键式布局的韵律，整体通过空间的围合，韵律节奏的塑造，为师生提供一个安静、亲切、富有艺术氛围的校园环境，形成理性与浪漫交织、秩序与诗意相容的人文情怀，实现建筑功能与形象的和谐统一，闪烁出教育建筑独有的智慧之光，是河南省高校第一处国保古迹，在全国高校中也是为数不多的近代优秀建筑群。

河南大学近代建筑群从规划、设计，到建设和保护，是若干代河大人共同努力的结果，最终结晶成为学校的标志性建筑，其建筑所达到的水平，实为近代教育建筑的典范。建筑采用新材料、新结构，平面按功能要求设计，外观则以大屋顶、斗拱等表现中国固有形式，立面多有西方建筑手法点缀。六号楼屋顶、墙体对称布局，中间高两侧低，颇具中国传统建筑艺术风格，而平面布局、柱式、门窗楣饰、圆券柱廊、花瓶形栏杆及灰泥线饰、窗套又为西方建筑手法，初具中西建筑相结合的意蕴，给人以厚重稳固之感。七号楼建筑立面层次丰富，色彩明丽，装饰细腻考究，显得华丽而典雅，既有强烈的时代特点，又不失民族传统建筑风格的体现。大礼堂以青砖灰瓦，叠檐飞阁，雕梁画栋以及柱式的挺拔高峻等，给人以气势宏伟、巍峨壮观之感，在中西建筑手法的结合上及两种建筑艺术风格的巧妙运用上都有独到之处，堪称艺术精品。每幢斋房入口设垂花门式雨蓬，不是梅兰竹菊，就是珍禽异兽，是斋房的艺术精华所在。校南大门整个门楼中间部分屋顶高出，形成重檐之势，四角翘起，上置套兽，古朴典雅之中不失威严。同时，在每个建筑物上，把国画、彩绘图案、造型、浮雕、木雕、砖雕有机地排列在建筑之上。特别是木雕，图案精美，刀工精细，百花争艳，栩栩如生。木雕艺术水平最高的是大礼堂门厅，数量最多的是七号楼。可以说，整个建筑群是一座文化艺术宝库。（图 33—43）

3. 河南大学近代建筑群是时代的产物，他集教育学、历史、数学、力学、美学、生态学于一体，是近代建筑精品的代表。

河南大学近代建筑群的建筑设计和营造继承了明清建筑技术、艺术的优秀成果，其风格中西合璧，庄严肃穆，典雅大气，表现了以人为本的办学理念和严谨治学的态度，体现了学校厚重的历史、洗练凝重的风貌、豁达的心胸和非凡的气魄。中西建筑风格的融合，烙印了当时中西文化交流碰撞的历史事实。它的部分钢筋混凝土梁柱、钢屋架、水泥粉刷、玻璃门窗、水磨石地坪等，烙印了当时科学技术发展的水平。大面积绿化地带的营造，则为师生提供了一个安静、亲切、富有艺术氛围的校园环境，闪烁出教育建筑独有的智慧之光。大礼堂分上下两层，设楼梯六座，钢筋混凝土承重柱，观众厅为中国宫殿式大屋顶，南北坡为适应建筑造型的要求，选用 27 米豪式进口钢屋架，虽经 5 级以上地震 5 次仍纹丝未动。大礼堂平面布局以观众厅为中心，将门厅、观众厅、舞台三部分沿南北轴线按功能要求依次展开，两侧设休息廊，其音响、采光、通风、人流组织与疏散等设计合理，达到了很高科学水平。斋房按学生居住要求，内走廊，走廊北墙中部设有取暖壁炉和烟道、火墙。七号楼坡屋顶按需要设置通气孔，并在各层设防火装置。河南大学近代建筑群从整体到局部，均是近代建筑的代表作品，是工艺精品，是华夏民族文化的遗迹和载体，也是华夏文化的继承和发展。

参考文献

[1][1]开封市近代建筑史略 1992.10
[2]河南大学校史 2002.09
[3]近代建筑的保护与利用　张复合
[4]河南大学优秀近代建筑群申报国宝材料 2004.10

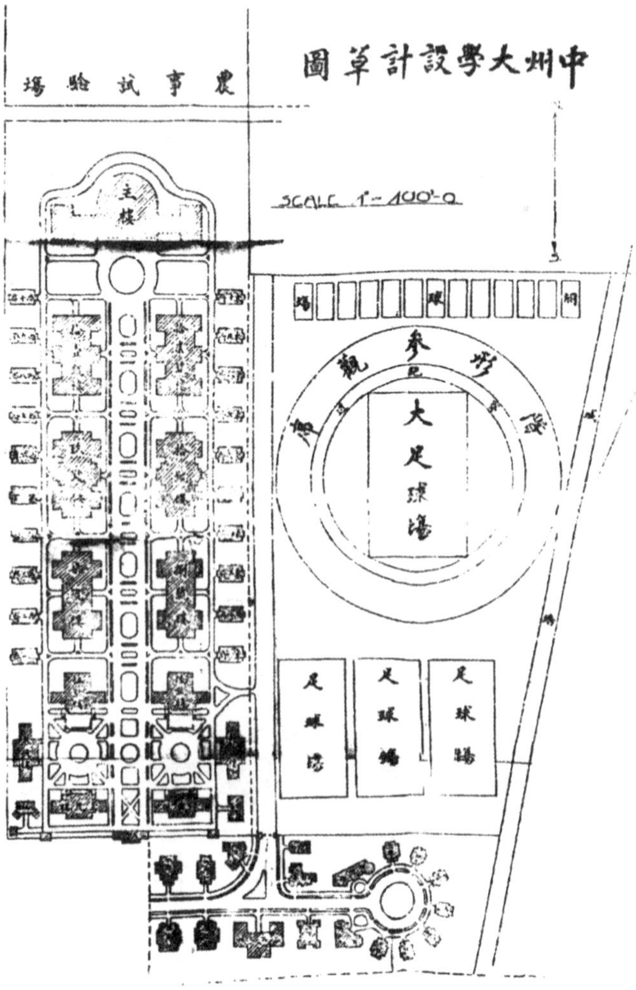

图 1　中州大学设计草图

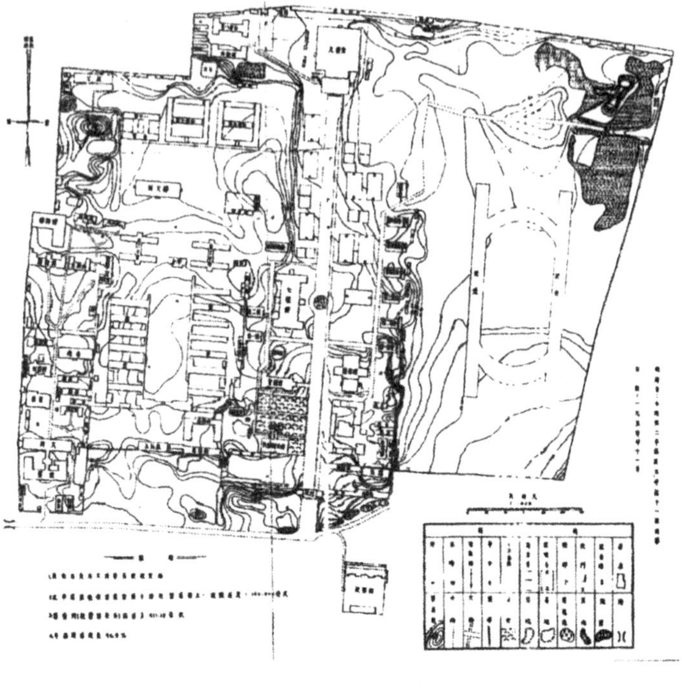

图 2　河南大学校舍图

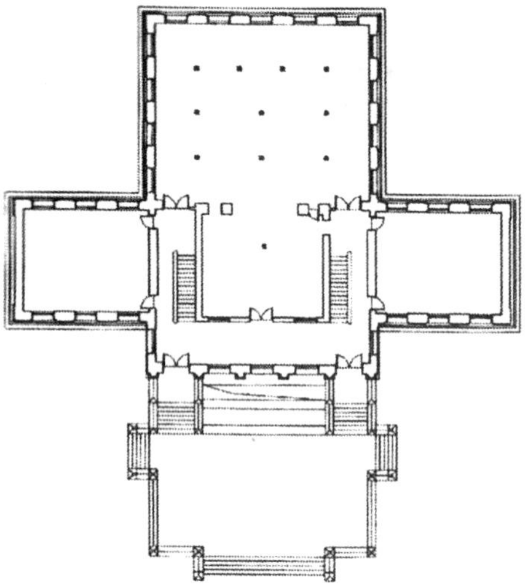

图 3　六号楼平面图

图 4　六号楼照片

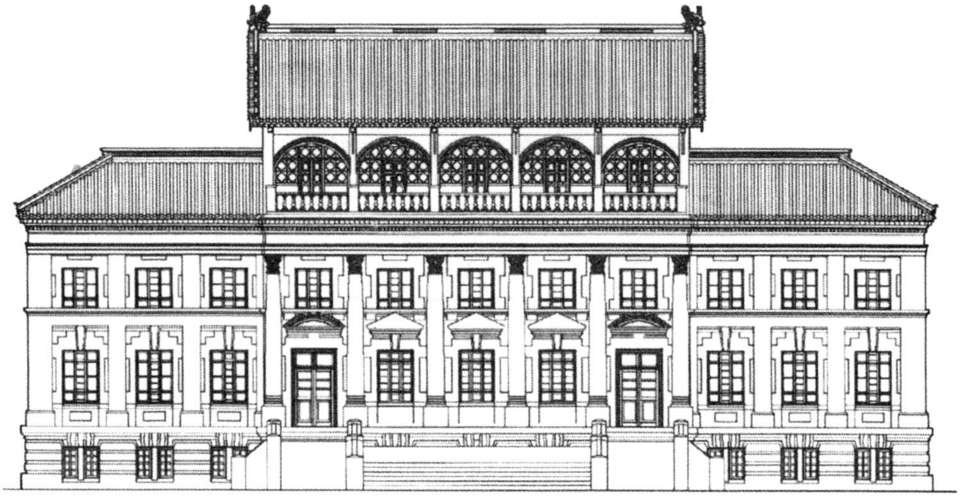

图 5　六号楼南立面测绘图

图 6　六号楼西立面测绘图

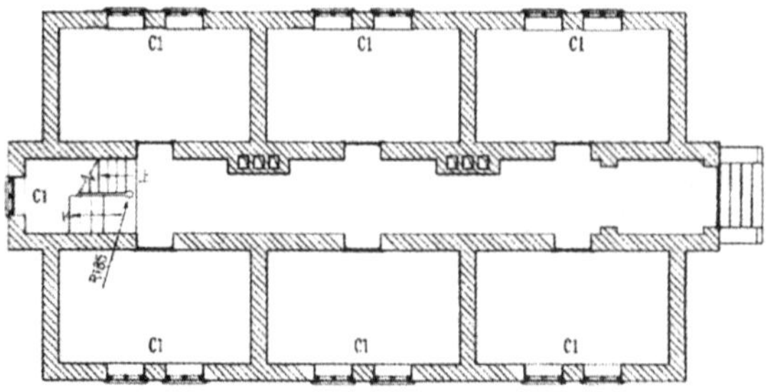

图 7　东西斋房底层平面图

图 8　东西斋房面立面测绘图

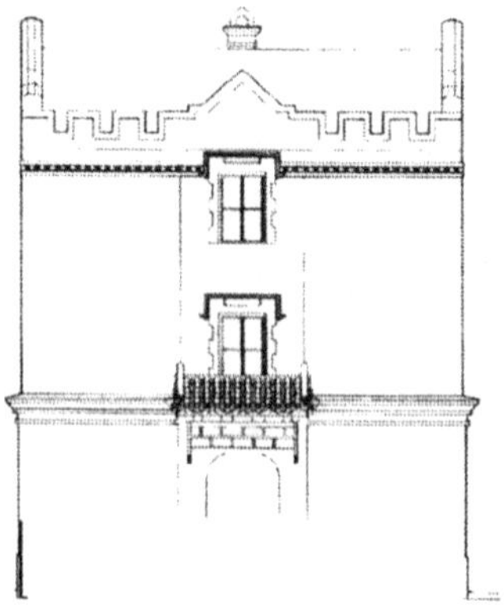

图 9　东西斋房正立面测绘图

图 10　东西斋房入口垂花门罩

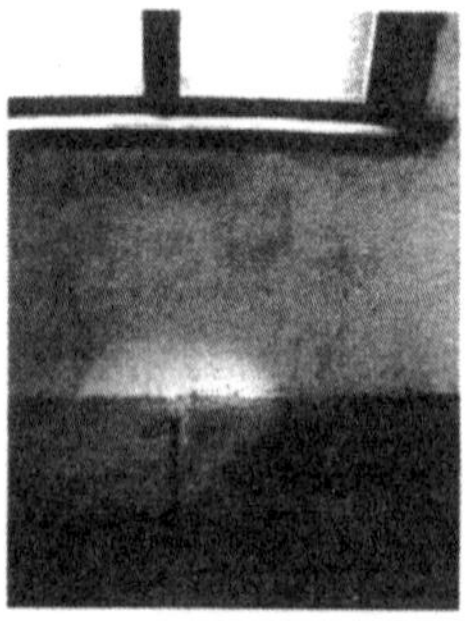

图 11　东西斋房逃生钩

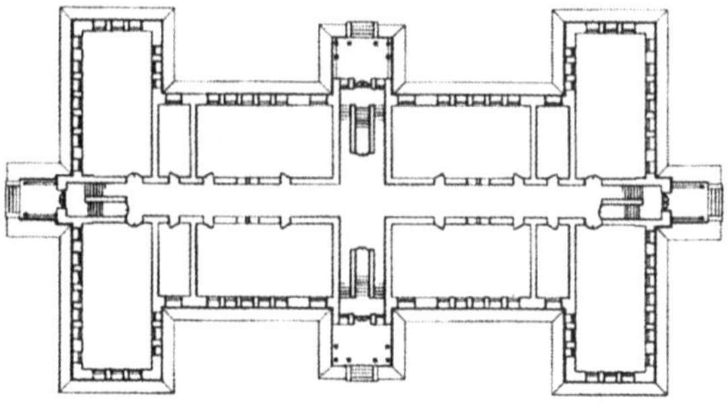

图 12　七号楼底层平面图

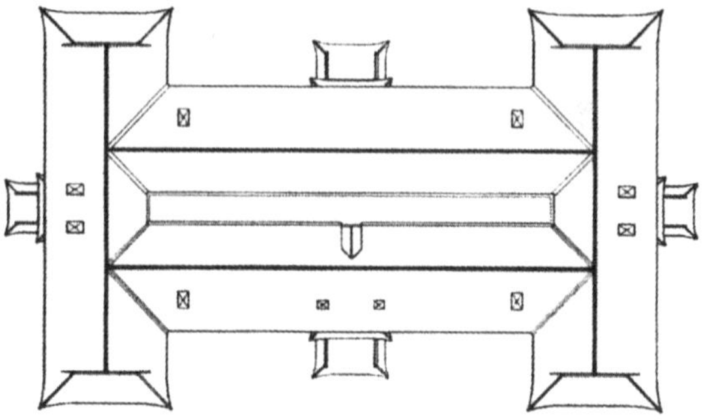

图 13　七号楼屋顶平面图

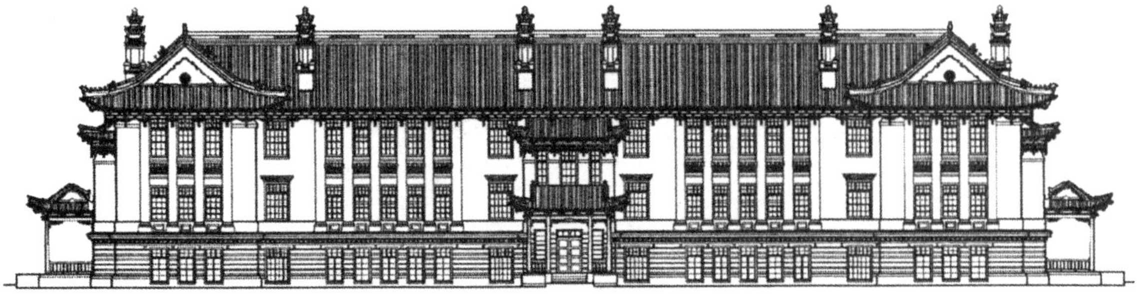

图 14　七号楼正立面图

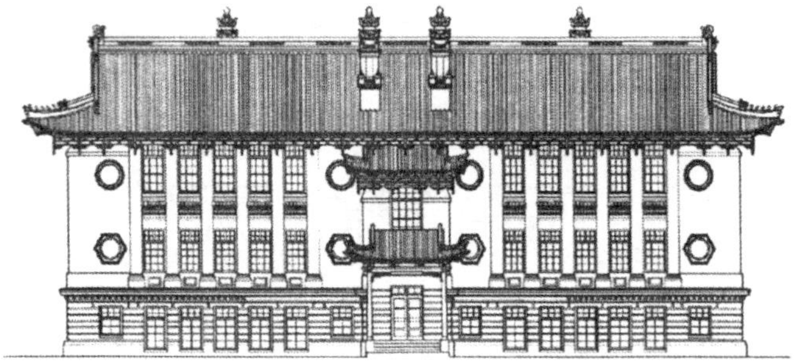

图 15　七号楼侧立面图

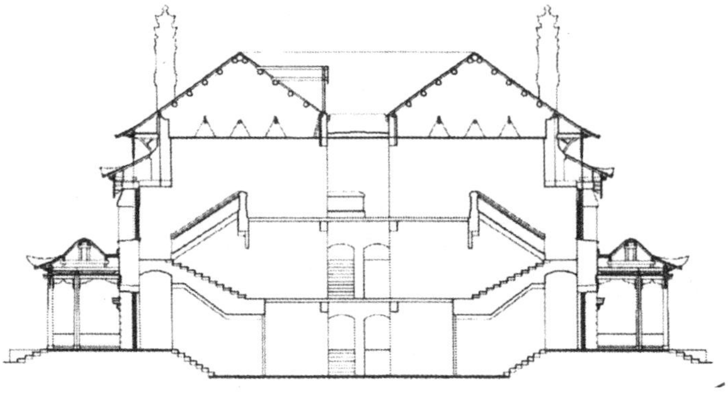

图 16　七号楼东西剖面图

图 17　七号楼入口

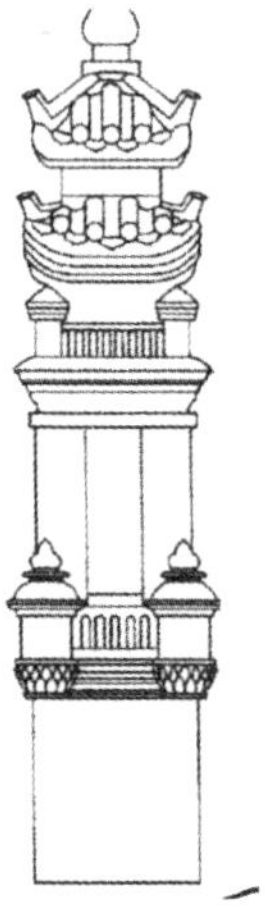

图 18　七号楼气楼

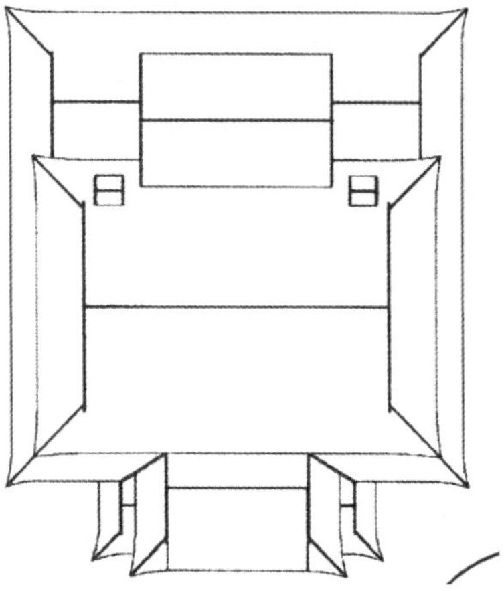

图 19　大礼堂屋顶平面图

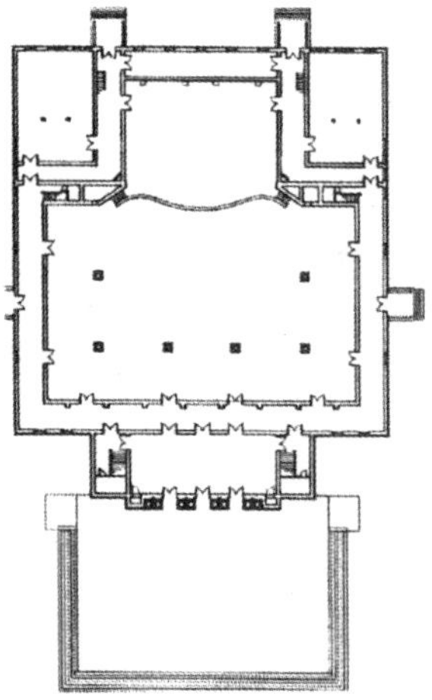

图 20　大礼堂底屋平面图

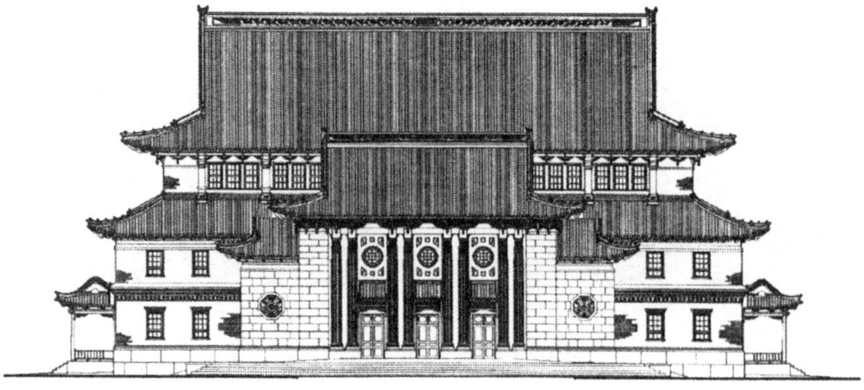

图 21　大礼堂正立面图

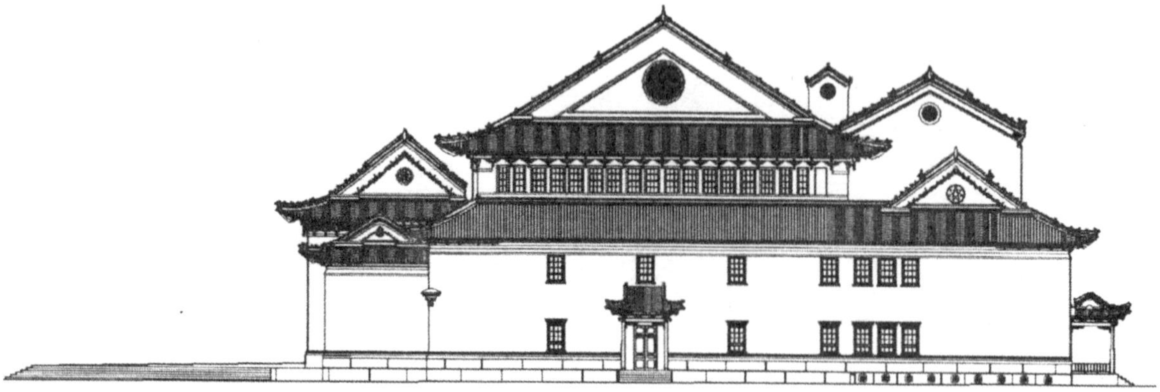

图 22　大礼堂侧立面图

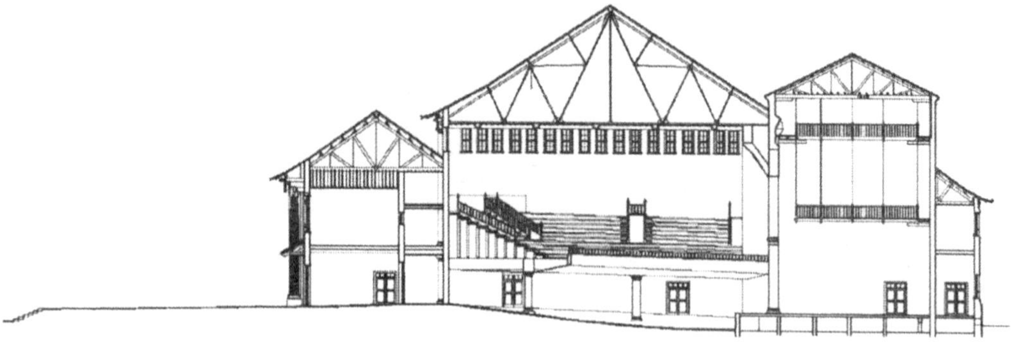

图 23　大礼堂纵剖面图

图 24　东南翼角

图 25　大礼堂入口上方圆窗

图 26　大礼堂檐下挂落

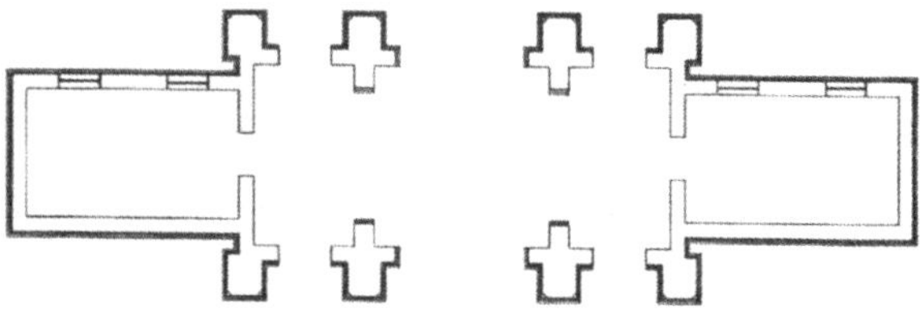

图 27　南大门底层平面图

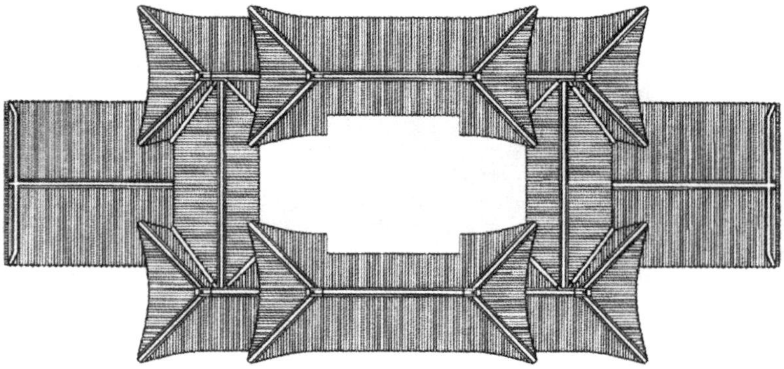

图 28　南大门屋顶平面图

图 30　南大门侧立面测绘图

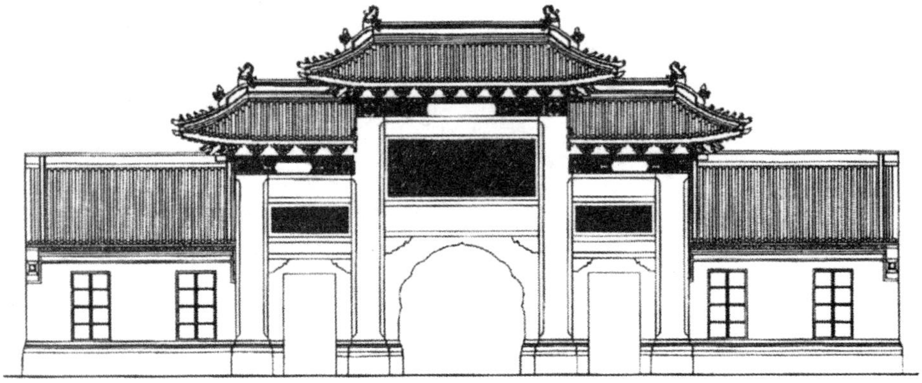

图 29　南大门正立面测绘图

图 31　南大门入口

图 32　南大门枋心万字板与题额

图 33　七号楼南侧面

图 34　七号楼东面(正面)

图 35　大礼堂正面

图 36　大礼堂侧面

图 37　大礼堂檐部

图 38　大礼堂门柱

图 39　大礼堂檐下细部(一)

图 40　大礼堂檐下细部(二)

图 41　大礼堂檐下细部(三)

图 42　大礼堂檐下细部(四)

图 43　大礼堂檐下细部(五)

忆陈从周教授来汴考察

张玉发

（开封市园林文物局　开封　475001）

［关键词］陈从周；开封；考察

［摘　要］1977 年 11 月 12 日，陈从周教授应开封教委邀请一行四人到开封考察，他赞美"开封是古城新貌，没有割断历史，有自己的特色。"强调园林要和文物结合好。即兴吟诗。陈老考察开封时留下美好心愿已变成现实，告慰他对开封的希望。

Recall of Professor Chen Congzhou's Inspection to Kaifeng

Zhang Yufa

（*Kaifeng Garden and Relic Bureau Kaifeng* 475001）

Key Words: Chen Congzhou; Kaifeng; Inspection

Abstract: On the l 2th of November, 1977, Professor Chen Congzhou and 3 workmates paid a visit to Kaifeng via an invitation of the Kaifeng Education Committee. He praised Kaifeng as an old city with a new look, a city with a viable connection between past and present that is well preserved, and a city whose unique character lives within. He also stressed that the combination of gardens and relics should be arduously maintained. As an expression of his joy, Professor Chen wrote an extemporaneous poem. The wishes he expressed in his poem about the future of Kaifeng have come true, thus further comforting his hope for the ancient city.

回首 25 年前，我有幸参与接待了园林文物建筑界资深的老专家、学者、上海同济大学教授陈从周老先生。陈老应开封市建设委员会的邀请一行四人到开封，考察开封的园林文物古迹，和开封园林界的工程技术人员座谈，并为开封市的园林文物景点吟诗作画，为开封市的园林文物古迹公园的建设发展提出了宝贵的意见。

1977 年 11 月 12 日，陈从周教授和苏州建筑研究所高级建筑师毛心一先生、苏州园林研究所高级工程师方正先生、苏州国画大师曹宜民先生等一行四人，应开封市建委的邀请，对开封市的园林文物古迹进行考察。他们先后考察了龙亭公园、铁塔公园、禹王台公园、汴京公园，还参观考察了繁塔、相国寺和延庆观等文物古迹。每到一处他们都详细的考察了解园林文物景点的历史和现状。并从城市规划和园林建设发展的高度发表意见。古城开封给陈老留下了美好的印象，在座谈会上他赞美开封时说："我这次来开封，感谢同志们的邀请，这是打倒'四人帮'对我们老知识分子的关怀。开封是古城新貌，没有割断历史，没有受到苏修的干扰，城市面貌同中等城市是协调的，来开封既能看公园，又能看古迹。开封的园林绿化、文物古迹朴素、庄重，有自己的特色。"因上世纪 70 年代城市公园建设不受重视，发展滞后，陈老在考察龙亭公园时就一针见血的指出："风景区没有文化，文化和风景是相依为命的. 如龙亭公园门口就是工厂（当时是开封市针织内衣厂），烟囱正对龙亭大殿，影响拍摄的画面，应当搬迁。龙亭大殿殿基上的树木(当时殿基两侧的)台基路上种有桧柏)。应当去掉，树木破坏古建筑，天安门上就没有树木。龙亭前的潘杨二湖就象人的两只眼睛，把公园装扮的非常美丽，但湖岸周围的树太少，就象人的眼睛少了睫毛，美中不足，要在湖岸周围广植垂柳。”考察铁塔公园时陈老风趣地说：“东有铁塔，不是铁的，是琉璃砖塔，但是真国宝，西有铁塔(当时开封电视转播塔在公园内，即现‘天下第一塔’处。)是铁的，但是假铁塔，电视塔放在古迹公园又和国宝铁塔太近，很不协调。”陈老在考察时还对公园发展提出了很好的建设，如在汴京公园看到河边的垂柳时，陈老说：“看到公园的清水河和岸边的柳树就想起《清明上河图》。公园内有一条横贯南北的清水河，背后有古城墙，距原宋代古汴河很近，应修一座‘虹桥’，沈雁冰同志送给我两个字，就是‘虹桥’，可将该字用到桥上，增加公园的历史文化品味。”在考察禹王台公园时，陈老说：“禹王台两个重点，一是古吹台，二是繁塔，繁塔比古吹台还重要，但放在公园外面是美中不足的。”在考察相国寺时陈老很含蓄的说：“在寺院里搞思想政治图片展览不太协调。”后来在给相国寺题诗时，陈老写到：“敲推费商量”。在考察期间陈老一行四人与市建委和开封市园林界的同仁进行了座谈，他特别强调，园林要崇尚自然，要重视植物造园，园林要和文物结合好，开封这方面作的好，是开封的特色。陈老擅长国画，现场作画赠给开封市园林高级工程师张家英同志一幅《汴园秋霁》图。陈老即兴吟诗以抒发他来汴考察后各公园景点给他留下美好印象的心情。

忆江南

开封好，大地柳园春，
堤外黄河三尺浪，
眼前朋好喜登临，
伟迹久长存。
开封好，回首望龙亭，
万顷烟波河渺渺，
百尺高楼映层层，
来日记犹新。
开封好，繁塔映晴云，
翠柏森森欣夹道，
还望一塔穿林荫，
画意盎然生。
开封好，铁塔照初阳，
六秋衰翁犹健步，
十三层顶赋华章，
笔底尽江山。
开封好，迎客柳千条，
旧迹上河无觅处，
古为今用有今朝，
一水出虹桥。
开封好，信步上吹台，
画阁朱楼能醉客，
姚黄魏紫费心栽，
何日更重来。
开封好，相国缀新装，
殿宇辉煌高百尺，
花园锦簇品千章，
敲推费商量。

别汴州

旧城新貌乐斯游，
秋色长堤望巨流，
一自柳园留圣迹，
汴州终有非杭州。

陈从周 1977.11.17 作于开封

32 年瞬间即逝，陈老虽离我们而去，但他在考察开封时留下的美好心愿，已变成现实。开封园林已发生了巨大的变化。龙亭公园南大门外的针织内衣厂和烟囱早已被拆迁，取而代之的是古香古色的宋都御街；龙亭大殿整修一新，台基上的柏树已全部移植别处；龙亭前的潘杨二湖沿岸，遍植花木，翠柳依依，已成为著名的游览胜地；铁塔公园的电视塔在 80 年代已搬迁，园内遍植花草树木，现已是“一塔独秀满园春”了；相国寺已按寺院的风格进行了全面维修，名为“大相国寺”，是弛名中外的名胜古迹和宗教活动场所；按《清明上河图》为蓝本营建的“清明上河园”已建成开放，“一水出虹桥”也变成了现实。开封人正在以创建全国优秀旅游城市、全国园林城市为动力，树立开封美好的形象，告慰陈老对开封的希望。

·古建园林纪事·

从北大红楼到曲阜孔庙
——记全国第三届古建筑测绘训练班

张家泰 杨宝顺 杨焕成

（河南省古代建筑保护研究所 郑州 450002）

［关键词］北京大学红楼；曲阜孔庙；古建筑训练班

［摘 要］1964 年 4 月在北京五四大街北京大学红楼举行第三届全国古代建筑测绘训练班。来自 16 个省市自治区的学员，4 月 1 日至 5 月 25 日在京以课堂学习为主；5 月至 7 月在山东曲阜做古建实测与绘图实习。领导和专家 10 余人为学员授课。近四个月的时间超额完成了学习计划。学员们回到工作岗位之后，做出了可喜的成绩与积极的贡献。

Record of the 3rd raining class of ancient building mapping Held in Peking University and Qufu

Zhang Jiatai，Yang Baoshun and Yang Huancheng

（*Henan Ancient Building Preservation Research Institute Zhengzhou* 450002）

Key Words：Red Mansion in Pecking University；Temple of Confucius in Qufu；ancient building training class

Abstract：In April，1964，the 3rd training class of ancient building mapping was help in the Red Mansion of Pecking University on Wusi Street. Students from 16 provinces came and studied in classes held mainly in Beijing from April 1st to May 25th where more than 10 leaders and experts in their respective disciplines gave lectures. Classroom imstruction was followed by field training where the students were given the opportunity to practice their recently acquired skills of measurement and mapping in Qufu，Shandong. The schedule was fulfilled within 4 months. After returning to their own provinces and particular positions，the students continued to make significant contributions to the work.

1964 年 4 月 1 日，是一个值得纪念的日子。这天在北京沙滩（今名五四大街）北京大学红楼内，举行了全国第三届古代建筑测绘训练班开学典礼。文化部文物局、古代建筑修整所和清华大学等单位的领导与专家和来自 16 个省、市、自治区的 28 名学员欢聚一堂，拉开了为期四个月紧张学习的序章。领导们从当前形势讲到文物保护，从“四有”建档讲到古建筑测绘，阐明了这次办训练班的起因、目的和方法。使学员们明确了当前的形势和努力方向。

我们党和国家非常重视文物的保护工作，建国之初便开始成立机构，培养人才，切实加强地上与地下等各类文物的保护工作。在国家最困难的时候，1961 年国务院公布了第一批全国重点文物保护单位。之后各省、市也先后公布了第一批省级与市、县级文物保护单位。保护单位的公布，目的就是要对它们加强保护，几年保护工作的经验证明，要想把文物保护好，有效的办法就是搞好文物保护单位的“四有”工作（即有保护范围、有标志说明、有记录档案、有专门机构或者专人负责管理）。为此已在西安召开了全国“四有”工作会议。在建立文物科学记录档案问题上，中央和各省市都提出了专业人才问题，而古建筑的测绘人才问题尤为突出。正如王冶秋局长当年 6 月 11 日在曲阜对学员们讲的那样：“各省都感到要办训练班，我们也感到不办不行了。……训练班和正规学校目的是一样的——培养干部。这次训练班是今年的主要训练班。"时间紧，任务重，老师想多教，学生想多学，大家都有很大的压力，有时就在晚上加班讲课。解决问题的办法就是发扬革命作风，以解放军为榜样，不怕吃苦，敢打硬仗，努力完成学习任务。我们的学习主要分两个阶段，4月1日至5月25日在北大红楼，以课堂教学为主，5月26日至7月19日在山东曲阜进行弘道门实测制图。

一、难忘的红楼

北京大学红楼，是五四运动的纪念地，是伟大的马克思主义者李大钊、毛泽东曾经工作过的地方，又是鲁迅先生曾经讲过课的地方，是一座有着光辉革命历程的纪念建筑物，也是全国重点文物保护单位。我们来自大江南北、长城内外的学员有幸在这里学习、居住，那是平生极为难得的机遇，也是极大的荣幸。从4月1日在二楼西端教室举行开学典礼，到5月25日离开北京赴山东曲阜实习，(以及由山东回到北京的四天)在此学习生活了五十九天，在这里聆听了十几位老师近二十个课题的讲课，大大超过了预计的10个专题的讲授内容，此间，我们有幸参加了在北海公园的"五一游园"活动，并见到了邓小平总书记和贺龙元帅。5月3日参加了在红楼前由北京大学与文物博物馆研究所主办的"五四"运动四十五周年纪念会，受到了深刻的革命传统教育。

我们在红楼的学习日程安排得很紧。4月1日上午开学典礼之后，当天上午就开始了上课。

课程安排得十分充实，也非常全面。从课程内容上看，大体有三个方面：一是文物政策法令方面的基本知识，主要有文化部文物局副局长王书庄老师讲授的《文物政策和古建筑保护工作》，文化部文物局文物处处长陈滋德老师讲授的《关于文物保护工作有关问题》；二是中国古代建筑的基本理论与相关专业知识。依次有我国著名建筑学家，清华大学土建系教授梁思成先生讲授的《中国古建筑概论》；古建修整所工程师杜仙洲先生讲授的《木结构建筑基本名词术语》、《中国木结构建筑构造》、《宋式与清式建筑结构主要名词对照表》及《明十三陵介绍》等课程；原中国营造学社成员、文化部文物局工程师罗哲文先生讲授的《中国建筑简史》、《北京天坛的一些情况》；原中国营造学社成员、文物出版社工程师陈明达先生讲授的《中国古代建筑的艺术》；北京大学教授闫文儒先生讲授的《造象壁画题材与鉴别》；古建修整所工程师祁英涛先生讲授的《中国各时代建筑特征概述》及《古代建筑保养维修工程知识》；原中国营造学社成员、古建筑专家、故宫博物院副院长单士元先生讲授的《宫庭建筑》(在故宫讲授)；古代建筑修整所井庆升先生讲授的《榫卯介绍》；古代建筑修整所工程师余鸣谦先生讲授的《石窟寺建筑》；故宫博物院工程师于倬云先生讲授的《关于避雷针》。三是古建测绘技术课程，这是本次训练班的主要学习内容。课程有：罗哲文先生讲授的《古建筑测量基础知识》；古代建筑修整所李竹君老师讲授的《古建绘图》和原中国营造学社成员、天津大学副教授卢绳先生讲授的《古建筑大建筑群的测绘方法和经验》。

这些课程安排得如此全面、系统，得到了梁思成先生的肯定，他风趣地说："对你们的排课，我为你们高兴，很全面啊！我简直高兴得很，高兴得有些'吃醋'。过去谁给我们安排这样的全面学习课程呢?"课程多，时间紧，我们的老师和学员一起和时间赛跑，杜仙洲老师曾两次在晚上为我们加班上课。克服困难，不怕吃苦，却满足了师生们想多教、多学的愿望。难忘的红楼，在这里的学习开拓了大多数学员一生的奋斗方向和前进的道路!

二、可敬的师长

为了办好训练班，文化部文物局及古代建筑修整所的领导早已开始了各种筹备工作，首先建立起以古建修整所副所长姜佩文老师为班主任，李昭、杜仙洲和罗哲文三位老师为副班主任的领导班子。分工是李老师负责办公室工作；杜老师、罗老师负责教务工作。教务人员有李竹君老师、孔祥珍老师和何风兰老师。另外还专门安排所办公室张思信主任及刘慕三、何云祥三同志负责学员生活管理。为了完成繁重的教学任务，我们的师长们要提前作好讲课准备，编写讲稿，刻印讲义，他们不知度过了多少不眠之夜。他们的讲课内容，从系统的中国古建筑理论知识、专业测绘技术，直到学习古建筑的方法等，都加以认真地教导。时光过得真快，转眼已是四十多年，可是，训练班中老师们的音容笑貌、动人鸿论，宛若昨日，历历在目。姜佩文老师在开学典礼会上提出要把学习解放军、学习大庆的精神用到学习班上来，用革命的精神来教与学。开展比学赶帮的“五好“学员评比活动。文化部文物局李长禄局长提出了“五动”的学习方法，即指脑想、耳听、眼看、手做、口说。梁思成先生讲话中又在“五动”基础上加一条“动腿”、“动脚”，称为“六动”。

这次训练班请的教师，在文化部文物局系统，从局长、处长、所长，到各部门的专家共十多位，另外，还邀请了清华大学梁思成教授、北京大学闫文儒教授、天津大学卢绳教授等著名学者为我们授课，阵容强大。有幸听到他们的教诲，这是十分难得的机遇，也是我们一生的骄傲。提起我们的师长，个个都令人欣佩。他们具有渊博的理论知识和丰富的实践经验，尤其是他们那满腔热忱、毫无保留、无私奉献的精神，深深地感动着每个学员，为学员们树立了学习的榜样。

王书庄先生是第一位走上讲台上课的老师。他系统地讲述了什么是古建筑、古建筑的品类，为什么要保护古建筑，古建筑的价值与保护中存在的问题以及如何才能做好古建筑的保护工作？如何搞好“四有”和古建修缮工程，如何掌握好古建修缮原则等重要问题。随着他那亲切而有节奏的讲话声，学员们一个个走进了中国古代建筑殿堂的大门。记得学习班结束后的一次会议上，有学员去看望王老师，没注意见面喊了一声“王局长”，老师听后不悦，严肃批评说：“我不是你们的老师吗？为什么叫局长？”学员恍然大悟，急忙改变称呼道：“是。王老师你好！”老师高兴地露出笑容，说道：“当官是临时的，老师才是永久的。”这是毕业后又为学员上的一课，至今记忆犹新。同时，也可看出书庄老师对这段师生情谊是何等的重视，是何等的一往情深啊！

梁思成先生，是杰出的中国建筑学家，是中国古代建筑史研究的奠基人之一。时任清华大学土建系主任。上课时已经63岁，虽然当时他身体不太好，但却坚持站着讲课，大家劝他坐下来讲，他说“坐下来就像脱离群众一样。”他讲课深入浅出，充满感情又很有风趣，引人人胜。他在《中国古建筑概论》中，首先讲什么是建筑，“建筑”一词的由来，中外的“建筑”概念，建筑的各种属性，中国古建筑的特征，对中国民族文化应当很好加以总结的问题，中国建筑发展的过程，并以他自己学习、研究中国古建筑的艰辛经历和宝贵经验，结合中国营造学社及《中国营造学社汇刊》在艰难的环境中奋争创业的事实，讲述了中国古代建筑史研究开创时期的坎坷历程。梁先生对这批来自16个省、市、自治区的28名学员，抱有很大期望，感触最深的是：梁先生是清华大学的著名教授，国内外声望那样高，桃李满天下，但他对来自全国文博系统的这批学员，毫无轻视之感，相反，还把我们当做老一代古建筑保护事业的接力人。他在讲到“我们的民族文化应当很好加以总结”部分时，深情地说：“我们做了三十年的工作，做了许多具体个别的调查，然后得出了一些共同的经验。今后的工作任务很大，我们需要很好完成，我们应当把取得的经验交给你们，你们要接着完成。我们做的‘饭菜’，一盘一盘端上来，供你们吃，不能白吃，吃了要接着努力去干。我们已经跑了一段了，现在我上气不接下气，你们要接过这个接力棒，我们要像马拉松赛跑一样，一代一代接下去，把祖国文化遗产整理出来。”这是何等的信任与期望啊！在学习方法上，梁先生非常强调测绘，他认为“测绘是掌握材料的最重要的方法，照相、文献资料也是，但测绘是最重要的，不测绘我们就没有法搞档案资料。”梁先生还特别强调“要以笨人做笨事的精神去学”，要有吃苦的精神。结合梁先生先由故宫学清代建筑，后搞早期建筑的经历，他告诫学员说：“这一点是经验，你们学习时别走弯路了，学习上，这段路要倒过来走，先学清式的(好学、实物多)，然后有了基础再学早期的。”他对这次训练班，抱有很大的希望，他说："解放后，条件好了，中央办了许多训练班，各地成立了文物组织，进行了许多大小调查，办了刊物。现在又举办了训练班，现在要使我们的队伍更壮大起来。"显然，梁先生是把训练班这批学员视为一支手持前辈"接力棒"迅跑在保护与研究祖国古代建筑等珍贵文化遗产道路上的一支队伍，这是莫大的鼓舞，也是莫大的鞭策！

古建筑的基本知识及专题课，除梁先生之外，主要由杜仙洲、罗哲文、祁英涛、陈明达、单士元、于倬云、井庆升等先生讲授。闫文儒、余鸣谦先生重点讲授了造像、壁画的题材、鉴别、时代特征和石窟建筑形成、形制特点以及保护方法等。于倬云先生，讲授了雷电知识及古建筑的防雷保护。罗哲文、卢绳和李竹君先生，着重讲授古建筑单体、群体测量、绘图的技术和实际经验。老师们在教学中许多动人事迹，使学员们深为感动。早在训练班开学之前，老师们就开始编写讲稿或讲义，班主任在开学典礼上说"准备的讲义，在 20 万字以上。"据已发给学员学习的讲义统计，仅《中国木结构建筑构造》、《中国古代建筑简史》、《中国各时代建筑特征概述》、《古代建筑保养维修工程知识》、《古建筑绘图》以及各参考资料、表格，即达 39 万多字(每页图表按一页文字计算)。一般一份讲稿长达 3－5 万字不等，其中，罗哲文先生的《中国古代建筑简史》及各古建筑类型专题讲稿就长达 25 万 5 千多字，共计 326 页。而且，在当时条件下，这数十万的讲义都是用腊纸在钢版上手工刻字、刻图、刻表，然后一张一张用油印机印出来的。其工作量之大，老师用心之良苦可想而知！这些讲义的内容，由于时间关系，不可能全部在课堂上讲全，但是作为学习毕业之后的自学和复习之用，实在是太重要、太方便了。如杜仙洲先生编写的建筑结构部分，不仅在上、下编中分别讲述了"宋代的法式制度"与"清代的法式制度"，而且为说明宋、清重要结构的不同还设计了"宋、清斗拱比例对照表"等 13 项对照表和权衡尺寸表。为学员学习与运用提供了便利。罗哲文先生编写的《建筑简史》讲义中，除了讲述了不同历史阶段的建筑概况之外，还编写了各类建筑的专题介绍，如《园林谈往》、《坛、庙、祠等祭祀建筑》、《孔庙、国子监》、《道教宫观建筑》、《佛寺、喇嘛庙》、《清真寺》、《桥梁》、《万里长城》等，为学员对我国古建筑的类型基本知识与保存现状有了深入的了解和认识，并可做为长期的参考资料。祁英涛先生不仅在课堂上详细讲授古建筑各时代的特征，而且还结合建筑实物进行具体地讲述分析。尤其是学习班结束之后，祁老师还经常到各地指导古建筑的学术研究及鉴定、施工项目等，对各地学员在实际工作上给予了很多的指导与帮助。听着老师们谆谆的教导，看着那厚厚的讲义，我们至今都有说不完的感激之情。

三、攻坚的苦乐

理论课基本结束，测绘课转为重点，训练班的攻坚战拉开了帏幕。我们的测绘制图课程。大抵分为三个小的阶段。

第一阶段(4 月 9 日－5 月 15 日)。从罗哲文、李竹君、卢绳三位老师分别于 4 月 9 日、10 日和 11 日先后讲授古建测量、绘图课程起，到布置绘图基本技术练习、掌握图纸的初步知识(工具使用、图纸规格、线条变型等)，并在红楼内的古建模型室作斗拱模型测绘练习，为真正的古建测绘作技术准备。第二阶段(5 月 16 日－6 月 1 日)转入故宫景运门的建筑测绘。5 月 25 日离北京去山东曲阜实习，并在曲阜继续做完故宫景运门的图纸。第三阶段(6 月 2 日－7 月 19 日)测量曲阜孔庙中弘道门，并作出完整的全套实测现状图。这是学习班的最后测绘成果。对于个别作图有一定困难的同学，大家都给予热诚地帮助，由于比、学、赶、帮活动的开展，促进了各个测绘小组，乃至全班测绘水平的提高。在曲阜学习阶段，师生们活跃在孔夫子故里，奔走在孔府与孔庙之间，宏伟的孔庙、深幽的孔府，成了我们古建筑测绘实习课程的又一难得的课堂。但是，环境的优美，却抵挡不住炎热的天气，绘图最紧张的七月，这里已是酷暑难熬的季节，白天画图汗湿衣襟，胳膊上的汗水也易沾湿图纸，夜里热得难以入眠，休息不好也影响绘图，但是，为了按时完成学习绘图任务，老师和学员们千方百计克服种种困难，日夜加班绘图，终于超额完成了学习计划，从原定的测绘一座悬山建筑，改成了较复杂的歇山式建筑。全体成员绘图合格，而且大多达到了优良或良好的水平。

在学习期间，训练班坚持了每周的政治学习，多次听取了文化部或文物局领导及有关方面的形势报告。而且，在紧张的学习之余，训练班还与招待所共同组织了联欢晚会。李昭、杜仙洲两位班主任、李竹君老师都参加了联欢会并讲了话。李老师还演唱了一段黄梅戏。学员们表演了民歌，演唱了地方戏曲、相声、板胡独奏、口琴合奏等。晚会尽情的欢笑洗去了一天的辛劳。学员们还利用晚上时间。先后和曲阜县代表队、县文管会进行了篮球友谊比赛。训练班还组织两次帮助当地城关等单位收麦劳动。通过老师们精心组织的这些有意义的活动，训练班和当地有关部门，建立起良好的关系。得到他们的大力支持。

总之，我们的古建筑测绘训练班，在最后的曲阜孔庙弘道门测量、绘图实习阶段，冒酷暑，趴梁架、绘图纸、搞联欢、赛兰球、收麦子，学习生活丰富多彩。我们的三位班主任李昭老师、杜仙洲老师、罗哲文老师和主讲《古建筑绘图》课程及现场指导测绘实习的李竹君老师等，和我们朝夕相处，受热受累，并时刻关心照顾着每个学员，随时指导大家的测量与绘图学习。能和老师们一起渡过火红的七月，接受测绘实践的锻炼，掌握古建测绘技能，完成了学习任务。我们永远不会忘记，在我们完成的每一张美好的古建筑测绘图纸上，都浸透了老师们的汗水与心血。

从5月26日至7月19日，我们在孔夫子的故里渡过了难忘的55天。7月20日，训练班大部分师生返回北京，其中11人组成了登泰山队，在毕宝放同学的指引下，于凌晨2点起向泰山顶峰进发，本想看泰山日出，因路途不熟，体力不足，大多数人行走在途中时，太阳已出很高了。但大家仍坚持不懈，最后11人都到达了顶峰，在“端顶”石边留下了一张合影，这合影似乎在表达一种信念与联想：登山是很累的，但不受累就感觉不到到达顶峰的快乐；学习古建测绘是很苦的，但不吃苦，就不会感受学到真实本领的幸福。

四、殷切的期望

1964年7月24日，又是一个值得纪念的日子。这天仍在红楼内，举行了全国第三届古建筑训练班的毕业典礼大会。会上李昭主任做了训练班总结报告。他说：“大家对三个月取得的成绩是满意的。文物局领导和专家的报告，使大家提高了信心，鼓舞了情绪。老师在教学中想了很多办法，言教身教。同学们自动加班加点，星期日也不休息，这是政治觉悟高的表现。实习由悬山建筑测绘变为歇山建筑的测绘，超额完成了学习任务。学习《实践论》收获很大。从实践中提高认识。成图结束后，进行了评比，评出了班上的“五好”学员四人和组里的“五好”学员五人。李主任还总结出训练班的五条经验和六项不足。姜所长讲话，认为李主任对训练班的评价是客观的，没有夸大或缩小，成绩可从表上看出来：优良11人，良好12人，合格5人。姜所长语重心长地说：“我们是古建工作的基本队伍，我们的队伍是不健全的，希望大家尽可能的不要改业。领导上如果要你改业，也不要轻易服从领导上的改业意见。”王冶秋局长在会上作了重要讲话。他说：“搞古建筑测绘，修复古建筑，对于今天社会主义建设有没有意义？我说还是有意义的。古代建筑受到历代统治者，尤其是国民党统治时期的破坏、摧残，奸商们拆古建构件（如瓦头、走兽）去卖的很多。很多房子倒塌，如故宫东、西路都倒了，从房上走过，草多得很，要一个人砍着草树才能走，还看见了一只白狐狸跑走了。……很需要这个工作，故宫搞了修建队，搞得很好了，并要长期搞。”在阐述保护古建筑的重要政治意义时，王局长说：“我们每年请一批归国华侨从香港回国看看，解决了他们的误会，他们（在国外）整日听到的都是‘共产党不要文化’，‘几个人穿一条裤子’。所以前几天有个从香港回国的华侨见我，来时带着一大箱子馒头、面包。在北京一看什么都好。后来又要看大同，过去他去过大同，那里很荒凉，他认为现在更不好，又一定要把箱子带去，到那里之后，一切都好，还有西餐、中餐,……思想转变了。又过了几年,这个人又来了,把全家都带过来,一看到北京故宫的展览馆,路那么平,大感兴趣。……我们要有批判地保存一些著名的文化遗产,在国际上批判帝国主义,修正主义的造谣诬蔑。现在成立参观游览局,开放一些城市使外宾来游览,在经济上也很可观。日本占外汇(收入)的第三位,埃及占第二位。我们主要是政治收获。……我们保护目的完全不同,一定要想法起到反帝正面教育,所以,对云岗、龙门我建议都搞一个帝国主义破坏陈列室,亚、非、拉很多朋友看了很受感动。"最后王局长讲到培养人才问题,讲了红与专的关系,号召大家回到各地后,要学习毛主席著作,学习的专业技术不要丢掉,"我们一定要使自己成为又红又专的干部",王局长和其他领导都希望我们回去后,不要转行,搞好古建筑保护研究工作。

领导讲话之后,大家一起合影留念,然后颁发了毕业证书,这证书不是统一印刷的,而是罗哲文老师一张一张用毛笔书写成的。这就更具有纪念意义和保存价值了。对于我们每个学员来说,最应当珍惜的是这次学习的机会,把所学的古建知识,用到古建筑的保护与研究方面去,使长期遭受破坏的古建筑,得到应有的保护、修缮和研究,作为珍贵的民族文化遗产,加以继承与弘扬,使之发扬光大。

五、可喜的收获

7月24日毕业典礼之后。老师和学员们又到山西大同、太原参观了一些古建筑和石窟寺等。至7月31日大家在太原分手。老师和同学之间相互签名留念,题字赠言。李昭主任在一位学员的笔记本上,含着深深的情谊,写下了他的心声:

"四个月的相会,紧张的学习,
战斗的作风,体现于短暂。
今后的实践,再接再历;
胜利的花朵,就在前面。
相会于短暂,熟悉却如故友。
说声分别,不禁惆怅,
聊以数语,微表由衷。

李昭 1964.7.31"

文化部文物局、古建所的领导和各位师长们的谆谆教导,久久在我们心中回荡。第三届古建筑训练班的学员们,回到各地工作岗位之后,没有忘记师长们的期望,大多数学员没有转业。大家在各地的古建、石窟或其它文物保护工作岗位上,勤奋工作,做出了可喜的成绩与积极的贡献。不少学员参加了各地古建筑"四有"档案的测绘、建档工作;许多举世闻名的国家级、省级文物保护单位在他们手中得以修复;一些地方的学员成为一省、一市的古建筑保护与研究工作的领导者或业务骨干,有些省、市以他们为基础成立了省、市级的古建筑保护研究所或保管所。还有些地方,模拟北京的办班经验,举办了地方的古建培训班,为本省及周边省市培养古建筑保护研究人才。有不少第三届学员几十年来一直坚持古建筑保护研究工作,取得了文博系列研究馆员或副馆员职称,有的还应聘到大学任教。作了文博专业或建筑历史专业的兼职教授,利用大学的讲堂,传授着古建筑方面的各种知识,培养古建筑保护与科研专业的人才。而且在不少刊物上,也发表了不少有关古建筑研究的论文或报告,也出版了一些有价值的古建筑专著。由于没有机会进行专门的交流,所以,尚无法把各种收获与成绩讲得全面和具体,还有不少重要方面的成果,尚不得知。总之,这一届的学员在全国各地已经发挥了重要的作用。一是坚守了古建专业的岗位;二是保护了一批重要古代建筑;三是参加了各地文物保护单位"四有"建档工作;四是做了一定数量的学术研究取得了一定的科研成果;五是促进了一些地区组建古建保护机构和科学研究机构;六是为各地大学培养了一批古建保护、修缮与科研青年人才,充实了教师队伍。凡此种种,多为一管之见,很不全面,实际情况远不止此,此篇小文权作引玉之砖,作为四十多年后迟到的回声。不当之处,诚望第三届古建训练班的师长和学友们批评指正。

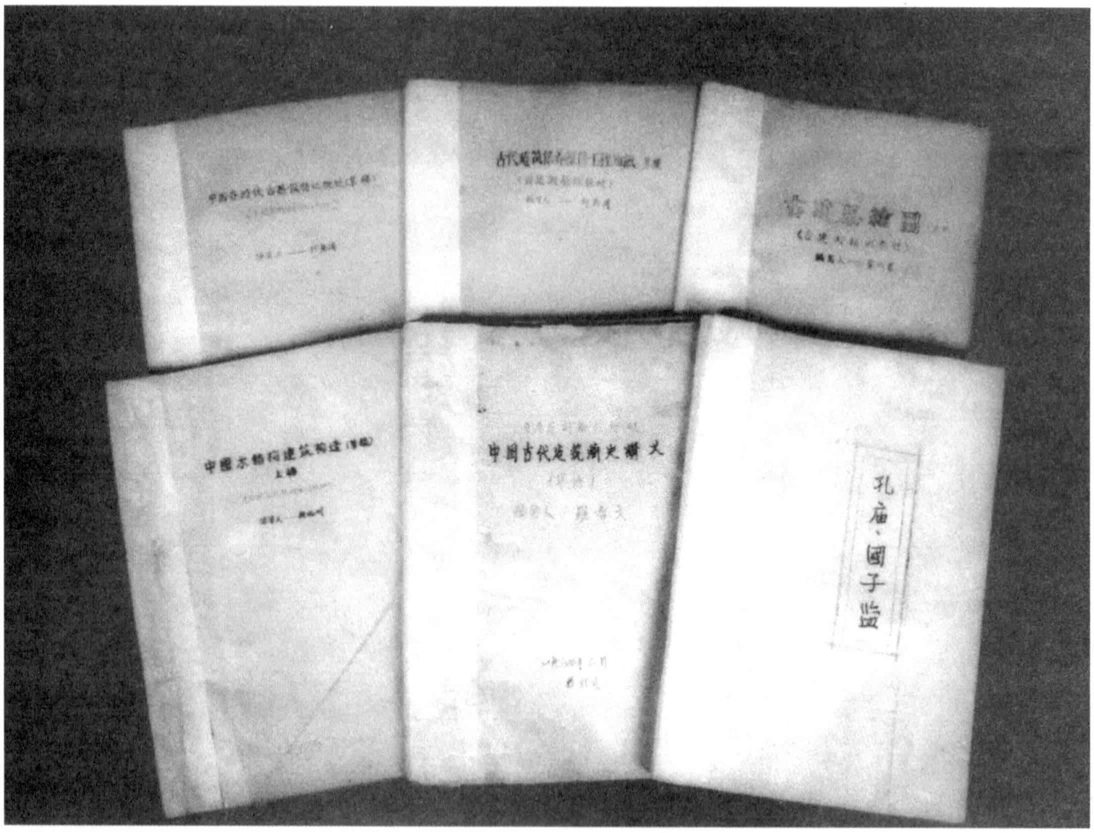

古建测绘训练班老师罗哲文、祁英涛、杜仙洲、李竹等编写、刻印的讲义

文化部文物局王冶秋局长在北大红楼前同古建测绘训练班师生合影

古建筑测绘训练班师生参观蓟县独乐寺,在观音阁前合影留念

古建筑测绘训练班副班主任李昭、杜仙洲、罗哲文及李竹君、孔祥珍教师
同全体学员在山东曲阜孔庙大成殿前合影留念

第三届古建筑训练班学员(部分)在曲阜孔庙留念
前排左至右:赵元祥(甘肃)、魏克晶(天津)、杨焕成(河南)、莫天景(广东)、郑隆(内蒙古)
后排左至右:吴梦麟(北京)、杨秉倫(福州)、杨宝顺(河南)、于崇源(辽宁)、张家泰(河南)
李士莲(河北)、白文祥(云南)、梅福根(浙江)

河南学员和杜仙洲老师在天安门前合影(左至右:杨宝顺、杜仙洲、张家泰、杨焕成)

河南学员和井庆升老师等在红楼(学习原在地)合影

古建筑测绘训练班副班主任李昭、杜仙洲、罗哲文及老师李竹君、孔祥珍等
在山东曲阜孔庙弘道门前石桥上同全体学员合影留念

第三届古建筑测绘训练班部分学员在“天津市蓟县独乐寺重建一千年纪念会”上，同杜仙洲、罗哲文、祁英涛、于鸣谦、失希元、李竹君、孔祥珍、梁超老师合影留念。后排学员左起为：李显文、张家泰、毕宝启、吴梦麟、杨秉倫、李士莲、杨宝顺、赵之祥、赵迅、魏克晶、刘最长

古建筑测绘训练实习测绘对象——弘道门前景

古建筑测绘训练班实习测绘对象——山东曲阜孔庙弘道门

弘道门风字匾

学习班在孔府后花园完成了弘道门的绘图作业

古建测绘班部分学员在泰山顶峰留念。

前排左起：刘最长（陕西）、张殿卿（山西）、赵之祥（甘肃）、魏克晶（天津）、曾风（福建）

后排左起：张家泰（河南）、吴梦麟（北京）、杨焕成（河南）、聂连顺

· 古建园林纪事 ·

古代建筑名家名匠(二则)

李合群

(河南大学土木建筑学院　开封　475000)

永宁寺塔的建造者——郭安兴

郭安兴,北魏建筑学家,豫州(今河南汝南西)人,生卒年月不详。北魏宣武帝、孝明帝统治期间,官至殿中将军,“洛中制永宁寺九层佛图,安兴为匠也”①。此为正史对其仅有的记载。而有关郭安兴的具体官职与营造活动,则有幸保存在一方墓志中②。

2001 年,在洛阳市纱厂西路出土了一方北魏河涧太守郭定兴墓志。墓志记述,郭安兴为郭定兴之弟,“智出天然,妙感灵授”,任“强弩将军,永宁、景明都将”。这里的“都将”,北魏始设,职掌领兵、镇守、营作三项③。而从“永宁、景明都将”此句来看,郭安兴所担任的“都将”,并非前两项,而只是“营作”之职,即营造永宁与景明二寺。

永宁寺,为北魏洛阳最大的寺院,位于皇宫前一里御道之西,四周建有围墙,上施短椽,覆之以瓦,状若宫墙。寺内有僧房一千余间,并且“中有九层浮图一所,架木为之,举高九十丈。上有金刹,复高十丈:合去地一千尺。去京师百里,已遥见之”④。这座木塔,结构上“殚土木之功,穷造形之巧”⑤,代表了北魏营造技术的最高水平。

而另一处与永宁寺同为皇家寺院的为景明寺。寺位于城南宣阳门外一里御道东,因宣武帝景明年间创立而得名。寺内亦有一七级木塔,“去地百仞,…… 妆饰华丽,侔于永宁”⑥。这两座寺院及木塔,同为郭安兴所造,这一史实,《北史》中仅说“洛中制永宁寺九层佛图,安兴为匠也”,而墓志中的“永宁、景明都将”之句,则予以补充。

“积木式”六合城的建造者——何稠

何稠,隋代著名的建筑家、工艺家,生卒年月不详,字桂林,其祖本西域人,通商人蜀,遂家郫县(今属四川),号为西州大贾。南朝梁承圣三年(554 年),稠十余岁时,西魏攻陷梁朝江陵,杀梁元帝,他随叔父何妥北上长安。后仕北周,为御饰下士。

隋代历任御府监、太府丞、守太府卿兼领少府监。史书上说他“性绝巧,有智思,用意精微”,为皇室制造仪仗、兵器、玩好器物,并改造了皇帝所乘的“王辂”的形制。隋文帝仁寿初年,何稠与隋代另一建筑大师宇文恺,为文献皇后制定山陵制度。何稠还参与规划、设计并指挥建造从长安至江都的行宫 40 余所。至唐代,授少府监。

作为建筑学家的何稠,其最重要的成就是建造了六合城。隋大业八年(612 年),炀帝大举进攻高丽(今北朝鲜),为了渡过辽水,令时任工部尚书的宇文恺造桥,未成。于是,“帝遣稠造桥,二日而就”,隋师得渡。在与高丽军队对峙之时，何稠奉敕一夜之间，用“积木”修筑了一座军事城垒。城周围八里、高十仞，四隅有阙楼，四面有观楼，观下各辟三门。城上布列甲士，立仗建旗。次晨高丽人看见，惊奇以为是神功。这种“积木”，方法，大大提高了施工进度，并且拆除后，可多次利用，创造了中国古代筑城史上的奇迹。

上述史实，均来自《北史》与《隋书》的《何稠传》。

注：①李延寿：《北史·蒋少游传》，中华书局，1874 年 10 出版。

②洛阳市第二文物工作队：《洛阳纱厂西路北魏 HM555 发掘简报》，《文物》2002 年第 9 期。

严辉：《北魏永宁寺建筑师郭安兴事迹的新发现及相关问题》，《中原文物》，2004 年第 5 期。

③《中国历史大辞典·魏晋南北朝史卷》，上海辞书出版社，2000 年。

④、⑤、⑥《洛阳伽蓝记校释》，中华书局，1963 年出版。

· 学术简迅 ·

第十七届中国民居学术会议在河南大学召开

左满常

（河南大学土木建筑学院 开封 475004）

[关键词] 民居学术会议；开幕式；民风民俗；民居研究

[摘 要] 第十七届中国民居学术会议在河南大学隆重召开。来自祖国海峡两岸和港澳地区的 150 余名专家学者，就“传统民居与文化研究”、“地域民居对现代建筑设计的启示”、“传统村镇保护利用与可持续发展”等三大会议主题进行交流研究。

The 17th Chinese Local-style Dwelling Houses Conference Held in Henan University

Zuo Manchang

(*Civil Engineering and Architecture College. Henan University, Kaifeng* 475004)

Key Words: Local-style Dwelling Houses Conference; Opening Ceremony; Folk customs; Researching vernacular architecture

Abstract: The 17th Chinese local-style dwelling houses conference was held in Henan University ceremoniously. More than 150 experts and scholars from the cross-straits. Hong Kong and Macao regions have the three main conference topics discussed to communicate, which are“Traditional local-style dwelling houses and cultural research”,“Regional local-style dwelling houses of modern architectural design inspiration”,and“Traditional village protection and utilization and sustainable development”.

由河南大学土木建筑学院承办，河南大学古建园林设计院、煤炭工业郑州设计研究院、河南匠人国际建筑规划设计顾问有限公司、河南省第二建筑工程有限公司、河南立信工程咨询监理有限公司等单位协办的第十七届中国民居学术会议，于 2009 年 10 月 25～29 日在河南大学召开，25 日上午，大会在河大金明校区行政楼二楼报告厅隆重开幕。来自祖国海峡两岸和港澳地区的 150 余名专家学者，就“传统民居与文化研究”、“地域民居对现代建筑设计的启示”、“传统村镇保护利用与可持续发展”等三大会议主题进行交流研讨。

国家住房与城市建设部村镇建设司综合处处长卫琳，中国建筑工业出版社总编沈元勤，中国民族建筑研究会副会长陈震东，中国民族建筑研究会民居建筑专业委员会主任委员陆琦、学术委员闫亚宁。河南省土木建筑学会、建设厅村镇建设处相关领导，开封市建委、文物局相关领导，香港民居学会顾问委员谢顺佳出席开幕式。我校副校长刘志军出席开幕式并致欢迎辞，开幕式由土木建筑学院院长鲍鹏教授主持。

刘志军向与会代表表示热烈欢迎和诚挚感谢。在简要回顾了我校发展历程与建筑学科建设概况后，他说，民居建筑在建筑史上占据重要地位，对中国民居建筑进行探讨，是研究中国传统营造技术、传统文化、民风民俗的重要方面，并对其保护和利用具有重要意义。河南省作为文化资源大省. 更是在民居的保护与研究工作中任重而道远，希望通过此次会议推动我校的建筑学科研工作深入发展，达到更新的层次。最后，他预祝本次会议取得圆满成功。

卫琳代表国家住房与城市建设部村镇建设司对大会的召开表示祝贺。她说，我国正处于城镇化快速发展与新农村建设的关键历史时期，如何在深刻的历史变革中正确处理新农村建设与传统民居保护的关系；传统民居的文化内涵、建筑特色、历史风貌如何有效保全，已成为事关我国文化遗产保护工作全局的重大问题。她认为此次会议必将结出丰硕的理论成果，并祝愿我国的民居研究工作取得长足发展。

陆震东先生发表了热情洋溢的祝辞。他结合自身的工作与研究经历，提出了对民居保护工作的思索，并强调民居文化的保护工作要在新农村建设中得以渗透，使广大农民从中切实受益。

沈元勤、李绪荧、陆琦、闫亚宁也先后为开幕式致辞。他们对我校为此次会议的精心筹备深表感谢，并衷心祝愿我国的民居保护及研究工作健康发展。

刘志军与沈元勤代表河南大学与中国建筑工业出版社互赠了纪念品。

本次大会上，分别有国家住房与城市建设部村镇建设司综合处卫琳处长、中国民族建筑研筑会副会长陈震东高级规划师，昆明理工大学朱良文教授、西安建筑科技火学王军教授、河南大学左满常教授作主题报告。会议期间，从140多篇论文里评选出50篇优秀论文分别在两个分会场组织发言及讨论交流。

此次大会为期五天，25至27日为开幕式及主题报告、分组报告时间；28至29日，与会代表赴安阳、焦作、洛阳、三门峡、巩义等地市进行河南典型民居实地考察活动。

会议期间，与会代表对本次会议的组织工作表示满意，对河南大学明伦校区的近代建筑群和校园环境好评有加，对河南的厚重历史文化表示敬仰。本次大会取得了圆满成功，这对于提升河南大学土木建筑学院和河南大学古建园林设计院的知名度，扩大其学术影响起了关键作用。

·学术简迅·

深深的怀念 隆重的盛会
——纪念中国营造学社成立 80 年学术研讨会侧记

杨焕成 张家泰

(河南省文物局、河南省古代建筑保护研究所 郑州 450002)

一个期盼已久的盛会——纪念中国营造学社成立 80 周年学术研讨会,2009 年 11 月 7～8 日在北京清华大学隆重召开了。来自海内外的 200 多位代表欢聚清华园。群贤毕至,盛况空前,隆重动人的开幕式,主题突出的学术报告,营造学社前辈业绩的专题展版,中国营造学社纪念馆的揭牌,久别相聚的师生挚友间之倾谈,无一不令人陶醉与思念……。这一切都值得我们永久地记忆心中。

这次大会是由清华大学建筑学院、东南大学建筑学院、故宫博物院、建设部建筑设计研究院历史研究所、中国文化遗产研究院联合举办,北京市文物局、山西省文物局、河北省文物局、四川省文物局、河南省文物局共同协办而召开的。大会的主题是"中国营造学社的学术之路"。并从"中国营造学社:追忆与研究"、"中国建筑史研究:深入与拓展"和"历史建筑保护:机遇与挑战"三个分论题,深入开展研究。

11 月 7 日上午,大会开幕仪式在文津国际酒店多功能厅举行。主席台屏幕上,用庄重醒目的大字展示出大会的主题会标:"中国营造学社的学术之路——纪念中国营造学社成立 80 周年学术研讨会"。国家文物局局长单霁翔,清华大学副校长袁驷,中国营造学社成员、著名古建专家罗哲文、著名建筑大师吴良镛,原建设部副部长周干峙,中国建筑设计研究院研究员傅熹年,中国建筑西北设计研究院总建筑师张锦秋、建筑设计方法与理论专家李道增,清华大学建筑学院教授关肇邺,北京市建筑设计研究院高级建筑师马国馨等出席开幕式并致辞。会上,学术委员会主席刘叙杰教授致辞.山西省文物局局长施联秀代表北京市、山西省、河北省、四川省、河南省文物局致辞。最后,特邀嘉宾代表、梁思成先生的女儿梁再冰发言。

国家文物局单霁翔局长在致辞中,首先代表国家文物局,对来自海内外的专家学者齐聚清华大学,共同探讨中国营造学社的学术之路、学术思想,纪念中国营造学社成立 80 周年,表示热烈祝贺;高度评价中国营造学社在中国建筑历史研究和文物保护方面的历史贡献。……中国营造学社聚集了以梁思成、刘敦桢为代表的一批致力于中国古建筑研究的专家学者,对中国古代建筑进行了系统的实地调查测绘和研究考证,用科学的研究手段开创了中国建筑史学研究体系,取得了后人难以逾越的辉煌成就,在中国建筑史上树起了一座历史的丰碑。单霁翔局长还指出:梁思成、刘敦桢先生"不但是营造学研究的开创人,也是文物保护工作的先驱。"在八位院士的发言中,都充分赞扬了中国营造学社的先辈们在不可想象的困难条件下,深入实际,进行勘察测绘,把研究工作深入下去。梁思成先生为研究清式则例,拜老匠人为师……我们要继承和发扬营造学社的精神。有两位院士联系我们今天学界浮躁的现象,呼吁学界"要有能坐冷板凳的精神"。会上,作为特邀嘉宾代表梁再冰先生的发言,引起了代表们的关注。她说:“我是营造学社成立的 1929 年出生的,和学社是同龄人。”她在发言中着重讲了中国营造学社社长朱啟钤先生和梁思成先生的友情。她说:“首先感谢朱啟钤先生,没有他也不可能有我父亲的成就。……我的父亲是从研究北京建筑开始的。朱啟钤先生对北京非常熟悉,把许多资料给我的父亲,又把一些工匠介绍给我的父亲。……所以,在今天这个纪念会上,我特别怀念朱啟钤先生。……”她还讲到近年回到四川李庄,可以找到原来的感觉,有回家的感觉,并回忆到许多往事,一是学社从昆明搬到李庄。由刘敦桢先生、林徽因先生带着两家人坐船迁移,梁思成先生患了破伤风病留在昆明。到李庄来的还有莫宗江、梁从诫和刘叙杰。在途中一些资料被水淹了,她说我们都哭了。到李庄后又重新整理,1944 年梁思成、莫宗江先生又在煤油灯底下将图纸重新画出来,那时他们“是贫病交加,但他们的精神始终没有被压倒。”梁再冰先生的发言,质朴诚挚,她使我们永远记住中国营造学社创业之艰辛。

开幕式结束之后,仍在原会场,开始了大会的主旨报告。首先由大会名誉主席吴良镛教授报告。他着重阐述了朱啟钤先生为什么不赞成使用“建筑学社”之名,说这是日本的名字,要用“营建”或“营造”,是从建筑与文化上来讲的,叫营造是比较宽的。以中华文化伟大复兴为己任,来纪念营造学社复兴之路是非常有意义的。第二位主旨报告人是大会名誉主席罗哲文先生。他回顾了当年参加中国营造学社时的一些情况。当年他是“营造学社最小的成员,我去考学社的研究生时才十六岁。先给刘敦桢先生抄写,在李庄五年多来,刘敦桢先生给我的教诲,我都是终身难忘的。在清华大学梁思成先生的教诲都是终生难忘的。”

大会开幕式与主旨报告会,均由清华大学建筑学院院长朱文一先生主持。主旨报告结束后,进行大会主题发言。上午发言的有楼庆西:《梁思成与宋<营造法式>研究》、刘叙杰:《先哲拓引,泽被深远》、王世仁:《开拓建筑历史的文化价值,发扬营造学社的科学精神》、郭黛姮:《中国营造学社的历史贡献》、李乾朗:《中国营造学社对台湾建筑之影响》、朱光亚:《建筑遗产研究与保护的东方之路》。

下午,在清华大学建筑学院,举行了中国营造学社纪念馆揭幕仪式。会上宣布中国营造学社纪念馆成立,并举行了开馆仪式。国家文物局局长单霁翔和营造学社成员罗哲文先生为纪念馆揭牌。该馆由罗哲文、王世襄任名誉馆长,清华大学建筑学院建筑历史与文物保护研究所所长王贵祥任馆长。会上为纪念馆赠送“佛光寺东大殿”复原模型的赵广智先生和赠送梁思成著的《北平杂稿速写笔记》的林贤光先生颁发了证书。八位中国营造学社主要成员的家属、后代和出席大会的专家、学者出席了揭幕仪式,并参观了展馆中陈列的中国营造学社的历史图纸、测绘稿、模型等珍贵陈列。

在中国营造学社纪念馆揭幕仪式及参观之后,主题发言继续进行,首先由单霁翔局长演讲《让遗址公园成为城市最美的地方》、吕舟:《中国文化遗产保护三十年》,以及晋宏逵、王其明、吴光镭、王贵祥、傅朝卿、王其亨、路秉杰等相继发言。晚上,大会还专门组织了“学生论坛”。

8 日上午大会主题发言继续进行,共有 10 位专家学者围绕大会主题进行演讲,他们是陈薇、王镇华、何培斌、杨焕成、马炳坚、吴庆洲、张家泰、王军、国庆华、赵广智。(其中河南代表两人发言:杨焕成:《我的古建之路》,张家泰:《中国营造学社与河南古建筑保护》。)下午,在三个会场进行分论题发言,由二十七位专家学者发表演讲。

8 日下午 4 时半,大会举行了闭幕式,由吕舟先生主持,清华大学建筑学院院长朱文一致词。他说这次到会代表包括港台学者计 200 余人,收到论文 88 篇,另有摘要文稿数十篇。大家不远千里来到学校,我们感到非常荣幸。他代表清华大学建筑学院表示感谢各主办、协办单位。大会共安排了五十多位专家学者及青年学者发言,切磋古建筑学术问题。老专家到会率超过了 90%。

最后,大会主席刘叙杰讲话,对于大会提交的论文,他总结说,一、是对营造学社成立的意义,学者在论文中给予了最积极的肯定;二、对朱啟钤、梁思成、刘敦桢先生在困难条件下,为中国营造学的调查研究工作,非常肯定;三、学社的科研成果巨大，向全世界宣布了中国建筑文化的博大精深。四、营造学社前辈们，在北京各方面做出了巨大贡献，在南方刘先生在民居等多方面的研究也做出了重大贡献。

会议期间，代表们还参观了大会筹办的“中国营造学社的学术之路”展板，对学社的创立、发展、学术研究等方面的历史功绩，有了进一步的认识。

大会举办前夕或会中，有关单位向大会赠送了学术著作，由大会转发给与会代表，也是一种深入的学术交流方式。河南省的有关单位也在会前寄送给大会五种书刊，即河南省文物局赠送的《杨焕成古建筑文集》、河南省古代建筑保护研究所赠送的《文物建筑》第一、二辑及《河南省古代建筑保护研究所三十周年》、河南大学古建园林设计研究院赠送的《中国营造学研究》第一辑。

清华大学成立中国营造学社纪念馆

张　伟

（中国文物报社　北京　10007）

11 月 7 日，中国营造学社纪念馆在清华大学建筑学院宣布成立，并于当天举行了开馆仪式。原学社成员罗哲文、王世襄任名誉馆长，清华大学建筑学院建筑历史与文物保护研究所所长王贵祥任馆长。

中国营造学社纪念馆展出的部分营造学社的图纸、测稿及其他相关文物获得了普遍的好评，其中包括由赵广智先生制作并赠送的“佛光寺东大殿”复原模型以及林贤光先生赠送的梁思成著的《北平杂稿速写笔记》，这些珍贵的资料将被中国营造学社纪念馆永久收藏。图为国家文物局局长单霁翔和原学社成员罗哲文先生为纪念馆揭牌。（张伟）

（原載：2009 年 11 月 11 日．第二版《中国文物报》

· 学术简讯 ·

左满常、白宪臣著《河南民居》出版

刘汉州

（河南大学土木建筑学院　开封　475001）

河南地处中原，是中华文明的重要发祥地之一。地上地下保存着十分丰富的建筑文化遗存，尤其是不同历史时期的居住遗址与出土的汉唐至明清时代的建筑模型，都生动地表现出历史上的民居建筑所具有的高超技术水平与深厚的文化内涵。在现存民居实物中，豫东、豫北地区的四合院、豫西地区的靠崖窑洞与地坑院建筑以及豫南地区的抬梁式与穿斗式建筑构架的巧妙结合型民居，代表了河南不同地区的民居建筑特色和丰富多彩的类型。这是一批珍贵的文化财富，我们有责任把它们保护好、研究好、利用好。以前，建筑历史研究中取材于河南的材料亦复不少。但多偏重于汉魏遗物、北朝及宋代都城及宫阙、宋代陵墓及历代寺庙塔幢等方面，而民居方面的材料比较偏失。这部《河南民居》可称为补遗之作，正是填补了河南民居建筑研究的一项空白。

《河南民居》在内容结构上，层次分明，章节合理，实例在前，剖析相继，论述居后。在传统民居建筑的保护与利用问题上，认真构思着和谐发展之路。作者是带着深深的感情去调查、去思考、去写作这部书的。书的前两章是河南省的概述和介绍河南民居悠久而璀璨的历史，因为它是现存民居建筑的根。第三、四章是本书的核心内容，依据地域特点，按豫东、豫西、豫南、豫北四大部分选择若干典型性的民居建筑实例，通过每一民居实例所处地理位置、历史背景、现存民居概说、建筑的形制与特点等内容介绍，使读者有一个系统而全面的了解。因为窑洞民居有其许多特殊性，所以独立设章，该章十分重要的一项内容是关于窑洞民居的发展与更新问题，为此特意选用“窑洞春天”的窑院农宅优秀设计方案来说明窑洞民居的可持续发展。在建筑实例之后，以三章篇幅从民居建筑的平面与空间构成、结构与构造、装饰与家具陈设等三个方面作了专题的介绍与分析，把研究引向深入。这部分内容是本书具体分析研究不同地区民居特征的重心所在，读后会对河南民居建筑的做法与特征有一个非常深刻的认识，它和前边的实例是前呼后应的关系。最后一章是本书研究的思想核心，也是作者在民居研究方面的最重要的理念所在，“河南民居的保护与开发利用思考”。在分析了河南民居建筑的保存现状与造成损坏的因素之后，作者又阐述了河南民居建筑在历史文化、科学研究、合理利用等方面的重要价值。最后作了保护的对策探讨和开发利用的思考。希望在民居的保护与利用方面，构建起一个和谐发展的大环境。使这份民居建筑文化遗产在社会主义建设事业中发挥其积极的作用。总之，全书在结构上是系统完整的，较全面地反映了河南民居的基本面貌。